高等学校数学类系列教材

西安电子科技大学立项教材

高等数学学习辅导

张卓奎　陈慧婵　李菊娥　任春丽　编著

U0379067

西安电子科技大学出版社

内 容 简 介

　　本书是根据高等院校各专业对"高等数学"的学习、复习及应试要求而编写的。本书主要内容包括函数与极限及连续、一元函数微分学、一元函数积分学、多元函数微分学、二重积分、常微分方程、无穷级数、向量代数与空间解析几何及多元函数微分学在几何上的应用、多元函数积分学及其应用。

　　本书各章节均由三部分组成，即考点内容讲解、考点题型解析、经典习题与解答。"考点内容讲解"部分对每章的基本内容按照知识结构分为定义、性质和结论几个层面，结合读者应掌握的重点作了比较详细的讲解、概括和总结；"考点题型解析"部分根据考试规律选择常考题型，分类解析，以题说法，开拓思路，开阔视野，帮助读者提高分析问题、解决问题、变通问题的应试能力；"经典习题与解答"部分是对考点题型解析的有益补充，是读者学习解题方法的训练场。

　　本书叙述通俗易懂，概念清晰，实用性强，可作为高等院校"高等数学"课程的教学参考书，也可作为高等院校教师、报考硕士研究生的考生和工程技术人员的参考书。

图书在版编目(CIP)数据

高等数学学习辅导/张卓奎等编著. —西安：西安电子科技大学出版社，2018.11(2020.10重印)

ISBN 978 - 7 - 5606 - 5091 - 3

Ⅰ. ① 高… Ⅱ. ① 张… Ⅲ. ① 高等数学—高等学校—教学参考资料 Ⅳ. ① O13

中国版本图书馆 CIP 数据核字(2018)第 222644 号

策划编辑　李惠萍
责任编辑　王　瑛
出版发行　西安电子科技大学出版社(西安市太白南路 2 号)
电　　话　(029)88242885　88201467　　　邮　编　710071
网　　址　www. xduph. com　　　电子邮箱　xdupfxb001@163. com
经　　销　新华书店
印刷单位　陕西精工印务有限公司
版　　次　2018 年 11 月第 1 版　2020 年 10 月第 2 次印刷
开　　本　787 毫米×1092 毫米　1/16　印张　23
字　　数　546 千字
印　　数　3001～5000 册
定　　价　49.00 元

ISBN 978 - 7 - 5606 - 5091 - 3 / O

XDUP 5393001 - 2

＊＊＊如有印装问题可调换＊＊＊

前　言

　　"高等数学"是高等院校一门基础课，也是全国硕士学位研究生入学考试中许多专业指定的必考课程，它已被广泛地应用到许多研究领域，并且在这些领域显现出十分重要的作用。学习并学好该门课程是许多专业最基本的要求，也是应考的必要基础。

　　在学习"高等数学"课程中，读者普遍感到学会了，学懂了，但总是不能得心应手，特别不能适应于应试。为此，编者结合多年的教学经验，以及学生、考生的情况，编写了本书，以帮助读者透彻理解高等数学的基本概念、基本理论和基本方法；帮助读者克服困难，尽快掌握"高等数学"课程的精髓，练习和巩固所学知识；帮助读者正确理解大纲内容和大纲要求，掌握高等数学的难点与重点，熟悉高等数学考点题型和命题规律，掌握学习和复习高等数学的方法和技巧；帮助考生在应考中能得心应手，挥洒自如。

　　全书共9章。第1章为函数与极限及连续；第2章为一元函数微分学；第3章为一元函数积分学；第4章为多元函数微分学；第5章为二重积分；第6章为常微分方程；第7章为无穷级数；第8章为向量代数与空间解析几何及多元函数微分学在几何上的应用；第9章为多元函数积分学及其应用。除第8章和第9章对数学二、数学三考生不做要求的内容未说明外，其他各章对不同类型的考生不做要求的内容都做了说明。

　　本书各章节均由考点内容讲解、考点题型解析及经典习题与解答三部分组成。"考点内容讲解"部分对每章的基本内容按照知识结构分为定义、性质和结论几个层面，结合读者应掌握的重点作了比较详细的讲解、概括和总结；"考点题型解析"部分根据考试规律选择常考题型，分类解析，以题说法，开拓思路，开阔视野，帮助读者提高分析问题、解决问题、变通问题的应试能力；"经典习题与解答"部分是对考点题型解析的有益补充，是读者学习解题方法的训练场。

　　本书具有以下特点：

　　(1) 选材紧扣大纲，少而精、广而浅，实用性强。

　　(2) 题型丰富多样，具有典型性、代表性。

　　(3) 适应面广。

　　(4) 科学而巧妙地安排考点内容，便于老师辅导、考生复习。

　　(5) 一题多解，善于方法的总结，注重问题的变通，直戳要害。

　　(6) 图文并茂，易于理解，便于掌握。

　　本书在编写过程中，得到了西安电子科技大学数学与统计学院的大力支持，得到了西安电子科技大学教材基金的资助，许多同行同事给予了鼓励和帮助，西安电子科技大学出版社的领导也非常关心本书的出版，李惠萍和王瑛编辑对本书的出版付出了辛勤的劳动，编者在此一并致以诚挚的谢意！

　　由于编者水平有限，书中难免存在疏漏，恳请读者批评指正。

编　者

2018 年 4 月

目　录

第 1 章　函数与极限及连续

1.1　函　　数

一、考点内容讲解

1. 函数的概念

(1) 定义：设 x 和 y 是两个变量，D 是一个给定的数集，如果对于每个数 $x \in D$，变量 y 按照一定的法则总有确定的数值和它对应，则称 y 是 x 的函数，记作 $y = f(x)$。x 称为自变量，y 称为因变量；当 x 取数值 $x_0 \in D$ 时，与 x_0 对应的 y 的数值 $f(x_0)$ 称为函数 $y = f(x)$ 在点 x_0 处的函数值。

(2) 定义域：数集 D 称为函数的定义域，即自变量 x 的变化范围(若函数是用解析式表示的，则其定义域是使运算有意义的自变量取值的集合)。

(3) 对应法则：给定 x 值求 y 值的方法就是对应法则。

(4) 值域：当 x 遍取 D 的各个数值时，对应的函数值全体组成的数集称为函数的值域，即 $R_f = \{y \mid y = f(x), x \in D\}$。

(5) 函数定义域的求法：对于给定的函数，利用一些简单函数的定义域组成的不等式组求其解集。

2. 函数的性态

(1) 单调性：

(ⅰ) 定义：设函数 $y = f(x)$ 在区间 I 上有定义，如果 $\forall x_1, x_2 \in I$，$x_1 < x_2$，恒有 $f(x_1) < f(x_2)$(或 $f(x_1) > f(x_2)$)，则称函数 $f(x)$ 在区间 I 上单调递增(或单调递减)。

① 单调递增：$x_1 < x_2 \Rightarrow f(x_1) < f(x_2)$；单调不减：$x_1 < x_2 \Rightarrow f(x_1) \leqslant f(x_2)$。

② 单调递减：$x_1 < x_2 \Rightarrow f(x_1) > f(x_2)$；单调不增：$x_1 < x_2 \Rightarrow f(x_1) \geqslant f(x_2)$。

(ⅱ) 判定与结论：

① 用定义判定：若没有告知 $f(x)$ 在区间 I 上可导，则其单调性用定义判定。

② 用导数判定：设 $f(x)$ 在区间 I 上可导，如果 $f'(x) > 0$，则 $f(x)$ 单调递增；如果 $f'(x) < 0$，则 $f(x)$ 单调递减。

(2) 奇偶性：

(ⅰ) 定义：设函数 $f(x)$ 在关于原点对称的区间 I 上有定义，如果 $\forall x \in I$，恒有 $f(-x) = f(x)$(或 $f(-x) = -f(x)$)，则称 $f(x)$ 为偶函数(或奇函数)。

① 偶函数：$f(-x) = f(x)$。

② 奇函数：$f(-x) = -f(x)$ 且当 $f(x)$ 在原点有定义时 $f(0) = 0$。

（ⅱ）判定与结论：

① 用定义判定：若 $f(-x) = f(x)$（或 $f(-x) = -f(x)$），则 $f(x)$ 为偶函数（或奇函数）；若 $f(-x) + f(x) = 0$，则 $f(x)$ 为奇函数；若函数的定义域关于原点不对称，则该函数既不是奇函数也不是偶函数。

② 偶函数的图形关于 y 轴是对称的，奇函数的图形关于原点是对称的。

③ 奇函数的代数和仍为奇函数，偶函数的代数和仍为偶函数。

④ 偶数个奇（偶）函数之积为偶函数，奇数个奇函数之积为奇函数。

⑤ 一奇一偶函数之积为奇函数。

⑥ 设 $f(x)$ 可导，如果 $f(x)$ 是奇函数，则 $f'(x)$ 是偶函数；如果 $f(x)$ 是偶函数，则 $f'(x)$ 是奇函数。

⑦ 连续的奇函数 $f(x)$，其原函数 $\int_a^x f(t)\mathrm{d}t$ 都是偶函数；连续的偶函数 $f(x)$，其原函数之一 $\left(\int_0^x f(t)\mathrm{d}t\right)$ 是奇函数。

（3）周期性：

（ⅰ）定义：设函数 $f(x)$ 在区间 I 上有定义，如果存在一个与 x 无关的正数 T，使得 $\forall x \in I$ 有 $x \pm T \in I$，且恒有 $f(x+T) = f(x)$，则称 $f(x)$ 是以 T 为周期的周期函数，称最小正数 T 为函数 $f(x)$ 的周期。

（ⅱ）判定与结论：

① 用定义判定：若 $\exists T > 0$，有 $f(x+T) = f(x)$，则 $f(x)$ 为周期函数。

② 设 $f(x)$ 的周期为 T，则 $f(ax+b)$ 的周期为 $\dfrac{T}{|a|}$。

③ 设 $f(x)$、$g(x)$ 的周期均为 T，则 $f(x) \pm g(x)$ 的周期也为 T。

④ 设 $f(x)$、$g(x)$ 的周期分别为 T_1、T_2，$T_1 \neq T_2$，则 $f(x) \pm g(x)$ 的周期为 T_1 与 T_2 的最小公倍数。

⑤ 可导的周期函数，其导函数为周期函数；周期函数的原函数不一定是周期函数。

（4）有界性：

（ⅰ）定义：设函数 $f(x)$ 在区间 I 上有定义，如果 $\exists M > 0$，使得 $\forall x \in I$，恒有 $|f(x)| \leqslant M$，则称 $f(x)$ 在区间 I 上有界；如果 $\forall M > 0$，总存在 $x_0 \in I$，使得 $|f(x_0)| > M$，则称 $f(x)$ 在区间 I 上无界。

（ⅱ）判定与结论：

① 用定义判定：对给定的函数取绝对值，利用不等式的放缩法或最值法判定。

② 设 $f(x)$ 在 $[a, b]$ 上连续，则 $f(x)$ 在 $[a, b]$ 上有界。

③ 设 $f(x)$ 在 (a, b) 上连续，且 $f(a^+)$ 和 $f(b^-)$ 存在，则 $f(x)$ 在 (a, b) 上有界。

④ 设 $f'(x)$ 在有限区间 I 上有界，则 $f(x)$ 在 I 上有界。

3. 反函数

（1）定义：设函数 $y = f(x)$ 的定义域为 D，值域为 R_f，如果 $\forall y \in R_f$，由关系式 $y = f(x)$，有确定的 $x \in D$ 与之对应，则称变量 x 为变量 y 的函数，记作 $x = f^{-1}(y)$，称之为函数 $y = f(x)$ 的反函数。习惯上，$y = f(x)$ 的反函数记为 $y = f^{-1}(x)$。

（2）求法与结论：

（ⅰ）把 x 从方程 $y=f(x)$ 中解出 $x=f^{-1}(y)$，再把所得到的表示式 $x=f^{-1}(y)$ 中的 x 与 y 对换，即得所求函数的反函数 $y=f^{-1}(x)$。

（ⅱ）$y=f(x)$ 与 $x=f^{-1}(y)$ 的图像重合，$y=f(x)$ 与 $y=f^{-1}(x)$ 的图像关于直线 $y=x$ 对称。

（ⅲ）只有一一对应的函数才有单值反函数。

4. 复合函数

（1）定义：设函数 $y=f(u)$ 的定义域为 D_f，函数 $u=g(x)$ 在 D 上有定义，且值域 $R_g \subset D_f$，则函数 $y=f[g(x)]$ 称为由函数 $y=f(u)$ 和函数 $u=g(x)$ 构成的复合函数，其定义域为 D，变量 u 称为中间变量。

（2）复合条件与复合方法：

（ⅰ）复合条件：函数 g 在 D 上的值域 R_g 必须含在 f 的定义域 D_f 内，即 $R_g \subset D_f$。

（ⅱ）复合方法：

① 代入法：将一个函数中的自变量用另一个函数的表达式来替代，该方法适用于初等函数的复合。

② 分析法：抓住最外层函数定义域的各区间段，结合中间变量的表达式及中间变量的定义域进行分析，该方法适合于初等函数与分段函数或分段函数与分段函数之间的复合。

③ 图示法：借助图形的直观性将函数进行复合，该方法适用于分段函数之间的复合。

5. 基本的初等函数与初等函数

（1）基本初等函数：幂函数、指数函数、对数函数、三角函数及反三角函数统称基本初等函数。了解它们的定义域、性质、图形。

（2）初等函数：由常数和基本初等函数经过有限次四则运算和有限次复合步骤所构成的能用一个式子表示的函数称为初等函数。

二、考点题型解析

常考题型：• 函数概念；• 函数性态；• 复合函数。

1. 选择题

例 1　设函数 $y=f(x)$ 的定义域为 $[-1,1]$，$0 \leqslant a \leqslant 1$，则 $y=f(x+a)+f(x-a)$ 的定义域是（　　）。

(A) $[a-1, a+1]$　　　　　　　(B) $[-a-1, -a+1]$

(C) $[1-a, a-1]$　　　　　　　(D) $[a-1, 1-a]$

解　应选（D）。

由于 $y=f(x)$ 的定义域为 $[-1,1]$，因此所求定义域满足 $-1 \leqslant x+a \leqslant 1$ 且 $-1 \leqslant x-a \leqslant 1$，解之，得 $a-1 \leqslant x \leqslant 1-a$，从而 $y=f(x+a)+f(x-a)$ 的定义域为 $[a-1, 1-a]$，故选（D）。

例 2　函数 $f(x)=\log_a(x+\sqrt{x^2+1})$ 是（　　）。

(A) 偶函数　　　　　　　　　　(B) 奇函数

(C) 非奇非偶函数　　　　　　　(D) 既是奇函数又是偶函数

解　应选(B)。

由于
$$f(-x) + f(x) = \log_a(-x + \sqrt{x^2+1}) + \log_a(x + \sqrt{x^2+1}) = \log_a 1 = 0$$
因此 $f(x)$ 是奇函数,故选(B)。

例3　设 $f(x)$ 为偶函数,$g(x)$ 为奇函数,且 $f[g(x)]$ 有意义,则 $f[g(x)]$ 是(　　)。

(A) 偶函数　　　　　　　　　　　(B) 奇函数

(C) 非奇非偶函数　　　　　　　　(D) 可能是奇函数也可能是偶函数

解　应选(A)。

由于 $f(x)$ 为偶函数,$g(x)$ 为奇函数,因此
$$f[g(-x)] = f[-g(x)] = f[g(x)]$$
即 $f[g(x)]$ 是偶函数,故选(A)。

例4　设 $f(x) = |\sin x| + |\cos x|$,则 $f(x)$ 的最小正周期为(　　)。

(A) 2π　　　　　(B) π　　　　　(C) $\dfrac{\pi}{2}$　　　　　(D) $\dfrac{\pi}{4}$

解　应选(C)。

由于
$$f\left(x + \frac{\pi}{2}\right) = \left|\sin\left(x + \frac{\pi}{2}\right)\right| + \left|\cos\left(x + \frac{\pi}{2}\right)\right| = |\cos x| + |\sin x| = f(x)$$

因此 $\dfrac{\pi}{2}$ 是函数 $f(x)$ 的周期,但 $f\left(x + \dfrac{\pi}{4}\right) \neq f(x)$,故 $f(x)$ 的最小正周期为 $\dfrac{\pi}{2}$,故选(C)。

2. 填空题

例1　已知 $f(x) = \sin x$,$f[\varphi(x)] = 1 - x^2$,则 $\varphi(x) = $ _____,其定义域为 _____。

解　由于
$$1 - x^2 = f[\varphi(x)] = \sin[\varphi(x)]$$
因此
$$\varphi(x) = \arcsin(1 - x^2)$$
又 $-1 \leqslant 1 - x^2 \leqslant 1$,从而 $\varphi(x)$ 的定义域为 $[-\sqrt{2}, \sqrt{2}]$。

例2　设 $f(x)$ 的定义域为 $[0,1]$,则函数 $f(x+a) + f(x-a)\left(0 < a \leqslant \dfrac{1}{2}\right)$ 的定义域为 _____。

解　由 $\begin{cases} 0 \leqslant x+a \leqslant 1 \\ 0 \leqslant x-a \leqslant 1 \end{cases}$ 得
$$\begin{cases} -a \leqslant x \leqslant 1-a \\ a \leqslant x \leqslant 1+a \end{cases}$$
由于 $0 < a \leqslant \dfrac{1}{2}$,因此 $a \leqslant x \leqslant 1-a$,从而函数 $f(x+a) + f(x-a)$ 的定义域为 $[a, 1-a]$。

例3　已知 $f(x) = \begin{cases} 1, & 0 \leqslant x \leqslant 1 \\ -2, & 1 < x \leqslant 2 \end{cases}$,则 $f(x+3)$ 的定义域为 _____。

解　方法一　由于

$$f(x+3) = \begin{cases} 1, & 0 \leqslant x+3 \leqslant 1 \\ -2, & 1 < x+3 \leqslant 2 \end{cases} = \begin{cases} 1, & -3 \leqslant x \leqslant -2 \\ -2, & -2 < x \leqslant -1 \end{cases}$$

因此 $f(x+3)$ 的定义域为 $[-3, -1]$。

方法二　由于 $f(x)$ 的定义域为 $[0,1] \bigcup (1,2] = [0,2]$，要使函数 $f(x+3)$ 有意义，须有

$$0 \leqslant x+3 \leqslant 2$$

解之，得

$$-3 \leqslant x \leqslant -1$$

故 $f(x+3)$ 的定义域为 $[-3, -1]$。

例 4　已知 $f(x)$ 满足 $2f(x) + f(1-x) = x^2$，则 $f(x) = $ _____。

解　将 $2f(x) + f(1-x) = x^2$ 中的 x 换为 $1-x$，得 $2f(1-x) + f(x) = (1-x)^2$，联立两式，解之，得

$$f(x) = \frac{1}{3}x^2 + \frac{2}{3}x - \frac{1}{3}$$

例 5　设 $g(x) = \begin{cases} 2-x, & x \leqslant 0 \\ x+2, & x > 0 \end{cases}$，$f(x) = \begin{cases} x^2, & x < 0 \\ -x, & x \geqslant 0 \end{cases}$，则 $g[f(x)] = $ _____。

解　$\quad g[f(x)] = \begin{cases} 2-f(x), & f(x) \leqslant 0 \\ f(x)+2, & f(x) > 0 \end{cases} = \begin{cases} 2+x, & x \geqslant 0 \\ x^2+2, & x < 0 \end{cases}$

例 6　设 $f(x) = \begin{cases} 1, & |x| \leqslant 1 \\ 0, & |x| > 1 \end{cases}$，$g(x) = \begin{cases} 2-x^2, & |x| \leqslant 2 \\ 2, & |x| > 2 \end{cases}$，则 $g[f(x)] = $ _____。

解　由于

$$g[f(x)] = \begin{cases} 2-[f(x)]^2, & |f(x)| \leqslant 2 \\ 2, & |f(x)| > 2 \end{cases}$$

且 $|f(x)| \leqslant 1 < 2 \ (x \in (-\infty, +\infty))$，因此

$$g[f(x)] = 2 - [f(x)]^2 = \begin{cases} 2-1^2, & |x| \leqslant 1 \\ 2-0^2, & |x| > 1 \end{cases}$$

即

$$g[f(x)] = \begin{cases} 1, & |x| \leqslant 1 \\ 2, & |x| > 1 \end{cases}$$

3. 解答题

例 1　设 $f(x) = \begin{cases} 1, & |x| \leqslant 1 \\ 0, & |x| > 1 \end{cases}$，$g(x) = \begin{cases} 2-x^2, & |x| \leqslant 2 \\ 2, & |x| > 2 \end{cases}$，求 $f[g(x)]$。

解　$\qquad f[g(x)] = \begin{cases} 1, & |g(x)| \leqslant 1 \\ 0, & |g(x)| > 1 \end{cases}$

由于当 $|x| > 2$ 时，$g(x) = 2 > 1$，因此只有当 $|x| \leqslant 2$ 时才有可能 $|g(x)| \leqslant 1$，由 $|x| \leqslant 2$，$|2-x^2| \leqslant 1$，得 $1 \leqslant |x| \leqslant \sqrt{3}$，故

$$f[g(x)] = \begin{cases} 1, & 1 \leqslant |x| \leqslant \sqrt{3} \\ 0, & |x| < 1 \text{ 或 } |x| > \sqrt{3} \end{cases}$$

例 2 已知 $f(x) = \begin{cases} x, & x < 1 \\ x^2, & 1 \leqslant x \leqslant 4, \text{ 求 } f^{-1}(x)。 \\ 2^x, & x > 4 \end{cases}$

解 当 $x < 1$ 时，$y = x$ 的反函数为 $x = y(y < 1)$；当 $1 \leqslant x \leqslant 4$ 时，$y = x^2$ 的反函数为 $x = \sqrt{y}(1 \leqslant y \leqslant 16)$；当 $x > 4$ 时，$y = 2^x$ 的反函数为 $x = \log_2 y(y > 16)$。因此

$$f^{-1}(x) = \begin{cases} x, & x < 1 \\ \sqrt{x}, & 1 \leqslant x \leqslant 16 \\ \log_2 x, & x > 16 \end{cases}$$

例 3 设 $f(x)$ 满足 $af(x) + bf\left(\dfrac{1}{x}\right) = \dfrac{c}{x}$（其中 a、b、c 均为常数，且 $|a| \neq |b|$），试证明：$f(-x) = -f(x)$。

证 将 $af(x) + bf\left(\dfrac{1}{x}\right) = \dfrac{c}{x}$ 中的 x 换为 $\dfrac{1}{x}$，得 $af\left(\dfrac{1}{x}\right) + bf(x) = cx$；联立两式，解得

$$f(x) = \frac{1}{a^2 - b^2}\left(\frac{ac}{x} - bcx\right)$$

所以

$$f(-x) = \frac{1}{a^2 - b^2}\left(\frac{ac}{-x} + bcx\right) = -f(x)$$

例 4 证明函数 $f(x) = \dfrac{1 + x^2}{1 + x^4}$ 在 $(-\infty, +\infty)$ 有界。

证 显然 $f(x) > 0$，$x \in (-\infty, +\infty)$。由于 $\dfrac{x^2}{1 + x^4} \leqslant \dfrac{x^2}{2x^2} = \dfrac{1}{2}$，因此

$$0 < f(x) = \frac{1}{1 + x^4} + \frac{x^2}{1 + x^4} \leqslant 1 + \frac{1}{2} = \frac{3}{2}$$

所以 $f(x)$ 在 $(-\infty, +\infty)$ 内有界。

例 5 设 $\varphi(x)$、$\psi(x)$、$f(x)$ 都是单调递增函数，试证明：若 $\varphi(x) \leqslant f(x) \leqslant \psi(x)$，则 $\varphi[\varphi(x)] \leqslant f[f(x)] \leqslant \psi[\psi(x)]$。

证 由 $\varphi(x) \leqslant f(x)$ 得 $\varphi[\varphi(x)] \leqslant f[\varphi(x)]$，由 $\varphi(x) \leqslant f(x)$ 及 $f(x)$ 是单调递增函数得 $f[\varphi(x)] \leqslant f[f(x)]$，由 $f(x) \leqslant \psi(x)$ 得 $f[f(x)] \leqslant \psi[f(x)]$，由 $f(x) \leqslant \psi(x)$ 及 $\psi(x)$ 是单调递增函数得 $\psi[f(x)] \leqslant \psi[\psi(x)]$，故

$$\varphi[\varphi(x)] \leqslant f[f(x)] \leqslant \psi[\psi(x)]$$

三、经典习题与解答

$$\boxed{\text{经 典 习 题}}$$

1. 选择题

(1) 已知 $F(x)$ 为奇函数，则函数 $f(x) = F(x)\left(\dfrac{1}{a^x - 1} + \dfrac{1}{2}\right)(a > 0, a \neq 1)$ 是（　　　）。

(A) 偶函数　　　　　　　　　　(B) 奇函数

(C) 既是奇函数又是偶函数　　　　(D) 非奇非偶函数

(2) 函数 $f(x) = 10^{-x} \sin x$ 在区间 $[0, +\infty)$ 内是(　　)。

(A) 偶函数　　　　(B) 奇函数　　　　(C) 单调函数　　　　(D) 有界函数

(3) 下列函数中为奇函数的是(　　)。

(A) $f(x) = \begin{cases} x, & |x| > 1 \\ 1, & 0 \leqslant x \leqslant 1 \\ -1, & -1 < x < 0 \end{cases}$ 　　　　(B) $f(x) = \begin{cases} x, & |x| \geqslant 1 \\ 1, & 0 \leqslant x < 1 \\ -1, & -1 < x < 0 \end{cases}$

(C) $f(x) = \begin{cases} e^x, & x \geqslant 0 \\ -e^{-x}, & x < 0 \end{cases}$ 　　　　(D) $f(x) = \begin{cases} e^x, & x > 0 \\ 0, & x = 0 \\ -e^{-x}, & x < 0 \end{cases}$

(4) 设函数 $f(x) = \begin{cases} 1+x, & x < 2 \\ x^2 - 1, & x \geqslant 2 \end{cases}$，则其反函数为(　　)。

(A) $f^{-1}(x) = \begin{cases} 1-x, & x < 3 \\ (x+1)^2, & x \geqslant 3 \end{cases}$ 　　　　(B) $f^{-1}(x) = \begin{cases} x-1, & x < 3 \\ \sqrt{x+1}, & x \geqslant 3 \end{cases}$

(C) $f^{-1}(x) = \begin{cases} 1-x, & x < 2 \\ (x+1)^2, & x \geqslant 2 \end{cases}$ 　　　　(D) $f^{-1}(x) = \begin{cases} x-1, & x < 2 \\ \sqrt{x+1}, & x \geqslant 2 \end{cases}$

2. 填空题

(1) 已知 $f(x) = \begin{cases} 0, & x \leqslant 0 \\ x, & x > 0 \end{cases}$，则 $f[f(x)] = $ _____。

(2) 设 $f(x) = \ln \dfrac{3+x}{3-x} + 1$，则 $f(x) + f\left(\dfrac{3}{x}\right)$ 的定义域为 _____。

(3) 已知 $f(x) = \dfrac{2x}{1+x^2}$，则 $f(x)$ 的值域为 _____。

(4) 设 $f(x)$ 为奇函数，且对一切 x 有 $f(x+2) = f(x) + f(2)$，且 $f(1) = a$，其中 a 为常数，n 为整数，则 $f(n) = $ _____。

3. 解答题

(1) 设 $f(x) = \begin{cases} 1, & \dfrac{1}{e} < x < 1 \\ x, & 1 \leqslant x < e \end{cases}$，$g(x) = e^x$，求 $f[g(x)]$。

(2) 设 $f\left(\dfrac{1-x}{x}\right) = \dfrac{1}{x} + \dfrac{x^2}{2x^2 - 2x + 1} - 1 (x \neq 0)$，求 $f(x)$。

$\boxed{\text{经典习题解答}}$

1. 选择题

(1) **解**　应选(A)。

令 $g(x) = \dfrac{1}{a^x - 1} + \dfrac{1}{2}$，则

$$g(x) + g(-x) = \frac{1}{a^x - 1} + \frac{1}{2} + \frac{1}{a^{-x} - 1} + \frac{1}{2} = \frac{1}{a^x - 1} + \frac{1}{2} + \frac{a^x}{1 - a^x} + \frac{1}{2} = 0$$

从而 $g(x)$ 为奇函数。又由于 $F(x)$ 为奇函数，因此 $f(x) = F(x)\left(\dfrac{1}{a^x-1}+\dfrac{1}{2}\right)$ 为偶函数，故选(A)。

(2) **解**　应选(D)。

由于当 $x \geqslant 0$ 时，$|f(x)| \leqslant 10^{-x} \leqslant 1$，因此 $f(x)$ 在区间 $[0, +\infty)$ 内是有界函数，故选(D)。

(3) **解**　应选(D)。

方法一　由于奇函数在原点有定义时其值必为 0，因此选项(A)、(B)、(C)都不正确，故选(D)。

方法二　由于 $f(0) = 0$，当 $x > 0$ 时，$-x < 0$，$f(-x) = -\mathrm{e}^{-(-x)} = -\mathrm{e}^x = -f(x)$，当 $x < 0$ 时，$-x > 0$，$f(-x) = \mathrm{e}^{-x} = -(-\mathrm{e}^{-x}) = -f(x)$，因此 $f(x)$ 是奇函数，故选(D)。

(4) **解**　应选(B)。

当 $x < 2$ 时，$y = 1 + x$ 的反函数为 $x = y - 1 (y < 3)$，当 $x \geqslant 2$ 时，$x = \sqrt{y+1} (y \geqslant 3)$，从而 $f^{-1}(x) = \begin{cases} x - 1, & x < 3 \\ \sqrt{x+1}, & x \geqslant 3 \end{cases}$，故选(B)。

2. 填空题

(1) **解**　**方法一**

$$f[f(x)] = \begin{cases} 0, & f(x) \leqslant 0 \\ f(x), & f(x) > 0 \end{cases} = \begin{cases} 0, & x \leqslant 0 \\ x, & x > 0 \end{cases} = f(x)$$

方法二　由于 $f(x) \geqslant 0$，因此

$$f[f(x)] = \begin{cases} 0, & f(x) = 0 \\ f(x), & f(x) > 0 \end{cases} = f(x)$$

(2) **解**　由 $\dfrac{3+x}{3-x} > 0 (x \neq 3)$，得 $\begin{cases} 3+x>0 \\ 3-x>0 \end{cases}$ 或 $\begin{cases} 3+x<0 \\ 3-x<0 \end{cases}$，从而 $f(x)$ 的定义域为 $|x| < 3$。又 $f\left(\dfrac{3}{x}\right)$ 的定义域为 $\left|\dfrac{3}{x}\right| < 3$，即 $|x| > 1$，故 $f(x) + f\left(\dfrac{3}{x}\right)$ 的定义域为 $1 < |x| < 3$，即 $(-3, -1) \bigcup (1, 3)$。

(3) **解**　当 $x = 0$ 时，$y = 0$；当 $x \neq 0$ 时，$y = \dfrac{2}{x + \dfrac{1}{x}}$，当 $x > 0$ 时，由 $x + \dfrac{1}{x} \geqslant 2$ 得 $0 < y \leqslant 1$，当 $x < 0$ 时，由 $x + \dfrac{1}{x} \leqslant -2$ 得 $-1 \leqslant y < 0$。因此 $f(x)$ 的值域为 $[-1, 1]$。

(4) **解**　令 $x = -1$，则

$$f(1) = f(-1) + f(2)$$

即

$$f(2) = f(1) - f(-1) = 2f(1) = 2a$$

再令 $x = 1$，则

$$f(3) = f(1) + f(2) = 3f(1) = 3a$$

用数学归纳法证明 $f(n) = na$。

当 $n=1,2,3$ 时，$f(n)=na$ 成立。假设当 $n\leqslant k$ 时，$f(n)=na$，当 $n=k+1$ 时，$f(n)=f(k+1)=f(k-1+2)=f(k-1)+f(2)=(k-1)a+2a=(k+1)a$，故对一切自然数 n，$f(n)=na$。令 $x=0$，则 $f(2)=f(0)+f(2)$，即 $f(0)=0=0\cdot a$，又 $f(x)$ 为奇函数，故对一切负整数 n，$f(n)=-f(-n)=-(-na)=na$，从而对一切整数 n，$f(n)=na$。

3. 解答题

(1) **解**　$f[g(x)]=\begin{cases}1, & \dfrac{1}{e}<g(x)<1 \\ g(x), & 1\leqslant g(x)<e\end{cases}=\begin{cases}1, & -1<x<0 \\ e^x, & 0\leqslant x<1\end{cases}$

(2) **解**　令 $\dfrac{1-x}{x}=u$，则

$$x=\frac{1}{u+1}$$

从而　　　　$f(u)=u+1+\dfrac{\dfrac{1}{(u+1)^2}}{\dfrac{2}{(u+1)^2}-\dfrac{2}{u+1}+1}-1=u+\dfrac{1}{u^2+1}$

即

$$f(x)=x+\frac{1}{x^2+1}$$

1.2　极　　限

一、考点内容讲解

1. 极限概念

(1) 数列极限：$\lim\limits_{n\to\infty}a_n=A\Leftrightarrow\forall\varepsilon>0$，存在正整数 N，当 $n>N$ 时，恒有

$$|a_n-A|<\varepsilon$$

(2) 函数极限：

(ⅰ) $\lim\limits_{x\to\infty}f(x)=A\Leftrightarrow\forall\varepsilon>0$，$\exists X>0$，当 $|x|>X$ 时，恒有 $|f(x)-A|<\varepsilon$；

$\qquad\lim\limits_{x\to+\infty}f(x)=A\Leftrightarrow\forall\varepsilon>0$，$\exists X>0$，当 $x>X$ 时，恒有 $|f(x)-A|<\varepsilon$；

$\qquad\lim\limits_{x\to-\infty}f(x)=A\Leftrightarrow\forall\varepsilon>0$，$\exists X>0$，当 $x<-X$ 时，恒有 $|f(x)-A|<\varepsilon$；

$\qquad\lim\limits_{x\to\infty}f(x)=A\Leftrightarrow\lim\limits_{x\to+\infty}f(x)=\lim\limits_{x\to-\infty}f(x)=A$。

(ⅱ) $\lim\limits_{x\to x_0}f(x)=A\Leftrightarrow\forall\varepsilon>0$，$\exists\delta>0$，当 $0<|x-x_0|<\delta$ 时，恒有 $|f(x)-A|<\varepsilon$；

左极限：$\lim\limits_{x\to x_0^-}f(x)=A(f(x_0^-)=A$ 或 $f(x_0-0)=A)\Leftrightarrow\forall\varepsilon>0$，$\exists\delta>0$，当 $x_0-\delta<x<x_0$ 时，恒有 $|f(x)-A|<\varepsilon$；

右极限：$\lim\limits_{x\to x_0^+}f(x)=A(f(x_0^+)=A$ 或 $f(x_0+0)=A)\Leftrightarrow\forall\varepsilon>0$，$\exists\delta>0$，当 $x_0<x<x_0+\delta$ 时，恒有 $|f(x)-A|<\varepsilon$；

$$\lim_{x \to x_0} f(x) = A \Leftrightarrow \lim_{x \to x_0^+} f(x) = \lim_{x \to x_0^-} f(x) = A。$$

（ⅲ）几个值得注意的极限：

① $\lim\limits_{x \to 0} e^{\frac{1}{x}} = \infty$（错），正确的解法为 $\lim\limits_{x \to 0^+} e^{\frac{1}{x}} = +\infty$，$\lim\limits_{x \to 0^-} e^{\frac{1}{x}} = 0$；

② $\lim\limits_{x \to \infty} e^x = \infty$（错），正确的解法为 $\lim\limits_{x \to +\infty} e^x = +\infty$，$\lim\limits_{x \to -\infty} e^x = 0$；

③ $\lim\limits_{x \to 0} \arctan \dfrac{1}{x} = \dfrac{\pi}{2}$（错），正确的解法为 $\lim\limits_{x \to 0^+} \arctan \dfrac{1}{x} = \dfrac{\pi}{2}$，$\lim\limits_{x \to 0^-} \arctan \dfrac{1}{x} = -\dfrac{\pi}{2}$；

④ $\lim\limits_{x \to \infty} \arctan x = \dfrac{\pi}{2}$（错），正确的解法为 $\lim\limits_{x \to +\infty} \arctan x = \dfrac{\pi}{2}$，$\lim\limits_{x \to -\infty} \arctan x = -\dfrac{\pi}{2}$；

⑤ $\lim\limits_{x \to \infty} \dfrac{\sqrt{1+x^2}}{x} = 1$（错），正确的解法为 $\lim\limits_{x \to +\infty} \dfrac{\sqrt{1+x^2}}{x} = 1$，$\lim\limits_{x \to -\infty} \dfrac{\sqrt{1+x^2}}{x} = -1$。

2. 极限性质

（1）有界性：收敛数列必有界。

（2）四则性：

（ⅰ）若 $\lim f(x) = A$，$\lim g(x) = B$，则

$$\lim [f(x) \pm g(x)] = \lim f(x) \pm \lim g(x) = A \pm B$$

$$\lim [f(x)g(x)] = \lim f(x) \cdot \lim g(x) = A \cdot B$$

$$\lim \left[\frac{f(x)}{g(x)}\right] = \frac{\lim f(x)}{\lim g(x)} = \frac{A}{B} \ (B \neq 0)$$

（ⅱ）结论：

① $\lim \dfrac{f(x)}{g(x)}$ 存在，$\lim g(x) = 0 \Rightarrow \lim f(x) = 0$；

② $\lim \dfrac{f(x)}{g(x)} = A \neq 0$，$\lim f(x) = 0 \Rightarrow \lim g(x) = 0$。

（3）保号性：设 $\lim\limits_{x \to x_0} f(x) = A$，

（ⅰ）如果 $A > 0(A < 0)$，则存在 $\delta > 0$，当 $x \in \mathring{U}(x_0, \delta)$ 时，$f(x) > 0(f(x) < 0)$；

（ⅱ）如果当 $x \in \mathring{U}(x_0, \delta)$ 时，$f(x) \geqslant 0(f(x) \leqslant 0)$，那么 $A \geqslant 0(A \leqslant 0)$。

（4）极限值与无穷小之间的关系：

$$\lim f(x) = A \Leftrightarrow f(x) = A + \alpha(x)$$

其中 $\lim \alpha(x) = 0$。

3. 极限存在准则

（1）夹逼准则：若存在自然数 N，当 $n > N$ 时，$y_n \leqslant x_n \leqslant z_n$，且 $\lim\limits_{n \to \infty} y_n = \lim\limits_{n \to \infty} z_n = a$，则 $\lim\limits_{n \to \infty} x_n = a$。

（2）单调有界准则：单调有界数列必有极限。

4. 重要极限

$$\lim_{x \to 0} \frac{\sin x}{x} = 1, \qquad \lim_{x \to 0} (1+x)^{\frac{1}{x}} = e, \qquad \lim_{x \to \infty} \left(1 + \frac{1}{x}\right)^x = e,$$

$$\lim_{x \to 0} \frac{\ln(1+x)}{x} = 1, \qquad \lim_{x \to 0} \frac{e^x - 1}{x} = 1, \qquad \lim_{x \to 0} \frac{a^x - 1}{x} = \ln a \,(a > 0),$$

$$\lim_{x \to 0} \frac{(1+x)^{\alpha} - 1}{x} = \alpha, \qquad \lim_{n \to \infty} \sqrt[n]{n} = 1, \qquad \lim_{n \to \infty} \sqrt[n]{a} = 1 (a > 0),$$

$$\lim_{n \to \infty} q^n = 0 (|q| < 1), \qquad \lim_{x \to \infty} \frac{a_0 x^n + a_1 x^{n-1} + \cdots + a_{n-1} x + a_n}{b_0 x^m + b_1 x^{m-1} + \cdots + b_{m-1} x + b_m} = \begin{cases} a_0/b_0, & n = m \\ 0, & n < m \\ \infty, & n > m \end{cases}。$$

5. 无穷小(量)

(1) 无穷小的概念：若 $\lim\limits_{x \to x_0} f(x) = 0$，则称 $f(x)$ 为 $x \to x_0$ 时的无穷小。

(2) 无穷小的比较：设 $\lim \alpha(x) = 0, \lim \beta(x) = 0$，且 $\beta(x) \neq 0$。

（ⅰ）高阶：若 $\lim \dfrac{\alpha(x)}{\beta(x)} = 0$，则称 $\alpha(x)$ 是比 $\beta(x)$ 高阶的无穷小，记为 $\alpha(x) = o(\beta(x))$；

（ⅱ）同阶：若 $\lim \dfrac{\alpha(x)}{\beta(x)} = C \neq 0$，则称 $\alpha(x)$ 与 $\beta(x)$ 为同阶无穷小；

（ⅲ）等价：若 $\lim \dfrac{\alpha(x)}{\beta(x)} = 1$，则称 $\alpha(x)$ 与 $\beta(x)$ 是等价无穷小，记为 $\alpha(x) \sim \beta(x)$；

（ⅳ）k 阶：若 $\lim \dfrac{\alpha(x)}{[\beta(x)]^k} = C \neq 0 \; (k > 0)$，则称 $\alpha(x)$ 是关于 $\beta(x)$ 的 k 阶无穷小。

(3) 常用的等价无穷小：当 $x \to 0$ 时，有

$$x \sim \sin x \sim \tan x \sim \arcsin x \sim \arctan x \sim \ln(1+x) \sim e^x - 1$$

$$1 - \cos x \sim \frac{1}{2} x^2, \quad (1+x)^{\alpha} - 1 \sim \alpha x, \quad a^x - 1 \sim x \ln a, \quad \log_a(x+1) \sim x \log_a e$$

(4) 等价无穷小替换：若 $\alpha \sim \bar{\alpha}, \beta \sim \bar{\beta}$ 且 $\lim \dfrac{\bar{\alpha}}{\bar{\beta}}$ 存在，则 $\lim \dfrac{\alpha}{\beta} = \lim \dfrac{\bar{\alpha}}{\bar{\beta}}$。

(5) 无穷小的性质：

（ⅰ）有限个无穷小的和、差仍是无穷小；

（ⅱ）有限个无穷小的积仍是无穷小；

（ⅲ）无穷小与有界量的积仍是无穷小。

6. 无穷大(量)

(1) 无穷大的概念：若 $\lim\limits_{x \to x_0} f(x) = \infty$，则称 $f(x)$ 为 $x \to x_0$ 时的无穷大。

(2) 无穷大与无界变量的关系：无穷大 $\Rightarrow$ 无界变量，但反之不然。

(3) 无穷大与无穷小的关系：无穷大的倒数是无穷小；无穷小(恒不为零)的倒数是无穷大。

7. 极限的求法

极限的求法包括：有理运算法、重要极限法、等价无穷小替换法、中值定理法、洛必达法则法、泰勒公式法、夹逼准则法、单调有界准则法和定积分法等。

二、考点题型解析

常考题型：• 极限概念、性质及存在准则；• 求极限；• 已知极限确定参数；• 无穷小阶的比较。

1. 选择题

例 1 下列极限等于 e 的是(   )。

(A) $\lim\limits_{x \to 0} \left(1 + \dfrac{1}{x}\right)^x$

(B) $\lim\limits_{x \to \infty} (1 + x)^{\frac{1}{x}}$

(C) $\lim\limits_{x \to \infty} \left(1 + \dfrac{1}{\sqrt{1 + x^2}}\right)^x$

(D) $\lim\limits_{x \to \infty} \left(1 + \sin\dfrac{1}{x}\right)^x$

解 应选(D)。

由于 $\lim\limits_{x \to \infty} \left(x\sin\dfrac{1}{x}\right) = \lim\limits_{x \to \infty} \dfrac{\sin\dfrac{1}{x}}{\dfrac{1}{x}} = 1$，因此 $\lim\limits_{x \to \infty} \left(1 + \sin\dfrac{1}{x}\right)^x = e$，故选(D)。

例 2 下列极限存在的是(   )。

(A) $\lim\limits_{x \to 0} \dfrac{1}{e^{\frac{1}{x}}}$

(B) $\lim\limits_{x \to 0} \arctan\dfrac{1}{x}$

(C) $\lim\limits_{x \to 0} x\arctan\dfrac{1}{x}$

(D) $\lim\limits_{x \to \infty} \dfrac{\sqrt{x^2 + 2x + 1}}{x}$

解 应选(C)。

由于 $\arctan\dfrac{1}{x}$ 为有界量，$\lim\limits_{x \to 0} x = 0$，因此 $\lim\limits_{x \to 0} x\arctan\dfrac{1}{x} = 0$，故选(C)。

例 3 设 $x_n = \begin{cases} \dfrac{n^2 + \sqrt{n}}{n}, & n \text{ 为奇数} \\ \dfrac{1}{n}, & n \text{ 为偶数} \end{cases}$，则当 $n \to \infty$ 时，x_n 是(   )。

(A) 无穷大量   (B) 无穷小量   (C) 无界变量   (D) 有界变量

解 应选(C)。

由于

$$\lim_{n \to \infty} x_{2n} = \lim_{n \to \infty} \frac{1}{2n} = 0, \quad \lim_{n \to \infty} x_{2n+1} = \lim_{n \to \infty} \frac{(2n+1)^2 + \sqrt{2n+1}}{2n+1} = +\infty$$

因此 x_n 是无界变量，但不是无穷大量，故选(C)。

例 4 设 $\lim\limits_{x \to 0} \dfrac{a\tan x + b(1 - \cos x)}{c\ln(1 - 2x) + d(1 - e^{-x^2})} = 2$，其中 $a^2 + b^2 \neq 0$，则(   )。

(A) $b = 4d$ (B) $b = -4d$ (C) $a = 4c$ (D) $a = -4c$

解 应选(D)。

由于

$$2 = \lim_{x \to 0} \frac{a\tan x + b(1 - \cos x)}{c\ln(1 - 2x) + d(1 - e^{-x^2})} = \lim_{x \to 0} \frac{a\dfrac{\tan x}{x} + b\dfrac{1 - \cos x}{x}}{c\dfrac{\ln(1 - 2x)}{x} + d\dfrac{1 - e^{-x^2}}{x}} = \frac{a + 0}{-2c + 0}$$

因此 $a = -4c$，故选(D)。

例 5 已知 $\lim\limits_{x \to -\infty} (\sqrt{x^2 - x + 1} - ax - b) = 0$，则(   )。

(A) $a=1$，$b=\dfrac{1}{2}$　　　　　　　　(B) $a=1$，$b=-\dfrac{1}{2}$

(C) $a=-1$，$b=\dfrac{1}{2}$　　　　　　　(D) $a=-1$，$b=-\dfrac{1}{2}$

解　应选(C)。

由于 $\lim\limits_{x\to-\infty}(\sqrt{x^2-x+1}-ax-b)=0$，因此 $\lim\limits_{x\to-\infty}\dfrac{\sqrt{x^2-x+1}-ax-b}{x}=0$，从而

$$a=\lim_{x\to-\infty}\frac{\sqrt{x^2-x+1}}{x}=-\lim_{x\to-\infty}\sqrt{1-\frac{1}{x}+\frac{1}{x^2}}=-1$$

$$b=\lim_{x\to-\infty}(\sqrt{x^2-x+1}-ax)=\lim_{x\to-\infty}(\sqrt{x^2-x+1}+x)$$

$$=\lim_{x\to-\infty}\frac{-x+1}{\sqrt{x^2-x+1}-x}=\lim_{x\to-\infty}\frac{1-\dfrac{1}{x}}{\sqrt{1-\dfrac{1}{x}+\dfrac{1}{x^2}}+1}=\frac{1}{2}$$

故选(C)。

例 6　下列命题正确的是(　　)。

(A) 若 $f(x)$ 和 $g(x)$ 都是无界变量，则 $f(x)+g(x)$ 必为无界变量

(B) 若 $f(x)$ 和 $g(x)$ 都是无界变量，则 $f(x)g(x)$ 必为无界变量

(C) 若 $f(x)$ 和 $g(x)$ 都是无界变量，则 $f(x)g(x)$ 就不可能为无穷小量

(D) 若 $f(x)g(x)$ 是无界变量，则 $f(x)$ 和 $g(x)$ 中至少有一个为无界变量

解　应选(D)。

由于若 $f(x)$ 和 $g(x)$ 都是有界变量，则 $f(x)g(x)$ 为有界变量，这与题设矛盾，因此 $f(x)$ 和 $g(x)$ 中至少有一个为无界变量，故选(D)。

例 7　当 $x\to0^+$ 时，与 $\sqrt{x}$ 等价的无穷小量是(　　)。

(A) $1-\mathrm{e}^{\sqrt{x}}$　　(B) $\ln\dfrac{1+x}{1-\sqrt{x}}$　　(C) $\sqrt{1+\sqrt{x}}-1$　　(D) $1-\cos\sqrt{x}$

解　应选(B)。

方法一　由于

$$\ln\frac{1+x}{1-\sqrt{x}}=\ln\frac{1-\sqrt{x}+\sqrt{x}+x}{1-\sqrt{x}}=\ln\left(1+\frac{1+\sqrt{x}}{1-\sqrt{x}}\cdot\sqrt{x}\right)$$

因此

$$\ln\frac{1+x}{1-\sqrt{x}}\sim\frac{1+\sqrt{x}}{1-\sqrt{x}}\cdot\sqrt{x}\sim\sqrt{x}\quad(x\to0^+)$$

故选(B)。

方法二　由于当 $x\to0^+$ 时，

$$1-\mathrm{e}^{\sqrt{x}}\sim-\sqrt{x},\ \sqrt{1+\sqrt{x}}-1\sim\frac{1}{2}\sqrt{x},\ 1-\cos\sqrt{x}\sim\frac{1}{2}x$$

因此(A)、(C)、(D)都不正确，故选(B)。

例 8　已知当 $x\to0$ 时，$\mathrm{e}^{\sin x}-\mathrm{e}^{\tan x}$ 是 x 的 n 阶无穷小，则正整数 n 等于(　　)。

(A) 1　　　　　(B) 2　　　　　(C) 3　　　　　(D) 4

解　应选(C)。

由于
$$\lim_{x\to 0}\frac{e^{\sin x}-e^{\tan x}}{x^3}=\lim_{x\to 0}\frac{e^{\tan x}(e^{\sin x-\tan x}-1)}{x^3}=\lim_{x\to 0}\frac{\sin x-\tan x}{x^3}$$

$$=\lim_{x\to 0}\frac{\tan x(\cos x-1)}{x^3}=\lim_{x\to 0}\frac{x\cdot(-\frac{1}{2}x^2)}{x^3}=-\frac{1}{2}$$

因此 $n=3$，故选(C)。

例 9　设 $f(x)=\int_0^{\sin x}\sin t^2\,dt$，$g(x)=x^3+x^4$，当 $x\to 0$，则（　　）。

(A) $f(x)$ 与 $g(x)$ 是等价无穷小　　(B) $f(x)$ 是比 $g(x)$ 高阶的无穷小

(C) $f(x)$ 是比 $g(x)$ 低阶的无穷小　　(D) $f(x)$ 与 $g(x)$ 同阶但非等价无穷小

解　应选(D)。

因为
$$\lim_{x\to 0}\frac{f(x)}{g(x)}=\lim_{x\to 0}\frac{\int_0^{\sin x}\sin t^2\,dt}{x^3+x^4}=\lim_{x\to 0}\frac{\sin(\sin^2 x)\cos x}{3x^2+4x^3}=\lim_{x\to 0}\frac{x^2}{3x^2+4x^3}=\frac{1}{3}$$

故选(D)。

例 10　设 $f(x)=x-\sin x\cos x\cos 2x$，$g(x)=\begin{cases}\dfrac{\ln(1+\sin^4 x)}{x}, & x\neq 0\\[2mm] 0, & x=0\end{cases}$，当 $x\to 0$ 时，

$f(x)$ 是 $g(x)$ 的（　　）。

(A) 高阶无穷小　　　　　　　　　(B) 低阶无穷小

(C) 同阶非等价无穷小　　　　　　(D) 等价无穷小

解　应选(C)。

因为
$$\lim_{x\to 0}\frac{f(x)}{g(x)}=\lim_{x\to 0}\frac{x-\sin x\cos x\cos 2x}{\dfrac{\ln(1+\sin^4 x)}{x}}=\lim_{x\to 0}\frac{x-\dfrac{1}{4}\sin 4x}{\dfrac{\sin^4 x}{x}}=\lim_{x\to 0}\frac{x-\dfrac{1}{4}\sin 4x}{x^3}$$

$$=\lim_{x\to 0}\frac{1-\cos 4x}{3x^2}=\lim_{x\to 0}\frac{\dfrac{1}{2}(4x)^2}{3x^2}=\frac{8}{3}$$

故选(C)。

2. 填空题

例 1　$\lim\limits_{n\to\infty}\left(\dfrac{1}{n^2+n+1}+\dfrac{2}{n^2+n+2}+\cdots+\dfrac{n}{n^2+n+n}\right)=$ _____。

解　设 $x_n=\dfrac{1}{n^2+n+1}+\dfrac{2}{n^2+n+2}+\cdots+\dfrac{n}{n^2+n+n}$，则

$$y_n=\frac{1}{n^2+n+n}+\frac{2}{n^2+n+n}+\cdots+\frac{n}{n^2+n+n}$$

$$<x_n<\frac{1}{n^2+n+1}+\frac{2}{n^2+n+1}+\cdots+\frac{n}{n^2+n+1}=z_n$$

由于 $y_n=\dfrac{n(n+1)}{2(n^2+n+n)}$，$z_n=\dfrac{n(n+1)}{2(n^2+n+1)}$，且 $\lim\limits_{n\to\infty}y_n=\dfrac{1}{2}$，$\lim\limits_{n\to\infty}z_n=\dfrac{1}{2}$，因此

$$\lim_{n\to\infty} x_n = \frac{1}{2}$$

例 2　$\lim\limits_{n\to\infty} \sqrt[n]{1 + 2^n + 3^n} = $ _____ 。

解　由于

$$3 = \sqrt[n]{3^n} < \sqrt[n]{1 + 2^n + 3^n} < \sqrt[n]{3^n + 3^n + 3^n} = 3 \cdot \sqrt[n]{3}$$

又

$$\lim_{n\to\infty} \sqrt[n]{3} = 1, \quad \lim_{n\to\infty} 3\sqrt[n]{3} = 3$$

因此

$$\lim_{n\to\infty} \sqrt[n]{1 + 2^n + 3^n} = 3$$

例 3　$\lim\limits_{x\to 0} \dfrac{\ln(1 + x) + \ln(1 - x)}{\sin^2 x + 1 - \cos x} = $ _____ 。

解　$\lim\limits_{x\to 0} \dfrac{\ln(1 + x) + \ln(1 - x)}{\sin^2 x + 1 - \cos x} = \lim\limits_{x\to 0} \dfrac{\ln(1 - x^2)}{\sin^2 x + 1 - \cos x} = \lim\limits_{x\to 0} \dfrac{\dfrac{\ln(1 - x^2)}{x^2}}{\dfrac{\sin^2 x}{x^2} + \dfrac{1 - \cos x}{x^2}}$

$$= \frac{-1}{1 + \dfrac{1}{2}} = -\frac{2}{3}$$

例 4　设 $f(x) = \begin{cases} 2(x+1)\arctan\dfrac{1}{x}, & x > 0 \\ 1, & x = 0 \\ \dfrac{\ln(1 + ax^2)}{x\sin x}, & x < 0 \end{cases}$，$a \neq 0$ 为常数，若极限 $\lim\limits_{x\to 0} f(x)$ 存在，

则 $a = $ _____ 。

解　由于

$$\lim_{x\to 0^+} f(x) = \lim_{x\to 0^+} 2(x+1)\arctan\frac{1}{x} = \pi$$

$$\lim_{x\to 0^-} f(x) = \lim_{x\to 0^-} \frac{\ln(1 + ax^2)}{x\sin x} = \lim_{x\to 0^-} \frac{ax^2}{x \cdot x} = a$$

又 $\lim\limits_{x\to 0} f(x)$ 存在，故 $a = \pi$。

例 5　已知 $\lim\limits_{x\to 0} \dfrac{\ln\left[1 + \dfrac{f(x)}{x}\right]}{2^x - 1} = 3$，则 $\lim\limits_{x\to 0} \dfrac{f(x)}{\sqrt{1 + x^2} - 1} = $ _____ 。

解　由于

$$\lim_{x\to 0} \frac{\ln\left[1 + \dfrac{f(x)}{x}\right]}{2^x - 1} = 3$$

因此

$$\lim_{x\to 0} \frac{f(x)}{x} = 0$$

又当 $x \to 0$ 时，

$$\ln\left[1 + \frac{f(x)}{x}\right] \sim \frac{f(x)}{x}, \quad 2^x - 1 \sim x\ln 2$$

故 $\lim\limits_{x\to 0}\dfrac{\dfrac{f(x)}{x}}{x\ln 2}=3$，即 $\lim\limits_{x\to 0}\dfrac{f(x)}{x^2}=3\ln 2$，从而

$$\lim_{x\to 0}\frac{f(x)}{\sqrt{1+x^2}-1}=\lim_{x\to 0}\frac{f(x)}{\dfrac{1}{2}x^2}=2\lim_{x\to 0}\frac{f(x)}{x^2}=6\ln 2$$

例 6　$\lim\limits_{n\to\infty}\sin(\sqrt{n^2+1}\,\pi)=$ _____。

解
$$\begin{aligned}
\lim_{n\to\infty}\sin(\sqrt{n^2+1}\,\pi)&=\lim_{n\to\infty}\sin\big[(\sqrt{n^2+1}-n)\pi+n\pi\big]\\
&=\lim_{n\to\infty}(-1)^n\sin(\sqrt{n^2+1}-n)\pi\\
&=\lim_{n\to\infty}(-1)^n\sin\frac{\pi}{\sqrt{n^2+1}+n}=0
\end{aligned}$$

例 7　$\lim\limits_{x\to\infty}\Big[x-x^2\ln\Big(1+\dfrac{1}{x}\Big)\Big]=$ _____。

解　令 $x=\dfrac{1}{t}$，则

$$\lim_{x\to\infty}\Big[x-x^2\ln\Big(1+\frac{1}{x}\Big)\Big]=\lim_{x\to\infty}x^2\Big[\frac{1}{x}-\ln\Big(1+\frac{1}{x}\Big)\Big]=\lim_{t\to 0}\frac{t-\ln(1+t)}{t^2}$$

$$=\lim_{t\to 0}\frac{1-\dfrac{1}{1+t}}{2t}=\lim_{t\to 0}\frac{t}{2t(1+t)}=\frac{1}{2}$$

例 8　设 $a\neq\dfrac{1}{2}$，则 $\lim\limits_{n\to\infty}\Big[\dfrac{n-2an+1}{n(1-2a)}\Big]^n=$ _____。

解　由于 $\dfrac{n-2an+1}{n(1-2a)}=1+\dfrac{1}{n(1-2a)}$，且 $\lim\limits_{n\to\infty}\Big[\dfrac{1}{n(1-2a)}\cdot n\Big]=\dfrac{1}{1-2a}$，因此

$$\lim_{n\to\infty}\Big[\frac{n-2an+1}{n(1-2a)}\Big]^n=\mathrm{e}^{\frac{1}{1-2a}}$$

> **评注**：若 $\lim\alpha(x)=0$，$\lim\beta(x)=\infty$，且 $\lim\alpha(x)\beta(x)=A$，则
> $$\lim[1+\alpha(x)]^{\beta(x)}=\mathrm{e}^A$$

例 9　$\lim\limits_{x\to 0}\Big(\dfrac{\mathrm{e}^x+\mathrm{e}^{2x}+\cdots+\mathrm{e}^{nx}}{n}\Big)^{\frac{1}{x}}=$ _____。

解　由于 $\dfrac{\mathrm{e}^x+\mathrm{e}^{2x}+\cdots+\mathrm{e}^{nx}}{n}=1+\dfrac{(\mathrm{e}^x-1)+(\mathrm{e}^{2x}-1)+\cdots+(\mathrm{e}^{nx}-1)}{n}$，且

$$\lim_{x\to 0}\frac{(\mathrm{e}^x-1)+(\mathrm{e}^{2x}-1)+\cdots+(\mathrm{e}^{nx}-1)}{n}\cdot\frac{1}{x}$$

$$=\frac{1}{n}\Big(\lim_{x\to 0}\frac{\mathrm{e}^x-1}{x}+\lim_{x\to 0}\frac{\mathrm{e}^{2x}-1}{x}+\cdots+\lim_{x\to 0}\frac{\mathrm{e}^{nx}-1}{x}\Big)$$

$$=\frac{1}{n}(1+2+\cdots+n)=\frac{1}{n}\cdot\frac{n(n+1)}{2}=\frac{n+1}{2}$$

因此

$$\lim_{x \to 0}\left(\frac{e^x + e^{2x} + \cdots + e^{nx}}{n}\right)^{\frac{1}{x}} = e^{\frac{n+1}{2}}$$

例 10 $\lim\limits_{x \to 0}\dfrac{\sqrt[3]{1+x} - \sqrt{1-2x}}{x} = $ _____。

解 $\lim\limits_{x \to 0}\dfrac{\sqrt[3]{1+x} - \sqrt{1-2x}}{x} = \lim\limits_{x \to 0}\dfrac{\sqrt[3]{1+x} - 1}{x} - \lim\limits_{x \to 0}\dfrac{\sqrt{1-2x} - 1}{x}$

$$= \lim_{x \to 0}\frac{\frac{1}{3}x}{x} - \lim_{x \to 0}\frac{\frac{1}{2}(-2x)}{x} = \frac{1}{3} + 1 = \frac{4}{3}$$

例 11 $\lim\limits_{x \to 0}\left(\dfrac{2 + e^{\frac{1}{x}}}{1 + e^{\frac{4}{x}}} + \dfrac{\sin x}{|x|}\right) = $ _____。

解 因为

$$\lim_{x \to 0^-}\left(\frac{2 + e^{\frac{1}{x}}}{1 + e^{\frac{4}{x}}} + \frac{\sin x}{|x|}\right) = \lim_{x \to 0^-}\left(\frac{2 + e^{\frac{1}{x}}}{1 + e^{\frac{4}{x}}} - \frac{\sin x}{x}\right) = 2 - 1 = 1$$

$$\lim_{x \to 0^+}\left(\frac{2 + e^{\frac{1}{x}}}{1 + e^{\frac{4}{x}}} + \frac{\sin x}{|x|}\right) = \lim_{x \to 0^+}\left[\frac{\frac{2}{e^{\frac{1}{x}}} + 1}{\frac{1}{e^{\frac{1}{x}}} + e^{\frac{3}{x}}} + \frac{\sin x}{x}\right] = 1$$

故 $\lim\limits_{x \to 0}\left(\dfrac{2 + e^{\frac{1}{x}}}{1 + e^{\frac{4}{x}}} + \dfrac{\sin x}{|x|}\right) = 1$。

例 12 $\lim\limits_{x \to 0}\left[\dfrac{1}{\ln(x + \sqrt{1+x^2})} - \dfrac{1}{\ln(1+x)}\right] = $ _____。

解 $\lim\limits_{x \to 0}\left[\dfrac{1}{\ln(x + \sqrt{1+x^2})} - \dfrac{1}{\ln(1+x)}\right] = \lim\limits_{x \to 0}\dfrac{\ln(1+x) - \ln(x + \sqrt{1+x^2})}{\ln(x + \sqrt{1+x^2})\ln(1+x)}$

由于

$$[\ln(x + \sqrt{1+x^2})]' = \frac{1}{\sqrt{1+x^2}}$$

因此

$$\lim_{x \to 0}\frac{\ln(x + \sqrt{1+x^2})}{x} = \lim_{x \to 0}\frac{1}{\sqrt{1+x^2}} = 1$$

即 $\ln(x + \sqrt{1+x^2}) \sim x$, 从而

$$\lim_{x \to 0}\left[\frac{1}{\ln(x + \sqrt{1+x^2})} - \frac{1}{\ln(1+x)}\right]$$

$$= \lim_{x \to 0}\frac{\ln(1+x) - \ln(x + \sqrt{1+x^2})}{x^2}$$

$$= \lim_{x \to 0}\frac{\dfrac{1}{1+x} - \dfrac{1}{\sqrt{1+x^2}}}{2x}$$

$$= \frac{1}{2}\lim_{x \to 0}\frac{1}{(1+x)\sqrt{1+x^2}} \cdot \lim_{x \to 0}\frac{\sqrt{1+x^2} - (1+x)}{x}$$

$$= \frac{1}{2}\lim_{x \to 0}\left(\frac{x}{\sqrt{1+x^2} + 1} - 1\right) = -\frac{1}{2}$$

3. 解答题

例 1 求极限 $\lim\limits_{x\to 0}\dfrac{\arcsin x-\sin x}{\arctan x-\tan x}$。

解

$$\lim_{x\to 0}\frac{\arcsin x-\sin x}{\arctan x-\tan x}=\lim_{x\to 0}\frac{\dfrac{1}{\sqrt{1-x^2}}-\cos x}{\dfrac{1}{1+x^2}-\dfrac{1}{\cos^2 x}}$$

$$=\lim_{x\to 0}\frac{1-\sqrt{1-x^2}\,\cos x}{\cos^2 x-1-x^2}\cdot\lim_{x\to 0}\frac{(1+x^2)\cos^2 x}{\sqrt{1-x^2}}$$

$$=\lim_{x\to 0}\frac{1-\sqrt{1-x^2}\,\cos x}{-\sin^2 x-x^2}$$

$$=-\lim_{x\to 0}\frac{1-(1-x^2)\cos^2 x}{\sin^2 x+x^2}\cdot\lim_{x\to 0}\frac{1}{1+\sqrt{1-x^2}\,\cos x}$$

$$=-\frac{1}{2}\lim_{x\to 0}\frac{\sin^2 x+x^2\cos^2 x}{\sin^2 x+x^2}$$

$$=-\frac{1}{2}\lim_{x\to 0}\frac{\dfrac{\sin^2 x}{x^2}+\cos^2 x}{\dfrac{\sin^2 x}{x^2}+1}=-\frac{1}{2}$$

例 2 设 $\lim\limits_{x\to 0}\dfrac{ax-\sin x}{\displaystyle\int_b^x\dfrac{\ln(1+t^3)}{t}\mathrm{d}t}=c\,(c\neq 0)$，求常数 a、b、c。

解 由于当 $x\to 0$ 时，$(ax-\sin x)\to 0$，且 c 不为零，因此当 $x\to 0$ 时，

$$\int_b^x\frac{\ln(1+t^3)}{t}\mathrm{d}t\to 0$$

从而 $b=0$；又

$$\lim_{x\to 0}\frac{ax-\sin x}{\displaystyle\int_0^x\dfrac{\ln(1+t^3)}{t}\mathrm{d}t}=\lim_{x\to 0}\frac{a-\cos x}{\dfrac{\ln(1+x^3)}{x}}=\lim_{x\to 0}\frac{a-\cos x}{x^2}=c$$

故

$$a=1,\quad c=\frac{1}{2}$$

例 3 设 $x_n=\sum\limits_{i=1}^{n}\left(\sqrt{1+\dfrac{i}{n^2}}-1\right)$，求极限 $\lim\limits_{n\to\infty}x_n$。

解 由于 $\sum\limits_{i=1}^{n}\dfrac{i}{n^2}=\dfrac{1}{n^2}\sum\limits_{i=1}^{n}i=\dfrac{n(n+1)}{2n^2}=\dfrac{n+1}{2n}$，因此

$$\frac{1}{\sqrt{1+\dfrac{1}{n}}+1}\cdot\frac{n+1}{2n}=\sum_{i=1}^{n}\frac{\dfrac{i}{n^2}}{\sqrt{1+\dfrac{1}{n}}+1}\leqslant\sum_{i=1}^{n}\frac{\dfrac{i}{n^2}}{\sqrt{1+\dfrac{i}{n^2}}+1}$$

$$=x_n\leqslant\sum_{i=1}^{n}\frac{\dfrac{i}{n^2}}{2}=\frac{n+1}{4n}$$

又

$$\lim_{n\to\infty}\left[\frac{1}{\sqrt{1+\frac{1}{n}}+1}\cdot\frac{n+1}{2n}\right]=\frac{1}{4},\qquad \lim_{n\to\infty}\frac{n+1}{4n}=\frac{1}{4}$$

故

$$\lim_{n\to\infty}x_n=\frac{1}{4}$$

例 4　设数列 $\{x_n\}$ 满足 $0<x_1<\pi$，$x_{n+1}=\sin x_n(n=1,2,\cdots)$。

（ⅰ）证明 $\{x_n\}$ 的极限存在，并求该极限；

（ⅱ）求 $\lim_{n\to\infty}\left(\dfrac{x_{n+1}}{x_n}\right)^{\frac{1}{x_n^2}}$。

解　（ⅰ）由于 $0<x_1<\pi$，$x_{n+1}=\sin x_n(n=1,2,\cdots)$，因此 $x_{n+1}=\sin x_n\leqslant x_n$，从而 $\{x_n\}$ 单调递减，且 $x_n>0$，即 $\{x_n\}$ 有下界，故 $\{x_n\}$ 的极限存在。不妨设 $\lim_{n\to\infty}x_n=a$，则 $\lim_{n\to\infty}x_{n+1}=\lim_{n\to\infty}\sin x_n$，得 $a=\sin a$，从而 $a=0$，即 $\lim_{n\to\infty}x_n=0$。

（ⅱ）由于

$$\lim_{n\to\infty}\left(\frac{x_{n+1}}{x_n}\right)^{\frac{1}{x_n^2}}=\lim_{n\to\infty}\left(\frac{\sin x_n}{x_n}\right)^{\frac{1}{x_n^2}},\qquad \lim_{n\to\infty}x_n=0$$

又

$$\lim_{x\to0}\left(\frac{\sin x}{x}\right)^{\frac{1}{x^2}}=\lim_{x\to0}\left(1+\frac{\sin x-x}{x}\right)^{\frac{1}{x^2}}$$

且

$$\lim_{x\to0}\frac{\sin x-x}{x^3}=\lim_{x\to0}\frac{\cos x-1}{3x^2}=\lim_{x\to0}\frac{-\frac{1}{2}x^2}{3x^2}=-\frac{1}{6}$$

故

$$\lim_{x\to0}\left(\frac{\sin x}{x}\right)^{\frac{1}{x^2}}=\mathrm{e}^{-\frac{1}{6}}$$

因此

$$\lim_{n\to\infty}\left(\frac{x_{n+1}}{x_n}\right)^{\frac{1}{x_n^2}}=\mathrm{e}^{-\frac{1}{6}}$$

三、经典习题与解答

┌ ＋ ＋ ＋ ＋ ＋ ＋ ＋ ＋ ＋ ┐
　　　经典习题
└ ＋ ＋ ＋ ＋ ＋ ＋ ＋ ＋ ＋ ┘

1. 选择题

（1）$\lim\limits_{x\to1}(x-1)^2\mathrm{e}^{\frac{1}{x-1}}$ 的极限为（　　　）。

（A）0　　　　　　　　（B）$-\infty$　　　　　　　　（C）$+\infty$　　　　　　　　（D）不存在但不是 ∞

（2）下列命题正确的是（　　　）。

（A）若 $f(x)$ 和 $g(x)$ 是无穷大量，则 $f(x)+g(x)$ 是无穷大量

（B）若 $f(x)g(x)$ 是无穷大量，则 $f(x)$ 和 $g(x)$ 中至少有一个是无穷大量

(C) 若 $f(x)$ 是无穷小量，则 $\dfrac{1}{f(x)}$ 是无穷大量

(D) 若 $f(x)g(x)$ 是无穷大量，则 $f(x)$ 和 $g(x)$ 中至少有一个为无界变量

(3) 当 $x \to 0$ 时，下列无穷小中最低阶是（　　）。

(A) $3^{x^3} - 1$ 　　　　(B) $\sqrt[3]{1+x^2} - 1$ 　　(C) $x^{100} + x$ 　　　　(D) $\tan x - \sin x$

(4) 下列命题正确的是（　　）。

(A) 若 $f(x)$ 是有界函数，且 $\lim \alpha(x)f(x) = 0$，则 $\lim \alpha(x) = 0$

(B) 若 $\alpha(x)$ 是无穷小量，且 $\lim \dfrac{\alpha(x)}{\beta(x)} = a \neq 0$，则 $\lim \beta(x) = \infty$

(C) 若 $\alpha(x)$ 是无穷大量，且 $\lim \alpha(x)\beta(x) = a$，则 $\lim \beta(x) = 0$

(D) 若 $\alpha(x)$ 是无界函数，且 $\lim f(x)\alpha(x) = \infty$，则 $\lim f(x) = 0$

(5) 当 $x \to 0$ 时，下列函数中，（　　）是比其他三个高阶的无穷小。

(A) x^2 　　　　　　　(B) $1 - \cos x$ 　　　　(C) $x - \tan x$ 　　　(D) $\ln(1 + x^2)$

2. 填空题

(1) 设 $a_i > 0\,(i = 1, 2, \cdots, m)$，则 $\lim\limits_{n \to \infty} \sqrt[n]{a_1^n + a_2^n + \cdots + a_m^n} = $ _____。

(2) 设 $\lim\limits_{x \to \infty} \left(\dfrac{x + 2a}{x - a} \right)^{\frac{x}{3}} = 8$，则 $a = $ _____。

(3) $\lim\limits_{n \to \infty} n^2 (\mathrm{e}^{\frac{1}{n}} - \mathrm{e}^{\frac{1}{n+1}}) = $ _____。

(4) $\lim\limits_{x \to \infty} x^{\frac{8}{5}} (\sqrt[5]{x^2 + 2} - \sqrt[5]{x^2 + 1}) = $ _____。

(5) $\lim\limits_{x \to 0} \dfrac{\mathrm{e}^{-\frac{1}{x^2}}}{x^{100}} = $ _____。

(6) $\lim\limits_{x \to \infty} (\sqrt[3]{x^3 + x^2} - x\mathrm{e}^{\frac{1}{x}}) = $ _____。

(7) 设 $\lim\limits_{x \to 0} \dfrac{x}{f(3x)} = 2$，则 $\lim\limits_{x \to 0} \dfrac{f(2x)}{x} = $ _____。

(8) 设 $\lim\limits_{x \to \infty} \dfrac{(x-1)(x-2)(x-3)(x-4)(x-5)}{(4x-1)^{\alpha}} = \beta > 0$，则 $\alpha = $ _____，$\beta = $

_____。

3. 解答题

(1) 求极限 $\lim\limits_{x \to 0^+} \dfrac{1 - \sqrt{\cos x}}{x(1 - \cos \sqrt{x})}$。

(2) 设 $f(x)$ 在 $[0, +\infty)$ 上连续，且 $\lim\limits_{x \to +\infty} \dfrac{f(x)}{x^2} = 1$，求 $\lim\limits_{x \to +\infty} \dfrac{\mathrm{e}^{-2x} \displaystyle\int_0^x \mathrm{e}^{2t} f(t)\,\mathrm{d}t}{f(x)}$。

(3) 设 $x_1 = \sqrt{2}$，$x_{n+1} = \sqrt{2 + x_n}\ (n = 1, 2, \cdots)$，试证明 $\{x_n\}$ 的极限存在，并求此极限。

(4) 设 $a > 0$，$x_1 > 0$，$x_{n+1} = \dfrac{1}{2}\left(x_n + \dfrac{a}{x_n} \right)\ (n = 1, 2, \cdots)$，求极限 $\lim\limits_{n \to \infty} x_n$。

(5) 求极限 $\lim\limits_{n \to \infty} \left(\dfrac{1}{2} + \dfrac{3}{2^2} + \cdots + \dfrac{2n-1}{2^n} \right)$。

(6) 设数列 $\{x_n\}$，$x_0 = a$，$x_1 = b$，$x_n = \dfrac{x_{n-2} + x_{n-1}}{2}(n \geq 2)$，求极限 $\lim\limits_{n \to \infty} x_n$。

(7) 求极限 $\lim\limits_{n \to \infty} \sqrt[n]{1 + x^n + \left(\dfrac{x^2}{2}\right)^n}(x \geq 0)$。

(8) 设 $f(x)$ 是三次多项式，且 $\lim\limits_{x \to 2a} \dfrac{f(x)}{x - 2a} = \lim\limits_{x \to 4a} \dfrac{f(x)}{x - 4a} = 1(a \neq 0)$，求极限 $\lim\limits_{x \to 3a} \dfrac{f(x)}{x - 3a}$。

$$\boxed{\text{经典习题解答}}$$

1. 选择题

(1) **解** 应选(D)。

令 $y = \dfrac{1}{x - 1}$，则 $(x - 1)^2 \mathrm{e}^{\frac{1}{x-1}} = \dfrac{\mathrm{e}^y}{y^2}$，且当 $x \to 1$ 时，$y \to \infty$，从而

$$\lim_{x \to 1} (x - 1)^2 \mathrm{e}^{\frac{1}{x-1}} = \lim_{y \to \infty} \dfrac{\mathrm{e}^y}{y^2}$$

由于 $\lim\limits_{y \to +\infty} \dfrac{\mathrm{e}^y}{y^2} = +\infty$，$\lim\limits_{y \to -\infty} \dfrac{\mathrm{e}^y}{y^2} = 0$，因此 $\lim\limits_{x \to 1} (x - 1)^2 \mathrm{e}^{\frac{1}{x-1}}$ 不存在，但不是 ∞，故选(D)。

(2) **解** 应选(D)。

假设 $f(x)$ 和 $g(x)$ 都是有界变量，则 $f(x)g(x)$ 为有界变量，从而不可能是无穷大量，这与 $f(x)g(x)$ 是无穷大量矛盾，所以 $f(x)$ 和 $g(x)$ 中至少有一个为无界变量，故选(D)。

(3) **解** 应选(C)。

因为

$$3^{x^3} - 1 \sim x^3 \ln 3, \quad \sqrt[3]{1 + x^2} - 1 \sim \dfrac{1}{3} x^2$$

$$\lim_{x \to 0} \dfrac{x^{100} + x}{x} = 1, \quad \lim_{x \to 0} \dfrac{\tan x - \sin x}{x^3} = \lim_{x \to 0} \dfrac{\tan x(1 - \cos x)}{x^3} = \lim_{x \to 0} \dfrac{x \cdot \dfrac{1}{2} x^2}{x^3} = \dfrac{1}{2}$$

故选(C)。

(4) **解** 应选(C)。

由 $\lim \alpha(x) = \infty$，知 $\lim \dfrac{1}{\alpha(x)} = 0$，由于 $\lim \alpha(x)\beta(x) = a$，因此

$$\lim \beta(x) = \lim \left[\dfrac{1}{\alpha(x)} \cdot \alpha(x)\beta(x)\right] = 0$$

故选(C)。

(5) **解** 应选(C)。

因为

$$1 - \cos x \sim \dfrac{1}{2} x^2, \quad \ln(1 + x^2) \sim x^2, \quad \lim_{x \to 0} \dfrac{x - \tan x}{x^2} = \lim_{x \to 0} \dfrac{1 - \sec^2 x}{2x} = \lim_{x \to 0} \dfrac{-\tan^2 x}{2x} = 0$$

故选(C)。

2. 填空题

(1) **解** 记 $a = \max a_i$，则

$$y_n = a = \sqrt[n]{a^n} < x_n = \sqrt[n]{a_1^n + a_2^n + \cdots + a_m^n} < \sqrt[n]{ma^n} = a\sqrt[n]{m} = z_n$$

由于 $\lim\limits_{n\to\infty} y_n = a$，$\lim\limits_{n\to\infty} z_n = a$，因此

$$\lim_{n\to\infty} x_n = a$$

即

$$\lim_{n\to\infty} \sqrt[n]{a_1^n + a_2^n + \cdots + a_m^n} = \max a_i$$

(2) 解 由于

$$\frac{x+2a}{x-a} = 1 + \frac{3a}{x-a}, \quad \lim_{x\to\infty}\left(\frac{3a}{x-a} \cdot \frac{x}{3}\right) = a$$

因此

$$\lim_{x\to\infty}\left(\frac{x+2a}{x-a}\right)^{\frac{x}{3}} = e^a$$

从而 $e^a = 8$，故 $a = 3\ln 2$。

(3) 解 $\lim\limits_{n\to\infty} n^2(e^{\frac{1}{n}} - e^{\frac{1}{n+1}}) = \lim\limits_{n\to\infty} n^2 e^{\frac{1}{n+1}}(e^{\frac{1}{n(n+1)}} - 1) = \lim\limits_{n\to\infty} \frac{n^2}{n(n+1)} = 1$

(4) 解 $\lim\limits_{x\to\infty} x^{\frac{8}{5}}(\sqrt[5]{x^2+2} - \sqrt[5]{x^2+1}) = \lim\limits_{x\to\infty} x^{\frac{8}{5}} \sqrt[5]{x^2+1}\left(\sqrt[5]{1 + \frac{1}{x^2+1}} - 1\right)$

$$= \lim_{x\to\infty} x^2 \sqrt[5]{1 + \frac{1}{x^2}} \cdot \frac{1}{5} \frac{1}{x^2+1} = \frac{1}{5}$$

(5) 解 令 $t = \dfrac{1}{x^2}$，则

$$\lim_{x\to 0} \frac{e^{-\frac{1}{x^2}}}{x^{100}} = \lim_{t\to +\infty} \frac{t^{50}}{e^t} = \lim_{t\to +\infty} \frac{50 t^{49}}{e^t} = \cdots = \lim_{t\to +\infty} \frac{50!}{e^t} = 0$$

(6) 解 $\lim\limits_{x\to\infty}(\sqrt[3]{x^3+x^2} - xe^{\frac{1}{x}}) = \lim\limits_{x\to\infty}(\sqrt[3]{x^3+x^2} - x) + \lim\limits_{x\to\infty}(x - xe^{\frac{1}{x}})$

$$= \lim_{x\to\infty} x\left(\sqrt[3]{1 + \frac{1}{x}} - 1\right) - \lim_{x\to\infty} x(e^{\frac{1}{x}} - 1)$$

$$= \lim_{x\to\infty} x \cdot \frac{1}{3x} - \lim_{x\to\infty} x \cdot \frac{1}{x} = \frac{1}{3} - 1 = -\frac{2}{3}$$

(7) 解 $\lim\limits_{x\to 0} \dfrac{f(2x)}{x} = \lim\limits_{x\to 0} \dfrac{f(2x)}{\frac{2x}{3}} \cdot \dfrac{2}{3} \xlongequal{t=\frac{2}{3}x} \lim\limits_{t\to 0} \dfrac{f(3t)}{t} \cdot \dfrac{2}{3} = \dfrac{1}{2} \times \dfrac{2}{3} = \dfrac{1}{3}$

(8) 解 由于

$$\lim_{x\to\infty} \frac{(x-1)(x-2)(x-3)(x-4)(x-5)}{(4x-1)^{\alpha}}$$

$$= \lim_{x\to\infty} \frac{\left(1-\frac{1}{x}\right)\left(1-\frac{2}{x}\right)\left(1-\frac{3}{x}\right)\left(1-\frac{4}{x}\right)\left(1-\frac{5}{x}\right)}{\left(4-\frac{1}{x}\right)^{\alpha}} x^{5-\alpha}$$

$$= 4^{-\alpha} \lim_{x\to\infty} x^{5-\alpha} = \beta > 0$$

因此 $\alpha = 5$，$\beta = \dfrac{1}{4^5}$。

3. 解答题

(1) **解**

$$\lim_{x \to 0^+} \frac{1 - \sqrt{\cos x}}{x(1 - \cos\sqrt{x})} = \lim_{x \to 0^+} \left[\frac{1 - \cos x}{x(1 - \cos\sqrt{x})} \cdot \frac{1}{1 + \sqrt{\cos x}} \right]$$

$$= \frac{1}{2} \lim_{x \to 0^+} \frac{\frac{1}{2}x^2}{x \cdot \frac{1}{2}x} = \frac{1}{2}$$

(2) **解**

$$\lim_{x \to +\infty} \frac{e^{-2x} \int_0^x e^{2t} f(t)\,dt}{f(x)} = \lim_{x \to +\infty} \left[\frac{\int_0^x e^{2t} f(t)\,dt}{x^2 e^{2x}} \cdot \frac{x^2}{f(x)} \right] = \lim_{x \to +\infty} \frac{e^{2x} f(x)}{e^{2x}(2x^2 + 2x)}$$

$$= \lim_{x \to +\infty} \frac{\dfrac{f(x)}{x^2}}{2 + \dfrac{2}{x}} = \frac{1}{2}$$

(3) **解**　由于 $x_1 = \sqrt{2}$，$x_2 = \sqrt{2 + \sqrt{2}}$，因此 $x_1 < x_2$。假设当 $n = k$ 时，$x_n < x_{n+1}$，则当 $n = k+1$ 时，$x_n = x_{k+1} = \sqrt{2 + x_k} < \sqrt{2 + x_{k+1}} = x_{k+2} = x_{n+1}$，故对一切自然数 n，都有 $x_n < x_{n+1}$，即数列 $\{x_n\}$ 单调递增。又 $x_1 = \sqrt{2} < 2$，假设当 $n = k$ 时，$x_n < 2$，则当 $n = k+1$ 时，$x_n = x_{k+1} = \sqrt{2 + x_k} < \sqrt{2 + 2} = 2$，故对一切自然数 n，都有 $x_2 < 2$，即数列 $\{x_n\}$ 有上界，从而数列 $\{x_n\}$ 的极限存在。

设 $\lim\limits_{n \to \infty} x_n = a$，在等式 $x_{n+1} = \sqrt{2 + x_n}$ 两边取极限，得 $a = \sqrt{2 + a}$，解之，得 $a = 2$，$a = -1$（舍去），故 $\lim\limits_{n \to \infty} x_n = 2$。

(4) **解**　由于

$$x_{n+1} = \frac{1}{2}\left(x_n + \frac{a}{x_n} \right) \geqslant \frac{1}{2} \cdot 2\sqrt{x_n \cdot \frac{a}{x_n}} = \sqrt{a} \quad (n = 1, 2, \cdots)$$

因此 $\{x_n\}$ 有下界 $\sqrt{a}$；又

$$\frac{x_{n+1}}{x_n} = \frac{1}{2}\left(1 + \frac{a}{x_n^2} \right) \leqslant \frac{1}{2}\left(1 + \frac{a}{a} \right) = 1$$

即 $x_{n+1} \leqslant x_n (n = 1, 2, \cdots)$，故 $\{x_n\}$ 单调递减，从而 $\{x_n\}$ 的极限存在。

不妨设 $\lim\limits_{n \to \infty} x_n = b$，则

$$\lim_{n \to \infty} x_{n+1} = \frac{1}{2}\left(\lim_{n \to \infty} x_n + \lim_{n \to \infty} \frac{a}{x_n} \right)$$

从而

$$b = \frac{1}{2}\left(b + \frac{a}{b} \right)$$

解之，得 $b = \sqrt{a}$，$b = -\sqrt{a}$（舍去），故 $\lim\limits_{n \to \infty} x_n = \sqrt{a}$。

(5) **解**　令 $x_n = \dfrac{1}{2} + \dfrac{3}{2^2} + \cdots + \dfrac{2n-1}{2^n}$，则

$$x_n - \frac{1}{2}x_n = \frac{1}{2} + \left(\frac{3}{2^2} - \frac{1}{2^2}\right) + \left(\frac{5}{2^3} - \frac{3}{2^3}\right) + \cdots + \left(\frac{2n-1}{2^n} - \frac{2n-3}{2^n}\right) - \frac{2n-1}{2^{n+1}}$$

$$= \frac{1}{2} + \left(\frac{1}{2} + \frac{1}{2^2} + \cdots + \frac{1}{2^{n-1}}\right) - \frac{2n-1}{2^{n+1}}$$

从而

$$x_n = 1 + 1 + \frac{1}{2} + \cdots + \frac{1}{2^{n-2}} - \frac{2n-1}{2^n} = 1 + \frac{1 - \frac{1}{2^{n-1}}}{1 - \frac{1}{2}} - \frac{2n-1}{2^n} = 3 - \frac{1}{2^{n-2}} - \frac{2n-1}{2^n}$$

故

$$\lim_{n \to \infty} x_n = \lim_{n \to \infty} \left(3 - \frac{1}{2^{n-2}} - \frac{2n-1}{2^n}\right) = 3$$

（6）**解**　由 $x_n = \dfrac{x_{n-2} + x_{n-1}}{2}$，得

$$x_n - x_{n-1} = \frac{x_{n-2} + x_{n-1}}{2} - x_{n-1} = \frac{x_{n-2} - x_{n-1}}{2} \quad (n \geqslant 2)$$

从而

$$x_1 - x_0 = b - a, \quad x_2 - x_1 = \frac{x_0 - x_1}{2} = -\frac{b-a}{2}$$

$$x_3 - x_2 = \frac{x_1 - x_2}{2} = (-1)^2 \frac{(b-a)}{2^2}, \cdots, x_n - x_{n-1} = (-1)^{n-1} \frac{b-a}{2^{n-1}}$$

因此

$$x_n - x_0 = (x_n - x_{n-1}) + (x_{n-1} - x_{n-2}) + \cdots + (x_1 - x_0)$$

$$= (b-a)\left[(-1)^{n-1}\frac{1}{2^{n-1}} + \cdots - \frac{1}{2} + 1\right] = \frac{2}{3}(b-a)\left[1 - \left(-\frac{1}{2}\right)^n\right]$$

从而

$$x_n = x_0 + \frac{2}{3}(b-a)\left[1 - \left(-\frac{1}{2}\right)^n\right] = a + \frac{2}{3}(b-a)\left[1 - \left(-\frac{1}{2}\right)^n\right]$$

故

$$\lim_{n \to \infty} x_n = \frac{a + 2b}{3}$$

（7）**解**　当 $0 \leqslant x \leqslant 1$ 时，由于

$$1 \leqslant \sqrt[n]{1 + x^n + \left(\frac{x^2}{2}\right)^n} \leqslant \sqrt[n]{3}$$

且 $\lim\limits_{n \to \infty} \sqrt[n]{3} = 1$，因此

$$\lim_{n \to \infty} \sqrt[n]{1 + x^n + \left(\frac{x^2}{2}\right)^n} = 1$$

当 $1 < x \leqslant 2$ 时，由于

$$x \leqslant \sqrt[n]{1 + x^n + \left(\frac{x^2}{2}\right)^n} \leqslant \sqrt[n]{3}\, x$$

且 $\lim\limits_{n \to \infty} \sqrt[n]{3}\, x = x$，因此

$$\lim_{n \to \infty} \sqrt[n]{1 + x^n + \left(\frac{x^2}{2}\right)^n} = x$$

当 $x > 2$ 时，由于

$$\frac{1}{2}x^2 \leqslant \sqrt[n]{1 + x^n + \left(\frac{x^2}{2}\right)^n} \leqslant \sqrt[n]{3} \cdot \frac{x^2}{2}$$

且 $\lim\limits_{n \to \infty} \sqrt[n]{3} \cdot \frac{x^2}{2} = \frac{x^2}{2}$，因此

$$\lim_{n \to \infty} \sqrt[n]{1 + x^n + \left(\frac{x^2}{2}\right)^n} = \frac{x^2}{2}$$

综上可知

$$\lim_{n \to \infty} \sqrt[n]{1 + x^n + \left(\frac{x^2}{2}\right)^n} = \begin{cases} 1, & 0 \leqslant x \leqslant 1 \\ x, & 1 < x \leqslant 2 \\ \dfrac{x^2}{2}, & x > 2 \end{cases}$$

（8）**解**　由于

$$\lim_{x \to 2a} \frac{f(x)}{x - 2a} = \lim_{x \to 4a} \frac{f(x)}{x - 4a} = 1$$

因此

$$f(2a) = f(4a) = 0$$

从而 $x - 2a$，$x - 4a$ 为 $f(x)$ 的因子；又 $f(x)$ 为三次多项式，故

$$f(x) = b(x - 2a)(x - 4a)(x - c)$$

从而

$$\lim_{x \to 2a} \frac{f(x)}{x - 2a} = \lim_{x \to 2a} \frac{b(x - 2a)(x - 4a)(x - c)}{x - 2a} = -2ab(2a - c) = 1$$

$$\lim_{x \to 4a} \frac{f(x)}{x - 4a} = \lim_{x \to 4a} \frac{b(x - 2a)(x - 4a)(x - c)}{x - 4a} = 2ab(4a - c) = 1$$

解之，得 $b = \dfrac{1}{2a^2}$，$c = 3a$，因此

$$f(x) = \frac{1}{2a^2}(x - 2a)(x - 4a)(x - 3a)$$

故

$$\lim_{x \to 3a} \frac{f(x)}{x - 3a} = \frac{1}{2a^2} \cdot a \cdot (-a) = -\frac{1}{2}$$

1.3　连　　续

一、考点内容讲解

1. 连续

（1）定义：设函数 $y = f(x)$ 在 x_0 的某一邻域内有定义，如果 $\lim\limits_{x \to x_0} f(x) = f(x_0)$，或 $\lim\limits_{\Delta x \to 0} \Delta y = \lim\limits_{\Delta x \to 0} [f(x_0 + \Delta x) - f(x_0)] = 0$，则称 $f(x)$ 在 x_0 处连续。

（2）左右连续：若 $\lim\limits_{x \to x_0^-} f(x) = f(x_0)$，则称 $f(x)$ 在 x_0 处左连续；若 $\lim\limits_{x \to x_0^+} f(x) = f(x_0)$，

则称 $f(x)$ 在 x_0 处右连续。

$$f(x) \text{ 在点 } x_0 \text{ 处连续} \Leftrightarrow f(x) \text{ 在点 } x_0 \text{ 处左连续且右连续}$$

（3）区间上连续：若函数 $f(x)$ 在区间上每一点都连续，则称函数 $f(x)$ 为该区间上的连续函数，或称函数 $f(x)$ 在该区间上连续。如果区间包括端点，那么函数 $f(x)$ 在右端点连续是指左连续，在左端点连续是指右连续。

2. 间断点及其类型

（1）定义：设函数 $f(x)$ 在点 x_0 的某去心邻域内有定义，在此前提下，如果函数 $f(x)$ 有下列情形之一：

（ⅰ）在 $x = x_0$ 没有定义；

（ⅱ）虽在 $x = x_0$ 有定义，但 $\lim\limits_{x \to x_0} f(x)$ 不存在；

（ⅲ）虽在 $x = x_0$ 有定义，且 $\lim\limits_{x \to x_0} f(x)$ 存在，但 $\lim\limits_{x \to x_0} f(x) \neq f(x_0)$，

则称函数 $f(x)$ 在点 x_0 处不连续，点 x_0 称为函数 $f(x)$ 的不连续点或间断点。

（2）间断点类型：

（ⅰ）第一类间断点：左、右极限均存在的间断点。

① 可去间断点：左极限 ＝ 右极限；

② 跳跃间断点：左极限 ≠ 右极限。

（ⅱ）第二类间断点：左、右极限中至少有一个不存在的间断点。

① 无穷间断点：$x \to x_0$ 时，$f(x) \to \infty$；

② 振荡间断点：$x \to x_0$ 时，$f(x)$ 振荡。

3. 连续函数的性质

（1）连续函数的和、差、积、商（分母不为零）、复合及反函数仍为连续函数。

（2）基本初等函数在其定义域内处处连续；初等函数在其定义区间内处处连续。

（3）有界性：若 $f(x)$ 在 $[a, b]$ 上连续，则 $f(x)$ 在 $[a, b]$ 上有界。

（4）最值性：若 $f(x)$ 在 $[a, b]$ 上连续，则 $f(x)$ 在 $[a, b]$ 上必有最大值和最小值。

（5）介值性：若 $f(x)$ 在 $[a, b]$ 上连续，则 $f(x)$ 在 $[a, b]$ 上可取到介于它在 $[a, b]$ 上最小值与最大值之间的一切值。

（6）零点定理：若 $f(x)$ 在 $[a, b]$ 上连续，且 $f(a) \cdot f(b) < 0$，则 $\exists \xi \in (a, b)$，使得 $f(\xi) = 0$。

二、考点题型解析

常考题型：• 连续性与间断点类型；• 介值定理、最值定理与零点定理证明题。

1. 选择题

例 1 已知 $f(x)$ 在 x_0 的某去心邻域内有定义，且 x_0 为 $f(x)$ 的间断点，则在 x_0 处必间断的函数是（　　）。

(A) $f^2(x)$　　　　　(B) $|f(x)|$　　　　　(C) $f(x)\sin x$　　　　　(D) $f(x) + \sin x$

解 应选（D）。

由于 $f(x)$ 在 x_0 处不连续，$\sin x$ 在 x_0 处连续，因此 $f(x) + \sin x$ 在 x_0 处不连续，故选（D）。

例 2　设函数 $f(x) = \lim\limits_{n\to\infty} \dfrac{1+x}{1+x^{2n}}$，讨论函数 $f(x)$ 的间断点，其结论为(　　)。

(A) 不存在间断点　　　　　　　　(B) 存在间断点 $x = 1$

(C) 存在间断点 $x = 0$　　　　　　(D) 存在间断点 $x = -1$

解　应选(B)。

由于

$$f(x) = \lim_{n\to\infty} \frac{1+x}{1+x^{2n}} = \begin{cases} 1+x, & |x| < 1 \\ 1, & x = 1 \\ 0, & x = -1 \text{ 或 } |x| > 1 \end{cases}$$

因此 $f(x)$ 在 $x = 0$ 处连续。又

$$\lim_{x\to 1^-} f(x) = \lim_{x\to 1^-}(1+x) = 2, \qquad \lim_{x\to 1^+} f(x) = 0$$

故 $x = 1$ 是 $f(x)$ 的间断点；因为

$$\lim_{x\to -1^+} f(x) = \lim_{x\to -1^+}(1+x) = 0, \qquad \lim_{x\to -1^-} f(x) = 0$$

所以 $f(x)$ 在 $x = -1$ 处连续，故选(B)。

例 3　设 $f(x) = \begin{cases} \dfrac{\displaystyle\int_0^x (\mathrm{e}^{t^2} - 1)\,\mathrm{d}t}{x^2}, & x \neq 0 \\ a, & x = 0 \end{cases}$ 在 $x = 0$ 处连续，则 $a = (\quad)$。

(A) 0　　　　　　(B) 1　　　　　　(C) 2　　　　　　(D) $\dfrac{1}{2}$

解　应选(A)。

由于 $f(x)$ 在 $x = 0$ 处连续，因此

$$a = \lim_{x\to 0} f(x) = \lim_{x\to 0} \frac{\displaystyle\int_0^x (\mathrm{e}^{t^2} - 1)\,\mathrm{d}t}{x^2} = \lim_{x\to 0} \frac{\mathrm{e}^{x^2} - 1}{2x} = \lim_{x\to 0} \frac{x^2}{2x} = 0$$

故选(A)。

例 4　奇次多项式 $p(x) = a_0 x^{2n+1} + a_1 x^{2n} + \cdots + a_{2n+1}(a_0 \neq 0)$ 存在实根的情况是(　　)。

(A) 1 个　　　　(B) $2n+1$ 个　　　　(C) $2n$ 个　　　　(D) 至少 1 个

解　应选(D)。

不妨设 $a_0 > 0$，由于

$$\lim_{x\to +\infty} p(x) = \lim_{x\to +\infty} x^{2n+1}\left(a_0 + \frac{a_1}{x} + \cdots + \frac{a_{2n+1}}{x^{2n+1}}\right) = +\infty$$

$$\lim_{x\to -\infty} p(x) = \lim_{x\to -\infty} x^{2n+1}\left(a_0 + \frac{a_1}{x} + \cdots + \frac{a_{2n+1}}{x^{2n+1}}\right) = -\infty$$

因此存在 $X > 0$，使得 $p(X) > 0$，$p(-X) < 0$，又多项式函数 $p(x)$ 在 $[-X, X]$ 上连续，由零点定理知 $\exists \xi \in (-X, X)$，使得 $p(\xi) = 0$，故选(D)。

2. 填空题

例 1　设 $f(x) = \lim\limits_{n\to\infty} \dfrac{x^{2n-1} + ax + b}{x^{2n} + 1}$ 是连续函数，则 $a = $ _____，$b = $ _____。

解 由于 $f(x) = \begin{cases} \dfrac{-1-a+b}{2}, & x=-1 \\ ax+b, & |x|<1 \\ \dfrac{1}{x}, & |x|>1 \\ \dfrac{1+a+b}{2}, & x=1 \end{cases}$ 连续，因此

$$f(-1-0) = f(-1+0) = f(-1)$$
$$f(1-0) = f(1+0) = f(1)$$

故 $-1=-a+b$，$a+b=1$，解之，得 $a=1$，$b=0$。

例 2 已知 $f(x) = \begin{cases} (\cos x)^{\frac{1}{x^2}}, & x \neq 0 \\ a, & x=0 \end{cases}$ 在 $x=0$ 处连续，则 $a=$ _____。

解 由于 $f(x)$ 在 $x=0$ 处连续，因此

$$a = f(0) = \lim_{x \to 0} f(x) = \lim_{x \to 0} (\cos x)^{\frac{1}{x^2}} = \lim_{x \to 0} (\cos^2 x)^{\frac{1}{2x^2}} = \lim_{x \to 0} \left[(1-\sin^2 x)^{\frac{1}{-\sin^2 x}} \right]^{\frac{-\sin^2 x}{2x^2}}$$

又 $\lim\limits_{x \to 0} \left(-\dfrac{\sin^2 x}{2x^2} \right) = -\dfrac{1}{2}$，故 $a = \mathrm{e}^{-\frac{1}{2}}$。

3. 解答题

例 1 求函数 $f(x) = \dfrac{x^2-x}{|x|(x^2-1)}$ 的间断点并指出类型。

解 显然 $x=0$，$x=\pm 1$ 是 $f(x)$ 的间断点。由于

$$f(0-0) = \lim_{x \to 0^-} f(x) = \lim_{x \to 0^-} \frac{x(x-1)}{(-x)(x^2-1)} = -1$$
$$f(0+0) = \lim_{x \to 0^+} f(x) = \lim_{x \to 0^+} \frac{x(x-1)}{x(x^2-1)} = 1$$

因此 $x=0$ 是 $f(x)$ 的第一类跳跃间断点。

又

$$\lim_{x \to -1} f(x) = \lim_{x \to -1} \frac{x(x-1)}{(-x)(x^2-1)} = \infty$$

故 $x=-1$ 是 $f(x)$ 的第二类无穷间断点。

再由于

$$\lim_{x \to 1} f(x) = \lim_{x \to 1} \frac{x(x-1)}{x(x^2-1)} = \lim_{x \to 1} \frac{1}{x+1} = \frac{1}{2}$$

因此 $x=1$ 是 $f(x)$ 的第一类可去间断点。

例 2 求函数 $f(x) = \lim\limits_{n \to \infty} x \dfrac{1-x^{2n+1}}{1+x^{2n}}$ 的间断点并指出类型。

解 由于

$$f(x) = \lim_{n \to \infty} x \frac{1-x^{2n+1}}{1+x^{2n}} = \begin{cases} -1, & x=-1 \\ x, & |x|<1 \\ -x^2, & |x|>1 \\ 0, & x=1 \end{cases}$$

$$\lim_{x\to-1^-}f(x)=\lim_{x\to-1^-}(-x^2)=-1,\quad \lim_{x\to-1^+}f(x)=\lim_{x\to-1^+}x=-1,\quad f(-1)=-1$$

因此 $f(x)$ 在 $x=-1$ 处连续。又

$$\lim_{x\to1^-}f(x)=\lim_{x\to1^-}x=1,\quad \lim_{x\to1^+}f(x)=\lim_{x\to1^+}(-x^2)=-1$$

故 $x=1$ 是 $f(x)$ 的第一类跳跃间断点。

例 3　证明方程 $\ln x=\dfrac{x}{e}-\displaystyle\int_0^{\pi}\sqrt{1-\cos2x}\,\mathrm{d}x$ 在区间 $(0,+\infty)$ 内有且仅有两个不同实根。

证　**方法一**　由于

$$\int_0^{\pi}\sqrt{1-\cos2x}\,\mathrm{d}x=\sqrt{2}\int_0^{\pi}\sin x\,\mathrm{d}x=2\sqrt{2}$$

因此方程即 $\ln x=\dfrac{x}{e}-2\sqrt{2}$。

令 $f(x)=e\ln x-x+2\sqrt{2}\,e$，则

$$f(e)=2\sqrt{2}\,e>0,\ f(e^{-4})=-4e-e^{-4}+2\sqrt{2}\,e<0,\ f(e^4)=(4+2\sqrt{2})e-e^4<0$$

从而由零点定理知在 (e^{-4},e) 和 (e,e^4) 内方程至少各有一个根。

现用反证法证明仅有两个正根：假设方程有三个正根，不妨设为 $x_1<x_2<x_3$，则

$$f(x_1)=f(x_2)=f(x_3)$$

在区间 $[x_1,x_2]$ 和 $[x_2,x_3]$ 上对 $f(x)$ 应用罗尔定理知 $\exists\xi_1\in(x_1,x_2)$，$\xi_2\in(x_2,x_3)$，使得 $f'(\xi_1)=f'(\xi_2)=0$，在区间 $[\xi_1,\xi_2]$ 上对 $f'(x)$ 应用罗尔定理知 $\exists\xi\in(\xi_1,\xi_2)$，使得 $f''(\xi)=0$，但 $f''(x)=-\dfrac{e}{x^2}\neq0$，矛盾，所以方程仅有两个正根，即方程在区间 $(0,+\infty)$ 内有且仅有两个不同实根。

方法二　由于

$$\int_0^{\pi}\sqrt{1-\cos2x}\,\mathrm{d}x=\sqrt{2}\int_0^{\pi}\sin x\,\mathrm{d}x=2\sqrt{2}$$

因此方程即 $\ln x=\dfrac{x}{e}-2\sqrt{2}$。

令 $f(x)=e\ln x-x+2\sqrt{2}\,e$，则 $f'(x)=\dfrac{e}{x}-1$。令 $f'(x)=0$，得驻点 $x=e$，又 $f''(x)=-\dfrac{e}{x^2}<0$，故 $x=e$ 是 $f(x)$ 的最大值点，最大值为 $f(e)=2\sqrt{2}\,e>0$。当 $0<x<e$ 时，$f'(x)>0$，则 $f(x)$ 在 $(0,e)$ 内从 $-\infty$ 严格单调增加到 $2\sqrt{2}\,e$，从而 $f(x)$ 在 $(0,e)$ 内有唯一的一个零点；当 $x>e$ 时，$f'(x)<0$，则 $f(x)$ 在 $(e,+\infty)$ 内从 $2\sqrt{2}\,e$ 严格单调递减到 $-\infty$，从而 $f(x)$ 在 $(e,+\infty)$ 内有唯一的一个零点。所以方程仅有两个正根，即方程在区间 $(0,+\infty)$ 内有且仅有两个不同实根。

例 4　设 $f(x)$ 在 $[a,b]$ 上连续，$f(a)<a$，$f(b)>b$，证明 $\exists\xi\in(a,b)$，使得 $f(\xi)=\xi$。

证　令 $F(x)=f(x)-x$，$F(a)=f(a)-a<0$，$F(b)=f(b)-b>0$，且 $F(x)$ 在 $[a,b]$ 上连续，故由零点定理知 $\exists\xi\in(a,b)$，使得 $F(\xi)=0$，即 $f(\xi)=\xi$。

例 5 设函数 $f(x)$ 连续，$t_i \in (0, 1)(i = 1, 2, \cdots, k)$，且 $\sum\limits_{i=1}^{k} t_i = 1$，证明对于任意

k 个点 $x_1 \leqslant x_2 \leqslant \cdots \leqslant x_k$ 至少存在一点 $\xi \in [x_1, x_k]$，使得 $f(\xi) = \sum\limits_{i=1}^{k} t_i f(x_i)$。

证 记 $M = \max\limits_{1 \leqslant i \leqslant k} f(x_i)$，$m = \min\limits_{1 \leqslant i \leqslant k} f(x_i)$，则 $m \leqslant \sum\limits_{i=1}^{k} t_i f(x_i) \leqslant M$。由于 $f(x)$ 在闭区间 $[x_1, x_k]$ 上连续，因此存在最大值与最小值，从而 M 不超过 $f(x)$ 在 $[x_1, x_k]$ 上的最大值，m 不小于 $f(x)$ 在 $[x_1, x_k]$ 上的最小值。由介值定理知，至少存在一点 $\xi \in [x_1, x_k]$，使得 $f(\xi) = \sum\limits_{i=1}^{k} t_i f(x_i)$。

特例：本题中特别取 $t_1 = t_2 = \cdots = t_k = \dfrac{1}{k}$，则 $f(\xi) = \dfrac{1}{k} \sum\limits_{i=1}^{k} f(x_i)$。

三、经典习题与解答

经典习题

1. 选择题

(1) 设 $f(x)$ 在 $(-\infty, +\infty)$ 上有定义，且 $\lim\limits_{x \to \infty} f(x) = a$，$g(x) = \begin{cases} f\left(\dfrac{1}{x}\right), & x \neq 0 \\ 0, & x = 0 \end{cases}$，则

( )。

(A) $x = 0$ 必是 $g(x)$ 的第一类间断点

(B) $x = 0$ 必是 $g(x)$ 的连续点

(C) $x = 0$ 必是 $g(x)$ 的第二类间断点

(D) $g(x)$ 在 $x = 0$ 处的连续性与 a 的取值有关

(2) 设 $f(x) = \begin{cases} x^2 - 1, & -1 \leqslant x < 0 \\ x, & 0 \leqslant x < 1 \\ 2 - x, & 1 \leqslant x \leqslant 2 \end{cases}$，则 $f(x)$（   ）。

(A) 在 $x = 0, x = 1$ 处间断   (B) 在 $x = 0, x = 1$ 处连续

(C) 在 $x = 0$ 处间断，在 $x = 1$ 处连续   (D) 在 $x = 0$ 处连续，在 $x = 1$ 处间断

(3) 设 $f(x)$ 在 (a, b) 内单调有界，则 $f(x)$ 在 (a, b) 内间断点的类型只能是（   ）。

(A) 第一类间断点

(B) 第二类间断点

(C) 既有第一类间断点也有第二类间断点

(D) 结论不确定

2. 填空题

(1) 设 $f(x) = \begin{cases} \dfrac{1 - \sqrt{1-x}}{1 - \sqrt[3]{1-x}}, & x \neq 0 \\ a, & x = 0 \end{cases}$ 在 $x = 0$ 处连续，则 $a = $ _____。

(2) 设 $f(x) = \begin{cases} \dfrac{\sin ax}{x}, & x < 0 \\ bx + 2, & x \geqslant 0 \end{cases}$ 在 $x = 0$ 处连续，则常数 $a = $ _____，$b = $

_____。

(3) 设 $f(x) = \lim\limits_{t \to x} \left(\dfrac{x-1}{t-1} \right)^{\frac{t}{x-t}} ((x-1)(t-1) > 0, x \neq t)$，则 $f(x)$ 的间断点为

_____，类型为 _____。

3. 解答题

(1) 求函数 $f(x) = \begin{cases} \dfrac{x+1}{x^2-1}, & x \leqslant 0 \\ \dfrac{x}{\sin \pi x}, & x > 0 \end{cases}$ 的间断点并指出类型。

(2) 求函数 $f(x) = \dfrac{1 - 2e^{\frac{1}{x}}}{1 + e^{\frac{1}{x}}} \arctan \dfrac{1}{x}$ 的间断点并指出类型。

(3) 设 $f(x)$ 对一切 x_1、x_2 满足 $f(x_1 + x_2) = f(x_1) + f(x_2)$，且 $f(x)$ 在 $x = 0$ 处连续，证明 $f(x)$ 在任一点 x_0 处连续。

(4) 设 $f(x)$ 在 $[a, b]$ 上连续，$a < x_1 < x_2 < b$，证明 $\exists \xi \in (a, b)$，使得
$$5f(\xi) = 2f(x_1) + 3f(x_2)$$

(5) 设函数 $f(x)$ 在闭区间 $[0, 2a]$ 上连续，且 $f(0) = f(2a)$，证明 $\exists \xi \in [0, a]$，使得 $f(\xi) = f(\xi + a)$。

(6) 设函数 $f(x)$ 在 $(-\infty, +\infty)$ 上连续，且 $\lim\limits_{x \to \infty} f(x) = -\infty$，证明 $f(x)$ 在 $(-\infty, +\infty)$ 上存在最大值。

$$\boxed{\text{经典习题解答}}$$

1. 选择题

(1) **解**　应选(D)。

由于 $\lim\limits_{x \to \infty} f(x) = a$，因此 $\lim\limits_{x \to 0} g(x) = \lim\limits_{x \to 0} f\left(\dfrac{1}{x} \right) = a$，因为 $g(0) = 0$，所以当 $a = 0$ 时，$g(x)$ 在 $x = 0$ 处连续，当 $a \neq 0$ 时，$g(x)$ 在 $x = 0$ 处不连续，故选(D)。

(2) **解**　应选(C)。

由于
$$f(0^-) = \lim\limits_{x \to 0^-} f(x) = \lim\limits_{x \to 0^-} (x^2 - 1) = -1, \quad f(0^+) = \lim\limits_{x \to 0^+} f(x) = \lim\limits_{x \to 0^+} x = 0$$
因此 $f(x)$ 在 $x = 0$ 处间断。因为
$$f(1^-) = \lim\limits_{x \to 1^-} f(x) = \lim\limits_{x \to 1^-} x = 1, \quad f(1^+) = \lim\limits_{x \to 1^+} f(x) = \lim\limits_{x \to 1^+} (2 - x) = 1$$
且 $f(1) = 1$，所以 $f(x)$ 在 $x = 1$ 处连续，故选(C)。

(3) **解**　应选(A)。

不妨设 $f(x)$ 单调递增，且 $|f(x)| \leqslant M$，$\forall x_0 \in (a, b)$，当 $x \to x_0^-$ 时，$f(x)$ 单调增加且有上界，则 $\lim\limits_{x \to x_0^-} f(x)$ 存在；当 $x \to x_0^+$ 时，$f(x)$ 单调减少且有下界，则 $\lim\limits_{x \to x_0^+} f(x)$ 存在，从

而 x_0 只能是第一类间断点，故选（A）。

2. 填空题

（1）**解**
$$a = \lim_{x \to 0} f(x) = \lim_{x \to 0} \frac{1 - \sqrt{1-x}}{1 - \sqrt[3]{1-x}}$$
$$= \lim_{x \to 0} \frac{[1-(1-x)][1+(1-x)^{\frac{1}{3}}+(1-x)^{\frac{2}{3}}]}{[1-(1-x)][1+(1-x)^{\frac{1}{2}}]} = \frac{3}{2}$$

（2）**解** 由于 $f(0)=2$，函数 $f(x)$ 在 $x=0$ 处连续，且
$$f(0-0) = \lim_{x \to 0^-} f(x) = \lim_{x \to 0^-} \frac{\sin ax}{x} = a$$
$$f(0+0) = \lim_{x \to 0^+} f(x) = \lim_{x \to 0^+} (bx+2) = 2$$
因此 $a=2$，b 可为任何实数。

（3）**解**
$$f(x) = \lim_{t \to x} \left(\frac{x-1}{t-1}\right)^{\frac{t}{x-t}} = \lim_{t \to x} \left(1 + \frac{x-t}{t-1}\right)^{\frac{t}{x-t}}$$
由于
$$\lim_{t \to x} \frac{x-t}{t-1} \cdot \frac{t}{x-t} = \frac{x}{x-1}$$
因此 $f(x) = e^{\frac{x}{x-1}}$，从而 $x=1$ 为 $f(x)$ 的间断点。
又
$$\lim_{x \to 1^-} f(x) = \lim_{x \to 1^-} e^{\frac{x}{x-1}} = 0, \quad \lim_{x \to 1^+} f(x) = \lim_{x \to 1^+} e^{\frac{x}{x-1}} = \infty$$
故 $x=1$ 为 $f(x)$ 的第二类无穷间断点。

3. 解答题

（1）**解** 显然 $x=-1$，$x=0$，$x=n(n=1,2,\cdots)$ 是 $f(x)$ 的间断点。由于
$$\lim_{x \to -1} f(x) = \lim_{x \to -1} \frac{x+1}{x^2-1} = \lim_{x \to -1} \frac{1}{x-1} = -\frac{1}{2}$$
因此 $x=-1$ 为 $f(x)$ 的第一类可去间断点。
因为
$$\lim_{x \to 0^+} f(x) = \lim_{x \to 0^+} \frac{x}{\sin \pi x} = \frac{1}{\pi}$$
$$\lim_{x \to 0^-} f(x) = \lim_{x \to 0^-} \frac{x+1}{x^2-1} = -1$$
所以 $x=0$ 为 $f(x)$ 的第一类跳跃间断点。

又 $\lim\limits_{x \to n} f(x) = \lim\limits_{x \to n} \frac{x}{\sin \pi x} = \infty(n=1,2,\cdots)$，故 $x=n(n=1,2,\cdots)$ 为 $f(x)$ 的第二类无穷间断点。

（2）**解** 显然 $x=0$ 是 $f(x)$ 的间断点，且
$$\lim_{x \to 0^-} f(x) = \lim_{x \to 0^-} \frac{1-2e^{\frac{1}{x}}}{1+e^{\frac{1}{x}}} \arctan \frac{1}{x} = -\frac{\pi}{2}$$
$$\lim_{x \to 0^+} f(x) = \lim_{x \to 0^+} \frac{1-2e^{\frac{1}{x}}}{1+e^{\frac{1}{x}}} \arctan \frac{1}{x} = (-2) \cdot \frac{\pi}{2} = -\pi$$

故 $x = 0$ 是 $f(x)$ 的第一类跳跃间断点。

(3) **证** 在 $f(x_1 + x_2) = f(x_1) + f(x_2)$ 中，令 $x_2 = 0$，得

$$f(x_1) = f(x_1) + f(0)$$

从而 $f(0) = 0$；又 $f(x)$ 在 $x = 0$ 处连续，故

$$\lim_{\Delta x \to 0} f(\Delta x) = f(0) = 0$$

对任一点 x_0，由于

$$\lim_{\Delta x \to 0}[f(x_0 + \Delta x) - f(x_0)] = \lim_{\Delta x \to 0}[f(x_0) + f(\Delta x) - f(x_0)] = \lim_{\Delta x \to 0} f(\Delta x) = 0$$

因此 $f(x)$ 在任一点 x_0 处连续。

(4) **证** **方法一** 由于 $f(x)$ 在 $[a, b]$ 上连续，而 $[x_1, x_2] \subset [a, b]$，故 $f(x)$ 在 $[x_1, x_2]$ 上连续，因而 $f(x)$ 在 $[x_1, x_2]$ 上有最大值 M 和最小值 m，使得

$$m \leqslant f(x_1) \leqslant M, \quad m \leqslant f(x_2) \leqslant M$$

变形整理，得

$$m = \frac{2m + 3m}{5} \leqslant \frac{2f(x_1) + 3f(x_2)}{5} \leqslant \frac{2M + 3M}{5} = M$$

由介值定理知 $\exists \xi \in [x_1, x_2] \subset (a, b)$，使得 $f(\xi) = \dfrac{2f(x_1) + 3f(x_2)}{5}$，即

$$5f(\xi) = 2f(x_1) + 3f(x_2)$$

方法二 令 $F(x) = 5f(x) - 2f(x_1) - 3f(x_2)$，则 $F(x)$ 在 $[x_1, x_2]$ 上连续，且

$$F(x_1) = 3[f(x_1) - f(x_2)], \quad F(x_2) = 2[f(x_2) - f(x_1)], \quad F(x_1)F(x_2) \leqslant 0$$

故当 $f(x_1) = f(x_2)$ 时，取 $\xi = x_1$ 或 $\xi = x_2$；当 $f(x_1) \neq f(x_2)$ 时，由零点定理知 $\exists \xi \in (x_1, x_2) \subset (a, b)$，使得 $F(\xi) = 0$，即

$$5f(\xi) = 2f(x_1) + 3f(x_2)$$

综上可知 $\exists \xi \in (a, b)$，使得

$$5f(\xi) = 2f(x_1) + 3f(x_2)$$

(5) **证** 令 $F(x) = f(x) - f(x + a)$，由于 $f(x)$ 在 $[0, 2a]$ 上连续，因此 $f(x + a)$ 在 $[0, a]$ 上连续，从而 $F(x)$ 在 $[0, a]$ 上连续，又

$$F(0) = f(0) - f(a), \quad F(a) = f(a) - f(2a) = -[f(0) - f(a)]$$

故当 $f(0) = f(a)$ 时，取 $\xi = 0$ 或 $\xi = a$，使得 $f(\xi) = f(\xi + a)$；当 $f(0) \neq f(a)$ 时，由零点定理知 $\exists \xi \in (0, a)$，使得 $f(\xi) = f(\xi + a)$。综上可知 $\exists \xi \in [0, a]$，使得 $f(\xi) = f(\xi + a)$。

(6) **证** 由于 $\lim\limits_{x \to \infty} f(x) = -\infty$，因此 $\forall M > 0$，$\exists X > 0$，使得当 $|x| \geqslant X$ 时，有

$$f(x) < -M$$

又 $f(x)$ 在 $(-\infty, +\infty)$ 上连续，故 $f(x)$ 在任意固定的闭区间上有界，从而对上述的 M，存在区间 $[-x_0, x_0](x_0 > 0)$，使得 $\forall x \in [-x_0, x_0]$，$|f(x)| \leqslant M$。取 $X > x_0$，则在 $[-X, X]$ 上 $f(x)$ 连续，从而存在最大值，且最大值不可能在端点取得，这是因为 $f(-X) < -M$ 及 $f(X) < -M$，而当 $x \in [-x_0, x_0]$ 时，$f(x) \geqslant -M$，故存在 $\xi \in (-X, X)$，使得 $f(\xi)$ 是 $f(x)$ 在 $[-X, X]$ 上的最大值，且 $f(\xi) \geqslant -M$，而在 $(-\infty, -X]$ 和 $[X, +\infty)$ 内，$f(x) < -M$，故 $f(\xi)$ 是 $f(x)$ 在 $(-\infty, +\infty)$ 上的最大值。

第 2 章 一元函数微分学

2.1 导 数 与 微 分

一、考点内容讲解

1. 导数的定义

(1) 导数：设函数 $y = f(x)$ 在点 x_0 的某个邻域内有定义，当自变量 x 在 x_0 处取得增量 Δx（点 $x_0 + \Delta x$ 仍在该邻域内）时，相应地函数 y 取得增量 $\Delta y = f(x_0 + \Delta x) - f(x_0)$，如果 Δy 与 Δx 之比当 $\Delta x \to 0$ 时的极限存在，则称函数 $f(x)$ 在点 x_0 处可导，并称这个极限为函数 $y = f(x)$ 在点 x_0 处的导数，记为 $f'(x_0)$ 或 $y'|_{x=x_0}$ 或 $\dfrac{\mathrm{d}y}{\mathrm{d}x}\Big|_{x=x_0}$ 或 $\dfrac{\mathrm{d}f(x)}{\mathrm{d}x}\Big|_{x=x_0}$，即

$$f'(x_0) = \lim_{\Delta x \to 0} \frac{f(x_0 + \Delta x) - f(x_0)}{\Delta x} = \lim_{x \to x_0} \frac{f(x) - f(x_0)}{x - x_0}$$

如果函数 $y = f(x)$ 在开区间 I 内的每点都可导，则称函数 $f(x)$ 在开区间 I 内可导。这时，对于任一 $x \in I$，都对应着 $f(x)$ 的一个确定的导数值，这样就构成了一个新的函数，这个函数称为函数 $y = f(x)$ 的导函数，记作 $f'(x)$ 或 y' 或 $\dfrac{\mathrm{d}y}{\mathrm{d}x}$ 或 $\dfrac{\mathrm{d}f(x)}{\mathrm{d}x}$，即

$$f'(x) = \lim_{\Delta x \to 0} \frac{f(x + \Delta x) - f(x)}{\Delta x}$$

(2) 左导数：$f'_-(x_0) = \lim\limits_{\Delta x \to 0^-} \dfrac{f(x_0 + \Delta x) - f(x_0)}{\Delta x} = \lim\limits_{x \to x_0^-} \dfrac{f(x) - f(x_0)}{x - x_0}$。

(3) 右导数：$f'_+(x_0) = \lim\limits_{\Delta x \to 0^+} \dfrac{f(x_0 + \Delta x) - f(x_0)}{\Delta x} = \lim\limits_{x \to x_0^+} \dfrac{f(x) - f(x_0)}{x - x_0}$。

(4) 充要条件：可导 $\Leftrightarrow$ 左右导数都存在且相等。

(5) 闭区间上可导：若函数 $f(x)$ 在开区间 (a, b) 内可导，且 $f'_+(a)$ 及 $f'_-(b)$ 都存在，则称函数 $f(x)$ 在闭区间 $[a, b]$ 上可导。

2. 微分的定义

(1) 可微：设函数 $y = f(x)$ 在某区间内有定义，x_0 及 $x_0 + \Delta x$ 在这区间内，若函数的增量 $\Delta y = f(x_0 + \Delta x) - f(x_0) = A\Delta x + o(\Delta x)$，其中 A 是不依赖于 Δx 的常数，$o(\Delta x)$ 是当 $\Delta x \to 0$ 时比 Δx 高阶的无穷小，则称函数 $y = f(x)$ 在点 x_0 处可微，称 $A\Delta x$ 为函数 $y = f(x)$ 在点 x_0 处相应于自变量增量 Δx 的微分，记作 $\mathrm{d}y$，即 $\mathrm{d}y = A\Delta x$。

(2) 微分与导数的关系：$\mathrm{d}y = f'(x_0) \cdot \Delta x = f'(x_0)\mathrm{d}x$。

3. 导数与微分的几何意义

(1) 导数的几何意义：导数 $f'(x_0)$ 在几何上表示曲线 $y = f(x)$ 在点 $(x_0, f(x_0))$ 处切

线的斜率。

(2) 微分的几何意义：微分 $dy = f'(x_0)dx$ 在几何上表示曲线 $y = f(x)$ 在点 $(x_0, f(x_0))$ 处切线上纵坐标的增量。

4. 连续、可导、可微之间的关系

(1) 可导 $\Rightarrow$ 连续，但反之不然。

(2) 可微 $\Rightarrow$ 连续，但反之不然。

(3) 可导 $\Leftrightarrow$ 可微。

5. 基本初等函数的导数公式

(1) $(C)' = 0$；

(2) $(x^\alpha)' = \alpha x^{\alpha-1}$；

(3) $(a^x)' = a^x \ln a \, (a > 0, a \neq 1)$，$(e^x)' = e^x$；

(4) $(\log_a x)' = \dfrac{1}{x \ln a} (a > 0, a \neq 1)$，$(\ln|x|)' = \dfrac{1}{x}$；

(5) $(\sin x)' = \cos x$，$(\cos x)' = -\sin x$，$(\tan x)' = \sec^2 x$，$(\cot x)' = -\csc^2 x$，
$\quad (\sec x)' = \sec x \tan x$，$(\csc x)' = -\csc x \cot x$；

(6) $(\arcsin x)' = -(\arccos x)' = \dfrac{1}{\sqrt{1-x^2}}$，$(\arctan x)' = -(\text{arccot} x)' = \dfrac{1}{1+x^2}$。

6. 求导法则

(1) 有理运算法则：设 $u = u(x)$，$v = v(x)$ 在 x 处可导，则

（ⅰ）$(u \pm v)' = u' \pm v'$；

（ⅱ）$(uv)' = u'v + uv'$；

（ⅲ）$\left(\dfrac{u}{v}\right)' = \dfrac{u'v - uv'}{v^2} (v \neq 0)$。

(2) 复合函数求导法：

（ⅰ）链式求导法：设 $u = g(x)$ 在 x 处可导，$y = f(u)$ 在对应点 $u = g(x)$ 处可导，则复合函数 $y = f[g(x)]$ 在 x 处可导，且 $\dfrac{dy}{dx} = \dfrac{dy}{du} \cdot \dfrac{du}{dx} = f'(u) \cdot g'(x)$。

（ⅱ）一阶微分形式不变性法：设 $y = f(u)$ 可导，则无论 u 是自变量还是中间变量，恒有 $dy = f'(u)du$。

(3) 隐函数求导法：设 $y = y(x)$ 是由方程 $F(x, y) = 0$ 所确定的可导函数，在方程 $F(x, y) = 0$ 的两边对 x 求导，可得到一个含 y' 的方程，解之，得 y'，或对 $F(x,y)$ 求 F_x'、F_y'，则 $\dfrac{dy}{dx} = -\dfrac{F_x'}{F_y'}$。

(4) 反函数求导法：若 $x = \varphi(y)$ 在某个区间 I_y 内单调可导，且 $\varphi'(y) \neq 0$，则其反函数 $y = f(x)$ 在对应的区间 $I_x = \{x \mid x = \varphi(y), y \in I_y\}$ 内也可导，且 $f'(x) = \dfrac{1}{\varphi'(y)}$，即 $\dfrac{dy}{dx} = \dfrac{1}{dx/dy}$。

(5) 参数方程求导法(数学三不要求):设 $y = f(x)$ 是由参数方程 $\begin{cases} x = \varphi(t) \\ y = \psi(t) \end{cases}$ $(\alpha < t < \beta)$ 确定的函数,则

（ⅰ）若 $\varphi(t)$、$\psi(t)$ 都可导,且 $\varphi'(t) \neq 0$,则 $\dfrac{dy}{dx} = \dfrac{\psi'(t)}{\varphi'(t)}$;

（ⅱ）若 $\varphi(t)$、$\psi(t)$ 二阶可导,且 $\varphi'(t) \neq 0$,则 $\dfrac{d^2 y}{dx^2}$ 的求法为

① 对参数方程 $\begin{cases} x = \varphi(t) \\ \dfrac{dy}{dx} = \dfrac{\psi'(t)}{\varphi'(t)} \end{cases}$ 再关于 x 求导;

② 利用复合函数求导法 $\dfrac{d^2 y}{dx^2} = \dfrac{d}{dt}\left(\dfrac{\psi'(t)}{\varphi'(t)}\right)\dfrac{dt}{dx}$;

③ 代公式 $\dfrac{d^2 y}{dx^2} = \dfrac{\psi''(t)\varphi'(t) - \varphi''(t)\psi'(t)}{\varphi'^3(t)}$。

(6) 对数求导法:若 $y = y(x)$ 的表达式由多个因式的乘积、乘幂构成,或是幂指函数的形式,则可将函数先取对数,然后两边对 x 求导,解之,得 y'。

(7) 分段函数与函数分界点求导法:

（ⅰ）若函数在段内可导,则在段内按求导公式求导;

（ⅱ）在分界点处按导数的定义判定并求导;

（ⅲ）在分界点处利用左右导数判定并求导。

(8) 高阶导数:

（ⅰ）定义:$f^{(n)}(x_0) = \lim\limits_{x \to x_0} \dfrac{f^{(n-1)}(x) - f^{(n-1)}(x_0)}{x - x_0}$,即函数 $f(x)$ 的 n 阶导数就是函数 $f(x)$ 的 $n-1$ 阶导数的导数。

（ⅱ）求法:

① 代公式;

② 求一阶、二阶,归纳 n 阶;

③ 利用泰勒级数。

（ⅲ）几个重要高阶导数公式:

① $(u \pm v)^{(n)} = u^{(n)} \pm v^{(n)}$;   ② $(uv)^{(n)} = \sum\limits_{k=0}^{n} C_n^k u^{(k)} v^{(n-k)}$;

③ $(ku)^{(n)} = k \cdot u^{(n)}$($k$ 为常数);   ④ $(\sin x)^{(n)} = \sin\left(x + n \cdot \dfrac{\pi}{2}\right)$;

⑤ $(\cos x)^{(n)} = \cos\left(x + n \cdot \dfrac{\pi}{2}\right)$;   ⑥ $(a^x)^{(n)} = a^x (\ln a)^n$;

⑦ $\left(\dfrac{1}{ax + b}\right)^{(n)} = \dfrac{(-1)^n \cdot a^n \cdot n!}{(ax+b)^{n+1}}$;   ⑧ $[\ln(1+x)]^{(n)} = \dfrac{(-1)^{n-1} \cdot (n-1)!}{(x+1)^n}$。

二、考点题型解析

常考题型:• 可导性问题;• 复合函数导数;• 隐函数导数;• 参数方程求导;• 对数求导法;• 高阶导数。

1. 选择题

例 1　设 $f(x_0) \neq 0$，$f(x)$ 在 $x = x_0$ 处连续，则 $f(x)$ 在 x_0 处可导是 $|f(x)|$ 在 x_0 处可导的（　　）。

(A) 充分非必要条件　　　　　　　(B) 充分必要条件

(C) 必要非充分条件　　　　　　　(D) 既非充分条件又非必要条件

解　应选(B)。

由于 $f(x_0) \neq 0$，因此 $f(x_0) > 0$ 或 $f(x_0) < 0$，又 $f(x)$ 在 $x = x_0$ 处连续，从而 $\exists \delta > 0$，当 $|x - x_0| < \delta$ 时，$f(x) \begin{cases} > 0, & f(x_0) > 0 \\ < 0, & f(x_0) < 0 \end{cases}$，从而当 $|x - x_0| < \delta$ 时，$f(x) = \begin{cases} |f(x)|, & f(x_0) > 0 \\ -|f(x)|, & f(x_0) < 0 \end{cases}$，所以 $f(x)$ 在 x_0 处可导是 $|f(x)|$ 在 x_0 处可导的充分必要条件，故选(B)。

例 2　设 $F(x) = g(x)\varphi(x)$，$\varphi(x)$ 在 $x = a$ 处连续但不可导，$g'(a)$ 存在，则 $g(a) = 0$ 是 $F(x)$ 在 $x = a$ 处可导的（　　）。

(A) 充分非必要条件　　　　　　　(B) 必要非充分条件

(C) 充分必要条件　　　　　　　　(D) 既非充分条件又非必要条件

解　应选(C)。

若 $g(a) = 0$，则 $F(a) = 0$，且

$$\lim_{x \to a} \frac{F(x) - F(a)}{x - a} = \lim_{x \to a} \frac{F(x)}{x - a} = \lim_{x \to a} \frac{g(x)\varphi(x)}{x - a} = \lim_{x \to a} \frac{g(x) - g(a)}{x - a} \cdot \varphi(x)$$

$$= \lim_{x \to a} \frac{g(x) - g(a)}{x - a} \lim_{x \to a} \varphi(x) = g'(a)\varphi(a)$$

即 $F(x)$ 在 $x = a$ 处可导，且 $F'(a) = g'(a)\varphi(a)$。

若 $F(x)$ 在 $x = a$ 处可导，则 $g(a) = 0$，否则若 $g(a) \neq 0$，则由商的求导法则知 $\varphi(x) = \dfrac{F(x)}{g(x)}$ 在 $x = a$ 处可导，这与 $\varphi(x)$ 在 $x = a$ 处不可导矛盾，从而 $g(a) = 0$，故选(C)。

> **评注**：设 $F(x) = g(x)\varphi(x)$，且 $\varphi(x)$ 在 $x = a$ 处连续但不可导，$g'(a)$ 存在，则 $F(x)$ 在 $x = a$ 处可导的充分必要条件是 $g(a) = 0$。

例 3　设函数 $f(x)$ 在 $x = a$ 处可导，则 $\lim\limits_{x \to 0} \dfrac{f(a + x) - f(a - x)}{x} = $（　　）。

(A) $f'(a)$　　　　(B) $2f'(a)$　　　　(C) $f'(2a)$　　　　(D) 0

解　应选(B)。

$$\lim_{x \to 0} \frac{f(a + x) - f(a - x)}{x} = \lim_{x \to 0} \left[\frac{f(a + x) - f(a)}{x} + \frac{f(a - x) - f(a)}{-x} \right] = 2f'(a)$$

故选(B)。

例 4　设 $f(x)$ 在 $x = a$ 的某个邻域内有定义，则 $f(x)$ 在 $x = a$ 处可导的一个充要条件是（　　）。

(A) $\lim\limits_{h\to+\infty} h\left[f\left(a+\dfrac{1}{h}\right)-f(a)\right]$ 存在   (B) $\lim\limits_{h\to 0}\dfrac{f(a+2h)-f(a+h)}{h}$ 存在

(C) $\lim\limits_{h\to 0}\dfrac{f(a+h)-f(a-h)}{2h}$ 存在   (D) $\lim\limits_{h\to 0}\dfrac{f(a)-f(a-h)}{h}$ 存在

解 应选(D)。

令 $-h=t$，则

$$\lim_{h\to 0}\frac{f(a)-f(a-h)}{h}=\lim_{h\to 0}\frac{f(a+(-h))-f(a)}{-h}=\lim_{t\to 0}\frac{f(a+t)-f(a)}{t}$$

故选(D)。

例 5 设 $f(x)=\begin{cases}\dfrac{|x^2-1|}{x-1}, & x\ne 1\\ 2, & x=1\end{cases}$，则在 $x=1$ 处 $f(x)($)。

(A) 不连续   (B) 连续但不可导

(C) 可导但导数不连续   (D) 可导且导数连续

解 应选(A)。

由于

$$\lim_{x\to 1^-}f(x)=\lim_{x\to 1^-}\frac{1-x^2}{x-1}=-2, \qquad \lim_{x\to 1^+}f(x)=\lim_{x\to 1^+}\frac{x^2-1}{x-1}=2$$

即 $\lim\limits_{x\to 1}f(x)$ 不存在，因此 $f(x)$ 在 $x=1$ 处不连续，故选(A)。

例 6 设 $f(x)=\begin{cases}x^2, & x\leqslant 1\\ 2x^3, & x>1\end{cases}$，则 $f(x)$ 在 $x=1$ 处(   )。

(A) 左、右导数都存在   (B) 左导数存在但右导数不存在

(C) 左导数不存在但右导数存在   (D) 左、右导数都不存在

解 应选(B)。

由于

$$f'_-(1)=\lim_{x\to 1^-}\frac{f(x)-f(1)}{x-1}=\lim_{x\to 1^-}\frac{x^2-1}{x-1}=2$$

$$f'_+(1)=\lim_{x\to 1^+}\frac{f(x)-f(1)}{x-1}=\lim_{x\to 1^+}\frac{2x^3-1}{x-1}=+\infty$$

因此 $f(x)$ 在 $x=1$ 处左导数存在但右导数不存在，故选(B)。

例 7 设 $f(x)=3x^2+x^2|x|$，则使 $f^{(n)}(0)$ 存在的最高阶数 $n=($)。

(A) 0   (B) 1   (C) 2   (D) 3

解 应选(C)。

方法一 由于 $f(x)=\begin{cases}3x^2+x^3, & x\geqslant 0\\ 3x^2-x^3, & x<0\end{cases}$，因此

$$\lim_{x\to 0^+}\frac{f(x)-f(0)}{x}=\lim_{x\to 0^+}\frac{3x^2+x^3}{x}=0$$

$$\lim_{x\to 0^-}\frac{f(x)-f(0)}{x}=\lim_{x\to 0^-}\frac{3x^2-x^3}{x}=0$$

从而 $f(x)$ 在 $x=0$ 处可导，且 $f'(x)=\begin{cases}6x+3x^2, & x\geqslant 0\\ 6x-3x^2, & x<0\end{cases}$。又

$$\lim_{x \to 0^+} \frac{f'(x) - f'(0)}{x} = \lim_{x \to 0^+} \frac{6x + 3x^2}{x} = 6$$

$$\lim_{x \to 0^-} \frac{f'(x) - f'(0)}{x} = \lim_{x \to 0^-} \frac{6x - 3x^2}{x} = 6$$

故 $f(x)$ 在 $x = 0$ 处二阶导数存在，且 $f''(x) = \begin{cases} 6 + 6x, & x \geqslant 0 \\ 6 - 6x, & x < 0 \end{cases}$，由于

$$\lim_{x \to 0^+} \frac{f''(x) - f''(0)}{x} = \lim_{x \to 0^+} \frac{6 + 6x - 6}{x} = 6$$

$$\lim_{x \to 0^-} \frac{f''(x) - f''(0)}{x} = \lim_{x \to 0^-} \frac{6 - 6x - 6}{x} = -6$$

因此 $f(x)$ 在 $x = 0$ 处三阶导数不存在，故选(C)。

方法二 由于 x^2 在 $x = 0$ 处可导，$|x|$ 在 $x = 0$ 处连续，因此 $x^2|x|$ 在 $x = 0$ 处可导，且其导数为 0，从而 $f(x)$ 在 $x = 0$ 处可导，且 $f'(x) = 6x + 3x|x|$，同理 $f(x)$ 在 $x = 0$ 处二阶可导，且 $f''(x) = 6 + 6|x|$，由于 $6|x|$ 在 $x = 0$ 处不可导，因此使 $f^{(n)}(0)$ 存在的最高阶数 $n = 2$，故选(C)。

2. 填空题

例 1 设 $f(x)$ 在 $x = a$ 处可导，且 $f(a) \neq 0$，则 $\lim\limits_{n \to \infty} \left[\dfrac{f\left(a + \dfrac{1}{n}\right)}{f(a)} \right]^n = $ _____。

解 由于 $\dfrac{f\left(a + \dfrac{1}{n}\right)}{f(a)} = 1 + \dfrac{f\left(a + \dfrac{1}{n}\right) - f(a)}{f(a)}$，且

$$\lim_{n \to \infty} \left[\frac{f\left(a + \dfrac{1}{n}\right) - f(a)}{f(a)} \cdot n \right] = \frac{1}{f(a)} \lim_{n \to \infty} \frac{f\left(a + \dfrac{1}{n}\right) - f(a)}{\dfrac{1}{n}} = \frac{f'(a)}{f(a)}$$

因此

$$\lim_{n \to \infty} \left[\frac{f\left(a + \dfrac{1}{n}\right)}{f(a)} \right]^n = e^{\frac{f'(a)}{f(a)}}$$

例 2 已知奇函数 $f(x)$ 在 $x = 0$ 处可导，且 $f'(0) = 0$，$g(x) = \begin{cases} f(x)\cos\dfrac{1}{x}, & x \neq 0 \\ 0, & x = 0 \end{cases}$，则 $g'(0) = $ _____。

解 由于 $f(x)$ 是奇函数，因此 $f(0) = 0$，且

$$0 = f'(0) = \lim_{x \to 0} \frac{f(x) - f(0)}{x} = \lim_{x \to 0} \frac{f(x)}{x}$$

从而

$$g'(0) = \lim_{x \to 0} \frac{g(x) - g(0)}{x} = \lim_{x \to 0} \frac{f(x)}{x} \cos\frac{1}{x} = 0$$

例 3 设 $f(x)$ 有连续的导数，$f(0) = 0$，$f'(0) = 1$，若 $F(x) = \begin{cases} \dfrac{f(x) + \sin x}{x}, & x \neq 0 \\ a, & x = 0 \end{cases}$ 在

$x = 0$ 处连续，则 $a = $ _____。

解 由于 $F(x)$ 在 $x = 0$ 处连续，因此

$$a = F(0) = \lim_{x \to 0} F(x) = \lim_{x \to 0} \frac{f(x) + \sin x}{x} = \lim_{x \to 0} \frac{f(x)}{x} + \lim_{x \to 0} \frac{\sin x}{x}$$

$$= f'(0) + 1 = 2$$

例 4 设 $f(x) = (x-1)(x-2)\cdots(x-2020)$，求 $f'(2020) = \underline{\quad\quad}$。

解 $f'(2020) = \lim_{x \to 2020} \dfrac{f(x) - f(2020)}{x - 2020} = \lim_{x \to 2020} (x-1)(x-2)\cdots(x-2019)$

$$= 2019!$$

例 5 设 $y\sin x - \cos(x - y) = 0$，则 $\mathrm{d}y = \underline{\quad\quad}$。

解 **方法一** 两边求微分，得 $\mathrm{d}(y\sin x) - \mathrm{d}(\cos(x-y)) = 0$，即

$$\sin x \mathrm{d}y + y\cos x \mathrm{d}x + \sin(x-y)(\mathrm{d}x - \mathrm{d}y) = 0$$

整理，得

$$\mathrm{d}y = \frac{y\cos x + \sin(x-y)}{\sin(x-y) - \sin x}\mathrm{d}x$$

方法二 两边对 x 求导，得

$$y'\sin x + y\cos x + \sin(x-y)(1 - y') = 0$$

从而

$$y' = \frac{y\cos x + \sin(x-y)}{\sin(x-y) - \sin x}$$

故

$$\mathrm{d}y = \frac{y\cos x + \sin(x-y)}{\sin(x-y) - \sin x}\mathrm{d}x$$

方法三 令 $F(x, y) = y\sin x - \cos(x-y)$，则

$$F'_x = y\cos x + \sin(x-y)$$
$$F'_y = \sin x - \sin(x-y)$$

从而

$$\frac{\mathrm{d}y}{\mathrm{d}x} = -\frac{F'_x}{F'_y} = -\frac{y\cos x + \sin(x-y)}{\sin x - \sin(x-y)}$$

故

$$\mathrm{d}y = \frac{y\cos x + \sin(x-y)}{\sin(x-y) - \sin x}\mathrm{d}x$$

例 6 设 $\begin{cases} x = 2 + t^2 \\ y = \sin t \end{cases}$，则 $\dfrac{\mathrm{d}^2 y}{\mathrm{d}x^2} = \underline{\quad\quad}$。

解 $\dfrac{\mathrm{d}y}{\mathrm{d}x} = \dfrac{\cos t}{2t}$，$\dfrac{\mathrm{d}^2 y}{\mathrm{d}x^2} = \dfrac{\mathrm{d}}{\mathrm{d}t}\left(\dfrac{\cos t}{2t}\right) \cdot \dfrac{\mathrm{d}t}{\mathrm{d}x} = \dfrac{-t\sin t - \cos t}{2t^2} \cdot \dfrac{1}{2t} = -\dfrac{t\sin t + \cos t}{4t^3}$

例 7 设 $f(x)$ 为连续函数，$\lim_{x \to 0} \dfrac{f(x)}{x} = 3$，则曲线 $y = f(x)$ 上对应于 $x = 0$ 处的切线方程为 $\underline{\quad\quad}$。

解 由 $f(x)$ 的连续性及 $\lim_{x \to 0} \dfrac{f(x)}{x} = 3$，知 $f(0) = 0$，且 $f'(0) = \lim_{x \to 0} \dfrac{f(x)}{x} = 3$，因此曲线 $y = f(x)$ 上对应于 $x = 0$ 处的切线方程为 $y = 3x$。

例 8　设 $f(t) = \lim\limits_{x \to \infty} t\left(\dfrac{x-t}{x+t}\right)^x$，则 $f'(t) = $ _____，$f^{(n)}(t) = $ _____。

解　由于 $\dfrac{x-t}{x+t} = 1 + \dfrac{-2t}{x+t}$，且 $\lim\limits_{x \to \infty}\left(x \cdot \dfrac{-2t}{x+t}\right) = -2t$，因此

$$f(t) = t \cdot \lim_{x \to \infty}\left(\frac{x-t}{x+t}\right)^x = t\mathrm{e}^{-2t}$$

从而

$$f'(t) = (1-2t)\mathrm{e}^{-2t}$$

$$f^{(n)}(t) = \mathrm{C}_n^0 \, (\mathrm{e}^{-2t})^{(n)} \cdot t + \mathrm{C}_n^1 \, (\mathrm{e}^{-2t})^{(n-1)} \cdot t' = (-2)^{n-1}(n-2t)\mathrm{e}^{-2t}$$

例 9　设 $f(x) = \dfrac{1-x}{1+x}$，则 $f^{(n)}(x) = $ _____。

解　由于

$$f(x) = \frac{1-x}{1+x} = -1 + \frac{2}{x+1}$$

$$f'(x) = 2(-1)\frac{1}{(x+1)^2}$$

$$f''(x) = 2(-1)(-2)\frac{1}{(x+1)^3}$$

因此归纳可得

$$f^{(n)}(x) = 2 \, (-1)^n n! \, \frac{1}{(x+1)^{n+1}}$$

3. 解答题

例 1　设 $f(x) = \begin{cases} \dfrac{\ln(1+2x^2)}{x}, & x > 0 \\ (1+x^2)^{\frac{4}{3}} + \sin 2x - 1, & x \leqslant 0 \end{cases}$。

（ⅰ）求 $f'(x)$；

（ⅱ）$f'(x)$ 在 $x = 0$ 处是否可导。

解　（ⅰ）当 $x < 0$ 时，

$$f'(x) = \frac{8}{3}x \, (1+x^2)^{\frac{1}{3}} + 2\cos 2x$$

当 $x > 0$ 时，

$$f'(x) = \frac{\dfrac{4x}{1+2x^2} \cdot x - \ln(1+2x^2)}{x^2} = \frac{4}{1+2x^2} - \frac{\ln(1+2x^2)}{x^2}$$

由于

$$f'_-(0) = \lim_{x \to 0^-} = \frac{f(x)-f(0)}{x-0} = \lim_{x \to 0^-}\left[\frac{(1+x^2)^{\frac{4}{3}}-1}{x} + \frac{\sin 2x}{x}\right] = \lim_{x \to 0^-}\left(\frac{\frac{4}{3}x^2}{x} + \frac{2x}{x}\right) = 2$$

$$f'_+(0) = \lim_{x \to 0^+}\frac{f(x)-f(0)}{x-0} = \lim_{x \to 0^+}\frac{\ln(1+2x^2)}{x^2} = \lim_{x \to 0^+}\frac{2x^2}{x^2} = 2$$

因此 $f'(0) = 2$，从而

$$f'(x) = \begin{cases} \dfrac{4}{1+2x^2} - \dfrac{\ln(1+2x^2)}{x^2}, & x > 0 \\[3mm] \dfrac{8}{3}x\,(1+x^2)^{\frac{1}{3}} + 2\cos 2x, & x \leqslant 0 \end{cases}$$

（ⅱ）由于

$$f''_-(0) = \lim_{x \to 0^-} \frac{f'(x) - f'(0)}{x} = \lim_{x \to 0^-} \frac{\dfrac{8}{3}x\,(1+x^2)^{\frac{1}{3}} + 2\cos 2x - 2}{x}$$

$$= \lim_{x \to 0^-} \frac{8}{3}(1+x^2)^{\frac{1}{3}} + 2\lim_{x \to 0^-} \frac{\cos 2x - 1}{x} = \frac{8}{3}$$

$$f''_+(0) = \lim_{x \to 0^+} \frac{f'(x) - f'(0)}{x} = \lim_{x \to 0^+} \frac{\dfrac{4}{1+2x^2} - \dfrac{\ln(1+2x^2)}{x^2} - 2}{x}$$

$$= \lim_{x \to 0^+} \frac{\dfrac{4x^2 - (1+2x^2)\ln(1+2x^2)}{x^2(1+2x^2)} - 2}{x}$$

$$= \lim_{x \to 0^+} \frac{4x^2 - (1+2x^2)\ln(1+2x^2) - 2x^2(1+2x^2)}{x^3(1+2x^2)}$$

$$= \lim_{x \to 0^+} \frac{1}{1+2x^2} \cdot \lim_{x \to 0^+} \left[\frac{2x^2 - \ln(1+2x^2)}{x^3} - \frac{2x^2[\ln(1+2x^2) + 2x^2]}{x^3} \right]$$

$$= \lim_{x \to 0^+} \frac{2x^2 - \ln(1+2x^2)}{x^3} - 2\lim_{x \to 0^+} \frac{\ln(1+2x^2) + 2x^2}{x}$$

$$= \lim_{x \to 0^+} \frac{4x - \dfrac{4x}{1+2x^2}}{3x^2}$$

$$= \frac{4}{3} \lim_{x \to 0^+} \frac{2x}{1+2x^2} = 0$$

即 $f''_-(0) \neq f''_+(0)$，因此 $f''(0)$ 不存在，故 $f'(x)$ 在 $x = 0$ 处不可导。

例 2　设 $f(x) = \arcsin x$，求 $f^{(n)}(0)$。

解　方法一　由于

$$f'(x) = \frac{1}{\sqrt{1-x^2}} = (1-x^2)^{-\frac{1}{2}}$$

$$= 1 + \sum_{n=1}^{\infty} \frac{1 \times 3 \times \cdots \times (2n-1)}{2^n \cdot n!} x^{2n} \quad (|x| < 1)$$

因此

$$f(x) = x + \sum_{n=1}^{\infty} \frac{1 \times 3 \times \cdots \times (2n-1)}{2^n \cdot (2n+1) \cdot n!} x^{2n+1} \quad (|x| < 1)$$

由麦克劳林级数，知

$$f(x) = \sum_{n=0}^{\infty} \frac{f^{(n)}(0)}{n!} x^n$$

比较两式的系数，得

$$f'(0) = 1$$

$$f^{(2k)}(0) = 0$$

$$f^{(2k+1)}(0) = \frac{1 \times 3 \times \cdots \times (2k-1)}{2^k \cdot k!(2k+1)}(2k+1)! = \frac{1 \times 3 \times \cdots \times (2k-1)(2k)!}{2^k \cdot k!}$$

$$= \frac{1 \times 3 \times \cdots \times (2k-1) \times 1 \times 3 \times \cdots \times (2k-1) \times 2 \times 4 \times \cdots \times 2k}{2^k \cdot k!}$$

$$= \frac{1^2 \times 3^2 \times \cdots \times (2k-1)^2 \times 2^k \times k!}{2^k \cdot k!}$$

$$= 1^2 \times 3^2 \times \cdots \times (2k-1)^2 \quad (k = 1, 2, \cdots)$$

方法二　记 $y = f(x) = \arcsin x$，由于

$$y' = \frac{1}{\sqrt{1-x^2}}, \quad y'' = \frac{x}{(1-x^2)\sqrt{1-x^2}} = \frac{xy'}{1-x^2}$$

因此

$$(1-x^2)y'' - xy' = 0$$

两边关于 x 求 $n-1$ 阶导数，利用莱布尼茨高阶导数公式，得

$$C_{n-1}^0 y^{(n+1)}(1-x^2) + C_{n-1}^1 y^{(n)}(1-x^2)' + C_{n-1}^2 y^{(n-1)}(1-x^2)'' - C_{n-1}^0 y^{(n)} \cdot x - C_{n-1}^1 y^{(n-1)}(x)' = 0$$

即

$$(1-x^2)y^{(n+1)} - (2n-1)xy^{(n)} - (n-1)^2 y^{(n-1)} = 0$$

由于

$$y'(0) = 1$$
$$y''(0) = 0$$
$$y^{(n+1)}(0) = (n-1)^2 y^{(n-1)}(0) \quad (n = 2, 3, 4, \cdots)$$

因此

$$f'(0) = 1$$
$$f^{(2k)}(0) = 0$$
$$f^{(2k+1)}(0) = (2k-1)^2 f^{(2k-1)}(0) = (2k-1)^2 (2k-3)^2 f^{(2k-3)}(0) = \cdots$$
$$= (2k-1)^2 \times (2k-3)^2 \times \cdots \times 3^2 \times 1^2 f'(0)$$
$$= 1^2 \times 3^2 \times \cdots \times (2k-1)^2 \quad (k = 1, 2, \cdots)$$

例 3　设 $f(x) = \dfrac{1}{(x-a)(x-b)(x-c)}$，其中 a、b、c 是三个互不相等的数，求 $f^{(n)}(x)$。

解　由于

$$f(x) = \frac{1}{(a-b)(a-c)(x-a)} + \frac{1}{(b-a)(b-c)(x-b)} + \frac{1}{(c-a)(c-b)(x-c)}$$

因此

$$f^{(n)}(x) = (-1)^n n! \left[\frac{(x-a)^{-n-1}}{(a-b)(a-c)} + \frac{(x-b)^{-n-1}}{(b-a)(b-c)} + \frac{(x-c)^{-n-1}}{(c-a)(c-b)} \right]$$

例 4　已知当 $x \leqslant 0$ 时，$f(x)$ 有定义且二阶可导，若 $F(x) = \begin{cases} f(x), & x \leqslant 0 \\ ax^2 + bx + c, & x > 0 \end{cases}$ 二阶可导，求 a、b、c 的值。

解　由于 $F(x)$ 在 $x = 0$ 处连续，因此

$$\lim_{x \to 0^-} F(x) = \lim_{x \to 0^+} F(x)$$

从而 $c = f(0)$；又 $F'(x) = \begin{cases} f'(x), & x \leqslant 0 \\ 2ax + b, & x > 0 \end{cases}$ 及 $F'(x)$ 在 $x = 0$ 处连续，故

$$\lim_{x \to 0^-} F'(x) = \lim_{x \to 0^+} F'(x)$$

从而 $b = f'(0)$；因为 $F(x)$ 二阶可导，所以 $F''(0)$ 存在，从而 $F''_-(0) = F''_+(0)$，即

$$\lim_{x \to 0^-} \frac{f'(x) - f'(0)}{x} = \lim_{x \to 0^+} \frac{2ax + f'(0) - f'(0)}{x} = 2a$$

故 $a = \dfrac{1}{2} f''(0)$。

例 5 已知 $f(x) = \begin{cases} \dfrac{g(x) - \cos x}{x}, & x \neq 0 \\ a, & x = 0 \end{cases}$，其中 $g(x)$ 有二阶连续导数。

（ⅰ）确定 a 的值，使 $f(x)$ 在 $x = 0$ 处连续；

（ⅱ）求 $f'(x)$。

解 （ⅰ）由于 $f(x)$ 在 $x = 0$ 处连续，因此

$$\lim_{x \to 0} f(x) = \lim_{x \to 0} \frac{g(x) - \cos x}{x} = a$$

从而 $\lim\limits_{x \to 0} (g(x) - \cos x) = 0$，所以 $g(0) = \cos 0 = 1$，故

$$a = \lim_{x \to 0} \frac{g(x) - \cos x}{x} = \lim_{x \to 0} \frac{g(x) - g(0) + 1 - \cos x}{x}$$

$$= \lim_{x \to 0} \frac{g(x) - g(0)}{x} + \lim_{x \to 0} \frac{1 - \cos x}{x}$$

$$= g'(0) + 0 = g'(0)$$

（ⅱ）**方法一** 当 $x \neq 0$ 时，

$$f'(x) = \left(\frac{g(x) - \cos x}{x} \right)' = \frac{x[g'(x) + \sin x] - [g(x) - \cos x]}{x^2}$$

当 $x = 0$ 时，

$$f'(0) = \lim_{x \to 0} \frac{f(x) - f(0)}{x} = \lim_{x \to 0} \frac{\dfrac{g(x) - \cos x}{x} - a}{x} = \lim_{x \to 0} \frac{g(x) - \cos x - ax}{x^2}$$

$$= \lim_{x \to 0} \frac{g(0) + g'(0)x + \dfrac{1}{2} g''(\xi) x^2 - \cos x - ax}{x^2} = \lim_{x \to 0} \frac{1 + \dfrac{1}{2} g''(\xi) x^2 - \cos x}{x^2}$$

$$= \frac{1}{2} (g''(0) + 1) \quad \text{（其中 } a = g'(0)，\xi \text{ 介于 0 与 } x \text{ 之间）}$$

故

$$f'(x) = \begin{cases} \dfrac{x[g'(x) + \sin x] - [g(x) - \cos x]}{x^2}, & x \neq 0 \\ \dfrac{1}{2} (g''(0) + 1), & x = 0 \end{cases}$$

方法二 当 $x \neq 0$ 时，

$$f'(x) = \left(\frac{g(x) - \cos x}{x} \right)' = \frac{x[g'(x) + \sin x] - [g(x) - \cos x]}{x^2}$$

当 $x = 0$ 时，

$$f'(0) = \lim_{x \to 0} \frac{f(x) - f(0)}{x} = \lim_{x \to 0} \frac{\dfrac{g(x) - \cos x}{x} - a}{x} = \lim_{x \to 0} \frac{g(x) - \cos x - ax}{x^2}$$

$$= \lim_{x \to 0} \frac{g'(x) + \sin x - a}{2x} = \lim_{x \to 0} \frac{g''(x) + \cos x}{2} = \frac{1}{2}(g''(0) + 1)$$

故

$$f'(x) = \begin{cases} \dfrac{x[g'(x) + \sin x] - [g(x) - \cos x]}{x^2}, & x \neq 0 \\[3mm] \dfrac{1}{2}(g''(0) + 1), & x = 0 \end{cases}$$

评注：(1) 设 $f(x)$ 在 $(a, x_0]$ 上连续，在 (a, x_0) 内可导，且极限 $\lim\limits_{x \to x_0^-} f'(x) = A$ 存在，则左导数 $f'_-(x_0)$ 存在，且 $f'_-(x_0) = A$；

(2) 设 $f(x)$ 在 $[x_0, b)$ 上连续，在 (x_0, b) 内可导，且极限 $\lim\limits_{x \to x_0^+} f'(x) = A$ 存在，则右导数 $f'_+(x_0)$ 存在，且 $f'_+(x_0) = A$；

(3) 设 $f(x)$ 在 $(a, x_0]$，$[x_0, b)$ 上连续，在 (a, x_0)，(x_0, b) 内可导，且极限 $\lim\limits_{x \to x_0} f'(x) = A$ 存在，则导数 $f'(x_0)$ 存在，且 $f'(x_0) = A$；

(4) 注意(1)、(2)、(3)中极限存在分别是左导数、右导数、导数存在的充分非必要条件，即当极限不存在时，左导数、右导数、导数有可能存在。

例 6　设函数 $f(x)$ 在 $(-\infty, +\infty)$ 内有一阶连续导数，$f(0) = 0$，且 $f''(0)$ 存在。若

$$F(x) = \begin{cases} \dfrac{f(x)}{x}, & x \neq 0 \\[3mm] f'(0), & x = 0 \end{cases}$$

（ⅰ）求 $F'(x)$；

（ⅱ）证明 $F'(x)$ 在 $(-\infty, +\infty)$ 内连续。

解　（ⅰ）当 $x \neq 0$ 时，

$$F'(x) = \frac{xf'(x) - f(x)}{x^2}$$

当 $x = 0$ 时，

$$F'(0) = \lim_{x \to 0} \frac{F(x) - F(0)}{x} = \lim_{x \to 0} \frac{\dfrac{f(x)}{x} - f'(0)}{x} = \lim_{x \to 0} \frac{f(x) - xf'(0)}{x^2}$$

$$= \lim_{x \to 0} \frac{f'(x) - f'(0)}{2x} = \frac{1}{2}f''(0)$$

故

$$F'(x) = \begin{cases} \dfrac{xf'(x) - f(x)}{x^2}, & x \neq 0 \\[3mm] \dfrac{1}{2}f''(0), & x = 0 \end{cases}$$

（ⅱ）当 $x \neq 0$ 时，由连续函数的运算法则知 $F'(x)$ 连续；当 $x = 0$ 时，

$$\lim_{x \to 0} F'(x) = \lim_{x \to 0} \frac{xf'(x) - f(x)}{x^2} = \lim_{x \to 0} \frac{[xf'(x) - xf'(0)] - [f(x) - xf'(0)]}{x^2}$$

$$= \lim_{x \to 0} \frac{f'(x) - f'(0)}{x} - \lim_{x \to 0} \frac{f(x) - xf'(0)}{x^2} = f''(0) - \lim_{x \to 0} \frac{f'(x) - f'(0)}{2x}$$

$$= f''(0) - \frac{1}{2}f''(0) = \frac{1}{2}f''(0) = F'(0)$$

故 $F'(x)$ 在 $(-\infty, +\infty)$ 内连续。

三、经典习题与解答

经典习题

1. 选择题

(1) 设 $f(x_0) = 0$，则 $f'(x_0) = 0$ 是 $|f(x)|$ 在 x_0 处可导的（　　）。

(A) 充分非必要条件　　　　　　　　(B) 充分必要条件

(C) 必要非充分条件　　　　　　　　(D) 既非充分条件又非必要条件

(2) 设 $f(x+1) = af(x)$，$f'(0) = b$，其中 a、b 为非零常数，则 $f(x)$ 在 $x = 1$ 处（　　）。

(A) 不可导

(B) 可导且 $f'(1) = a$

(C) 可导且 $f'(1) = b$

(D) 可导且 $f'(1) = ab$

(3) 设 $f(x)$ 可导，$F(x) = f(x)(1 + |x|)$，若 $F(x)$ 在点 $x = 0$ 处可导，则（　　）。

(A) $f(0) = 0$

(B) $f'(0) = 0$

(C) $f(0) + f'(0) = 0$

(D) $f(0) - f'(0) = 0$

(4) 若函数 $f(x)$ 在 x_0 处可导，且 $f'(x_0) = \frac{1}{2}$，则当 $\Delta x \to 0$ 时，该函数在 $x = x_0$ 处的微分 $\mathrm{d}y$（　　）。

(A) 与 Δx 是等价无穷小

(B) 是与 Δx 同阶的无穷小

(C) 是比 Δx 低阶的无穷小

(D) 是比 Δx 高阶的无穷小

(5) 已知曲线 $y = x^2 + ax + b$ 和 $2y = -1 + xy^3$ 在 $(1, -1)$ 处相切，则（　　）。

(A) $a = 0, b = -2$

(B) $a = 1, b = -3$

(C) $a = -3, b = 1$

(D) $a = -1, b = -1$

(6) 若 $f(x)$ 是奇函数，且 $f'(0)$ 存在，则 $x = 0$ 是函数 $F(x) = \frac{f(x)}{x}$ 的（　　）。

(A) 无穷间断点

(B) 可去间断点

(C) 连续点

(D) 震荡间断点

2. 填空题

(1) 设 $f(x) = \frac{(x-a)(x^2-1)}{x^2+1}$，则 $f'(a) = $ _____。

(2) 设 $f'(x_0) = -1$，则 $\lim_{x \to 0} \frac{x}{f(x_0 - 2x) - f(x_0 - x)} = $ _____。

（3）设 $y = \int_0^{2x} e^{t^2} dt + 1$，其反函数为 $x = \varphi(y)$，则 $\varphi''(1) =$ _____。

（4）设 $y = \int_1^{1+\sin t} (1 + e^{\frac{1}{u}}) du$，其中 $t = t(x)$ 由 $\begin{cases} x = \cos 2v \\ t = \sin v \end{cases}$ 确定，则 $\dfrac{dy}{dx} =$ _____。

（5）曲线 $\begin{cases} x = \cos^3 t \\ y = \sin^3 t \end{cases}$ 上对应于 $t = \dfrac{\pi}{6}$ 处的切线方程为_____。

（6）设 $f(x)$ 是以 5 为周期的连续函数，在 $x = 0$ 的邻域内满足

$$f(1 + \sin x) - 3f(1 - \sin x) = 8x + o(x)$$

且 $f'(1)$ 存在，则曲线 $y = f(x)$ 在点 $(6, f(6))$ 处的切线方程为_____。

（7）设函数 $y = f(x)$ 由方程 $xy + 2\ln x = y^4$ 所确定，则曲线 $y = f(x)$ 在点 $(1, 1)$ 处的切线方程为_____。

（8）对数螺线 $\rho = e^\theta$ 在点 $\left(e^{\frac{\pi}{2}}, \dfrac{\pi}{2} \right)$ 处的切线方程为_____。

（9）已知函数 $y = y(x)$ 是由方程 $e^y + 6xy + x^2 - 1 = 0$ 所确定的，则 $y''(0) =$ _____。

（10）设 $f(x)$ 可导，a、b 不为零，则 $\lim\limits_{n \to \infty} n \left[f\left(x + \dfrac{a}{n} \right) - f\left(x - \dfrac{b}{n} \right) \right] =$ _____。

3. 解答题

（1）设 $f(x) = \dfrac{1}{x^2 - 3x + 2}$，求 $f^{(n)}(x)$。

（2）设 $f(x) = (x - a)^n \varphi(x)$，其中 $\varphi(x)$ 在点 a 的邻域内有 $n - 1$ 阶连续导数，求 $f^{(n)}(a)$。

（3）设 $f(x) = a_1 \sin x + a_2 \sin 2x + \cdots + a_n \sin nx$，且 $|f(x)| \leqslant |\sin x|$，证明

$$|a_1 + 2a_2 + \cdots + na_n| \leqslant 1$$

（4）设函数 $f(y)$ 的反函数 $f^{-1}(x)$ 及 $f'[f^{-1}(x)]$ 与 $f''[f^{-1}(x)]$ 都存在，且 $f^{-1}[f^{-1}(x)] \neq 0$，证明 $\dfrac{d^2 f^{-1}(x)}{dx^2} = -\dfrac{f''[f^{-1}(x)]}{\{f'[f^{-1}(x)]\}^3}$。

（5）设 $y = (\arcsin x)^2$，证明 $(1 - x^2) y^{(n+1)} - (2n - 1)xy^{(n)} - (n - 1)^2 y^{(n-1)} = 0$，并求 $y^{(n)}(0)$。

$$\boxed{\text{经典习题解答}}$$

1. 选择题

（1）**解**　应选（B）。

由于 $|f(x)|$ 在 x_0 处可导 $\Leftrightarrow \lim\limits_{x \to x_0} \dfrac{|f(x)| - |f(x_0)|}{x - x_0} = \lim\limits_{x \to x_0} \dfrac{|f(x)|}{x - x_0}$ 存在 $\Leftrightarrow$

$\lim\limits_{x \to x_0^+} \dfrac{|f(x)|}{x - x_0} (\geqslant 0)$ 与 $\lim\limits_{x \to x_0^-} \dfrac{|f(x)|}{x - x_0} (\leqslant 0)$ 存在且相等 $\Leftrightarrow \lim\limits_{x \to x_0} \dfrac{|f(x)|}{x - x_0} = 0 \Leftrightarrow \lim\limits_{x \to x_0} \dfrac{|f(x)|}{|x - x_0|} = 0$

即 $\lim\limits_{x \to x_0} \dfrac{|f(x) - f(x_0)|}{|x - x_0|} = 0 \Leftrightarrow \lim\limits_{x \to x_0} \dfrac{f(x) - f(x_0)}{x - x_0} = f'(x_0) = 0$，故选（B）。

（2）**解**　应选(D)。

方法一　令 $t=x+1$，则 $f(t)=af(t-1)$。由复合函数可导性及求导法则知，$f(t)$ 在 $t=1$ 处可导且 $f'(t)\big|_{t=1}=af'(t-1)(t-1)'\big|_{t=1}=af'(0)=ab$，故选(D)。

方法二　由于 $\lim\limits_{x\to0}\dfrac{f(1+x)-f(1)}{x}=\lim\limits_{x\to0}\dfrac{af(x)-af(0)}{x}=af'(0)=ab$，因此 $f(x)$ 在 $x=1$ 处可导且 $f'(1)=ab$，故选(D)。

（3）**解**　应选(A)。

由于 $F(x)=f(x)+|x|f(x)$，且 $f(x)$ 可导，因此要使 $F(x)$ 在 $x=0$ 处可导，只要使 $|x|f(x)$ 在 $x=0$ 处可导。令 $\varphi(x)=|x|f(x)$，则

$$\lim_{x\to0^-}\frac{\varphi(x)-\varphi(0)}{x}=\lim_{x\to0^-}\frac{|x|f(x)}{x}=-f(0)$$

$$\lim_{x\to0^+}\frac{\varphi(x)-\varphi(0)}{x}=\lim_{x\to0^+}\frac{|x|f(x)}{x}=f(0)$$

从而 $f(0)=0$，故选(A)（或利用评注直接选）。

（4）**解**　应选(B)。

由于 $\mathrm{d}y=f'(x_0)\Delta x=\dfrac{1}{2}\Delta x$，$\lim\limits_{\Delta x\to0}\dfrac{\mathrm{d}y}{\Delta x}=\lim\limits_{\Delta x\to0}\dfrac{\dfrac{1}{2}\Delta x}{\Delta x}=\dfrac{1}{2}$，故选(B)。

（5）**解**　应选(D)。

由题设知曲线 $y=x^2+ax+b$ 过切点，则 $-1=1+a+b$。又两曲线在点 $(1,-1)$ 处相切，由 $y=x^2+ax+b$ 得切线的斜率为 $y'\big|_{x=1}=(2x+a)\big|_{x=1}=2+a$，由 $2y=-1+xy^3$ 得 $2y'=y^3+3xy^2y'$，故切线的斜率也为 $y'\big|_{(1,-1)}=1$，从而 $2+a=1$，所以 $a=-1$，$b=-1$，故选(D)。

（6）**解**　应选(B)。

由题设知 $f(x)$ 在 $x=0$ 处有定义，从而 $f(0)=0$，故

$$\lim_{x\to0}F(x)=\lim_{x\to0}\frac{f(x)}{x}=\lim_{x\to0}\frac{f(x)-f(0)}{x}=f'(0)$$

从而 $x=0$ 是 $F(x)$ 的可去间断点，故选(B)。

2. 填空题

（1）**解**　$f'(a)=\lim\limits_{x\to a}\dfrac{f(x)-f(a)}{x-a}=\lim\limits_{x\to a}\dfrac{(x-a)(x^2-1)}{(x^2+1)(x-a)}=\lim\limits_{x\to a}\dfrac{x^2-1}{x^2+1}=\dfrac{a^2-1}{a^2+1}$

（2）**解**　由于

$$\lim_{x\to0}\frac{f(x_0-2x)-f(x_0-x)}{x}=\lim_{x\to0}\left[\frac{f(x_0-2x)-f(x_0)}{x}-\frac{f(x_0-x)-f(x_0)}{x}\right]$$
$$=-2f'(x_0)+f'(x_0)=1$$

因此

$$\lim_{x\to0}\frac{x}{f(x_0-2x)-f(x_0-x)}=1$$

（3）**解**　$\dfrac{\mathrm{d}y}{\mathrm{d}x}=2\mathrm{e}^{4x^2}$，由反函数求导法则，得 $\dfrac{\mathrm{d}x}{\mathrm{d}y}=\dfrac{1}{2}\mathrm{e}^{-4x^2}$，从而

$$\frac{\mathrm{d}^2 x}{\mathrm{d}y^2} = \frac{\mathrm{d}}{\mathrm{d}x}\left(\frac{1}{2}\mathrm{e}^{-4x^2}\right)\frac{\mathrm{d}x}{\mathrm{d}y} = -4x\mathrm{e}^{-4x^2} \cdot \frac{1}{2}\mathrm{e}^{-4x^2} = -2x\mathrm{e}^{-8x^2}$$

又当 $y = 1$ 时，$x = 0$，故 $\varphi''(1) = -2x\mathrm{e}^{-8x^2}\big|_{x=0} = 0$。

（4）**解**　方法一　由于

$$\frac{\mathrm{d}y}{\mathrm{d}t} = (1 + \mathrm{e}^{\frac{1}{1+\sin t}})\cos t$$

$$\frac{\mathrm{d}t}{\mathrm{d}x} = \frac{t'(v)}{x'(v)} = \frac{\cos v}{-2\sin 2v} = -\frac{1}{4\sin v} = -\frac{1}{4t}$$

因此

$$\frac{\mathrm{d}y}{\mathrm{d}x} = \frac{\mathrm{d}y}{\mathrm{d}t} \cdot \frac{\mathrm{d}t}{\mathrm{d}x} = -\frac{\cos t}{4t}(1 + \mathrm{e}^{\frac{1}{1+\sin t}})$$

方法二　由于 $\dfrac{\mathrm{d}y}{\mathrm{d}t} = (1 + \mathrm{e}^{\frac{1}{1+\sin t}})\cos t$，$x = 1 - 2\sin^2 v = 1 - 2t^2$，$\dfrac{\mathrm{d}x}{\mathrm{d}t} = -4t$，因此

$$\frac{\mathrm{d}y}{\mathrm{d}x} = \frac{\mathrm{d}y}{\mathrm{d}t}\Big/\frac{\mathrm{d}x}{\mathrm{d}t} = -\frac{\cos t}{4t}(1 + \mathrm{e}^{\frac{1}{1+\sin t}})$$

（5）**解**　由于

$$\frac{\mathrm{d}y}{\mathrm{d}x}\bigg|_{t=\frac{\pi}{6}} = \frac{3\sin^2 t\cos t}{3\cos^2 t(-\sin t)}\bigg|_{t=\frac{\pi}{6}} = -\tan t\big|_{t=\frac{\pi}{6}} = -\frac{1}{\sqrt{3}}$$

又当 $t = \dfrac{\pi}{6}$ 时，$x_0 = \left(\dfrac{\sqrt{3}}{2}\right)^3$，$y_0 = \left(\dfrac{1}{2}\right)^3$，因此所求的切线方程为

$$y - \left(\frac{1}{2}\right)^3 = -\frac{1}{\sqrt{3}}\left[x - \left(\frac{\sqrt{3}}{2}\right)^3\right]，即 \ y = -\frac{1}{\sqrt{3}}x + \frac{1}{2}$$

（6）**解**　令 $x \to 0$，得 $f(1) = 0$，在等式两边同除以 $\sin x$ 再令 $x \to 0$，得

$$8 = \lim_{x\to 0}\frac{8x + o(x)}{\sin x} = \lim_{x\to 0}\frac{f(1+\sin x) - 3f(1-\sin x)}{\sin x}$$

$$= \lim_{x\to 0}\frac{f(1+\sin x)}{\sin x} - 3\lim_{x\to 0}\frac{f(1-\sin x)}{\sin x}$$

$$= \lim_{x\to 0}\frac{f(1+\sin x) - f(1)}{\sin x} + 3\lim_{x\to 0}\frac{f(1-\sin x) - f(1)}{-\sin x} = 4f'(1)$$

从而 $f'(1) = 2$。由于 $f(x)$ 以 5 为周期，因此 $f(6) = f(1) = 0$，$f'(6) = f'(1) = 2$，从而曲线 $y = f(x)$ 在点 $(6, f(6))$ 处的切线方程为 $y = 2(x - 6)$，即 $y = 2x - 12$。

（7）**解**　等式 $xy + 2\ln x = y^4$ 两边对 x 求导，得

$$y + xy' + \frac{2}{x} = 4y^3 y'$$

将 $x = 1$，$y = 1$ 代入，得

$$1 + y'\big|_{x=1} + 2 = 4y'\big|_{x=1}，即 \ y'\big|_{x=1} = 1$$

从而所求切线方程为 $y - 1 = x - 1$，即 $y = x$。

（8）**解**　曲线 $\rho = \mathrm{e}^\theta$ 的参数方程为 $\begin{cases} x = \mathrm{e}^\theta\cos\theta \\ y = \mathrm{e}^\theta\sin\theta \end{cases}$，则

$$\frac{\mathrm{d}y}{\mathrm{d}x}\bigg|_{\theta=\frac{\pi}{2}} = \frac{\mathrm{e}^\theta\sin\theta + \mathrm{e}^\theta\cos\theta}{\mathrm{e}^\theta\cos\theta - \mathrm{e}^\theta\sin\theta}\bigg|_{\theta=\frac{\pi}{2}} = -1$$

又当 $\theta = \dfrac{\pi}{2}$ 时，$x = 0$，$y = \mathrm{e}^{\frac{\pi}{2}}$，故所求的切线方程为

$$y - \mathrm{e}^{\frac{\pi}{2}} = -(x - 0)，\text{即 } x + y = \mathrm{e}^{\frac{\pi}{2}}$$

（9）**解** 由于 $\mathrm{e}^y + 6xy + x^2 - 1 = 0$，因此当 $x = 0$ 时，$y = 0$；等式 $\mathrm{e}^y + 6xy + x^2 - 1 = 0$ 两边对 x 求导，得

$$\mathrm{e}^y \cdot y' + 6y + 6xy' + 2x = 0$$

将 $x = 0$，$y = 0$ 代入，得 $y'(0) = 0$。等式 $\mathrm{e}^y \cdot y' + 6y + 6xy' + 2x = 0$ 两边对 x 求导，得

$$\mathrm{e}^y y'^2 + \mathrm{e}^y y'' + 6y' + 6y' + 6xy'' + 2 = 0$$

将 $x = 0$，$y = 0$，$y'(0) = 0$ 代入，得 $y''(0) = -2$。

（10）**解** $\displaystyle\lim_{n \to \infty} n\left[f\left(x + \dfrac{a}{n}\right) - f\left(x - \dfrac{b}{n}\right) \right]$

$$= a \lim_{n \to \infty} \frac{f\left(x + \dfrac{a}{n}\right) - f(x)}{\dfrac{a}{n}} + b \lim_{n \to \infty} \frac{f\left(x - \dfrac{b}{n}\right) - f(x)}{-\dfrac{b}{n}}$$

$$= af'(x) + bf'(x) = (a + b)f'(x)$$

3. 解答题

（1）**解** 因为 $f(x) = \dfrac{1}{x^2 - 3x + 2} = \dfrac{1}{(x-1)(x-2)} = \dfrac{1}{x-2} - \dfrac{1}{x-1}$，所以利用高阶

导数公式 $\left(\dfrac{1}{ax+b}\right)^{(n)} = \dfrac{(-1)^n \cdot a^n \cdot n!}{(ax+b)^{n+1}}$，得

$$f^{(n)}(x) = \left(\frac{1}{x-2}\right)^{(n)} - \left(\frac{1}{x-1}\right)^{(n)} = (-1)^n n!\left[\frac{1}{(x-2)^{n+1}} - \frac{1}{(x-1)^{n+1}}\right]$$

（2）**解** 由于 $\varphi(x)$ 只有 $n-1$ 阶导数，因此利用 $n-1$ 阶导数的莱布尼茨高阶导数公式，得

$$f^{(n-1)}(x) = \left[(x-a)^n \varphi(x)\right]^{(n-1)} = \sum_{k=0}^{n-1} C_{n-1}^k \left[(x-a)^n\right]^{(n-1-k)} \varphi^{(k)}(x)$$

$$= n!(x-a)\varphi(x) + (n-1)\frac{n!}{2!}(x-a)^2 \varphi'(x) + \cdots + (x-a)^n \varphi^{(n-1)}(x)$$

从而 $f^{(n-1)}(a) = 0$，故

$$f^{(n)}(a) = \lim_{x \to a} \frac{f^{(n-1)}(x) - f^{(n-1)}(a)}{x - a} = \lim_{x \to a} \frac{f^{(n-1)}(x)}{x - a}$$

$$= \lim_{x \to a}\left[n!\varphi(x) + (n-1)\frac{n!}{2!}(x-a)\varphi'(x) + \cdots + (x-a)^{n-1}\varphi^{(n-1)}(x) \right]$$

$$= n!\varphi(a)$$

（3）**证** 由于 $f'(x) = a_1 \cos x + 2a_2 \cos 2x + \cdots + na_n \cos nx$，因此

$$f'(0) = a_1 + 2a_2 + \cdots + na_n$$

又

$$f(0) = 0，\quad f'(0) = \lim_{x \to 0} \frac{f(x) - f(0)}{x} = \lim_{x \to 0} \frac{f(x)}{x}，\quad |f(x)| \leqslant |\sin x|$$

故

$$\left| \frac{f(x)}{x} \right| \leqslant \left| \frac{\sin x}{x} \right|$$

从而

$$\left| f'(0) \right| = \left| \lim_{x \to 0} \frac{f(x)}{x} \right| = \lim_{x \to 0} \left| \frac{f(x)}{x} \right| \leqslant \lim_{x \to 0} \left| \frac{\sin x}{x} \right| = 1$$

即

$$\left| a_1 + 2a_2 + \cdots + na_n \right| \leqslant 1$$

（4）**证**　设 $x = f(y)$ 的反函数为 $y = f^{-1}(x)$，对 $x = f(y)$ 两边关于 x 求导，得 $1 = f'(y) \dfrac{\mathrm{d}y}{\mathrm{d}x}$，从而 $\dfrac{\mathrm{d}y}{\mathrm{d}x} = \dfrac{1}{f'(y)}$，故

$$\frac{\mathrm{d}^2 y}{\mathrm{d}x^2} = -\frac{f''(y)}{f'^2(y)} \frac{\mathrm{d}y}{\mathrm{d}x} = -\frac{f''(y)}{f'^3(y)} = -\frac{f''[f^{-1}(x)]}{\{f'[f^{-1}(x)]\}^3}$$

（5）**证**　$y' = \dfrac{2\arcsin x}{\sqrt{1-x^2}}$，$y'' = \dfrac{2}{1-x^2} + \dfrac{2x\arcsin x}{(1-x^2)^{\frac{3}{2}}}$，从而

$$(1 - x^2)y'' - xy' = 2$$

两边求导，得 $(1-x^2)y''' - 3xy'' - y' = 0$，即当 $n = 2$ 时，结论成立。

假设当 $n = k$ 时结论成立，即

$$(1 - x^2)y^{(k+1)} - (2k-1)xy^{(k)} - (k-1)^2 y^{(k-1)} = 0$$

两边求导，得

$$(1 - x^2)y^{(k+2)} - [2(k+1) - 1]xy^{(k+1)} - [(k+1) - 1]^2 y^{(k)} = 0$$

即当 $n = k + 1$ 时，结论成立，由数学归纳法知

$$(1 - x^2)y^{(n+1)} - (2n-1)xy^{(n)} - (n-1)^2 y^{(n-1)} = 0$$

由于 $y'(0) = 0$，$y''(0) = 2$，$y^{(n+1)}(0) = (n-1)^2 y^{(n-1)}(0)(n = 2, 3, \cdots)$，因此

$$y^{(n)}(0) = \begin{cases} 0, & n \text{ 为奇数} \\ \dfrac{2^n}{2}\left[\left(\dfrac{n}{2} - 1\right)!\right]^2, & n \text{ 为偶数} \end{cases}$$

2.2　导　数　的　应　用

一、考点内容讲解

1. 微分中值定理

（1）费马定理：设 $f(x)$ 在点 x_0 的某邻域 $U(x_0)$ 内有定义，且在 x_0 处可导，如果 $\forall x \in U(x_0)$，有 $f(x) \leqslant f(x_0)$（或 $f(x) \geqslant f(x_0)$），则 $f'(x_0) = 0$。

（2）罗尔定理：设 $f(x)$ 在 $[a, b]$ 上连续，在 (a, b) 内可导，且 $f(a) = f(b)$，则至少存在一点 $\xi \in (a, b)$，使 $f'(\xi) = 0$。

推论：设 $f(x)$ 在区间 I 上 $f^{(n)}(x) \neq 0$，则 $f(x)$ 在 I 上最多有 n 个零点。

（3）拉格朗日中值定理：设 $f(x)$ 在 $[a, b]$ 上连续，在 (a, b) 内可导，则至少存在一点 $\xi \in (a, b)$，使 $f(b) - f(a) = f'(\xi)(b - a)$。

推论：设 $f(x)$ 在区间 I 上 $f'(x) = 0$，则 $f(x)$ 在 I 上为常数。

(4) 柯西中值定理：设 $f(x)$、$g(x)$ 在 $[a, b]$ 上连续，在 (a, b) 内可导，且 $g'(x) \neq 0$，则至少存在一点 $\xi \in (a, b)$，使 $\dfrac{f(b) - f(a)}{g(b) - g(a)} = \dfrac{f'(\xi)}{g'(\xi)}$。

(5) 洛必达法则：若函数 $f(x)$、$g(x)$ 可导，且 $g'(x) \neq 0$，$\lim f(x) = 0(\infty)$，$\lim g(x) = 0(\infty)$，若 $\lim \dfrac{f'(x)}{g'(x)}$ 存在(或为 ∞)，则 $\lim \dfrac{f(x)}{g(x)} = \lim \dfrac{f'(x)}{g'(x)}$。

(6) 泰勒公式：

(ⅰ) 带佩亚诺余项的泰勒公式：设 $f(x)$ 在区间 I 上 n 阶可导，$x_0 \in I$，则 $\forall x \in I$，有

$$f(x) = f(x_0) + f'(x_0)(x - x_0) + \frac{f''(x_0)}{2!}(x - x_0)^2 + \cdots + \frac{f^{(n)}(x_0)}{n!}(x - x_0)^n + R_n(x)$$

其中 $R_n(x) = o[(x - x_0)^n]$。

(ⅱ) 带拉格朗日余项的泰勒公式：设 $f(x)$ 在区间 I 上 $n + 1$ 阶可导，$x_0 \in I$，则 $\forall x \in I$，有

$$f(x) = f(x_0) + f'(x_0)(x - x_0) + \frac{f''(x_0)}{2!}(x - x_0)^2 + \cdots + \frac{f^{(n)}(x_0)}{n!}(x - x_0)^n + R_n(x)$$

其中 $R_n(x) = \dfrac{f^{(n+1)}(\xi)}{(n+1)!}(x - x_0)^{n+1}$，$\xi$ 介于 x_0 与 x 之间或 $\xi = x_0 + \theta(x - x_0)(0 < \theta < 1)$。

特别地，在(ⅰ)与(ⅱ)中当 $x_0 = 0$ 时，泰勒公式成为麦克劳林公式：

$$f(x) = f(0) + f'(0)x + \frac{f''(0)}{2!}x^2 + \cdots + \frac{f^{(n)}(0)}{n!}x^n + o(x^n)$$

$$f(x) = f(0) + f'(0)x + \frac{f''(0)}{2!}x^2 + \cdots + \frac{f^{(n)}(0)}{n!}x^n + \frac{f^{(n+1)}(\theta x)}{(n+1)!}x^{n+1} \quad (0 < \theta < 1)$$

2. 单调性与极值

(1) 单调性判定：设函数 $f(x)$ 在区间 I 上可导，如果 $f'(x) > 0$，则函数 $f(x)$ 在 I 上单调增加；如果 $f'(x) < 0$，则函数 $f(x)$ 在 I 上单调减少。

(2) 极值与极值的必要条件：

(ⅰ) 极值的定义：设 $f(x)$ 在点 x_0 的某邻域 $U(x_0)$ 内有定义，如果 $\forall x \in \mathring{U}(x_0)$，有
$$f(x) < f(x_0)(或 f(x) > f(x_0))$$
则称 $f(x_0)$ 为 $f(x)$ 的一个极大值(或极小值)。

(ⅱ) 极值的必要条件：设 $f(x)$ 在 $x = x_0$ 处取得极值，且 $f'(x_0)$ 存在，则 $f'(x_0) = 0$，即可导函数的极值点就是驻点。

(3) 极值的充分条件：

(ⅰ) 第一充分条件：设函数 $f(x)$ 在点 x_0 处连续，在 x_0 的某个去心邻域 $\mathring{U}(x_0, \delta)$ 内可导：

① 当 $x \in (x_0 - \delta, x_0)$ 时，$f'(x) > 0$，当 $x \in (x_0, x_0 + \delta)$ 时，$f'(x) < 0$，则 $f(x)$ 在 x_0 处取得极大值；

② 当 $x \in (x_0 - \delta, x_0)$ 时，$f'(x) < 0$，当 $x \in (x_0, x_0 + \delta)$ 时，$f'(x) > 0$，则 $f(x)$ 在 x_0 处取得极小值；

③ 当 $x \in \mathring{U}(x_0, \delta)$ 时，$f'(x)$ 的符号保持不变，则 $f(x)$ 在 x_0 处不取得极值。

(ⅱ) 第二充分条件：设 $f(x)$ 在 x_0 处具有二阶导数，若 $f'(x_0) = 0$，$f''(x_0) \neq 0$，则 $f(x)$ 在 x_0 处取得极值，并且当 $f''(x_0) > 0$ 时，$f(x)$ 在 x_0 处取得极小值，当 $f''(x_0) < 0$ 时，$f(x)$ 在 x_0 处取得极大值。

（ⅲ）第三充分条件：设 $f(x)$ 在 x_0 处具有 n 阶导数，若 $f'(x_0) = f''(x_0) = \cdots = f^{(n-1)}(x_0) = 0$，$f^{(n)}(x_0) \neq 0$，则当 n 为偶数时，$f(x)$ 在 x_0 处取得极值，并且当 $f^{(n)}(x_0) > 0$ 时，$f(x)$ 在 x_0 处取得极小值，当 $f^{(n)}(x_0) < 0$ 时，$f(x)$ 在 x_0 处取得极大值；当 n 为奇数时，$f(x)$ 在 x_0 处不取得极值。

（4）最值：

（ⅰ）定义：设函数 $f(x)$ 在区间 I 上有定义，如果 $\exists x_0 \in I$，使得 $\forall x \in I$，有
$$f(x) \leqslant f(x_0)（\text{或 } f(x) \geqslant f(x_0)）$$
则称 $f(x_0)$ 为函数 $f(x)$ 在区间 I 上的最大值（或最小值）。

（ⅱ）求连续函数 $f(x)$ 在闭区间 I 上的最大最小值：

① 求 $f(x)$ 在区间 I 内可能的极值点，并求其函数值；

② 求 $f(x)$ 在区间 I 的端点处的函数值；

③ 把所得的函数值进行比较，最大的就是最大值，最小的就是最小值。

（ⅲ）实际问题：当函数的最值客观上在区间 I 内存在，而函数在区间 I 内只有一个驻点时，该驻点就是函数的最值点，驻点处的函数值就是所求的最值，不需再求函数在区间 I 的端点值，也无需判断驻点是否为极值点。

（ⅳ）最值的应用：

① 证明函数有界性；

② 证明不等式；

③ 证明零点的存在性。

3. 曲线的凹凸性与拐点

（1）凹凸性：

（ⅰ）定义：设 $f(x)$ 在区间 I 上连续，如果对于 I 的任意两点 x_1、x_2，恒有 $f\left(\dfrac{x_1 + x_2}{2}\right) < \dfrac{f(x_1) + f(x_2)}{2}$，则称 $f(x)$ 在 I 上的图形是凹的；如果恒有 $f\left(\dfrac{x_1 + x_2}{2}\right) > \dfrac{f(x_1) + f(x_2)}{2}$，则称 $f(x)$ 在 I 上的图形是凸的。

（ⅱ）判定：

① 若在区间 I 上 $f''(x) > 0$，则曲线 $y = f(x)$ 在 I 上是凹的；若在区间 I 上 $f''(x) < 0$，则曲线 $y = f(x)$ 在 I 上是凸的。

② 设 $f(x)$ 在区间 I 上可导，如果曲线 $y = f(x)$ 每点处的切线都在曲线 $y = f(x)$ 之下（上），则曲线 $y = f(x)$ 在 I 上是凹（凸）的。

（2）拐点：

（ⅰ）定义：如果连续曲线 $y = f(x)$ 在点 $(x_0, f(x_0))$ 两侧凹凸性相反，则称点 $(x_0, f(x_0))$ 为曲线 $y = f(x)$ 的拐点。

（ⅱ）判定：

① 必要条件：若 $(x_0, f(x_0))$ 是拐点，且 $f''(x_0)$ 存在，则 $f''(x_0) = 0$。

② 第一充分条件：若 $f''(x_0) = 0$（或 $f''(x_0)$ 不存在），当 x 变动经过 x_0 时，$f''(x)$ 变号，则 $(x_0, f(x_0))$ 是拐点。

③ 设 $f(x)$ 在 x_0 的某个邻域内有三阶导数，且 $f''(x_0) = 0$，$f'''(x_0) \neq 0$，则

$(x_0, f(x_0))$ 是拐点。

4. 渐近线

(1) 水平渐近线：若 $\lim\limits_{x \to \infty} f(x) = a$（或 $\lim\limits_{x \to -\infty} f(x) = a$，或 $\lim\limits_{x \to +\infty} f(x) = a$），则 $y = a$ 是 $y = f(x)$ 的水平渐近线。

(2) 铅直渐近线：若 $\lim\limits_{x \to x_0} f(x) = \infty$（或 $\lim\limits_{x \to x_0^+} f(x) = \infty$，或 $\lim\limits_{x \to x_0^-} f(x) = \infty$），则 $x = x_0$ 是 $y = f(x)$ 的铅直渐近线。

(3) 斜渐近线：若 $\lim\limits_{x \to \infty} \dfrac{f(x)}{x} = a (a \neq 0)$，$\lim\limits_{x \to \infty}(f(x) - ax) = b$（或 $x \to +\infty$，$x \to -\infty$），则 $y = ax + b$ 是 $y = f(x)$ 的斜渐近线。

5. 曲率与曲率半径（数学三不要求）

(1) 曲率的定义：光滑曲线上每一点处切线的倾角关于弧长的变化率称为该点处的曲率，记为 κ，即 $\kappa = \left| \dfrac{\mathrm{d}\alpha}{\mathrm{d}s} \right|$。

(2) 曲率计算公式：

（ⅰ）若函数由 $y = y(x)$ 给出，则曲率 $\kappa = \dfrac{|y''|}{(1 + y'^2)^{\frac{3}{2}}}$；

（ⅱ）若函数由 $x = x(t)$，$y = y(t)$ 给出，则曲率 $\kappa = \dfrac{|y''x' - y'x''|}{(x'^2 + y'^2)^{\frac{3}{2}}}$。

(3) 曲率半径：$R = \dfrac{1}{\kappa}$。

6. 函数图形的描绘步骤

(1) 求函数 $y = f(x)$ 的定义域。

(2) 求 $f'(x)$ 及驻点和不可导点。

(3) 求 $f''(x)$ 及二阶导数的零点和二阶不可导点。

(4) 确定由上述点将定义域划分的各个小区间上 $f'(x)$ 与 $f''(x)$ 的符号，从而确定函数在各个小区间上的单调性与凹凸性。

(5) 求出函数的水平渐近线、铅直渐近线与斜渐近线。

(6) 找出关键点（特殊点、驻点、拐点），描点绘图。

二、考点题型解析

常考题型：• 单调性与极值；• 方程根的讨论；• 不等式证明；• 求渐近线；• 中值定理证明。

1. 选择题

例 1　设 $\lim\limits_{x \to x_0} \dfrac{f(x) - f(x_0)}{(x - x_0)^3} = 1$，则在 $x = x_0$ 处（　　）。

(A) $f(x)$ 的导数存在，且 $f'(x_0) \neq 0$　　(B) $f(x)$ 取得极大值

(C) $f(x)$ 取得极小值　　　　　　　　　　(D) $f(x)$ 不取得极值

解　应选(D)。

方法一　由于 $\lim\limits_{x\to x_0}\dfrac{f(x)-f(x_0)}{(x-x_0)^3}=1>0$，由极限的保号性知在 x_0 的某个去心邻域内 $\dfrac{f(x)-f(x_0)}{(x-x_0)^3}>0$，又 $(x-x_0)^3$ 在 x_0 左半邻域为负，右半邻域为正，故在 x_0 左半邻域 $f(x)<f(x_0)$，在 x_0 右半邻域 $f(x)>f(x_0)$，所以 $f(x)$ 在 $x=x_0$ 处不取得极值，故选(D)。

方法二　取 $f(x)=(x-x_0)^3$，则 $\lim\limits_{x\to x_0}\dfrac{f(x)-f(x_0)}{(x-x_0)^3}=1$，且 $f(x)$ 在 x_0 处可导，但 $f'(x_0)=0$，从而(A)不正确。又 $f(x)=(x-x_0)^3$ 在 x_0 处既不取得极大值，也不取得极小值，从而(B)、(C)不正确，故选(D)。

例 2　设函数 $f(x)=x(x-1)(x-2)(x-3)$，则 $f'(x)$ 的零点个数是(　　)。

(A) 1　　　　　(B) 2　　　　　(C) 3　　　　　(D) 4

解　应选(C)。

显然 $f(x)$ 在区间 $[0,1]$、$[1,2]$、$[2,3]$ 上均满足罗尔定理，从而 $f'(x)$ 在 $(-\infty,+\infty)$ 内至少存在三个零点，又由于 $f'(x)$ 为 x 的三次多项式，从而 $f'(x)$ 在 $(-\infty,+\infty)$ 内只有三个零点，故选(C)。

例 3　设 $a^2-3b<0$，则方程 $f(x)=x^3+ax^2+bx+c=0$(　　)。

(A) 无实根　　　　　　　　(B) 有唯一的实根

(C) 有三个根　　　　　　　(D) 有重实根

解　应选(B)。

由于 $\lim\limits_{x\to-\infty}f(x)=-\infty$，$\lim\limits_{x\to+\infty}f(x)=+\infty$，因此方程 $f(x)=0$ 至少有一实根；因为 $a^2-3b<0$，所以 $f'(x)=3x^2+2ax+b>0$，从而 $f(x)$ 单调递增，由此知方程 $f(x)=0$ 有唯一的实根，故选(B)。

例 4　曲线 $y=\dfrac{1+\mathrm{e}^x}{1-\mathrm{e}^x}$ 的渐近线的条数为(　　)。

(A) 0　　　　　(B) 1　　　　　(C) 2　　　　　(D) 3

解　应选(D)。

由于 $\lim\limits_{x\to-\infty}\dfrac{1+\mathrm{e}^x}{1-\mathrm{e}^x}=1$，$\lim\limits_{x\to+\infty}\dfrac{1+\mathrm{e}^x}{1-\mathrm{e}^x}=-1$，因此 $y=1$ 和 $y=-1$ 为曲线 $y=\dfrac{1+\mathrm{e}^x}{1-\mathrm{e}^x}$ 的两条水平渐近线；又 $\lim\limits_{x\to0}\dfrac{1+\mathrm{e}^x}{1-\mathrm{e}^x}=\infty$，所以 $x=0$ 为曲线 $y=\dfrac{1+\mathrm{e}^x}{1-\mathrm{e}^x}$ 的铅直渐近线。因此曲线有 3 条渐近线，故选(D)。

2. 填空题

例 1　$\lim\limits_{x\to0}\dfrac{1-\sqrt{1-x^2}}{\mathrm{e}^x-\cos x}=$ _____。

解　$\lim\limits_{x\to0}\dfrac{1-\sqrt{1-x^2}}{\mathrm{e}^x-\cos x}=\lim\limits_{x\to0}\dfrac{\frac{1}{2}x^2}{\mathrm{e}^x-\cos x}=\lim\limits_{x\to0}\dfrac{x}{\mathrm{e}^x+\sin x}=0$

例 2　$\lim\limits_{x\to0}\cot x\left(\dfrac{1}{\sin x}-\dfrac{1}{x}\right)=$ _____。

解 $\lim\limits_{x \to 0} \cot x \left(\dfrac{1}{\sin x} - \dfrac{1}{x} \right) = \lim\limits_{x \to 0} \dfrac{\cos x}{\sin x} \cdot \dfrac{x - \sin x}{x \sin x} = \lim\limits_{x \to 0} \dfrac{x - \sin x}{x^3} = \lim\limits_{x \to 0} \dfrac{1 - \cos x}{3x^2}$

$$= \lim\limits_{x \to 0} \dfrac{\dfrac{1}{2} x^2}{3x^2} = \dfrac{1}{6}$$

例 3 曲线 $y = (2x - 1)\mathrm{e}^{\frac{1}{x}}$ 的斜渐近线方程为_____。

解 $a = \lim\limits_{x \to \infty} \dfrac{y}{x} = \lim\limits_{x \to \infty} \dfrac{2x - 1}{x} \mathrm{e}^{\frac{1}{x}} = 2$

$b = \lim\limits_{x \to \infty}(y - ax) = \lim\limits_{x \to \infty}[(2x - 1)\mathrm{e}^{\frac{1}{x}} - 2x] = \lim\limits_{x \to \infty} 2x(\mathrm{e}^{\frac{1}{x}} - 1) - \lim\limits_{x \to \infty} \mathrm{e}^{\frac{1}{x}}$

$= \lim\limits_{x \to +\infty} 2x \cdot \dfrac{1}{x} - 1 = 1$

故曲线的渐近线方程为 $y = 2x + 1$。

例 4 曲线 $y = (x - 5)x^{\frac{2}{3}}$ 的拐点坐标为_____。

解

$$y = x^{\frac{5}{3}} - 5x^{\frac{2}{3}}, \quad y' = \dfrac{5}{3}x^{\frac{2}{3}} - \dfrac{10}{3}x^{-\frac{1}{3}}, \quad y'' = \dfrac{10}{9}x^{-\frac{1}{3}} + \dfrac{10}{9}x^{-\frac{4}{3}} = \dfrac{10(x + 1)}{9x^{\frac{4}{3}}}$$

当 $x = -1$ 时，$y'' = 0$，当 $x = 0$ 时，y'' 不存在，且在 $x = -1$ 左右近旁 y'' 异号，在 $x = 0$ 左右近旁 $y'' > 0$，当 $x = -1$ 时，$y = -6$，故曲线的拐点坐标为 $(-1, -6)$。

3. 解答题

例 1 求极限 $\lim\limits_{x \to 0} \dfrac{\sqrt{1 + \tan x} - \sqrt{1 + \sin x}}{x \ln(1 + x) - x^2}$。

解 $\lim\limits_{x \to 0} \dfrac{\sqrt{1 + \tan x} - \sqrt{1 + \sin x}}{x \ln(1 + x) - x^2} = \lim\limits_{x \to 0} \left[\dfrac{\tan x - \sin x}{x \ln(1 + x) - x^2} \cdot \dfrac{1}{\sqrt{1 + \tan x} + \sqrt{1 + \sin x}} \right]$

$= \dfrac{1}{2} \lim\limits_{x \to 0} \dfrac{\tan x (1 - \cos x)}{x[\ln(1 + x) - x]}$

$= \dfrac{1}{2} \lim\limits_{x \to 0} \dfrac{x \cdot \dfrac{1}{2}x^2}{x[\ln(1 + x) - x]}$

$= \dfrac{1}{4} \lim\limits_{x \to 0} \dfrac{x^2}{\ln(1 + x) - x} = \dfrac{1}{4} \lim\limits_{x \to 0} \dfrac{2x}{\dfrac{1}{1 + x} - 1}$

$= \dfrac{1}{4} \lim\limits_{x \to 0} \dfrac{2x}{-\dfrac{x}{1 + x}} = -\dfrac{1}{2}$

例 2 求极限 $\lim\limits_{x \to 0} \left(\dfrac{\sin x}{x} \right)^{\frac{1}{1 - \cos x}}$。

解 由于 $\dfrac{\sin x}{x} = 1 + \dfrac{\sin x - x}{x}$，且

$$\lim\limits_{x \to 0} \dfrac{\sin x - x}{x} \cdot \dfrac{1}{1 - \cos x} = \lim\limits_{x \to 0} \dfrac{\sin x - x}{\dfrac{1}{2}x^3} = \lim\limits_{x \to 0} \dfrac{\cos x - 1}{\dfrac{3}{2}x^2} = \lim\limits_{x \to 0} \dfrac{-\dfrac{1}{2}x^2}{\dfrac{3}{2}x^2} = -\dfrac{1}{3}$$

因此

$$\lim_{x \to 0} \left(\frac{\sin x}{x}\right)^{\frac{1}{1-\cos x}} = e^{-\frac{1}{3}}$$

例 3　在椭圆 $\dfrac{x^2}{a^2} + \dfrac{y^2}{b^2} = 1 (a > 0, b > 0)$（见图 2.1）的第一象限上求一点 P，使该点处的切线、椭圆及两坐标轴所围成的平面图形的面积最小。

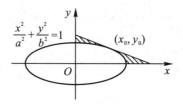

图 2.1

解　设所求的点为 $P(x_0, y_0)$，则该点处的切线方程为 $\dfrac{x_0 x}{a^2} + \dfrac{y_0 y}{b^2} = 1$，该切线在两坐标轴的截距分别为 $\dfrac{a^2}{x_0}$、$\dfrac{b^2}{y_0}$，从而所围成的平面图形的面积为 $S = \dfrac{a^2 b^2}{2 x_0 y_0} - \dfrac{1}{4}\pi ab$。

令 $A = x_0 y_0$，要使 S 最小，只要 A 达到最大。由于 $\dfrac{x_0^2}{a^2} + \dfrac{y_0^2}{b^2} = 1$，且 $x_0 = a\cos t$，$y_0 = b\sin t$，从而

$$A = x_0 y_0 = ab\sin t\cos t = \frac{ab}{2}\sin 2t$$

显然当 $t = \dfrac{\pi}{4}$ 时，A 达到最大，此时 $x_0 = \dfrac{\sqrt{2}}{2}a$，$y_0 = \dfrac{\sqrt{2}}{2}b$，故所求的点为 $P\left(\dfrac{\sqrt{2}}{2}a, \dfrac{\sqrt{2}}{2}b\right)$。

例 4　证明方程 $x + p + q\cos x = 0$ 恰有一个实根，其中 p、q 为常数，且 $0 < q < 1$。

证　令 $f(x) = x + p + q\cos x$，则 $f(x)$ 在 $(-\infty, +\infty)$ 内连续，且 $\lim\limits_{x \to -\infty} f(x) = -\infty$，$\lim\limits_{x \to +\infty} f(x) = +\infty$，从而存在区间 $[a, b]$，使得 $f(a) < 0$，$f(b) > 0$，由零点定理知 $f(x) = 0$ 至少有一实根；又 $f'(x) = 1 - q\sin x > 0$，故 $f(x)$ 单调递增，从而方程 $f(x) = 0$ 最多有一个实根。所以方程 $f(x) = 0$ 恰有一实根。

例 5　设 $f(x)$ 在 $[a, +\infty)$ 上连续，在 $(a, +\infty)$ 内可导，且 $f'(x) > k > 0 (k$ 为常数)，又 $f(a) < 0$，证明 $f(x) = 0$ 在 $\left(a, a - \dfrac{f(a)}{k}\right)$ 内有唯一实根。

证　设 $b = a - \dfrac{f(a)}{k}$，则 $b > a$，由拉格朗日中值定理知 $\exists \xi \in (a, b)$，使得

$$f(b) - f(a) = f'(\xi)(b - a)$$

即

$$f(b) = f(a) + f'(\xi)(b - a) = f(a) + f'(\xi)\frac{-f(a)}{k} = -f(a)\left[\frac{f'(\xi)}{k} - 1\right]$$

由于 $f(a) < 0$，$\dfrac{f'(\xi)}{k} - 1 > 0$，因此 $f(b) > 0$，由零点定理知 $\exists \xi \in (a, b)$，使得 $f(\xi) = 0$。

又 $f'(x) > k > 0$，$f(x)$ 为严格单调递增，故 $f(x) = 0$ 在 $\left(a, a - \dfrac{f(a)}{k}\right)$ 内有唯一实根。

例 6 设 $f(x)$ 可导，证明 $f(x)$ 的两个零点之间一定有 $f(x)+f'(x)$ 的零点。

证 设 $F(x)=e^x f(x)$，则 $F(x)$ 可导。若 x_1 和 x_2 为 $f(x)$ 的两个零点，且 $x_1 < x_2$，则 $F(x)$ 在 $[x_1, x_2]$ 上满足罗尔定理条件，由罗尔定理知 $\exists \xi \in (x_1, x_2)$，使得 $F'(\xi)=0$，即 $e^\xi f'(\xi)+e^\xi f(\xi)=e^\xi[f'(\xi)+f(\xi)]=0$，但 $e^\xi \neq 0$，故 $f'(\xi)+f(\xi)=0$，即 $f(x)$ 的两个零点之间一定有 $f(x)+f'(x)$ 的零点。

例 7 证明 $|\arctan b - \arctan a| \leqslant |b-a|$。

证 令 $f(x)=\arctan x$，则 $f(x)$ 在以 a、b 为端点的区间上满足拉格朗日中值定理的条件，从而 $f(b)-f(a)=f'(\xi)(b-a)$，即

$$\arctan b - \arctan a = \frac{1}{1+\xi^2}(b-a)$$

其中 ξ 介于 a 与 b 之间，故

$$|\arctan b - \arctan a| = \frac{1}{1+\xi^2}|b-a| \leqslant |b-a|$$

例 8 证明当 $x>1$ 时，$\dfrac{\ln(1+x)}{\ln x} > \dfrac{x}{1+x}$。

证 令 $f(x)=x\ln x (x>1)$，则 $f'(x)=\ln x+1>0 (x>1)$，从而当 $x>1$ 时，$f(x)$ 单调递增。由于 $x+1>x (x>1)$，因此 $f(x+1)>f(x)$，即 $(1+x)\ln(1+x)>x\ln x$，从而原不等式成立。

例 9 设 $f(x)$ 在 $[0,3]$ 上连续，在 $(0,3)$ 内可导，且 $f(0)+f(1)+f(2)=3$，$f(3)=1$，证明在 $(0,3)$ 内至少存在一点 ξ，使得 $f'(\xi)=0$。

证 由于 $f(x)$ 在 $[0,2]$ 上连续，因此 $f(x)$ 在 $[0,2]$ 上存在最小值 m 与最大值 M，由 $3m \leqslant f(0)+f(1)+f(2)=3 \leqslant 3M$ 得 $m \leqslant 1 \leqslant M$，由介值定理知 $\exists c \in [0,2]$，使得 $f(c)=1$，由题设知 $f(x)$ 在 $[c,3]$ 上连续，在 $(c,3)$ 内可导，$f(c)=1=f(3)$，由罗尔定理知 $\exists \xi \in (c,3) \subset (0,3)$，使得 $f'(\xi)=0$。

例 10 设 $f(x)$ 在 $[0,1]$ 上连续，在 $(0,1)$ 内可导，且 $f(0)=f(1)=0$，$f\left(\dfrac{1}{2}\right)=1$，证明至少存在一点 $\xi \in (0,1)$，使得 $f'(\xi)=1$。

证 令 $F(x)=f(x)-x$，则 $F(x)$ 在 $[0,1]$ 上连续，在 $(0,1)$ 内可导，且 $F'(x)=f'(x)-1$，$F(1)=f(1)-1=-1<0$，$F\left(\dfrac{1}{2}\right)=f\left(\dfrac{1}{2}\right)-\dfrac{1}{2}=\dfrac{1}{2}>0$，由零点定理知 $\exists c \in \left(\dfrac{1}{2}, 1\right)$，使得 $F(c)=0$，又 $F(0)=f(0)-0=0$，从而函数 $F(x)$ 在 $[0,c]$ 上满足罗尔定理的条件，由罗尔定理知 $\exists \xi \in (0,c) \subset (0,1)$，使得 $F'(\xi)=0$，即 $f'(\xi)=1$。

例 11 设 $f(x)$ 在 $[a,b]$ 上连续，在 (a,b) 内可导，且 $f(a)=f(b)=0$，证明：

（ⅰ）$\exists \xi \in (a,b)$，使得 $f'(\xi)+f(\xi)=0$；

（ⅱ）$\exists \xi \in (a,b)$，使得 $f'(\xi)-f(\xi)=0$；

（ⅲ）$\exists \xi \in (a,b)$，使得 $f'(\xi)+\lambda f(\xi)=0$。

证 （ⅰ）令 $F(x)=e^x f(x)$，则 $F(a)=F(b)=0$，从而 $F(x)$ 在 $[a,b]$ 上满足罗尔定理条件，由罗尔定理知 $\exists \xi \in (a,b)$，使得 $F'(\xi)=0$，即 $e^\xi(f'(\xi)+f(\xi))=0$，但 $e^\xi \neq 0$，故

$$f'(\xi)+f(\xi)=0$$

（ⅱ）令 $F(x)=\mathrm{e}^{-x}f(x)$，则 $F(a)=F(b)=0$，从而 $F(x)$ 在 $[a,b]$ 上满足罗尔定理条件，由罗尔定理知 $\exists\,\xi\in(a,b)$，使得 $F'(\xi)=0$，即 $\mathrm{e}^{-\xi}(f'(\xi)-f(\xi))=0$，但 $\mathrm{e}^{-\xi}\neq0$，故

$$f'(\xi)-f(\xi)=0$$

（ⅲ）令 $F(x)=\mathrm{e}^{\lambda x}f(x)$，则 $F(a)=F(b)=0$，从而 $F(x)$ 在 $[a,b]$ 上满足罗尔定理条件，由罗尔定理知 $\exists\,\xi\in(a,b)$，使得 $F'(\xi)=0$，即 $\mathrm{e}^{\lambda\xi}(f'(\xi)+\lambda f(\xi))=0$，但 $\mathrm{e}^{\lambda\xi}\neq0$，故

$$f'(\xi)+\lambda f(\xi)=0$$

例 12　设 $f(x)$ 在 $[0,1]$ 上连续，在 $(0,1)$ 内可导，且 $f(1)=0$，证明 $\exists\,\xi\in(0,1)$，使得 $\xi f'(\xi)+f(\xi)=0$。

证　设 $F(x)=xf(x)$，则 $F(0)=0$，$F(1)=f(1)=0$，从而 $F(x)$ 在 $[0,1]$ 上满足罗尔定理条件，由罗尔定理知 $\exists\,\xi\in(0,1)$，使得 $F'(\xi)=0$，即 $\xi f'(\xi)+f(\xi)=0$。

例 13　设 $f(x)$ 在闭区间 $[0,1]$ 上连续，在开区间 $(0,1)$ 内可导，且 $f(0)=0$，$f(1)=\dfrac{1}{3}$，证明 $\exists\,\xi\in\left(0,\dfrac{1}{2}\right)$，$\eta\in\left(\dfrac{1}{2},1\right)$，使得 $f'(\xi)+f'(\eta)=\xi^2+\eta^2$。

证　设 $F(x)=f(x)-\dfrac{x^3}{3}$，则 $F(0)=0$，$F(1)=0$，在 $\left[0,\dfrac{1}{2}\right]$ 与 $\left[\dfrac{1}{2},1\right]$ 上由拉格朗日中值定理知 $\exists\,\xi\in\left(0,\dfrac{1}{2}\right)$，$\eta\in\left(\dfrac{1}{2},1\right)$，使得

$$F\left(\frac{1}{2}\right)-F(0)=F'(\xi)\left(\frac{1}{2}-0\right)=\frac{1}{2}(f'(\xi)-\xi^2)$$

$$F(1)-F\left(\frac{1}{2}\right)=F'(\eta)\left(1-\frac{1}{2}\right)=\frac{1}{2}(f'(\eta)-\eta^2)$$

两式相加，得

$$0=F(1)-F(0)=\frac{1}{2}(f'(\xi)-\xi^2)+\frac{1}{2}(f'(\eta)-\eta^2)$$

即

$$f'(\xi)+f'(\eta)=\xi^2+\eta^2$$

例 14　设 $f(x)$ 在 $[a,b]$ 上二阶可导，且 $f'(a)=f'(b)=0$，证明 $\exists\,\xi\in(a,b)$，使得 $|f''(\xi)|\geqslant4\,\dfrac{|f(b)-f(a)|}{(b-a)^2}$。

证　由泰勒公式，得

$$f(x)=f(a)+f'(a)(x-a)+\frac{f''(\xi_1)}{2!}(x-a)^2$$

$$f(x)=f(b)+f'(b)(x-b)+\frac{f''(\xi_2)}{2!}(x-b)^2$$

其中 ξ_1 介于 x 与 a 之间，ξ_2 介于 x 与 b 之间，在上两式中令 $x=\dfrac{a+b}{2}$，得

$$f\left(\frac{a+b}{2}\right)=f(a)+\frac{f''(\xi_1)}{8}(b-a)^2,\quad f\left(\frac{a+b}{2}\right)=f(b)+\frac{f''(\xi_2)}{8}(b-a)^2$$

从而

$$f(b)-f(a)=\frac{(b-a)^2}{8}(f''(\xi_1)-f''(\xi_2))$$

故

$$\mid f(b)-f(a)\mid \leqslant \frac{(b-a)^2}{8}(\mid f''(\xi_1)\mid +\mid f''(\xi_2)\mid)$$

$$\leqslant \frac{(b-a)^2}{4}\max(\mid f''(\xi_1)\mid,\mid f''(\xi_2)\mid)=\frac{(b-a)^2}{4}\mid f''(\xi)\mid$$

从而 $\exists\,\xi\in(a,b)$，使得 $\mid f''(\xi)\mid\geqslant 4\dfrac{\mid f(b)-f(a)\mid}{(b-a)^2}$。

三、经典习题与解答

经 典 习 题

1. 选择题

(1) 设函数 $f(x)$ 在 $(-\infty,+\infty)$ 内可导，且 $\forall x_1,x_2\in(-\infty,+\infty)$，当 $x_1>x_2$ 时，有 $f(x_1)>f(x_2)$，则（　　）。

(A) $\forall x,f'(x)>0$　　　　　　　　　　(B) $\forall x,f'(-x)\leqslant 0$

(C) $f(-x)$ 单调递增　　　　　　　　　　(D) $-f(-x)$ 单调递增

(2) 已知函数 $f(x)$ 满足 $f''(x)+xf'^2(x)=e^x$，若 $f'(x_0)=0$，则（　　）。

(A) $f(x_0)$ 是 $f(x)$ 的极大值

(B) $f(x_0)$ 是 $f(x)$ 的极小值

(C) $(x_0,f(x_0))$ 是曲线 $y=f(x)$ 的拐点

(D) $f(x_0)$ 不是 $f(x)$ 的极值，$(x_0,f(x_0))$ 不是曲线 $y=f(x)$ 的拐点

(3) 设 $f(x)$ 为可导函数，ξ 为开区间 (a,b) 内一定点，且 $f(\xi)>0$，$(x-\xi)f'(x)\geqslant 0$，则在闭区间 $[a,b]$ 上必有（　　）。

(A) $f(x)<0$　　　　(B) $f(x)\leqslant 0$　　　　(C) $f(x)\geqslant 0$　　　　(D) $f(x)>0$

(4) 曲线 $y=\dfrac{x}{3-x^2}$（　　）。

(A) 没有水平渐近线，也没有斜渐近线

(B) $x=\sqrt{3}$ 为其铅直渐近线，但无水平渐近线

(C) 既有铅直渐近线，又有水平渐近线

(D) 只有水平渐近线

2. 填空题

(1) $\lim\limits_{x\to 0}\dfrac{\arctan x-x}{\ln(1+2x^3)}=$ _____。

(2) $\lim\limits_{x\to 0}\dfrac{e-e^{\cos x}}{\sqrt[3]{1+x^2}-1}=$ _____。

(3) 曲线 $y=x\ln\left(e+\dfrac{1}{x}\right)(x>0)$ 的渐近线方程为 _____。

3. 解答题

(1) 已知函数 $f(x)=\dfrac{2x^2}{(1-x)^2}$，试求其单调区间、极值点、曲线的凹凸区间、拐点和

渐近线。

(2) 求极限 $\lim\limits_{x \to 1} \dfrac{\ln\cos(x-1)}{1 - \sin\frac{\pi}{2}x}$。

(3) 求极限 $\lim\limits_{x \to +\infty} (x + \sqrt{1+x^2})^{\frac{1}{x}}$。

(4) 求极限 $\lim\limits_{n \to \infty} \left(n\tan\dfrac{1}{n}\right)^{n^2}$。

(5) 证明方程 $x^3 + x^2 + x = 1$ 在 $(0, +\infty)$ 内有且仅有一个实根。

(6) 设 $a_1, a_2, \cdots, a_n$ 为任意实数，证明方程 $a_1\cos x + a_2\cos 2x + \cdots + a_n\cos nx = 0$ 在 $(0, \pi)$ 内必有实根。

(7) 证明当 $x > 0$ 时，$\arctan x + \dfrac{1}{x} > \dfrac{\pi}{2}$。

(8) 设 $p > 1, q > 1$ 是常数，且 $\dfrac{1}{p} + \dfrac{1}{q} = 1$，证明当 $x > 0$ 时，$\dfrac{1}{p}x^p + \dfrac{1}{q} \geqslant x$。

(9) 设 $f(x)$ 在 $[0, 1]$ 上连续，在 $(0, 1)$ 内可导，且 $f(0) = 0$，$f\left(\dfrac{1}{2}\right) = 1$，$f(1) = \dfrac{1}{2}$，证明：

（ⅰ）$\exists c \in (0, 1)$，使得 $f(c) = c$；

（ⅱ）对于任意的实数 k，$\exists \xi \in (0, 1)$，使得 $f'(\xi) + k[f(\xi) - \xi] = 1$。

(10) 设 $f(x)$ 在 $[a, b]$ 上连续且恒不为常数，在 (a, b) 内可导，且 $f(a) = f(b)$，证明在 (a, b) 内至少存在一点 ξ，使得 $f'(\xi) > 0$。

(11) 设 $f(x)$ 在 $(0, 1)$ 内取得最大值，在 $[0, 1]$ 上 $|f''(x)| \leqslant M$，证明
$$|f'(0)| + |f'(1)| \leqslant M$$

(12) 设函数 $f(x)$、$g(x)$ 在 $[a, b]$ 上连续，在 (a, b) 内具有二阶导数且存在相等的最大值，$f(a) = g(a)$，$f(b) = g(b)$，证明 $\exists \xi \in (a, b)$，使得 $f''(\xi) = g''(\xi)$。

(13) 设 $f(x)$ 在 $[0, 1]$ 上二次可微，且 $f(0) = f(1)$，$|f''(x)| \leqslant 1$，证明
$$\max_{0 \leqslant x \leqslant 1} |f'(x)| \leqslant \frac{1}{2}$$

(14) 设 $f(x)$ 在 $[0, 1]$ 上连续，在 $(0, 1)$ 内可导，且 $f(0) = 0$，$f(1) = 1$，证明对于任意给定的正数 a、b，不存在不相等的 x_1 和 x_2，使得 $\dfrac{a}{f'(x_1)} + \dfrac{b}{f'(x_2)} = a + b$。

(15) 设 $f(x)$ 在 $[a, +\infty]$ 上存在二阶导数，且 $f''(x) < 0$，$f'(a) < 0$，$f(a) > 0$，证明方程 $f(x) = 0$ 在 $[a, +\infty)$ 内有且仅有一个实根。

(16) 设 $0 \leqslant x \leqslant 1$，$p > 1$，证明 $\dfrac{1}{2^{p-1}} \leqslant x^p + (1-x)^p \leqslant 1$。

(17) 设 $f(x)$ 在 $[a, b]$ 上二阶可导，且 $f(a) = f(b) = 0$，$|f''(x)| \leqslant 8$，证明
$$\left| f\left(\frac{a+b}{2}\right) \right| \leqslant (b-a)^2$$

(18) 设 $f(x)$ 是非线性函数，在 $[a, b]$ 上连续，在 (a, b) 内可导，证明 $\exists \xi \in (a, b)$，使得 $|f'(\xi)| > \left| \dfrac{f(b) - f(a)}{b - a} \right|$。

(19) 设 $f(x) = 1 - x + \dfrac{x^2}{2} - \dfrac{x^3}{3} + \cdots + (-1)^n \dfrac{x^n}{n}$，证明当 n 为奇数时，$f(x)$ 恰有一个实零点，当 n 为偶数时，$f(x)$ 无零点。

(20) 设 $f(x)$ 在 $[a, b]$ 上连续，在 (a, b) 内二阶可导，$f(a) = f(b) = 0$，$f'_+(a) f'_-(b) > 0$，证明 $\exists \xi \in (a, b)$，使得 $f''(\xi) = 0$。

(21) 设 $f(x)$ 在 $[0, 1]$ 上连续，在 $(0, 1)$ 内可导，$f(0) = 0$，$f(1) = 1$，证明：

（ⅰ）$\exists \xi \in (0, 1)$，使得 $f(\xi) = 1 - \xi$；

（ⅱ）$\exists \eta, \zeta \in (0, 1)$，使得 $f'(\eta) f'(\zeta) = 1$。

(22) 设 $f(x)$ 在 $[a, b]$ $(a > 0)$ 上连续，在 (a, b) 内可导，证明 $\exists \xi, \eta \in (a, b)$，使得 $ab f'(\xi) = \eta^2 f'(\eta)$。

经典习题解答

1. 选择题

(1) **解**　应选(D)。

由于当 $x_1 > x_2$ 时，$-x_1 < -x_2$，$f(-x_2) > f(-x_1)$，因此 $-f(-x_2) < -f(-x_1)$，从而 $-f(-x)$ 单调递增，故选(D)。

(2) **解**　应选(B)。

由于在等式 $f''(x) + xf'^2(x) = \mathrm{e}^x$ 中令 $x = x_0$，得 $f''(x_0) = \mathrm{e}^{x_0} > 0$，因此 $f(x_0)$ 是 $f(x)$ 的极小值，故选(B)。

(3) **解**　应选(D)。

在以 x、ξ 为端点的区间上应用拉格朗日中值定理，得 $f(x) - f(\xi) = (x - \xi) f'(\eta)$，其中 η 介于 x 与 ξ 之间。由于 $f(\xi) > 0$，$(x - \xi) f'(x) \geqslant 0$，因此 $f(x) > 0$，故选(D)。

(4) **解**　应选(C)。

由于 $\lim\limits_{x \to \infty} \dfrac{x}{3 - x^2} = 0$，因此 $y = 0$ 为曲线的水平渐近线。因为 $\lim\limits_{x \to -\sqrt{3}} \dfrac{x}{3 - x^2} = \infty$，$\lim\limits_{x \to \sqrt{3}} \dfrac{x}{3 - x^2} = \infty$，所以 $x = -\sqrt{3}$ 和 $x = \sqrt{3}$ 为曲线的铅直渐近线。因此，曲线既有铅直渐近线，又有水平渐近线，故选(C)。

2. 填空题

(1) **解**　$\lim\limits_{x \to 0} \dfrac{\arctan x - x}{\ln(1 + 2x^3)} = \lim\limits_{x \to 0} \dfrac{\arctan x - x}{2x^3} = \lim\limits_{x \to 0} \dfrac{\dfrac{1}{1 + x^2} - 1}{6x^2}$

$$= -\lim\limits_{x \to 0} \dfrac{1}{6(1 + x^2)} = -\dfrac{1}{6}$$

(2) **解**　$\lim\limits_{x \to 0} \dfrac{\mathrm{e} - \mathrm{e}^{\cos x}}{\sqrt[3]{1 + x^2} - 1} = \lim\limits_{x \to 0} \dfrac{\mathrm{e} - \mathrm{e}^{\cos x}}{\dfrac{1}{3} x^2} = \lim\limits_{x \to 0} \dfrac{\mathrm{e}^{\cos x} \sin x}{\dfrac{2}{3} x} = \dfrac{3}{2} \mathrm{e}$

(3) **解**　显然该曲线没有铅直渐近线和水平渐近线，由于

$$a = \lim\limits_{x \to +\infty} \dfrac{y}{x} = \lim\limits_{x \to +\infty} \ln\left(\mathrm{e} + \dfrac{1}{x}\right) = 1$$

$$b = \lim_{x \to +\infty} (y - ax) = \lim_{x \to +\infty} \left[x \ln \left(e + \frac{1}{x} \right) - x \right] = \lim_{x \to +\infty} x \left[\ln \left(e + \frac{1}{x} \right) - \ln e \right]$$

$$= \lim_{x \to +\infty} x \ln \left(1 + \frac{1}{ex} \right) = \lim_{x \to +\infty} x \cdot \frac{1}{ex} = \frac{1}{e}$$

因此曲线的渐近线方程为 $y = x + \dfrac{1}{e}$。

3. 解答题

（1）**解**　$f'(x) = \dfrac{4x}{(1-x)^3}$，$f''(x) = \dfrac{8x+4}{(1-x)^4}$，由 $f'(x) = 0$ 得 $x = 0$，由 $f''(x) = 0$

得 $x = -\dfrac{1}{2}$，从而函数 $f(x) = \dfrac{2x^2}{(1-x)^2}$ 的单调增区间为 $(0,1)$，单调减区间为 $(-\infty, 0)$ 和

$(1, +\infty)$，并且函数在 $x = 0$ 处取得极小值，极小值为 0；函数 $f(x) = \dfrac{2x^2}{(1-x)^2}$ 的图像在

$\left(-\infty, -\dfrac{1}{2} \right)$ 上是凸的，在 $\left(-\dfrac{1}{2}, 1 \right)$ 和 $(1, +\infty)$ 上是凹的，并且 $\left(-\dfrac{1}{2}, \dfrac{2}{9} \right)$ 是拐点。由于

$\lim\limits_{x \to \infty} \dfrac{2x^2}{(1-x)^2} = 2$，因此 $y = 2$ 为其水平渐近线；又 $\lim\limits_{x \to 1} \dfrac{2x^2}{(1-x)^2} = \infty$，从而 $x = 1$ 为其铅直

渐近线。

（2）**解**
$$\lim_{x \to 1} \frac{\ln \cos(x-1)}{1 - \sin \frac{\pi}{2} x} = \lim_{x \to 1} \frac{-\tan(x-1)}{-\frac{\pi}{2} \cos \frac{\pi}{2} x} = \frac{2}{\pi} \lim_{x \to 1} \frac{x-1}{\cos \frac{\pi}{2} x}$$

$$= \frac{2}{\pi} \lim_{x \to 1} \frac{1}{-\frac{\pi}{2} \sin \frac{\pi}{2} x} = -\frac{4}{\pi^2}$$

（3）**解**　由于 $\lim\limits_{x \to +\infty} (x + \sqrt{1+x^2})^{\frac{1}{x}} = \lim\limits_{x \to +\infty} e^{\frac{\ln(x + \sqrt{1+x^2})}{x}}$，且

$$\lim_{x \to +\infty} \frac{\ln(x + \sqrt{1+x^2})}{x} = \lim_{x \to +\infty} \frac{1}{x + \sqrt{1+x^2}} \left(1 + \frac{x}{\sqrt{1+x^2}} \right) = \lim_{x \to +\infty} \frac{1}{\sqrt{1+x^2}} = 0$$

因此

$$\lim_{x \to +\infty} (x + \sqrt{1+x^2})^{\frac{1}{x}} = e^0 = 1$$

（4）**解**　由于 $\lim\limits_{n \to \infty} \left(n \tan \dfrac{1}{n} \right)^{n^2} = \lim\limits_{n \to \infty} \left[\dfrac{\tan \frac{1}{n}}{\frac{1}{n}} \right]^{\left(\frac{1}{n} \right)^{-2}}$，因此考虑极限 $\lim\limits_{x \to 0^+} \left(\dfrac{\tan x}{x} \right)^{\frac{1}{x^2}}$，又

$$\frac{\tan x}{x} = 1 + \frac{\tan x - x}{x}, \quad \lim_{x \to 0^+} \frac{\tan x - x}{x} \cdot \frac{1}{x^2} = \lim_{x \to 0^+} \frac{\sec^2 x - 1}{3x^2} = \lim_{x \to 0^+} \frac{\tan^2 x}{3x^2} = \frac{1}{3}$$

故 $\lim\limits_{x \to 0^+} \left(\dfrac{\tan x}{x} \right)^{\frac{1}{x^2}} = e^{\frac{1}{3}}$，从而 $\lim\limits_{n \to \infty} \left(n \tan \dfrac{1}{n} \right)^{n^2} = e^{\frac{1}{3}}$。

（5）**证**　令 $f(x) = x^3 + x^2 + x - 1$，则 $f(x)$ 在 $(0, +\infty)$ 内连续，且 $f(0) = -1 < 0$，
$f(1) = 2 > 0$，从而方程 $f(x) = 0$ 在 $(0, +\infty)$ 内至少有一实根；又
$$f'(x) = 3x^2 + 2x + 1 > 0 \quad (x \in (0, +\infty))$$
故 $f(x)$ 单调递增，从而方程 $f(x) = 0$ 最多有一个实根。所以，方程 $f(x) = 0$ 在 $(0, +\infty)$

内有且仅有一个实根。

(6) **证** 令 $f(x) = a_1 \sin x + \dfrac{a_2}{2} \sin 2x + \cdots + \dfrac{a_n}{n} \sin nx$，则 $f(0) = f(\pi) = 0$。显然 $f(x)$ 在 $[0, \pi]$ 上连续，在 $(0, \pi)$ 内可导，由罗尔定理知 $\exists \xi \in (0, \pi)$，使得 $f'(\xi) = 0$。又 $f'(x) = a_1 \cos x + a_2 \cos 2x + \cdots + a_n \cos nx$，故方程 $a_1 \cos x + a_2 \cos 2x + \cdots + a_n \cos nx = 0$ 在 $(0, \pi)$ 内必有实根。

(7) **证** 令 $f(x) = \arctan x + \dfrac{1}{x} - \dfrac{\pi}{2}(x > 0)$，则 $f'(x) = \dfrac{1}{1 + x^2} - \dfrac{1}{x^2} < 0$，从而 $f(x)$ 在 $(0, +\infty)$ 上单调递减；又 $\lim\limits_{x \to +\infty} \left(\arctan x + \dfrac{1}{x} - \dfrac{\pi}{2} \right) = 0$，故当 $x > 0$ 时，$f(x) > 0$，从而原不等式成立。

(8) **证** 令 $f(x) = \dfrac{1}{p} x^p + \dfrac{1}{q} - x(x > 0)$，则 $f'(x) = x^{p-1} - 1$，$f''(x) = (p-1) x^{p-2}$。令 $f'(x) = 0$，得 $x = 1$；由于 $f''(1) = p - 1 > 0$，因此 $f(x)$ 在 $x = 1$ 处取得极小值，而 $x = 1$ 为可导函数 $f(x)$ 在 $(0, +\infty)$ 内唯一的极值点，所以 $f(x)$ 在 $x = 1$ 处取得最小值，且最小值为 $f(1) = \dfrac{1}{p} + \dfrac{1}{q} - 1 = 0$。故当 $x > 0$ 时，$f(x) \geqslant f(1) = 0$，即当 $x > 0$ 时，

$$\frac{1}{p} x^p + \frac{1}{q} \geqslant x$$

(9) **证** （ⅰ）令 $\varphi(x) = f(x) - x$，则 $\varphi(0) = 0$，$\varphi\left(\dfrac{1}{2}\right) = \dfrac{1}{2}$，$\varphi(1) = -\dfrac{1}{2}$。由于 $\varphi\left(\dfrac{1}{2}\right) \varphi(1) < 0$，因此由零点定理知 $\exists c \in \left(\dfrac{1}{2}, 1\right) \subset (0, 1)$，使得 $\varphi(c) = 0$，即 $f(c) = c$。

（ⅱ）令 $F(x) = e^{kx}[f(x) - x]$，则 $F(0) = F(c) = 0$。由罗尔定理知 $\exists \xi \in (0, 1)$，使得 $F'(\xi) = 0$，即 $e^{k\xi}\{k[f(\xi) - \xi] + f'(\xi) - 1\} = 0$，故 $f'(\xi) + k[f(\xi) - \xi] = 1$。

(10) **证** 由于 $f(x)$ 恒不为常数且 $f(a) = f(b)$，因此 $\exists c \in (a, b)$，使得 $f(c) \neq f(a)$。不妨设 $f(c) > f(a)$，由题设知 $f(x)$ 在 $[a, c]$ 上连续，在 (a, c) 内可导，由拉格朗日中值定理知 $\exists \xi \in (a, c) \subset (a, b)$，使得 $f'(\xi) = \dfrac{f(c) - f(a)}{c - a} > 0$。

(11) **证** 由于 $f(x)$ 在 $(0, 1)$ 内取得最大值，因此 $\exists a \in (0, 1)$，使得 $f'(a) = 0$。在 $[0, a]$ 上对 $f'(x)$ 应用拉格朗日中值定理，得 $f'(a) - f'(0) = f''(\xi_1)(a - 0)(0 < \xi_1 < a)$，即 $f'(0) = -a f''(\xi_1)$，从而 $|f'(0)| = a |f''(\xi_1)| \leqslant aM$。再在 $[a, 1]$ 上对 $f'(x)$ 应用拉格朗日中值定理，得 $f'(1) - f'(a) = f''(\xi_2)(1 - a)(a < \xi_2 < 1)$，即 $f'(1) = (1 - a) f''(\xi_2)$，从而 $|f'(1)| = (1 - a)|f''(\xi_2)| \leqslant (1 - a)M$。因此 $|f'(0)| + |f'(1)| \leqslant M$。

(12) **证** 令 $F(x) = f(x) - g(x)$，则 $F(a) = F(b) = 0$。设 $f(x)$、$g(x)$ 在 (a, b) 内的最大值 M 分别在 $\alpha \in (a, b)$ 及 $\beta \in (a, b)$ 处取得。当 $\alpha = \beta$ 时，取 $\eta = \alpha$，则 $F(\eta) = 0$；当 $\alpha \neq \beta$ 时，$F(\alpha) = f(\alpha) - g(\alpha) = M - g(\alpha) \geqslant 0$，$F(\beta) = f(\beta) - g(\beta) = f(\beta) - M \leqslant 0$。

当 $F(\alpha) = 0$ 时，取 $\eta = \alpha$；当 $F(\beta) = 0$ 时，取 $\eta = \beta$；当 $F(\alpha)F(\beta) < 0$ 时，由零点定理知，存在介于 α 和 β 之间的点 η，使得 $F(\eta) = 0$。

$F(x)$ 在闭区间 $[a, \eta]$ 及 $[\eta, b]$ 上满足罗尔定理条件，由罗尔定理知 $\exists \xi_1 \in (a, \eta)$，$\exists \xi_2 \in (\eta, b)$，使得 $F'(\xi_1) = F'(\xi_2) = 0$。再由罗尔定理知 $\exists \xi \in (\xi_1, \xi_2) \subset (a, b)$，使得

$F''(\xi) = 0$，即 $f''(\xi) = g''(\xi)$。

(13) **证** $\forall x_0 \in [0, 1]$，由泰勒公式，得

$$f(x) = f(x_0) + f'(x_0)(x - x_0) + \frac{1}{2!}f''(\xi)(x - x_0)^2$$

其中 ξ 介于 x_0 与 x 之间，分别将 $x = 0$，$x = 1$ 代入，得

$$f(0) = f(x_0) - f'(x_0)x_0 + \frac{1}{2!}f''(\xi_1)x_0^2 \quad (0 < \xi_1 < x_0)$$

$$f(1) = f(x_0) - f'(x_0)(1 - x_0) + \frac{1}{2!}f''(\xi_2)(1 - x_0)^2 \quad (x_0 < \xi_2 < 1)$$

两式相减，并利用 $f(0) = f(1)$，得

$$f'(x_0) = \frac{1}{2}f''(\xi_1)x_0^2 - \frac{1}{2}f''(\xi_2)(1 - x_0)^2$$

又 $|f''(x)| \leqslant 1$，故

$$|f'(x_0)| = \frac{1}{2}|f''(\xi_1)|x_0^2 + \frac{1}{2}|f''(\xi_2)|(1 - x_0)^2 \leqslant \frac{1}{2}x_0^2 + \frac{1}{2}(1 - x_0)^2$$

$$= \left(x_0 - \frac{1}{2}\right)^2 + \frac{1}{4}$$

由于 $x_0 \in [0, 1]$，因此 $\left|x_0 - \frac{1}{2}\right| \leqslant \frac{1}{2}$，从而 $|f'(x_0)| \leqslant \frac{1}{2}$，又 x_0 是 $[0, 1]$ 上的任意一点，故 $\max\limits_{0 \leqslant x \leqslant 1}|f'(x)| \leqslant \frac{1}{2}$。

(14) **证** 由于 $a > 0$，$b > 0$，因此 $0 < \frac{a}{a + b} < 1$。又 $f(x)$ 在 $[0, 1]$ 上连续，$f(0) = 0$，$f(1) = 1$，由介值定理知 $\exists \xi \in (0, 1)$，使得 $f(\xi) = \frac{a}{a + b}$；由拉格朗日中值定理得

$$f(\xi) - f(0) = f'(x_1)(\xi - 0), \quad f(1) - f(\xi) = f'(x_2)(1 - \xi) \quad (0 < x_1 < \xi < x_2 < 1)$$

即

$$\frac{\dfrac{a}{a + b} - 0}{f'(x_1)} = \xi, \quad \frac{1 - \dfrac{a}{a + b}}{f'(x_2)} = 1 - \xi$$

两式相加，得

$$\frac{\dfrac{a}{a + b}}{f'(x_1)} + \frac{1 - \dfrac{a}{a + b}}{f'(x_2)} = 1$$

即

$$\frac{a}{f'(x_1)} + \frac{b}{f'(x_2)} = a + b$$

(15) **证** 由 $f''(x) < 0$ 知 $f'(x)$ 在 $[a, +\infty)$ 上单调递减，从而当 $x \geqslant a$ 时，$f'(x) \leqslant f'(a) < 0$，故 $f(x)$ 在 $[a, +\infty)$ 上单调递减；当 $x > a$ 时，由泰勒公式知 $\exists \xi \in (a, x)$，使得 $f(x) = f(a) + f'(a)(x - a) + \frac{f''(\xi)}{2!}(x - a)^2$，由 $f'(a) < 0$，$f''(\xi) < 0$，得 $\lim\limits_{x \to +\infty} f(x) = -\infty$，再由 $f(x)$ 在 $[a, +\infty)$ 上连续，单调递减及 $f(a) > 0$，$\lim\limits_{x \to +\infty} f(x) = -\infty$，知方程 $f(x) = 0$ 在 $[a, +\infty)$ 内有且只有一个实根。

(16) **证**　设 $f(x) = x^p + (1-x)^p (0 \leqslant x \leqslant 1)$，则 $f'(x) = px^{p-1} - p(1-x)^{p-1}$。由 $f'(x) = 0$ 得 $x = \dfrac{1}{2}$，再由 $f\left(\dfrac{1}{2}\right) = \dfrac{1}{2^{p-1}}$ 及 $f(0) = f(1) = 1$ 知 $f(x)$ 在 $[0, 1]$ 上的最大值为 1，最小值为 $\dfrac{1}{2^{p-1}}$，从而 $\dfrac{1}{2^{p-1}} \leqslant f(x) \leqslant 1$，即 $\dfrac{1}{2^{p-1}} \leqslant x^p + (1-x)^p \leqslant 1$。

(17) **证**　由泰勒公式，得

$$f(a) = f\left(\frac{a+b}{2}\right) + f'\left(\frac{a+b}{2}\right)\left(a - \frac{a+b}{2}\right) + \frac{f''(\xi_1)}{2!}\left(a - \frac{a+b}{2}\right)^2 \quad \left(a < \xi_1 < \frac{a+b}{2}\right)$$

$$f(b) = f\left(\frac{a+b}{2}\right) + f'\left(\frac{a+b}{2}\right)\left(b - \frac{a+b}{2}\right) + \frac{f''(\xi_2)}{2!}\left(b - \frac{a+b}{2}\right)^2 \quad \left(\frac{a+b}{2} < \xi_2 < b\right)$$

两式相加，由 $f(a) = f(b) = 0$ 得

$$0 = 2f\left(\frac{a+b}{2}\right) + \frac{f''(\xi_1) + f''(\xi_2)}{2} \cdot \frac{(b-a)^2}{4}$$

又 $|f''(x)| \leqslant 8$，故

$$2\left|f\left(\frac{a+b}{2}\right)\right| \leqslant \frac{|f''(\xi_1)| + |f''(\xi_2)|}{2} \cdot \frac{(b-a)^2}{4} \leqslant 2(b-a)^2$$

即

$$\left|f\left(\frac{a+b}{2}\right)\right| \leqslant (b-a)^2$$

(18) **证**　设 $F(x) = f(x) - f(a) - \dfrac{f(b) - f(a)}{b-a}(x-a)$，则 $F(a) = F(b)$，由罗尔定理知 $\exists \xi_0 \in (a, b)$，使得 $F'(\xi_0) = 0$。又 $f(x)$ 是非线性函数，则 $F(x)$ 也是非线性函数，从而 $\exists \xi_1, \xi_2 \in (a, b)$，使得 $F'(\xi_1) > F'(\xi_0) = 0$，$F'(\xi_2) < F'(\xi_0) = 0$，否则 $F(x)$ 为单调函数，与 $F(a) = F(b)$ 矛盾，从而 $f'(\xi_2) < \dfrac{f(b) - f(a)}{b-a} < f'(\xi_1)$，故 $\exists \xi \in (a, b)$，使得 $|f'(\xi)| > \left|\dfrac{f(b) - f(a)}{b-a}\right|$。

(19) **证**　$f'(x) = -1 + x - x^2 + x^3 - x^4 + \cdots + (-1)^n x^{n-1}$

$$= \begin{cases} (x-1)(1 + x^2 + x^4 + \cdots + x^{n-2}), & n \text{ 为偶数} \\ -1 + (1-x)(x + x^3 + \cdots + x^{n-2}), & n \text{ 为奇数} \end{cases}$$

当 n 为偶数时，$f'(1) = 0$，且当 $x < 1$ 时，$f'(x) < 0$，当 $x > 1$ 时，$f'(x) > 0$，从而 $f(1)$ 为 $f(x)$ 的最小值，又

$$f(1) = 1 - 1 + \frac{1}{2} - \frac{1}{3} + \cdots + (-1)^n \frac{1}{n}$$

$$= \left(\frac{1}{2} - \frac{1}{3}\right) + \left(\frac{1}{4} - \frac{1}{5}\right) + \cdots + \left(\frac{1}{n-2} - \frac{1}{n-1}\right) + \frac{1}{n} > 0$$

故 $f(x)$ 无零点。

当 n 为奇数时，$f'(x) = -\dfrac{1 - (-x)^n}{1+x} = -\dfrac{1 + x^n}{1+x}$，由于 $x = -1$ 是 $f(x)$ 的可能极值点，当 $x > -1$ 时，$1 + x^n > 0$，$1 + x > 0$，从而 $f'(x) < 0$；当 $x < -1$ 时，$1 + x^n < 0$，$1 + x < 0$，从而 $f'(x) < 0$，故 $f(x)$ 单调递减。又 $f(0) = 1 > 0$，$\lim\limits_{x \to +\infty} f(x) = -\infty$，故恰有一个实零点。

(20) **证**　不妨设 $f'_+(a) > 0$，$f'_-(b) > 0$，由 $f'_+(a) > 0$ 知，$\exists x_1 > a$，使得

$f(x_1) > f(a) = 0$，由 $f'_-(b) > 0$ 知，$\exists x_2 < b$，使得 $f(x_2) < f(b) = 0$。由零点定理知 $\exists c \in (a, b)$，使得 $f(c) = 0$；由罗尔定理知 $\exists \xi_1 \in (a, c)$，$\xi_2 \in (c, b)$，使得 $f'(\xi_1) = 0$，$f'(\xi_2) = 0$；再由罗尔定理知 $\exists \xi \in (\xi_1, \xi_2) \in (c, b)$，使得 $f''(\xi) = 0$。

(21) **证**　(ⅰ) 设 $F(x) = f(x) + x - 1$，则 $F(x)$ 在 $[0, 1]$ 上连续，$F(0) = -1 < 0$，$F(1) = 1 > 0$，由介值定理知 $\exists \xi \in (0, 1)$，使得 $f(\xi) = 1 - \xi$。

(ⅱ) 由拉格朗日中值定理知 $\exists \eta \in (0, \xi) \subset (0,1)$，$\zeta \in (\xi, 1) \subset (0,1)$，使得

$$f'(\eta) = \frac{f(\xi) - f(0)}{\xi} = \frac{1-\xi}{\xi}, \quad f'(\zeta) = \frac{f(1) - f(\xi)}{1-\xi} = \frac{\xi}{1-\xi}$$

故 $f'(\eta) f'(\zeta) = 1$。

(22) **证**　设 $g(x) = \dfrac{1}{x}$，由柯西中值定理知 $\exists \eta \in (a, b)$，使得

$$\frac{f(b) - f(a)}{g(b) - g(a)} = \frac{f'(\eta)}{g'(\eta)}$$

即 $ab \dfrac{f(b) - f(a)}{a - b} = -\eta^2 f'(\eta)$，再由拉格朗日中值定理知 $\exists \xi \in (a, b)$，使得

$$\frac{f(b) - f(a)}{b - a} = f'(\xi)$$

故

$$ab f'(\xi) = \eta^2 f'(\eta)$$

第 3 章　一元函数积分学

3.1　不　定　积　分

一、考点内容讲解

1. 原函数与不定积分的概念

（1）原函数：如果在区间 I 上，可导函数 $F(x)$ 的导函数为 $f(x)$，即 $\forall x \in I$，都有 $F'(x) = f(x)$ 或 $\mathrm{d}F(x) = f(x)\mathrm{d}x$，那么函数 $F(x)$ 称为 $f(x)$ 在区间 I 上的一个原函数。

（2）原函数存在定理：设函数 $f(x)$ 在区间 I 上连续，则在区间 I 上存在可导函数 $F(x)$，使得 $\forall x \in I$，都有 $F'(x) = f(x)$，即连续函数一定有原函数。

（3）不定积分：在区间 I 上，函数 $f(x)$ 的带有任意常数项的原函数称为 $f(x)$ 在区间 I 上的不定积分，记为 $\int f(x)\mathrm{d}x$。

设 $F(x)$ 是 $f(x)$ 在区间 I 上的一个原函数，则 $F(x) + C$ 就是 $f(x)$ 的不定积分，即

$$\int f(x)\mathrm{d}x = F(x) + C$$

2. 基本积分公式

（1）$\int k\mathrm{d}x = kx + C(k\text{ 是常数})$，特别地，$\int \mathrm{d}x = x + C$；

（2）$\int x^\mu \mathrm{d}x = \dfrac{x^{\mu+1}}{\mu+1} + C(\mu \neq -1)$，例如 $\int \dfrac{1}{x^2}\mathrm{d}x = -\dfrac{1}{x} + C$，$\int \sqrt{x}\,\mathrm{d}x = \dfrac{2}{3}x^{\frac{3}{2}} + C$；

（3）$\int \dfrac{1}{x}\mathrm{d}x = \ln|x| + C$，推广 $\int \dfrac{f'(x)}{f(x)}\mathrm{d}x = \ln|f(x)| + C$；

（4）$\int a^x \mathrm{d}x = \dfrac{a^x}{\ln a} + C(a > 0,\ a \neq 1)$，特别地，$\int \mathrm{e}^x \mathrm{d}x = \mathrm{e}^x + C$；

（5）$\int \cos x\mathrm{d}x = \sin x + C$，$\int \sin x\mathrm{d}x = -\cos x + C$；

（6）$\int \sec^2 x\mathrm{d}x = \int \dfrac{1}{\cos^2 x}\mathrm{d}x = \tan x + C$，$\int \csc^2 x\mathrm{d}x = \int \dfrac{1}{\sin^2 x}\mathrm{d}x = -\cot x + C$；

（7）$\int \sec x\mathrm{d}x = \int \dfrac{1}{\cos x}\mathrm{d}x = \ln|\sec x + \tan x| + C$，

　　　$\int \csc x\mathrm{d}x = \int \dfrac{1}{\sin x}\mathrm{d}x = \ln|\csc x - \cot x| + C$；

（8）$\int \sec x\tan x\mathrm{d}x = \sec x + C$，$\int \csc x\cot x\mathrm{d}x = -\csc x + C$；

（9）$\int \tan x\mathrm{d}x = -\ln|\cos x| + C$，$\int \cot x\mathrm{d}x = \ln|\sin x| + C$；

(10) $\int \dfrac{1}{a^2+x^2}\mathrm{d}x = \dfrac{1}{a}\arctan\dfrac{x}{a}+C$，特别地，$\int \dfrac{1}{1+x^2}\mathrm{d}x = \arctan x+C$；

(11) $\int \dfrac{1}{\sqrt{a^2-x^2}}\mathrm{d}x = \arcsin\dfrac{x}{a}+C$，特别地，$\int \dfrac{1}{\sqrt{1-x^2}}\mathrm{d}x = \arcsin x+C$；

(12) $\int \dfrac{1}{a^2-x^2}\mathrm{d}x = \dfrac{1}{2a}\ln\left|\dfrac{a+x}{a-x}\right|+C$，特别地，$\int \dfrac{1}{1-x^2}\mathrm{d}x = \dfrac{1}{2}\ln\left|\dfrac{1+x}{1-x}\right|+C$；

(13) $\int \dfrac{1}{\sqrt{x^2\pm a^2}}\mathrm{d}x = \ln\left|x+\sqrt{x^2\pm a^2}\right|+C$；

(14) $\int \mathrm{sh}x\,\mathrm{d}x = \mathrm{ch}x+C$，$\int \mathrm{ch}x\,\mathrm{d}x = \mathrm{sh}x+C$。

3. 性质

(1) $\int kf(x)\mathrm{d}x = k\int f(x)\mathrm{d}x\,(k\neq 0$ 为常数$)$；

(2) $\int [f(x)+g(x)]\mathrm{d}x = \int f(x)\mathrm{d}x + \int g(x)\mathrm{d}x$；

(3) $\dfrac{\mathrm{d}}{\mathrm{d}x}\left[\int f(x)\mathrm{d}x\right] = \left[\int f(x)\mathrm{d}x\right]' = f(x)$ 或 $\mathrm{d}\left[\int f(x)\mathrm{d}x\right] = f(x)\mathrm{d}x$；

(4) $\int F'(x)\mathrm{d}x = F(x)+C$ 或 $\int \mathrm{d}F(x) = F(x)+C$。

4. 积分法

(1) 第一类换元法（凑微分法）：

（ⅰ）若 $\int f(u)\mathrm{d}u = F(u)+C$，则

$$\int f[\varphi(x)]\varphi'(x)\mathrm{d}x = \int f[\varphi(x)]\mathrm{d}[\varphi(x)] = F[\varphi(x)]+C$$

（ⅱ）常见的几种凑微分的形式：

① $\int f(ax+b)\mathrm{d}x = \dfrac{1}{a}\int f(ax+b)\mathrm{d}(ax+b)$；

② $\int f(ax^n+b)x^{n-1}\mathrm{d}x = \dfrac{1}{na}\int f(ax^n+b)\mathrm{d}(ax^n+b)$；

③ $\int f(\mathrm{e}^x)\mathrm{e}^x\mathrm{d}x = \int f(\mathrm{e}^x)\mathrm{d}(\mathrm{e}^x)$；

④ $\int f\left(\dfrac{1}{x}\right)\dfrac{1}{x^2}\mathrm{d}x = -\int f\left(\dfrac{1}{x}\right)\mathrm{d}\left(\dfrac{1}{x}\right)$；

⑤ $\int f(\ln x)\dfrac{1}{x}\mathrm{d}x = \int f(\ln x)\mathrm{d}(\ln x)$；

⑥ $\int f(\sqrt{x})\dfrac{1}{\sqrt{x}}\mathrm{d}x = 2\int f(\sqrt{x})\mathrm{d}(\sqrt{x})$；

⑦ $\int f(\sin x)\cos x\mathrm{d}x = \int f(\sin x)\mathrm{d}(\sin x)$，$\int f(\cos x)\sin x\mathrm{d}x = -\int f(\cos x)\mathrm{d}(\cos x)$；

⑧ $\int f(\tan x)\sec^2 x\mathrm{d}x = \int f(\tan x)\mathrm{d}(\tan x)$，$\int f(\cot x)\csc^2 x\mathrm{d}x = -\int f(\cot x)\mathrm{d}(\cot x)$；

⑨ $\int \dfrac{f(\arcsin x)}{\sqrt{1-x^2}}\mathrm{d}x = \int f(\arcsin x)\mathrm{d}(\arcsin x)$，$\int \dfrac{f(\arccos x)}{\sqrt{1-x^2}}\mathrm{d}x = -\int f(\arccos x)\mathrm{d}(\arccos x)$；

⑩ $\int \dfrac{f(\arctan x)}{1+x^2}\mathrm{d}x = \int f(\arctan x)\mathrm{d}(\arctan x)$，$\int \dfrac{f(\operatorname{arccot}x)}{1+x^2}\mathrm{d}x = -\int f(\operatorname{arccot}x)\mathrm{d}(\operatorname{arccot}x)$。

（2）第二类换元法：

$$\int f(x)\mathrm{d}x \x!=!=\!\!\xrightarrow{x=\varphi(t)} \int f[\varphi(t)]\varphi'(t)\mathrm{d}t = F(t)+C = F[\varphi^{-1}(x)]+C$$

（ⅰ）三角函数变换：被积函数含有 $\sqrt{a^2-x^2}$、$\sqrt{a^2+x^2}$、$\sqrt{x^2-a^2}$ 时常用三角变换。

① 当被积函数含 $\sqrt{a^2-x^2}$ 时，作变换 $x=a\sin t$(或 $x=a\cos t$)；

② 当被积函数含 $\sqrt{a^2+x^2}$ 时，作变换 $x=a\tan t$；

③ 当被积函数含 $\sqrt{x^2-a^2}$ 时，作变换 $x=a\sec t$。

（ⅱ）倒变换：若被积函数为分式函数，且 m、n 分别为被积函数分子、分母关于 x 的最高次幂，则当 $n-m>1$ 时，用倒变换 $x=\dfrac{1}{t}$。

（ⅲ）指数变换：若被积函数 $f(x)$ 是由 a^x 所构成的代数式，则用指数变换 $a^x=t$。

（3）分部积分法：

$$\int u\mathrm{d}v = uv - \int v\mathrm{d}u$$

特别注意以下形式的不定积分常用分部积分法：

$$\int p_n(x)\mathrm{e}^{ax}\mathrm{d}x,\ \int p_n(x)\sin\alpha x\mathrm{d}x,\ \int p_n(x)\cos\alpha x\mathrm{d}x,\ \int \mathrm{e}^{ax}\sin\beta x\mathrm{d}x$$

$$\int \mathrm{e}^{ax}\cos\beta x\mathrm{d}x,\ \int p_n(x)\ln x\mathrm{d}x,\ \int p_n(x)\arctan x\mathrm{d}x,\ \int p_n(x)\arcsin x\mathrm{d}x$$

5. 三类常见可积函数积分

（1）有理函数积分：$\int R(x)\mathrm{d}x$。

（ⅰ）部分分式法（一般方法，即有理函数的积分可化为整式和如下四种类型的积分）：

① $\int \dfrac{A}{x-a}\mathrm{d}x = A\ln|x-a|+C$；

② $\int \dfrac{A}{(x-a)^n}\mathrm{d}x = -\dfrac{A}{n-1}\dfrac{1}{(x-a)^{n-1}}+C(n\neq 1)$；

③ $\int \dfrac{1}{(x^2+px+q)^n}\mathrm{d}x = \int \dfrac{1}{\left[\left(x+\dfrac{p}{2}\right)^2+\dfrac{4q-p^2}{4}\right]^n}\mathrm{d}x \xrightarrow[\frac{4q-p^2}{4}=a^2]{x+\frac{p}{2}=u} \int \dfrac{1}{(u^2+a^2)^n}\mathrm{d}u$

$(p^2-4q<0)$；

④ $\int \dfrac{Mx+N}{(x^2+px+q)^n}\mathrm{d}x = -\dfrac{M}{2(n-1)}\dfrac{1}{(x^2+px+q)^{n-1}}+\left(N-\dfrac{Mp}{2}\right)\int \dfrac{1}{(x^2+px+q)^n}\mathrm{d}x$

$(p^2-4q<0,n>1$ 为整数)。

（ⅱ）简单方法：凑微分降幂。

（2）三角有理式积分：$\int R(\sin x,\cos x)\mathrm{d}x$。这类积分的思路是：首先尽量使分母简单，即将分子、分母同乘以某个因子，把分母化成 $\sin^k x$(或 $\cos^k x$) 的单项式，或将分母整个看成一项；其次尽可能使 $R(\sin x,\cos x)$ 的幂降低，即利用倍角公式或积化和差公式化简。

（ⅰ）万能代换（一般方法）：令 $\tan\dfrac{x}{2}=t$，则 $\sin x=2\sin\dfrac{x}{2}\cos\dfrac{x}{2}=\dfrac{2\tan\dfrac{x}{2}}{\sec^2\dfrac{x}{2}}=\dfrac{2t}{1+t^2}$，

$\cos x=\cos^2\dfrac{x}{2}-\sin^2\dfrac{x}{2}=\dfrac{1-\tan^2\dfrac{x}{2}}{\sec^2\dfrac{x}{2}}=\dfrac{1-t^2}{1+t^2}$，$\mathrm{d}x=\mathrm{d}(2\arctan t)=\dfrac{2}{1+t^2}\mathrm{d}t$，从而

$$\int R(\sin x,\cos x)\mathrm{d}x=\int R\Big(\dfrac{2t}{1+t^2},\dfrac{1-t^2}{1+t^2}\Big)\dfrac{2}{1+t^2}\mathrm{d}t$$

即将三角有理式积分 $\int R(\sin x,\cos x)\mathrm{d}x$ 化成有理函数的积分。

（ⅱ）简单方法（三角变形，换元，分部）：

① 若在 $\int R(\sin x,\cos x)\mathrm{d}x$ 中，$R(-\sin x,\cos x)=-R(\sin x,\cos x)$，则令 $t=\cos x$，从而 $\int R(\sin x,\cos x)\mathrm{d}x=\int R_1(\sin^2 x,\cos x)\sin x\mathrm{d}x=-\int R_1(1-t^2,t)\mathrm{d}t$；

② 若在 $\int R(\sin x,\cos x)\mathrm{d}x$ 中，$R(\sin x,-\cos x)=-R(\sin x,\cos x)$，则令 $t=\sin x$，从而 $\int R(\sin x,\cos x)\mathrm{d}x=\int R_1(\sin x,\cos^2 x)\cos x\mathrm{d}x=\int R_1(t,1-t^2)\mathrm{d}t$；

③ 若在 $\int R(\sin x,\cos x)\mathrm{d}x$ 中，$R(-\sin x,-\cos x)=R(\sin x,\cos x)$，则令 $t=\tan x$，从而 $\int R(\sin x,\cos x)\mathrm{d}x=\int R_1(\tan x)\mathrm{d}x=-\int R_1(t)\dfrac{1}{1+t^2}\mathrm{d}t$。

（3）简单无理函数积分：一般是通过变量替换，去掉根号，化为有理函数的积分。

① $\int R\Big(x,\sqrt[n]{\dfrac{ax+b}{cx+d}}\Big)\mathrm{d}x$，作变量替换 $\sqrt[n]{\dfrac{ax+b}{cx+d}}=t$；

② $\int R(\sqrt{a-x},\sqrt{b-x})\mathrm{d}x$，作变量替换 $\sqrt{a-x}=\sqrt{b-a}\tan t$；

③ $\int R(\sqrt{x-a},\sqrt{b-x})\mathrm{d}x$，作变量替换 $\sqrt{x-a}=\sqrt{b-a}\sin t$；

④ $\int R(\sqrt{x-a},\sqrt{x-b})\mathrm{d}x$，作变量替换 $\sqrt{x-a}=\sqrt{b-a}\sec t$。

二、考点题型解析

常考题型：• 求不定积分；• 原函数存在性问题；• 求原函数；• 不定积分综合问题。

1. 选择题

例 1　积分 $\displaystyle\int\dfrac{x\mathrm{e}^x}{(1+x)^2}\mathrm{d}x=$（　　　）。

(A) $-\dfrac{\mathrm{e}^x}{1+x}+C$ 　　　　　　　　(B) $-\dfrac{\mathrm{e}^x}{(1+x)^2}+C$

(C) $\dfrac{\mathrm{e}^x}{1+x}+C$ 　　　　　　　　(D) $\dfrac{\mathrm{e}^x}{(1+x)^2}+C$

解 应选(C)。

$$\int \frac{x\mathrm{e}^x}{(1+x)^2}\mathrm{d}x = \int \frac{x\mathrm{e}^x + \mathrm{e}^x - \mathrm{e}^x}{(1+x)^2}\mathrm{d}x = \int \frac{\mathrm{e}^x}{1+x}\mathrm{d}x - \int \frac{\mathrm{e}^x}{(1+x)^2}\mathrm{d}x$$

$$= \int \frac{\mathrm{e}^x}{1+x}\mathrm{d}x + \frac{\mathrm{e}^x}{1+x} - \int \frac{\mathrm{e}^x}{1+x}\mathrm{d}x = \frac{\mathrm{e}^x}{1+x} + C$$

故选(C)。

例 2 若 $f(x)$ 的一个原函数为 e^{-x^2}，则 $\int xf'(x)\mathrm{d}x = ($ $)$。

(A) $-2x^2\mathrm{e}^{-x^2} + C$ 　　　　　　　　(B) $-2x^2\mathrm{e}^{-x^2}$

(C) $\mathrm{e}^{-x^2}(-2x^2-1) + C$ 　　　　　　(D) $-x\mathrm{e}^{-x^2} + C$

解 应选(C)。

由于 e^{-x^2} 是 $f(x)$ 的一个原函数，因此

$$f(x) = (\mathrm{e}^{-x^2})' = -2x\mathrm{e}^{-x^2}$$

且 $\int f(x)\mathrm{d}x = \mathrm{e}^{-x^2} + C$，从而

$$\int xf'(x)\mathrm{d}x = \int x\mathrm{d}f(x) = xf(x) - \int f(x)\mathrm{d}x = x(-2x\mathrm{e}^{-x^2}) - \mathrm{e}^{-x^2} + C$$

$$= \mathrm{e}^{-x^2}(-2x^2-1) + C$$

故选(C)。

例 3 设 $f'(\ln x) = x, 1 < x < +\infty, f(0) = 0$，则( )。

(A) $f(x) = \mathrm{e}^x (-\infty < x < +\infty)$ 　　(B) $f(x) = \mathrm{e}^x - 1 (1 < x < +\infty)$

(C) $f(x) = \mathrm{e}^x - 1 (0 < x < +\infty)$ 　　(D) $f(x) = \mathrm{e}^x (1 < x < +\infty)$

解 应选(C)。

由于 $f'(\ln x) = x = \mathrm{e}^{\ln x}(1 < x < +\infty, \ln x > 0)$，因此 $f'(x) = \mathrm{e}^x (0 < x < +\infty)$，从而 $f(x) = \int \mathrm{e}^x \mathrm{d}x = \mathrm{e}^x + C$，又由 $f(0) = 0$，得 $C = -1$，所以 $f(x) = \mathrm{e}^x - 1 (0 < x < +\infty)$，故选(C)。

例 4 若 $\mathrm{e}^{|x|}$ 在 $(-\infty, +\infty)$ 上的不定积分是 $F(x) + C$，则下列各式中正确的是( )。

(A) $F(x) = \begin{cases} \mathrm{e}^x + C_1, & x \geqslant 0 \\ -\mathrm{e}^{-x} + C_2, & x < 0 \end{cases}$ 　　(B) $F(x) = \begin{cases} \mathrm{e}^x + C, & x \geqslant 0 \\ -\mathrm{e}^{-x} + C + 2, & x < 0 \end{cases}$

(C) $F(x) = \begin{cases} \mathrm{e}^x, & x \geqslant 0 \\ -\mathrm{e}^{-x} + 2, & x < 0 \end{cases}$ 　　(D) $F(x) = \begin{cases} \mathrm{e}^x, & x \geqslant 0 \\ -\mathrm{e}^{-x}, & x < 0 \end{cases}$

解 应选(C)。

原函数 $F(x)$ 中不应包含任意常数，所以(A)、(B)都不正确。先求 $\mathrm{e}^{|x|}$ 的不定积分。

由于 $\mathrm{e}^{|x|} = \begin{cases} \mathrm{e}^x, & x \geqslant 0 \\ \mathrm{e}^{-x}, & x < 0 \end{cases}$，因此

$$\int \mathrm{e}^{|x|}\mathrm{d}x = \begin{cases} \int \mathrm{e}^x \mathrm{d}x, & x \geqslant 0 \\ \int \mathrm{e}^{-x} \mathrm{d}x, & x < 0 \end{cases} = \begin{cases} \mathrm{e}^x + C, & x \geqslant 0 \\ -\mathrm{e}^{-x} + C_1, & x < 0 \end{cases}$$

由原函数的连续性，得

$$\lim_{x \to 0^-} F(x) = \lim_{x \to 0^+} F(x) = F(0), \text{ 即 } -1 + C_1 = 1 + C$$

故 $C_1 = 2 + C$，即 $\int e^{|x|} dx = \begin{cases} e^x + C, & x \geqslant 0 \\ -e^{-x} + 2 + C, & x < 0 \end{cases}$，取 $C = 0$，则

$$F(x) = \begin{cases} e^x, & x \geqslant 0 \\ -e^{-x} + 2, & x < 0 \end{cases}$$

故选 (C)。

2. 填空题

例 1　设 $\int f(x) dx = 3e^{\frac{x}{3}} - x + C$，则 $\lim_{x \to 0} \dfrac{x^2 f(x)}{x - \sin x} = $ _____。

解　由于 $f(x) = (3e^{\frac{x}{3}} - x + C)' = e^{\frac{x}{3}} - 1$，因此

$$\lim_{x \to 0} \frac{x^2 f(x)}{x - \sin x} = \lim_{x \to 0} \frac{x^2 (e^{\frac{x}{3}} - 1)}{x - \sin x} = \frac{1}{3} \lim_{x \to 0} \frac{x^3}{x - \sin x} = \lim_{x \to 0} \frac{x^2}{1 - \cos x}$$

$$= \lim_{x \to 0} \frac{x^2}{\frac{x^2}{2}} = 2$$

例 2　已知 $F(x)$ 是 $\dfrac{\ln x}{x}$ 的一个原函数，则 $dF(\sin x) = $ _____。

解　由于 $dF(\sin x) = F'(\sin x) \cos x \, dx$，又 $F'(x) = \dfrac{\ln x}{x}$，因此

$$F'(\sin x) = \frac{\ln \sin x}{\sin x}$$

从而

$$dF(\sin x) = \frac{\ln \sin x}{\sin x} \cdot \cos x \, dx = \ln \sin x \cdot \cot x \, dx$$

例 3　$\displaystyle\int \dfrac{x + \sin x}{1 + \cos x} dx = $ _____。

解　$\displaystyle\int \frac{x + \sin x}{1 + \cos x} dx = \frac{1}{2} \int x \cdot \sec^2 \frac{x}{2} dx + \int \frac{\sin x}{1 + \cos x} dx = \int x \, d\left(\tan \frac{x}{2}\right) + \int \tan \frac{x}{2} dx$

$$= x \tan \frac{x}{2} - \int \tan \frac{x}{2} dx + \int \tan \frac{x}{2} dx$$

$$= x \tan \frac{x}{2} + C$$

例 4　$\displaystyle\int \dfrac{\sqrt{x^2 - 1}}{x^4} dx = $ _____。

解　**方法一（三角变换）**　令 $x = \sec t$，则 $dx = \sec t \tan t \, dt$，从而

$$\int \frac{\sqrt{x^2 - 1}}{x^4} dx = \int \frac{\tan t}{\sec^4 t} \sec t \tan t \, dt = \int \frac{\tan^2 t}{\sec^3 t} dt = \int \sin^2 t \cos t \, dt$$

$$= \int \sin^2 t \, d(\sin t) = \frac{1}{3} \sin^3 t + C = \frac{1}{3} \left(\frac{\sqrt{x^2 - 1}}{x}\right)^3 + C$$

方法二（倒变换）　令 $x = \dfrac{1}{t}$，则 $dx = -\dfrac{1}{t^2} dt$，

$$\int \frac{\sqrt{x^2-1}}{x^4}\mathrm{d}x = \int \frac{\sqrt{\dfrac{1}{t^2}-1}}{\dfrac{1}{t^4}}\left(-\frac{1}{t^2}\right)\mathrm{d}t = -\int t\sqrt{1-t^2}\,\mathrm{d}t$$

$$= \frac{1}{2}\int(1-t^2)^{\frac{1}{2}}\mathrm{d}(1-t^2) = \frac{1}{3}(1-t^2)^{\frac{3}{2}}+C$$

$$= \frac{1}{3}\left(\frac{\sqrt{x^2-1}}{x}\right)^3 + C$$

例 5　$\displaystyle\int \frac{1}{(1+x+x^2)^{\frac{3}{2}}}\mathrm{d}x = \underline{\qquad}$。

解　由于

$$\int \frac{1}{(1+x+x^2)^{\frac{3}{2}}}\mathrm{d}x = \int \frac{1}{\left[\left(x+\dfrac{1}{2}\right)^2+\dfrac{3}{4}\right]^{\frac{3}{2}}}\mathrm{d}x$$

令 $x+\dfrac{1}{2}=\dfrac{1}{t}$，则 $\mathrm{d}x=-\dfrac{1}{t^2}\mathrm{d}t$，从而

$$\int \frac{1}{(1+x+x^2)^{\frac{3}{2}}}\mathrm{d}x = \int \frac{1}{\left(\dfrac{1}{t^2}+\dfrac{3}{4}\right)^{\frac{3}{2}}}\left(-\frac{1}{t^2}\right)\mathrm{d}t = -\int \frac{t}{\left(1+\dfrac{3}{4}t^2\right)^{\frac{3}{2}}}\mathrm{d}t = -\frac{2}{3}\int \frac{\mathrm{d}\left(1+\dfrac{3}{4}t^2\right)}{\left(1+\dfrac{3}{4}t^2\right)^{\frac{3}{2}}}$$

$$= \frac{4}{3}\left(1+\frac{3}{4}t^2\right)^{-\frac{1}{2}}+C = \frac{4}{3}\left[1+\frac{3}{(1+2x)^2}\right]^{-\frac{1}{2}}+C$$

例 6　$\displaystyle\int \frac{2^x}{1+2^x+4^x}\mathrm{d}x = \underline{\qquad}$。

解　**方法一**　令 $2^x=t$，则 $\mathrm{d}x=\dfrac{1}{\ln 2}\cdot\dfrac{\mathrm{d}t}{t}$，从而

$$\int \frac{2^x}{1+2^x+4^x}\mathrm{d}x = \int \frac{t}{1+t+t^2}\cdot\frac{1}{\ln 2}\cdot\frac{\mathrm{d}t}{t} = \frac{1}{\ln 2}\int \frac{1}{\left(t+\dfrac{1}{2}\right)^2+\dfrac{3}{4}}\mathrm{d}t$$

$$= \frac{1}{\ln 2}\cdot\frac{2}{\sqrt{3}}\arctan\frac{t+\dfrac{1}{2}}{\dfrac{\sqrt{3}}{2}}+C$$

$$= \frac{2}{\sqrt{3}\ln 2}\arctan\frac{2^{x+1}+1}{\sqrt{3}}+C$$

方法二

$$\int \frac{2^x}{1+2^x+4^x}\mathrm{d}x = \frac{1}{\ln 2}\int \frac{1}{\left(2^x+\dfrac{1}{2}\right)^2+\left(\dfrac{\sqrt{3}}{2}\right)^2}\mathrm{d}\left(2^x+\frac{1}{2}\right)$$

$$= \frac{2}{\sqrt{3}\ln 2}\arctan\frac{2^{x+1}+1}{\sqrt{3}}+C$$

例 7　$\displaystyle\int \frac{x+5}{x^2-6x+13}\mathrm{d}x = \underline{\qquad}$。

解
$$\int \frac{x+5}{x^2-6x+13}\mathrm{d}x = \frac{1}{2}\int \frac{\mathrm{d}(x^2-6x+13)}{x^2-6x+13} + \int \frac{8}{(x-3)^2+4}\mathrm{d}x$$

$$= \frac{1}{2}\ln(x^2-6x+13) + 4\arctan\frac{x-3}{2} + C$$

3. 解答题

例 1　计算不定积分 $\int \max\{1,\,|x|\}\mathrm{d}x$。

解　由于 $\max\{1,\,|x|\} = \begin{cases} -x, & x < -1 \\ 1, & -1 \leqslant x \leqslant 1 \\ x, & x > 1 \end{cases}$，因此

$$\int \max\{1,\,|x|\}\mathrm{d}x = \begin{cases} \int(-x)\mathrm{d}x = -\dfrac{x^2}{2} + C_1, & x < -1 \\ \int \mathrm{d}x = x + C, & -1 \leqslant x \leqslant 1 \\ \int x\mathrm{d}x = \dfrac{x^2}{2} + C_2, & x > 1 \end{cases}$$

又因为 $\max\{1,\,|x|\}$ 连续，所以原函数 $F(x) = \int \max\{1,\,|x|\}\mathrm{d}x$ 也连续，由 $F(-1^-) = F(-1^+) = F(-1)$，$F(1^-) = F(1^+) = F(1)$，得

$$-\frac{1}{2} + C_1 = -1 + C, \quad 1 + C = \frac{1}{2} + C_2$$

即
$$C_1 = -\frac{1}{2} + C, \quad C_2 = \frac{1}{2} + C$$

故
$$\int \max\{1,\,|x|\}\mathrm{d}x = \begin{cases} -\dfrac{x^2}{2} - \dfrac{1}{2} + C, & x < -1 \\ x + C, & -1 \leqslant x \leqslant 1 \\ \dfrac{x^2}{2} + \dfrac{1}{2} + C, & x > 1 \end{cases}$$

例 2　设 $f(\ln x) = \dfrac{\ln(1+x)}{x}$，求 $\int f(x)\mathrm{d}x$。

解　令 $\ln x = t$，则 $x = \mathrm{e}^t$，$f(t) = \mathrm{e}^{-t}\ln(1+\mathrm{e}^t)$，从而 $f(x) = \mathrm{e}^{-x}\ln(1+\mathrm{e}^x)$，故

$$\int f(x)\mathrm{d}x = -\int \ln(1+\mathrm{e}^x)\mathrm{d}(\mathrm{e}^{-x}) = -\mathrm{e}^{-x}\ln(1+\mathrm{e}^x) + \int \frac{1}{1+\mathrm{e}^x}\mathrm{d}x$$

$$= -\mathrm{e}^{-x}\ln(1+\mathrm{e}^x) + x - \ln(1+\mathrm{e}^x) + C$$

例 3　求不定积分 $\int \mathrm{e}^{\sin x} \dfrac{x\cos^3 x - \sin x}{\cos^2 x}\mathrm{d}x$。

解
$$\int \mathrm{e}^{\sin x} \frac{x\cos^3 x - \sin x}{\cos^2 x}\mathrm{d}x = \int x\mathrm{e}^{\sin x}\cos x\mathrm{d}x - \int \mathrm{e}^{\sin x}\tan x\sec x\mathrm{d}x$$

$$= \int x\mathrm{d}(\mathrm{e}^{\sin x}) - \int \mathrm{e}^{\sin x}\mathrm{d}(\sec x)$$

$$= x\mathrm{e}^{\sin x} - \int \mathrm{e}^{\sin x}\mathrm{d}x - \mathrm{e}^{\sin x}\sec x + \int \mathrm{e}^{\sin x}\mathrm{d}x$$

$$= \mathrm{e}^{\sin x}(x - \sec x) + C$$

例 4　求不定积分 $\displaystyle\int \frac{1+\sin x}{1+\cos x}\mathrm{e}^x\mathrm{d}x$。

解　$\displaystyle\int \frac{1+\sin x}{1+\cos x}\mathrm{e}^x\mathrm{d}x = \int \frac{1+\sin x}{2\cos^2\frac{x}{2}}\mathrm{e}^x\mathrm{d}x = \frac{1}{2}\int \frac{\mathrm{e}^x}{\cos^2\frac{x}{2}}\mathrm{d}x + \int \mathrm{e}^x\tan\frac{x}{2}\mathrm{d}x$

$$= \int \mathrm{e}^x\mathrm{d}\left(\tan\frac{x}{2}\right) + \int \mathrm{e}^x\tan\frac{x}{2}\mathrm{d}x$$

$$= \mathrm{e}^x\tan\frac{x}{2} - \int \mathrm{e}^x\tan\frac{x}{2}\mathrm{d}x + \int \mathrm{e}^x\tan\frac{x}{2}\mathrm{d}x = \mathrm{e}^x\tan\frac{x}{2} + C$$

例 5　求不定积分 $\displaystyle\int \sin 4x\cos 2x\cos 3x\mathrm{d}x$。

解　由于

$$\sin 4x\cos 2x\cos 3x = \frac{1}{2}(\sin 6x + \sin 2x)\cos 3x$$

$$= \frac{1}{2}\sin 6x\cos 3x + \frac{1}{2}\sin 2x\cos 3x$$

$$= \frac{1}{4}\sin 9x + \frac{1}{4}\sin 3x + \frac{1}{4}\sin 5x - \frac{1}{4}\sin x$$

因此

$$\int \sin 4x\cos 2x\cos 3x\mathrm{d}x = \frac{1}{4}\int(\sin 9x + \sin 3x + \sin 5x - \sin x)\mathrm{d}x$$

$$= -\frac{1}{36}\cos 9x - \frac{1}{20}\cos 5x - \frac{1}{12}\cos 3x + \frac{1}{4}\cos x + C$$

例 6　求不定积分 $\displaystyle\int\left[\frac{f(x)}{f'(x)} - \frac{f^2(x)f''(x)}{f'^3(x)}\right]\mathrm{d}x$。

解　$\displaystyle\int\left[\frac{f(x)}{f'(x)} - \frac{f^2(x)f''(x)}{f'^3(x)}\right]\mathrm{d}x = \int \frac{f(x)f'^2(x) - f^2(x)f''(x)}{f'^3(x)}\mathrm{d}x$

$$= \int \frac{f(x)}{f'(x)}\frac{f'^2(x) - f(x)f''(x)}{f'^2(x)}\mathrm{d}x$$

$$= \int \frac{f(x)}{f'(x)}\mathrm{d}\left[\frac{f(x)}{f'(x)}\right] = \frac{1}{2}\left[\frac{f(x)}{f'(x)}\right]^2 + C$$

三、经典习题与解答

┌ 经典习题 ┐

1. 选择题

(1) 若 $\displaystyle\int f(x)\mathrm{d}x = F(x) + C$，则 $\displaystyle\int f(b-ax)\mathrm{d}x = ($ 　　　$)$。

(A) $F(b-ax) + C$ 　　　　　　(B) $-\dfrac{1}{a}F(b-ax) + C$

(C) $aF(b-ax) + C$ 　　　　　　(D) $\dfrac{1}{a}F(b-ax) + C$

(2) 已知曲线上任一点的二阶导数 $y'' = 6x$，且在曲线上 $(0, -2)$ 处的切线方程为

$2x - 3y = 6$，则这条曲线的方程为（　　）。

(A) $y = x^3 - 2x - 2$ 　　　　　　　(B) $3x^3 + 2x - 3y - 6 = 0$

(C) $y = x^3$ 　　　　　　　　　　　(D) 以上均不对

(3) 若 $\int f(x)\mathrm{d}x = x^2 + C$，则 $\int xf(1 - x^2)\mathrm{d}x = $（　　）。

(A) $-2\left(1 - x^2\right)^2 + C$ 　　　　　　(B) $2\left(1 - x^2\right)^2 + C$

(C) $-\dfrac{1}{2}\left(1 - x^2\right)^2 + C$ 　　　　　(D) $\dfrac{1}{2}\left(1 - x^2\right)^2 + C$

2. 填空题

(1) 设 $f(x)$ 的一个原函数为 $\arctan x$，则 $\int xf(1 - x^2)\mathrm{d}x = $ _____。

(2) 已知 $F(x)$ 的导数为 $f(x) = \dfrac{1}{\sin^2 x + 2\cos^2 x}$，且 $F\left(\dfrac{\pi}{4}\right) = 0$，则 $F(x) = $ _____。

(3) $\displaystyle\int \dfrac{1 - 6x}{\sqrt{1 - 3x^2}}\mathrm{d}x = $ _____。

(4) $\displaystyle\int \dfrac{x}{\sqrt{x} - \sqrt{x - 1}}\mathrm{d}x = $ _____。

(5) $\displaystyle\int \dfrac{\arctan\sqrt{x}}{(1 + x)\sqrt{x}}\mathrm{d}x = $ _____。

(6) $\displaystyle\int x^3 \mathrm{e}^{x^2}\mathrm{d}x = $ _____。

(7) $\displaystyle\int \dfrac{\ln\sin x}{\sin^2 x}\mathrm{d}x = $ _____。

3. 解答题

(1) 设 $f'(3x + 1) = x\mathrm{e}^{\frac{x}{2}}$，$f(1) = 0$，求 $f(x)$。

(2) 求不定积分 $\displaystyle\int \sqrt{\dfrac{1 - x}{1 + x}}\mathrm{d}x$。

(3) 求不定积分 $\displaystyle\int \dfrac{\arcsin\sqrt{x}}{\sqrt{1 - x}}\mathrm{d}x$。

(4) 建立不定积分 $I_n = \displaystyle\int \dfrac{1}{x^n\sqrt{1 + x^2}}\mathrm{d}x$ 的递推公式。

(5) 求不定积分 $\displaystyle\int \dfrac{1}{x\left(x^{10} + 1\right)^2}\mathrm{d}x$。

(6) 求不定积分 $\displaystyle\int \dfrac{1}{\sqrt{x} + \sqrt[3]{x}}\mathrm{d}x$。

(7) 求不定积分 $\displaystyle\int \dfrac{1}{\sin^3 x}\mathrm{d}x$。

(8) 求不定积分 $\displaystyle\int \dfrac{\sin x}{1 + \sin x}\mathrm{d}x$。

(9) 求不定积分 $\displaystyle\int \dfrac{\arccos x}{\sqrt{(1 - x^2)^3}}\mathrm{d}x$。

(10) 设 $f(x^2-1)=\ln\dfrac{x^2}{x^2-2}$，且 $f[\varphi(x)]=\ln x$，求 $\displaystyle\int\varphi(x)\mathrm{d}x$。

(11) 设 $F(x)$ 是 $f(x)$ 在 $[1,+\infty)$ 上的一个原函数，$F(1)=1$，$F(x)>0$，$f(x)F(x)=\dfrac{\ln x}{2(1+\ln x)^2}$，求 $f(x)$。

经典习题解答

1. 选择题

(1) **解** 应选 (B)。

由于 $\displaystyle\int f(x)\mathrm{d}x=F(x)+C$，因此

$$\int f(b-ax)\mathrm{d}x=-\frac{1}{a}\int f(b-ax)\mathrm{d}(b-ax)=-\frac{1}{a}F(b-ax)+C$$

故选 (B)。

(2) **解** 应选 (B)。

由于 $y''=6x$，因此

$$y'=\int 6x\mathrm{d}x=3x^2+C_1,\qquad y=\int(3x^2+C_1)\mathrm{d}x=x^3+C_1x+C_2$$

由 $y|_{x=0}=-2$，$y'|_{x=0}=\dfrac{2}{3}$，得 $C_1=\dfrac{2}{3}$，$C_2=-2$，从而 $y=x^3+\dfrac{2}{3}x-2$，即

$$3x^3+2x-3y-6=0$$

故选 (B)。

(3) **解** 应选 (C)。

由于 $\displaystyle\int f(x)\mathrm{d}x=x^2+C$，因此

$$\int xf(1-x^2)\mathrm{d}x=-\frac{1}{2}\int f(1-x^2)\mathrm{d}(1-x^2)=-\frac{1}{2}(1-x^2)^2+C$$

故选 (C)。

2. 填空题

(1) **解** 由于 $\displaystyle\int f(x)\mathrm{d}x=\arctan x+C$，因此

$$\int xf(1-x^2)\mathrm{d}x=-\frac{1}{2}\int f(1-x^2)\mathrm{d}(1-x^2)=-\frac{1}{2}\arctan(1-x^2)+C$$

(2) **解** 由于 $F'(x)=\dfrac{1}{\sin^2 x+2\cos^2 x}$，因此

$$F(x)=\int\frac{1}{\sin^2 x+2\cos^2 x}\mathrm{d}x=\int\frac{\sec^2 x}{\tan^2 x+2}\mathrm{d}x=\int\frac{1}{\tan^2 x+2}\mathrm{d}(\tan x)$$

$$=\frac{1}{\sqrt{2}}\arctan\frac{\tan x}{\sqrt{2}}+C$$

由 $F\left(\dfrac{\pi}{4}\right)=0$，得 $C=-\dfrac{1}{\sqrt{2}}\arctan\dfrac{1}{\sqrt{2}}$，故

$$F(x) = \frac{1}{\sqrt{2}}\arctan\frac{\tan x}{\sqrt{2}} - \frac{1}{\sqrt{2}}\arctan\frac{1}{\sqrt{2}}$$

(3) **解**
$$\int \frac{1-6x}{\sqrt{1-3x^2}}dx = \int \frac{1}{\sqrt{1-3x^2}}dx - \int \frac{6x}{\sqrt{1-3x^2}}dx$$

$$= \frac{1}{\sqrt{3}}\arcsin\sqrt{3}\,x + \int (1-3x^2)^{-\frac{1}{2}}d(1-3x^2)$$

$$= \frac{1}{\sqrt{3}}\arcsin\sqrt{3}\,x + 2\sqrt{1-3x^2} + C$$

(4) **解**
$$\int \frac{x}{\sqrt{x}-\sqrt{x-1}}dx = \int x(\sqrt{x}+\sqrt{x-1})dx = \int x^{\frac{3}{2}}dx + \int x\sqrt{x-1}\,dx$$

$$= \int x^{\frac{3}{2}}dx + \int \left[(x-1)+1\right]\sqrt{x-1}\,dx$$

$$= \int x^{\frac{3}{2}}dx + \int (x-1)^{\frac{3}{2}}d(x-1) + \int (x-1)^{\frac{1}{2}}d(x-1)$$

$$= \frac{2}{5}x^{\frac{5}{2}} + \frac{2}{5}(x-1)^{\frac{5}{2}} + \frac{2}{3}(x-1)^{\frac{3}{2}} + C$$

(5) **解**
$$\int \frac{\arctan\sqrt{x}}{(1+x)\sqrt{x}}dx = 2\int \arctan\sqrt{x}\,d(\arctan\sqrt{x}) = \left(\arctan\sqrt{x}\right)^2 + C$$

(6) **解**
$$\int x^3 e^{x^2}dx = \frac{1}{2}\int x^2 d(e^{x^2}) = \frac{1}{2}x^2 e^{x^2} - \frac{1}{2}\int e^{x^2}d(x^2)$$

$$= \frac{1}{2}x^2 e^{x^2} - \frac{1}{2}e^{x^2} + C$$

$$= \frac{1}{2}(x^2-1)e^{x^2} + C$$

(7) **解**
$$\int \frac{\ln\sin x}{\sin^2 x}dx = -\int \ln\sin x\,d(\cot x) = -\ln\sin x \cdot \cot x + \int \cot^2 x\,dx$$

$$= -\ln\sin x \cdot \cot x + \int (\csc^2 x - 1)dx$$

$$= -\ln\sin x \cdot \cot x - \cot x - x + C$$

3. 解答题

(1) **解** 方法一　令 $3x+1=t$, 则 $x=\dfrac{t-1}{3}$, $f'(t)=\dfrac{t-1}{3}e^{\frac{t-1}{6}}$, 从而

$$f(x) = \int \frac{x-1}{3}e^{\frac{x-1}{6}}dx = 6\int \frac{x-1}{3}d(e^{\frac{x-1}{6}}) = 2(x-1)e^{\frac{x-1}{6}} - 12e^{\frac{x-1}{6}} + C$$

由 $f(1)=0$, 得 $C=12$, 故 $f(x)=2(x-7)e^{\frac{x-1}{6}}+12$。

　　方法二　对 $3f'(3x+1)=3xe^{\frac{x}{2}}$ 作不定积分, 得 $\int 3f'(3x+1)dx = 3\int xe^{\frac{x}{2}}dx$, 即

$$f(3x+1) = 6(x-2)e^{\frac{x}{2}} + C = 6\left(\frac{3x+1}{3}-\frac{7}{3}\right)e^{\frac{(3x+1)-1}{6}} + C$$

整理, 得

$$f(x) = 2(x-7)e^{\frac{x-1}{6}} + C$$

由 $f(1)=0$, 得 $C=12$, 故 $f(x)=2(x-7)e^{\frac{x-1}{6}}+12$。

(2) **解** 方法一 $\displaystyle\int\sqrt{\frac{1-x}{1+x}}\mathrm{d}x = \int\frac{1-x}{\sqrt{1-x^2}}\mathrm{d}x = \int\frac{1}{\sqrt{1-x^2}}\mathrm{d}x - \int\frac{x}{\sqrt{1-x^2}}\mathrm{d}x$

$$= \arcsin x + \frac{1}{2}\int(1-x^2)^{-\frac{1}{2}}\mathrm{d}(1-x^2)$$

$$= \arcsin x + \sqrt{1-x^2} + C$$

方法二 令 $x=\sin t$，则 $\mathrm{d}x = \cos t\mathrm{d}t$，从而

$$\int\sqrt{\frac{1-x}{1+x}}\mathrm{d}x = \int\frac{1-x}{\sqrt{1-x^2}}\mathrm{d}x = \int\frac{1-\sin t}{\cos t}\cdot\cos t\mathrm{d}t$$

$$= \int(1-\sin t)\mathrm{d}t = t + \cos t + C$$

$$= \arcsin x + \sqrt{1-x^2} + C$$

方法三 令 $\sqrt{\dfrac{1-x}{1+x}} = t$，则 $x = \dfrac{1-t^2}{1+t^2}$，$\mathrm{d}x = \dfrac{-4t}{(1+t^2)^2}\mathrm{d}t$，从而

$$\int\sqrt{\frac{1-x}{1+x}}\mathrm{d}x = -4\int\frac{t^2}{(1+t^2)^2}\mathrm{d}t$$

$$= -4\int\frac{1}{1+t^2}\mathrm{d}t + 4\int\frac{1}{(1+t^2)^2}\mathrm{d}t$$

$$= -4\arctan t + 4\cdot\frac{1}{2}\int\frac{(1-t^2)+(1+t^2)}{(1+t^2)^2}\mathrm{d}t$$

$$= -4\arctan t + 4\cdot\frac{1}{2}\left[\int\frac{1-t^2}{(1+t^2)^2}\mathrm{d}t + \int\frac{1}{1+t^2}\mathrm{d}t\right]$$

$$= -4\arctan t + 2\left(\frac{t}{1+t^2} + \arctan t\right) + C$$

$$= \frac{2t}{1+t^2} - 2\arctan t + C$$

$$= \sqrt{1-x^2} - 2\arctan\sqrt{\frac{1-x}{1+x}} + C$$

(3) **解** 方法一（换元法） 令 $\arcsin\sqrt{x} = t$，则 $x = \sin^2 t$，从而

$$\int\frac{\arcsin\sqrt{x}}{\sqrt{1-x}}\mathrm{d}x = \int\frac{t}{\sqrt{1-\sin^2 t}}2\sin t\cos t\mathrm{d}t = 2\int t\sin t\mathrm{d}t = -2\int t\mathrm{d}(\cos t)$$

$$= -2t\cos t + 2\int\cos t\mathrm{d}t = -2t\cos t + 2\sin t + C$$

$$= -2\sqrt{1-x}\arcsin\sqrt{x} + 2\sqrt{x} + C$$

方法二（分部积分法）

$$\int\frac{\arcsin\sqrt{x}}{\sqrt{1-x}}\mathrm{d}x = -2\int\arcsin\sqrt{x}\mathrm{d}(\sqrt{1-x})$$

$$= -2\sqrt{1-x}\arcsin\sqrt{x} + 2\int\frac{1}{\sqrt{1-x}}\frac{1}{2\sqrt{x}}\sqrt{1-x}\mathrm{d}x$$

$$= -2\sqrt{1-x}\arcsin\sqrt{x} + 2\sqrt{x} + C$$

(4) **解** 因为

$$I_n = \int \frac{1}{x^n \sqrt{1+x^2}} \mathrm{d}x = \int \frac{x}{x^{n+1}\sqrt{1+x^2}} \mathrm{d}x = \int \frac{1}{x^{n+1}} \mathrm{d}(\sqrt{1+x^2})$$

$$= \frac{\sqrt{1+x^2}}{x^{n+1}} + (n+1)\int \frac{\sqrt{1+x^2}}{x^{n+2}} \mathrm{d}x$$

$$= \frac{\sqrt{1+x^2}}{x^{n+1}} + (n+1)\int \frac{1+x^2}{x^{n+2}\sqrt{1+x^2}} \mathrm{d}x$$

$$= \frac{\sqrt{1+x^2}}{x^{n+1}} + (n+1)I_{n+2} + (n+1)I_n$$

所以 $I_{n+2} = -\dfrac{1}{n+1}\dfrac{\sqrt{1+x^2}}{x^{n+1}} - \dfrac{n}{n+1}I_n$，故 $I_n = -\dfrac{1}{n-1}\dfrac{\sqrt{1+x^2}}{x^{n-1}} - \dfrac{n-2}{n-1}I_{n-2}$。

(5) **解**　令 $x^{10} = u$，则 $\mathrm{d}u = 10x^9\mathrm{d}x$，从而

$$\int \frac{1}{x(x^{10}+1)^2} \mathrm{d}x = \frac{1}{10}\int \frac{1}{u(u+1)^2} \mathrm{d}u = \frac{1}{10}\int \frac{u+1-u}{u(u+1)^2} \mathrm{d}u$$

$$= \frac{1}{10}\int \left[\frac{1}{u(u+1)} - \frac{1}{(u+1)^2} \right] \mathrm{d}u$$

$$= \frac{1}{10}\int \left[\frac{1}{u} - \frac{1}{u+1} - \frac{1}{(u+1)^2} \right] \mathrm{d}u$$

$$= \frac{1}{10}\left(\ln|u| - \ln|u+1| + \frac{1}{u+1} \right) + C$$

$$= \ln|x| - \frac{1}{10}\ln(1+x^{10}) + \frac{1}{10(1+x^{10})} + C$$

(6) **解**　令 $x = t^6$，则 $\mathrm{d}x = 6t^5\mathrm{d}t$，从而

$$\int \frac{1}{\sqrt{x}+\sqrt[3]{x}} \mathrm{d}x = \int \frac{6t^5}{t^3+t^2} \mathrm{d}t = 6\int \frac{t^3+1-1}{t+1} \mathrm{d}t = 6\int \left(t^2 - t + 1 - \frac{1}{1+t} \right) \mathrm{d}t$$

$$= 6\left(\frac{1}{3}t^3 - \frac{1}{2}t^2 + t - \ln|1+t| \right) + C$$

$$= 2\sqrt{x} - 3\sqrt[3]{x} + 6\sqrt[6]{x} - 6\ln(1+\sqrt[6]{x}) + C$$

(7) **解**　因为

$$\int \frac{1}{\sin^3 x} \mathrm{d}x = \int \frac{\sin^2 x + \cos^2 x}{\sin^3 x} \mathrm{d}x = \int \csc x \mathrm{d}x + \int \cot^2 x \csc x \mathrm{d}x$$

$$= \ln|\csc x - \cot x| - \int \cot x \mathrm{d}(\csc x)$$

$$= \ln|\csc x - \cot x| - \cot x \csc x - \int \csc^3 x \mathrm{d}x$$

$$= \ln|\csc x - \cot x| - \cot x \csc x - \int \frac{1}{\sin^3 x} \mathrm{d}x$$

故

$$\int \frac{1}{\sin^3 x} \mathrm{d}x = \frac{1}{2}\ln|\csc x - \cot x| - \frac{1}{2}\cot x \csc x + C$$

(8) **解**　$\displaystyle\int \frac{\sin x}{1+\sin x} \mathrm{d}x = \int \left(1 - \frac{1}{1+\sin x} \right) \mathrm{d}x = x - \int \frac{1-\sin x}{\cos^2 x} \mathrm{d}x$

$$= x - \int (\sec^2 x - \sec x \tan x) \mathrm{d}x = x - \tan x + \sec x + C$$

(9) **解** 方法一　令 $\arccos x = u$，则 $\mathrm{d}x = -\sin u \mathrm{d}u$，从而

$$\int \frac{\arccos x}{\sqrt{(1-x^2)^3}} \mathrm{d}x = \int \frac{u}{\sin^3 u}(-\sin u)\mathrm{d}u$$

$$= \int u \mathrm{d}(\cot u)$$

$$= u\cot u - \int \cot u \mathrm{d}u$$

$$= u\cot u - \ln|\sin u| + C$$

$$= \frac{x}{\sqrt{1-x^2}}\arccos x - \frac{1}{2}\ln|1-x^2| + C$$

方法二　$\displaystyle\int \frac{\arccos x}{\sqrt{(1-x^2)^3}}\mathrm{d}x = \int \arccos x \mathrm{d}\left(\frac{x}{\sqrt{1-x^2}}\right)$

$$= \frac{x\arccos x}{\sqrt{1-x^2}} - \int \frac{x}{\sqrt{1-x^2}} \cdot \left(-\frac{1}{\sqrt{1-x^2}}\right)\mathrm{d}x$$

$$= \frac{x\arccos x}{\sqrt{1-x^2}} + \int \frac{x}{1-x^2}\mathrm{d}x$$

$$= \frac{x}{\sqrt{1-x^2}}\arccos x - \frac{1}{2}\ln|1-x^2| + C$$

(10) **解**　由于 $f(x^2-1) = \ln\dfrac{x^2}{x^2-2} = \ln\dfrac{(x^2-1)+1}{(x^2-1)-1}$，因此 $f(x) = \ln\dfrac{x+1}{x-1}$，从而

$f[\varphi(x)] = \ln\dfrac{\varphi(x)+1}{\varphi(x)-1} = \ln x$，故 $\varphi(x) = \dfrac{x+1}{x-1}$，于是

$$\int \varphi(x)\mathrm{d}x = \int \frac{x+1}{x-1}\mathrm{d}x = \int \frac{x-1+2}{x-1}\mathrm{d}x = x + 2\ln|x-1| + C$$

(11) **解**　由于 $F'(x) = f(x)$，因此

$$f(x)F(x) = F'(x)F(x) = \frac{\ln x}{2(1+\ln x)^2}$$

积分，得

$$\int F(x)\mathrm{d}[F(x)] = \int \frac{\ln x}{2(1+\ln x)^2}\mathrm{d}x$$

令 $\ln x = t$，则 $x = \mathrm{e}^t$，从而

$$\frac{F^2(x)}{2} = \int \frac{t\mathrm{e}^t}{2(1+t)^2}\mathrm{d}t = -\frac{1}{2}\int t\mathrm{e}^t \mathrm{d}\left(\frac{1}{1+t}\right) = -\frac{1}{2}\left(\frac{t\mathrm{e}^t}{1+t} - \int \mathrm{e}^t \mathrm{d}t\right)$$

$$= -\frac{1}{2}\left(\frac{t\mathrm{e}^t}{1+t} - \mathrm{e}^t + C\right)$$

即 $F^2(x) = -\dfrac{x\ln x}{1+\ln x} + x - C$，由 $F(1) = 1$，得 $C = 0$，又 $F(x) > 0$，故

$$F(x) = \sqrt{-\frac{x\ln x}{1+\ln x} + x} = \sqrt{\frac{x}{1+\ln x}}$$

从而

$$f(x) = F'(x) = \frac{\ln x}{2\sqrt{x}(1+\ln x)^{\frac{3}{2}}}$$

3.2　定　积　分

一、考点内容讲解

1. 定义

设函数 $f(x)$ 在 $[a,b]$ 上有界,在 $[a,b]$ 中任意插入若干个分点 $a = x_0 < x_1 < \cdots < x_n = b$,把区间 $[a,b]$ 分成 n 个小区间 $[x_{i-1}, x_i](i = 1, 2, \cdots, n)$,$\Delta x_i = x_i - x_{i-1}(i = 1, 2, \cdots, n)$,记 $\lambda = \max\limits_{1 \leqslant i \leqslant n} \Delta x_i$,$\forall \xi_i \in [x_{i-1}, x_i]$,作乘积 $f(\xi_i)\Delta x_i(i = 1, 2, \cdots, n)$,再作和 $\sum\limits_{i=1}^{n} f(\xi_i)\Delta x_i$,如果极限 $\lim\limits_{\lambda \to 0} \sum\limits_{i=1}^{n} f(\xi_i)\Delta x_i$ 存在,并且该极限与 $[a,b]$ 的划分以及 $\xi_i(i = 1, 2, \cdots, n)$ 的取法无关,则称 $f(x)$ 在 $[a,b]$ 上可积,称该极限为 $f(x)$ 在 $[a,b]$ 上的定积分,记为 $\int_a^b f(x)\mathrm{d}x$,即 $\int_a^b f(x)\mathrm{d}x = \lim\limits_{\lambda \to 0} \sum\limits_{i=1}^{n} f(\xi_i)\Delta x_i$。

2. 几何意义

当 $f(x) \geqslant 0$ 时,定积分 $\int_a^b f(x)\mathrm{d}x$ 表示以 $[a,b]$ 为底、以 $y = f(x)$ 为曲边的曲边梯形的面积。

3. 可积条件

(1) 必要条件:$f(x)$ 在 $[a,b]$ 上有界。

(2) 充分条件:$f(x)$ 连续或仅有有限个第一类间断点。

4. 性质

(1) 基本性质:

（ⅰ）定积分与积分变量无关,即 $\int_a^b f(x)\mathrm{d}x = \int_a^b f(u)\mathrm{d}u = \int_a^b f(t)\mathrm{d}t = \cdots$;

（ⅱ）$\int_a^b f(x)\mathrm{d}x = -\int_b^a f(x)\mathrm{d}x$;

（ⅲ）$\int_a^b [k_1 f(x) \pm k_2 g(x)]\mathrm{d}x = k_1 \int_a^b f(x)\mathrm{d}x \pm k_2 \int_a^b g(x)\mathrm{d}x$（$k_1$、$k_2$ 为常数）;

（ⅳ）$\int_a^b f(x)\mathrm{d}x = \int_a^c f(x)\mathrm{d}x + \int_c^b f(x)\mathrm{d}x$。

(2) 不等式性质:

（ⅰ）若在 $[a,b]$ 上 $f(x) \leqslant g(x)$,则 $\int_a^b f(x)\mathrm{d}x \leqslant \int_a^b g(x)\mathrm{d}x$;

（ⅱ）若 $f(x)$ 在 $[a,b]$ 上连续,m、M 分别为 $f(x)$ 在 $[a,b]$ 上的最小值与最大值,则

$$m(b-a) \leqslant \int_a^b f(x)\mathrm{d}x \leqslant M(b-a)$$

（ⅲ）$\left| \int_a^b f(x)\mathrm{d}x \right| \leqslant \int_a^b |f(x)|\,\mathrm{d}x$。

(3) 中值定理：

（ⅰ）若 $f(x)$ 在 $[a,b]$ 上连续，则 $\int_a^b f(x)\mathrm{d}x = f(c)(b-a)\,(a \leqslant c \leqslant b)$；

（ⅱ）若 $f(x)$、$g(x)$ 在 $[a,b]$ 上连续，$g(x)$ 不变号，则

$$\int_a^b f(x)g(x)\mathrm{d}x = f(c)\int_a^b g(x)\mathrm{d}x \quad (a \leqslant c \leqslant b)$$

5. 计算方法

(1) 牛顿-莱布尼茨公式：设 $f(x)$ 在 $[a,b]$ 上连续，$F(x)$ 是 $f(x)$ 在 $[a,b]$ 上的一个原函数，则 $\int_a^b f(x)\mathrm{d}x = F(b) - F(a)$。

(2) 换元法：设函数 $f(x)$ 在 $[a,b]$ 上连续，若变换 $x = \varphi(t)$ 满足：

（ⅰ）$\varphi'(t)$ 在 $[\alpha,\beta]$ 上连续，且 $\varphi'(t) \neq 0$；

（ⅱ）$\varphi(\alpha) = a$，$\varphi(\beta) = b$，并且当 t 在 $[\alpha,\beta]$ 上变化时，$\varphi(t)$ 的值在 $[a,b]$ 上变化，则 $\int_a^b f(x)\mathrm{d}x = \int_\alpha^\beta f[\varphi(t)]\varphi'(t)\mathrm{d}t$。

(3) 分部积分法：设 $u(x)$、$v(x)$ 在 $[a,b]$ 上具有连续导数 $u'(x)$、$v'(x)$，则

$$\int_a^b u(x)v'(x)\mathrm{d}x = \int_a^b u(x)\mathrm{d}[v(x)] = [u(x)v(x)]_a^b - \int_a^b v(x)u'(x)\mathrm{d}x$$

其中 $u(x)$ 和 $\mathrm{d}[v(x)]$ 的选择与不定积分的分部积分法相同。

(4) 利用奇偶性：

（ⅰ）若 $f(x)$ 在 $[-a,a]$ 上连续且为奇函数，则 $\int_{-a}^a f(x)\mathrm{d}x = 0$；

（ⅱ）若 $f(x)$ 在 $[-a,a]$ 上连续且为偶函数，则 $\int_{-a}^a f(x)\mathrm{d}x = 2\int_0^a f(x)\mathrm{d}x$；

（ⅲ）若 $f(x)$ 在 $[-a,a]$ 上连续，则 $\int_{-a}^a f(x)\mathrm{d}x = \int_0^a [f(x) + f(-x)]\mathrm{d}x$。

(5) 利用周期性：若 $f(x)$ 是连续的以 T 为周期的周期函数，则

$$\int_a^{a+T} f(x)\mathrm{d}x = \int_0^T f(x)\mathrm{d}x$$

(6) 利用公式：

（ⅰ）$\displaystyle\int_0^{\frac{\pi}{2}} \sin^n x\,\mathrm{d}x = \int_0^{\frac{\pi}{2}} \cos^n x\,\mathrm{d}x = \begin{cases} \dfrac{n-1}{n} \cdot \dfrac{n-3}{n-2} \cdot \cdots \cdot \dfrac{1}{2} \cdot \dfrac{\pi}{2}, & n \geqslant 2 \text{ 为偶数} \\[2mm] \dfrac{n-1}{n} \cdot \dfrac{n-3}{n-2} \cdot \cdots \cdot \dfrac{2}{3}, & n \geqslant 3 \text{ 为奇数} \end{cases}$

（ⅱ）若 $f(x)$ 在 $[0,1]$ 上连续，则

① $\displaystyle\int_0^{\frac{\pi}{2}} f(\sin x)\mathrm{d}x = \int_0^{\frac{\pi}{2}} f(\cos x)\mathrm{d}x$；

② $\displaystyle\int_0^\pi x f(\sin x)\mathrm{d}x = \frac{\pi}{2}\int_0^\pi f(\sin x)\mathrm{d}x$；

③ $\displaystyle\int_0^\pi f(\sin x)\mathrm{d}x = 2\int_0^{\frac{\pi}{2}} f(\sin x)\mathrm{d}x$。

6. 变上限积分 $\left(\int_a^x f(t)\mathrm{d}t \right)$

(1) 连续性：设 $f(x)$ 在 $[a,b]$ 上可积，则 $\int_a^x f(t)\mathrm{d}t$ 在 $[a,b]$ 上连续。

(2) 可导性（微积分学基本定理）：设 $f(x)$ 在 $[a,b]$ 上连续，则 $\int_a^x f(t)\mathrm{d}t$ 在 $[a,b]$ 上可导，且 $\dfrac{\mathrm{d}}{\mathrm{d}x}\left(\int_a^x f(t)\mathrm{d}t \right) = \left(\int_a^x f(t)\mathrm{d}t \right)' = f(x)$。

(3) 变上限求导的三个类型：

（ⅰ） $\dfrac{\mathrm{d}}{\mathrm{d}x}\left(\int_{\varphi(x)}^{\psi(x)} f(t)\mathrm{d}t \right) = f[\psi(x)]\psi'(x) - f[\varphi(x)]\varphi'(x)$；

（ⅱ） $\left(\int_{\varphi(x)}^{\psi(x)} f(x,t)\mathrm{d}t \right)'$；

（ⅲ） $\left(\int_a^b f(x,t)\mathrm{d}t \right)'$（作变换把 x 从 $f(x,t)$ 中变换出来）。

(4) 奇偶性：

（ⅰ）若 $f(x)$ 为奇函数，则 $\int_a^x f(t)\mathrm{d}t$ 为偶函数；

（ⅱ）若 $f(x)$ 为偶函数，则 $\int_0^x f(t)\mathrm{d}t$ 为奇函数。

(5) 周期性：

（ⅰ）设连续函数 $f(x)$ 以 T 为周期，则 $\int_0^x f(t)\mathrm{d}t$ 以 T 为周期的充要条件是

$$\int_0^T f(x)\mathrm{d}x = 0$$

（ⅱ）设连续函数 $f(x)$ 以 T 为周期，则 $f(x)$ 的全体原函数以 T 为周期的充要条件是

$$\int_0^T f(x)\mathrm{d}x = 0$$

二、考点题型解析

常考题型：• 定积分计算；• 积分值比较与估计；• 定积分综合问题；• 积分等式；• 积分不等式。

1. 选择题

例 1 设 $f(x)$ 在 $[a,b]$ 上二阶可导，且 $f(x) > 0$，则不等式 $f(b)(b-a) < \int_a^b f(x)\mathrm{d}x < (b-a)\dfrac{f(a)+f(b)}{2}$ 成立的条件是（ ）。

(A) $f'(x) < 0, f''(x) < 0$ (B) $f'(x) < 0, f''(x) > 0$

(C) $f'(x) > 0, f''(x) > 0$ (D) $f'(x) > 0, f''(x) < 0$

解 应选(B)。

由于题设不等式的几何意义是矩形 $ABCD$ 面积 < 曲边梯形 $ABCE$ 面积 < 梯形 $ABCE$ 面积（见图 3.1），因此要使题设不等式成立，需要使过点 $(b, f(b))$ 平行于 x 轴的直线在曲线 $y = f(x)$ 的下方，连接点 $(a, f(a))$ 和点 $(b, f(b))$ 的直线在曲线 $y = f(x)$ 的上方。又

当 $f'(x) < 0$，$f''(x) > 0$ 时，上述条件成立，故选（B）。

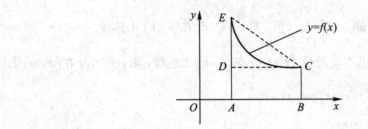

图 3.1

例 2 设 $f(x)$ 是连续函数，$F(x)$ 是 $f(x)$ 的原函数，则（   ）。

(A) 当 $f(x)$ 为奇函数时，$F(x)$ 必为偶函数

(B) 当 $f(x)$ 为偶函数时，$F(x)$ 必为奇函数

(C) 当 $f(x)$ 为周期函数时，$F(x)$ 必为周期函数

(D) 当 $f(x)$ 为单调增函数时，$F(x)$ 必为单调增函数

解 应选（A）。

方法一 取 $f(x) = x^2$，它是偶函数，但它的一个原函数 $\dfrac{x^3}{3} + 1$ 却不是奇函数，从而

(B) 不正确；取 $f(x) = \cos^2 x$，它的周期为 π，但它的一个原函数 $\dfrac{x}{2} + \dfrac{\sin 2x}{4}$ 却不是周期函

数，从而（C）不正确；取 $f(x) = \arctan x$，它在 $(-\infty, +\infty)$ 内为单调增函数，但它的一个

原函数 $x\arctan x - \dfrac{\ln(1 + x^2)}{2}$ 在 $(-\infty, 0)$ 内却是单调减函数，从而（D）不正确。故选（A）。

方法二 设 $f(x)$ 的一个原函数为 $F(x) = \displaystyle\int_a^x f(t)\mathrm{d}t$，则

$$F(-x) = \int_a^{-x} f(t)\mathrm{d}t \xlongequal{t=-u} \int_{-a}^{x} f(-u)\mathrm{d}(-u) = -\int_{-a}^{x} f(-u)\mathrm{d}u$$

当 $f(x)$ 为奇函数时，

$$F(-x) = -\int_{-a}^{x} f(-u)\mathrm{d}u = \int_{-a}^{x} f(u)\mathrm{d}u = \int_{-a}^{a} f(u)\mathrm{d}u + \int_{a}^{x} f(u)\mathrm{d}u = \int_{a}^{x} f(u)\mathrm{d}u = F(x)$$

即 $F(x)$ 为偶函数。故选（A）。

例 3 设 $F(x) = \displaystyle\int_0^x \mathrm{e}^{-t}\cos t\,\mathrm{d}t$，则 $F(x)$ 在 $[0, \pi]$ 上（   ）。

(A) $F\left(\dfrac{\pi}{2}\right)$ 为极大值，$F(0)$ 为最小值　　(B) $F\left(\dfrac{\pi}{2}\right)$ 为极大值，无最小值

(C) $F\left(\dfrac{\pi}{2}\right)$ 为极小值，无极大值　　(D) $F\left(\dfrac{\pi}{2}\right)$ 为极小值，$F(0)$ 为最大值

解 应选（A）。

令 $F'(x) = \mathrm{e}^{-x}\cos x = 0$，则 $x = \dfrac{\pi}{2}$，于是当 $0 < x < \dfrac{\pi}{2}$ 时，$F'(x) > 0$，当 $\dfrac{\pi}{2} < x < \pi$

时，$F'(x) < 0$，从而 $F\left(\dfrac{\pi}{2}\right)$ 为极大值；又 $F(x)$ 在 $\left(0, \dfrac{\pi}{2}\right)$ 内单调增加，在 $\left(\dfrac{\pi}{2}, \pi\right)$ 内单调

减少，且 $F(0) = 0$，$F(\pi) = \int_0^\pi e^{-t}\cos t dt > 0$，所以 $F(x)$ 在 $[0, \pi]$ 上，$F\left(\dfrac{\pi}{2}\right)$ 为极大值，$F(0)$ 为最小值，故选（A）。

例 4　设 $f(x)$ 在区间 $[a, b]$ 上连续，$M = \lim\limits_{h \to 0^+} \dfrac{1}{h} \int_a^x [f(t+h) - f(t)] dt (a < x < b)$，$N = f(x) - f(a)(a < x < b)$，则（　　）。

(A) $M > N$ 　　　　(B) $M < N$ 　　　　(C) $M = N$ 　　　　(D) $M = (N+1)^2$

解　应选（C）。

由于

$$M = \lim_{h \to 0^+} \frac{1}{h} \int_a^x [f(t+h) - f(t)] dt = \lim_{h \to 0^+} \frac{\int_{a+h}^{x+h} f(u) du - \int_a^x f(t) dt}{h}$$

$$= \lim_{h \to 0^+} \frac{f(x+h) - f(a+h)}{1} = f(x) - f(a) = N$$

故选（C）。

例 5　设 $I_k = \int_0^{k\pi} e^{x^2} \sin x dx (k = 1, 2, 3)$，则（　　）。

(A) $I_1 < I_2 < I_3$ 　　(B) $I_3 < I_2 < I_1$ 　　(C) $I_2 < I_3 < I_1$ 　　(D) $I_2 < I_1 < I_3$

解　应选（D）。

由 $I_2 = I_1 + \int_\pi^{2\pi} e^{x^2} \sin x dx$ 及 $\int_\pi^{2\pi} e^{x^2} \sin x dx < 0$，知 $I_2 < I_1$，由 $I_3 = I_1 + \int_\pi^{3\pi} e^{x^2} \sin x dx$ 及

$$\int_\pi^{3\pi} e^{x^2} \sin x dx = \int_\pi^{2\pi} e^{x^2} \sin x dx + \int_{2\pi}^{3\pi} e^{x^2} \sin x dx = \int_\pi^{2\pi} e^{x^2} \sin x dx + \int_\pi^{2\pi} e^{(y+\pi)^2} \sin(y + \pi) dy =$$

$$\int_\pi^{2\pi} (e^{x^2} - e^{(x+\pi)^2}) \sin x dx > 0，知 I_1 < I_3，从而 I_2 < I_1 < I_3，故选（D）。$$

例 6　设 $f(x)$ 具有连续导数，$f(0) = 0$，$\Phi(x) = \begin{cases} \dfrac{\int_0^x t f(t) dt}{x^2}, & x \neq 0 \\ 0, & x = 0 \end{cases}$，则 $\Phi'(0) =$

（　　）。

(A) $f'(0)$ 　　　　(B) $\dfrac{1}{3} f'(0)$ 　　　　(C) 1 　　　　(D) $\dfrac{1}{3}$

解　应选（B）。

$$\Phi'(0) = \lim_{x \to 0} \frac{\Phi(x) - \Phi(0)}{x} = \lim_{x \to 0} \frac{\int_0^x t f(t) dt}{x^3} = \lim_{x \to 0} \frac{x f(x)}{3x^2}$$

$$= \frac{1}{3} \lim_{x \to 0} \frac{f(x) - f(0)}{x} = \frac{1}{3} f'(0)$$

故选（B）。

2. 填空题

例 1　设当 $x \geqslant 0$ 时，$f(x)$ 为连续函数，且 $\int_0^{x^2(1+x)} f(t) dt = x$，则 $f(2) = $ _____。

解 $\int_0^{x^2(1+x)} f(t)\mathrm{d}t = x$ 两边对 x 求导，得 $f(x^2(1+x))(2x+3x^2)=1$，令 $x^2(1+x)=2$，

得 $x=1$，从而 $f(2)(2+3)=1$，所以 $f(2)=\dfrac{1}{5}$。

例 2 已知 $f(x)$ 满足方程 $f(x) = 3x - \sqrt{1-x^2}\displaystyle\int_0^1 f^2(x)\mathrm{d}x$，则 $f(x) = $ _____。

解 令 $\displaystyle\int_0^1 f^2(x)\mathrm{d}x = c$，则

$$f(x) = 3x - c\sqrt{1-x^2}$$

从而

$$\int_0^1 (3x - c\sqrt{1-x^2})^2 \mathrm{d}x = c$$

即

$$3 - 2c + \frac{2}{3}c^2 = c$$

解之，得 $c=3$ 或 $c=\dfrac{3}{2}$，所以

$$f(x) = 3x - 3\sqrt{1-x^2} \ \text{或} \ f(x) = 3x - \frac{3}{2}\sqrt{1-x^2}$$

例 3 $\displaystyle\lim_{n\to\infty}\sum_{i=1}^n \frac{\mathrm{e}^{\frac{i}{n}}}{n+n\mathrm{e}^{\frac{2i}{n}}} = $ _____。

解 $\displaystyle\lim_{n\to\infty}\sum_{i=1}^n \frac{\mathrm{e}^{\frac{i}{n}}}{n+n\mathrm{e}^{\frac{2i}{n}}} = \lim_{n\to\infty}\sum_{i=1}^n \frac{\mathrm{e}^{\frac{i}{n}}}{1+(\mathrm{e}^{\frac{i}{n}})^2}\cdot\frac{1}{n} = \int_0^1 \frac{\mathrm{e}^x}{1+(\mathrm{e}^x)^2}\mathrm{d}x = \int_0^1 \frac{1}{1+(\mathrm{e}^x)^2}\mathrm{d}(\mathrm{e}^x)$

$$= [\arctan \mathrm{e}^x]_0^1 = \arctan \mathrm{e} - \arctan 1 = \arctan \mathrm{e} - \frac{\pi}{4}$$

例 4 $\displaystyle\int_{-2}^2 \frac{x+|x|}{2+x^2}\mathrm{d}x = $ _____。

解 由对称区间上奇、偶函数的积分性质，得

$$\int_{-2}^2 \frac{x+|x|}{2+x^2}\mathrm{d}x = \int_{-2}^2 \frac{x}{2+x^2}\mathrm{d}x + \int_{-2}^2 \frac{|x|}{2+x^2}\mathrm{d}x = 0 + 2\int_0^2 \frac{x}{2+x^2}\mathrm{d}x$$

$$= \int_0^2 \frac{1}{2+x^2}\mathrm{d}(2+x^2) = [\ln(2+x^2)]_0^2 = \ln 3$$

例 5 $\displaystyle\int_{-1}^1 (x+\sqrt{1-x^2})^2 \mathrm{d}x = $ _____。

解 由对称区间上奇、偶函数的积分性质，得

$$\int_{-1}^1 (x+\sqrt{1-x^2})^2 \mathrm{d}x = \int_{-1}^1 (x^2 + 2x\sqrt{1-x^2} + 1 - x^2)\mathrm{d}x$$

$$= \int_{-1}^1 (2x\sqrt{1-x^2} + 1)\mathrm{d}x$$

$$= \int_{-1}^1 2x\sqrt{1-x^2}\,\mathrm{d}x + \int_{-1}^1 \mathrm{d}x = 2$$

例 6 $\displaystyle\int_{-3}^3 [x^2\ln(x+\sqrt{1+x^2}) - \sqrt{9-x^2}]\mathrm{d}x = $ _____。

解 由对称区间上奇、偶函数的积分性质及定积分的几何意义，得

$$\int_{-3}^{3}\left[x^2\ln(x+\sqrt{1+x^2})-\sqrt{9-x^2}\right]\mathrm{d}x=\int_{-3}^{3}x^2\ln(x+\sqrt{1+x^2})\mathrm{d}x-\int_{-3}^{3}\sqrt{9-x^2}\,\mathrm{d}x$$

$$=-2\int_{0}^{3}\sqrt{9-x^2}\,\mathrm{d}x=-2\cdot\frac{1}{4}\pi\cdot3^2=-\frac{9}{2}\pi$$

例 7　$\displaystyle\int_{0}^{\frac{\pi}{2}}\frac{e^{\sin x}}{e^{\sin x}+e^{\cos x}}\mathrm{d}x=$ ＿＿＿＿＿＿。

解　由于 $\displaystyle\int_{0}^{\frac{\pi}{2}}\frac{e^{\sin x}}{e^{\sin x}+e^{\cos x}}\mathrm{d}x\xlongequal{x=\frac{\pi}{2}-t}\int_{0}^{\frac{\pi}{2}}\frac{e^{\cos t}}{e^{\cos t}+e^{\sin t}}\mathrm{d}t=\int_{0}^{\frac{\pi}{2}}\frac{e^{\cos x}}{e^{\cos x}+e^{\sin x}}\mathrm{d}x$，因此

$$\int_{0}^{\frac{\pi}{2}}\frac{e^{\sin x}}{e^{\sin x}+e^{\cos x}}\mathrm{d}x=\frac{1}{2}\left(\int_{0}^{\frac{\pi}{2}}\frac{e^{\sin x}}{e^{\sin x}+e^{\cos x}}\mathrm{d}x+\int_{0}^{\frac{\pi}{2}}\frac{e^{\cos x}}{e^{\cos x}+e^{\sin x}}\mathrm{d}x\right)=\frac{1}{2}\int_{0}^{\frac{\pi}{2}}1\mathrm{d}x=\frac{\pi}{4}$$

评注： $\displaystyle\int_{0}^{\frac{\pi}{2}}f(\sin x,\cos x)\mathrm{d}x=\int_{0}^{\frac{\pi}{2}}f(\cos x,\sin x)\mathrm{d}x$。

3. 解答题

例 1　证明当 $n>2$ 时，$\displaystyle\frac{1}{2}\leqslant\int_{0}^{\frac{1}{2}}\frac{1}{\sqrt{1-x^n}}\mathrm{d}x\leqslant\frac{\pi}{6}$。

证　由于当 $n>2$，$0\leqslant x\leqslant\dfrac{1}{2}$ 时，$1\leqslant\dfrac{1}{\sqrt{1-x^n}}\leqslant\dfrac{1}{\sqrt{1-x^2}}$，因此

$$\frac{1}{2}\leqslant\int_{0}^{\frac{1}{2}}\frac{1}{\sqrt{1-x^n}}\mathrm{d}x\leqslant\int_{0}^{\frac{1}{2}}\frac{1}{\sqrt{1-x^2}}\mathrm{d}x=\left[\arcsin x\right]_{0}^{\frac{1}{2}}=\frac{\pi}{6}$$

即

$$\frac{1}{2}\leqslant\int_{0}^{\frac{1}{2}}\frac{1}{\sqrt{1-x^n}}\mathrm{d}x\leqslant\frac{\pi}{6}$$

例 2　求下列极限：

（ⅰ）$\displaystyle\lim_{n\to\infty}\int_{0}^{\frac{1}{2}}\frac{x^n}{1+x^2}\mathrm{d}x$；

（ⅱ）$\displaystyle\lim_{n\to\infty}\int_{0}^{1}\frac{x^n e^x}{1+e^x}\mathrm{d}x$。

解　（ⅰ）由于 $0\leqslant\dfrac{x^n}{1+x^2}\leqslant x^n$，因此

$$0\leqslant\int_{0}^{\frac{1}{2}}\frac{x^n}{1+x^2}\mathrm{d}x\leqslant\int_{0}^{\frac{1}{2}}x^n\mathrm{d}x=\frac{1}{(n+1)2^{n+1}}$$

又因为 $\displaystyle\lim_{n\to\infty}\frac{1}{(n+1)2^{n+1}}=0$，所以 $\displaystyle\lim_{n\to\infty}\int_{0}^{\frac{1}{2}}\frac{x^n}{1+x^2}\mathrm{d}x=0$。

（ⅱ）由于当 $0\leqslant x\leqslant 1$ 时，$0\leqslant\dfrac{x^n e^x}{1+e^x}\leqslant x^n$，因此

$$0\leqslant\int_{0}^{1}\frac{x^n e^x}{1+e^x}\mathrm{d}x\leqslant\int_{0}^{1}x^n\mathrm{d}x=\frac{1}{n+1}$$

又因为 $\displaystyle\lim_{n\to\infty}\frac{1}{n+1}=0$，所以 $\displaystyle\lim_{n\to\infty}\int_{0}^{1}\frac{x^n e^x}{1+e^x}\mathrm{d}x=0$。

例 3 设当 $x > 0$ 时，$f(x)$ 可导且满足方程 $f(x) = 1 + \dfrac{1}{x}\displaystyle\int_1^x f(t)\mathrm{d}t$，求 $f(x)$。

解 整理，得

$$xf(x) = x + \int_1^x f(t)\mathrm{d}t$$

方程两边对 x 求导，得

$$xf'(x) + f(x) = 1 + f(x)$$

由于 $x > 0$，因此 $f'(x) = \dfrac{1}{x}$，积分，得

$$f(x) = \ln x + C$$

由 $f(1) = 1$，得 $C = 1$，故 $f(x) = \ln x + 1$。

例 4 设 $f(x)$ 在 $[0, +\infty)$ 上可导，$f(0) = 1$ 且满足方程

$$f'(x) + f(x) - \frac{1}{x+1}\int_0^x f(t)\mathrm{d}t = 0$$

（ⅰ）求 $f'(x)$；

（ⅱ）证明当 $x \geqslant 0$ 时，$\mathrm{e}^{-x} \leqslant f(x) \leqslant 1$。

解 （ⅰ）整理，得

$$\int_0^x f(t)\mathrm{d}t = (x+1)f'(x) + (x+1)f(x)$$

两边对 x 求导，得

$$f(x) = f'(x) + (x+1)f''(x) + f(x) + (x+1)f'(x)$$

即 $\dfrac{f''(x)}{f'(x)} = -\dfrac{x+2}{x+1}$，从而 $[\ln|f'(x)|]' = -\dfrac{x+2}{x+1}$，解之，得

$$\ln|f'(x)| = -\int \frac{x+2}{x+1}\mathrm{d}x = -[x + \ln(x+1)] + C_1$$

故

$$f'(x) = \frac{C}{x+1}\mathrm{e}^{-x} \quad (C = \pm\,\mathrm{e}^{C_1})$$

由于 $f'(0) = -f(0) = -1$，因此 $C = -1$，从而 $f'(x) = -\dfrac{1}{x+1}\mathrm{e}^{-x}$。

（ⅱ）由于

$$f(x) = f(0) + \int_0^x f'(x)\mathrm{d}x = 1 - \int_0^x \frac{1}{x+1}\mathrm{e}^{-x}\mathrm{d}x$$

因此当 $x \geqslant 0$ 时，$1 - \displaystyle\int_0^x \mathrm{e}^{-x}\mathrm{d}x \leqslant f(x) \leqslant 1$，即 $\mathrm{e}^{-x} \leqslant f(x) \leqslant 1$。

例 5 计算定积分 $\displaystyle\int_{\frac{1}{e}}^{e} |\ln x|\,\mathrm{d}x$。

解 $\displaystyle\int_{\frac{1}{e}}^{e} |\ln x|\,\mathrm{d}x = -\int_{\frac{1}{e}}^{1} \ln x\,\mathrm{d}x + \int_1^e \ln x\,\mathrm{d}x = -\left[x(\ln x - 1)\right]_{\frac{1}{e}}^{1} + \left[x(\ln x - 1)\right]_1^e = 2 - \dfrac{2}{e}$

例 6 设 $f(x) = \displaystyle\int_x^2 \mathrm{e}^{-y^2}\mathrm{d}y$，求 $\displaystyle\int_0^2 f(x)\mathrm{d}x$。

解 方法一 $f(2) = 0$，$f'(x) = -\mathrm{e}^{-x^2}$，

$$\int_0^2 f(x)\mathrm{d}x = \left[xf(x)\right]_0^2 - \int_0^2 xf'(x)\mathrm{d}x = -\int_0^2 x(-\mathrm{e}^{-x^2})\mathrm{d}x$$

$$= -\frac{1}{2}\int_0^2 \mathrm{e}^{-x^2}\mathrm{d}(-x^2) = \left[-\frac{1}{2}\mathrm{e}^{-x^2}\right]_0^2 = \frac{1}{2}(1-\mathrm{e}^{-4})$$

方法二　$\displaystyle\int_0^2 f(x)\mathrm{d}x = \int_0^2\left(\int_x^2 \mathrm{e}^{-y^2}\mathrm{d}y\right)\mathrm{d}x = \int_0^2\left(\int_0^y \mathrm{e}^{-y^2}\mathrm{d}x\right)\mathrm{d}y = \int_0^2 y\mathrm{e}^{-y^2}\mathrm{d}y$

$$= \frac{1}{2}\int_0^2 \mathrm{e}^{-y^2}\mathrm{d}(y^2) = \left[-\frac{1}{2}\mathrm{e}^{-y^2}\right]_0^2 = \frac{1}{2}(1-\mathrm{e}^{-4})$$

例 7　设 $f(x)$ 在 $(-\infty, +\infty)$ 上连续,且对于任何 x、y,$f(x+y) = f(x)+f(y)$,计算积分 $\displaystyle\int_{-1}^1 (x^2+1)f(x)\mathrm{d}x$。

解　由于对于任何 x、y,$f(x+y) = f(x)+f(y)$,取 $y=0$,则 $f(x) = f(x)+f(0)$,从而 $f(0) = 0$,又 $f(0) = f[x+(-x)] = f(x)+f(-x)$,即 $f(x)+f(-x) = 0$,因此 $f(x)$ 为奇函数,所以 $\displaystyle\int_{-1}^1 (x^2+1)f(x)\mathrm{d}x = 0$。

例 8　计算定积分 $I = \displaystyle\int_{-\frac{\pi}{4}}^{\frac{\pi}{4}} \frac{\sin^2 x}{1+\mathrm{e}^{-x}}\mathrm{d}x$。

解　$\displaystyle I = \int_0^{\frac{\pi}{4}}\left(\frac{\sin^2 x}{1+\mathrm{e}^x}+\frac{\sin^2 x}{1+\mathrm{e}^{-x}}\right)\mathrm{d}x = \int_0^{\frac{\pi}{4}}\left(\frac{\sin^2 x}{1+\mathrm{e}^x}+\frac{\mathrm{e}^x \sin^2 x}{\mathrm{e}^x+1}\right)\mathrm{d}x$

$$= \int_0^{\frac{\pi}{4}} \sin^2 x\mathrm{d}x = \frac{1}{2}\int_0^{\frac{\pi}{4}}(1-\cos 2x)\mathrm{d}x = \frac{1}{2}\left[x-\frac{\sin 2x}{2}\right]_0^{\frac{\pi}{4}} = \frac{\pi-2}{8}$$

例 9　设 $f(x)$、$g(x)$ 在 $[a, b]$ 上连续,证明至少存在一点 $\xi \in (a, b)$,使得

$$f(\xi)\int_\xi^b g(x)\mathrm{d}x = g(\xi)\int_a^\xi f(x)\mathrm{d}x$$

证　作辅助函数 $F(x) = \displaystyle\int_a^x f(t)\mathrm{d}t\int_x^b g(t)\mathrm{d}t$,由于 $f(x)$、$g(x)$ 在 $[a, b]$ 上连续,因此 $F(x)$ 在 $[a, b]$ 上连续,在 (a, b) 内可导,且 $F(a) = F(b) = 0$,由罗尔定理知至少存在一点 $\xi \in (a, b)$,使得 $F'(\xi) = 0$,又 $F'(x) = f(x)\displaystyle\int_x^b g(t)\mathrm{d}t - g(x)\int_a^x f(t)\mathrm{d}t$,由 $F'(\xi) = 0$ 得 $f(\xi)\displaystyle\int_\xi^b g(t)\mathrm{d}t - g(\xi)\int_a^\xi f(t)\mathrm{d}t = 0$,即 $f(\xi)\displaystyle\int_\xi^b g(x)\mathrm{d}x = g(\xi)\int_a^\xi f(x)\mathrm{d}x$。

例 10　设 $f(x)$ 在 $[0, 1]$ 上连续,在 $(0, 1)$ 内可导,且 $f(1) = k\displaystyle\int_0^{\frac{1}{k}} x\mathrm{e}^{1-x}f(x)\mathrm{d}x(k>1)$,证明 $\exists \xi \in (0, 1)$,使得 $f'(\xi) = (1-\xi^{-1})f(\xi)$。

证　由 $f(1) = k\displaystyle\int_0^{\frac{1}{k}} x\mathrm{e}^{1-x}f(x)\mathrm{d}x$ 及积分中值定理知 $\exists \xi_1 \in \left[0, \frac{1}{k}\right]$,使得 $f(1) = \xi_1 \mathrm{e}^{1-\xi_1}f(\xi_1)$,令 $F(x) = x\mathrm{e}^{1-x}f(x)$,则 $F(x)$ 在 $[\xi_1, 1]$ 上连续,在 $(\xi_1, 1)$ 内可导,$F(\xi_1) = f(1) = F(1)$,由罗尔定理知 $\exists \xi \in (\xi_1, 1) \subset (0, 1)$,使得 $F'(\xi) = 0$,即 $f'(\xi) = (1-\xi^{-1})f(\xi)$。

例 11　设 $f(x)$ 在 $[a, b]$ 上具有连续的二阶导数,证明至少存在一点 $\xi \in (a, b)$,使得

$$\int_a^b f(x)\mathrm{d}x = (b-a)f\left(\frac{a+b}{2}\right)+\frac{1}{24}(b-a)^3 f''(\xi)$$

证　作辅助函数 $F(x)=\int_a^x f(t)\mathrm{d}t$，则 $F(x)$ 在点 $x_0=\dfrac{a+b}{2}$ 处的泰勒展开式为

$$F(x)=F\left(\frac{a+b}{2}\right)+F'\left(\frac{a+b}{2}\right)\left(x-\frac{a+b}{2}\right)+\frac{1}{2!}F''\left(\frac{a+b}{2}\right)\left(x-\frac{a+b}{2}\right)^2$$

$$+\frac{1}{3!}F'''(\xi)\left(x-\frac{a+b}{2}\right)^3$$

$$=F\left(\frac{a+b}{2}\right)+f\left(\frac{a+b}{2}\right)\left(x-\frac{a+b}{2}\right)+\frac{1}{2!}f'\left(\frac{a+b}{2}\right)\left(x-\frac{a+b}{2}\right)^2$$

$$+\frac{1}{3!}f''(\xi)\left(x-\frac{a+b}{2}\right)^3$$

其中 ξ 介于 x 与 $\dfrac{a+b}{2}$ 之间。分别将 $x=b$，$x=a$ 代入上式并且两式相减，得

$$F(b)-F(a)=(b-a)f\left(\frac{a+b}{2}\right)+\frac{1}{24}(b-a)^3\frac{f''(\xi_1)+f''(\xi_2)}{2}$$

其中 ξ_1 介于 $\dfrac{a+b}{2}$ 与 b 之间，ξ_2 介于 a 与 $\dfrac{a+b}{2}$ 之间。不妨设 $f''(\xi_1)\leqslant f''(\xi_2)$，则

$$f''(\xi_1)\leqslant\frac{f''(\xi_1)+f''(\xi_2)}{2}\leqslant f''(\xi_2)$$

由 $f''(x)$ 的连续性与介值定理知，在 ξ_1 与 ξ_2 之间至少存在一点 $\xi\in(a,b)$，使得 $f''(\xi)=\dfrac{f''(\xi_1)+f''(\xi_2)}{2}$，故

$$\int_a^b f(x)\mathrm{d}x=(b-a)f\left(\frac{a+b}{2}\right)+\frac{1}{24}(b-a)^3 f''(\xi)$$

例 12　求函数 $f(x)=\int_0^{x^2}(2-t)\mathrm{e}^{-t}\mathrm{d}t$ 在 $[a,b]$ 上的最大值与最小值。

解　由于 $f(x)$ 是偶函数，因此只需在 $[0,+\infty)$ 上考虑。令 $f'(x)=2x(2-x^2)\mathrm{e}^{-x^2}=0$，得 $x=\sqrt{2}\in(0,+\infty)$。又当 $0<x<\sqrt{2}$ 时，$f'(x)>0$，当 $x>\sqrt{2}$ 时，$f'(x)<0$，故 $x=\sqrt{2}$ 是 $f(x)$ 在 $(0,+\infty)$ 内的唯一极大值点，也就是 $f(x)$ 在 $(0,+\infty)$ 内的最大值点，且最大值为

$$f(\sqrt{2})=\int_0^2(2-t)\mathrm{e}^{-t}\mathrm{d}t=\left[-(2-t)\mathrm{e}^{-t}+\mathrm{e}^{-t}\right]_0^2=1+\mathrm{e}^{-2}$$

由于 $\int_0^{+\infty}(2-t)\mathrm{e}^{-t}\mathrm{d}t=1$，即 $\lim\limits_{x\to+\infty}f(x)=1$，且 $f(0)=0$，因此 $f(0)$ 是 $f(x)$ 在 $[0,+\infty)$ 上的最小值，再由 $f(x)$ 是偶函数得 $f(x)$ 在 $(-\infty,+\infty)$ 上的最大值为 $1+\mathrm{e}^{-2}$，最小值为 0。

例 13　设 $f(x)$ 在 $[0,1]$ 上连续，在 $(0,1)$ 内可导，$f(0)=0$，$0\leqslant f'(x)\leqslant 1$，证明
$$\left[\int_0^1 f(x)\mathrm{d}x\right]^2\geqslant\int_0^1 f^3(x)\mathrm{d}x。$$

证　令 $F(x)=\left[\int_0^x f(t)\mathrm{d}t\right]^2-\int_0^x f^3(t)\mathrm{d}t(0\leqslant x\leqslant 1)$，则

$$F'(x)=2\int_0^x f(t)\mathrm{d}t\cdot f(x)-f^3(x)=f(x)\left[2\int_0^x f(t)\mathrm{d}t-f^2(x)\right]$$

再令 $\varphi(x)=2\int_0^x f(t)\mathrm{d}t-f^2(x)$，则

$$\varphi'(x) = 2f(x) - 2f(x)f'(x) = 2f(x)[1 - f'(x)]$$

由于 $f(0) = 0$，$0 \leqslant f'(x) \leqslant 1$，因此当 $x \geqslant 0$ 时，$f(x) \geqslant f(0) = 0$，从而 $\varphi'(x) \geqslant 0$，$\varphi(x) \geqslant \varphi(0) = 0$，所以 $F'(x) \geqslant 0$，故 $F(1) \geqslant 0$，即 $\left[\displaystyle\int_0^1 f(x)\mathrm{d}x\right]^2 \geqslant \displaystyle\int_0^1 f^3(x)\mathrm{d}x$。

三、经典习题与解答

┌─────────────────┐
│　　经 典 习 题　　│
└─────────────────┘

1. 选择题

(1) $\displaystyle\int_{-1}^1 x^{2020}(\mathrm{e}^x - \mathrm{e}^{-x})\mathrm{d}x = ($　　$)$。

(A) 0 　　　　　　　　　　　　(B) $2020!(\mathrm{e} - \mathrm{e}^{-1})$

(C) $2021!(\mathrm{e} - \mathrm{e}^{-1})$ 　　　　　　(D) $2022!(\mathrm{e} - \mathrm{e}^{-1})$

(2) 设 $f(x)$ 在 $[-a, a]$ 上连续且为偶函数，$F(x) = \displaystyle\int_0^x f(t)\mathrm{d}t$，则$($　　$)$。

(A) $F(x)$ 是奇函数 　　　　　　(B) $F(x)$ 是偶函数

(C) $F(x)$ 既非奇函数又非偶函数 　(D) $F(x)$ 可能是奇函数也可能是偶函数

(3) 设 $N = \displaystyle\int_{-a}^a x^2 \sin x^3 \mathrm{d}x$，$P = \displaystyle\int_{-a}^a (x^3 \mathrm{e}^{x^2} - 1)\mathrm{d}x$，$Q = \displaystyle\int_{-a}^a \cos^2 x^3 \mathrm{d}x$ $(a > 0)$，则$($　　$)$。

(A) $N \leqslant P \leqslant Q$ 　　　　　　(B) $N \leqslant Q \leqslant P$

(C) $Q \leqslant P \leqslant N$ 　　　　　　(D) $P \leqslant N \leqslant Q$

(4) 设 $f(x)$ 在 $[0, 1]$ 上连续且单调递增，$f\left(\dfrac{1}{2}\right) = 0$，则$($　　$)$。

(A) 函数 $\displaystyle\int_0^x f(t)\mathrm{d}t$ 在 $[0, 1]$ 上单调递减 　(B) 函数 $\displaystyle\int_0^x f(t)\mathrm{d}t$ 在 $[0, 1]$ 上单调递增

(C) 函数 $\displaystyle\int_0^x f(t)\mathrm{d}t$ 在 $(0, 1)$ 内有极大值 　(D) 函数 $\displaystyle\int_0^x f(t)\mathrm{d}t$ 在 $(0, 1)$ 内有极小值

(5) $\dfrac{\mathrm{d}}{\mathrm{d}x}\displaystyle\int_{\cos^2 x}^{2x^2} \dfrac{1}{\sqrt{1 + t^2}}\mathrm{d}t = ($　　$)$。

(A) $\dfrac{1}{\sqrt{1 + 4x^4}} - \dfrac{1}{\sqrt{1 + \cos^4 x}}$ 　　(B) $\dfrac{4x}{\sqrt{1 + 4x^4}} - \dfrac{2\cos x}{\sqrt{1 + \cos^4 x}}$

(C) $\dfrac{4x}{\sqrt{1 + 4x^4}} + \dfrac{\sin 2x}{\sqrt{1 + \cos^4 x}}$ 　　(D) $\dfrac{4x}{\sqrt{1 + 4x^4}} + \dfrac{\cos 2x}{\sqrt{1 + \cos^4 x}}$

(6) 设 $f(x) = \begin{cases} \dfrac{\displaystyle\int_0^x (\mathrm{e}^{t^2} - 1)\mathrm{d}t}{x^2}, & x \neq 0 \\ a, & x = 0 \end{cases}$，若 $f(x)$ 在 $x = 0$ 处连续，则$($　　$)$。

(A) $a = 1$ 　　　(B) $a = 2$ 　　　(C) $a = 0$ 　　　(D) $a = -1$

(7) 设 $f(x)$ 具有连续导数，$f(0) = 0$，$f'(0) \neq 0$，$F(x) = \displaystyle\int_0^x (x^2 - t^2)f(t)\mathrm{d}t$，且当 $x \to 0$ 时，$F'(x)$ 与 x^k 是同阶无穷小，则 $k = ($　　$)$。

(A) 1　　　　　　(B) 2　　　　　　(C) 3　　　　　　(D) 4

2. 填空题

(1) 设 $2x - \tan(x-y) = \int_0^{x-y} \sec^2 t\, dt\ (x \neq y)$，则 $\dfrac{d^2 y}{dx^2} = $ _____。

(2) 设 $f(x) = \int_0^x \dfrac{\cos t}{1+\sin^2 t} dt$，则 $\int_0^{\frac{\pi}{2}} \dfrac{f'(x)}{1+f^2(x)} dx = $ _____。

(3) $\int_{-a}^a x[f(x) + f(-x)] dx = $ _____。

(4) $\dfrac{d}{dx}\left(\int_0^{\cos 3x} f(t)\, dt \right) = $ _____。

(5) $\dfrac{d}{dx}\left(\int_{x^2}^0 x\cos^2 t\, dt \right) = $ _____。

(6) 设 $f(x)$ 可导，且 $f(0) = 0$，$F(x) = \int_0^x t^{n-1} f(x^n - t^n)\, dt$，则 $\lim\limits_{x\to 0} \dfrac{F(x)}{x^{2n}} = $ _____。

(7) $\int_0^{100\pi} \sqrt{1 - \cos 2x}\, dx = $ _____。

(8) 设 $f(x) = \int_1^x \dfrac{\ln t}{1+t} dt\ (x > 0)$，则 $f(x) + f\left(\dfrac{1}{x}\right) = $ _____。

(9) 设 $f(x)$ 连续且 $f'(0) = A$，则 $\lim\limits_{a\to 0} \dfrac{1}{a^2} \int_{-a}^a [f(t+a) - f(t-a)] dt = $ _____。

3. 解答题

(1) 估计积分 $\int_{\frac{\pi}{4}}^{\frac{5}{4}\pi} (1 + \sin^2 x)\, dx$ 的值。

(2) 设 $f(x)$ 在 $(0, +\infty)$ 上连续且单调递减，证明 $\int_1^{n+1} f(x)\, dx \leqslant \sum_{i=1}^n f(i) \leqslant f(1) + \int_1^n f(x)\, dx$。

(3) 计算定积分 $\int_{-2}^{-2\sqrt{2}} \dfrac{\sqrt{x^2 - 4}}{x^3} dx$。

(4) 计算定积分 $\int_{-\frac{\pi}{4}}^{\frac{\pi}{4}} \dfrac{e^{\frac{x}{2}}(\cos x - \sin x)}{\sqrt{\cos x}} dx$。

(5) 计算定积分 $\int_{-2}^2 \max\{x, x^2\} dx$。

(6) 证明 $\int_0^{2\pi} f(|\cos x|)\, dx = 4\int_0^{\frac{\pi}{2}} f(|\cos x|)\, dx$。

(7) 设 $f(x)$ 在 $[a, b]$ 上连续，且 $f(x) > 0$，证明 $\int_a^b f(x)\, dx \int_a^b \dfrac{1}{f(x)} dx \geqslant (b-a)^2$。

(8) 设 $f(x)$ 在 $[a, b]$ 上有连续的导数，且 $f(a) = 0$，证明

$$\int_a^b f^2(x)\, dx \leqslant \dfrac{(b-a)^2}{2} \int_a^b f'^2(x)\, dx$$

(9) 设 $f(x)$ 在 $[a, b]$ 上单调递增，且 $f''(x) > 0$，证明

$$(b-a)f(a) < \int_a^b f(x)\, dx < (b-a)\dfrac{f(a) + f(b)}{2}$$

(10) 设 $f(x)$ 在 $[a, b]$ 上连续。

（ⅰ）证明 $\forall \lambda > 0$，$\exists \xi \in [a, b]$，使得 $\int_a^\xi f(x)\mathrm{d}x = \lambda \int_\xi^b f(x)\mathrm{d}x$；

（ⅱ）若 $f(x) > 0$，证明（ⅰ）中的 ξ 是唯一的。

（11）设 $f(x)$ 在 $[0, 1]$ 上可微，且 $f(1) - 2\int_0^{\frac{1}{2}} xf(x)\mathrm{d}x = 0$，证明 $\exists \xi \in (0, 1)$，使得 $f'(\xi) = -\dfrac{f(\xi)}{\xi}$。

（12）设 $f(x)$ 在 $[0, 1]$ 上连续且单调递减，证明 $\forall \alpha \in [0, 1]$，
$$\int_0^a f(x)\mathrm{d}x \geqslant \alpha \int_0^1 f(x)\mathrm{d}x$$

（13）设 $f(x)$ 在 $[0, \pi]$ 上连续，且 $\int_0^\pi f(x)\mathrm{d}x = 0$，$\int_0^\pi f(x)\cos x\mathrm{d}x = 0$，证明在 $(0, \pi)$ 内存在两个不同的点 ξ_1、ξ_2，使得 $f(\xi_1) = f(\xi_2) = 0$。

（14）设 $f(x)$ 在 $[0, 1]$ 上具有连续导数，且 $f(1) - f(0) = 1$，证明 $\int_0^1 [f'(x)]^2 \mathrm{d}x \geqslant 1$。

（15）设 $f(x)$ 在 $[-a, a]$ 上具有二阶连续导数，且 $f(0) = 0$，证明 $\exists \xi \in [-a, a]$，使得 $f''(\xi) = \dfrac{3}{a^3} \int_{-a}^a f(x)\mathrm{d}x$。

$\cdots\cdots$ 经典习题解答 $\cdots\cdots$

1. 选择题

（1）**解**　应选（A）。

由于 $x^{2020}(\mathrm{e}^x - \mathrm{e}^{-x})$ 是奇函数，因此
$$\int_{-1}^1 x^{2020}(\mathrm{e}^x - \mathrm{e}^{-x})\mathrm{d}x = 0$$
故选（A）。

（2）**解**　应选（A）。

由于 $F(-x) = \int_0^{-x} f(t)\mathrm{d}t \xlongequal{u=-t} \int_0^x f(-u)\mathrm{d}(-u) = -\int_0^x f(u)\mathrm{d}u = -F(x)$，因此 $F(x)$ 是奇函数，故选（A）。

（3）**解**　应选（D）。

由于 $x^2 \sin x^3$ 是奇函数，因此 $N = 0$，又 $P = \int_{-a}^a (x^3 \mathrm{e}^{x^2} - 1)\mathrm{d}x = \int_{-a}^a (-1)\mathrm{d}x = -2a \leqslant 0$，$Q = \int_{-a}^a \cos^2 x^3 \mathrm{d}x = 2\int_0^a \cos^2 x^3 \mathrm{d}x \geqslant 0$，从而 $P \leqslant N \leqslant Q$，故选（D）。

（4）**解**　应选（D）。

令 $F(x) = \int_0^x f(t)\mathrm{d}t$，则 $F'(x) = f(x)$。由于 $F'\left(\dfrac{1}{2}\right) = f\left(\dfrac{1}{2}\right) = 0$，且 $f(x)$ 单调递增，因此当 $x < \dfrac{1}{2}$ 时，$F'(x) < 0$，当 $x > \dfrac{1}{2}$ 时，$F'(x) > 0$，从而 $F(x)$ 在 $x = \dfrac{1}{2}$ 处取得极小值，故选（D）。

（5）**解**　应选（C）。

$$\frac{d}{dx}\int_{\cos^2 x}^{2x^2}\frac{1}{\sqrt{1+t^2}}dt = \frac{d}{dx}\left(\int_0^{2x^2}\frac{1}{\sqrt{1+t^2}}\,dt\right) + \frac{d}{dx}\left(-\int_0^{\cos^2 x}\frac{1}{\sqrt{1+t^2}}dt\right)$$

$$= \frac{1}{\sqrt{1+4x^4}}(2x^2)' - \frac{1}{\sqrt{1+\cos^4 x}}(\cos^2 x)'$$

$$= \frac{4x}{\sqrt{1+4x^4}} + \frac{\sin 2x}{\sqrt{1+\cos^4 x}}$$

故选(C)。

(6) **解**　应选(C)。

由于 $f(x)$ 在 $x=0$ 处连续，因此

$$a = \lim_{x\to 0}f(x) = \lim_{x\to 0}\frac{\int_0^x (e^{t^2}-1)dt}{x^2} = \lim_{x\to 0}\frac{e^{x^2}-1}{2x} = \lim_{x\to 0}\frac{x^2}{2x} = 0$$

故选(C)。

(7) **解**　应选(C)。

由 $F'(x)$ 与 x^k 是同阶无穷小，知 $\lim\limits_{x\to 0}\dfrac{F'(x)}{x^k} = C \neq 0$，由于

$$F'(x) = \left(x^2\int_0^x f(t)dt - \int_0^x t^2 f(t)dt\right)' = 2x\int_0^x f(t)dt$$

由洛必达法则，得

$$C = \lim_{x\to 0}\frac{F'(x)}{x^k} = \lim_{x\to 0}\frac{2x\int_0^x f(t)dt}{x^k} = 2\lim_{x\to 0}\frac{\int_0^x f(t)dt}{x^{k-1}} = 2\lim_{x\to 0}\frac{f(x)}{(k-1)x^{k-2}}$$

$$= 2\lim_{x\to 0}\frac{f'(x)}{(k-1)(k-2)x^{k-3}}$$

且 $f'(0)\neq 0$，因此 $k=3$，故选(C)。

2. 填空题

(1) **解**　等式 $2x - \tan(x-y) = \int_0^{x-y}\sec^2 t\,dt$ 两端对 x 求导，得

$$2 - \sec^2(x-y)\left(1-\frac{dy}{dx}\right) = \sec^2(x-y)\left(1-\frac{dy}{dx}\right)$$

从而 $\dfrac{dy}{dx} = \sin^2(x-y)$，故

$$\frac{d^2 y}{dx^2} = 2\sin(x-y)\cos(x-y)\left(1-\frac{dy}{dx}\right) = \sin 2(x-y)[1-\sin^2(x-y)]$$

$$= \sin 2(x-y)\cos^2(x-y)$$

(2) **解**　由于

$$\int_0^{\frac{\pi}{2}}\frac{f'(x)}{1+f^2(x)}dx = \int_0^{\frac{\pi}{2}}\frac{1}{1+f^2(x)}d(f(x)) = \arctan f\left(\frac{\pi}{2}\right) - \arctan f(0)$$

$$f(0) = 0$$

$$f\left(\frac{\pi}{2}\right) = \int_0^{\frac{\pi}{2}}\frac{\cos x}{1+\sin^2 x}dx = \int_0^{\frac{\pi}{2}}\frac{1}{1+\sin^2 x}d(\sin x) = \arctan\left(\sin\frac{\pi}{2}\right) - \arctan(\sin 0) = \frac{\pi}{4}$$

因此
$$\int_0^{\frac{\pi}{2}} \frac{f'(x)}{1+f^2(x)} \mathrm{d}x = \arctan f\left(\frac{\pi}{2}\right) - \arctan f(0) = \arctan \frac{\pi}{4}$$

(3) **解** 由于 $f(x)+f(-x)$ 为偶函数，因此 $x[f(x)+f(-x)]$ 为奇函数，由对称区间上奇函数的积分性质，得 $\int_{-a}^a x[f(x)+f(-x)]\mathrm{d}x = 0$。

(4) **解** $\dfrac{\mathrm{d}}{\mathrm{d}x}\left(\displaystyle\int_0^{\cos 3x} f(t)\mathrm{d}t\right) = f(\cos 3x) \cdot (\cos 3x)' = -3\sin 3x \cdot f(\cos 3x)$

(5) **解** $\dfrac{\mathrm{d}}{\mathrm{d}x}\left(\displaystyle\int_{x^2}^0 x\cos t^2 \mathrm{d}t\right) = \dfrac{\mathrm{d}}{\mathrm{d}x}\left(x\displaystyle\int_{x^2}^0 \cos t^2 \mathrm{d}t\right) = \displaystyle\int_{x^2}^0 \cos t^2 \mathrm{d}t - x\cos(x^2)^2 \cdot 2x$

$$= \int_{x^2}^0 \cos t^2 \mathrm{d}t - 2x^2\cos x^4$$

(6) **解** 令 $u = x^n - t^n$，则
$$F(x) = \int_0^x t^{n-1} f(x^n - t^n)\mathrm{d}t = \frac{1}{n}\int_0^{x^n} f(u)\mathrm{d}u$$

从而 $F'(x) = x^{n-1}f(x^n)$，所以
$$\lim_{x\to 0}\frac{F(x)}{x^{2n}} = \lim_{x\to 0}\frac{F'(x)}{2nx^{2n-1}} = \frac{1}{2n}\lim_{x\to 0}\frac{f(x^n)}{x^n} = \frac{1}{2n}\lim_{x\to 0}\frac{f(x^n)-f(0)}{x^n} = \frac{1}{2n}f'(0)$$

(7) **解** $\displaystyle\int_0^{100\pi}\sqrt{1-\cos 2x}\,\mathrm{d}x = \sum_{k=1}^{100}\int_{(k-1)\pi}^{k\pi}\sqrt{1-\cos 2x}\,\mathrm{d}x = 100\int_0^\pi \sqrt{1-\cos 2x}\,\mathrm{d}x$

$$= 100\int_0^\pi \sqrt{2}\sin x\,\mathrm{d}x = 100\sqrt{2}\left[-\cos x\right]_0^\pi = 200\sqrt{2}$$

(8) **解** 由于 $f\left(\dfrac{1}{x}\right) = \displaystyle\int_1^{\frac{1}{x}}\frac{\ln t}{1+t}\mathrm{d}t \xlongequal{u=\frac{1}{t}} \int_1^x \frac{\ln u}{u^2+u}\mathrm{d}u = \int_1^x \frac{\ln t}{t^2+t}\mathrm{d}t$，因此

$$f(x) + f\left(\frac{1}{x}\right) = \int_1^x \left(\frac{\ln t}{1+t} + \frac{\ln t}{t^2+t}\right)\mathrm{d}t = \int_1^x \frac{(t+1)\ln t}{t(t+1)}\mathrm{d}t = \int_1^x \frac{\ln t}{t}\mathrm{d}t = \frac{1}{2}\ln^2 x$$

(9) **解** 由于 $\displaystyle\int_{-a}^a f(t+a)\mathrm{d}t \xlongequal{x=t+a} \int_0^{2a} f(x)\mathrm{d}x$，$\displaystyle\int_{-a}^a f(t-a)\mathrm{d}t \xlongequal{x=t-a} \int_{-2a}^0 f(x)\mathrm{d}x$，因此

$$\lim_{a\to 0}\frac{1}{a^2}\int_{-a}^a \left[f(t+a)-f(t-a)\right]\mathrm{d}t = \lim_{a\to 0}\frac{\displaystyle\int_0^{2a} f(x)\mathrm{d}x - \displaystyle\int_{-2a}^0 f(x)\mathrm{d}x}{a^2}$$

$$= \lim_{a\to 0}\frac{2f(2a)-2f(-2a)}{2a}$$

$$= 2\lim_{a\to 0}\left[\frac{f(2a)-f(0)}{2a} + \frac{f(-2a)-f(0)}{-2a}\right]$$

$$= 2[f'(0)+f'(0)] = 4A$$

3. 解答题

(1) **解** 令 $f(x) = 1 + \sin^2 x$ $\left(x\in\left[\dfrac{\pi}{4}, \dfrac{5}{4}\pi\right]\right)$，则
$$f'(x) = 2\sin x\cos x = \sin 2x$$

令 $f'(x) = 0$，得 $x = \dfrac{\pi}{2}$ 和 $x = \pi$。由于 $f\left(\dfrac{\pi}{4}\right) = \dfrac{3}{2}$，$f\left(\dfrac{\pi}{2}\right) = 2$，$f(\pi) = 1$，$f\left(\dfrac{5}{4}\pi\right) = \dfrac{3}{2}$，

因此 $1 \leqslant f(x) \leqslant 2$，从而 $\pi \leqslant \int_{\frac{\pi}{4}}^{\frac{5}{4}\pi} (1 + \sin^2 x) dx \leqslant 2\pi$。

(2) **证** 由于 $f(x)$ 在 $(0, +\infty)$ 上连续且单调递减，因此 $f(i+1) \leqslant f(i)$ ($i = 1, 2,$ $\cdots, n$)，从而

$$\int_1^{n+1} f(x) dx = \int_1^2 f(x) dx + \int_2^3 f(x) dx + \cdots + \int_n^{n+1} f(x) dx$$

$$\leqslant \int_1^2 f(1) dx + \int_2^3 f(2) dx + \cdots + \int_n^{n+1} f(n) dx$$

$$= f(1) + f(2) + \cdots + f(n) = \sum_{i=1}^n f(i)$$

$$f(1) + \int_1^n f(x) dx = f(1) + \int_1^2 f(x) dx + \int_2^3 f(x) dx + \cdots + \int_{n-1}^n f(x) dx$$

$$\geqslant f(1) + \int_1^2 f(2) dx + \int_2^3 f(3) dx + \cdots + \int_{n-1}^n f(n) dx$$

$$= f(1) + f(2) + \cdots + f(n) = \sum_{i=1}^n f(i)$$

故

$$\int_1^{n+1} f(x) dx \leqslant \sum_{i=1}^n f(i) \leqslant f(1) + \int_1^n f(x) dx$$

(3) **解** 令 $x = 2\sec t$，则 $dx = 2\sec t \tan t \, dt$。当 $x = -2\sqrt{2}$ 时，$t = \dfrac{3}{4}\pi$；当 $x = -2$ 时，$t = \pi$。由于 $\tan t$ 在 $\left[\dfrac{3}{4}\pi, \pi\right]$ 上取负值，因此 $\sqrt{x^2 - 4} = 2|\tan t| = -2\tan t$，故

$$\int_{-2}^{-2\sqrt{2}} \frac{\sqrt{x^2 - 4}}{x^3} dx = \int_{\pi}^{\frac{3\pi}{4}} \frac{-2\tan t}{8\sec^3 t} \cdot 2\sec t \tan t \, dt = \frac{1}{2} \int_{\frac{3\pi}{4}}^{\pi} \sin^2 t \, dt = \frac{\pi - 2}{16}$$

(4) **解** $\displaystyle\int_{-\frac{\pi}{4}}^{\frac{\pi}{4}} \frac{e^{\frac{x}{2}}(\cos x - \sin x)}{\sqrt{\cos x}} dx = \int_{-\frac{\pi}{4}}^{\frac{\pi}{4}} e^{\frac{x}{2}} \sqrt{\cos x} \, dx - \int_{-\frac{\pi}{4}}^{\frac{\pi}{4}} \frac{e^{\frac{x}{2}} \sin x}{\sqrt{\cos x}} dx$，由于

$$-\int_{-\frac{\pi}{4}}^{\frac{\pi}{4}} \frac{e^{\frac{x}{2}} \sin x}{\sqrt{\cos x}} dx = 2 \int_{-\frac{\pi}{4}}^{\frac{\pi}{4}} e^{\frac{x}{2}} d(\sqrt{\cos x}) = \left[2 e^{\frac{x}{2}} \sqrt{\cos x}\right]_{-\frac{\pi}{4}}^{\frac{\pi}{4}} - \int_{-\frac{\pi}{4}}^{\frac{\pi}{4}} e^{\frac{x}{2}} \sqrt{\cos x} \, dx$$

$$= \sqrt[4]{8} (e^{\frac{\pi}{8}} - e^{-\frac{\pi}{8}}) - \int_{-\frac{\pi}{4}}^{\frac{\pi}{4}} e^{\frac{x}{2}} \sqrt{\cos x} \, dx$$

故

$$\int_{-\frac{\pi}{4}}^{\frac{\pi}{4}} \frac{e^{\frac{x}{2}}(\cos x - \sin x)}{\sqrt{\cos x}} dx = \sqrt[4]{8} (e^{\frac{\pi}{8}} - e^{-\frac{\pi}{8}})$$

(5) **解** 由于 $f(x) = \max\{x, x^2\} = \begin{cases} x^2, & -2 \leqslant x < 0 \\ x, & 0 \leqslant x < 1 \\ x^2, & 1 \leqslant x \leqslant 2 \end{cases}$，因此

$$\int_{-2}^2 \max\{x, x^2\} dx = \int_{-2}^0 x^2 dx + \int_0^1 x \, dx + \int_1^2 x^2 dx = \frac{8}{3} + \frac{1}{2} + \frac{8}{3} - \frac{1}{3} = \frac{11}{2}$$

(6) **证** 由于 $\displaystyle\int_0^{2\pi} f(|\cos x|) dx = \int_0^{\pi} f(|\cos x|) dx + \int_{\pi}^{2\pi} f(|\cos x|) dx$，且

$$\int_{\pi}^{2\pi} f(|\cos x|)dx \xlongequal{x=\pi+u} \int_0^{\pi} f(|\cos(\pi+u)|)du = \int_0^{\pi} f(|\cos u|)du = \int_0^{\pi} f(|\cos x|)dx$$

因此

$$\int_0^{2\pi} f(|\cos x|)dx = 2\int_0^{\pi} f(|\cos x|)dx$$

又

$$\int_0^{\pi} f(|\cos x|)dx = \int_0^{\frac{\pi}{2}} f(|\cos x|)dx + \int_{\frac{\pi}{2}}^{\pi} f(|\cos x|)dx$$

且

$$\int_{\frac{\pi}{2}}^{\pi} f(|\cos x|)dx \xlongequal{x=\pi-v} \int_{\frac{\pi}{2}}^0 f(|\cos(\pi-v)|)(-dv)$$

$$= \int_0^{\frac{\pi}{2}} f(|\cos v|)dv = \int_0^{\frac{\pi}{2}} f(|\cos x|)dx$$

故

$$\int_0^{\pi} f(|\cos x|)dx = 2\int_0^{\frac{\pi}{2}} f(|\cos x|)dx$$

从而

$$\int_0^{2\pi} f(|\cos x|)dx = 4\int_0^{\frac{\pi}{2}} f(|\cos x|)dx$$

(7) **证**　**方法一**　作辅助函数 $F(x) = \int_a^x f(t)dt \int_a^x \frac{1}{f(t)}dt - (x-a)^2$，由于

$$F'(x) = f(x)\int_a^x \frac{1}{f(t)}dt + \frac{1}{f(x)}\int_a^x f(t)dt - 2(x-a)$$

$$= \int_a^x \frac{f(x)}{f(t)}dt + \int_a^x \frac{f(t)}{f(x)}dt - \int_a^x 2dx$$

$$= \int_a^x \left[\frac{f(x)}{f(t)} + \frac{f(t)}{f(x)} - 2\right]dt \geqslant 0 \quad \left(\text{因为 } f(x) > 0, \frac{f(x)}{f(t)} + \frac{f(t)}{f(x)} \geqslant 2\right)$$

因此 $F(x)$ 单调递增，又 $F(a) = 0$，故 $F(b) \geqslant F(a) = 0$，即

$$\int_a^b f(x)dx \int_a^b \frac{1}{f(x)}dx \geqslant (b-a)^2$$

方法二　由柯西不等式，得

$$\int_a^b f(x)dx \int_a^b \frac{1}{f(x)}dx = \int_a^b (\sqrt{f(x)})^2 dx \int_a^b \frac{1}{(\sqrt{f(x)})^2}dx$$

$$\geqslant \left(\int_a^b \sqrt{f(x)}\,\frac{1}{\sqrt{f(x)}}dx\right)^2 = \left(\int_a^b dx\right)^2 = (b-a)^2$$

(8) **证**　由于 $f(x) = f(x) - f(a) = \int_a^x f'(t)dt$，由柯西不等式，得

$$f^2(x) = \left[\int_a^x 1 \cdot f'(t)dt\right]^2 \leqslant \int_a^x 1^2 dt \int_a^x f'^2(t)dt$$

$$= (x-a)\int_a^x f'^2(t)dt \leqslant (x-a)\int_a^b f'^2(t)dt$$

故

$$\int_a^b f^2(x)\mathrm{d}x \leqslant \int_a^b \left[(x-a)\int_a^b f'^2(t)\mathrm{d}t\right]\mathrm{d}x$$

$$= \int_a^b (x-a)\mathrm{d}x \int_a^b f'^2(t)\mathrm{d}t = \frac{(b-a)^2}{2}\int_a^b f'^2(x)\mathrm{d}x$$

(9) **证** $\forall x \in [a,b]$，当 $x > a$ 时，$f(x) > f(a)$，从而

$$\int_a^b f(x)\mathrm{d}x > \int_a^b f(a)\mathrm{d}x = (b-a)f(a)$$

$\forall t \in [a,b]$，$f(t)$ 在点 x 处的泰勒展开式为

$$f(t) = f(x) + f'(x)(t-x) + \frac{1}{2}f''(\xi)(t-x)^2$$

其中 ξ 在 t 与 x 之间。

由于 $f''(\xi) > 0$，因此

$$f(t) > f(x) + f'(x)(t-x)$$

分别取 $t = b$ 和 $t = a$，并且两式相加，得

$$f(b) + f(a) > 2f(x) + (a+b)f'(x) - 2xf'(x)$$

两边在 $[a,b]$ 上积分，得

$$[f(b) + f(a)](b-a) > 2\int_a^b f(x)\mathrm{d}x + (a+b)\int_a^b f'(x)\mathrm{d}x - 2\int_a^b xf'(x)\mathrm{d}x$$

从而 $2[f(b)+f(a)](b-a) > 4\int_a^b f(x)\mathrm{d}x$，即 $\int_a^b f(x)\mathrm{d}x < (b-a)\dfrac{f(a)+f(b)}{2}$，故

$$(b-a)f(a) < \int_a^b f(x)\mathrm{d}x < (b-a)\frac{f(a)+f(b)}{2}$$

(10) **证** （ⅰ）设 $F(x) = \int_a^x f(x)\mathrm{d}x - \lambda\int_x^b f(x)\mathrm{d}x$，则 $F(x)$ 在 $[a,b]$ 上连续，且

$F(a)F(b) = -\lambda\left[\int_a^b f(x)\mathrm{d}x\right]^2 \leqslant 0$。若 $F(a) = 0$ 或 $F(b) = 0$，则取 $\xi = a$ 或 $\xi = b$；若

$F(a)F(b) < 0$，则由零点定理知 $\exists \xi \in (a,b)$，使得 $F(\xi) = 0$，即 $\int_a^\xi f(x)\mathrm{d}x = \lambda\int_\xi^b f(x)\mathrm{d}x$。

（ⅱ）由于 $F'(x) = (1+\lambda)f(x) > 0$，因此 $F(x)$ 在 $[a,b]$ 上单调递增，从而 $F(x)$ 在 $[a,b]$ 上至多有一个零点，故（ⅰ）中的 ξ 是唯一的。

(11) **证** 设 $F(x) = xf(x)$，则 $F(1) = f(1) = 2\int_0^{\frac{1}{2}} xf(x)\mathrm{d}x$。由积分中值定理知

$\exists \xi_1 \in \left[0, \dfrac{1}{2}\right]$，使得 $F(1) = 2\int_0^{\frac{1}{2}} xf(x)\mathrm{d}x = 2 \cdot \dfrac{1}{2}\xi_1 f(\xi_1) = \xi_1 f(\xi_1) = F(\xi_1)$；由罗尔定

理知 $\exists \xi \in (\xi_1, 1) \subset (0,1)$，使得 $F'(\xi) = 0$，即 $f'(\xi) = -\dfrac{f(\xi)}{\xi}$。

(12) **证** 方法一 $\displaystyle\int_0^\alpha f(x)\mathrm{d}x - \alpha\int_0^1 f(x)\mathrm{d}x = \int_0^\alpha f(x)\mathrm{d}x - \alpha\left[\int_0^\alpha f(x)\mathrm{d}x + \int_\alpha^1 f(x)\mathrm{d}x\right]$

$$= (1-\alpha)\int_0^\alpha f(x)\mathrm{d}x - \alpha\int_\alpha^1 f(x)\mathrm{d}x$$

由积分中值定理，得

$$\int_0^a f(x)\mathrm{d}x = \alpha f(\xi_1) \quad (0 \leqslant \xi_1 \leqslant \alpha)$$

$$\int_\alpha^1 f(x)\mathrm{d}x = (1-\alpha)f(\xi_2) \quad (\alpha \leqslant \xi_2 \leqslant 1)$$

再由 $f(x)$ 单调递减，得

$$\int_0^\alpha f(x)\mathrm{d}x - \alpha\int_0^1 f(x)\mathrm{d}x = (1-\alpha)\alpha f(\xi_1) - \alpha(1-\alpha)f(\xi_2)$$

$$= \alpha(1-\alpha)[f(\xi_1) - f(\xi_2)] \geqslant 0$$

即

$$\int_0^\alpha f(x)\mathrm{d}x \geqslant \alpha\int_0^1 f(x)\mathrm{d}x$$

方法二　令 $F(x) = \int_0^x f(t)\mathrm{d}t - x\int_0^1 f(t)\mathrm{d}t$，则 $F'(x) = f(x) - \int_0^1 f(t)\mathrm{d}t$。由积分中值

定理知 $\exists \xi \in [0,1]$，使得 $\int_0^1 f(x)\mathrm{d}x = f(\xi)$，从而 $F'(\xi) = 0$。再由 $f(x)$ 单调递减得，当

$x \geqslant \xi$ 时，$f(x) \leqslant f(\xi)$，即 $F'(x) \leqslant 0$，当 $x \leqslant \xi$ 时，$f(x) \geqslant f(\xi)$，即 $F'(x) \geqslant 0$，因此 $F(x)$

在 $[0,\xi]$ 上单调递增，在 $[\xi,1]$ 上单调递减，从而 $F(x) \geqslant \min\{F(0), F(1)\} = 0$，故

$F(\alpha) \geqslant 0$，从而

$$\int_0^\alpha f(x)\mathrm{d}x \geqslant \alpha\int_0^1 f(x)\mathrm{d}x$$

(13) **证**　设 $F(x) = \int_0^x f(x)\mathrm{d}x$，则 $F(0) = 0$，$F(\pi) = 0$。又

$$0 = \int_0^\pi f(x)\cos x\mathrm{d}x = \int_0^\pi \cos x\mathrm{d}[F(x)] = [F(x)\cos x]_0^\pi + \int_0^\pi F(x)\sin x\mathrm{d}x$$

$$= \int_0^\pi F(x)\sin x\mathrm{d}x$$

由 $F(x)$ 连续性及 $\sin x$ 在 $(0,\pi)$ 内恒正性，知 $F(x)$ 在 $(0,\pi)$ 内有零点 η，否则 $F(x)\sin x$ 在

$(0,\pi)$ 内恒正或恒负，从而 $\int_0^\pi F(x)\sin x\mathrm{d}x \neq 0$，矛盾，故 $F(0) = F(\eta) = F(\pi) = 0$。由罗

尔定理知 $\exists \xi_1 \in (0,\eta) \subset (0,\pi)$，$\xi_2 \in (\eta,\pi) \subset (0,\pi)$，使得 $F'(\xi_1) = F'(\xi_2) = 0$，即

$f(\xi_1) = f(\xi_2) = 0$。

(14) **证**　由于 $\int_0^1 [f'(x) - 1]^2\mathrm{d}x = \int_0^1 [f'(x)]^2\mathrm{d}x - 2\int_0^1 f'(x)\mathrm{d}x + 1 \geqslant 0$，因此

$$\int_0^1 [f'(x)]^2\mathrm{d}x \geqslant 2\int_0^1 f'(x)\mathrm{d}x - 1 = 2[f(1) - f(0)] - 1 = 1$$

(15) **证**　$\forall x \in [-a,a]$，$f(x) = f(0) + f'(0)x + \dfrac{1}{2!}f''(\xi_0)x^2$，其中 ξ_0 介于 0 与 x

之间，从而

$$\int_{-a}^a f(x)\mathrm{d}x = \int_{-a}^a f'(0)x\mathrm{d}x + \int_{-a}^a \frac{1}{2}f''(\xi_0)x^2\mathrm{d}x = \int_{-a}^a \frac{1}{2}f''(\xi_0)x^2\mathrm{d}x$$

由于 $f''(x)$ 在 $[-a,a]$ 上连续，因此 $f''(x)$ 在 $[-a,a]$ 上存在最小值 m 与最大值 M，从而

$$\int_{-a}^a \frac{x^2}{2} \cdot m\mathrm{d}x \leqslant \int_{-a}^a f(x)\mathrm{d}x \leqslant \int_{-a}^a \frac{x^2}{2} \cdot M\mathrm{d}x$$

即 $m \leqslant \dfrac{3}{a^3}\displaystyle\int_{-a}^a f(x)\mathrm{d}x \leqslant M$，由介值定理知 $\exists \xi \in [-a,a]$，使得 $f''(\xi) = \dfrac{3}{a^3}\displaystyle\int_{-a}^a f(x)\mathrm{d}x$。

3.3 反 常 积 分

一、考点内容讲解

1. 定义

(1) 无穷限反常积分：

（ⅰ）设函数 $f(x)$ 在区间 $[a, +\infty)$ 上连续，取 $t > a$，如果极限 $\lim\limits_{t \to +\infty} \int_a^t f(x)\mathrm{d}x$ 存在，则称此极限为函数 $f(x)$ 在无穷区间 $[a, +\infty)$ 上的反常积分，记作 $\int_a^{+\infty} f(x)\mathrm{d}x$，即

$$\int_a^{+\infty} f(x)\mathrm{d}x = \lim_{t \to +\infty} \int_a^t f(x)\mathrm{d}x$$

这时也称反常积分 $\int_a^{+\infty} f(x)\mathrm{d}x$ 收敛；如果上述极限不存在，则称反常积分 $\int_a^{+\infty} f(x)\mathrm{d}x$ 发散。

（ⅱ）设函数 $f(x)$ 在区间 $(-\infty, b]$ 上连续，取 $t < b$，如果极限 $\lim\limits_{t \to -\infty} \int_t^b f(x)\mathrm{d}x$ 存在，则称此极限为函数 $f(x)$ 在无穷区间 $(-\infty, b]$ 上的反常积分，记作 $\int_{-\infty}^b f(x)\mathrm{d}x$，即

$$\int_{-\infty}^b f(x)\mathrm{d}x = \lim_{t \to -\infty} \int_t^b f(x)\mathrm{d}x$$

这时也称反常积分 $\int_{-\infty}^b f(x)\mathrm{d}x$ 收敛；如果上述极限不存在，则称反常积分 $\int_{-\infty}^b f(x)\mathrm{d}x$ 发散。

（ⅲ）设函数 $f(x)$ 在区间 $(-\infty, +\infty)$ 上连续，如果反常积分 $\int_0^{+\infty} f(x)\mathrm{d}x$ 和 $\int_{-\infty}^0 f(x)\mathrm{d}x$ 都收敛，则称上述两反常积分之和为函数 $f(x)$ 在无穷区间 $(-\infty, +\infty)$ 上的反常积分，记作 $\int_{-\infty}^{+\infty} f(x)\mathrm{d}x$，即

$$\int_{-\infty}^{+\infty} f(x)\mathrm{d}x = \int_{-\infty}^0 f(x)\mathrm{d}x + \int_0^{+\infty} f(x)\mathrm{d}x = \lim_{t \to -\infty} \int_t^0 f(x)\mathrm{d}x + \lim_{t \to +\infty} \int_0^t f(x)\mathrm{d}x$$

这时也称反常积分 $\int_{-\infty}^{+\infty} f(x)\mathrm{d}x$ 收敛，否则称反常积分 $\int_{-\infty}^{+\infty} f(x)\mathrm{d}x$ 发散。

(2) 无界函数的反常积分：

（ⅰ）设函数 $f(x)$ 在区间 $(a, b]$ 上连续，点 a 为 $f(x)$ 的瑕点（无界点），取 $t > a$，如果极限 $\lim\limits_{t \to a^+} \int_t^b f(x)\mathrm{d}x$ 存在，则称此极限为函数 $f(x)$ 在区间 $(a, b]$ 上的反常积分，记作 $\int_a^b f(x)\mathrm{d}x$，即

$$\int_a^b f(x)\mathrm{d}x = \lim_{t \to a^+} \int_t^b f(x)\mathrm{d}x$$

这时也称反常积分 $\int_a^b f(x)\mathrm{d}x$ 收敛；如果上述极限不存在，则称反常积分 $\int_a^b f(x)\mathrm{d}x$ 发散。

（ⅱ）设函数 $f(x)$ 在区间 $[a, b)$ 上连续，点 b 为 $f(x)$ 的瑕点（无界点），取 $t < b$，如果

极限 $\lim\limits_{t \to b^-} \int_a^t f(x)\mathrm{d}x$ 存在，则称此极限为函数 $f(x)$ 在区间 $[a, b)$ 上的反常积分，记作 $\int_a^b f(x)\mathrm{d}x$，即

$$\int_a^b f(x)\mathrm{d}x = \lim_{t \to b^-} \int_a^t f(x)\mathrm{d}x$$

这时也称反常积分 $\int_a^b f(x)\mathrm{d}x$ 收敛；如果上述极限不存在，则称反常积分 $\int_a^b f(x)\mathrm{d}x$ 发散。

（ⅲ）设函数 $f(x)$ 在区间 $[a, b]$ 上除点 $c(a < c < b)$ 外连续，点 c 为 $f(x)$ 的瑕点（无界点），如果反常积分 $\int_a^c f(x)\mathrm{d}x$ 和 $\int_c^b f(x)\mathrm{d}x$ 都收敛，则称上述两反常积分之和为函数 $f(x)$ 在区间 $[a, b]$ 上的反常积分，记作 $\int_a^b f(x)\mathrm{d}x$，即

$$\int_a^b f(x)\mathrm{d}x = \int_a^c f(x)\mathrm{d}x + \int_c^b f(x)\mathrm{d}x = \lim_{t \to c^-} \int_a^t f(x)\mathrm{d}x + \lim_{t \to c^+} \int_c^b f(x)\mathrm{d}x$$

这时也称反常积分 $\int_a^b f(x)\mathrm{d}x$ 收敛，否则称反常积分 $\int_a^b f(x)\mathrm{d}x$ 发散。

2. 结论

（1）$\displaystyle\int_a^{+\infty} \frac{1}{x^p}\mathrm{d}x = \begin{cases} +\infty, & p \leqslant 1 \\ \dfrac{a^{1-p}}{p-1}, & p > 1 \end{cases}$ $(a > 0)$，即当 $p > 1$ 时，$\displaystyle\int_a^{+\infty} \frac{1}{x^p}\mathrm{d}x$ 收敛，当 $p \leqslant 1$ 时，$\displaystyle\int_a^{+\infty} \frac{1}{x^p}\mathrm{d}x$ 发散。

（2）$\displaystyle\int_a^b \frac{1}{(x-a)^p}\mathrm{d}x = \begin{cases} \dfrac{(b-a)^{1-p}}{1-p}, & 0 < p < 1 \\ +\infty, & p \geqslant 1 \end{cases}$，即当 $p < 1$ 时，$\displaystyle\int_a^b \frac{1}{(x-a)^p}\mathrm{d}x$ 收敛，当 $p \geqslant 1$ 时，$\displaystyle\int_a^b \frac{1}{(x-a)^p}\mathrm{d}x$ 发散。

（3）$\displaystyle\int_a^{+\infty} \frac{1}{x \ln^p x}\mathrm{d}x = \begin{cases} +\infty, & p \leqslant 1 \\ \dfrac{\ln^{1-p} a}{p-1}, & p > 1 \end{cases}$ $(a > 1)$，即当 $p > 1$ 时，$\displaystyle\int_a^{+\infty} \frac{1}{x \ln^p x}\mathrm{d}x$ 收敛，当 $p \leqslant 1$ 时，$\displaystyle\int_a^{+\infty} \frac{1}{x \ln^p x}\mathrm{d}x$ 发散。

（4）$\displaystyle\int_a^{+\infty} x^k \mathrm{e}^{-\lambda x}\mathrm{d}x \, (k \geqslant 0)$，即当 $\lambda > 0$ 时，$\displaystyle\int_a^{+\infty} x^k \mathrm{e}^{-\lambda x}\mathrm{d}x$ 收敛，当 $\lambda \leqslant 0$ 时，$\displaystyle\int_a^{+\infty} x^k \mathrm{e}^{-\lambda x}\mathrm{d}x$ 发散。

（5）设反常积分收敛，若 $f(x)$ 是偶函数，则对称区间上的反常积分为半区间上积分的二倍；若 $f(x)$ 是奇函数，则对称区间上的反常积分为零。注意：反常积分不收敛时，该结论不成立。

3. 审敛法

（1）无穷限反常积分审敛法：

（ⅰ）设函数 $f(x)$ 在区间 $[a, +\infty)$ 上连续，且 $f(x) \geqslant 0$，若函数 $F(x) = \displaystyle\int_a^x f(t)\mathrm{d}t$ 在 $[a, +\infty)$ 上有界，则反常积分 $\displaystyle\int_a^{+\infty} f(x)\mathrm{d}x$ 收敛。

（ⅱ）设函数 $f(x)$、$g(x)$ 在区间 $[a,+\infty)$ 上连续，且 $0 \leqslant f(x) \leqslant g(x)(a \leqslant x < +\infty)$，若 $\int_a^{+\infty} g(x)\mathrm{d}x$ 收敛，则 $\int_a^{+\infty} f(x)\mathrm{d}x$ 也收敛；若 $\int_a^{+\infty} f(x)\mathrm{d}x$ 发散，则 $\int_a^{+\infty} g(x)\mathrm{d}x$ 也发散。

（ⅲ）设函数 $f(x)$ 在区间 $[a,+\infty)$ 上连续，且 $f(x) \geqslant 0$，若 $\lim\limits_{x \to +\infty} x^p f(x)$ 存在，且 $p > 1$，则 $\int_a^{+\infty} f(x)\mathrm{d}x$ 收敛；若 $\lim\limits_{x \to +\infty} x^p f(x) = d > 0 (\lim\limits_{x \to +\infty} x^p f(x) = +\infty)$，且 $p \leqslant 1$，则 $\int_a^{+\infty} f(x)\mathrm{d}x$ 发散。

（ⅳ）设函数 $f(x)$ 在区间 $[a,+\infty)$ 上连续，若反常积分 $\int_a^{+\infty} |f(x)|\mathrm{d}x$ 收敛，则反常积分 $\int_a^{+\infty} f(x)\mathrm{d}x$ 收敛，即绝对收敛的反常积分必定收敛。

（2）无界函数反常积分审敛法：

（ⅰ）设函数 $f(x)$、$g(x)$ 在区间 $(a,b]$ 上连续，且 $0 \leqslant f(x) \leqslant g(x)(a < x \leqslant b)$，$x = a$ 为 $f(x)$、$g(x)$ 的瑕点，若 $\int_a^b g(x)\mathrm{d}x$ 收敛，则 $\int_a^b f(x)\mathrm{d}x$ 也收敛；若 $\int_a^b f(x)\mathrm{d}x$ 发散，则 $\int_a^b g(x)\mathrm{d}x$ 也发散。

（ⅱ）设函数 $f(x)$ 在区间 $(a,b]$ 上连续，且 $f(x) \geqslant 0$，$x = a$ 为 $f(x)$ 的瑕点，若 $\lim\limits_{x \to a^+} (x-a)^p f(x)$ 存在，且 $0 < p < 1$，则 $\int_a^b f(x)\mathrm{d}x$ 收敛；若 $\lim\limits_{x \to a^+} (x-a)^p f(x) = d > 0$ $(\lim\limits_{x \to a^+} (x-a)^p f(x) = +\infty)$，且 $p \geqslant 1$，则 $\int_a^b f(x)\mathrm{d}x$ 发散。

二、考点题型解析

常考题型：• 反常积分计算；• 反常积分敛散性判断。

1. 选择题

例 1 下列反常积分收敛的是（　　）。

(A) $\int_e^{+\infty} \dfrac{\ln x}{x}\mathrm{d}x$ 　　　　　　　　(B) $\int_e^{+\infty} \dfrac{1}{x \ln x}\mathrm{d}x$

(C) $\int_e^{+\infty} \dfrac{1}{x(\ln x)^2}\mathrm{d}x$ 　　　　　(D) $\int_e^{+\infty} \dfrac{1}{x\sqrt{\ln x}}\mathrm{d}x$

解 应选(C)。

由于 $\int_e^{+\infty} \dfrac{1}{x(\ln x)^2}\mathrm{d}x = \int_e^{+\infty} \dfrac{1}{(\ln x)^2}\mathrm{d}(\ln x) = \left[-\dfrac{1}{\ln x}\right]_e^{+\infty} = 1$，因此 $\int_e^{+\infty} \dfrac{1}{x(\ln x)^2}\mathrm{d}x$ 收敛，故选(C)。

例 2 下列结论正确的是（　　）。

(A) $\int_1^{+\infty} \dfrac{\mathrm{d}x}{x(x+1)}$ 与 $\int_0^1 \dfrac{\mathrm{d}x}{x(x+1)}$ 都收敛

(B) $\int_1^{+\infty} \dfrac{\mathrm{d}x}{x(x+1)}$ 与 $\int_0^1 \dfrac{\mathrm{d}x}{x(x+1)}$ 都发散

(C) $\int_1^{+\infty} \dfrac{\mathrm{d}x}{x(x+1)}$ 发散，$\int_0^1 \dfrac{\mathrm{d}x}{x(x+1)}$ 收敛

(D) $\displaystyle\int_1^{+\infty}\frac{\mathrm{d}x}{x(x+1)}$ 收敛，$\displaystyle\int_0^1\frac{\mathrm{d}x}{x(x+1)}$ 发散

解　应选(D)。

由于

$$\int_1^{+\infty}\frac{\mathrm{d}x}{x(x+1)}=\left[\ln\frac{x}{x+1}\right]_1^{+\infty}=\ln 2,\qquad \int_0^1\frac{\mathrm{d}x}{x(x+1)}=\left[\ln\frac{x}{x+1}\right]_0^1=\infty$$

因此 $\displaystyle\int_1^{+\infty}\frac{\mathrm{d}x}{x(x+1)}$ 收敛，$\displaystyle\int_0^1\frac{\mathrm{d}x}{x(x+1)}$ 发散，故选(D)。

2. 填空题

例 1　$\displaystyle\int_1^{+\infty}\frac{\mathrm{d}x}{x(x^2+1)}=$ _____。

解　$\displaystyle\int_1^{+\infty}\frac{\mathrm{d}x}{x(x^2+1)}=\int_1^{+\infty}\left(\frac{1}{x}-\frac{x}{x^2+1}\right)\mathrm{d}x=\left[\ln\frac{x}{\sqrt{x^2+1}}\right]_1^{+\infty}=\frac{1}{2}\ln 2$

例 2　设 $\displaystyle\lim_{x\to\infty}\left(\frac{1+x}{x}\right)^{ax}=\int_{-\infty}^a te^t\mathrm{d}t$，则常数 $a=$ _____。

解　由于

$$\lim_{x\to\infty}\left(\frac{1+x}{x}\right)^{ax}=\lim_{x\to\infty}\left[\left(1+\frac{1}{x}\right)^x\right]^a=e^a,\qquad \int_{-\infty}^a te^t\mathrm{d}t=\left[te^t-e^t\right]_{-\infty}^a=ae^a-e^a$$

因此 $e^a=ae^a-e^a$，故 $a=2$。

3. 解答题

例 1　计算 $\displaystyle\int_3^{+\infty}\frac{\mathrm{d}x}{(x-1)^4\sqrt{x^2-2x}}$。

解　$\displaystyle\int_3^{+\infty}\frac{\mathrm{d}x}{(x-1)^4\sqrt{x^2-2x}}=\int_3^{+\infty}\frac{\mathrm{d}x}{(x-1)^4\sqrt{(x-1)^2-1}}\overset{x-1=\sec t}{=\!=\!=}\int_{\frac{\pi}{3}}^{\frac{\pi}{2}}\frac{\sec t\tan t}{\sec^4 t\tan t}\mathrm{d}t$

$$=\int_{\frac{\pi}{3}}^{\frac{\pi}{2}}(1-\sin^2 t)\cos t\,\mathrm{d}t=\frac{2}{3}-\frac{3\sqrt{3}}{8}$$

例 2　证明 $\displaystyle\int_0^{+\infty}\frac{x^2}{1+x^4}\mathrm{d}x=\int_0^{+\infty}\frac{1}{1+x^4}\mathrm{d}x$，并求其值。

证　令 $x=\dfrac{1}{t}$，则

$$\int_0^{+\infty}\frac{x^2}{1+x^4}\mathrm{d}x=\int_0^{+\infty}\frac{\frac{1}{t^2}}{1+\frac{1}{t^4}}\cdot\frac{1}{t^2}\mathrm{d}t=\int_0^{+\infty}\frac{1}{1+x^4}\mathrm{d}x$$

$$\int_0^{+\infty}\frac{x^2}{1+x^4}\mathrm{d}x=\frac{1}{2}\int_0^{+\infty}\frac{x^2+1}{1+x^4}\mathrm{d}x=\frac{1}{2}\int_0^{+\infty}\frac{1+\frac{1}{x^2}}{x^2+\frac{1}{x^2}}\mathrm{d}x=\frac{1}{2}\int_0^{+\infty}\frac{1}{\left(x-\frac{1}{x}\right)^2+2}\mathrm{d}\left(x-\frac{1}{x}\right)$$

$$=\left[\frac{1}{2\sqrt{2}}\arctan\frac{x-\frac{1}{x}}{\sqrt{2}}\right]_0^{+\infty}=\frac{\pi}{2\sqrt{2}}$$

三、经典习题与解答

✦ 经 典 习 题 ✦

1. 选择题

(1) 下列反常积分发散的是(　　)。

(A) $\int_{-1}^{1} \frac{1}{\sin x} \mathrm{d}x$ 　　(B) $\int_{-1}^{1} \frac{1}{\sqrt{1-x^2}} \mathrm{d}x$ 　　(C) $\int_{0}^{+\infty} \mathrm{e}^{-x^2} \mathrm{d}x$ 　　(D) $\int_{2}^{+\infty} \frac{1}{x \ln^2 x} \mathrm{d}x$

(2) 下列反常积分发散的是(　　)。

(A) $\int_{0}^{1} \frac{1}{\sqrt{x-x^2}} \mathrm{d}x$ 　(B) $\int_{0}^{1} x\ln x \mathrm{d}x$ 　(C) $\int_{2}^{+\infty} \frac{1}{\sqrt{x^2-2x}} \mathrm{d}x$ 　(D) $\int_{0}^{+\infty} x^3 \mathrm{e}^{-x^2} \mathrm{d}x$

2. 填空题

(1) $\int_{2}^{+\infty} \frac{\mathrm{d}x}{(x+7)\sqrt{x-2}} = $ ＿＿＿＿＿。

(2) $\int_{2}^{+\infty} \frac{\mathrm{d}x}{(x-1)^4 \sqrt{x^2-2x}} = $ ＿＿＿＿＿。

3. 解答题

(1) 计算 $\int_{0}^{+\infty} \frac{x\mathrm{e}^{-x}}{(1+\mathrm{e}^{-x})^2} \mathrm{d}x$。

(2) 计算 $\int_{\frac{1}{2}}^{\frac{3}{2}} \frac{1}{\sqrt{|x-x^2|}} \mathrm{d}x$。

✦ 经典习题解答 ✦

1. 选择题

(1) **解**　应选(A)。

由于

$$\int_{-1}^{1} \frac{1}{\sqrt{1-x^2}} \mathrm{d}x = \left[\arcsin x\right]_{-1}^{1} = \pi$$

$$\int_{0}^{+\infty} \mathrm{e}^{-x^2} \mathrm{d}x = \frac{1}{2} \cdot \sqrt{\pi} \int_{-\infty}^{+\infty} \frac{1}{\sqrt{2\pi} \cdot \frac{1}{\sqrt{2}}} \mathrm{e}^{-\frac{x^2}{2 \cdot \left(\frac{1}{\sqrt{2}}\right)^2}} \mathrm{d}x = \frac{\sqrt{\pi}}{2}$$

$$\int_{2}^{+\infty} \frac{1}{x \ln^2 x} \mathrm{d}x = \int_{2}^{+\infty} \frac{1}{\ln^2 x} \mathrm{d}(\ln x) = \left[-\frac{1}{\ln x}\right]_{2}^{+\infty} = \frac{1}{\ln 2}$$

因此(B)、(C)、(D) 不正确，故选(A)。

(2) **解**　应选(C)。

由于 $\lim\limits_{x \to 0^+} x^{\frac{1}{2}} \frac{1}{\sqrt{x-x^2}} = 1$，且 $\frac{1}{2} < 1$，因此 $\int_{0}^{1} \frac{1}{\sqrt{x-x^2}} \mathrm{d}x$ 收敛，从而选项(A) 不正确；

又 $\lim\limits_{t \to 0^+} \int_{t}^{1} x\ln x \mathrm{d}x = \lim\limits_{t \to 0^+} \int_{t}^{1} \ln x \mathrm{d}\left(\frac{x^2}{2}\right) = \lim\limits_{t \to 0^+} \left(-\frac{t^2}{2}\ln t - \frac{1-t^2}{4}\right) = -\frac{1}{4}$，故 $\int_{0}^{1} x\ln x \mathrm{d}x$ 收敛，从而

选项(B)不正确；由于 $\int_0^{+\infty} x^3 \mathrm{e}^{-x^2}\mathrm{d}x = \dfrac{1}{2}\int_0^{+\infty} x^2 \mathrm{e}^{-x^2}\mathrm{d}(x^2) = \dfrac{1}{2}$，因此 $\int_0^{+\infty} x^3 \mathrm{e}^{-x^2}\mathrm{d}x$ 收敛，从而

选项(D)不正确。故选(C)。

2. 填空题

（1）**解**　令 $\sqrt{x-2}=t$，则 $x=2+t^2$，$\mathrm{d}x=2t\mathrm{d}t$，从而

$$\int_2^{+\infty} \frac{\mathrm{d}x}{(x+7)\sqrt{x-2}} = 2\int_0^{+\infty} \frac{\mathrm{d}x}{t^2+9} = \left[\frac{2}{3}\arctan\frac{t}{3}\right]_0^{+\infty} = \frac{2}{3}\times\frac{\pi}{2} = \frac{\pi}{3}$$

（2）**解**　由于

$$\lim_{x\to 2^+}(x-2)^{\frac{1}{2}}\frac{1}{(x-1)^4\sqrt{x^2-2x}} = \frac{1}{\sqrt{2}}$$

且 $\dfrac{1}{2}<1$，又 $\lim\limits_{x\to+\infty} x^5\dfrac{1}{(x-1)^4\sqrt{x^2-2x}}=1$，且 $5>1$，因此 $\int_2^{+\infty}\dfrac{\mathrm{d}x}{(x-1)^4\sqrt{x^2-2x}}$ 收敛。

$$\int_2^{+\infty}\frac{\mathrm{d}x}{(x-1)^4\sqrt{x^2-2x}} = \int_2^{+\infty}\frac{\mathrm{d}(x-1)}{(x-1)^4\sqrt{(x-1)^2-1}}$$

$$= \int_1^{+\infty}\frac{\mathrm{d}x}{x^4\sqrt{x^2-1}} \xlongequal{x=\sec t} \int_0^{\frac{\pi}{2}}\frac{\sec t\tan t}{\sec^4 t\tan t}\mathrm{d}t = \int_0^{\frac{\pi}{2}}\cos^3 t\mathrm{d}t = \frac{2}{3}$$

3. 解答题

（1）**解**　**方法一**　$\displaystyle\int_0^{+\infty}\frac{x\mathrm{e}^{-x}}{(1+\mathrm{e}^{-x})^2}\mathrm{d}x = \int_0^{+\infty}\frac{x\mathrm{e}^x}{(1+\mathrm{e}^x)^2}\mathrm{d}x = -\int_0^{+\infty} x\mathrm{d}\left(\frac{1}{1+\mathrm{e}^x}\right)$

$$= \left[-\frac{x}{1+\mathrm{e}^x}\right]_0^{+\infty} + \int_0^{+\infty}\frac{1}{1+\mathrm{e}^x}\mathrm{d}x$$

$$= \int_0^{+\infty}\frac{1}{1+\mathrm{e}^x}\mathrm{d}x \xlongequal{\mathrm{e}^x=t} \int_1^{+\infty}\frac{1}{t(1+t)}\mathrm{d}t$$

$$= \left[\ln\frac{t}{1+t}\right]_1^{+\infty} = \ln 2$$

方法二　由于

$$\int\frac{x\mathrm{e}^{-x}}{(1+\mathrm{e}^{-x})^2}\mathrm{d}x = \int x\mathrm{d}\left(\frac{1}{1+\mathrm{e}^{-x}}\right) = \frac{x}{1+\mathrm{e}^{-x}} - \int\frac{1}{1+\mathrm{e}^{-x}}\mathrm{d}x = \frac{x}{1+\mathrm{e}^{-x}} - \int\frac{\mathrm{e}^x}{1+\mathrm{e}^x}\mathrm{d}x$$

$$= \frac{x\mathrm{e}^x}{1+\mathrm{e}^x} - \ln(1+\mathrm{e}^x) + C$$

因此

$$\int_0^{+\infty}\frac{x\mathrm{e}^{-x}}{(1+\mathrm{e}^{-x})^2}\mathrm{d}x = \lim_{x\to+\infty}\left[\frac{x\mathrm{e}^x}{1+\mathrm{e}^x} - \ln(1+\mathrm{e}^x)\right] + \ln 2$$

$$= \lim_{x\to+\infty}\left[\frac{x\mathrm{e}^x}{1+\mathrm{e}^x} + \ln\left(\frac{\mathrm{e}^x}{1+\mathrm{e}^x}\right) - x\right] + \ln 2$$

$$= \lim_{x\to+\infty}\left[-\frac{x}{1+\mathrm{e}^x} + \ln\left(\frac{\mathrm{e}^x}{1+\mathrm{e}^x}\right)\right] + \ln 2$$

$$= 0 + \ln 2 = \ln 2$$

（2）**解**　$\displaystyle\int_{\frac{1}{2}}^{\frac{3}{2}}\frac{1}{\sqrt{|x-x^2|}}\mathrm{d}x = \int_{\frac{1}{2}}^1\frac{1}{\sqrt{x-x^2}}\mathrm{d}x + \int_1^{\frac{3}{2}}\frac{1}{\sqrt{x^2-x}}\mathrm{d}x$

由于 $\lim\limits_{x\to 1^-}(1-x)^{\frac{1}{2}}\dfrac{1}{\sqrt{x-x^2}}=1$，且 $\dfrac{1}{2}<1$，因此 $\displaystyle\int_{\frac{1}{2}}^{1}\dfrac{1}{\sqrt{x-x^2}}\mathrm{d}x$ 收敛，又

$$\lim_{x\to 1^+}(x-1)^{\frac{1}{2}}\dfrac{1}{\sqrt{x^2-x}}=1$$

且 $\dfrac{1}{2}<1$，从而 $\displaystyle\int_{1}^{\frac{3}{2}}\dfrac{1}{\sqrt{x^2-x}}\mathrm{d}x$ 收敛，故 $\displaystyle\int_{\frac{1}{2}}^{\frac{3}{2}}\dfrac{1}{\sqrt{|x-x^2|}}\mathrm{d}x$ 收敛。由于

$$\int_{\frac{1}{2}}^{1}\dfrac{1}{\sqrt{x-x^2}}\mathrm{d}x=2\int_{\frac{1}{2}}^{1}\dfrac{\mathrm{d}(\sqrt{x})}{\sqrt{1-(\sqrt{x})^2}}=2\left[\arcsin\sqrt{x}\right]_{\frac{1}{2}}^{1}=\dfrac{\pi}{2}$$

$$\int_{1}^{\frac{3}{2}}\dfrac{1}{\sqrt{x^2-x}}\mathrm{d}x=\int_{1}^{\frac{3}{2}}\dfrac{\mathrm{d}(\sqrt{x})}{\sqrt{(\sqrt{x})^2-1}}=2\left[\ln(\sqrt{x}+\sqrt{x-1})\right]_{1}^{\frac{3}{2}}=\ln(2+\sqrt{3})$$

因此

$$\int_{\frac{1}{2}}^{\frac{3}{2}}\dfrac{1}{\sqrt{|x-x^2|}}\mathrm{d}x=\dfrac{\pi}{2}+\ln(2+\sqrt{3})$$

3.4 定 积 分 的 应 用

一、考点内容讲解

1. 元素法

（1）使用元素法的前提：

所求的量 U 应符合以下条件：

（ⅰ）U 是与一个变量 x 的变化区间 $[a,b]$ 有关的量。

（ⅱ）U 对于区间 $[a,b]$ 具有可加性，即如果把区间 $[a,b]$ 分成许多部分区间，则 U 相应地分成许多部分量，且等于所有部分量的和。

（ⅲ）部分量 ΔU_i 的近似值可表示为 $f(\xi_i)\Delta x_i$，即 $\Delta U_i\approx f(\xi_i)\Delta x_i$。

（2）元素法：

（ⅰ）根据问题的具体情况，选取一个变量例如 x 为积分变量，并确定它的变化区间 $[a,b]$。

（ⅱ）设想把区间 $[a,b]$ 分成 n 个小区间，取其中任一小区间并记作 $[x,x+\mathrm{d}x]$，求出相应于这个小区间的部分量 ΔU 的近似值。如果 ΔU 能近似地表示为 $[a,b]$ 上的一个连续函数在 x 处的值 $f(x)$ 与 $\mathrm{d}x$ 的乘积，就称 $f(x)\mathrm{d}x$ 为 U 的元素且记作 $\mathrm{d}U$，即 $\mathrm{d}U=f(x)\mathrm{d}x$。

（ⅲ）以所求量 U 的元素 $f(x)\mathrm{d}x$ 为被积表达式，在区间 $[a,b]$ 上作定积分，得 $U=\displaystyle\int_{a}^{b}f(x)\mathrm{d}x$，即为所求量 U 的积分表达式。

2. 几何应用

（1）平面区域的面积：

（ⅰ）在直角坐标中：

① 设 $f(x)$、$g(x)$ 在 $[a,b]$ 上连续，则由曲线 $y=f(x)$，$y=g(x)$ 及直线 $x=a$，

$x = b(a < b)$ 所围成的平面区域 D 的面积为

$$S = \int_a^b |f(x) - g(x)| \, dx$$

②　设 $\varphi(y)$、$\psi(y)$ 在 $[c, d]$ 上连续，则由曲线 $x = \varphi(y)$，$x = \psi(y)$ 及直线 $y = c$，$y = d(c < d)$ 所围成的平面区域 D 的面积为

$$S = \int_c^d |\varphi(y) - \psi(y)| \, dy$$

特别地，当 $f(x) \geqslant g(x)(x \in [a, b])$ 时，$S = \int_a^b [f(x) - g(x)] dx$，该公式可由二重积分的计算得到，即

$$S = \iint\limits_D dx dy = \int_a^b dx \int_{g(x)}^{f(x)} dy = \int_a^b [f(x) - g(x)] dx$$

（ⅱ）在极坐标中：

①　设 $\rho_1(\theta)$、$\rho_2(\theta)$ 在 $[\alpha, \beta]$ 上连续，$\rho_1(\theta) \leqslant \rho_2(\theta)(\theta \in [\alpha, \beta])$，则由曲线 $\rho = \rho_1(\theta)$，$\rho = \rho_2(\theta)$ 及射线 $\theta = \alpha$，$\theta = \beta(\alpha < \beta)$ 所围成的平面区域 D 的面积为

$$S = \frac{1}{2} \int_\alpha^\beta [\rho_2^2(\theta) - \rho_1^2(\theta)] d\theta$$

特别地，当 $\rho_2(\theta) = \rho(\theta)$，$\rho_1(\theta) = 0(\theta \in [\alpha, \beta])$ 时，$S = \frac{1}{2} \int_\alpha^\beta \rho^2(\theta) d\theta$，该公式可由二重积分的极坐标计算得到，即

$$S = \iint\limits_D dx dy = \int_\alpha^\beta d\theta \int_0^{\rho(\theta)} \rho d\rho = \frac{1}{2} \int_\alpha^\beta \rho^2(\theta) d\theta$$

②　设 $\theta_1(\rho)$、$\theta_2(\rho)$ 在 $[a, b]$ 上连续，$\theta_1(\rho) \leqslant \theta_2(\rho)(\rho \in [a, b])$，则由曲线 $\theta = \theta_1(\rho)$，$\theta = \theta_2(\rho)$ 及圆弧 $\rho = a$，$\rho = b(a < b)$ 所围成的平面区域 D 的面积为

$$S = \int_a^b \rho \cdot ([\theta_2(\rho) - \theta_1(\rho)] d\rho$$

（ⅲ）在参数方程中：

①　当曲边梯形的曲边 $y = f(x)(f(x) \geqslant 0, x \in [a, b])$ 由参数方程 $\begin{cases} x = \varphi(t) \\ y = \psi(t) \end{cases} (\alpha \leqslant t \leqslant \beta)$ 给出时，若 $x = \varphi(t)$ 适合 $\varphi(\alpha) = a$，$\varphi(\beta) = b$，$\varphi(t)$ 在以 α、β 为端点的区间上有连续导数，且 $\varphi'(t)$ 不变号，$\psi(t) \geqslant 0$ 连续，则曲边梯形的面积为

$$S = \int_a^b y dx = \int_\alpha^\beta \psi(t) \varphi'(t) dt$$

②　设有界闭区域 D 由分段光滑曲线 L 围成，则平面区域 D 的面积为

$$S = \frac{1}{2} \oint_L -y dx + x dy$$

该公式可由格林公式得到：在格林公式 $\iint\limits_D \left(\dfrac{\partial Q}{\partial x} - \dfrac{\partial P}{\partial y} \right) dx dy = \oint_L P dx + Q dy$ 中，取 $P = -y$，$Q = x$，则 $\iint\limits_D 2 dx dy = \oint_L -y dx + x dy$，从而 $S = \iint\limits_D dx dy = \dfrac{1}{2} \oint_L -y dx + x dy$。

（2）空间区域的体积：

（ⅰ）已知横截面面积 $A(x)(x \in [a, b])$ 的空间立体的体积为

$$V = \int_a^b A(x)\,\mathrm{d}x$$

（ⅱ）旋转体的体积：

① 由连续曲线 $y = f(x)(x \in [a, b])$ 与直线 $x = a$，$x = b$ 及 x 轴围成的平面图形绕 x 轴旋转一周所成旋转体的体积为

$$V_x = \pi \int_a^b f^2(x)\,\mathrm{d}x$$

② 由连续曲线 $y = f(x)(x \in [a, b]，a > 0)$ 与直线 $x = a$，$x = b$ 及 x 轴围成的平面图形绕 y 轴旋转一周所成旋转体的体积为

$$V_y = 2\pi \int_a^b x\,|f(x)|\,\mathrm{d}x$$

③ 由连续曲线 $x = \varphi(y)(y \in [c, d])$ 与直线 $y = c$，$y = d$ 及 y 轴围成的平面图形绕 y 轴旋转一周所成旋转体的体积为

$$V_y = \pi \int_c^d \varphi^2(y)\,\mathrm{d}y$$

（3）曲线弧长（数学三不要求）：

（ⅰ）在直角坐标中：设平面曲线弧 C：$y = f(x)(a \leqslant x \leqslant b)$，$f(x)$ 在 $[a, b]$ 上有连续导数，则弧微分为 $\mathrm{d}s = \sqrt{1 + y'^2}\,\mathrm{d}x$，弧长为

$$s = \int_a^b \sqrt{1 + y'^2}\,\mathrm{d}x$$

（ⅱ）在参数方程中：设平面曲线弧 C：$\begin{cases} x = x(t) \\ y = y(t) \end{cases}(\alpha \leqslant t \leqslant \beta)$，$x(t)$、$y(t)$ 在 $[\alpha, \beta]$ 上有连续导数，且 $x'^2(t) + y'^2(t) \neq 0$，则弧微分为 $\mathrm{d}s = \sqrt{x'^2(t) + y'^2(t)}\,\mathrm{d}t$，弧长为

$$s = \int_\alpha^\beta \sqrt{x'^2(t) + y'^2(t)}\,\mathrm{d}t$$

（ⅲ）在极坐标中：设平面曲线弧 C：$\rho = \rho(\theta)(\alpha \leqslant \theta \leqslant \beta)$，$\rho(\theta)$ 在 $[\alpha, \beta]$ 上有连续导数，则弧微分为 $\mathrm{d}s = \sqrt{\rho^2(\theta) + \rho'^2(\theta)}\,\mathrm{d}\theta$，弧长为

$$s = \int_\alpha^\beta \sqrt{\rho^2(\theta) + \rho'^2(\theta)}\,\mathrm{d}\theta$$

（4）旋转体侧面积（数学三不要求）：

（ⅰ）圆台的侧面积公式：设 x 轴上方一段直线段 $\overline{AB}$ 的长度为 l，点 A、B 的纵坐标分别为 y_A、y_B，则直线段绕 x 轴旋转一周所成旋转体的侧面积为

$$S = \pi l(y_A + y_B)$$

（ⅱ）在直角坐标中：设曲线弧 $y = f(x) \geqslant 0(a \leqslant x \leqslant b)$，$f(x)$ 在 $[a, b]$ 上有连续导数，则曲线弧绕 x 轴旋转一周所成旋转体的侧面积为

$$S = 2\pi \int_a^b f(x)\,\sqrt{1 + f'^2(x)}\,\mathrm{d}x$$

（ⅲ）在参数方程中：设曲线弧 $\begin{cases} x = x(t) \\ y = y(t) \end{cases}(\alpha \leqslant t \leqslant \beta)$，$x(t)$、$y(t)$ 在 $[\alpha, \beta]$ 上有连续导数，且 $x'^2(t) + y'^2(t) \neq 0$，则曲线弧绕 x 轴旋转一周所成旋转体的侧面积为

$$S = 2\pi \int_\alpha^\beta y(t)\,\sqrt{x'^2(t) + y'^2(t)}\,\mathrm{d}t$$

（ⅳ）在极坐标中：设曲线弧 $\rho = \rho(\theta)(\alpha \leqslant \theta \leqslant \beta)$，$\rho(\theta)$ 在 $[\alpha, \beta]$ 上有连续导数，则曲线弧绕 x 轴旋转一周所成旋转体的侧面积为

$$S = 2\pi \int_{\alpha}^{\beta} \rho(\theta) \sin\theta \sqrt{\rho^2(\theta) + {\rho'}^2(\theta)} \, d\theta$$

3. 物理应用（数学三不要求）

以下应用均用元素法求解。

（1）压力；

（2）变力做功；

（3）引力。

4. 经济应用（数学一、数学二不要求）

（1）经济学中常见的函数：

（ⅰ）需求函数：$Q = \varphi(p)$，其中 Q 为某产品的需求量，p 为价格；需求函数的反函数 $p = \varphi^{-1}(Q)$ 称为价格函数，也常称为需求函数。

（ⅱ）供给函数：$Q = \psi(p)$，其中 Q 为某产品的供给量，p 为价格。

（ⅲ）成本函数：$C = C(q)$，其中 q 表示产量，它由不变资本 C_1（常量）和可变资本 $C_2(q)$ 两部分组成，即 $C = C(q) = C_1 + C_2(q)$。$\dfrac{C}{q}$ 称为平均成本，记为 $\overline{C}$ 或 AC，即 AC $= \overline{C} = \dfrac{C}{q} = \dfrac{C(q)}{q} = \dfrac{C_1}{q} + \dfrac{C_2(q)}{q}$。

（ⅳ）收益函数：$R = R(q)$，其中 q 是销售量，是指产品售出后所得的收入，是销售量 q 与销售单价 p 的乘积，即 $R = R(q) = pq$。

（ⅴ）利润函数：$L = L(q)$，其中 q 是销售量，是指收益扣除成本后的余额，是总收益减去总成本，即 $L = L(q) = R(q) - C(q)$。

（2）边际函数：

（ⅰ）定义：设 $y = f(x)$ 可导，在经济学中称 $f'(x)$ 为边际函数，$f'(x_0)$ 称为 $f(x)$ 在 $x = x_0$ 处的边际值。

（ⅱ）边际成本：设成本函数为 $C = C(q)$，其中 q 是产量，则称 MC $= C'(q)$ 为边际成本函数。

（ⅲ）边际收益：设收益函数为 $R = R(q)$，其中 q 是产量，则称 MR $= R'(q)$ 为边际收益函数。

（ⅳ）边际利润：设利润函数为 $L = L(q)$，其中 q 是产量，则称 ML $= L'(q)$ 为边际利润函数。

（3）边际分析：

（ⅰ）弹性函数：设 $y = f(x)$ 可导，则称 $\dfrac{\Delta y / y}{\Delta x / x}$ 为函数 $f(x)$ 当 x 从 x 变到 $x + \Delta x$ 时的相对弹性，称 $\eta = \lim\limits_{\Delta x \to 0} \dfrac{\Delta y / y}{\Delta x / x} = y' \cdot \dfrac{x}{y} = \dfrac{f'(x)}{f(x)} x$ 为函数 $f(x)$ 的弹性函数，记为 $\dfrac{Ey}{Ex}$，即 $\eta = \dfrac{Ey}{Ex} = \dfrac{f'(x)}{f(x)} x$。

（ⅱ）弹性分析：

① 需求的价格弹性：设需求函数 $Q = \varphi(p)$，则需求对价格的弹性为 $\eta_d = \dfrac{\varphi'(p)}{\varphi(p)}p$。由于 $\varphi(p)$ 是单调递减函数，因此 $\varphi'(p) < 0$，从而 $\eta_d < 0$。其经济意义：当价格为 p 时，若提价（或降价）1%，则需求量将减少（或增加）η_d%。需要指出的是，很多试题中规定需求对价格的弹性 $\eta_d > 0$，此时应有 $\eta_d = -\dfrac{\varphi'(p)}{\varphi(p)}p$。

② 供给的价格弹性：设供给函数为 $Q = \psi(p)$，则供给对价格的弹性为 $\eta_s = \dfrac{\psi'(p)}{\psi(p)}p$。由于 $\psi(p)$ 是单调递增函数，因此 $\psi'(p) > 0$，从而 $\eta_s > 0$。其经济意义：当价格为 p 时，若提价（或降价）1%，则供给量将增加（或减少）η_s%。

二、考点题型解析

常考题型：• 几何应用；• 物理应用；• 经济应用。

1. 选择题

例 1 曲线 $y = e^x$ 下方与该曲线过原点的切线左方及 y 轴右方所围成图形（见图 3.2）的面积 $A = (\quad)$。

(A) $\displaystyle\int_0^1 (e^x - ex)\,dx$

(B) $\displaystyle\int_1^e (\ln y - y\ln y)\,dy$

(C) $\displaystyle\int_1^e (e^x - xe^x)\,dx$

(D) $\displaystyle\int_0^1 (\ln y - y\ln y)\,dy$

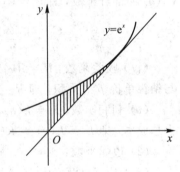

图 3.2

解 应选（A）。

设切线的切点为 (x_0, e^{x_0})，则切线方程为 $y - e^{x_0} = e^{x_0}(x - x_0)$。由于切线过原点，因此 $x_0 = 1$，从而切线方程为 $y = ex$，所以 $A = \displaystyle\int_0^1 (e^x - ex)\,dx$，故选（A）。

例 2 曲线 $\rho = ae^\theta$ 及 $\theta = -\pi$，$\theta = \pi$ 所围图形（见图 3.3）的面积 $A = (\quad)$。

(A) $\dfrac{1}{2}\displaystyle\int_0^\pi a^2 e^{2\theta}\,d\theta$ (B) $\displaystyle\int_0^{2\pi} \dfrac{a^2}{2}e^{2\theta}\,d\theta$

(C) $\displaystyle\int_{-\pi}^\pi a^2 e^{2\theta}\,d\theta$ (D) $\displaystyle\int_{-\pi}^\pi \dfrac{a^2}{2}e^{2\theta}\,d\theta$

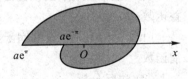

图 3.3

解 应选（D）。

由于曲线是对数螺线，因此 $A = \displaystyle\int_{-\pi}^\pi \dfrac{1}{2}\left[\rho(\theta)\right]^2 d\theta = \displaystyle\int_{-\pi}^\pi \dfrac{a^2}{2}e^{2\theta}\,d\theta$，故选（D）。

例 3 摆线 $\begin{cases} x = a(t - \sin t) \\ y = a(1 - \cos t) \end{cases}$ $(a > 0)$ 一拱（见图 3.4）与 x 轴所围图形绕 x 轴旋转的旋转体体积 $V = (\quad)$。

(A) $\displaystyle\int_0^\pi \pi a^2\,(1-\cos t)^2\,\mathrm{d}t$

(B) $\displaystyle\int_0^{2\pi a} \pi a^2\,(1-\cos t)^2\,\mathrm{d}[a(t-\sin t)]$

(C) $\displaystyle\int_0^{2\pi} \pi a^2\,(1-\cos t)^2\,\mathrm{d}[a(t-\sin t)]$

(D) $\displaystyle\int_0^{2\pi a} \pi a^2\,(1-\cos t)^2\,\mathrm{d}t$

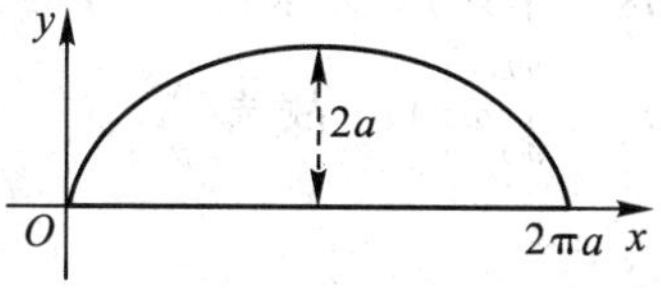

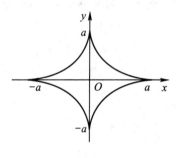

图 3.4

解　应选(C)。

$$V = \pi\int_0^{2\pi a} f^2(x)\,\mathrm{d}x = \pi\int_0^{2\pi} a^2\,(1-\cos t)^2\,\mathrm{d}[a(t-\sin t)]$$

$$= \int_0^{2\pi} \pi a^2\,(1-\cos t)^2\,\mathrm{d}[a(t-\sin t)]$$

故选(C)。

例 4　星形线 $\begin{cases} x = a\cos^3 t \\ y = a\sin^3 t \end{cases}$ (见图 3.5) 的全长 $s = ($　　$)$。

(A) $\displaystyle 4\int_0^{\frac{\pi}{2}} \sec t \cdot 3a\cos^2 t(-\sin t)\,\mathrm{d}t$

(B) $\displaystyle 4\int_{\frac{\pi}{2}}^0 \sec t \cdot 3a\cos^2 t(-\sin t)\,\mathrm{d}t$

(C) $\displaystyle 2\int_0^{\pi} \sec t \cdot 3a\cos^2 t(-\sin t)\,\mathrm{d}t$

(D) $\displaystyle 2\int_{\pi}^0 \sec t \cdot 3a\cos^2 t(-\sin t)\,\mathrm{d}t$

解　应选(B)。
由对称性得

$$s = 4\int_0^a \sqrt{1+\left(\frac{\mathrm{d}y}{\mathrm{d}x}\right)^2}\,\mathrm{d}x = 4\int_{\frac{\pi}{2}}^0 \sqrt{1+\left(\frac{3a\sin^2 t\cos t}{-3a\cos^2 t\sin t}\right)^2}\cdot 3a\cos^2 t(-\sin t)\,\mathrm{d}t$$

$$= 4\int_{\frac{\pi}{2}}^0 \sqrt{1+\tan^2 t}\cdot 3a\cos^2 t(-\sin t)\,\mathrm{d}t = 4\int_{\frac{\pi}{2}}^0 \sec t \cdot 3a\cos^2 t(-\sin t)\,\mathrm{d}t$$

故选(B)。

图 3.5

例 5　矩形闸门宽 a 米,高 h 米,垂直放入水中,上沿与水面平行,则闸门的压力 $F = ($　　$)$。

(A) $\displaystyle\int_0^h ax\,\mathrm{d}x$　　　　　　　　(B) $\displaystyle\int_0^a ax\,\mathrm{d}x$

(C) $\displaystyle\int_0^h \frac{1}{2}ax\,\mathrm{d}x$　　　　　　(D) $\displaystyle\int_0^h 2ax\,\mathrm{d}x$

解　应选(A)。

取闸门上沿为 y 轴,中心为原点,x 轴的方向垂直向下建立坐标系(见图 3.6)。x 为积分变量,它的变化范围为 $[0, h]$。设 $[x, x+\mathrm{d}x]$ 为 $[0, h]$ 上任一小区间,闸门上相应于 $[x, x+\mathrm{d}x]$ 的窄条上各点处的压强近似为 x(水的比重取为 1),窄条的面积为 $a\mathrm{d}x$,因此这一窄条所受水的压力的近似值，即压力元素为 $\mathrm{d}F = ax\,\mathrm{d}x$，所以所求的压力为

$F = \displaystyle\int_0^h ax\,\mathrm{d}x$，故选（A）。

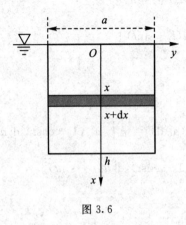

图 3.6

2. 填空题

例 1　曲线 $y = \mathrm{e}^x$，$y = \mathrm{e}^{-x}$ 及 $x = 1$ 所围图形（见图 3.7）的面积 $A = \underline{\hspace{2cm}}$。

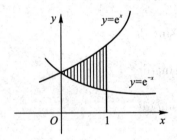

图 3.7

解　　　　　　　$A = \displaystyle\int_0^1 (\mathrm{e}^x - \mathrm{e}^{-x})\,\mathrm{d}x = \left[\mathrm{e}^x + \mathrm{e}^{-x}\right]_0^1 = \mathrm{e} + \dfrac{1}{\mathrm{e}} - 2$

例 2　曲线 $\rho = 3\cos\theta$ 与 $\rho = 1 + \cos\theta$ 所围图形（见图 3.8）的面积 $A = \underline{\hspace{2cm}}$。

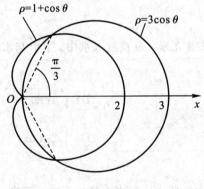

图 3.8

解　由于两曲线交点处 $\theta = \pm\dfrac{\pi}{3}$，因此由对称性得

$$A = 2\left[\int_0^{\frac{\pi}{3}} \frac{1}{2} (1+\cos\theta)^2 \mathrm{d}\theta + \int_{\frac{\pi}{3}}^{\frac{\pi}{2}} \frac{1}{2} (3\cos\theta)^2 \mathrm{d}\theta\right]$$

$$= \int_0^{\frac{\pi}{3}} (1+2\cos\theta+\cos^2\theta)\mathrm{d}\theta + 9\int_{\frac{\pi}{3}}^{\frac{\pi}{2}} \cos^2\theta \mathrm{d}\theta$$

$$= \frac{\pi}{3} + 2\left[\sin\theta\right]_0^{\frac{\pi}{3}} + \frac{1}{2}\int_0^{\frac{\pi}{3}} (1+\cos2\theta)\mathrm{d}\theta + \frac{9}{2}\int_{\frac{\pi}{3}}^{\frac{\pi}{2}} (1+\cos2\theta)\mathrm{d}\theta$$

$$= \frac{\pi}{3} + \sqrt{3} + \frac{\pi}{6} + \frac{1}{4}\left[\sin2\theta\right]_0^{\frac{\pi}{3}} + \frac{3\pi}{4} + \frac{9}{4}\left[\sin2\theta\right]_{\frac{\pi}{3}}^{\frac{\pi}{2}} = \frac{5}{4}\pi$$

例 3　一平面经过半径为 R 的圆柱体的底圆中心，并与底面交成角 $\frac{\pi}{4}$，则这平面截圆柱体所得立体体积 $V =$ _____。

解　取这平面与圆柱体的底面的交线为 x 轴，底面上过圆中心且垂直于 x 轴的直线为 y 轴建立坐标系（见图 3.9），则底面圆方程为

$$x^2 + y^2 = R^2$$

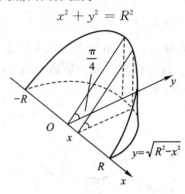

图 3.9

立体中过 x 轴上的点 x 且垂直于 x 轴的截面是一个直角三角形，它的两条直角边分别为 y 与 $y\tan\frac{\pi}{4}$，即均为 $\sqrt{R^2-x^2}$，从而截面面积 $A(x) = \frac{1}{2}(R^2-x^2)$，所以立体的体积为

$$V = \int_{-R}^R A(x)\mathrm{d}x = \int_{-R}^R \frac{1}{2}(R^2-x^2)\mathrm{d}x = \frac{1}{2}\left[R^2x - \frac{1}{3}x^3\right]_{-R}^R = \frac{2}{3}R^3$$

例 4　一圆柱形的贮水桶高为 5 米，底圆半径为 3 米，桶内盛满了水，则要把桶内的水全部吸出所做的功 $W =$ _____吨米。

解　作 x 轴如图 3.10 所示，取深度 x 为积分变量，它的变化区间为 $[0,5]$，相应于

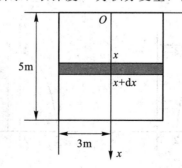

图 3.10

$[0,5]$ 上任一小区间 $[x,x+\mathrm{d}x]$ 的一薄层水的高度为 $\mathrm{d}x$，则这薄层水的重量为 $\pi\cdot3^2\mathrm{d}x$ 吨，从而把这薄层水吸出桶外所做功的近似值（即功元素）为 $\mathrm{d}W=9\pi\cdot x\cdot\mathrm{d}x$，故所求的功为

$$W=\int_0^5 9\pi x\mathrm{d}x=\frac{9\pi}{2}\big[x^2\big]_0^5=112.5\pi\text{（吨米）}$$

例 5 设商品的需求函数为 $Q=100-5p$，其中 Q、p 分别表示需求量和价格，如果商品需求弹性的绝对值大于 1，则商品价格的取值范围是_____。

解 由于 $Q'=-5$，因此弹性函数为

$$\eta=\frac{Q'}{Q}p=\frac{-5p}{100-5p}$$

令 $|\eta|>1$，则 $p>10$，又 $Q\geqslant0$，即 $100-5p\geqslant0$，故 $p\leqslant20$，所以 p 的取值范围为 $(10,20]$。

3. 解答题

例 1 设 $f(x)$ 是 $[a,b]$ 上的连续函数，证明由平面图形 $0\leqslant a\leqslant b$，$0\leqslant y\leqslant f(x)$ 绕 y 轴旋转所成的旋转体体积 $V=2\pi\int_a^b xf(x)\mathrm{d}x$。

证 选择 x 为积分变量（见图 3.11），则其变化范围为 $[a,b]$，相应于 $[a,b]$ 的任一小区间 $[x,x+\mathrm{d}x]$ 上小窄条绕 y 轴旋转所形成的形体是以 $f(x)$ 为高、半径为 x、壁厚为 $\mathrm{d}x$ 的圆柱筒，其体积的近似值（即体积元素）为 $\mathrm{d}V=2\pi xf(x)\mathrm{d}x$，所以旋转体体积为 $V=2\pi\int_a^b xf(x)\mathrm{d}x$。

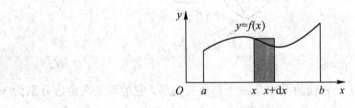

图 3.11

例 2 求由曲线 $y=4-x^2$ 及 $y=0$ 所围图形绕直线 $x=3$ 旋转所成的旋转体体积。

解 **方法一** 取 y 为积分变量（见图 3.12(a)），则其变化范围为 $[0,4]$，相应于 $[0,4]$ 的任一小区间 $[y,y+\mathrm{d}y]$ 上小窄条绕直线 $x=3$ 旋转所形成立体体积的近似值（即体积元素）为

$$\mathrm{d}V=\big[\pi(3+\sqrt{4-y})^2-\pi(3-\sqrt{4-y})^2\big]\mathrm{d}y=12\pi\sqrt{4-y}$$

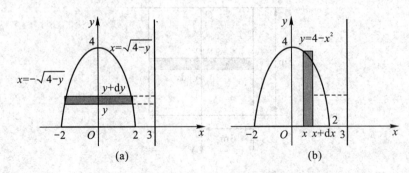

(a)   (b)

图 3.12

故所求的体积为

$$V = 12\pi \int_0^4 \sqrt{4-y}\,\mathrm{d}y = -8\pi \left[\sqrt{(4-y)^3} \right]_0^4 = 64\pi$$

方法二　选择 x 为积分变量(见图 3.12(b)),则所求的体积为

$$V = 2\pi \int_{-2}^2 (3-x)f(x)\,\mathrm{d}x = 2\pi \int_{-2}^2 (3-x)(4-x^2)\,\mathrm{d}x$$

$$= 2\pi \int_{-2}^2 (12-4x-3x^2+x^3)\,\mathrm{d}x = 4\pi \int_0^2 (12-3x^2)\,\mathrm{d}x = 64\pi$$

例 3　求以半径为 R 的圆为底,平行且等于底圆直径的线段为顶,高为 h 的正劈锥体的体积。

解　取底圆所在的平面为 xOy 平面,圆心 O 为原点,并使 x 轴与正劈锥的顶平行建立坐标系(见图 3.13),则底圆方程为 $x^2+y^2=R^2$,过 x 轴上的点 $x(-R \leqslant x \leqslant R)$ 作垂直于 x 轴的平面截正劈锥体所得截面图形为等腰三角形,从而截面面积为 $A(x) = h\sqrt{R^2-x^2}$,所以所求正劈锥体的体积为

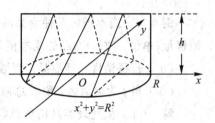

图 3.13

$$V = \int_{-R}^R A(x)\,\mathrm{d}x = h \int_{-R}^R \sqrt{R^2-x^2}\,\mathrm{d}x = \frac{\pi R^2}{2}h \text{ (定积分}$$

的几何意义)。

例 4　由抛物线 $y=x^2$ 及 $y=4x^2$ 绕 y 轴旋转一周构成一旋转抛物面的容器,高为 h,现其中盛水,水高 $\dfrac{h}{2}$,求要将水全部抽出所做的功。

解　取 y 为积分变量(见图 3.14),其变化范围为 $\left[0, \dfrac{h}{2}\right]$,相应于 $\left[0, \dfrac{h}{2}\right]$ 的任一小区间 $[y, y+\mathrm{d}y]$ 上的一薄层水的重量近似为 $\mu\pi\left(y-\dfrac{y}{4}\right)\mathrm{d}y = \dfrac{3}{4}\mu\pi y\,\mathrm{d}y$,其中 μ 为水的比重。要将这一薄层水抽出所做功的近似值(即功元素)为 $\mathrm{d}W = \dfrac{3}{4}\mu\pi y(h-y)\,\mathrm{d}y$,故抽出全部水外力所做的功为 $W = \dfrac{3}{4}\mu\pi \int_0^{\frac{h}{2}} y(h-y)\,\mathrm{d}y = \dfrac{1}{16}\pi\mu h^3$。

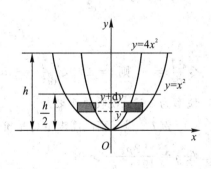

图 3.14

例 5　边长为 a 和 $b(a>b)$ 的矩形薄板放置于与液面成 α 角的液体内,长边平行于液面而位于深 h 处,设液体的比重为 σ,求薄板所受的压力 F。

解　作 x 轴如图 3.15 所示,取 x 为积分变量,其变化范围为 $[h, h+b\sin\alpha]$。当 x 取增量 $\mathrm{d}x$ 时,薄板对应的宽度为 $\dfrac{\mathrm{d}x}{\sin\alpha}$,图中阴影部分的面积为 $a \cdot \dfrac{\mathrm{d}x}{\sin\alpha}$,这个小窄条所受压力的近似值(即压力元素)为 $\mathrm{d}F = \sigma \cdot x \cdot a \cdot \dfrac{\mathrm{d}x}{\sin\alpha} = \dfrac{a\sigma x}{\sin\alpha}\mathrm{d}x$,故整块薄板所受的压力为

$$F = \int_h^{h+b\sin\alpha} \frac{a\sigma x}{\sin\alpha} \mathrm{d}x = \frac{a\sigma}{\sin\alpha} \cdot \left[\frac{x^2}{2}\right]_h^{h+b\sin\alpha} = ab\sigma\left(h + \frac{b}{2}\sin\alpha\right)$$

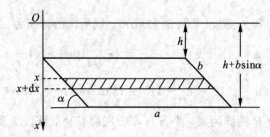

图 3.15

例 6 一商家销售某种商品的价格关系为 $p = 7 - 0.2x$，p 为价格（单位：万元），x 为销售量（单位：吨），商品的成本函数为 $C = 3x + 1$。

（ⅰ）若每销售一吨商品，要缴税 t 万元，求该商家最大利润时的销售量；

（ⅱ）当 t 为何值时，税收总额最大？

解 （ⅰ）依题设商品销售总收入为 $R = px = (7 - 0.2x)x$，总税额为 $T = tx$，利润函数为 $L = R - C - T = -0.2x^2 + (4 - t)x - 1$，$\dfrac{\mathrm{d}L}{\mathrm{d}x} = -0.4x + 4 - t$。令 $\dfrac{\mathrm{d}L}{\mathrm{d}x} = 0$，则 $x = \dfrac{5}{2}(4 - t)$，又 $\dfrac{\mathrm{d}^2 L}{\mathrm{d}x^2} = -0.4 < 0$，故当 $x = \dfrac{5}{2}(4 - t)$ 时，利润 L 为最大，所以利润最大的销售量为 $\dfrac{5}{2}(4 - t)$。

（ⅱ）将 $x = \dfrac{5}{2}(4 - t)$ 代入 $T = tx$，得

$$T = t \cdot \frac{5}{2}(4 - t) = 10t - \frac{5}{2}t^2$$

令 $\dfrac{\mathrm{d}T}{\mathrm{d}t} = 0$，则 $t = 2$，又 $\dfrac{\mathrm{d}^2 T}{\mathrm{d}t^2} = -5 < 0$，故 $t = 2$ 是 T 的极大值点，亦即最大值点，所以当税率为 2 时，税收总额最大。

例 7 设某商品需求量 Q 是价格 p 的单调递减函数，即 $Q = Q(p)$ 单调递减，其需求弹性 $\eta = \dfrac{2p^2}{192 - p^2} > 0$。

（ⅰ）设 R 为总收益函数，证明 $\dfrac{\mathrm{d}R}{\mathrm{d}p} = Q(1 - \eta)$；

（ⅱ）求 $p = 6$ 时总收益对价格的弹性，并说明其经济意义。

解 （ⅰ）由于 $R = R(p) = pQ(p)$，因此

$$\frac{\mathrm{d}R}{\mathrm{d}p} = Q + p\frac{\mathrm{d}Q}{\mathrm{d}p} = Q - Q\left(-\frac{p}{Q}\frac{\mathrm{d}Q}{\mathrm{d}p}\right) = Q(1 - \eta)$$

（ⅱ）由于

$$\frac{ER}{Ep} = \frac{p}{R}\frac{\mathrm{d}R}{\mathrm{d}p} = \frac{p}{pQ}Q(1 - \eta) = 1 - \eta = 1 - \frac{2p^2}{192 - p^2} = \frac{192 - 3p^2}{192 - p^2}$$

因此 $\dfrac{ER}{Ep}\Big|_{p=6}=\dfrac{7}{13}\approx 0.54$。其经济意义是：当价格为 6（单位）时，若价格上涨 1%，则总收益将增加 0.54%。

例 8　设某商品从时刻 0 到时刻 t 的销售量为 $x(t)=kt(0\leqslant t\leqslant T,k>0)$，欲在 T 时将数量为 A 的该商品售完。试求：

（ⅰ）t 时商品的剩余量，并确定 k 的值；

（ⅱ）在时间段 $[0,T]$ 上的平均剩余量。

解　（ⅰ）在 t 时商品的剩余量为 $y(t)=A-x(t)=A-kt(0\leqslant t\leqslant T)$。由 $A-kT=0$，得 $k=\dfrac{A}{T}$，从而 $y(t)=A-\dfrac{A}{T}t(0\leqslant t\leqslant T)$。

（ⅱ）由于 $y(t)$ 在时间段 $[0,T]$ 上的平均值为 $\overline{y}=\dfrac{1}{T}\displaystyle\int_0^T y(t)\mathrm{d}t=\dfrac{1}{T}\int_0^T\left(A-\dfrac{A}{T}t\right)\mathrm{d}t=\dfrac{A}{2}$，因此在时间段 $[0,T]$ 上的平均剩余量为 $\dfrac{A}{2}$。

三、经典习题与解答

经典习题

1. 选择题

（1）曲线 $\rho=2a\cos\theta(a>0)$ 所围图形（见图 3.16）的面积 $A=(\quad)$。

(A) $\displaystyle\int_0^{\frac{\pi}{2}}\dfrac{1}{2}(2a\cos\theta)^2\mathrm{d}\theta$ 　　　　　　(B) $\displaystyle\int_{-\pi}^{\pi}\dfrac{1}{2}\cdot 2a\cos\theta^2\mathrm{d}\theta$

(C) $\displaystyle\int_0^{2\pi}\dfrac{1}{2}(2a\cos\theta)^2\mathrm{d}\theta$ 　　　　　　(D) $2\displaystyle\int_0^{\frac{\pi}{2}}\dfrac{1}{2}(2a\cos\theta)^2\mathrm{d}\theta$

（2）曲线 $\rho=\sqrt{2}\sin\theta,\rho^2=\cos2\theta$ 所围图形（见图 3.17）的面积 $A=(\quad)$。

(A) $\displaystyle\int_{-\frac{1}{2}}^{\frac{1}{2}}(\sqrt{2}\sin\theta)^2\mathrm{d}\theta+\int_{\frac{1}{2}}^{\frac{\sqrt{2}}{2}}\cos2\theta\mathrm{d}\theta$ 　　(B) $\displaystyle\int_0^{\frac{\pi}{6}}(\sqrt{2}\sin\theta)^2\mathrm{d}\theta+\int_{\frac{\pi}{6}}^{\frac{\pi}{4}}\cos2\theta\mathrm{d}\theta$

(C) $\dfrac{1}{2}\displaystyle\int_0^{\frac{\pi}{6}}(\sqrt{2}\sin\theta)^2\mathrm{d}\theta+\dfrac{1}{2}\int_{\frac{\pi}{6}}^{\frac{\pi}{4}}\cos2\theta\mathrm{d}\theta$ 　　(D) $2\displaystyle\int_0^{\frac{\pi}{6}}(\sqrt{2}\sin\theta)^2\mathrm{d}\theta+\int_{\frac{\pi}{6}}^{\frac{\pi}{4}}\cos2\theta\mathrm{d}\theta$

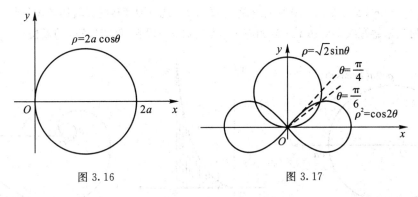

图 3.16　　　　　　　　　　　　图 3.17

（3）心形线 $\rho=4(1+\cos\theta)$ 与直线 $\theta=0$，$\theta=\dfrac{\pi}{2}$ 所围图形（见图 3.18）绕极轴旋转的

旋转体体积 $V = (\quad)$。

(A) $16\pi\displaystyle\int_0^{\frac{\pi}{2}}(1+\cos\theta)^2\,\mathrm{d}\theta$

(B) $16\pi\displaystyle\int_0^{\frac{\pi}{2}}(1+\cos\theta)^2\sin^2\theta\,\mathrm{d}\theta$

(C) $16\pi\displaystyle\int_0^{\frac{\pi}{2}}(1+\cos\theta)^2\sin^2\theta\,\mathrm{d}[4(1+\cos\theta)\cos\theta]$

(D) $16\pi\displaystyle\int_{\frac{\pi}{2}}^0(1+\cos\theta)^2\sin^2\theta\,\mathrm{d}[4(1+\cos\theta)\cos\theta]$

(4) 两个半径为 a 的直交圆柱体(见图 3.19)的体积 $V = (\quad)$。

(A) $4\displaystyle\int_0^a(a^2-x^2)\,\mathrm{d}x$　(B) $8\displaystyle\int_0^a(a^2-x^2)\,\mathrm{d}x$　(C) $16\displaystyle\int_0^a(a^2-x^2)\,\mathrm{d}x$　(D) $2\displaystyle\int_0^a(a^2-x^2)\,\mathrm{d}x$

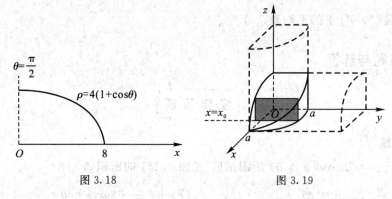

图 3.18　　　　　　　　图 3.19

(5) 横截面面积为 S、深为 h 的水池装满水,把水全部抽到高为 H 的水塔上,所做的功 $W = (\quad)$。

(A) $\displaystyle\int_0^h S(H+h-x)\,\mathrm{d}x$　　　　　　(B) $\displaystyle\int_0^H S(H+h-x)\,\mathrm{d}x$

(C) $\displaystyle\int_0^h S(H-x)\,\mathrm{d}x$　　　　　　(D) $\displaystyle\int_0^{h+H} S(H+h-x)\,\mathrm{d}x$

2. 填空题

(1) 曲线 $\rho = 2a(2+\cos\theta)$ 所围图形(见图 3.20)的面积 $A = $ _____。

(2) 由 $y = x^3$,$x = 2$,$y = 0$ 所围图形(见图 3.21)绕 y 轴旋转的旋转体体积 $V = $ _____。

(3) 阿基米德螺线 $\rho = a\theta(a > 0)$ 相应于 θ 从 0 到 2π 一段弧(见图 3.22)的弧长 $s = $ _____。

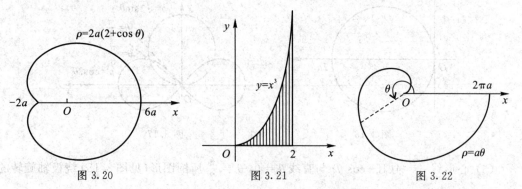

图 3.20　　　　　　　　图 3.21　　　　　　　　图 3.22

3. 解答题

（1）求介于两椭圆 $\dfrac{x^2}{a^2}+\dfrac{y^2}{b^2}=1$，$\dfrac{x^2}{b^2}+\dfrac{y^2}{a^2}=1(a>b>0)$ 之间图形的面积。

（2）求摆线的一拱与 x 轴所围图形的面积。

（3）某闸门的形状与大小如图 3.23 所示，其中直线 l 为对称轴，闸门的上部为矩形 $ABCD$，下部由二次抛物线与线段 AB 所围成，当水面与闸门的上端相平时，欲使闸门矩形部分承受的水压力与闸门下部承受的水压力之比为 $5:4$，求闸门矩形部分的高。

（4）设有一长度为 l、线密度为 μ 的均匀细直棒。

（ⅰ）在细直棒一端的延长线上距该端为 a 处有一质量为 m 的质点 M_1，求细直棒对质点 M_1 的引力；

（ⅱ）在细直棒的中垂线上距棒为 a 处有一质量为 m 的质点 M_2，求细直棒对质点 M_2 的引力，并指出当细直棒的长度很大时的情况。

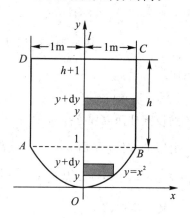

图 3.23

（5）设某商品的需求函数 $Q=Q(p)$，收益函数为 $R=pQ$，其中 p 为商品价格，Q 为需求量，$Q(p)$ 单调递减。如果当价格为 p_0，对应产量为 Q 时，边际收益 $\left.\dfrac{\mathrm{d}R}{\mathrm{d}Q}\right|_{Q=Q_0}=a>0$，收益对价格的边际效应 $\left.\dfrac{\mathrm{d}R}{\mathrm{d}p}\right|_{p=p_0}=c<0$，需求对价格的弹性为 $\eta_{\mathrm{d}}=b>1$，求 p_0 和 Q_0。

（6）设某种商品的需求函数为 $Q=100-5p$，其中价格 $p\in(0,20)$，Q 为需求量。

（ⅰ）求需求对价格的弹性 $\eta_{\mathrm{d}}(\eta_{\mathrm{d}}>0)$；

（ⅱ）推导 $\dfrac{\mathrm{d}R}{\mathrm{d}p}=Q(1-\eta_{\mathrm{d}})$，其中 R 为收益，并用弹性 η_{d} 说明价格在何范围内变化时，降低价格反而使收益增加。

$\rightarrow$ 经典习题解答 $\leftarrow$

1. 选择题

（1）**解**　应选（D）。

由于曲线表示的是以点 $(a,0)$ 为圆心、以 a 为半径的圆，因此 $A=2\displaystyle\int_0^{\frac{\pi}{2}}\dfrac{1}{2}(2a\cos\theta)^2\mathrm{d}\theta$，故选（D）。

（2）**解**　应选（B）。

由于两曲线分别表示的是以点 $\left(0,\dfrac{1}{\sqrt{2}}\right)$ 为圆心、以 $\dfrac{1}{\sqrt{2}}$ 为半径的圆和以 x 轴为对称轴的

双扭线，其交点处 $\theta = \dfrac{\pi}{6}$，$\theta = \dfrac{5\pi}{6}$，因此由对称性得

$$A = 2\left[\int_0^{\frac{\pi}{6}} \frac{1}{2}(\sqrt{2}\sin\theta)^2 \, d\theta + \int_{\frac{\pi}{6}}^{\frac{\pi}{4}} \frac{1}{2}\cos2\theta \, d\theta\right] = \int_0^{\frac{\pi}{6}}(\sqrt{2}\sin\theta)^2 \, d\theta + \int_{\frac{\pi}{6}}^{\frac{\pi}{4}}\cos2\theta \, d\theta$$

故选（B）。

（3）**解** 应选（D）。

由于 $V = \pi\displaystyle\int_0^8 f^2(x)\,dx = \pi\int_{\frac{\pi}{2}}^0 [4(1+\cos\theta)\cos\theta]^2 \, d[4(1+\cos\theta)\cos\theta]$，因此所求的体积为

$$V = 16\pi\int_{\frac{\pi}{2}}^0 (1+\cos\theta)^2 \sin^2\theta \, d[4(1+\cos\theta)\cos\theta]$$

故选（D）。

（4）**解** 应选（B）。

不妨设圆柱面方程分别为 $x^2 + y^2 = a^2$，$x^2 + z^2 = a^2$，由对称性知所求的体积为立体在第一卦限的八倍，平面 $x = x_0$ 与这部分的截面是一个边长为 $\sqrt{a^2 - x_0^2}$ 的正方形，所以截面面积 $A(x) = a^2 - x^2$，从而 $V = 8\displaystyle\int_0^a A(x)\,dx = 8\int_0^a (a^2 - x^2)\,dx$，故选（B）。

（5）**解** 应选（A）。

所做的功分两部分计算，第一部分就是把水池的水抽出来所做的功，第二部分是把整池水视为质点，抽到水塔上所做的功。第一部分功 W_1：建立坐标系如图 3.24 所示，取 x 为积分变量，其变化范围为 $[0, h]$，设 $[x, x+dx]$ 为 $[0, h]$ 上任一小区间，相应于 $[x, x+dx]$ 的一薄层水的高度为 dx，水的比重取为 1，则这薄层水的重力为 $S\,dx$，这薄层水抽出池外所做功的近似值（即功元素）为 $dW_1 = Sx\,dx$，故 $W_1 = \displaystyle\int_0^h Sx\,dx$；第二部分功 W_2：$W_2 = ShH$。因此所求所做的功为

$$W = W_1 + W_2 = \int_0^h Sx\,dx + ShH = \int_0^h S(H+x)\,dx$$

$$\xrightarrow{x = h-t} \int_0^h S(H+h-t)\,dt = \int_0^h S(H+h-x)\,dx$$

故选（A）。

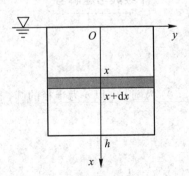

图 3.24

2. 填空题

(1) **解**　方法一　$A = \int_0^{2\pi} \frac{1}{2}\left[2a(2+\cos\theta)\right]^2 d\theta = 2a^2 \int_0^{2\pi}(4+4\cos\theta+\cos^2\theta)d\theta$

$$= 2a^2\left(8\pi + 0 + \int_0^{2\pi}\frac{1+\cos2\theta}{2}d\theta\right) = 2a^2(8\pi+\pi) = 18\pi a^2$$

方法二　由对称性，得

$$A = 2\int_0^{\pi} \frac{1}{2}\left[2a(2+\cos\theta)\right]^2 d\theta = 4a^2 \int_0^{\pi}(4+4\cos\theta+\cos^2\theta)d\theta$$

$$= 4a^2\left(4\pi + 0 + \int_0^{\pi}\frac{1+\cos2\theta}{2}d\theta\right) = 4a^2\left(4\pi+\frac{\pi}{2}\right) = 18\pi a^2$$

(2) **解**　$V = 2\pi\int_0^2 xf(x)dx = 2\pi\int_0^2 x \cdot x^3 dx = \frac{2}{5}\pi\left[x^5\right]_0^2 = \frac{64}{5}\pi$

(3) **解**　$s = \int_0^{2\pi}\sqrt{\rho^2(\theta)+\rho'^2(\theta)}\,d\theta = \int_0^{2\pi}\sqrt{a^2\theta^2+a^2}\,d\theta = a\int_0^{2\pi}\sqrt{1+\theta^2}\,d\theta$

$$= \frac{a}{2}\left[\theta\sqrt{1+\theta^2}+\ln(\theta+\sqrt{1+\theta^2})\right]_0^{2\pi}$$

$$= \frac{a}{2}\left[2\pi\sqrt{1+4\pi^2}+\ln(2\pi+\sqrt{1+4\pi^2})\right]$$

3. 解答题

(1) **解**　由对称性知两椭圆的交点在直线 $y=x$ 和 $y=-x$ 上，从而所求面积为第一象限中由直线 $y=x$、x 轴及椭圆 $\dfrac{x^2}{b^2}+\dfrac{y}{a^2}=1$ 所围图形面积的八倍（见图 3.25）。

将 $\begin{cases} x = \rho(\theta)\cos\theta \\ y = \rho(\theta)\sin\theta \end{cases}$ 代入椭圆方程 $\dfrac{x^2}{b^2}+\dfrac{y^2}{a^2}=1$ 中，化为极坐标方程

$$\rho^2(\theta) = \frac{a^2 b^2}{a^2\cos^2\theta+b^2\sin^2\theta}$$

故所求的面积为

$$A = 8\int_0^{\frac{\pi}{4}} \frac{1}{2}\rho^2(\theta)d\theta$$

$$= 4\int_0^{\frac{\pi}{4}} \frac{a^2 b^2}{a^2\cos^2\theta+b^2\sin^2\theta}d\theta$$

$$= 4b^2\int_0^{\frac{\pi}{4}} \frac{1}{\cos^2\theta\left(1+\dfrac{b^2}{a^2}\tan^2\theta\right)}d\theta$$

$$= 4ab\int_0^{\frac{\pi}{4}} \frac{1}{1+\dfrac{b^2}{a^2}\tan^2\theta}d\left(\frac{b}{a}\tan\theta\right)$$

$$= 4ab\left[\arctan\left(\frac{b}{a}\tan\theta\right)\right]_0^{\frac{\pi}{4}} = 4ab\arctan\frac{b}{a}$$

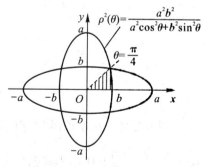

图 3.25

(2) **解**　由于摆线方程为 $\begin{cases} x = a(t-\sin t) \\ y = a(1-\cos t) \end{cases}$ $(1 \leqslant t \leqslant 2\pi)$（见图 3.4），因此所求的面积为

$$A = \int_0^{2\pi} y(t)x'(t)\mathrm{d}t = \int_0^{2\pi} a(1-\cos t) \cdot a(1-\cos t)\mathrm{d}t = a^2 \int_0^{2\pi} (1 - 2\cos t + \cos^2 t)\mathrm{d}t$$

$$= a^2 \left[2\pi - 0 + \frac{1}{2}\int_0^{2\pi} (1 + \cos 2t)\mathrm{d}t \right] = a^2 (2\pi + \pi) = 3\pi a^2$$

（3）**解**　建立坐标系如图 3.23 所示，则抛物线方程为 $y = x^2$。闸门矩形部分承受的水压力为

$$F_1 = 2\int_1^{h+1} \rho g(h+1-y) \cdot 1 \cdot \mathrm{d}y = 2\rho g \left[(h+1)y - \frac{y^2}{2} \right]_1^{h+1} = \rho g h^2$$

其中 ρ 为水的密度，g 为重力加速度。闸门下部承受的水压力为

$$F_2 = 2\int_0^1 \rho g(h+1-y)\sqrt{y}\,\mathrm{d}y = 4\rho g\left(\frac{1}{3}h + \frac{2}{15} \right)$$

由题意知 $F_1 : F_2 = 5 : 4$，即 $\dfrac{h^2}{4\left(\dfrac{1}{3}h + \dfrac{2}{15} \right)} = \dfrac{5}{4}$，解之，得 $h = 2$，$h = -\dfrac{1}{3}$（舍去），故

$h = 2$，即闸门矩形部分的高应为 2 米。

（4）**解**　（ⅰ）建立坐标系如图 3.26(a) 所示，取 x 为积分变量，其变化范围为 $[0, l]$，相应于 $[0, l]$ 上任一小区间 $[x, x+\mathrm{d}x]$ 上一段近似看成质点，其质量为 $\mu\mathrm{d}x$，与 M_1 的距离为 $l+a-x$，从而这一小段细直棒对质点 M_1 的引力近似值（即引力元素）为

$\mathrm{d}F = G\dfrac{m\mu\mathrm{d}x}{(l+a-x)^2}$，其中 G 为引力系数，所以细直棒对质点 M_1 的引力为

$$F = \int_0^l G\frac{m\mu\mathrm{d}x}{(l+a-x)^2} = \frac{Gm\mu l}{a(l+a)}$$

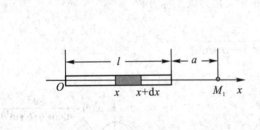
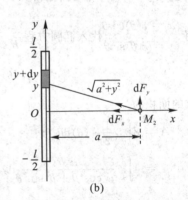

(a)　　　　　　(b)

图 3.26

（ⅱ）建立坐标系如图 3.26(b) 所示，取 y 为积分变量，其变化范围为 $\left[-\dfrac{l}{2}, \dfrac{l}{2} \right]$，相应于 $\left[-\dfrac{l}{2}, \dfrac{l}{2} \right]$ 上任一小区间 $[y, y+\mathrm{d}y]$ 上一段近似看成质点，其质量为 $\mu\mathrm{d}y$，与 M_2 的距离为 $\sqrt{a^2+y^2}$，从而这一小段细直棒对质点 M_2 的引力近似值（即引力元素）为

$\mathrm{d}F = G\dfrac{m\mu\mathrm{d}y}{a^2+y^2}$，所以细直棒对质点 M_2 的引力在水平方向分力 F_x 的元素为

$$\mathrm{d}F_x = -G\frac{am\mu\mathrm{d}y}{(a^2+y^2)^{\frac{3}{2}}}$$

其中 G 为引力系数，故引力在水平方向的分力为

$$F_x = -G \int_{-\frac{l}{2}}^{\frac{l}{2}} \frac{am\mu \mathrm{d}y}{(a^2+y^2)^{\frac{3}{2}}} = -2am\mu G \int_0^{\frac{l}{2}} \frac{\mathrm{d}y}{(a^2+y^2)^{\frac{3}{2}}} \quad (\diamondsuit\ y = a\tan t)$$

$$= -\frac{2m\mu G}{a^2} \int_0^{\arctan\frac{l}{2a}} \cos t\, \mathrm{d}t = -\frac{2m\mu G}{a^2} [\sin t]_0^{\arctan\frac{l}{2a}} = -\frac{2Gm\mu l}{a} \cdot \frac{1}{\sqrt{4a^2+l^2}}$$

由对称性知，引力在铅直方向的分力 $F_y = 0$。当细直棒的长度 l 很大时，可视 l 趋于无穷，此时引力的大小为 $\dfrac{2Gm\mu}{a}$，方向与细直棒垂直且由 M_2 指向细直棒。

（5）**解** 由定义知需求函数 $Q = Q(p)$ 对价格的弹性为 $\eta_d = -\dfrac{p}{Q}\dfrac{\mathrm{d}Q}{\mathrm{d}p}$，因此

$$\frac{\mathrm{d}R}{\mathrm{d}Q} = p + Q\frac{\mathrm{d}p}{\mathrm{d}Q} = p - p\left(-\frac{Q}{p}\frac{\mathrm{d}p}{\mathrm{d}Q}\right) = p\left(1 - \frac{1}{E_p}\right)$$

因为 $\dfrac{\mathrm{d}R}{\mathrm{d}Q}\Big|_{Q=Q_0} = p_0\left(1 - \dfrac{1}{b}\right) = a$，所以 $p_0 = \dfrac{ab}{b-1}$。又

$$\frac{\mathrm{d}R}{\mathrm{d}p} = Q + p\frac{\mathrm{d}Q}{\mathrm{d}p} = Q - Q\left(-\frac{p}{Q}\frac{\mathrm{d}Q}{\mathrm{d}p}\right) = Q(1-\eta_d), \quad \frac{\mathrm{d}R}{\mathrm{d}p}\Big|_{p=p_0} = Q_0(1-b)$$

故 $Q_0 = \dfrac{c}{1-b}$。

（6）**解** （ⅰ）

$$\eta_d = \left| \frac{p}{Q}Q' \right| = \frac{p}{20-p}$$

（ⅱ）由于 $R = pQ$，因此 $\dfrac{\mathrm{d}R}{\mathrm{d}p} = Q + p\dfrac{\mathrm{d}Q}{\mathrm{d}p} = Q\left(1 + \dfrac{p}{Q}Q'\right) = Q(1-\eta_d)$。当 $\eta_d = \dfrac{p}{20-p} = 1$ 时，$p = 10$，当 $10 < p < 20$ 时，$\eta_d > 1$，从而 $\dfrac{\mathrm{d}R}{\mathrm{d}p} < 0$，故当 $10 < p < 20$ 时，降低价格反而使收益增加。

第4章 多元函数微分学

4.1 重极限、连续、偏导数、全微分

一、考点内容讲解

1. 二元函数

（1）定义：设 D 是平面上的一个点集，如果对每个点 $(x, y) \in D$，按照一定的法则 f，变量 z 总有确定的数值与之对应，则称变量 z 是变量 x、y 的二元函数，记为 $z = f(x, y)$。D 称为该函数的定义域，数集 $\{z \mid z = f(x, y), (x, y) \in D\}$ 称为该函数的值域。类似地，有 n 元函数的定义。

（2）二元函数的几何意义：空间点集 $\{(x, y, z) \mid z = f(x, y), (x, y) \in D\}$ 为二元函数的图形，通常它是一张曲面。曲面 $z = f(x, y)$ 与平面 $z = C$ 的交线在 xOy 平面上的投影曲线 $f(x, y) = C$ 称为 $z = f(x, y)$ 的等高线。

（3）一元函数与多元函数的区别与联系：

（ⅰ）一元函数是二元函数的特殊情形：让一个自变量变动，另一个自变量固定，或让 (x, y) 沿某曲线变动，二元函数就转化为一元函数。

（ⅱ）一元函数中，自变量 x 代表直线上的点，只有两个变动方向；而二元函数中，自变量 (x, y) 代表平面上的点，它有无数个变动方向。

（ⅲ）一元函数 $y = f(x)(a < x < b)$ 也可以看成二元函数，其定义域是 $a < x < b$，$-\infty < y < +\infty$。

2. 重极限

$$\lim_{(x, y) \to (x_0, y_0)} f(x, y) = A \Leftrightarrow \forall \varepsilon > 0, \exists \delta > 0, \text{当} 0 < \sqrt{(x - x_0)^2 + (y - y_0)^2} < \delta \text{时，有}$$

$$|f(x, y) - A| < \varepsilon$$

重极限要求点 (x, y) 以任何方式、任何方向、任何路径趋向 (x_0, y_0) 时，均有 $f(x, y) \to A$。

若沿某条路径 $\lim\limits_{(x, y) \to (x_0, y_0)} f(x, y)$ 不存在或沿两条不同路径 $\lim\limits_{(x, y) \to (x_0, y_0)} f(x, y)$ 虽然存在但不相等，则可以断定二重极限 $\lim\limits_{(x, y) \to (x_0, y_0)} f(x, y)$ 不存在。

3. 连续

设函数 $z = f(x, y)$ 在点 (x_0, y_0) 的某邻域内有定义，分别给自变量 x、y 在 x_0、y_0 以增量 Δx、Δy，得全增量 $\Delta z = f(x_0 + \Delta x, y_0 + \Delta y) - f(x_0, y_0)$，如果二重极限

$$\lim_{(\Delta x,\, \Delta y) \to (0,\, 0)} \Delta z = 0$$

则称 $z = f(x, y)$ 在点 (x_0, y_0) 处连续。或者如果函数 $z = f(x, y)$ 在点 (x_0, y_0) 的某邻域内有定义, $\lim\limits_{(x,\, y) \to (x_0,\, y_0)} f(x, y)$ 存在, 且 $\lim\limits_{(x,\, y) \to (x_0,\, y_0)} f(x, y) = f(x_0, y_0)$, 则称 $z = f(x, y)$ 在点 (x_0, y_0) 处连续。

如果函数 $z = f(x, y)$ 在区域 D 内每一点都连续, 则称函数 $z = f(x, y)$ 在 D 上连续, 或称 $z = f(x, y)$ 是 D 上的连续函数。

4. 偏导数

(1) 定义: 设函数 $z = f(x, y)$ 在点 (x_0, y_0) 的某邻域内有定义, 当 y 固定在 y_0, 而 x 在 x_0 处有增量 Δx 时, 相应地函数有增量(关于 x 的偏增量)

$$\Delta_x z = f(x_0 + \Delta x, y_0) - f(x_0, y_0)$$

如果极限 $\lim\limits_{\Delta x \to 0} \dfrac{\Delta_x z}{\Delta x} = \lim\limits_{\Delta x \to 0} \dfrac{f(x_0 + \Delta x, y_0) - f(x_0, y_0)}{\Delta x}$ 存在, 则称函数 $z = f(x, y)$ 在点 (x_0, y_0) 处对 x 偏导数存在, 称该极限值为函数 $z = f(x, y)$ 在点 (x_0, y_0) 处对 x 的偏导数, 记为 $\dfrac{\partial z}{\partial x}\Big|_{\substack{x=x_0 \\ y=y_0}}$, $\dfrac{\partial f}{\partial x}\Big|_{\substack{x=x_0 \\ y=y_0}}$, $z'_x\Big|_{\substack{x=x_0 \\ y=y_0}}$, $f'_x(x_0, y_0)$。

类似地, 有 $f'_y(x_0, y_0) = \lim\limits_{\Delta y \to 0} \dfrac{f(x_0, y_0 + \Delta y) - f(x_0, y_0)}{\Delta y}$ 及其记号。

根据偏导数的定义, 有

$$f'_x(x_0, y_0) = \lim_{\Delta x \to 0} \frac{f(x_0 + \Delta x, y_0) - f(x_0, y_0)}{\Delta x} = \frac{\mathrm{d}}{\mathrm{d}x} f(x, y_0)\big|_{x=x_0}$$

$$f'_y(x_0, y_0) = \lim_{\Delta y \to 0} \frac{f(x_0, y_0 + \Delta y) - f(x_0, y_0)}{\Delta y} = \frac{\mathrm{d}}{\mathrm{d}y} f(x_0, y)\big|_{y=y_0}$$

如果函数 $z = f(x, y)$ 在区域 D 内每一点 (x, y) 处对 x 的偏导数都存在, 那么这个偏导数就是 x、y 的函数, 称之为函数 $z = f(x, y)$ 对自变量 x 的偏导函数, 简称对 x 的偏导数, 记为 $\dfrac{\partial z}{\partial x}$, $\dfrac{\partial f}{\partial x}$, z'_x, $f'_x(x, y)$。

类似地, 有函数 $z = f(x, y)$ 对 y 的偏导数及其记号。

(2) 几何意义: 设 $M_0(x_0, y_0, f(x_0, y_0))$ 为曲面 $z = f(x, y)$ 上一点, 过 M_0 作平面 $y = y_0$, 截此曲面得一曲线, 此曲线在平面 $y = y_0$ 上的方程为 $z = f(x, y_0)$, 则偏导数 $f'_x(x_0, y_0)$ 就是这曲线在点 M_0 处的切线对于 x 轴的斜率。类似地, 偏导数 $f'_y(x_0, y_0)$ 的几何意义是曲面被平面 $x = x_0$ 所截得的曲线在点 M_0 处的切线对于 y 轴的斜率。

(3) 高阶偏导数: 设函数 $z = f(x, y)$ 在区域 D 内具有偏导数

$$\frac{\partial z}{\partial x} = f'_x(x, y), \quad \frac{\partial z}{\partial y} = f'_y(x, y)$$

则在 D 内 $f'_x(x, y)$、$f'_y(x, y)$ 都是 x、y 的函数, 如果这两个函数的偏导数也都存在, 则称之为函数 $z = f(x, y)$ 的二阶偏导数。按照对变量求导次序的不同, 有下列四个二阶偏导数:

$$\frac{\partial}{\partial x}\left(\frac{\partial z}{\partial x}\right) = \frac{\partial^2 z}{\partial x^2} = f''_{xx}(x, y), \quad \frac{\partial}{\partial y}\left(\frac{\partial z}{\partial x}\right) = \frac{\partial^2 z}{\partial x \partial y} = f''_{xy}(x, y)$$

$$\frac{\partial}{\partial x}\left(\frac{\partial z}{\partial y}\right) = \frac{\partial^2 z}{\partial y \partial x} = f''_{yx}(x, y), \quad \frac{\partial}{\partial y}\left(\frac{\partial z}{\partial y}\right) = \frac{\partial^2 z}{\partial y^2} = f''_{yy}(x, y)$$

其中第二、三两个偏导数称为混合偏导数。类似地,有三阶、四阶、…、n 阶偏导数。二阶及二阶以上的偏导数称为高阶偏导数。

（4）计算方法:

（ⅰ）归结为求一元函数的导数。如求 $\dfrac{\partial f}{\partial x}$ 时,只要把 y 暂时看作常数而对 x 求导数;求 $\dfrac{\partial f}{\partial y}$ 时,则只要把 x 暂时看作常数而对 y 求导数。求函数在一确定点的偏导数时,那些被视为常数的变量可用具体值代入,从而使计算简化。但要求混合偏导数 $\dfrac{\partial^2 f}{\partial x \partial y}\Big|_{(x_0, y_0)}$ 时,应先求 $\dfrac{\partial f(x, y)}{\partial x}$,然后代入 $x = x_0$,再对 y 求导数后代入 $y = y_0$,即

$$\frac{\partial^2 f}{\partial x \partial y}\Big|_{(x_0, y_0)} = \frac{\mathrm{d}}{\mathrm{d}y}\left(\frac{\partial f(x, y)}{\partial x}\Big|_{x=x_0}\right)\Big|_{y=y_0}$$

（ⅱ）求 $f(x, y) = \begin{cases} g(x, y), & (x, y) \neq (x_0, y_0) \\ A, & (x, y) = (x_0, y_0) \end{cases}$ 在 (x_0, y_0) 处的偏导数。

方法一:按定义,有

$$\frac{\partial f}{\partial x}\Big|_{\substack{x=x_0 \\ y=y_0}} = \lim_{\Delta x \to 0} \frac{f(x_0 + \Delta x, y_0) - f(x_0, y_0)}{\Delta x} = \lim_{\Delta x \to 0} \frac{g(x_0 + \Delta x, y_0) - A}{\Delta x}$$

类似地,求 $\dfrac{\partial f}{\partial y}\Big|_{\substack{x=x_0 \\ y=y_0}}$。

方法二:在连续的条件下求偏导数的极限。

当 $x \in \mathring{U}(x_0, \delta)$ 时,$f(x, y)$ 在 (x, y_0) 处存在偏导数 $\dfrac{\partial f(x, y_0)}{\partial x}$,$f(x, y_0)$ 对 x 在 $x = x_0$ 处连续,若 $\lim\limits_{x \to x_0} \dfrac{\partial f(x, y_0)}{\partial x} = B$,则 $\dfrac{\partial f}{\partial x}\Big|_{\substack{x=x_0 \\ y=y_0}} = B$。对 $\dfrac{\partial f}{\partial y}\Big|_{\substack{x=x_0 \\ y=y_0}}$ 有类似结论。

（5）全导数:设 $z = f(u, v, w)$,$u = \varphi(t)$,$v = \psi(t)$,$w = \omega(t)$,且 f 具有连续偏导数,φ、ψ、ω 均可导,则 $z = f[\varphi(t), \psi(t), \omega(t)]$ 是 t 的一元可导函数,称

$$\frac{\mathrm{d}z}{\mathrm{d}t} = \frac{\partial f}{\partial u} \cdot \frac{\mathrm{d}u}{\mathrm{d}t} + \frac{\partial f}{\partial v} \cdot \frac{\mathrm{d}v}{\mathrm{d}t} + \frac{\partial f}{\partial w} \cdot \frac{\mathrm{d}w}{\mathrm{d}t}$$

为 z 对 t 的全导数。

5. 全微分

（1）定义:设函数 $z = f(x, y)$ 在点 (x_0, y_0) 的某邻域内有定义,分别给自变量 x、y 在 x_0、y_0 以增量 Δx、Δy,相应地得到函数的全增量 Δz,若 Δz 可表示为

$$\Delta z = f(x_0 + \Delta x, y_0 + \Delta y) - f(x_0, y_0) = A\Delta x + B\Delta y + o(\rho)$$

其中 A、B 不依赖于 Δx、Δy 而仅与 x、y 有关,$\rho = \sqrt{(\Delta x)^2 + (\Delta y)^2}$,$o(\rho)$ 是当 $(\Delta x, \Delta y) \to (0, 0)$ 时比 ρ 高阶的无穷小,则称函数 $z = f(x, y)$ 在点 (x_0, y_0) 处可微,称 $A\Delta x + B\Delta y$ 为函数 $z = f(x, y)$ 在点 (x_0, y_0) 处的全微分,记为

$$\mathrm{d}z\big|_{(x_0, y_0)} = \mathrm{d}f(x_0, y_0) = A\Delta x + B\Delta y。$$

（2）判定:

（ⅰ）必要条件:$f'_x(x_0, y_0)$ 与 $f'_y(x_0, y_0)$ 都存在。

（ⅱ）充分条件：$f'_x(x, y)$ 和 $f'_y(x, y)$ 在 (x_0, y_0) 处连续。

（ⅲ）用定义判定：

① $f'_x(x_0, y_0)$ 与 $f'_y(x_0, y_0)$ 是否都存在？

② $\lim\limits_{(\Delta x, \Delta y)\to(0,0)} \dfrac{\Delta z - [f'_x(x_0, y_0)\Delta x + f'_y(x_0, y_0)\Delta y]}{\sqrt{(\Delta x)^2 + (\Delta y)^2}}$ 是否为零？

③ 特别地，若 $f'_x(0, 0) = 0$，$f'_y(0, 0) = 0$，$f(x, y)$ 在 $(0, 0)$ 处可微的充要条件是

$$\lim_{(x, y)\to(0,0)} \frac{f(x, y) - f(0, 0)}{\sqrt{x^2 + y^2}} = 0$$

（3）计算：若 $f(x, y)$ 可微，则 $\mathrm{d}z = \dfrac{\partial f}{\partial x}\mathrm{d}x + \dfrac{\partial f}{\partial y}\mathrm{d}y$。

6. 若干结论

（1）有界性：若函数 $f(x, y)$ 在有界闭区域 D 上连续，则 $f(x, y)$ 在 D 上有界。

（2）最值性：若函数 $f(x, y)$ 在有界闭区域 D 上连续，则 $f(x, y)$ 在 D 上必有最大值和最小值。

（3）介值性：若函数 $f(x, y)$ 在有界闭区域 D 上连续，则 $f(x, y)$ 在 D 上可取到介于它在 D 上最大值与最小值之间的一切值。

（4）若函数 $f(x, y)$ 的两个二阶混合偏导数 $\dfrac{\partial^2 z}{\partial x \partial y}$ 及 $\dfrac{\partial^2 z}{\partial y \partial x}$ 在区域 D 内连续，则在区域 D 内两个二阶混合偏导数相等。

（5）一元函数：连续 $\not\Rightarrow$ 可导；可导 $\Rightarrow$ 连续；连续 $\not\Rightarrow$ 可微；可微 $\Rightarrow$ 连续；可导 $\Leftrightarrow$ 可微。

（6）多元函数：连续 $\not\Rightarrow$ 偏导数存在；偏导数存在 $\not\Rightarrow$ 连续；连续 $\not\Rightarrow$ 可微；可微 $\Rightarrow$ 连续；可微 $\Rightarrow$ 偏导数存在；偏导数存在 $\not\Rightarrow$ 可微；可微 $\not\Rightarrow$ 偏导数连续；偏导数连续 $\Rightarrow$ 可微。

二、考点题型解析

常考题型：• 求二重极限；• 证明二重极限不存在；• 讨论连续性、偏导数的存在性、可微性。

1. 选择题

例 1　设 k 为常数，则极限 $\lim\limits_{(x, y)\to(0,0)} \dfrac{x^2 \sin ky}{x^2 + y^4} = (\quad)$。

(A) 0　　　　　　　　　　　　　　(B) $\dfrac{1}{2}$

(C) 不存在　　　　　　　　　　　　(D) 存在与否与 k 取值有关

解　应选（A）。

由于 $0 \leqslant \left| \dfrac{x^2 \sin ky}{x^2 + y^4} \right| \leqslant |\sin ky| \to 0\ ((x, y)\to(0, 0))$，因此 $\lim\limits_{(x, y)\to(0,0)} \dfrac{x^2 \sin ky}{x^2 + y^4} = 0$，故选（A）。

例 2　$\lim\limits_{(x, y)\to(0,0)} \dfrac{3xy}{\sqrt{xy + 1} - 1} = (\quad)$。

(A) 3　　　　　(B) 6　　　　　(C) 不存在　　　　　(D) ∞

解　应选（B）。

由于 $\lim\limits_{(x,y)\to(0,0)} \dfrac{3xy}{\sqrt{xy+1}-1} = \lim\limits_{(x,y)\to(0,0)} \dfrac{3xy}{xy/2} = 6$，故选（B）。

例 3 设函数 $f(x,y) = \begin{cases} \dfrac{xy^2}{x^2+y^4}, & (x,y) \neq (0,0) \\ 0, & (x,y) = (0,0) \end{cases}$，则（ ）。

（A）极限 $\lim\limits_{(x,y)\to(0,0)} f(x,y)$ 存在，但 $f(x,y)$ 在点 $(0,0)$ 处不连续

（B）极限 $\lim\limits_{(x,y)\to(0,0)} f(x,y)$ 存在，且 $f(x,y)$ 在点 $(0,0)$ 处连续

（C）极限 $\lim\limits_{(x,y)\to(0,0)} f(x,y)$ 不存在，且 $f(x,y)$ 在点 $(0,0)$ 处不连续

（D）极限 $\lim\limits_{(x,y)\to(0,0)} f(x,y)$ 不存在，但 $f(x,y)$ 在点 $(0,0)$ 处连续

解 应选（C）。

取 $x = ky^2$，则 $\lim\limits_{(x,y)\to(0,0)} f(x,y) = \lim\limits_{(x,y)\to(0,0)} \dfrac{xy^2}{x^2+y^4} = \lim\limits_{x\to 0} \dfrac{ky^2 \cdot y^2}{(ky^2)^2+y^4} = \dfrac{k}{k^2+1}$，该极限与 k 有关，从而 $\lim\limits_{(x,y)\to(0,0)} f(x,y)$ 不存在，因此 $f(x,y)$ 在点 $(0,0)$ 处不连续，故选（C）。

例 4 设 $f(x,y) = \sin\sqrt{x^4+y^2}$，则（ ）。

（A）$f'_x(0,0)$ 和 $f'_y(0,0)$ 都存在 　　（B）$f'_x(0,0)$ 不存在，$f'_y(0,0)$ 存在

（C）$f'_x(0,0)$ 存在，$f'_y(0,0)$ 不存在 　　（D）$f'_x(0,0)$ 和 $f'_y(0,0)$ 都不存在

解 应选（C）。

由于 $f(x,0) = \sin\sqrt{x^4} = \sin x^2$，而 $\sin x^2$ 在 $x=0$ 处可导，因此 $f'_x(0,0)$ 存在；又 $f(0,y) = \sin\sqrt{y^2} = \sin|y|$，而 $\sin|y|$ 在 $y=0$ 处不可导，所以 $f'_y(0,0)$ 不存在。事实上，设 $\varphi(y) = \sin|y|$，则

$$\lim_{y\to 0^+} \frac{\varphi(y)-\varphi(0)}{y} = \lim_{y\to 0^+} \frac{\sin y}{y} = 1, \quad \lim_{y\to 0^-} \frac{\varphi(y)-\varphi(0)}{y} = \lim_{y\to 0^-} \frac{-\sin y}{y} = -1$$

故选（C）。

例 5 设 $f(x,y) = \begin{cases} \dfrac{xy}{|x|^m+|y|^n}, & x^2+y^2 \neq 0 \\ 0, & x^2+y^2 = 0 \end{cases}$，其中 m、n 为正整数，函数在 $(0,0)$ 处不连续，但偏导数存在，则 m、n 满足（ ）。

（A）$m \geq 2, n < 2$ 　（B）$m \geq 2, n \geq 2$ 　（C）$m < 2, n \geq 2$ 　（D）$m < 2, n < 2$

解 应选（B）。

当 $m \geq 2, n \geq 2$ 时，取 $y = kx(k \neq 0)$，则

$$\lim_{(x,y)\to(0,0)} f(x,y) = \lim_{x\to 0} \frac{kx^2}{|x|^m+|k|^n|x|^n} = \lim_{x\to 0} \frac{k}{|x|^{m-2}+|k|^n|x|^{n-2}}$$

$$= \begin{cases} \infty, & m>2, n>2 \\ k, & m=2, n>2 \\ \dfrac{k}{|k|^n}, & m>2, n=2 \\ \dfrac{k}{1+|k|^n}, & m=2, n=2 \end{cases}$$

该极限与 k 有关，从而 $\lim\limits_{(x,y)\to(0,0)} f(x,y)$ 不存在，故 $f(x,y)$ 在点 $(0,0)$ 处不连续。又

$$f'_x(0,0) = \lim_{x \to 0} \frac{f(x,0) - f(0,0)}{x} = \lim_{x \to 0} \frac{0-0}{x} = 0$$

同理 $f'_y(0,0) = 0$，故 $f(x,y)$ 在点 $(0,0)$ 处偏导数存在。由于当 $n < 2$ 时，

$$0 \leqslant \left| \frac{xy}{|x|^m + |y|^n} \right| \leqslant \frac{|xy|}{|y|^n} = |x| \, |y|^{1-n} \to 0$$

因此 $f(x,y)$ 在点 $(0,0)$ 处连续；同理当 $m < 2$ 时，$f(x,y)$ 在点 $(0,0)$ 处连续。故选 (B)。

例 6　设 $f(x,y) = \begin{cases} (x^2+y^2)\sin\dfrac{1}{x^2+y^2}, & x^2+y^2 \neq 0 \\ 0, & x^2+y^2 = 0 \end{cases}$，则 $f(x,y)$ 在原点 $(0,0)$

处（　　）。

(A) 偏导数不存在　　　　　　　　　　(B) 不可微

(C) 偏导数存在且连续　　　　　　　　(D) 可微

解　应选 (D)。

由于

$$f'_x(0,0) = \lim_{\Delta x \to 0} \frac{f(\Delta x,0) - f(0,0)}{\Delta x} = \lim_{\Delta x \to 0} \frac{(\Delta x)^2 \sin\dfrac{1}{(\Delta x)^2}}{\Delta x}$$

$$= \lim_{\Delta x \to 0} (\Delta x) \sin\frac{1}{(\Delta x)^2} = 0$$

由对称性，知 $f'_y(0,0) = 0$，又

$$\lim_{(\Delta x, \Delta y) \to (0,0)} \frac{[f(\Delta x, \Delta y) - f(0,0)] - [f'_x(0,0)\Delta x + f'_y(0,0)\Delta y]}{\rho}$$

$$= \lim_{(\Delta x, \Delta y) \to (0,0)} \frac{(\Delta x)^2 + (\Delta y)^2}{\sqrt{(\Delta x)^2 + (\Delta y)^2}} \sin\frac{1}{(\Delta x)^2 + (\Delta y)^2}$$

$$= \lim_{(\Delta x, \Delta y) \to (0,0)} \sqrt{(\Delta x)^2 + (\Delta y)^2} \sin\frac{1}{(\Delta x)^2 + (\Delta y)^2} = 0$$

因此 $f(x,y)$ 在原点 $(0,0)$ 处可微，故选 (D)。

例 7　函数 $f(x,y)$ 在点 $(0,0)$ 处可微的一个充分条件是（　　）。

(A) $\lim\limits_{(x,y) \to (0,0)} [f(x,y) - f(0,0)] = 0$

(B) $\lim\limits_{x \to 0} \dfrac{f(x,0) - f(0,0)}{x} = 0$ 且 $\lim\limits_{y \to 0} \dfrac{f(0,y) - f(0,0)}{y} = 0$

(C) $\lim\limits_{(x,y) \to (0,0)} \dfrac{f(x,y) - f(0,0)}{x^2 + y^2} = a$

(D) $\lim\limits_{x \to 0} [f'_x(x,0) - f'_x(0,0)] = 0$ 且 $\lim\limits_{y \to 0} [f'_y(0,y) - f'_y(0,0)] = 0$

解　应选 (C)。

方法一　设 $\lim\limits_{(x,y) \to (0,0)} \dfrac{f(x,y) - f(0,0)}{x^2 + y^2} = a$，则

$$f'_x(0,0) = \lim_{x \to 0} \frac{f(x,0) - f(0,0)}{x} = \lim_{x \to 0} \frac{f(x,0) - f(0,0)}{x^2 + 0^2} \cdot \frac{x^2 + 0^2}{x} = 0$$

同理 $f'_y(0,0) = 0$，且

$$\lim_{(x,y) \to (0,0)} \frac{f(x,y) - f(0,0) - f'_x(0,0)x - f'_y(0,0)y}{\sqrt{x^2 + y^2}}$$

$$= \lim_{(x, y) \to (0, 0)} \frac{f(x, y) - f(0, 0)}{x^2 + y^2} \cdot \sqrt{x^2 + y^2} = a \cdot 0 = 0$$

从而 $f(x, y)$ 在点 $(0, 0)$ 处可微, 故选(C)。

方法二 由于选项(A)是 $f(x, y)$ 在点 $(0, 0)$ 处连续的定义, 因此它不是 $f(x, y)$ 在点 $(0, 0)$ 处可微的充分条件, 从而选项(A)不正确; 又 $f'_x(0, 0)$ 与 $f'_y(0, 0)$ 存在且都等于 0 也不是 $f(x, y)$ 在点 $(0, 0)$ 处可微的充分条件, 故选项(B)不正确; 取

$$f(x, y) = \begin{cases} 1, & xy \neq 0 \\ 0, & xy = 0 \end{cases}$$

则

$$f'_x(0, 0) = 0, \ f'_y(0, 0) = 0, \ f'_x(x, 0) = \lim_{x \to 0} \frac{f(x + \Delta x, 0) - f(0, 0)}{\Delta x} = 0$$

从而 $$\lim_{x \to 0} [f'_x(x, 0) - f'_x(0, 0)] = 0$$

同理 $\lim_{y \to 0} [f'_y(0, y) - f'_y(0, 0)] = 0$, 但

$$\lim_{(x, y) \to (0, 0)} \frac{f(x, y) - f(0, 0) - f'_x(0, 0)x - f'_y(0, 0)y}{\sqrt{x^2 + y^2}} = \lim_{(x, y) \to (0, 0)} \frac{1}{\sqrt{x^2 + y^2}} \neq 0$$

即 $f(x, y)$ 在点 $(0, 0)$ 处不可微, 从而选项(D)不正确。故选(C)。

例 8 设 $z = f(x, y)$ 满足 $\dfrac{\partial^2 f}{\partial y^2} = 2$, $f(x, 0) = 1$, $f'_y(x, 0) = x$, 则 $f(x, y) = ($ $)$。

(A) $1 - xy + y^2$
(B) $1 + xy + y^2$
(C) $1 - x^2 y + y^2$
(D) $1 + x^2 y + y^2$

解 应选(B)。

等式 $\dfrac{\partial^2 f}{\partial y^2} = 2$ 两边对 y 积分, 得

$$f'_y(x, y) = 2y + \varphi(x)$$

将 $f'_y(x, 0) = x$ 代入上式, 得 $\varphi(x) = x$, 从而 $f'_y(x, y) = 2y + x$, 该式两边再对 y 积分, 得

$$f(x, y) = y^2 + xy + \psi(x)$$

将 $f(x, 0) = 1$ 代入上式, 得 $\psi(x) = 1$, 因此 $f(x, y) = y^2 + xy + 1$, 故选(B)。

2. 填空题

例 1 函数 $f(x, y) = \dfrac{\sqrt{4x - y^2}}{\ln(1 - x^2 - y^2)}$ 的定义域为_____。

解 由 $4x - y^2 \geqslant 0$, $1 - x^2 - y^2 > 0$, $x^2 + y^2 \neq 0$ 得函数的定义域为

$$D = \{(x, y) \mid 4x - y^2 \geqslant 0, \ 1 - x^2 - y^2 > 0, \ x^2 + y^2 \neq 0\}$$

例 2 设 $f\left(x + y, \dfrac{y}{x}\right) = x^2 - y^2$, 则 $f(x, y) = $ _____。

解 令 $u = x + y$, $v = \dfrac{y}{x}$, 则 $x = \dfrac{u}{1 + v}$, $y = \dfrac{uv}{1 + v}$, 从而

$$f(u, v) = \left(\frac{u}{1 + v}\right)^2 - \left(\frac{uv}{1 + v}\right)^2 = \frac{u^2(1 - v)}{1 + v}$$

故 $f(x, y) = \dfrac{x^2(1 - y)}{1 + y}$ $(y \neq -1)$。

例 3　$\lim\limits_{(x, y)\to(0, 0)}\dfrac{xy^2}{x^2+y^2}=$ _____。

解　由于 $0\leqslant\left|\dfrac{xy^2}{x^2+y^2}\right|\leqslant\dfrac{|y|}{2}\to 0\ ((x, y)\to(0, 0))$，因此 $\lim\limits_{(x, y)\to(0, 0)}\dfrac{xy^2}{x^2+y^2}=0$。

例 4　$\lim\limits_{(x, y)\to(\infty, \infty)}\dfrac{x+y}{x^2-xy+y^2}=$ _____。

解　由于 $0\leqslant\left|\dfrac{x+y}{x^2-xy+y^2}\right|\leqslant\dfrac{|x|+|y|}{|xy|}=\dfrac{1}{|x|}+\dfrac{1}{|y|}\to 0\ ((x, y)\to(\infty, \infty))$，因此

$$\lim_{(x, y)\to(\infty, \infty)}\frac{x+y}{x^2-xy+y^2}=0$$

例 5　设 $f(x, y)=\begin{cases}\dfrac{xy}{\sqrt{x^2+y^2}}, & x^2+y^2\neq 0 \\ a, & x^2+y^2=0\end{cases}$ 在点 $(0, 0)$ 处连续，则 $a=$ _____。

解　由于

$$\lim_{(x, y)\to(0, 0)}f(x, y)=\lim_{(x, y)\to(0, 0)}\frac{xy}{x^2+y^2}\cdot\sqrt{x^2+y^2}=0\quad\left(\left|\frac{xy}{x^2+y^2}\right|\leqslant\frac{1}{2}\right)$$

因此

$$a=f(0, 0)=\lim_{(x, y)\to(0, 0)}\frac{xy}{\sqrt{x^2+y^2}}=0$$

3. 解答题

例 1　证明 $\lim\limits_{(x, y)\to(0, 0)}\dfrac{xy}{\sqrt{x^2+y^2}}=0$。

证　由于 $\left|\dfrac{xy}{\sqrt{x^2+y^2}}-0\right|=\dfrac{|x||y|}{\sqrt{x^2+y^2}}\leqslant\dfrac{\frac{1}{2}(x^2+y^2)}{\sqrt{x^2+y^2}}=\dfrac{1}{2}\sqrt{x^2+y^2}$，因此 $\forall\varepsilon>0$，

取 $\delta=2\varepsilon$，当 $0<\sqrt{(x-0)^2+(y-0)^2}<\delta$，即 $0<\sqrt{x^2+y^2}<\delta$ 时，

$$\left|\frac{xy}{\sqrt{x^2+y^2}}-0\right|\leqslant\frac{1}{2}\sqrt{x^2+y^2}<\frac{1}{2}\delta=\frac{1}{2}\cdot 2\varepsilon=\varepsilon$$

故 $\lim\limits_{(x, y)\to(0, 0)}\dfrac{xy}{\sqrt{x^2+y^2}}=0$。

例 2　证明 $\lim\limits_{(x, y)\to(0, 0)}\dfrac{3xy}{x^2+y^2}$ 不存在。

证　由于 $\lim\limits_{\substack{(x, y)\to(0, 0)\\ y=kx}}\dfrac{3xy}{x^2+y^2}=\lim\limits_{x\to 0}\dfrac{3x\cdot kx}{x^2+k^2x^2}=\dfrac{3k}{1+k^2}$，因此该极限值不是确定的常数，

它随着直线 $y=kx$ 的斜率 k 而变化，所以二重极限 $\lim\limits_{(x, y)\to(0, 0)}\dfrac{3xy}{x^2+y^2}$ 不存在。

例 3　求 $\lim\limits_{(x, y)\to(0, a)}\dfrac{\sin xy}{x}(a\neq 0)$。

解　令 $u=xy$，则

$$\lim_{(x, y)\to(0, a)}\frac{\sin xy}{x}=\lim_{(x, y)\to(0, a)}\left(\frac{\sin xy}{xy}\cdot y\right)=\lim_{u\to 0}\frac{\sin u}{u}\cdot\lim_{y\to a}y=a$$

例 4 设 $\lim\limits_{(x,\,y)\to(0,\,0)}\dfrac{(y-x)x}{\sqrt{x^2+y^2}}$ 存在，求该极限。

解 令 $x=\rho\cos\theta,\ y=\rho\sin\theta(\rho>0)$，则

$$\lim_{(x,\,y)\to(0,\,0)}\frac{(y-x)x}{\sqrt{x^2+y^2}}=\lim_{\rho\to0}\frac{\rho^2(\sin\theta-\cos\theta)\cos\theta}{\rho}$$

$$=\lim_{\rho\to0}\rho(\sin\theta-\cos\theta)\cos\theta=0$$

评注：利用这种求极限的方法只有当极限存在时才可以使用，即在没有极限存在的条件下利用该方法求极限有可能导致错误。

例 5 讨论函数 $f(x,y)=\begin{cases}\dfrac{x^2y}{x^2+y^2}, & x^2+y^2\neq0\\ 0, & x^2+y^2=0\end{cases}$ 的连续性。

解 由于 $\dfrac{x^2y}{x^2+y^2}$ 是初等函数，它在 $x^2+y^2\neq0$ 的点处连续，因此函数 $f(x,y)$ 在 $x^2+y^2\neq0$ 的点处是连续的。在点 $(0,0)$ 处，由于

$$0\leqslant\left|\frac{x^2y}{x^2+y^2}\right|=\frac{x^2}{x^2+y^2}|y|\leqslant|y|\to0\ ((x,y)\to(0,0))$$

因此 $\lim\limits_{(x,\,y)\to(0,\,0)}\dfrac{x^2y}{x^2+y^2}=0=f(0,0)$，从而函数 $f(x,y)$ 在点 $(0,0)$ 处连续，故函数 $f(x,y)$ 在全平面连续。

例 6 求函数 $f(x,y)=\begin{cases}\dfrac{x^2y}{x^4+y^2}, & x^2+y^2\neq0\\ 0, & x^2+y^2=0\end{cases}$ 在点 $(0,0)$ 处的一阶偏导数，并研究在点 $(0,0)$ 处的全微分是否存在。

解 由于

$$f'_x(0,0)=\lim_{x\to0}\frac{f(x,0)-f(0,0)}{x}=\lim_{x\to0}\frac{0-0}{x}=0$$

$$f'_y(0,0)=\lim_{y\to0}\frac{f(0,y)-f(0,0)}{y}=\lim_{y\to0}\frac{0-0}{y}=0$$

又

$$\lim_{(\Delta x,\,\Delta y)\to(0,\,0)}\frac{[f(\Delta x,\Delta y)-f(0,0)]-[f'_x(0,0)\Delta x+f'_y(0,0)\Delta y]}{\sqrt{(\Delta x)^2+(\Delta y)^2}}$$

$$=\lim_{(\Delta x,\,\Delta y)\to(0,\,0)}\frac{(\Delta x)^2\Delta y}{(\Delta x)^4+(\Delta y)^2}\cdot\frac{1}{\sqrt{(\Delta x)^2+(\Delta y)^2}}$$

取 $\Delta y=\Delta x$，则

$$\lim_{\Delta x\to0^+}\frac{(\Delta x)^3}{(\Delta x)^4+(\Delta x)^2}\cdot\frac{1}{\sqrt{2}\,\Delta x}=\frac{1}{\sqrt{2}}\lim_{\Delta x\to0^+}\frac{1}{(\Delta x)^2+1}=\frac{1}{\sqrt{2}}\neq0$$

因此 $f(x,y)$ 在点 $(0,0)$ 处不可微。

三、经典习题与解答

```
经 典 习 题
```

1. 选择题

(1) 函数 $f(x, y) = \sqrt{\dfrac{x^2 + y^2 - x}{2x - x^2 - y^2}}$ 的定义域为（　　）。

(A) $x < x^2 + y^2 \leqslant 2x$

(B) $x \leqslant x^2 + y^2 < 2x$

(C) $x \leqslant x^2 + y^2 \leqslant 2x$

(D) $x < x^2 + y^2 < 2x$

(2) 设 $f(x, y) = \ln(x - \sqrt{x^2 - y^2})$（$x > y > 0$），则 $f(x + y, x - y) = $（　　）。

(A) $2\ln(\sqrt{x} - \sqrt{y})$

(B) $\ln(x - y)$

(C) $\dfrac{1}{2}(\ln x - \ln y)$

(D) $2\ln(x - y)$

(3) $\lim\limits_{(x, y) \to (0, 0)} (x^2 + y^2)^{x^2 y^2} = $（　　）。

(A) 0　　　　　　　(B) 1　　　　　　　(C) 2　　　　　　　(D) e

(4) 设 $f(x, y) = \begin{cases} \dfrac{xy}{\sqrt{x^2 + y^2}}, & (x, y) \neq (0, 0) \\ 0, & (x, y) = (0, 0) \end{cases}$，则 $f(x, y)$ 在 $(0, 0)$ 处（　　）。

(A) 两个偏导都不存在

(B) 两个偏导存在但不可微

(C) 偏导数连续

(D) 可微但偏导数不连续

(5) 设 $z = \mathrm{e}^{y^2 \ln x}$，则（　　）。

(A) $\dfrac{\partial^2 z}{\partial x \partial y} - \dfrac{\partial^2 z}{\partial y \partial x} > 0$

(B) $\dfrac{\partial^2 z}{\partial x \partial y} - \dfrac{\partial^2 z}{\partial y \partial x} < 0$

(C) $\dfrac{\partial^2 z}{\partial x \partial y} - \dfrac{\partial^2 z}{\partial y \partial x} \neq 0$

(D) $\dfrac{\partial^2 z}{\partial x \partial y} - \dfrac{\partial^2 z}{\partial y \partial x} = 0$

(6) 设 $\varphi(x)$ 为任意一个 x 的可微函数，$\psi(y)$ 为任意一个 y 的可微函数，如果已知 $\dfrac{\partial^2 F}{\partial x \partial y} \neq \dfrac{\partial^2 f}{\partial x \partial y}$，则 $F(x, y) = $（　　）。

(A) $f(x, y) + \varphi(x)$

(B) $f(x, y) + \psi(y)$

(C) $f(x, y) + \varphi(x) + \psi(y)$

(D) $f(x, y) + \varphi(x)\psi(y)$

2. 填空题

(1) 函数 $f(x, y) = \sqrt{x - \sqrt{y}}$ 的定义域为_____。

(2) 函数 $f(x, y) = \arcsin \dfrac{y}{x}$ 的定义域为_____。

(3) 已知函数 $f(x, y) = x^2 + y^2 - xy \tan \dfrac{x}{y}$，则 $f(tx, ty) = $_____。

(4) $\lim\limits_{(x, y) \to (0, 0)} \dfrac{1 - \cos(x^2 + y^2)}{(x^2 + y^2)x^2 y^2} = $_____。

(5) $\lim\limits_{(x,\,y)\to(0,\,0)}\dfrac{x^2 y^{\frac{7}{3}}}{x^4 + y^4} = $ _____ 。

(6) 函数 $f(x,\,y) = \dfrac{y^2 + 2x}{y^2 - 2x}$ 的间断点为 _____ 。

3. 解答题

(1) 证明 $\lim\limits_{(x,\,y)\to(0,\,0)}(1+xy)^{\frac{1}{x+y}}$ 不存在。

(2) 求 $\lim\limits_{(x,\,y)\to(\infty,\,a)}\left(1+\dfrac{1}{x}\right)^{\frac{x^2}{x+y}}$ 。

(3) 求 $\lim\limits_{(x,\,y)\to(+\infty,\,+\infty)}\left(\dfrac{xy}{x^2+y^2}\right)^{x^2}$ 。

(4) 确定函数 $f(x,\,y) = \begin{cases} \dfrac{\ln(1+xy)}{x}, & x \neq 0 \\ y, & x = 0 \end{cases}$ 的定义域，并证明此函数在定义域内是连续的。

(5) 设 $F(x,\,y) = f(x)$，$f(x)$ 在 x_0 处连续，证明 $\forall y_0 \in \mathbf{R}$，$F(x,\,y)$ 在 $(x_0,\,y_0)$ 处连续。

(6) 设 $f(x,\,y) = x^2 + (x+3)y + ay^2 + y^3$，已知两曲线 $\dfrac{\partial f}{\partial x} = 0$ 与 $\dfrac{\partial f}{\partial y} = 0$ 相切，求 a。

经典习题解答

1. 选择题

(1) **解** 应选(B)。

函数的定义域为 $2x - x^2 - y^2 \neq 0$，且 $x^2 + y^2 - x$ 与 $2x - x^2 - y^2$ 同号，从而函数的定义域为 $x \leqslant x^2 + y^2 < 2x$，故选(B)。

(2) **解** 应选(A)。

$$f(x+y,\,x-y) = \ln(x+y-\sqrt{(x+y)^2-(x-y)^2})$$
$$= \ln(x+y-2\sqrt{xy}) = \ln\left(\sqrt{x}-\sqrt{y}\right)^2 = 2\ln(\sqrt{x}-\sqrt{y})$$

故选(A)。

(3) **解** 应选(B)。

由于当 $(x,\,y) \in \mathring{U}((0,\,0),\,\delta)$ $(\delta < 1)$ 时，

$$x^2 y^2 \ln(2\,|xy|) \leqslant x^2 y^2 \ln(x^2+y^2) \leqslant \dfrac{x^2+y^2}{2}\ln(x^2+y^2)$$

且

$$\lim\limits_{(x,\,y)\to(0,\,0)} x^2 y^2 \ln(2\,|xy|) = 0, \qquad \lim\limits_{(x,\,y)\to(0,\,0)}\dfrac{x^2+y^2}{2}\ln(x^2+y^2) = 0$$

因此 $\lim\limits_{(x,\,y)\to(0,\,0)} x^2 y^2 \ln(x^2+y^2) = 0$，从而

$$\lim\limits_{(x,\,y)\to(0,\,0)}(x^2+y^2)^{x^2 y^2} = \lim\limits_{(x,\,y)\to(0,\,0)} \mathrm{e}^{x^2 y^2 \ln(x^2+y^2)} = \mathrm{e}^0 = 1$$

故选(B)。

(4) **解**　应选(B)。

由于 $f'_x(0, 0) = \lim\limits_{\Delta x \to 0} \dfrac{f(\Delta x, 0) - f(0, 0)}{\Delta x} = \lim\limits_{\Delta x \to 0} \dfrac{0 - 0}{\Delta x} = 0$，由对称性知 $f'_y(0, 0) = 0$，

因此两个偏导存在，但由于

$$\lim_{(\Delta x, \Delta y) \to (0, 0)} \frac{\left[f(\Delta x, \Delta y) - f(0, 0)\right] - \left[f'_x(0, 0)\Delta x + f'_y(0, 0)\Delta y\right]}{\rho}$$

$$= \lim_{(\Delta x, \Delta y) \to (0, 0)} \frac{\Delta x \Delta y}{(\Delta x)^2 + (\Delta y)^2}$$

取 $\Delta y = k \Delta x$，则

$$\lim_{(\Delta x, \Delta y) \to (0, 0)} \frac{\Delta x \Delta y}{(\Delta x)^2 + (\Delta y)^2} = \lim_{\Delta x \to 0} \frac{k(\Delta x)^2}{(1 + k^2)(\Delta x)^2} = \frac{k}{1 + k^2}$$

该极限与 k 有关，因此 $f(x, y)$ 在 $(0, 0)$ 处不可微，故选(B)。

(5) **解**　应选(D)。

由于

$$\frac{\partial z}{\partial x} = \mathrm{e}^{y^2 \ln x} \cdot \frac{y^2}{x}$$

$$\frac{\partial z}{\partial y} = \mathrm{e}^{y^2 \ln x} \cdot 2y \ln x$$

$$\frac{\partial^2 z}{\partial x \partial y} = \frac{2y}{x} \mathrm{e}^{y^2 \ln x} (1 + y^2 \ln x)$$

$$\frac{\partial^2 z}{\partial y \partial x} = \frac{2y}{x} \mathrm{e}^{y^2 \ln x} (1 + y^2 \ln x)$$

因此 $\dfrac{\partial^2 z}{\partial x \partial y} - \dfrac{\partial^2 z}{\partial y \partial x} = 0$，故选(D)。

(6) 若 $F(x, y) = f(x, y) + \varphi(x)$，则

$$\frac{\partial F}{\partial x} = \frac{\partial f}{\partial x} + \varphi'(x)$$

$$\frac{\partial^2 F}{\partial x \partial y} = \frac{\partial^2 f}{\partial x \partial y} + \frac{\partial}{\partial y}(\varphi'(x)) = \frac{\partial^2 f}{\partial x \partial y}$$

从而(A)不正确；同理(B)、(C)都不正确。故选(D)。

2. 填空题

(1) **解**　要使函数有意义，必须使 $y \geqslant 0$，$x - \sqrt{y} \geqslant 0$，即 $y \geqslant 0$，$x \geqslant \sqrt{y}$，所以函数的定义域为 $D = \{(x, y) \mid y \geqslant 0, x \geqslant \sqrt{y}\}$。

(2) **解**　由 $\left|\dfrac{y}{x}\right| \leqslant 1$ 及 $x \neq 0$ 得函数的定义域为 $D = \{(x, y) \mid |y| \leqslant |x|, x \neq 0\}$。

(3) **解**　$f(tx, ty) = (tx)^2 + (ty)^2 - (tx)(ty)\tan\dfrac{tx}{ty} = t^2\left(x^2 + y^2 - xy\tan\dfrac{x}{y}\right)$

$$= t^2 f(x, y)$$

(4) **解**　$\lim\limits_{(x, y) \to (0, 0)} \dfrac{1 - \cos(x^2 + y^2)}{(x^2 + y^2)x^2 y^2} = \lim\limits_{(x, y) \to (0, 0)} \dfrac{\frac{(x^2 + y^2)^2}{2}}{(x^2 + y^2)x^2 y^2} = \dfrac{1}{2} \lim\limits_{(x, y) \to (0, 0)} \dfrac{x^2 + y^2}{x^2 y^2}$

$$= \frac{1}{2} \lim_{(x, y) \to (0, 0)} \left(\frac{1}{x^2} + \frac{1}{y^2}\right) = +\infty$$

（5）**解** 由于 $0 \leqslant \dfrac{x^2 y^{\frac{7}{3}}}{x^4 + y^4} \leqslant \dfrac{y^{\frac{1}{3}}}{2}$，$\lim\limits_{(x,\,y) \to (0,\,0)} \dfrac{y^{\frac{1}{3}}}{2} = 0$，因此 $\lim\limits_{(x,\,y) \to (0,\,0)} \dfrac{x^2 y^{\frac{7}{3}}}{x^4 + y^4} = 0$。

（6）**解** 由于函数在抛物线 $y^2 = 2x$ 上每一点处无定义，因此函数的间断点为集合 $\{(x,\,y) \,|\, y^2 = 2x\}$。

3. 解答题

（1）**证** 由于

$$\lim_{\substack{(x,\,y) \to (0,\,0) \\ y = 0}} \frac{xy}{x + y} = \lim_{x \to 0} 0 = 0$$

$$\lim_{\substack{(x,\,y) \to (0,\,0) \\ y = x^2 - x}} \frac{xy}{x + y} = \lim_{x \to 0} \frac{x(x^2 - x)}{x^2} = \lim_{x \to 0} (x - 1) = -1$$

所以 $\lim\limits_{(x,\,y) \to (0,\,0)} \dfrac{xy}{x + y}$ 不存在。故 $\lim\limits_{(x,\,y) \to (0,\,0)} (1 + xy)^{\frac{1}{x+y}} = \lim\limits_{(x,\,y) \to (0,\,0)} \left[(1 + xy)^{\frac{1}{xy}}\right]^{\frac{xy}{x+y}}$ 不存在。

（2）**解** 由于 $\lim\limits_{x \to \infty} \left(1 + \dfrac{1}{x}\right)^x = \mathrm{e}$，$\lim\limits_{(x,\,y) \to (\infty,\,a)} \dfrac{x}{x + y} = 1$，因此

$$\lim_{(x,\,y) \to (\infty,\,a)} \left(1 + \frac{1}{x}\right)^{\frac{x^2}{x+y}} = \lim_{(x,\,y) \to (\infty,\,a)} \left[\left(1 + \frac{1}{x}\right)^x\right]^{\frac{x}{x+y}} = \mathrm{e}$$

（3）**解** 不妨设 $x > 0$，$y > 0$，则 $0 < \dfrac{xy}{x^2 + y^2} \leqslant \dfrac{1}{2}$，从而 $0 < \left(\dfrac{xy}{x^2 + y^2}\right)^{x^2} \leqslant \left(\dfrac{1}{2}\right)^{x^2}$，由于 $\lim\limits_{x \to +\infty} \left(\dfrac{1}{2}\right)^{x^2} = 0$，因此 $\lim\limits_{(x,\,y) \to (+\infty,\,+\infty)} \left(\dfrac{xy}{x^2 + y^2}\right)^{x^2} = 0$。

（4）**解** 当 $x = 0$ 时，函数有定义；当 $x \neq 0$ 时，为使函数 $f(x,\,y)$ 有定义，必须且只需 $1 + xy > 0$。若 $x > 0$，则 $y > -\dfrac{1}{x}$，若 $x < 0$，则 $y < -\dfrac{1}{x}$，故函数 $f(x,\,y)$ 的定义域为

$$D = \left\{x > 0,\, y > -\frac{1}{x}\right\} \bigcup \left\{x < 0,\, y < -\frac{1}{x}\right\} \bigcup \{x = 0,\, -\infty < y < +\infty\}$$

由于在 $D_1 = \left\{x > 0,\, y > -\dfrac{1}{x}\right\}$ 和 $D_2 = \left\{x < 0,\, y < -\dfrac{1}{x}\right\}$ 内，$f(x,\,y) = \dfrac{\ln(1 + xy)}{x}$ 为初等函数且有定义，因此 $f(x,\,y)$ 在 D_1、D_2 上连续。在直线 $x = 0$ 上任取一点 $(0,\,y_0)$，则

$$\lim_{(x,\,y) \to (0,\,y_0)} f(x,\,y) = \lim_{(x,\,y) \to (0,\,y_0)} \frac{\ln(1 + xy)}{x} = \lim_{(x,\,y) \to (0,\,y_0)} \frac{xy}{x} = y_0 = f(0,\,y_0)$$

从而 $f(x,\,y)$ 在 $x = 0$ 上连续，所以 $f(x,\,y)$ 在其定义域内是连续的。

（5）**证** 由于 $f(x)$ 在 x_0 处连续，因此 $\lim\limits_{x \to x_0} f(x) = f(x_0)$，从而 $\forall y_0 \in \mathbf{R}$，有

$$\lim_{(x,\,y) \to (x_0,\,y_0)} F(x,\,y) = \lim_{(x,\,y) \to (x_0,\,y_0)} f(x) = \lim_{x \to x_0} f(x) = f(x_0) = F(x_0,\,y_0)$$

即 $F(x,\,y)$ 在 $(x_0,\,y_0)$ 处连续。

（6）**解** 由 $\dfrac{\partial f}{\partial x} = 2x + y = 0$，$\dfrac{\partial f}{\partial y} = 3y^2 + 2ay + x + 3 = 0$，得两曲线分别为 $x = -\dfrac{1}{2}y$ 与 $x = -(3 + 3y^2 + 2ay)$，又两曲线相切，故 $x'_y = -\dfrac{1}{2}$ 与 $x'_y = -6y - 2a$ 在切点 $(x,\,y)$ 处相等，从而 $4a - 1 = -12y$。由于切点 $(x,\,y)$ 在两曲线上，因此 $6y^2 + (4a - 1)y + 6 = 0$，

解之，得 $y = \pm 1$，$4a = 1 \mp 12$，即 $a = -\dfrac{11}{4}$ 或 $a = \dfrac{13}{4}$。

4.2　偏导数与全微分的计算

一、考点内容讲解

1. 复合函数求导法

（1）设 $u = u(x, y)$，$v = v(x, y)$ 具有偏导数，$z = f(u, v)$ 在相应点具有连续偏导数，则复合函数 $z = f[u(x, y), v(x, y)]$ 在点 (x, y) 处的偏导数存在，且

$$\frac{\partial z}{\partial x} = \frac{\partial f}{\partial u}\frac{\partial u}{\partial x} + \frac{\partial f}{\partial v}\frac{\partial v}{\partial x}, \qquad \frac{\partial z}{\partial y} = \frac{\partial f}{\partial u}\frac{\partial u}{\partial y} + \frac{\partial f}{\partial v}\frac{\partial v}{\partial y}$$

（2）设 $u = u(x)$，$v = v(x)$ 在点 x 处可导，$z = f(u, v)$ 在相应点 (u, v) 处具有连续偏导数，则复合函数 $z = f[u(x), v(x)]$ 在点 x 处可导，且

$$\frac{\mathrm{d}z}{\mathrm{d}x} = \frac{\partial z}{\partial u}\cdot\frac{\mathrm{d}u}{\mathrm{d}x} + \frac{\partial z}{\partial v}\cdot\frac{\mathrm{d}v}{\mathrm{d}x}$$

（3）设 $u = u(x, y)$，$v = v(x, y)$ 在点 (x, y) 处具有偏导数，$z = f(x, u, v)$ 在相应点 (x, u, v) 处具有连续偏导数，则复合函数 $z = f[x, u(x, y), v(x, y)]$ 在点 (x, y) 处的偏导数存在，且

$$\frac{\partial z}{\partial x} = \frac{\partial f}{\partial x} + \frac{\partial f}{\partial u}\cdot\frac{\partial u}{\partial x} + \frac{\partial f}{\partial v}\cdot\frac{\partial v}{\partial x}, \qquad \frac{\partial z}{\partial y} = \frac{\partial f}{\partial u}\cdot\frac{\partial u}{\partial y} + \frac{\partial f}{\partial v}\cdot\frac{\partial v}{\partial y}$$

2. 全微分形式不变性

设 $z = f(u, v)$，$u = u(x, y)$，$v = v(x, y)$ 都具有连续偏导数，则

$$\mathrm{d}z = \frac{\partial z}{\partial x}\mathrm{d}x + \frac{\partial z}{\partial y}\mathrm{d}y, \qquad \mathrm{d}z = \frac{\partial z}{\partial u}\mathrm{d}u + \frac{\partial z}{\partial v}\mathrm{d}v$$

3. 隐函数求导法

（1）由一个二元方程所确定的隐函数：设 $F(x, y)$ 具有连续偏导数，$F_y' \neq 0$，$y = f(x)$ 由方程 $F(x, y) = 0$ 所确定。

求导方法如下：

（ⅰ）等式两边求导：$F_x' + F_y'\dfrac{\mathrm{d}y}{\mathrm{d}x} = 0$。

（ⅱ）公式（解由（ⅰ）确定的方程）：$\dfrac{\mathrm{d}y}{\mathrm{d}x} = -\dfrac{F_x'}{F_y'}$。

（ⅲ）微分形式不变性：$F_x'\mathrm{d}x + F_y'\mathrm{d}y = 0$。

（2）由一个三元方程所确定的隐函数：设 $F(x, y, z)$ 具有连续偏导数，$F_z' \neq 0$，$z = z(x, y)$ 由方程 $F(x, y, z) = 0$ 所确定。

求导方法如下：

（ⅰ）等式两边求导：$F_x' + F_z'\dfrac{\partial z}{\partial x} = 0$，$F_y' + F_z'\dfrac{\partial z}{\partial y} = 0$。

（ⅱ）公式（解由（ⅰ）确定的方程组）：$\dfrac{\partial z}{\partial x} = -\dfrac{F'_x}{F'_z}$，$\dfrac{\partial z}{\partial y} = -\dfrac{F'_y}{F'_z}$。

（ⅲ）微分形式不变性：$F'_x \mathrm{d}x + F'_y \mathrm{d}y + F'_z \mathrm{d}z = 0$。

（3）由方程组所确定的隐函数：设 $F(x,\ y,\ z)$、$G(x,\ y,\ z)$ 具有连续偏导数，$\begin{vmatrix} F'_y & F'_z \\ G'_y & G'_z \end{vmatrix} \neq 0$，$y = y(x)$，$z = z(x)$ 由方程组 $\begin{cases} F(x,\ y,\ z) = 0 \\ G(x,\ y,\ z) = 0 \end{cases}$ 所确定。

求导方法如下：

（ⅰ）等式两边求导：$\begin{cases} F'_x + F'_y \dfrac{\mathrm{d}y}{\mathrm{d}x} + F'_z \dfrac{\mathrm{d}z}{\mathrm{d}x} = 0 \\[2mm] G'_x + G'_y \dfrac{\mathrm{d}y}{\mathrm{d}x} + G'_z \dfrac{\mathrm{d}z}{\mathrm{d}x} = 0 \end{cases}$

（ⅱ）公式（解由（ⅰ）确定的方程组）。

（ⅲ）微分形式不变性：$\begin{cases} F'_x \mathrm{d}x + F'_y \mathrm{d}y + F'_z \mathrm{d}z = 0 \\ G'_x \mathrm{d}x + G'_y \mathrm{d}y + G'_z \mathrm{d}z = 0 \end{cases}$

（4）由方程组所确定的隐函数：设 $F(x,\ y,\ u,\ v)$、$G(x,\ y,\ u,\ v)$ 具有连续偏导数，$\begin{vmatrix} F'_u & F'_v \\ G'_u & G'_v \end{vmatrix} \neq 0$，$u = u(x,\ y)$，$v = v(x,\ y)$ 由 $\begin{cases} F(x,\ y,\ u,\ v) = 0 \\ G(x,\ y,\ u,\ v) = 0 \end{cases}$ 所确定（数学二、数学三不要求）。

求导方法如下：

（ⅰ）等式两边求导：$\begin{cases} F'_x + F'_u \dfrac{\partial u}{\partial x} + F'_v \dfrac{\partial v}{\partial x} = 0 \\[2mm] G'_x + G'_u \dfrac{\partial u}{\partial x} + G'_v \dfrac{\partial v}{\partial x} = 0 \end{cases}$，$\begin{cases} F'_y + F'_u \dfrac{\partial u}{\partial y} + F'_v \dfrac{\partial v}{\partial y} = 0 \\[2mm] G'_y + G'_u \dfrac{\partial u}{\partial y} + G'_v \dfrac{\partial v}{\partial y} = 0 \end{cases}$

（ⅱ）公式（解由（ⅰ）确定的两个方程组）。

（ⅱ）微分形式不变性：$\begin{cases} F'_x \mathrm{d}x + F'_y \mathrm{d}y + F'_u \mathrm{d}u + F'_v \mathrm{d}v = 0 \\ G'_x \mathrm{d}x + G'_y \mathrm{d}y + G'_u \mathrm{d}u + G'_v \mathrm{d}v = 0 \end{cases}$

二、考点题型解析

常考题型：• 求偏导数与全微分；• 抽象复合函数偏导数与全微分；• 隐函数偏导数与全微分。

1. 选择题

例 1 设 $z = f(x,\ v)$，$v = \varphi(x)$，其中 f 具有二阶连续偏导数，φ 具有二阶连续导数，则 $\dfrac{\mathrm{d}^2 z}{\mathrm{d}x^2} = $（　　）。

(A) $\dfrac{\partial^2 f}{\partial x^2} + \dfrac{\partial^2 f}{\partial v^2}\left(\dfrac{\mathrm{d}v}{\mathrm{d}x}\right)^2 + \dfrac{\partial f}{\partial v} \cdot \dfrac{\mathrm{d}^2 v}{\mathrm{d}x^2}$　　　　(B) $\dfrac{\partial^2 f}{\partial x^2} + \dfrac{\partial^2 f}{\partial v^2} \cdot \dfrac{\mathrm{d}v}{\mathrm{d}x} + \dfrac{\partial f}{\partial v} \cdot \dfrac{\mathrm{d}^2 v}{\mathrm{d}x^2}$

(C) $\dfrac{\partial^2 f}{\partial x^2} + \dfrac{\partial f}{\partial v} \cdot \dfrac{\mathrm{d}^2 v}{\mathrm{d}x^2}$　　　　(D) $\dfrac{\partial^2 f}{\partial x^2} + 2\dfrac{\partial^2 f}{\partial x \partial v} \cdot \dfrac{\mathrm{d}v}{\mathrm{d}x} + \dfrac{\partial^2 f}{\partial v^2}\left(\dfrac{\mathrm{d}v}{\mathrm{d}x}\right)^2 + \dfrac{\partial f}{\partial v} \cdot \dfrac{\mathrm{d}^2 v}{\mathrm{d}x^2}$

解 应选（D）。

$$\frac{\mathrm{d}z}{\mathrm{d}x} = \frac{\partial f}{\partial x} + \frac{\partial f}{\partial v} \cdot \frac{\mathrm{d}v}{\mathrm{d}x}$$

$$\frac{\mathrm{d}^2 z}{\mathrm{d}x^2} = \frac{\partial^2 f}{\partial x^2} + \frac{\partial^2 f}{\partial x \partial v} \cdot \frac{\mathrm{d}v}{\mathrm{d}x} + \frac{\partial^2 f}{\partial v \partial x} \cdot \frac{\mathrm{d}v}{\mathrm{d}x} + \frac{\partial^2 f}{\partial v^2} \left(\frac{\mathrm{d}v}{\mathrm{d}x}\right)^2 + \frac{\partial f}{\partial v} \cdot \frac{\mathrm{d}^2 v}{\mathrm{d}x^2}$$

$$= \frac{\partial^2 f}{\partial x^2} + 2 \frac{\partial^2 f}{\partial x \partial v} \cdot \frac{\mathrm{d}v}{\mathrm{d}x} + \frac{\partial^2 f}{\partial v^2} \left(\frac{\mathrm{d}v}{\mathrm{d}x}\right)^2 + \frac{\partial f}{\partial v} \cdot \frac{\mathrm{d}^2 v}{\mathrm{d}x^2}$$

故选(D)。

例 2　若 $f_x'(x_0, y_0) = 0$，$f_y'(x_0, y_0) = 0$，则 $f(x, y)$ 在点 (x_0, y_0) 处（　　）。

(A) 连续且可微　　　　　　　　　　(B) 连续但不一定可微

(C) 可微但不一定连续　　　　　　　(D) 不一定可微也不一定连续

解　应选(D)。

方法一　由于 $f(x, y)$ 在点 (x_0, y_0) 处偏导数存在且同时为零，推不出来 $f(x, y)$ 在点 (x_0, y_0) 处可微或者连续，因此选项(A)、(B)、(C)不正确，故选(D)。

方法二　取 $f(x, y) = \begin{cases} \dfrac{x^2 y}{x^4 + y^2}, & (x, y) \neq (0, 0) \\ 0, & (x, y) = (0, 0) \end{cases}$，则 $f_x'(0, 0) = 0$，$f_y'(0, 0) = 0$，但此函数在点 $(0, 0)$ 处不连续也不可微，因此选项(A)、(B)、(C)不正确，故选(D)。

例 3　设 $u = u(x, y)$ 为可微函数，且当 $y = x^2$ 时，有 $u(x, y) = 1$ 及 $\dfrac{\partial u}{\partial x} = x$，则当 $y = x^2 (x \neq 0)$ 时，$\dfrac{\partial u}{\partial y} = （\quad）$。

(A) $\dfrac{1}{2}$　　　　　(B) $-\dfrac{1}{2}$　　　　　(C) 0　　　　　(D) 1

解　应选(B)。

由于当 $y = x^2$ 时，有 $u(x, y) = 1$，两边对 x 求导，得 $\dfrac{\partial u}{\partial x} + \dfrac{\partial u}{\partial y} \cdot 2x = 0$，又 $\dfrac{\partial u}{\partial x} = x$ 及 $x \neq 0$，解之，得 $\dfrac{\partial u}{\partial y} = -\dfrac{1}{2}$，故选(B)。

例 4　设 $z = z(x, y)$ 是由方程 $F(x - az, y - bz) = 0$ 所确定的隐函数，$F(u, v)$ 是可微函数，a、b 为常数，则（　　）。

(A) $b \dfrac{\partial z}{\partial x} + a \dfrac{\partial z}{\partial y} = 1$　　　　　　　(B) $a \dfrac{\partial z}{\partial x} + b \dfrac{\partial z}{\partial y} = 1$

(C) $b \dfrac{\partial z}{\partial x} - a \dfrac{\partial z}{\partial y} = 1$　　　　　　　(D) $a \dfrac{\partial z}{\partial x} - b \dfrac{\partial z}{\partial y} = 1$

解　应选(B)。

令 $\varphi(x, y, z) = F(x - az, y - bz)$，则 $\varphi_x = F_1'$，$\varphi_y = F_2'$，$\varphi_z = -aF_1' - bF_2'$，且

$$\frac{\partial z}{\partial x} = -\frac{\varphi_x}{\varphi_z} = \frac{F_1'}{aF_1' + bF_2'}, \qquad \frac{\partial z}{\partial y} = -\frac{\varphi_y}{\varphi_z} = \frac{F_2'}{aF_1' + bF_2'}$$

从而 $a \dfrac{\partial z}{\partial x} + b \dfrac{\partial z}{\partial y} = 1$，故选(B)。

例 5　设 $y = f(x, t)$，而 t 是由方程 $F(x, y, t) = 0$ 所确定的 x、y 函数，其中 f、F 都具有一阶连续偏导数，则 $\dfrac{\mathrm{d}y}{\mathrm{d}x} = （\quad）$。

(A) $\dfrac{f_x' \cdot F_t' + f_t' \cdot F_x'}{F_t'}$　　　　　　　(B) $\dfrac{f_x' \cdot F_t' - f_t' \cdot F_x'}{F_t'}$

(C) $\dfrac{f'_x \cdot F'_t + f'_t \cdot F'_x}{f'_t \cdot F'_y + F'_t}$ (D) $\dfrac{f'_x \cdot F'_t - f'_t \cdot F'_x}{f'_t \cdot F'_y + F'_t}$

解 应选(D)。

$$\frac{\mathrm{d}y}{\mathrm{d}x} = f'_x + f'_t \cdot \frac{\partial t}{\partial x}, \quad F'_x + F'_y \cdot \frac{\mathrm{d}y}{\mathrm{d}x} + F'_t \cdot \frac{\partial t}{\partial x} = 0$$

解之，得

$$\frac{\mathrm{d}y}{\mathrm{d}x} = \frac{f'_x \cdot F'_t - f'_t \cdot F'_x}{f'_t \cdot F'_y + F'_t}$$

故选(D)。

例 6 设 $f(x)$、$g(x)$ 是可微函数，且满足 $\begin{cases} u(x,\ y) = f(2x+5y) + g(2x-5y) \\ u(x,\ 0) = \sin 2x \\ u'_y(x,\ 0) = 0 \end{cases}$，则

$u(x,\ y) = (\quad)$。

(A) $\sin 2x \cos 5y$ (B) $\sin 5x \cos 2y$

(C) $\sin 2y \cos 5x$ (D) $\sin 5y \cos 2x$

解 应选(A)。

由于

$$u(x,\ 0) = f(2x) + g(2x) = \sin 2x,\ u'_y(x,\ y) = 5f'(2x+5y) - 5g'(2x-5y)$$

因此

$$u'_y(x,\ 0) = 5f'(2x) - 5g'(2x) = 0$$

从而将 $f(2x) - g(2x) = C$ 与 $f(2x) + g(2x) = \sin 2x$ 联立，解之，得

$$f(2x) = \frac{1}{2}\sin 2x + \frac{1}{2}C, \quad g(2x) = \frac{1}{2}\sin 2x - \frac{1}{2}C$$

即

$$f(x) = \frac{1}{2}\sin x + \frac{1}{2}C, \quad g(x) = \frac{1}{2}\sin x - \frac{1}{2}C$$

所以

$$u(x,\ y) = \frac{1}{2}\sin(2x+5y) + \frac{1}{2}\sin(2x-5y) = \sin 2x \cos 5y$$

故选(A)。

2. 填空题

例 1 设 $z = (x-2y)^{y-2x}$，则 $\dfrac{\partial z}{\partial x}\Big|_{\substack{x=1 \\ y=0}}$ _____。

解 在 $z = (x-2y)^{y-2x}$ 中令 $y = 0$，得 $z = x^{-2x}$，则 $z'_x = (\mathrm{e}^{-2x\ln x})' = x^{-2x}(-2\ln x - 2)$，从而 $z'_x\big|_{x=1} = -2$，即 $\dfrac{\partial z}{\partial x}\Big|_{\substack{x=1 \\ y=0}} = -2$。

例 2 设 $f(x,\ y) = x\mathrm{e}^{x+y} + (x+1)\ln(1+y)$，则 $\mathrm{d}f\big|_{(1,\ 0)} = $ _____。

解 利用微分形式不变性。由于

$$\mathrm{d}f(x,\ y) = \mathrm{e}^{x+y}\mathrm{d}x + x\mathrm{e}^{x+y}\mathrm{d}(x+y) + \ln(1+y)\mathrm{d}(x+1) + (x+1)\mathrm{d}[\ln(1+y)]$$

$$= \mathrm{e}^{x+y}\mathrm{d}x + x\mathrm{e}^{x+y}(\mathrm{d}x + \mathrm{d}y) + \ln(1+y)\mathrm{d}x + (x+1)\frac{1}{1+y}\mathrm{d}y$$

因此

$$\mathrm{d}f\big|_{(1,0)} = \mathrm{e}\,\mathrm{d}x + \mathrm{e}(\mathrm{d}x + \mathrm{d}y) + 2\,\mathrm{d}y = 2\mathrm{e}\,\mathrm{d}x + (\mathrm{e}+2)\mathrm{d}y$$

例 3　设 $z = xyf\left(\dfrac{y}{x}\right)$，其中 $f(u)$ 可导，则 $xz'_x + yz'_y = $ _____。

解　由于

$$z'_x = yf\left(\frac{y}{x}\right) + xyf'\left(\frac{y}{x}\right)\left(-\frac{y}{x^2}\right) = yf\left(\frac{y}{x}\right) - \frac{y^2}{x}f'\left(\frac{y}{x}\right)$$

$$z'_y = xf\left(\frac{y}{x}\right) + yf'\left(\frac{y}{x}\right)$$

因此
$$xz'_x + yz'_y = 2xyf\left(\frac{y}{x}\right) = 2z$$

例 4　设 $z = \mathrm{e}^x + y^2 + f(x+y)$，且当 $y = 0$ 时，$z = x^3$，则 $\dfrac{\partial z}{\partial x} = $ _____。

解　在等式 $z = \mathrm{e}^x + y^2 + f(x+y)$ 中令 $y = 0$，得 $x^3 = \mathrm{e}^x + f(x)$，从而 $f(x) = x^3 - \mathrm{e}^x$，所以 $z = \mathrm{e}^x + y^2 + (x+y)^3 - \mathrm{e}^{x+y}$，故 $\dfrac{\partial z}{\partial x} = \mathrm{e}^x + 3(x+y)^2 - \mathrm{e}^{x+y}$。

例 5　设 $z = z(x, y)$ 由方程 $z + \mathrm{e}^z = xy^2$ 所确定，则 $\mathrm{d}z = $ _____。

解　等式 $z + \mathrm{e}^z = xy^2$ 两边对 x 求偏导，得 $\dfrac{\partial z}{\partial x} + \mathrm{e}^z\dfrac{\partial z}{\partial x} = y^2$，则 $\dfrac{\partial z}{\partial x} = \dfrac{y^2}{1+\mathrm{e}^z}$，同理可得 $\dfrac{\partial z}{\partial y} = \dfrac{2xy}{1+\mathrm{e}^z}$，故 $\mathrm{d}z = \dfrac{1}{1+\mathrm{e}^z}(y^2\,\mathrm{d}x + 2xy\,\mathrm{d}y)$。

例 6　由方程 $x^2 - \mathrm{e}^y + z + yz\sqrt{x^2+y^2+z^2}\ln x = -1$ 所确定的函数 $z = z(x, y)$ 在点 $(1, 0, -1)$ 处的全微分 $\mathrm{d}z = $ _____。

解　利用微分形式不变性。由于

$$2x\mathrm{d}x - \mathrm{e}^y\mathrm{d}y + \mathrm{d}z + z\sqrt{x^2+y^2+z^2}\ln x\mathrm{d}y + y\sqrt{x^2+y^2+z^2}\ln x\mathrm{d}z$$
$$+ yz\frac{x\mathrm{d}x + y\mathrm{d}y + z\mathrm{d}z}{\sqrt{x^2+y^2+z^2}}\ln x + yz\sqrt{x^2+y^2+z^2}\cdot\frac{1}{x}\mathrm{d}x = 0$$

因此函数 $z = z(x, y)$ 在点 $(1, 0, -1)$ 处，有 $2\mathrm{d}x - \mathrm{d}y + \mathrm{d}z = 0$，从而函数 $z = z(x, y)$ 在点 $(1, 0, -1)$ 处的全微分为 $\mathrm{d}z = -2\mathrm{d}x + \mathrm{d}y$。

例 7　设 $z = xg(x+y) + y\varphi(xy)$，其中 g、φ 具有二阶连续导数，则 $\dfrac{\partial^2 z}{\partial x\partial y} = $ _____。

解
$$\frac{\partial z}{\partial x} = g(x+y) + xg'(x+y) + y^2\varphi'(xy)$$

$$\frac{\partial^2 z}{\partial x\partial y} = g'(x+y) + xg''(x+y) + 2y\varphi'(xy) + xy^2\varphi''(xy)$$

例 8　设 $f(u, v)$ 是二元可微函数，$z = f(x^y, y^{2x})$，则 $\dfrac{\partial z}{\partial x} = $ _____。

解
$$\frac{\partial z}{\partial x} = yx^{y-1}f'_1 + 2y^{2x}\ln yf'_2$$

3. 解答题

例 1　设 $u = x^{y^z}$，求 $\dfrac{\partial u}{\partial x}$、$\dfrac{\partial u}{\partial y}$、$\dfrac{\partial u}{\partial z}$。

解
$$\frac{\partial u}{\partial x} = y^z x^{y^z-1}, \quad \frac{\partial u}{\partial y} = x^{y^z} \ln x \cdot z y^{z-1} = z y^{z-1} x^{y^z} \ln x$$

$$\frac{\partial u}{\partial z} = \frac{\partial}{\partial z}(\mathrm{e}^{y^z \ln x}) = \mathrm{e}^{y^z \ln x} \cdot y^z \ln y \cdot \ln x = x^{y^z} y^z \ln x \ln y$$

例 2　已知 $f(1, 2) = 4$, $\mathrm{d}f(1, 2) = 16\mathrm{d}x + 4\mathrm{d}y$, $\mathrm{d}f(1, 4) = 64\mathrm{d}x + 8\mathrm{d}y$, 求 $z = f(x, f(x, y))$ 在点 $(1, 2)$ 处对 x 的偏导数。

解　由题设知 $f'_1(1, 2) = 16$, $f'_2(1, 2) = 4$, $f'_1(1, 4) = 64$, $f'_2(1, 4) = 8$, 由于
$$z'_x = f'_1(x, f(x, y)) + f'_2(x, f(x, y)) f'_1(x, y)$$

因此
$$z'_x \big|_{(1, 2)} = f'_1(1, 4) + f'_2(1, 4) f'_1(1, 2) = 64 + 8 \times 16 = 192$$

例 3　设 $z = x^2 \arctan \dfrac{y}{x} - y^2 \arctan \dfrac{x}{y}$, 求 $\dfrac{\partial^2 z}{\partial x \partial y}$。

解
$$\frac{\partial z}{\partial x} = 2x \arctan \frac{y}{x} + x^2 \cdot \frac{1}{1+\left(\frac{y}{x}\right)^2} \cdot \left(-\frac{y}{x^2}\right) - y^2 \cdot \frac{1}{1+\left(\frac{x}{y}\right)^2} \cdot \frac{1}{y}$$

$$= 2x \arctan \frac{y}{x} - \frac{x^2 y}{x^2+y^2} - \frac{y^3}{x^2+y^2} = 2x \arctan \frac{y}{x} - y$$

$$\frac{\partial^2 z}{\partial x \partial y} = 2x \cdot \frac{1}{1+\left(\frac{y}{x}\right)^2} \cdot \frac{1}{x} - 1 = \frac{2x^2}{x^2+y^2} - 1 = \frac{x^2-y^2}{x^2+y^2}$$

例 4　设 $f(x, y) = \displaystyle\int_0^{xy} \mathrm{e}^{-t^2} \mathrm{d}t$, 求 $\dfrac{x}{y} \dfrac{\partial^2 f}{\partial x^2} - 2 \dfrac{\partial^2 f}{\partial x \partial y} + \dfrac{y}{x} \dfrac{\partial^2 f}{\partial y^2}$。

解　由于
$$\frac{\partial f}{\partial x} = y \mathrm{e}^{-x^2 y^2}, \quad \frac{\partial f}{\partial y} = x \mathrm{e}^{-x^2 y^2}$$

$$\frac{\partial^2 f}{\partial x^2} = -2xy^3 \mathrm{e}^{-x^2 y^2}$$

$$\frac{\partial^2 f}{\partial x \partial y} = \mathrm{e}^{-x^2 y^2} - 2x^2 y^2 \mathrm{e}^{-x^2 y^2}$$

$$\frac{\partial^2 f}{\partial y^2} = -2x^3 y \mathrm{e}^{-x^2 y^2}$$

因此
$$\frac{x}{y} \frac{\partial^2 f}{\partial x^2} - 2 \frac{\partial^2 f}{\partial x \partial y} + \frac{y}{x} \frac{\partial^2 f}{\partial y^2} = -2\mathrm{e}^{-x^2 y^2}$$

例 5　设 $z = f(2x - y) + g(x, xy)$, 其中 $f(t)$ 二阶可导, $g(u, v)$ 具有二阶连续偏导数, 求 $\dfrac{\partial^2 z}{\partial x \partial y}$。

解
$$\frac{\partial z}{\partial x} = 2f'(2x-y) + g'_1 + yg'_2$$

$$\frac{\partial^2 z}{\partial x \partial y} = -2f''(2x-y) + xg''_{12} + g'_2 + xyg''_{22}$$

例 6　设 $z = f(xy, yg(x))$, 其中 f 具有二阶连续偏导数, $g(x)$ 可导且满足 $g(x) = \displaystyle\int_1^{x^2} [g(t) + t] \mathrm{d}t$, 求 $\dfrac{\partial^2 z}{\partial x \partial y} \Big|_{\substack{x=1 \\ y=1}}$。

解　由于

$$\frac{\partial z}{\partial x} = yf_1' + yg'(x)f_2'$$

$$\frac{\partial^2 z}{\partial x \partial y} = f_1' + y(xf_{11}'' + g(x)f_{12}'') + g'(x)f_2' + yg'(x)(xf_{21}'' + g(x)f_{22}'')$$

$$= f_1' + xyf_{11}'' + yg(x)f_{12}'' + g'(x)f_2' + xyg'(x)f_{21}'' + yg(x)g'(x)f_{22}''$$

由 $g(x) = \displaystyle\int_1^{x^2} [g(t) + t]\mathrm{d}t$，得 $g'(x) = 2x[g(x^2) + x^2]$，再由 $g(1) = 0$，得 $g'(1) = 2$，故

$$\frac{\partial^2 z}{\partial x \partial y}\Big|_{\substack{x=1 \\ y=1}} = f_1'(1,\,0) + f_{11}''(1,\,0) + 2f_2'(1,\,0) + 2f_{21}''(1,\,0)$$

例 7　设 $u = f(x,\,y,\,z)$，$\varphi(x^2,\,\mathrm{e}^y,\,z) = 0$，$y = \sin x$，其中 f、φ 具有一阶连续偏导

数，且 $\dfrac{\partial \varphi}{\partial z} \neq 0$，求 $\dfrac{\mathrm{d}u}{\mathrm{d}x}$。

解　$\dfrac{\mathrm{d}y}{\mathrm{d}x} = \cos x$，等式 $\varphi(x^2,\,\mathrm{e}^y,\,z) = 0$ 两边对 x 求偏导，得

$$\varphi_1' \cdot 2x + \varphi_2' \cdot \mathrm{e}^y \cdot \cos x + \varphi_3' \cdot \frac{\mathrm{d}z}{\mathrm{d}x} = 0$$

从而 $\dfrac{\mathrm{d}z}{\mathrm{d}x} = -\dfrac{2x\varphi_1' + \mathrm{e}^y \cos x \cdot \varphi_2'}{\varphi_3'}$，所以

$$\frac{\mathrm{d}u}{\mathrm{d}x} = \frac{\partial f}{\partial x} + \frac{\partial f}{\partial y} \cdot \frac{\mathrm{d}y}{\mathrm{d}x} + \frac{\partial f}{\partial z} \cdot \frac{\mathrm{d}z}{\mathrm{d}x} = \frac{\partial f}{\partial x} + \cos x \cdot \frac{\partial f}{\partial y} - \frac{2x\varphi_1' + \mathrm{e}^y \cos x \cdot \varphi_2'}{\varphi_3'} \cdot \frac{\partial f}{\partial z}$$

例 8　设函数 $u = u(x,\,y)$ 具有二阶连续偏导数，且满足方程

$$\frac{\partial^2 u}{\partial x^2} - \frac{\partial^2 u}{\partial y^2} + a\left(\frac{\partial u}{\partial x} + \frac{\partial u}{\partial y}\right) = 0$$

（ⅰ）试选择参数 α、β，利用变换 $u(x,\,y) = v(x,\,y)\mathrm{e}^{\alpha x + \beta y}$（其中 $v(x,\,y)$ 具有二阶连续

偏导数）将原方程变形，使新方程中不出现一阶偏导数项；

（ⅱ）再令 $\xi = x + y$，$\eta = x - y$，使新方程变形。

解　（ⅰ）$\dfrac{\partial u}{\partial x} = \dfrac{\partial v}{\partial x}\mathrm{e}^{\alpha x + \beta y} + \alpha v \mathrm{e}^{\alpha x + \beta y} = \left(\dfrac{\partial v}{\partial x} + \alpha v\right)\mathrm{e}^{\alpha x + \beta y}$

$$\frac{\partial^2 u}{\partial x^2} = \left(\frac{\partial^2 v}{\partial x^2} + \alpha \frac{\partial v}{\partial x}\right)\mathrm{e}^{\alpha x + \beta y} + \left(\frac{\partial v}{\partial x} + \alpha v\right)\alpha \mathrm{e}^{\alpha x + \beta y} = \left(\frac{\partial^2 v}{\partial x^2} + 2\alpha \frac{\partial v}{\partial x} + \alpha^2 v\right)\mathrm{e}^{\alpha x + \beta y}$$

$$\frac{\partial u}{\partial y} = \frac{\partial v}{\partial y}\mathrm{e}^{\alpha x + \beta y} + \beta v \mathrm{e}^{\alpha x + \beta y} = \left(\frac{\partial v}{\partial y} + \beta v\right)\mathrm{e}^{\alpha x + \beta y}$$

$$\frac{\partial^2 u}{\partial y^2} = \left(\frac{\partial^2 v}{\partial y^2} + \beta \frac{\partial v}{\partial y}\right)\mathrm{e}^{\alpha x + \beta y} + \left(\frac{\partial v}{\partial y} + \beta v\right)\beta \mathrm{e}^{\alpha x + \beta y} = \left(\frac{\partial^2 v}{\partial y^2} + 2\beta \frac{\partial v}{\partial y} + \beta^2 v\right)\mathrm{e}^{\alpha x + \beta y}$$

将其代入原方程中消去 $\mathrm{e}^{\alpha x + \beta y}$，得

$$\frac{\partial^2 v}{\partial x^2} - \frac{\partial^2 v}{\partial y^2} + (2\alpha + a)\frac{\partial v}{\partial x} + (-2\beta + a)\frac{\partial v}{\partial y} + (\alpha^2 - \beta^2 + a\alpha + a\beta)v = 0$$

令 $2\alpha + a = 0$，$-2\beta + a = 0$，则 $\alpha = -\dfrac{a}{2}$，$\beta = \dfrac{a}{2}$，从而原方程变为 $\dfrac{\partial^2 v}{\partial x^2} - \dfrac{\partial^2 v}{\partial y^2} = 0$。

（ⅱ）令 $\xi = x + y$，$\eta = x - y$，则

$$\frac{\partial v}{\partial x} = \frac{\partial v}{\partial \xi} + \frac{\partial v}{\partial \eta}, \quad \frac{\partial v}{\partial y} = \frac{\partial v}{\partial \xi} - \frac{\partial v}{\partial \eta}$$

$$\frac{\partial^2 v}{\partial x^2} = \frac{\partial^2 v}{\partial \xi^2} + 2\frac{\partial^2 v}{\partial \xi \partial \eta} + \frac{\partial^2 v}{\partial \eta^2}, \quad \frac{\partial^2 v}{\partial y^2} = \frac{\partial^2 v}{\partial \xi^2} - 2\frac{\partial^2 v}{\partial \xi \partial \eta} + \frac{\partial^2 v}{\partial \eta^2}$$

将其代入 $\frac{\partial^2 v}{\partial x^2} - \frac{\partial^2 v}{\partial y^2} = 0$ 中，得 $\frac{\partial^2 v}{\partial \xi \partial \eta} = 0$。

例 9 设 $u(x, y) = f(x+ay) + f(x-ay) + \int_{x-ay}^{x+ay} g(t)\mathrm{d}t$，其中 f 具有二阶导数，g 具有一阶导数，确定 m 与 $n(mn \neq 0)$ 的关系，使得 $m\frac{\partial^2 u}{\partial x^2} - n\frac{\partial^2 u}{\partial y^2} = 0$。

解 $\frac{\partial u}{\partial x} = f'(x+ay) + f'(x-ay) + g(x+ay) - g(x-ay)$

$\frac{\partial u}{\partial y} = af'(x+ay) - af'(x-ay) + ag(x+ay) + ag(x-ay)$

$\frac{\partial^2 u}{\partial x^2} = f''(x+ay) + f''(x-ay) + g'(x+ay) - g'(x-ay)$

$\frac{\partial^2 u}{\partial y^2} = a^2 f''(x+ay) + a^2 f''(x-ay) + a^2 g'(x+ay) - a^2 g'(x-ay)$

由 $m\frac{\partial^2 u}{\partial x^2} - n\frac{\partial^2 u}{\partial y^2} = 0$ 得 m、n 满足的关系为 $m = a^2 n$。

例 10 设 $\begin{cases} x = -u^2 + v + z \\ y = u + vz \end{cases}$，求 $\frac{\partial u}{\partial x}$、$\frac{\partial v}{\partial x}$、$\frac{\partial u}{\partial z}$。

解 方程组中有五个变量 x、y、z、u、v，从所求结果中可以看出 u、v 是因变量，x、z 是自变量，变量 y 不很清楚，在这种情况下可利用全微分形式不变性。

对 $\begin{cases} x = -u^2 + v + z \\ y = u + vz \end{cases}$ 两边求全微分，得

$$\begin{cases} \mathrm{d}x = -2u\mathrm{d}u + \mathrm{d}v + \mathrm{d}z \\ \mathrm{d}y = \mathrm{d}u + z\mathrm{d}v + v\mathrm{d}z \end{cases}$$

即 $\begin{cases} 2u\mathrm{d}u - \mathrm{d}v = -\mathrm{d}x + \mathrm{d}z \\ \mathrm{d}u + z\mathrm{d}v = \mathrm{d}y - v\mathrm{d}z \end{cases}$，解之，得

$$\mathrm{d}u = \frac{-z\mathrm{d}x + (z-v)\mathrm{d}z + \mathrm{d}y}{2uz + 1}, \quad \mathrm{d}v = \frac{2u\mathrm{d}y + \mathrm{d}x - (1 + 2uv)\mathrm{d}z}{2uz + 1}$$

故

$$\frac{\partial u}{\partial x} = -\frac{z}{2uz + 1}, \quad \frac{\partial v}{\partial x} = \frac{1}{2uz + 1}, \quad \frac{\partial u}{\partial z} = \frac{z-v}{2uz + 1}$$

例 11 设函数 $z = z(x, y)$ 由方程组 $\begin{cases} x = e^{u+v} \\ y = e^{u-v} \\ z = uv \end{cases}$ 所确定，求 $\frac{\partial z}{\partial x}$、$\frac{\partial z}{\partial y}$。

解 等式 $z = uv$ 两边对 x 求偏导，得

$$\frac{\partial z}{\partial x} = v\frac{\partial u}{\partial x} + u\frac{\partial v}{\partial x}$$

等式 $x = e^{u+v}$ 及 $y = e^{u-v}$ 两边对 x 求偏导，得

$$\begin{cases} 1 = e^{u+v}\left(\frac{\partial u}{\partial x} + \frac{\partial v}{\partial x}\right) \\ 0 = e^{u-v}\left(\frac{\partial u}{\partial x} - \frac{\partial v}{\partial x}\right) \end{cases}$$

解之，得

$$\frac{\partial u}{\partial x} = \frac{1}{2}e^{-(u+v)}, \qquad \frac{\partial v}{\partial x} = \frac{1}{2}e^{-(u+v)}$$

代入，得

$$\frac{\partial z}{\partial x} = \frac{1}{2}e^{-(u+v)}(u+v)$$

同理可得

$$\frac{\partial z}{\partial y} = \frac{1}{2}e^{-(u-v)}(v-u)$$

三、经典习题与解答

经典习题

1. 选择题

(1) 设 $f(x, x^2) = x^2e^{-x}$，$f'_x(x, x^2) = -x^2e^{-x}$，则 $f'_y(x, x^2) = ($　　$)$。

(A) $2xe^{-x}$ 　　　　(B) $(-x^2+2x)e^{-x}$ 　(C) e^{-x} 　　　　　(D) $(2x-1)e^{-x}$

(2) 设 $f(x, y) = \ln\left(x + \dfrac{y}{2x}\right)$，则 $f'_y(1, 0) = ($　　$)$。

(A) 1 　　　　　　(B) $\dfrac{1}{2}$ 　　　　　　(C) 2 　　　　　　(D) 0

(3) 设 $f(x, y) = \begin{cases} \dfrac{\sin(x^2y)}{xy}, & xy \neq 0 \\ x, & xy = 0 \end{cases}$，则 $f'_x(0, 1) = ($　　$)$。

(A) 0 　　　　　　(B) 1 　　　　　　(C) 2 　　　　　　(D) 不存在

(4) 已知 $(axy^3 - y^2\cos x)dx + (1 + by\sin x + 3x^2y^2)dy$ 是某一函数的全微分，则 a 和 b 取值分别为（　　）。

(A) -2 和 2 　　　(B) 2 和 -2 　　　(C) -3 和 3 　　　(D) 3 和 -3

(5) 已知 $u = f(t, x, y)$，$x = \varphi(s, t)$，$y = \psi(s, t)$ 均有一阶连续偏导数，则 $\dfrac{\partial u}{\partial t} = ($　　$)$。

(A) $f'_x \cdot \varphi'_t + f'_y \cdot \psi'_t$ 　　　　　　　(B) $f'_t + f'_x \cdot \varphi'_t + f'_y \cdot \psi'_t$

(C) $f \cdot \varphi'_t + f \cdot \psi'_t$ 　　　　　　　(D) $f'_t + f \cdot \varphi'_t + f \cdot \psi'_t$

(6) 利用变换 $u = x$，$v = \dfrac{y}{x}$ 可将方程 $x\dfrac{\partial z}{\partial x} + y\dfrac{\partial z}{\partial y} = z$ 化为（　　）。

(A) $u\dfrac{\partial z}{\partial u} = z$ 　　　(B) $v\dfrac{\partial z}{\partial v} = z$ 　　　(C) $u\dfrac{\partial z}{\partial v} = z$ 　　　(D) $v\dfrac{\partial z}{\partial u} = z$

(7) 设 $z = \varphi(x+y) + \psi(x-y)$，其中 φ、ψ 具有二阶连续偏导数，则（　　）。

(A) $\dfrac{\partial^2 z}{\partial x^2} + \dfrac{\partial^2 z}{\partial y^2} = 0$ 　　　　　　(B) $\dfrac{\partial^2 z}{\partial x^2} - \dfrac{\partial^2 z}{\partial y^2} = 0$

(C) $\dfrac{\partial^2 z}{\partial x \partial y} = 0$ 　　　　　　　(D) $\dfrac{\partial^2 z}{\partial x \partial y} + \dfrac{\partial^2 z}{\partial x^2} = 0$

2. 填空题

(1) 设 $u = \dfrac{x}{\sqrt{x^2+y^2}}$，则在极坐标下 $\dfrac{\partial u}{\partial \theta} = $ _____。

(2) 设 $z = e^{\sin(x^2+y^2)}$，则 $\mathrm{d}z = $ _____。

(3) 设 $u = f(x, y, z) = e^x + y^2 z$，其中 $z = z(x, y)$ 是由方程 $x + y + e^z + xyz = 1$ 所确定的隐函数，则 $\dfrac{\partial u}{\partial x} = $ _____。

(4) 设 $z = \ln(\sqrt{x} + \sqrt{y})$，则 $x\dfrac{\partial z}{\partial x} + y\dfrac{\partial z}{\partial y} = $ _____。

(5) 设 $z = (x + e^y)^x$，则 $\dfrac{\partial z}{\partial x}\Big|_{(1,0)} = $ _____。

(6) 设 $z = e^{-\left(\frac{y}{x} - \frac{x}{y}\right)}$，则 $\mathrm{d}z(1, -1) = $ _____。

(7) 设 $z = z(x, y)$ 由方程 $x^2 + y^2 + z^2 = 3$ 所确定，则 $\mathrm{d}z\big|_{(1,1,1)} = $ _____。

(8) 设函数 $f(u)$ 可微，且 $f'(2) = 2$，则 $z = f(x^2 + y^2)$ 在点 $(1, 1)$ 处的全微分 $\mathrm{d}z\big|_{(1,1)} = $ _____。

(9) 设 $x^2 + z^2 = y\varphi\left(\dfrac{z}{y}\right)$，其中 φ 为可微函数，则 $\dfrac{\partial z}{\partial y} = $ _____。

3. 解答题

(1) 设 $z = \arcsin \dfrac{x}{\sqrt{x^2+y^2}}$，求 $\dfrac{\partial z}{\partial x}$、$\dfrac{\partial^2 z}{\partial x^2}$、$\dfrac{\partial^2 z}{\partial x \partial y}$。

(2) 设 $z = a^{\sqrt{x^2-y^2}}$，其中 $a > 0$，$a \neq 1$，求 $\mathrm{d}z$。

(3) 设 $z = \dfrac{1}{x}f(xy) + yf(x+y)$，其中 f 具有二阶连续导数，求 $\dfrac{\partial^2 z}{\partial x \partial y}$。

(4) 设 $z = f(2x - y, y\sin x)$，其中 f 具有二阶连续偏导数，求 $\dfrac{\partial^2 z}{\partial x \partial y}$。

(5) 设 $w = f(t)$，$t = \varphi(xy, x^2 + y^2)$，其中 f 具有二阶连续导数，φ 具有二阶连续偏导数，求 $\dfrac{\partial^2 w}{\partial x^2}$。

(6) 设 $y = f(x, t)$，而 t 是由方程 $F(x, y, t) = 0$ 所确定的 x、y 的函数，其中 f、F 具有一阶连续偏导数，求 $\dfrac{\mathrm{d}y}{\mathrm{d}x}$。

(7) 设 $u = f(x, y)$，其中 y 是由方程 $\varphi(x, y) = 0$ 所确定的 x 的函数，f、φ 具有二阶连续偏导数，求 $\dfrac{\mathrm{d}^2 u}{\mathrm{d}x^2}$。

(8) 求复合函数 $z = e^{xy}\sin(x + y)$ 的二阶偏导数。

$$\boxed{经典习题解答}$$

1. 选择题

(1) **解** 应选(C)。

由题设知 $f(x, y) = y\mathrm{e}^{-x}$，则 $f'_y(x, y) = \mathrm{e}^{-x}$，从而 $f'_y(x, x^2) = \mathrm{e}^{-x}$，故选(C)。

（2）**解**　应选(B)。

$$f'_y(1, 0) = \lim_{y \to 0} \frac{f(1, y) - f(1, 0)}{y} = \lim_{y \to 0} \frac{\ln\left(1 + \dfrac{y}{2}\right) - 0}{y} = \frac{1}{2}$$

故选(B)。

（3）**解**　应选(B)。

$$f'_x(0, 1) = \lim_{x \to 0} \frac{f(x, 1) - f(0, 1)}{x} = \lim_{x \to 0} \frac{\dfrac{\sin x^2}{x} - 0}{x} = \lim_{x \to 0} \frac{\sin x^2}{x^2} = 1$$

故选(B)。

（4）**解**　应选(B)。

由题设知，存在可微函数 $f(x, y)$，使得

$$\mathrm{d}f(x, y) = (axy^3 - y^2\cos x)\mathrm{d}x + (1 + by\sin x + 3x^2 y^2)\mathrm{d}y$$

从而

$$\frac{\partial f}{\partial x} = axy^3 - y^2\cos x, \qquad \frac{\partial f}{\partial y} = 1 + by\sin x + 3x^2 y^2$$

故

$$\frac{\partial^2 f}{\partial x \partial y} = 3axy^2 - 2y\cos x, \qquad \frac{\partial^2 f}{\partial y \partial x} = by\cos x + 6xy^2$$

由于 $\dfrac{\partial^2 f}{\partial x \partial y}$ 和 $\dfrac{\partial^2 f}{\partial y \partial x}$ 都连续，因此 $\dfrac{\partial^2 f}{\partial x \partial y} = \dfrac{\partial^2 f}{\partial y \partial x}$，即 $3axy^2 - 2y\cos x = by\cos x + 6xy^2$，从而 $a = 2, b = -2$，故选(B)。

（5）**解**　应选(B)。

$\dfrac{\partial u}{\partial t} = \dfrac{\partial f}{\partial t} + \dfrac{\partial f}{\partial x} \cdot \dfrac{\partial x}{\partial t} + \dfrac{\partial f}{\partial y} \cdot \dfrac{\partial y}{\partial t}$，即 $\dfrac{\partial u}{\partial t} = f'_t + f'_x \cdot \varphi'_t + f'_y \cdot \psi'_t$，故选(B)。

（6）**解**　应选(A)。

由于 $u = x, v = \dfrac{y}{x}$，因此

$$\frac{\partial z}{\partial x} = \frac{\partial z}{\partial u} \cdot \frac{\partial u}{\partial x} + \frac{\partial z}{\partial v} \cdot \frac{\partial v}{\partial x} = \frac{\partial z}{\partial u} \cdot 1 + \frac{\partial z}{\partial v} \cdot \left(-\frac{y}{x^2}\right) = \frac{\partial z}{\partial u} - \frac{y}{x^2} \frac{\partial z}{\partial v}$$

$$\frac{\partial z}{\partial y} = \frac{\partial z}{\partial u} \cdot \frac{\partial u}{\partial y} + \frac{\partial z}{\partial v} \cdot \frac{\partial v}{\partial y} = \frac{\partial z}{\partial u} \cdot 0 + \frac{\partial z}{\partial v} \cdot \frac{1}{x} = \frac{1}{x} \frac{\partial z}{\partial v}$$

从而

$$z = x\frac{\partial z}{\partial x} + y\frac{\partial z}{\partial y} = x\frac{\partial z}{\partial u} - \frac{y}{x}\frac{\partial z}{\partial v} + \frac{y}{x}\frac{\partial z}{\partial v} = u\frac{\partial z}{\partial u}$$

故选(A)。

（7）**解**　应选(B)。

因为

$$\frac{\partial z}{\partial x} = \varphi'(x+y) + \psi'(x-y), \qquad \frac{\partial z}{\partial y} = \varphi'(x+y) - \psi'(x-y)$$

$$\frac{\partial^2 z}{\partial x^2} = \varphi''(x+y) + \psi''(x-y), \qquad \frac{\partial^2 z}{\partial y^2} = \varphi''(x+y) + \psi''(x-y)$$

所以 $\dfrac{\partial^2 z}{\partial x^2} - \dfrac{\partial^2 z}{\partial y^2} = 0$，故选（B）。

2. 填空题

(1) 解 由 $x = \rho\cos\theta$ 及 $y = \rho\sin\theta$，得 $u = \cos\theta$，从而 $\dfrac{\partial u}{\partial \theta} = -\sin\theta$。

(2) 解
$$\begin{aligned}
\mathrm{d}z &= \mathrm{d}\big[\mathrm{e}^{\sin(x^2+y^2)}\big] \\
&= \mathrm{e}^{\sin(x^2+y^2)}\mathrm{d}\big[\sin(x^2+y^2)\big] = \mathrm{e}^{\sin(x^2+y^2)}\cos(x^2+y^2)\mathrm{d}(x^2+y^2) \\
&= 2\mathrm{e}^{\sin(x^2+y^2)}\cos(x^2+y^2)(x\mathrm{d}x+y\mathrm{d}y)
\end{aligned}$$

(3) 解 由于 $\dfrac{\partial u}{\partial x} = \mathrm{e}^x + y^2 z_x'$，在方程 $x+y+\mathrm{e}^z+xyz = 1$ 的两边对 x 求偏导，得

$1 + \mathrm{e}^z z_x' + yz + xyz_x' = 0$，解之，得 $z_x' = \dfrac{-(1+yz)}{\mathrm{e}^z+xy}$，因此 $\dfrac{\partial u}{\partial x} = \mathrm{e}^x - \dfrac{y^2(1+yz)}{\mathrm{e}^z+xy}$。

(4) 解 由于 $\dfrac{\partial z}{\partial x} = \dfrac{1}{\sqrt{x}+\sqrt{y}} \cdot \dfrac{1}{2\sqrt{x}}$，$\dfrac{\partial z}{\partial y} = \dfrac{1}{\sqrt{x}+\sqrt{y}} \cdot \dfrac{1}{2\sqrt{y}}$，因此

$$x\frac{\partial z}{\partial x} + y\frac{\partial z}{\partial y} = \frac{x}{2\sqrt{x}(\sqrt{x}+\sqrt{y})} + \frac{y}{2\sqrt{y}(\sqrt{x}+\sqrt{y})} = \frac{1}{2}$$

(5) 解 在 $z = (x+\mathrm{e}^y)^x$ 中令 $y = 0$，得 $z = (x+1)^x = \mathrm{e}^{x\ln(x+1)}$，则

$$z_x' = \mathrm{e}^{x\ln(x+1)}\left[\ln(x+1) + \frac{x}{x+1}\right] = (x+1)^x\left[\ln(x+1) + \frac{x}{x+1}\right]$$

从而 $z_x'\big|_{x=1} = 2\ln2 + 1$，即 $\dfrac{\partial z}{\partial x}\bigg|_{(1,\,0)} = 2\ln2 + 1$。

(6) 解 由于

$$z(x, -1) = \mathrm{e}^{-(-\frac{1}{x}+x)} = \mathrm{e}^{\frac{1}{x}-x}, \quad z_x'(1, -1) = \mathrm{e}^{\frac{1}{x}-x}\left(-\frac{1}{x^2}-1\right)\bigg|_{x=1} = -2$$

$$z(1, y) = \mathrm{e}^{-(y-\frac{1}{y})} = \mathrm{e}^{\frac{1}{y}-y}, \quad z_y'(1, -1) = \mathrm{e}^{\frac{1}{y}-y}\left(-\frac{1}{y^2}-1\right)\bigg|_{y=-1} = -2$$

故 $\mathrm{d}z(1, -1) = -2(\mathrm{d}x+\mathrm{d}y)$。

(7) 解 等式 $x^2+y^2+z^2 = 3$ 两边求微分，得 $2x\mathrm{d}x+2y\mathrm{d}y+2z\mathrm{d}z = 0$，则

$$\mathrm{d}z = -\frac{x}{z}\mathrm{d}x - \frac{y}{z}\mathrm{d}y$$

从而 $\mathrm{d}z\big|_{(1,1,1)} = -(\mathrm{d}x+\mathrm{d}y)$。

(8) 解 由于 $\mathrm{d}z = f'(x^2+y^2)(2x\mathrm{d}x+2y\mathrm{d}y)$，因此

$$\mathrm{d}z\big|_{(1,1)} = f'(2)(2\mathrm{d}x+2\mathrm{d}y) = 4(\mathrm{d}x+\mathrm{d}y)$$

(9) 解 令 $F(x, y, z) = x^2+z^2 - y\varphi\left(\dfrac{z}{y}\right)$，则

$$F_z = 2z - y\varphi'\left(\frac{z}{y}\right) \cdot \frac{1}{y} = 2z - \varphi'\left(\frac{z}{y}\right)$$

$$F_y = -\varphi\left(\frac{z}{y}\right) - y\varphi'\left(\frac{z}{y}\right) \cdot \left(-\frac{z}{y^2}\right) = -\varphi\left(\frac{z}{y}\right) + \frac{z}{y}\varphi'\left(\frac{z}{y}\right)$$

故

$$\frac{\partial z}{\partial y} = -\frac{F_y}{F_z} = \frac{y\varphi\left(\dfrac{z}{y}\right) - z\varphi'\left(\dfrac{z}{y}\right)}{2yz - y\varphi'\left(\dfrac{z}{y}\right)}$$

3. 解答题

(1) **解**
$$\frac{\partial z}{\partial x} = \frac{1}{\sqrt{1 - \left(\dfrac{x}{\sqrt{x^2+y^2}}\right)^2}} \cdot \frac{\sqrt{x^2+y^2} - x \cdot \dfrac{x}{\sqrt{x^2+y^2}}}{x^2+y^2} = \frac{|y|}{x^2+y^2}$$

$$\frac{\partial^2 z}{\partial x^2} = -\frac{2x|y|}{(x^2+y^2)^2}$$

$$\frac{\partial^2 z}{\partial x \partial y} = \frac{\partial}{\partial y}\left(\frac{|y|}{x^2+y^2}\right) = \begin{cases} \dfrac{x^2-y^2}{(x^2+y^2)^2}, & y > 0 \\[2mm] -\dfrac{x^2-y^2}{(x^2+y^2)^2}, & y < 0 \end{cases}$$

(2) **解**　方法一　$\dfrac{\partial z}{\partial x} = a^{\sqrt{x^2-y^2}} \cdot \ln a \cdot \dfrac{x}{\sqrt{x^2-y^2}} = \dfrac{xz\ln a}{\sqrt{x^2-y^2}}$

$$\frac{\partial z}{\partial y} = a^{\sqrt{x^2-y^2}} \cdot \ln a \cdot \frac{-y}{\sqrt{x^2-y^2}} = -\frac{yz\ln a}{\sqrt{x^2-y^2}}$$

$$\mathrm{d}z = \frac{\partial z}{\partial x}\mathrm{d}x + \frac{\partial z}{\partial y}\mathrm{d}y = \frac{z\ln a}{\sqrt{x^2-y^2}}(x\mathrm{d}x - y\mathrm{d}y)$$

方法二　$\mathrm{d}z = (a^{\sqrt{x^2-y^2}} \cdot \ln a)\mathrm{d}(\sqrt{x^2-y^2}) = z\ln a \cdot \dfrac{x\mathrm{d}x - y\mathrm{d}y}{\sqrt{x^2-y^2}} = \dfrac{z\ln a}{\sqrt{x^2-y^2}}(x\mathrm{d}x - y\mathrm{d}y)$

(3) **解**　$\dfrac{\partial z}{\partial x} = -\dfrac{1}{x^2}f(xy) + \dfrac{1}{x}f'(xy) \cdot y + yf'(x+y)$

$$\frac{\partial^2 z}{\partial x \partial y} = -\frac{1}{x^2}f'(xy) \cdot x + \frac{1}{x}f'(xy) + \frac{y}{x}f''(xy) \cdot x + f'(x+y) + yf''(x+y)$$
$$= yf''(xy) + f'(x+y) + yf''(x+y)$$

(4) **解**　$\dfrac{\partial z}{\partial x} = 2f_1' + y\cos x \cdot f_2'$

$$\frac{\partial^2 z}{\partial x \partial y} = -2f_{11}'' + 2f_{12}'' \cdot \sin x + \cos x \cdot f_2' + y\cos x(-f_{21}'' + f_{22}'' \cdot \sin x)$$
$$= -2f_{11}'' + (2\sin x - y\cos x)f_{12}'' + \frac{1}{2}y\sin 2x \cdot f_{22}'' + \cos x \cdot f_2'$$

(5) **解**　$\dfrac{\partial w}{\partial x} = f'(t)(y\varphi_1' + 2x\varphi_2')$

$$\frac{\partial^2 w}{\partial x^2} = f''(t)(y\varphi_1' + 2x\varphi_2')^2 + f'(t)[y(\varphi_{11}'' \cdot y + \varphi_{12}'' \cdot 2x) + 2\varphi_2'$$
$$+ 2x(\varphi_{21}'' \cdot y + \varphi_{22}'' \cdot 2x)]$$
$$= f''(t)(y\varphi_1' + 2x\varphi_2')^2 + f'(t)[y^2\varphi_{11}'' + 4xy\varphi_{12}'' + 4x^2\varphi_{22}'' + 2\varphi_2']$$

(6) **解**　依题设知 y、t 为 x 的一元函数，两个方程两边分别对 x 求偏导，得

$$\begin{cases} \dfrac{\mathrm{d}y}{\mathrm{d}x} = f'_x(x,\ t) + f'_t(x,\ t)\dfrac{\mathrm{d}t}{\mathrm{d}x} \\[3mm] F'_x(x,\ y,\ t) + F'_y(x,\ y,\ t)\dfrac{\mathrm{d}y}{\mathrm{d}x} + F'_t(x,\ y,\ t)\dfrac{\mathrm{d}t}{\mathrm{d}x} = 0 \end{cases}$$

$$\begin{cases} \dfrac{\mathrm{d}y}{\mathrm{d}x} - f'_t(x,\ t)\dfrac{\mathrm{d}t}{\mathrm{d}x} = f'_x(x,\ t) \\[3mm] F'_y(x,\ y,\ t)\dfrac{\mathrm{d}y}{\mathrm{d}x} + F'_t(x,\ y,\ t)\dfrac{\mathrm{d}t}{\mathrm{d}x} = -F'_x(x,\ y,\ t) \end{cases}$$

解之，得

$$\frac{\mathrm{d}y}{\mathrm{d}x} = \frac{\begin{vmatrix} f'_x & -f'_t \\ -F'_x & F'_t \end{vmatrix}}{\begin{vmatrix} 1 & -f'_t \\ F'_y & F'_t \end{vmatrix}} = \frac{F'_t \cdot f'_x - F'_x \cdot f'_t}{F'_t + F'_y \cdot f'_t}$$

(7) **解**
$$\frac{\mathrm{d}u}{\mathrm{d}x} = f'_x + f'_y\frac{\mathrm{d}y}{\mathrm{d}x}$$

$$\frac{\mathrm{d}^2 u}{\mathrm{d}x^2} = f''_{xx} + f''_{xy}\frac{\mathrm{d}y}{\mathrm{d}x} + \left(f''_{yx} + f''_{yy}\frac{\mathrm{d}y}{\mathrm{d}x}\right)\frac{\mathrm{d}y}{\mathrm{d}x} + f'_y\frac{\mathrm{d}^2 y}{\mathrm{d}x^2}$$

$$= f''_{xx} + 2f''_{xy}\frac{\mathrm{d}y}{\mathrm{d}x} + f''_{yy}\left(\frac{\mathrm{d}y}{\mathrm{d}x}\right)^2 + f'_y\frac{\mathrm{d}^2 y}{\mathrm{d}x^2}$$

方程 $\varphi(x,\ y) = 0$ 两边对 x 求导，得

$$\varphi'_x + \varphi'_y\frac{\mathrm{d}y}{\mathrm{d}x} = 0$$

从而 $\dfrac{\mathrm{d}y}{\mathrm{d}x} = -\dfrac{\varphi'_x}{\varphi'_y}$。等式 $\varphi'_x + \varphi'_y\dfrac{\mathrm{d}y}{\mathrm{d}x} = 0$ 两边对 x 再求导，得

$$\varphi''_{xx} + \varphi''_{xy}\frac{\mathrm{d}y}{\mathrm{d}x} + \left(\varphi''_{yx} + \varphi''_{yy}\frac{\mathrm{d}y}{\mathrm{d}x}\right)\frac{\mathrm{d}y}{\mathrm{d}x} + \varphi'_y\frac{\mathrm{d}^2 y}{\mathrm{d}x^2} = 0$$

从而 $\dfrac{\mathrm{d}^2 y}{\mathrm{d}x^2} = -\dfrac{1}{\varphi'^3_y}[\varphi''_{xx}\varphi'^2_y - 2\varphi''_{xy}\varphi'_x\varphi'_y + \varphi''_{yy}\varphi'^2_x]$，将 $\dfrac{\mathrm{d}y}{\mathrm{d}x}$，$\dfrac{\mathrm{d}^2 y}{\mathrm{d}x^2}$ 代入，得

$$\frac{\mathrm{d}^2 u}{\mathrm{d}x^2} = \frac{1}{\varphi'^2_y}\left[f''_{xx}\varphi'^2_y - 2f''_{xy}\varphi'_x\varphi'_y + f''_{yy}\varphi'^2_x - \frac{f'_y}{\varphi'_y}\left(\varphi''_{xx}\varphi'^2_y - 2\varphi''_{xy}\varphi'_x\varphi'_y + \varphi''_{yy}\varphi'^2_x\right)\right]$$

(8) **解**　令 $u = xy$，$v = x + y$，则 $z = \mathrm{e}^u\sin v$，从而

$$\frac{\partial z}{\partial x} = \frac{\partial z}{\partial u}\frac{\partial u}{\partial x} + \frac{\partial z}{\partial v}\frac{\partial v}{\partial x} = y\mathrm{e}^u\sin v + \mathrm{e}^u\cos v$$

$$\frac{\partial z}{\partial y} = \frac{\partial z}{\partial u}\frac{\partial u}{\partial y} + \frac{\partial z}{\partial v}\frac{\partial v}{\partial y} = x\mathrm{e}^u\sin v + \mathrm{e}^u\cos v$$

$$\frac{\partial^2 z}{\partial x^2} = \frac{\partial}{\partial x}\left(\frac{\partial z}{\partial x}\right) = \frac{\partial}{\partial u}(y\mathrm{e}^u\sin v + \mathrm{e}^u\cos v)\frac{\partial u}{\partial x} + \frac{\partial}{\partial v}(y\mathrm{e}^u\sin v + \mathrm{e}^u\cos v)\frac{\partial v}{\partial x}$$

$$= (y\mathrm{e}^u\sin v + \mathrm{e}^u\cos v)\cdot y + (y\mathrm{e}^u\cos v - \mathrm{e}^u\sin v)\cdot 1$$

$$= \mathrm{e}^{xy}[(y^2 - 1)\sin(x + y) + 2y\cos(x + y)]$$

$$\frac{\partial^2 z}{\partial y^2} = \frac{\partial}{\partial y}\left(\frac{\partial z}{\partial y}\right) = \frac{\partial}{\partial u}(x\mathrm{e}^u\sin v + \mathrm{e}^u\cos v)\frac{\partial u}{\partial y} + \frac{\partial}{\partial v}(x\mathrm{e}^u\sin v + \mathrm{e}^u\cos v)\frac{\partial v}{\partial y}$$

$$= (x\mathrm{e}^u\sin v + \mathrm{e}^u\cos v)\cdot x + (x\mathrm{e}^u\cos v - \mathrm{e}^u\sin v)\cdot 1$$

$$= \mathrm{e}^{xy}[(x^2 - 1)\sin(x + y) + 2x\cos(x + y)]$$

$$\frac{\partial^2 z}{\partial x \partial y} = \frac{\partial}{\partial y}\left(\frac{\partial z}{\partial x}\right) = \frac{\partial}{\partial y}(y\mathrm{e}^u \sin v + \mathrm{e}^u \cos v) = \mathrm{e}^u \sin v + y\frac{\partial}{\partial y}(\mathrm{e}^u \sin v) + \frac{\partial}{\partial y}(\mathrm{e}^u \cos v)$$

$$= \mathrm{e}^u \sin v + y\left[\frac{\partial}{\partial u}(\mathrm{e}^u \sin v)\frac{\partial u}{\partial y} + \frac{\partial}{\partial v}(\mathrm{e}^u \sin v)\frac{\partial v}{\partial y}\right] + \frac{\partial}{\partial u}(\mathrm{e}^u \cos v)\frac{\partial u}{\partial y} + \frac{\partial}{\partial v}(\mathrm{e}^u \cos v)\frac{\partial v}{\partial y}$$

$$= \mathrm{e}^u \sin v + y[x\mathrm{e}^u \sin v + \mathrm{e}^u \cos v] + x\mathrm{e}^u \cos v - \mathrm{e}^u \sin v$$

$$= \mathrm{e}^{xy}[xy\sin(x+y) + (x+y)\cos(x+y)]$$

同理可得

$$\frac{\partial^2 z}{\partial y \partial x} = \mathrm{e}^{xy}[xy\sin(x+y) + (x+y)\cos(x+y)]$$

4.3 极 值 与 最 值

一、考点内容讲解

1. 无条件极值

(1) 定义：设函数 $z = f(x, y)$ 在点 (x_0, y_0) 的某邻域内有定义，如果对于该邻域内异于 (x_0, y_0) 点的任一点 (x, y)，有 $f(x, y) > f(x_0, y_0)$（或 $f(x, y) < f(x_0, y_0)$），则称 $f(x_0, y_0)$ 为 $f(x, y)$ 的极小值（或极大值），点 (x_0, y_0) 称为函数 $f(x, y)$ 的极小值（或极大值）点，极大值与极小值统称为极值。

(2) 方程组 $f'_x(x_0, y_0) = 0$，$f'_y(x_0, y_0) = 0$ 的解称为函数 $z = f(x, y)$ 的驻点。

(3) 极值的必要条件：设 $z = f(x, y)$ 在点 (x_0, y_0) 处一阶偏导数存在，且 (x_0, y_0) 是 $z = f(x, y)$ 的极值点，则点 (x_0, y_0) 是函数 $z = f(x, y)$ 的驻点，但反之不然。

(4) 极值的充分条件：设函数 $z = f(x, y)$ 在点 (x_0, y_0) 的某邻域内连续且有一阶及二阶连续偏导数，又 $f'_x(x_0, y_0) = 0$，$f'_y(x_0, y_0) = 0$，令 $A = f''_{xx}(x_0, y_0)$，$B = f''_{xy}(x_0, y_0)$，$C = f''_{yy}(x_0, y_0)$，则

（ⅰ）当 $AC - B^2 > 0$ 时函数有极值，且当 $A > 0$ 时，函数取得极小值，当 $A < 0$ 时，函数取得极大值；

（ⅱ）当 $AC - B^2 < 0$ 时无极值；

（ⅲ）当 $AC - B^2 = 0$ 时不一定（一般用定义判定）。

(5) 极值的充分条件（全微分判断）：若 $\mathrm{d}f(x_0, y_0) = 0$，$\mathrm{d}^2 f(x_0, y_0) > 0$，则 $f(x_0, y_0)$ 为函数的极小值；若 $\mathrm{d}f(x_0, y_0) = 0$，$\mathrm{d}^2 f(x_0, y_0) < 0$，则 $f(x_0, y_0)$ 为函数的极大值。其中二阶全微分为 $\mathrm{d}^2 f(x, y) = \frac{\partial^2 f}{\partial x^2}\mathrm{d}x^2 + 2\frac{\partial^2 f}{\partial x \partial y}\mathrm{d}x\mathrm{d}y + \frac{\partial^2 f}{\partial y^2}\mathrm{d}y^2$。

2. 条件极值与拉格朗日乘数法

(1) 函数 $z = f(x, y)$ 在条件 $\varphi(x, y) = 0$ 下的条件极值：令

$$F(x, y, \lambda) = f(x, y) + \lambda\varphi(x, y)$$

由方程组 $\begin{cases} F'_x(x, y, \lambda) = 0 \\ F'_y(x, y, \lambda) = 0 \\ \varphi(x, y) = 0 \end{cases}$ 求得可能极值点。

（2）函数 $f(x, y, z)$ 在条件 $\varphi(x, y, z) = 0$，$\psi(x, y, z) = 0$ 下的条件极值：令

$$F(x, y, z, \lambda, \mu) = f(x, y, z) + \lambda\varphi(x, y, z) + \mu\psi(x, y, z)$$

由方程组 $\begin{cases} F'_x(x, y, z, \lambda, \mu) = 0 \\ F'_y(x, y, z, \lambda, \mu) = 0 \\ F'_z(x, y, z, \lambda, \mu) = 0 \\ \varphi(x, y, z) = 0 \\ \psi(x, y, z) = 0 \end{cases}$ 求得可能极值点。

3. 最大值与最小值

（1）求连续函数 $f(x, y)$ 在有界闭区域 D 上的最大最小值：

（ⅰ）求 $f(x, y)$ 在 D 内部可能的极值点及其函数值；

（ⅱ）求 $f(x, y)$ 在 D 的边界上的最大最小值；

（ⅲ）把所得的函数值进行比较，最大的就是最大值，最小的就是最小值。

（2）实际问题：当函数的最值客观上在区域 D 内存在，而函数在 D 内只有一个驻点时，该驻点就是函数的最值点，驻点处的函数值就是所求的最值，不必再求函数在边界上的最值，也无须判别驻点是否为极值点。

4. 二元函数的泰勒公式

（1）带佩亚诺余项的二阶泰勒公式：设 $z = f(x, y)$ 在点 (x_0, y_0) 的某一邻域内连续且具有二阶连续偏导数，$(x_0 + h, y_0 + k)$ 为此邻域内任一点，则

$$f(x_0 + h, y_0 + k) = f(x_0, y_0) + \left(h\frac{\partial}{\partial x} + k\frac{\partial}{\partial y}\right)f(x_0, y_0) + \frac{1}{2!}\left(h\frac{\partial}{\partial x} + k\frac{\partial}{\partial y}\right)^2 f(x_0, y_0)$$
$$+ o(h^2 + k^2)$$

（2）带拉格朗日余项的二阶泰勒公式：设 $z = f(x, y)$ 在点 (x_0, y_0) 的某一邻域内连续且具有三阶连续偏导数，$(x_0 + h, y_0 + k)$ 为此邻域内任一点，则

$$f(x_0 + h, y_0 + k) = f(x_0, y_0) + \left(h\frac{\partial}{\partial x} + k\frac{\partial}{\partial y}\right)f(x_0, y_0) + \frac{1}{2!}\left(h\frac{\partial}{\partial x} + k\frac{\partial}{\partial y}\right)^2 f(x_0, y_0)$$
$$+ \frac{1}{3!}\left(h\frac{\partial}{\partial x} + k\frac{\partial}{\partial y}\right)^3 f(x_0 + \theta h, y_0 + \theta k) \quad (0 < \theta < 1)$$

二、考点题型解析

常考题型：• 求无条件极值；• 求条件极值；• 求最大值与最小值。

1. 选择题

例 1 设函数 $f(x, y)$ 在点 (x_0, y_0) 取得极小值，则（　　）。

(A) $f'_x(x_0, y_0) = f'_y(x_0, y_0) = 0$ 　　　(B) $f'_x(x_0, y_0) = 0$，$f''_{xx}(x_0, y_0) > 0$

(C) $f'_y(x_0, y_0) = 0$，$f''_{yy}(x_0, y_0) > 0$ 　(D) $f(x, y_0)$ 在 x_0 处取得极小值

解 应选（D）。

取 $f(x, y) = |x| + |y|$，则 $f(x, y)$ 在点 $(0, 0)$ 取得极小值，但 $f'_x(0, 0)$ 和 $f'_y(0, 0)$ 都不存在，从而（A）、（B）、（C）都不正确，故选（D）。

例 2 设 $f(x, y) = x^4 + y^4 - x^2 - 2xy - y^2$，由 $f'_x(x, y) = 4x^3 - 2x - 2y = 0$，

$f'_y(x, y) = 4y^3 - 2y - 2x = 0$ 解得驻点 $M_0(0, 0)$、$M_1(1, 1)$、$M_2(-1, -1)$，则( )。

(A) $f(M_0)$ 是极大值

(B) $f(M_1)$ 与 $f(M_2)$ 都是极大值

(C) $f(M_0)$ 是极小值

(D) $f(M_1)$ 与 $f(M_2)$ 都是极小值

解 应选(D)。

由于 $f''_{xx}(x, y) = 12x^2 - 2$，$f''_{xy}(x, y) = -2$，$f''_{yy}(x, y) = 12y^2 - 2$，且在点 $M_1(1, 1)$ 处，$A = 10 > 0$，$B = -2$，$C = 10$，$AC - B^2 > 0$，因此 $f(M_1)$ 是极小值，同理 $f(M_2)$ 也是极小值，故选(D)。

例 3 设 $f(x, y)$ 与 $\varphi(x, y)$ 均为可微函数，且 $\varphi'_y(x, y) \neq 0$，已知 (x_0, y_0) 是 $f(x, y)$ 在约束条件 $\varphi(x, y) = 0$ 下的一个极值点，下列选项正确的是( )。

(A) 若 $f'_x(x_0, y_0) = 0$，则 $f'_y(x_0, y_0) = 0$

(B) 若 $f'_x(x_0, y_0) = 0$，则 $f'_y(x_0, y_0) \neq 0$

(C) 若 $f'_x(x_0, y_0) \neq 0$，则 $f'_y(x_0, y_0) = 0$

(D) 若 $f'_x(x_0, y_0) \neq 0$，则 $f'_y(x_0, y_0) \neq 0$

解 应选(D)。

设由方程 $\varphi(x, y) = 0$ 所确定的一元函数为 $y = y(x)$，则 $z = f(x, y) = f(x, y(x))$，且 $\dfrac{dy}{dx} = -\dfrac{\varphi'_x}{\varphi'_y}$，$\dfrac{dz}{dx} = f'_x + f'_y \cdot \dfrac{dy}{dx} = f'_x - \dfrac{\varphi'_x}{\varphi'_y} f'_y$，从而

$$f'_x(x_0, y_0) - \frac{\varphi'_x(x_0, y_0)}{\varphi'_y(x_0, y_0)} f'_y(x_0, y_0) = 0$$

即

$$f'_x(x_0, y_0) \varphi'_y(x_0, y_0) = \varphi'_x(x_0, y_0) f'_y(x_0, y_0)$$

由于 $\varphi'_y(x_0, y_0) \neq 0$，因此当 $f'_x(x_0, y_0) \neq 0$ 时，$f'_y(x_0, y_0) \neq 0$，故选(D)。

例 4 函数 $z = \sqrt{4 - x^2 - y^2}$ 在闭区域 $D = \{(x, y) \mid x^2 + y^2 \leqslant 1, x \geqslant 0, y \geqslant 0\}$ 上的最大值为( )。

(A) $\sqrt{3}$ (B) 2 (C) 4 (D) 1

解 应选(B)。

由 $\dfrac{\partial z}{\partial x} = -\dfrac{x}{\sqrt{4 - x^2 - y^2}} = 0$，$\dfrac{\partial z}{\partial y} = -\dfrac{y}{\sqrt{4 - x^2 - y^2}} = 0$，得驻点为 $(0, 0)$，$z|_{(0, 0)} = 2$。

在边界 $x = 0$ $(0 \leqslant y \leqslant 1)$ 上，$z = \sqrt{4 - y^2}$ 的最大值为 2，在边界 $y = 0$ $(0 \leqslant x \leqslant 1)$ 上，$z = \sqrt{4 - x^2}$ 的最大值为 2，在边界 $x^2 + y^2 = 1$ $(0 \leqslant x \leqslant 1)$ 上，$z = \sqrt{3}$ 的最大值为 $\sqrt{3}$，从而函数 $z = \sqrt{4 - x^2 - y^2}$ 在闭区域 $D = \{(x, y) \mid x^2 + y^2 \leqslant 1, x \geqslant 0, y \geqslant 0\}$ 上的最大值为 2，故选(B)。

2. 填空题

例 1 函数 $f(x, y) = x^2(2 + y^2) + y\ln y$ 的极小值为_____。

解 由 $\dfrac{\partial f}{\partial x} = 2x(2 + y^2) = 0$，$\dfrac{\partial f}{\partial y} = 2x^2 y + \ln y + 1 = 0$，得驻点 $\left(0, \dfrac{1}{e}\right)$，又

$$A = \frac{\partial^2 f}{\partial x^2}\bigg|_{(0, \frac{1}{e})} = 2(2 + y^2)\bigg|_{(0, \frac{1}{e})} = 2\left(2 + \frac{1}{e^2}\right)$$

$$B = \frac{\partial^2 f}{\partial x \partial y}\bigg|_{(0, \frac{1}{e})} = 4xy\bigg|_{(0, \frac{1}{e})} = 0$$

$$C = \frac{\partial^2 f}{\partial y^2}\Big|_{(0, \frac{1}{e})} = \left(2x^2 + \frac{1}{y}\right)\Big|_{(0, \frac{1}{e})} = e$$

从而 $AC - B^2 = 2e\left(2 + \frac{1}{e^2}\right) > 0$，且 $A > 0$，故 $f\left(0, \frac{1}{e}\right)$ 是 $f(x, y)$ 的极小值，且极小值

为 $f\left(0, \frac{1}{e}\right) = -\frac{1}{e}$。

例 2   函数 $f(x, y) = x^2 + y^2$ 在条件 $\frac{x}{a} + \frac{y}{b} = 1$ 下的极小值为 _____。

解   **方法一**   构造拉格朗日函数 $F(x, y, \lambda) = x^2 + y^2 + \lambda\left(\frac{x}{a} + \frac{y}{b} - 1\right)$，令

$$\begin{cases} F'_x = 2x + \frac{1}{a}\lambda = 0 \\[2mm] F'_y = 2y + \frac{1}{b}\lambda = 0 \\[2mm] F'_\lambda = \frac{x}{a} + \frac{y}{b} - 1 = 0 \end{cases}$$

解之，得 $x = \frac{ab^2}{a^2 + b^2}$，$y = \frac{a^2 b}{a^2 + b^2}$，$\lambda = -\frac{2a^2 b^2}{a^2 + b^2}$，从而驻点为 $\left(\frac{ab^2}{a^2 + b^2}, \frac{a^2 b}{a^2 + b^2}\right)$。

又 $F''_{xx} = 2$，$F''_{xy} = 0$，$F''_{yy} = 2$，故

$$d^2 F(x, y) = 2dx^2 + (2 \times 0)dxdy + 2dy^2 = 2dx^2 + 2dy^2 > 0$$

从而函数 $f(x, y) = x^2 + y^2$ 在点 $\left(\frac{ab^2}{a^2 + b^2}, \frac{a^2 b}{a^2 + b^2}\right)$ 处取得极小值，且极小值为

$$f\left(\frac{ab^2}{a^2 + b^2}, \frac{a^2 b}{a^2 + b^2}\right) = \frac{a^2 b^2}{a^2 + b^2}$$

方法二   由 $\frac{x}{a} + \frac{y}{b} = 1$，得 $y = b\left(1 - \frac{x}{a}\right)$，代入 $f(x, y) = x^2 + y^2$，得

$$\varphi(x) = f\left(x, b\left(1 - \frac{x}{a}\right)\right) = x^2 + b^2\left(1 - \frac{x}{a}\right)^2$$

$$\varphi'(x) = 2x - \frac{2b^2}{a}\left(1 - \frac{x}{a}\right)$$

令 $\varphi'(x) = 0$，得 $x = \frac{ab^2}{a^2 + b^2}$，又

$$\varphi''(x) = 2 + \frac{2b^2}{a^2}, \quad \varphi''\left(\frac{ab^2}{a^2 + b^2}\right) = 2 + \frac{2b^2}{a^2} > 0$$

故 $\varphi(x)$ 在 $x = \frac{ab^2}{a^2 + b^2}$ 处取得极小值，而当 $x = \frac{ab^2}{a^2 + b^2}$ 时，$y = \frac{a^2 b}{a^2 + b^2}$，所以 $f(x, y) = $

$x^2 + y^2$ 在条件 $\frac{x}{a} + \frac{y}{b} = 1$ 下的条件极值在点 $\left(\frac{ab^2}{a^2 + b^2}, \frac{a^2 b}{a^2 + b^2}\right)$ 处取得且为极小值，极小值

为 $f\left(\frac{ab^2}{a^2 + b^2}, \frac{a^2 b}{a^2 + b^2}\right) = \frac{a^2 b^2}{a^2 + b^2}$。

例 3   函数 $z = x^2 + y^2 - xy$ 在区域 $|x| + |y| \leqslant 1$ 上的最大值为 _____，最小值为

_____。

解   区域 $|x| + |y| \leqslant 1$ 是以点 $A(0, 1)$、$B(1, 0)$、$C(0, -1)$、$D(-1, 0)$ 为顶点的正

方形，其 AB 边的方程为 $x+y=1$，BC 边的方程为 $x-y=1$。由 $z'_x=2x-y=0$，$z'_y=2y-x=0$，得驻点为 $(0,0)$，$z|_{(0,0)}=0$。由对称性知，区域的边界只需要考虑 $x+y=1$ 与 $x-y=1$ 两条边界。

在边界 $x+y=1$ $(0 \leqslant x \leqslant 1)$ 上，
$$z=(x+y)^2-3xy=1-3x(1-x)=1-3x+3x^2$$

令 $\varphi(x)=1-3x+3x^2$，则 $\varphi'(x)=-3+6x$。令 $\varphi'(x)=0$，则 $x=\dfrac{1}{2}$。又 $\varphi(0)=1$，$\varphi\left(\dfrac{1}{2}\right)=\dfrac{1}{4}$，

$\varphi(1)=1$，从而函数在边界 $x+y=1$ $(0 \leqslant x \leqslant 1)$ 上的最大值为 1，最小值为 $\dfrac{1}{4}$。

在边界 $x-y=1$ $(0 \leqslant x \leqslant 1)$ 上，
$$z=(x-y)^2+xy=1+x(x-1)=1-x+x^2$$

令 $\psi(x)=1-x+x^2$，则 $\psi'(x)=-1+2x$。令 $\psi'(x)=0$，则 $x=\dfrac{1}{2}$。又 $\psi(0)=1$，$\psi\left(\dfrac{1}{2}\right)=\dfrac{3}{4}$，

$\psi(1)=1$，从而函数在边界 $x-y=1$ $(0 \leqslant x \leqslant y)$ 上的最大值为 1，最小值为 $\dfrac{3}{4}$。

因此，函数在区域 $|x|+|y| \leqslant 1$ 上的最大值为 1，最小值为 0。

3. 解答题

例 1　求由方程 $2x^2+2y^2+z^2+8xz-z+8=0$ 所确定的函数 $z=f(x,y)$ 的极值。

解　由于 $4x\mathrm{d}x+4y\mathrm{d}y+2z\mathrm{d}z+8z\mathrm{d}x+8x\mathrm{d}z-\mathrm{d}z=0$，
$$\mathrm{d}z=-\frac{4x+8z}{2z+8x-1}\mathrm{d}x-\frac{4y}{2z+8x-1}\mathrm{d}y$$

因此
$$\frac{\partial z}{\partial x}=-\frac{4x+8z}{2z+8x-1}, \qquad \frac{\partial z}{\partial y}=-\frac{4y}{2z+8x-1}$$

令 $\dfrac{\partial z}{\partial x}=0$，$\dfrac{\partial z}{\partial y}=0$，得 $y=0$，$-x=2z$，代入函数方程，得 $-7x^2+2x+32=0$，解之，

得驻点为 $(-2,0)$，$\left(\dfrac{16}{7},0\right)$。

$$\frac{\partial^2 z}{\partial x^2}=\frac{-4\left(1+2\dfrac{\partial z}{\partial x}\right)(2z+8x-1)+8(x+2z)\left(\dfrac{\partial z}{\partial x}+4\right)}{(2z+8x-1)^2}$$

$$\frac{\partial^2 z}{\partial x \partial y}=\frac{-8\dfrac{\partial z}{\partial y}(2z+8x-1)+8(x+2z)\dfrac{\partial z}{\partial y}}{(2z+8x-1)^2},\ \frac{\partial^2 z}{\partial y^2}=\frac{-4(2z+8x-1)+8y\dfrac{\partial z}{\partial y}}{(2z+8x-1)^2}$$

在点 $(-2,0)$ 处，$z=1$，$\dfrac{\partial z}{\partial x}=0$，$\dfrac{\partial z}{\partial y}=0$，$A=\dfrac{\partial^2 z}{\partial x^2}\bigg|_{(-2,0)}=\dfrac{4}{15}$，$B=\dfrac{\partial^2 z}{\partial x \partial y}\bigg|_{(-2,0)}=0$，

$C=\dfrac{\partial^2 z}{\partial y^2}\bigg|_{(-2,0)}=\dfrac{4}{15}$，$AC-B^2=\left(\dfrac{4}{15}\right)^2>0$，$A>0$，则函数 $z=f(x,y)$ 在点 $(-2,0)$ 处取

得极小值，且极小值为 $f(-2,0)=1$。

在点 $\left(\dfrac{16}{7},0\right)$ 处，$z=-\dfrac{8}{7}$，$\dfrac{\partial z}{\partial x}=0$，$\dfrac{\partial z}{\partial y}=0$，$A=\dfrac{\partial^2 z}{\partial x^2}\bigg|_{\left(\frac{16}{7},0\right)}=-\dfrac{4}{15}$，

$B=\dfrac{\partial^2 z}{\partial x \partial y}\bigg|_{\left(\frac{16}{7},0\right)}=0$，$C=\dfrac{\partial^2 z}{\partial y^2}\bigg|_{\left(\frac{16}{7},0\right)}=-\dfrac{4}{15}$，$AC-B^2=\left(\dfrac{4}{15}\right)^2>0$，$A<0$，则函数

$z = f(x, y)$ 在点 $\left(\dfrac{16}{7}, 0\right)$ 处取得极大值，且极大值为 $f\left(\dfrac{16}{7}, 0\right) = -\dfrac{8}{7}$。

例 2 求函数 $u = \sqrt{x^2 + y^2 + z^2}$ 在条件 $(x - y)^2 - z^2 = 1$ 下的极值。

解 由于函数 $u = \sqrt{x^2 + y^2 + z^2}$ 与函数 $v = x^2 + y^2 + z^2$ 在相同条件下的极值点相同，作拉格朗日函数 $F(x, y, z, \lambda) = x^2 + y^2 + z^2 + \lambda[(x - y)^2 - z^2 - 1]$，令

$$\begin{cases} F'_x = 2x + 2\lambda(x - y) = 0 \\ F'_y = 2y - 2\lambda(x - y) = 0 \\ F'_z = 2z - 2\lambda z = 0 \\ F'_\lambda = (x - y)^2 - z^2 - 1 = 0 \end{cases}$$

得 $(\lambda - 1)z = 0$，从而 $\lambda = 1$ 或 $z = 0$，但 $\lambda = 1$ 时方程组不相容，因此只有 $z = 0$，从而得驻点 $\left(\dfrac{1}{2}, -\dfrac{1}{2}, 0\right)$，$\left(-\dfrac{1}{2}, \dfrac{1}{2}, 0\right)$，$\lambda = -\dfrac{1}{2}$。又 $F''_{xx} = 2(1 + \lambda)$，$F''_{xy} = -2\lambda$，$F''_{yy} = 2(1 + \lambda)$，$F''_{zz} = 2(1 - \lambda)$，$F''_{yz} = F''_{xz} = 0$，故

$$\begin{aligned} \mathrm{d}^2 F(x, y, z)\big|_{\lambda = -\frac{1}{2}} &= \left[2(1 + \lambda)\mathrm{d}x^2 + 2(1 + \lambda)\mathrm{d}y^2 + 2(1 - \lambda)\mathrm{d}z^2 - 4\lambda \mathrm{d}x\mathrm{d}y\right]\big|_{\lambda = -\frac{1}{2}} \\ &= \mathrm{d}x^2 + \mathrm{d}y^2 + 3\mathrm{d}z^2 + 2\mathrm{d}x\mathrm{d}y > 0 \end{aligned}$$

从而 $\left(\dfrac{1}{2}, -\dfrac{1}{2}, 0\right)$ 与 $\left(-\dfrac{1}{2}, \dfrac{1}{2}, 0\right)$ 均为函数 v 的极小值值点，也就是函数 u 的极小值点，且极小值为 $u\left(\dfrac{1}{2}, -\dfrac{1}{2}, 0\right) = u\left(-\dfrac{1}{2}, \dfrac{1}{2}, 0\right) = \dfrac{\sqrt{2}}{2}$。

例 3 求函数 $f(x, y, z) = \ln x + \ln y + 3\ln z$ 在球面 $x^2 + y^2 + z^2 = 5r^2$ $(x > 0, y > 0, z > 0)$ 上的最大值，并证明对于任何正整数 a、b、c，有 $abc^3 \leqslant 27 \left(\dfrac{a + b + c}{5}\right)^5$。

解 构造拉格朗日函数 $F(x, y, z, \lambda) = \ln x + \ln y + 3\ln z + \lambda(x^2 + y^2 + z^2 - 5r^2)$，令

$$\begin{cases} F'_x = \dfrac{1}{x} + 2\lambda x = 0 \\ F'_y = \dfrac{1}{y} + 2\lambda y = 0 \\ F'_z = \dfrac{3}{z} + 2\lambda z = 0 \\ F'_\lambda = x^2 + y^2 + z^2 - 5r^2 = 0 \end{cases}$$

得驻点为 $(r, r, \sqrt{3}r)$。由于在第一卦限内球面的三条边界线上函数 $f(x, y, z)$ 趋于 $-\infty$，因此最大值必在曲面内部取得，又驻点唯一，所以函数 $f(x, y, z)$ 在 $(r, r, \sqrt{3}r)$ 处取得最大值，且最大值为 $f(r, r, \sqrt{3}r) = 5\ln r + \dfrac{3}{2}\ln 3$。

由于在条件 $x^2 + y^2 + z^2 = 5r^2$ 下，$\ln xyz^3 \leqslant \ln 3^{\frac{3}{2}} r^5$，即 $xyz^3 \leqslant 3^{\frac{3}{2}} r^5$，因此对于任意正整数 a、b、c，取 $x = \dfrac{\sqrt{5}r\sqrt{a}}{\sqrt{a + b + c}}$，$y = \dfrac{\sqrt{5}r\sqrt{b}}{\sqrt{a + b + c}}$，$z = \dfrac{\sqrt{5}r\sqrt{c}}{\sqrt{a + b + c}}$，则 $x^2 + y^2 + z^2 = 5r^2$，从而 $\dfrac{5^{\frac{5}{2}} r^5 (abc^3)^{\frac{1}{2}}}{(a + b + c)^{\frac{5}{2}}} \leqslant 3^{\frac{3}{2}} r^5$，即 $abc^3 \leqslant 27 \left(\dfrac{a + b + c}{5}\right)^5$，且等号成立当且仅当 $a = b = \dfrac{c}{3}$。

例 4 求函数 $z = x^2 + y^2 - xy + x + y$ 在 $D = \{(x, y) \mid x \leqslant 0, y \leqslant 0, x + y \geqslant -3\}$（闭

区域）上的最大值与最小值。

解　由 $\dfrac{\partial z}{\partial x} = 2x - y + 1 = 0$，$\dfrac{\partial z}{\partial y} = 2y - x + 1 = 0$，得驻点 $(-1, -1)$，$z|_{(-1, -1)} = -1$。

在边界 $x = 0$ $(-3 \leqslant y \leqslant 0)$ 上，$z = z(y) = y^2 + y$。令 $\dfrac{\mathrm{d}z}{\mathrm{d}y} = 2y + 1 = 0$，得 $y = -\dfrac{1}{2}$。

又 $z(0) = 0$，$z\left(-\dfrac{1}{2}\right) = -\dfrac{1}{4}$，$z(-3) = 6$，从而 $z = z(y) = y^2 + y$ 在边界 $x = 0$ $(-3 \leqslant y \leqslant 0)$

上的最大值为 6，最小值为 $-\dfrac{1}{4}$。

在边界 $y = 0$ $(-3 \leqslant x \leqslant 0)$ 上，$z = z(x) = x^2 + x$。令 $\dfrac{\mathrm{d}z}{\mathrm{d}x} = 2x + 1 = 0$，得 $x = -\dfrac{1}{2}$。又

$z(0) = 0$，$z\left(-\dfrac{1}{2}\right) = -\dfrac{1}{4}$，$z(-3) = 6$，从而 $z = z(x) = x^2 + x$ 在边界 $y = 0$ $(-3 \leqslant x \leqslant 0)$

上的最大值为 6，最小值为 $-\dfrac{1}{4}$。

在边界 $x + y = -3$ $(-3 \leqslant x \leqslant 0)$ 上，由于 $y = -x - 3$，因此 $z = z(x) = 3x^2 + 9x + 6$。

令 $\dfrac{\mathrm{d}z}{\mathrm{d}x} = 6x + 9 = 0$，得 $x = -\dfrac{3}{2}$。又 $z(0) = 6$，$z\left(-\dfrac{3}{2}\right) = -\dfrac{3}{4}$，$z(-3) = 6$，从而

$z = z(x) = 3x^2 + 9x + 6$ 在边界 $x + y = -3$ $(-3 \leqslant x \leqslant 0)$ 上的最大值为 6，最小值为 $-\dfrac{3}{4}$。

因此，函数 z 在区域 D 的最大值为 6，最小值为 -1。

三、经典习题与解答

$\boxed{\text{经 典 习 题}}$

1. 选择题

(1) 设函数 $f(x, y)$ 在点 (x_0, y_0) 处可微，且 $f'_x(x_0, y_0) = 0$，$f'_y(x_0, y_0) = 0$，则函数 $f(x, y)$ 在点 (x_0, y_0) 处（　　　）。

(A) 必有极值，可能是极大，也可能是极小

(B) 可能有极值，也可能无极值

(C) 必有极大值

(D) 必有极小值

(2) 函数 $f(x, y) = xy\ln(x^2 + y^2)$ 的极大值点为（　　　）。

(A) $(1, 0)$ 　　　　　　　　　　　　(B) $(0, -1)$

(C) $\left(\dfrac{1}{\sqrt{2\mathrm{e}}}, -\dfrac{1}{\sqrt{2\mathrm{e}}}\right)$ 　　　　　　(D) $\left(\dfrac{1}{\sqrt{2\mathrm{e}}}, \dfrac{1}{\sqrt{2\mathrm{e}}}\right)$

(3) 函数 $f(x, y) = x^3 - y^3 - 3x^2 + 3y - 9x$ 的极值点为（　　　）。

(A) $(3, -1)$ 　　　　　　　　　　　(B) $(3, 1)$

(C) $(1, 1)$ 　　　　　　　　　　　　(D) $(-1, -1)$

(4) 函数 $u = \sin x \sin y \sin z$ 在条件 $x + y + z = \dfrac{\pi}{2}$ $(x > 0, y > 0, z > 0)$ 下的条件极

值为(   )。

(A) 1 　　　　(B) 0 　　　　(C) $\dfrac{1}{6}$ 　　　　(D) $\dfrac{1}{8}$

(5) 函数 $f(x,y)=\mathrm{e}^{xy}$ 在点 $(0,1)$ 处带佩亚诺余项的二阶泰勒公式为(   )。

(A) $1+x+\dfrac{1}{2!}[x^2+2x(y-1)]$

(B) $1+x+\dfrac{1}{2!}[x^2+2x(y-1)]+o(x^2+(y-1)^2)$

(C) $1+x+\dfrac{1}{2!}[x^2+2xy]+o(x^2+y^2)$

(D) $1+(x-1)+\dfrac{1}{2!}[(x-1)^2+2(x-1)y]+o((x-1)^2+y^2)$

2. 填空题

(1) 函数 $f(x,y)=(6x-x^2)(4y-y^2)$ 的极大值点为_____。

(2) 函数 $f(x,y)=xy$ 在条件 $x+y=1$ 下的极大值为_____。

(3) 设 xOy 平面上有一点 (x_0,y_0)，它到 $x=0$，$y=0$ 及 $x+2y-16=0$ 三直线的距离平方之和最短，则该点 $(x_0,y_0)=$_____。

3. 解答题

(1) 求函数 $f(x,y)=x^3+y^3-3(x^2+y^2)$ 的驻点与极值点，说明是极大值点还是极小值点。

(2) 过椭圆 $3x^2+2xy+3y^2=1$ 上任意点作椭圆的切线，试求切线与坐标轴所围成的三角形面积的最小值。

(3) 在第一卦限内作椭球面 $\dfrac{x^2}{a^2}+\dfrac{y^2}{b^2}+\dfrac{z^2}{c^2}=1$ 的切平面，求切平面与三坐标面所围成的四面体体积最小值。

(4) 求内接于半径为 R 的球且有最大体积的长方体。

(5) 求函数 $z=x+2y-1$ 在闭区域 $D=\{(x,y)\mid |x|+|y|\leqslant 1\}$ 上的最大值和最小值。

⎡ 经典习题解答 ⎤

1. 选择题

(1) **解**　应选(B)。

由极值的必要条件知，可微函数 $f(x,y)$ 在驻点 (x_0,y_0) 处可能有极值，也可能无极值，故选(B)。

(2) **解**　应选(C)。

$$f'_x(x,y)=y\ln(x^2+y^2)+xy\cdot\dfrac{2x}{x^2+y^2}$$

$$f'_y(x,y)=x\ln(x^2+y^2)+xy\cdot\dfrac{2y}{x^2+y^2}$$

显然在点 $(1,0)$、$(0,-1)$、$\left(\dfrac{1}{\sqrt{2\mathrm{e}}},-\dfrac{1}{\sqrt{2\mathrm{e}}}\right)$、$\left(\dfrac{1}{\sqrt{2\mathrm{e}}},\dfrac{1}{\sqrt{2\mathrm{e}}}\right)$ 处

$$f'_x(x, y) = 0, \ f'_y(x, y) = 0$$

又

$$f''_{xx}(x, y) = \frac{2xy}{x^2 + y^2} + \frac{4xy(x^2 + y^2) - 2x^2 y \cdot 2x}{(x^2 + y^2)^2} = \frac{2x^3 y + 6xy^3}{(x^2 + y^2)^2}$$

且只有 $f''_{xx}\left(\dfrac{1}{\sqrt{2e}}, -\dfrac{1}{\sqrt{2e}}\right) < 0$，所以函数 $f(x, y) = xy\ln(x^2 + y^2)$ 的极大值点为 $\left(\dfrac{1}{\sqrt{2e}}, -\dfrac{1}{\sqrt{2e}}\right)$，故选(C)。

（3）**解** 应选(A)。

由于 $f'_x(x, y) = 3x^2 - 6x - 9$，$f'_y(x, y) = -3y^2 + 3$，$f''_{xx}(x, y) = 6x - 6$，$f''_{xy}(x, y) = 0$，$f''_{yy}(x, y) = -6y$，在点 $(3, -1)$ 处，$A = 12 > 0$，$B = 0$，$C = 6$，$AC - B^2 > 0$，因此 $f(x, y)$ 在点 $(3, -1)$ 处取得极小值，即函数的极值点为 $(3, -1)$，故选(A)。

（4）**解** 应选(D)。

作拉格朗日函数 $F(x, y, z, \lambda) = \sin x \sin y \sin z + \lambda\left(x + y + z - \dfrac{\pi}{2}\right)$，令

$$\begin{cases} F'_x = \cos x \sin y \sin z + \lambda = 0 \\ F'_y = \sin x \cos y \sin z + \lambda = 0 \\ F'_z = \sin x \sin y \cos z + \lambda = 0 \quad (x > 0, \ y > 0, \ z > 0) \\ F'_\lambda = x + y + z - \dfrac{\pi}{2} = 0 \end{cases}$$

解之，得驻点为 $\left(\dfrac{\pi}{6}, \dfrac{\pi}{6}, \dfrac{\pi}{6}\right)$，$\lambda = -\dfrac{\sqrt{3}}{8}$。由于 $u = \sin x \sin y \cos(x + y)$，因此

$$u'_x = \cos x \sin y \cos(x + y) - \sin x \sin y \sin(x + y)$$
$$u'_y = \sin x \cos y \cos(x + y) - \sin x \sin y \sin(x + y)$$
$$u''_{xx} = -2\sin x \sin y \cos(x + y) - 2\cos x \sin y \sin(x + y)$$
$$u''_{xy} = \cos^2(x + y) - \sin^2(x + y)$$
$$u''_{yy} = -2\sin x \sin y \cos(x + y) - 2\sin x \cos y \sin(x + y)$$

在点 $\left(\dfrac{\pi}{6}, \dfrac{\pi}{6}\right)$ 处，$A = -1 < 0$，$B = -\dfrac{1}{2}$，$C = -1$，$AC - B^2 = 1 - \left(-\dfrac{1}{2}\right)^2 = \dfrac{3}{4} > 0$，从而函数在点 $\left(\dfrac{\pi}{6}, \dfrac{\pi}{6}\right)$ 处取得极大值，且极大值为 $\dfrac{1}{8}$，故选(D)。

（5）**解** 应选(B)。

由于 $f(0, 1) = 1$，$f'_x(0, 1) = 1$，$f'_y(0, 1) = 0$，$f''_{xx}(0, 1) = 1$，$f''_{xy}(0, 1) = 1$，$f''_{yy}(0, 1) = 0$，因此 $f(x, y)$ 在点 $(0, 1)$ 处的二阶泰勒公式为

$$\begin{aligned} f(x, y) &= f(0, 1) + f'_x(0, 1)x + f'_y(0, 1)(y - 1) \\ &\quad + \frac{1}{2!}[f''_{xx}(0, 1)x^2 + 2f''_{xy}(0, 1)x(y - 1) + f''_{xy}(0, 1)(y - 1)] \\ &\quad + o(x^2 + (y - 1)^2) \\ &= 1 + x + \frac{1}{2!}[x^2 + 2x(y - 1)] + o(x^2 + (y - 1)^2) \end{aligned}$$

故选(B)。

2. 填空题

(1) **解** 由 $f'_x(x, y) = (6-2x)(4y-y^2) = 0$，$f'_y(x, y) = (6x-x^2)(4-2y) = 0$，得驻点 $(0, 0)$、$(0, 4)$、$(3, 2)$、$(6, 0)$、$(6, 4)$，且

$$f''_{xx}(x, y) = -2(4y-y^2)$$
$$f''_{xy}(x, y) = 4(3-x)(2-y)$$
$$f''_{yy}(x, y) = -2(6x-x^2)$$

在点 $(0, 0)$ 处，$AC-B^2 = -24^2 < 0$，则点 $(0, 0)$ 不是极值点；在点 $(0, 4)$ 处，$AC-B^2 = -24^2 < 0$，则点 $(0, 4)$ 不是极值点；在点 $(3, 2)$ 处，$AC-B^2 = 144 > 0$，$A = -8 < 0$，则点 $(3, 2)$ 是极大值点；在点 $(6, 0)$ 处，$AC-B^2 = -24^2 < 0$，则点 $(6, 0)$ 不是极值点；在点 $(6, 4)$ 处，$AC-B^2 = -24^2 < 0$，则点 $(6, 4)$ 不是极值点。所以函数 $f(x, y) = (6x-x^2)(4y-y^2)$ 的极大值点为 $(3, 2)$。

(2) **解** **方法一** 由 $x+y = 1$ 得 $y = 1-x$，代入 $f(x, y) = xy$，得

$$\varphi(x) = f(x, 1-x) = x(1-x)$$
$$\varphi'(x) = 1-2x$$

令 $\varphi'(x) = 0$，得 $x = \dfrac{1}{2}$。又 $\varphi''(x) = -2$，$\varphi''\left(\dfrac{1}{2}\right) = -2 < 0$，故 $\varphi(x)$ 在 $x = \dfrac{1}{2}$ 处取得极大值，而当 $x = \dfrac{1}{2}$ 时，$y = \dfrac{1}{2}$，所以 $f(x, y) = xy$ 在条件 $x+y = 1$ 下的条件极值在点 $\left(\dfrac{1}{2}, \dfrac{1}{2}\right)$ 处取得且为极大值，极大值为 $f\left(\dfrac{1}{2}, \dfrac{1}{2}\right) = \dfrac{1}{4}$。

方法二 作拉格朗日函数 $F(x, y, \lambda) = xy + \lambda(x+y-1)$，令

$$\begin{cases} F'_x = y+\lambda = 0 \\ F'_y = x+\lambda = 0 \\ F'_\lambda = x+y-1 = 0 \end{cases}$$

得驻点为 $\left(\dfrac{1}{2}, \dfrac{1}{2}\right)$。由于 $F''_{xx} = 0$，$F''_{xy} = 1$，$F''_{yy} = 0$，因此 $\mathrm{d}^2F = 2\mathrm{d}x\mathrm{d}y$；又 $x+y = 1$，故 $\mathrm{d}x + \mathrm{d}y = 0$，从而 $\mathrm{d}^2F = -2(\mathrm{d}x)^2 < 0$。所以 $f(x, y) = xy$ 在点 $\left(\dfrac{1}{2}, \dfrac{1}{2}\right)$ 处取得极大值，且极大值为 $f\left(\dfrac{1}{2}, \dfrac{1}{2}\right) = \dfrac{1}{4}$。

(3) **解** 由于 xOy 平面上点 (x, y) 到直线 $x = 0$ 的距离为 $|x|$，到直线 $y = 0$ 的距离为 $|y|$，到直线 $x+2y-16 = 0$ 的距离为 $\dfrac{|x+2y-16|}{\sqrt{1+2^2}}$，故三个距离的平方和为

$$z = x^2 + y^2 + \dfrac{1}{5}(x+2y-16)^2$$

由 $\dfrac{\partial z}{\partial x} = 2x + \dfrac{2}{5}(x+2y-16) = 0$，$\dfrac{\partial z}{\partial y} = 2y + \dfrac{4}{5}(x+2y-16) = 0$，得 $x_0 = \dfrac{8}{5}$，$y_0 = \dfrac{16}{5}$。

由于 $\left(\dfrac{8}{5}, \dfrac{16}{5}\right)$ 是唯一驻点，根据实际问题性质知 xOy 平面上点到三直线距离平方之和最短的点一定存在，故 $(x_0, y_0) = \left(\dfrac{8}{5}, \dfrac{16}{5}\right)$。

3. 解答题

(1) **解** 由 $f'_x(x, y) = 3x^2 - 6x = 0$，$f'_y(x, y) = 3y^2 - 6y = 0$，得驻点 $(0, 0)$、$(0, 2)$、$(2, 0)$、$(2, 2)$，且 $f''_{xx}(x, y) = 6x - 6$，$f''_{xy}(x, y) = 0$，$f''_{yy}(x, y) = 6y - 6$。

在点 $(0, 0)$ 处，$A = -6$，$B = 0$，$C = -6$，$AC - B^2 = 36 > 0$，且 $A = -6 < 0$，则 $(0, 0)$ 是极大值点；

在点 $(0, 2)$ 处，$A = -6$，$B = 0$，$C = 6$，$AC - B^2 = -36 < 0$，则 $(0, 2)$ 不是极值点；

在点 $(2, 0)$ 处，$A = 6$，$B = 0$，$C = -6$，$AC - B^2 = -36 < 0$，则 $(2, 0)$ 不是极值点；

在点 $(2, 2)$ 处，$A = 6$，$B = 0$，$C = 6$，$AC - B^2 = 36 > 0$，且 $A = 6 > 0$，则 $(2, 2)$ 是极小值点。

(2) **解** 由隐函数求导法，得 $\dfrac{dy}{dx} = -\dfrac{3x + y}{x + 3y}$，设 (a, b) 是椭圆上任意一点，则椭圆在点 (a, b) 处的切线方程为 $y - b = -\dfrac{3a + b}{a + 3b}(x - a)$，即

$$(3a + b)(x - a) + (a + 3b)(y - b) = 0$$

它在 x 轴、y 轴的截距分别为

$$x = \frac{b(a + 3b)}{3a + b} + a, \quad y = \frac{a(3a + b)}{a + 3b} + b$$

从而所求三角形的面积为

$$S = \left| \frac{1}{2} \left[\frac{b(a + 3b)}{3a + b} + a \right] \left[\frac{a(3a + b)}{a + 3b} + b \right] \right| = \frac{1}{2} \left| \frac{1}{(3a + b)(a + 3b)} \right|$$

作拉格朗日函数 $F(a, b, \lambda) = (3a + b)(a + 3b) + \lambda(3a^2 + 2ab + 3b^2 - 1)$，令

$$\begin{cases} F'_a = 6a + 10b + 6\lambda a + 2\lambda b = 0 \\ F'_b = 10a + 6b + 2\lambda a + 6\lambda b = 0 \\ F'_\lambda = 3a^2 + 2ab + 3b^2 - 1 = 0 \end{cases}$$

得 $\dfrac{1 + \lambda}{5 + \lambda} = -\dfrac{2b}{6a} = -\dfrac{2a}{6b}$，从而 $a^2 = b^2$，即 $a = \pm b$。将其代入 $3a^2 + 2ab + 3b^2 - 1 = 0$ 中，得 $b = \pm \dfrac{1}{2}$ 或 $b = \pm \dfrac{\sqrt{2}}{4}$，从而驻点为 $\left(\pm \dfrac{1}{2}, \pm \dfrac{1}{2} \right)$、$\left(\pm \dfrac{\sqrt{2}}{4}, \pm \dfrac{\sqrt{2}}{4} \right)$。代入 S，得 $S = \dfrac{1}{2}$、$S = \dfrac{1}{8}$ 或 $S = \dfrac{1}{4}$，所以所求面积的最小值为 $\dfrac{1}{8}$。

(3) **解** 设 (x_0, y_0, z_0) 是第一卦限椭球面上任意一点，令

$$F(x, y, z) = \frac{x^2}{a^2} + \frac{y^2}{b^2} + \frac{z^2}{c^2} - 1$$

则 $F'_x = \dfrac{2}{a^2} x$，$F'_y = \dfrac{2}{b^2} y$，$F'_z = \dfrac{2}{c^2} z$，从而过 (x_0, y_0, z_0) 点的切平面方程为

$$\frac{2x_0}{a^2}(x - x_0) + \frac{2y_0}{b^2}(y - y_0) + \frac{2z_0}{c^2}(z - z_0) = 0$$

即 $\dfrac{xx_0}{a^2} + \dfrac{yy_0}{b^2} + \dfrac{zz_0}{c^2} = 1$，它在 x 轴、y 轴、z 轴的截距分别为

$$x = \frac{a^2}{x_0}, \quad y = \frac{b^2}{y_0}, \quad z = \frac{c^2}{z_0}$$

从而所求四面体的体积为 $V = \dfrac{1}{6}xyz = \dfrac{a^2 b^2 c^2}{6x_0 y_0 z_0}$。

作拉格朗日函数 $G(x, y, z, \lambda) = \ln x + \ln y + \ln z + \lambda\left(\dfrac{x^2}{a^2} + \dfrac{y^2}{b^2} + \dfrac{z^2}{c^2} - 1\right)$，令

$$\begin{cases} G'_x = \dfrac{1}{x} + \dfrac{2\lambda x}{a^2} = 0 \\[2mm] G'_y = \dfrac{1}{y} + \dfrac{2\lambda y}{b^2} = 0 \\[2mm] G'_z = \dfrac{1}{z} + \dfrac{2\lambda z}{c^2} = 0 \\[2mm] G'_\lambda = \dfrac{x^2}{a^2} + \dfrac{y^2}{b^2} + \dfrac{z^2}{c^2} - 1 = 0 \end{cases}$$

得驻点 $\left(\dfrac{a}{\sqrt{3}}, \dfrac{b}{\sqrt{3}}, \dfrac{c}{\sqrt{3}}\right)$。由于在第一卦限内椭球面的三条边界线上四面体体积 $V \to +\infty$，因此最小值必在曲面内部取得，又驻点唯一，所以 V 在 $\left(\dfrac{a}{\sqrt{3}}, \dfrac{b}{\sqrt{3}}, \dfrac{c}{\sqrt{3}}\right)$ 处取得最小值，且最小值为 $\dfrac{\sqrt{3}}{2}abc$。

（4）**解**　设球面方程为 $x^2 + y^2 + z^2 = R^2$，(x, y, z) 为球内接长方体在第一卦限内的顶点，则所求长方体的长、宽、高分别为 $2x$、$2y$、$2z$，其体积为 $V = 2x \cdot 2y \cdot 2z = 8xyz$。

作拉格朗日函数 $F(x, y, z, \lambda) = 8xyz + \lambda(x^2 + y^2 + z^2 - R^2)$，令

$$\begin{cases} F'_x = 8yz + 2\lambda x = 0 \\ F'_y = 8xz + 2\lambda y = 0 \\ F'_z = 8xy + 2\lambda z = 0 \\ F'_\lambda = x^2 + y^2 + z^2 - R^2 = 0 \end{cases}$$

得唯一驻点为 $\left(\dfrac{R}{\sqrt{3}}, \dfrac{R}{\sqrt{3}}, \dfrac{R}{\sqrt{3}}\right)$。根据实际问题的性质知所求长方体体积最大值存在，所以当长方体的长、宽、高均为 $\dfrac{2R}{\sqrt{3}}$ 时，其体积最大。

（5）**解**　由于 $z'_x = 1$，$z'_y = 2$，因此函数在区域 D 内无驻点，从而函数的最大值和最小值只能在区域 D 的边界上取得。在边界 $x + y = 1$（$0 \leqslant x \leqslant 1$）上，$z = -x + 1$，$z'_x = -1 < 0$，$z(0) = 1$，$z(1) = 0$，即最大值为 1，最小值为 0；在边界 $-x + y = 1$（$-1 \leqslant x \leqslant 0$）上，$z = 3x + 1$，$z'_x = 3 > 0$，$z(-1) = -2$，$z(0) = 1$，即最大值为 1，最小值为 -2；在边界 $-x - y = 1$（$-1 \leqslant x \leqslant 0$）上，$z = -x - 3$，$z'_x = -1 < 0$，$z(-1) = -2$，$z(0) = -3$，即最大值为 -2，最小值为 -3；在边界 $x - y = 1$（$0 \leqslant x \leqslant 1$）上，$z = 3x - 3$，$z'_x = 3 > 0$，$z(0) = -3$，$z(1) = 0$，即最大值为 0，最小值为 -3。因此函数在闭区域 $D = \{(x, y) \mid |x| + |y| \leqslant 1\}$ 上的最大值为 1，最小值为 -3。

第 5 章　二重积分

一、考点内容讲解

1. 定义

设 $f(x, y)$ 是平面有界闭区域 D 上的有界函数，将闭区域 D 任意分成 n 个小闭区域 $\Delta\sigma_1，\Delta\sigma_2，\cdots，\Delta\sigma_n$，其中 $\Delta\sigma_i$ 表示第 i 个小闭区域，也表示它的面积，在每个 $\Delta\sigma_i$ 上任取一点 $(\xi_i，\eta_i)$，作乘积 $f(\xi_i，\eta_i)\Delta\sigma_i(i = 1, 2, \cdots, n)$，并作和 $\sum_{i=1}^{n} f(\xi_i，\eta_i)\Delta\sigma_i$，如果当各小闭区域的直径中的最大值 λ 趋于零时，这和的极限存在，则称此极限为函数 $f(x, y)$ 在闭区域 D 上的二重积分，记作 $\iint\limits_{D} f(x, y)\mathrm{d}\sigma$，即 $\iint\limits_{D} f(x, y)\mathrm{d}\sigma = \lim_{\lambda \to 0} \sum_{i=1}^{n} f(\xi_i，\eta_i)\Delta\sigma_i$，其中 $\mathrm{d}\sigma$ 称为面积元素。

2. 几何意义

当 $f(x, y) \geqslant 0$ 时，二重积分 $\iint\limits_{D} f(x, y)\mathrm{d}\sigma$ 表示以 D 为底、以 $z = f(x, y)$ 为曲顶的曲顶柱体的体积。

3. 性质

(1) $\iint\limits_{D} kf(x, y)\mathrm{d}\sigma = k\iint\limits_{D} f(x, y)\mathrm{d}\sigma$，其中 k 为常数。

(2) $\iint\limits_{D} [f(x, y) \pm g(x, y)]\mathrm{d}\sigma = \iint\limits_{D} f(x, y)\mathrm{d}\sigma \pm \iint\limits_{D} g(x, y)\mathrm{d}\sigma。$

(3) $\iint\limits_{D} f(x, y)\mathrm{d}\sigma = \iint\limits_{D_1} f(x, y)\mathrm{d}\sigma + \iint\limits_{D_2} f(x, y)\mathrm{d}\sigma$，其中 D 分为 D_1、D_2 两个闭区域。

(4) $\iint\limits_{D} \mathrm{d}\sigma = \sigma$，其中 σ 为区域 D 的面积。

(5) 比较定理：若 $f(x, y) \leqslant g(x, y)$，则 $\iint\limits_{D} f(x, y)\mathrm{d}\sigma \leqslant \iint\limits_{D} g(x, y)\mathrm{d}\sigma$。特别地，有 $\left| \iint\limits_{D} f(x, y)\mathrm{d}\sigma \right| \leqslant \iint\limits_{D} |f(x, y)\mathrm{d}\sigma|。$

(6) 估值定理：若 $f(x, y)$ 在有界闭区域 D 上连续，则 $m\sigma \leqslant \iint\limits_{D} f(x, y)\mathrm{d}\sigma \leqslant M\sigma$，其中 σ 为区域 D 的面积，m、M 分别为函数 $f(x, y)$ 在区域 D 的最小值与最大值。

(7) 中值定理：若 $f(x, y)$ 在有界闭区域 D 上连续，则 $\iint\limits_{D} f(x, y)\mathrm{d}\sigma = f(\xi, \eta)\sigma$，其中

$(\xi,\eta)\in D$，σ 为区域 D 的面积。

(8) 若 $f(x,y)$ 在有界闭区域 D 上连续，$f(x,y)\geqslant 0$，$D_0\subset D$，则

$$\iint\limits_{D_0}f(x,y)\mathrm{d}\sigma\leqslant\iint\limits_{D}f(x,y)\mathrm{d}\sigma$$

(9) 若 $f(x,y)$ 在有界闭区域 D 上连续，$f(x,y)\geqslant 0$，且 $\iint\limits_{D}f(x,y)\mathrm{d}\sigma=0$，则在 D 上 $f(x,y)\equiv 0$。

(10) 若 $f(x,y)$ 在有界闭区域 D 上连续，且在 D 的任意子区域 D_0 上，$\iint\limits_{D_0}f(x,y)\mathrm{d}\sigma=0$，则在 D 上 $f(x,y)\equiv 0$。

4. 计算

(1) 直角坐标：化为先 y 后 x 或先 x 后 y 的二次积分。

(2) 极坐标：化为先 ρ 后 θ（常用）或先 θ 后 ρ 的二次积分。

（ⅰ）适合用极坐标计算的被积函数：$f(\sqrt{x^2+y^2})$、$f\left(\dfrac{y}{x}\right)$、$f\left(\dfrac{x}{y}\right)$。

（ⅱ）适合用极坐标计算的积分区域：主要是圆域或圆域部分及其他有利于积分的区域。

(3) 平移变换：设 $u=x-a$，$v=y-b$，则

$$\iint\limits_{D}f(x,y)\mathrm{d}x\mathrm{d}y=\iint\limits_{D'}f(u+a,v+b)\mathrm{d}u\mathrm{d}v$$

其中 D' 是在变换下把 xOy 平面中的 D 变为 $uO'v$ 平面上的一个平面区域，且在平移变换下保持区域的形状或面积不变。

(4) 奇偶性：

（ⅰ）若积分区域 D 关于 y 轴对称，$f(x,y)$ 关于 x 有奇偶性，则

$$\iint\limits_{D}f(x,y)\mathrm{d}\sigma=\begin{cases}2\iint\limits_{D_{x\geqslant 0}}f(x,y)\mathrm{d}\sigma, & f(x,y)\text{ 关于 }x\text{ 是偶函数}\\[2mm]0, & f(x,y)\text{ 关于 }x\text{ 是奇函数}\end{cases}$$

（ⅱ）若积分区域 D 关于 x 轴对称，$f(x,y)$ 关于 y 有奇偶性，则

$$\iint\limits_{D}f(x,y)\mathrm{d}\sigma=\begin{cases}2\iint\limits_{D_{y\geqslant 0}}f(x,y)\mathrm{d}\sigma, & f(x,y)\text{ 关于 }y\text{ 是偶函数}\\[2mm]0, & f(x,y)\text{ 关于 }y\text{ 是奇函数}\end{cases}$$

（ⅲ）若积分区域 D 关于原点对称，$f(x,y)$ 关于 (x,y) 有奇偶性，则

$$\iint\limits_{D}f(x,y)\mathrm{d}\sigma=\begin{cases}2\iint\limits_{D_{x\geqslant 0}(D_{y\geqslant 0})}f(x,y)\mathrm{d}\sigma, & f(x,y)\text{ 关于 }(x,y)\text{ 是偶函数}\\[2mm]0, & f(x,y)\text{ 关于 }(x,y)\text{ 是奇函数}\end{cases}$$

(5) 轮换对称性：设积分区域为 D_{xy}，D_{yx} 为将积分区域中的变量 x、y 互换后所成的区域，则 $\iint\limits_{D_{xy}}f(x,y)\mathrm{d}x\mathrm{d}y=\iint\limits_{D_{yx}}f(y,x)\mathrm{d}x\mathrm{d}y$。

（6）对称性：若 D 关于 $y=x$ 对称，则 $\iint\limits_{D}f(x,y)\mathrm{d}\sigma=\iint\limits_{D}f(y,x)\mathrm{d}\sigma$。特别地，有 $\iint\limits_{D}f(x)\,\mathrm{d}\sigma=\iint\limits_{D}f(y)\,\mathrm{d}\sigma$。

二、考点题型解析

常考题型：• 计算二重积分；• 交换积分次序；• 二重积分综合问题；• 二重积分不等式。

1. 选择题

例1 用直线 $x=1+\dfrac{i}{n}$，$y=1+\dfrac{2j}{n}$（$i,j=0,1,2,\cdots,n$）把矩形区域 D：$1\leqslant x\leqslant 2$，$1\leqslant y\leqslant 3$ 分划成一系列长方形，则二重积分 $\iint\limits_{D}(x^2+y^2)\mathrm{d}x\mathrm{d}y=(\quad)$。

(A) $\lim\limits_{n\to\infty}\sum\limits_{j=1}^{n}\sum\limits_{i=1}^{n}\left[\left(1+\dfrac{i}{n}\right)^2+\left(1+\dfrac{2j}{n}\right)^2\right]\dfrac{1}{n}\cdot\dfrac{2}{n}$

(B) $\lim\limits_{n\to\infty}\sum\limits_{i=1}^{n}2\left(1+\dfrac{i}{n}\right)^2\dfrac{1}{n}\cdot\dfrac{1}{n}$

(C) $\lim\limits_{n\to\infty}\sum\limits_{j=1}^{n}\sum\limits_{i=1}^{n}\left[\left(1+\dfrac{i}{n}\right)^2+\left(1+\dfrac{j}{n}\right)^2\right]\dfrac{1}{n}\cdot\dfrac{2}{n}$

(D) $\lim\limits_{n\to\infty}\sum\limits_{i=1}^{n}2\left(1+\dfrac{i}{n}\right)^2\dfrac{1}{n}\cdot\dfrac{2}{n}$

解 应选（A）。

由二重积分的定义知，在直线网格分法下，取

$$\xi_i=1+\frac{i}{n},\quad \eta_j=1+\frac{2j}{n},\quad \Delta x_i=\frac{1}{n},\quad \Delta y_j=\frac{2}{n}$$

则

$$\iint\limits_{D}(x^2+y^2)\mathrm{d}x\mathrm{d}y=\lim\limits_{n\to\infty}\sum\limits_{j=1}^{n}\sum\limits_{i=1}^{n}f(\xi_i,\eta_j)\Delta x_i\Delta y_j$$

$$=\lim\limits_{n\to\infty}\sum\limits_{j=1}^{n}\sum\limits_{i=1}^{n}\left[\left(1+\frac{i}{n}\right)^2+\left(1+\frac{2j}{n}\right)^2\right]\frac{1}{n}\cdot\frac{2}{n}$$

故选（A）。

例2 设 $I_1=\iint\limits_{D}(x+y)^2\mathrm{d}\sigma$，$I_2=\iint\limits_{D}(x+y)^3\mathrm{d}\sigma$，其中 D：$(x-2)^2+(y-1)^2\leqslant 1$，则（$\quad$）。

(A) $I_1=I_2$ (B) $I_1>I_2$

(C) $I_1<I_2$ (D) 无法判定

解 应选（C）。

由于在区域 D（见图 5.1）上，$x+y>1$，从而 $(x+y)^2<(x+y)^3$，因此 $I_1<I_2$，故选（C）。

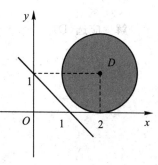

图 5.1

例3 设 D：$|x| \leqslant 1$，$|y| \leqslant 1$，则 $\iint\limits_D x\mathrm{e}^{\cos xy}\sin xy\,\mathrm{d}x\mathrm{d}y =$

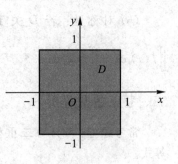

（　　）。

(A) e   (B) 0

(C) 2   (D) e $-$ 2

解 应选(B)。

由于区域 D（见图 5.2）关于 x 轴对称，被积函数是 y 的奇

函数，因此 $\iint\limits_D x\mathrm{e}^{\cos xy}\sin xy\,\mathrm{d}x\mathrm{d}y = 0$，故选(B)。

图 5.2

例4 设函数 $f(x, y)$ 在 D：$x^2 + y^2 \leqslant a^2$ 上连续，则 $\lim\limits_{a \to 0} \dfrac{1}{\pi a^2}\iint\limits_D f(x, y)\mathrm{d}x\mathrm{d}y$（　　）。

(A) 不存在   (B) 等于 $f(0, 0)$

(C) 等于 $f(1, 1)$ (D) 等于 $f(1, 0)$

解 应选(B)。

由积分中值定理知 $\exists (\xi, \eta) \in D$，使得 $\iint\limits_D f(x, y)\mathrm{d}x\mathrm{d}y = \pi a^2 f(\xi, \eta)$，由于当 $a \to 0$ 时，

$(\xi, \eta) \to (0, 0)$，因此

$$\lim\limits_{a \to 0} \frac{1}{\pi a^2}\iint\limits_D f(x, y)\mathrm{d}x\mathrm{d}y = \lim\limits_{a \to 0} \frac{1}{\pi a^2} \cdot \pi a^2 f(\xi, \eta) = \lim\limits_{(\xi, \eta) \to (0, 0)} f(\xi, \eta) = f(0, 0)$$

故选(B)。

例5 设 D：$(x-1)^2 + y^2 \leqslant 1$（见图 5.3），则 $\iint\limits_D (2x - x^2 - y^2)\mathrm{d}x\mathrm{d}y =$（　　）。

(A) $\dfrac{\pi}{3}$ (B) π (C) $\dfrac{2}{3}\pi$ (D) $\dfrac{\pi}{2}$

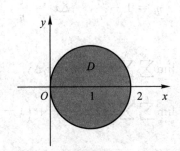

图 5.3

解 应选(D)。

$$\iint\limits_D (2x - x^2 - y^2)\mathrm{d}x\mathrm{d}y = \int_{-\frac{\pi}{2}}^{\frac{\pi}{2}} \mathrm{d}\theta \int_0^{2\cos\theta} (2\rho\cos\theta - \rho^2)\rho\,\mathrm{d}\rho$$

$$= \frac{4}{3} \int_{-\frac{\pi}{2}}^{\frac{\pi}{2}} \cos^4\theta\,\mathrm{d}\theta$$

$$= \frac{8}{3} \int_0^{\frac{\pi}{2}} \cos^4\theta\,\mathrm{d}\theta = \frac{8}{3} \cdot \frac{3}{4} \cdot \frac{1}{2} \cdot \frac{\pi}{2} = \frac{\pi}{2}$$

故选(D)。

例 6　交换积分 $\int_1^e dx \int_0^{\ln x} f(x, y)dy$ 为(　　)。

(A) $\int_1^e dy \int_0^{\ln x} f(x, y)dx$

(B) $\int_{e^y}^e dy \int_0^1 f(x, y)dx$

(C) $\int_0^{\ln x} dy \int_1^e f(x, y)dx$

(D) $\int_0^1 dy \int_{e^y}^e f(x, y)dx$

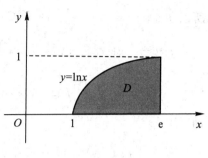

图 5.4

解　应选(D)。

积分区域 D 由 $y = \ln x$，$y = 0$，$x = e$ 所围成(见图 5.4)，在直角坐标系下将二重积分化为先 y 后 x 的二次积分，得 $\int_1^e dx \int_0^{\ln x} f(x, y)dy = \int_0^1 dy \int_{e^y}^e f(x, y)dx$，故选(D)。

例 7　设 $g(x)$ 是可微函数 $y = f(x)$ 的反函数，且 $f(1) = 0$，$\int_0^1 xf(x)dx = 1008$，则 $\int_0^1 dx \int_0^{f(x)} g(t)dt = (\quad)$。

(A) 2013　　　　(B) 2014　　　　(C) 2015　　　　(D) 2016

解　应选(D)。

$$\int_0^1 dx \int_0^{f(x)} g(t)dt = \int_0^1 \left[\int_0^{f(x)} g(t)dt \right]dx = \left[x \int_0^{f(x)} g(t)dt \right]_0^1 - \int_0^1 xg[f(x)]f'(x)dx$$

$$= -\int_0^1 x^2 f'(x)dx = -\int_0^1 x^2 d[f(x)] = [-x^2 f(x)]_0^1 + 2\int_0^1 xf(x)dx$$

$$= 2016$$

故选(D)。

例 8　设 $f(x, y)$ 连续，$f(x, y) = xy + \iint\limits_D f(u, v)dudv$，其中 D 由 $y = 0$，$y = x^2$，$x = 1$ 所围成(见图 5.5)，则 $f(x, y) = (\quad)$。

(A) xy　　　　　(B) $2xy$

(C) $xy + \dfrac{1}{8}$　　(D) $xy + 1$

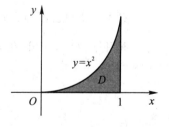

图 5.5

解　应选(C)。

方法一　设 $\iint\limits_D f(u, v)dudv = A$，则

$$f(x, y) = xy + A$$

将 $f(x, y) = xy + A$ 代入 $\iint\limits_D f(u, v)dudv = A$ 中，得

$$A = \iint\limits_D (xy + A)dxdy = \iint\limits_D xydxdy + \frac{1}{3}A$$

从而

$$A = \frac{3}{2}\iint\limits_D xydxdy = \frac{3}{2}\int_0^1 dx \int_0^{x^2} xydy = \frac{3}{4}\int_0^1 x^5 dx = \frac{1}{8}$$

所以 $f(x, y) = xy + \dfrac{1}{8}$，故选(C)。

方法二 对 $f(x, y) = xy + \iint\limits_{D} f(u, v)\mathrm{d}u\mathrm{d}v$ 两边在区域 D 上作二重积分，得

$$\iint\limits_{D} f(x, y)\mathrm{d}x\mathrm{d}y = \iint\limits_{D} xy\mathrm{d}x\mathrm{d}y + \frac{1}{3}\iint\limits_{D} f(u, v)\mathrm{d}u\mathrm{d}v$$

即

$$\iint\limits_{D} f(x, y)\mathrm{d}x\mathrm{d}y = \frac{3}{2}\iint\limits_{D} xy\mathrm{d}x\mathrm{d}y = \frac{3}{2}\int_{0}^{1}\mathrm{d}x\int_{0}^{x^2} xy\mathrm{d}y = \frac{3}{4}\int_{0}^{1} x^5\mathrm{d}x = \frac{1}{8}$$

所以 $f(x, y) = xy + \dfrac{1}{8}$，故选(C)。

2. 填空题

例 1 交换二次积分的顺序，得 $\displaystyle\int_{0}^{2}\mathrm{d}x\int_{\frac{x^2}{4}}^{3-x} f(x, y)\mathrm{d}y = $ _____。

解 积分区域 D 由 $y = \dfrac{x^2}{4}$，$x = 0$，$x + y = 3$ 所围成(见图 5.6)，将二重积分化为先 x 后 y 的二次积分，得

$$\int_{0}^{2}\mathrm{d}x\int_{\frac{x^2}{4}}^{3-x} f(x, y)\mathrm{d}y = \int_{0}^{1}\mathrm{d}y\int_{0}^{2\sqrt{y}} f(x, y)\mathrm{d}x + \int_{1}^{3}\mathrm{d}y\int_{0}^{3-y} f(x, y)\mathrm{d}x$$

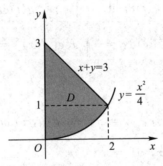

图 5.6

例 2 设 D 由不等式 $x^2 + y^2 \geqslant ax (x \geqslant 0)$ 与 $x^2 + y^2 \leqslant a^2 (a > 0)$ 所确定(见图 5.7)，将二重积分 $\displaystyle\iint\limits_{D} f(x, y)\mathrm{d}\sigma$ 化为极坐标下二次积分为 _____。

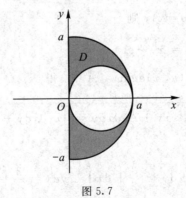

图 5.7

解　$\displaystyle\iint\limits_{D} f(x, y)\mathrm{d}\sigma = \int_{-\frac{\pi}{2}}^{\frac{\pi}{2}}\mathrm{d}\theta\int_{a\cos\theta}^{a} f(\rho\cos\theta, \rho\sin\theta)\rho\mathrm{d}\rho$

例 3　$\displaystyle\iint\limits_{|x|+|y|\leqslant 1}(|x|+|y|)\mathrm{d}\sigma = \underline{\qquad\qquad}$。

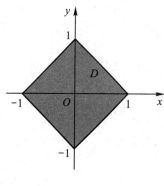

图 5.8

解　设 D 是由 $|x|+|y|\leqslant 1$ 所围成的在第一象限内的闭区域(见图 5.8),则 D 关于 $y=x$ 对称,由于积分区域关于两坐标轴都对称,被积函数 $|x|+|y|$ 既是 x 的偶函数,也是 y 的偶函数,因此

$$\iint\limits_{|x|+|y|\leqslant 1}(|x|+|y|)\mathrm{d}\sigma = 4\iint\limits_{D}(x+y)\mathrm{d}x\mathrm{d}y$$

$$= 8\int_0^1\mathrm{d}x\int_0^{1-x} x\mathrm{d}y$$

$$= 8\int_0^1 x(1-x)\mathrm{d}x = \frac{4}{3}$$

例 4　积分 $\displaystyle\iint\limits_{x^2+y^2\leqslant 1}(x^2+2y)\mathrm{d}\sigma = \underline{\qquad\qquad}$。

解　由于积分区域 $x^2+y^2\leqslant 1$ 关于 x 轴对称,$2y$ 是 y 的奇函数,因此 $\displaystyle\iint\limits_{x^2+y^2\leqslant 1} 2y\mathrm{d}\sigma = 0$,又积分区域 $x^2+y^2\leqslant 1$ 关于 $y=x$ 对称,故

$$\iint\limits_{x^2+y^2\leqslant 1} x^2\mathrm{d}\sigma = \frac{1}{2}\iint\limits_{x^2+y^2\leqslant 1}(x^2+y^2)\mathrm{d}\sigma = \frac{1}{2}\int_0^{2\pi}\mathrm{d}\theta\int_0^1\rho^3\mathrm{d}\rho = \frac{\pi}{4}$$

从而 $\displaystyle\iint\limits_{x^2+y^2\leqslant 1}(x^2+2y)\mathrm{d}\sigma = \frac{\pi}{4}$。

例 5　$\displaystyle\int_0^2\mathrm{d}x\int_x^2 \mathrm{e}^{-y^2}\mathrm{d}y = \underline{\qquad\qquad}$。

解　积分区域如图 5.9 所示,交换积分次序,得

$$\int_0^2\mathrm{d}x\int_x^2 \mathrm{e}^{-y^2}\mathrm{d}y = \int_0^2\mathrm{d}y\int_0^y \mathrm{e}^{-y^2}\mathrm{d}x = \int_0^2 y\mathrm{e}^{-y^2}\mathrm{d}y$$

$$= -\frac{1}{2}\left[\mathrm{e}^{-y^2}\right]_0^2 = \frac{1}{2}(1-\mathrm{e}^{-4})$$

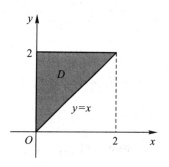

图 5.9

例 6　$\displaystyle\int_0^1\mathrm{d}x\int_x^{\sqrt{x}}\frac{\sin y}{y}\mathrm{d}y = \underline{\qquad\qquad}$。

解　积分区域如图 5.10 所示,交换积分次序,得

$$\int_0^1\mathrm{d}x\int_x^{\sqrt{x}}\frac{\sin y}{y}\mathrm{d}y = \int_0^1\mathrm{d}y\int_{y^2}^y\frac{\sin y}{y}\mathrm{d}x$$

$$= \int_0^1(1-y)\sin y\mathrm{d}y$$

$$= 1-\sin 1$$

例 7　将 $\displaystyle\int_0^1\mathrm{d}y\int_0^y f(x^2+y^2)\mathrm{d}x$ 化为极坐标下的二次积分为

$\underline{\qquad\qquad}$。

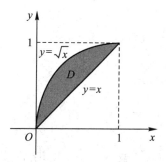

图 5.10

解　由于积分区域由 $y = x$，$y = 1$，$x = 0$ 所围成（见图 5.11），因此

$$\int_0^1 \mathrm{d}y \int_0^y f(x^2 + y^2)\mathrm{d}x = \int_{\frac{\pi}{4}}^{\frac{\pi}{2}} \mathrm{d}\theta \int_0^{\frac{1}{\sin\theta}} f(\rho^2)\rho\mathrm{d}\rho$$

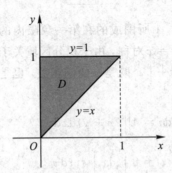

图 5.11

例 8　交换积分次序 $\displaystyle\int_0^{\sqrt{2}} \mathrm{d}x \int_0^{x^2} f(x, y)\mathrm{d}y + \int_{\sqrt{2}}^{\sqrt{6}} \mathrm{d}x \int_0^{\sqrt{6-x^2}} f(x, y)\mathrm{d}y = $ _____。

解　由于积分区域由 $y = \sqrt{6-x^2}$，$y = x^2$，$y = 0$ 所围成（见图 5.12），因此

$$\int_0^{\sqrt{2}} \mathrm{d}x \int_0^{x^2} f(x, y)\mathrm{d}y + \int_{\sqrt{2}}^{\sqrt{6}} \mathrm{d}x \int_0^{\sqrt{6-x^2}} f(x, y)\mathrm{d}y = \int_0^2 \mathrm{d}y \int_{\sqrt{y}}^{\sqrt{6-y^2}} f(x, y)\mathrm{d}x$$

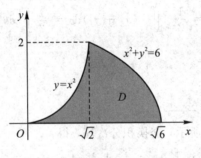

图 5.12

例 9　设 D：$0 \leqslant x \leqslant 3$，$0 \leqslant y \leqslant 1$（见图 5.13），则 $\displaystyle\iint\limits_D \min(x, y)\mathrm{d}x\mathrm{d}y = $ _____。

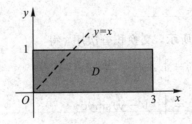

图 5.13

解
$$\iint\limits_D \min(x, y)\mathrm{d}x\mathrm{d}y = \int_0^1 \mathrm{d}y \int_0^y x\mathrm{d}x + \int_0^1 \mathrm{d}y \int_y^3 y\mathrm{d}x = \frac{4}{3}$$

3. 解答题

例 1 计算 $I = \int_{\frac{1}{4}}^{\frac{1}{2}} \mathrm{d}y \int_{\frac{1}{2}}^{\sqrt{y}} \mathrm{e}^{\frac{y}{x}} \mathrm{d}x + \int_{\frac{1}{2}}^{1} \mathrm{d}y \int_{y}^{\sqrt{y}} \mathrm{e}^{\frac{y}{x}} \mathrm{d}x$。

解 积分区域如图 5.14 所示，由于 $\int \mathrm{e}^{\frac{y}{x}} \mathrm{d}x$ 积不出来，

因此不能先对 x 积分，将二重积分化为先 y 后 x 的二次积
分，得

$$
\begin{aligned}
I &= \int_{\frac{1}{4}}^{\frac{1}{2}} \mathrm{d}y \int_{\frac{1}{2}}^{\sqrt{y}} \mathrm{e}^{\frac{y}{x}} \mathrm{d}x + \int_{\frac{1}{2}}^{1} \mathrm{d}y \int_{y}^{\sqrt{y}} \mathrm{e}^{\frac{y}{x}} \mathrm{d}x \\
&= \int_{\frac{1}{2}}^{1} \mathrm{d}x \int_{x^2}^{x} \mathrm{e}^{\frac{y}{x}} \mathrm{d}y \\
&= \int_{\frac{1}{2}}^{1} x(\mathrm{e} - \mathrm{e}^{x}) \mathrm{d}x \\
&= \frac{3}{8} \mathrm{e} - \frac{1}{2}\sqrt{\mathrm{e}}
\end{aligned}
$$

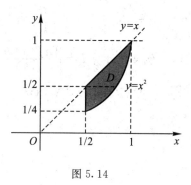

图 5.14

评注：如果二次积分中遇到 $\int \dfrac{\sin x}{x} \mathrm{d}x$、$\int \sin x^2 \mathrm{d}x$、$\int \cos x^2 \mathrm{d}x$、$\int \mathrm{e}^{-x^2} \mathrm{d}x$、$\int \mathrm{e}^{x^2} \mathrm{d}x$、$\int \mathrm{e}^{\frac{y}{x}} \mathrm{d}x$、$\int \dfrac{1}{\ln x} \mathrm{d}x$ 的类型，一定要将其放在后面积分，即化为先 y 后 x 的二次积分。

例 2 计算 $\int_{0}^{1} \dfrac{x^b - x^a}{\ln x} \mathrm{d}x$，其中 $a > 0$，$b > 0$ 为常数。

解 取积分区域如图 5.15 所示，则

$$
\begin{aligned}
\int_{0}^{1} \frac{x^b - x^a}{\ln x} \mathrm{d}x &= \int_{0}^{1} \left(\int_{a}^{b} x^y \mathrm{d}y \right) \mathrm{d}x = \int_{a}^{b} \left(\int_{0}^{1} x^y \mathrm{d}x \right) \mathrm{d}y \\
&= \int_{a}^{b} \left[\frac{1}{y+1} x^{y+1} \right]_{0}^{1} \mathrm{d}y \\
&= \int_{a}^{b} \frac{1}{y+1} \mathrm{d}y = \left[\ln(1+y) \right]_{a}^{b} \\
&= \ln(1+b) - \ln(1+a)
\end{aligned}
$$

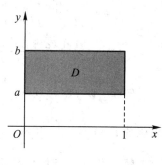

图 5.15

例 3 设 $f(x, y)$ 具有二阶连续偏导数，且

$$
f(1, y) = y, \quad f(x, 1) = x, \quad \iint\limits_{D} f(x, y) \mathrm{d}x \mathrm{d}y = a
$$

其中 $D = \{(x, y) \mid 0 \leqslant x \leqslant 1, 0 \leqslant y \leqslant 1\}$，计算 $I = \iint\limits_{D} xy f''_{xy}(x, y) \mathrm{d}x \mathrm{d}y$。

解

$$
\begin{aligned}
I &= \int_{0}^{1} x \mathrm{d}x \int_{0}^{1} y \mathrm{d}(f'_x(x, y)) \\
&= \int_{0}^{1} x \left\{ \left[y f'_x(x, y) \right]_{0}^{1} - \int_{0}^{1} f'_x(x, y) \mathrm{d}y \right\} \mathrm{d}x \\
&= \int_{0}^{1} x \left[f'_x(x, 1) - \int_{0}^{1} f'_x(x, y) \mathrm{d}y \right] \mathrm{d}x
\end{aligned}
$$

由于 $f(x, 1) = x$，因此 $f'_x(x, 1) = 1$，从而

$$I = \frac{1}{2} - \int_0^1 x \mathrm{d}x \int_0^1 f_x'(x, y) \mathrm{d}y = \frac{1}{2} - \int_0^1 \mathrm{d}y \int_0^1 x f_x'(x, y) \mathrm{d}x = \frac{1}{2} - \int_0^1 \mathrm{d}y \int_0^1 x \mathrm{d}[f(x, y)]$$

$$= \frac{1}{2} - \int_0^1 \left\{ [x f(x, y)]_0^1 - \int_0^1 f(x, y) \mathrm{d}x \right\} \mathrm{d}y = \frac{1}{2} - \int_0^1 \left[f(1, y) - \int_0^1 f(x, y) \mathrm{d}x \right] \mathrm{d}y$$

$$= \frac{1}{2} - \frac{1}{2} + \int_0^1 \left[\int_0^1 f(x, y) \mathrm{d}x \right] \mathrm{d}y = \iint_D f(x, y) \mathrm{d}x \mathrm{d}y = a$$

例 4 计算 $I = \iint_D \dfrac{a f(x) + b f(y)}{f(x) + f(y)} \mathrm{d}x \mathrm{d}y$，其中 D 由 $x = 0$，$y = 0$，$x + y = 1$ 所围成（见图 5.16），$f(u)$ 为连续函数。

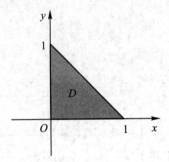

图 5.16

解 由轮换对称性，得 $I = \iint_D \dfrac{a f(y) + b f(x)}{f(y) + f(x)} \mathrm{d}x \mathrm{d}y$，所以

$$I = \frac{1}{2} \left[\iint_D \frac{a f(x) + b f(y)}{f(x) + f(y)} \mathrm{d}x \mathrm{d}y + \iint_D \frac{a f(y) + b f(x)}{f(y) + f(x)} \mathrm{d}x \mathrm{d}y \right]$$

$$= \frac{1}{2} \iint_D \frac{(a + b)[f(x) + f(y)]}{f(x) + f(y)} \mathrm{d}x \mathrm{d}y = \frac{1}{2} \iint_D (a + b) \mathrm{d}x \mathrm{d}y = \frac{1}{4}(a + b)$$

例 5 设 $f(x, y) = \begin{cases} 1, & (x, y) \in D \\ 0, & (x, y) \notin D \end{cases}$，其中 $D = \{(x, y) \mid 0 \leqslant x \leqslant 1, 0 \leqslant y \leqslant 1\}$，

求函数 $F(t) = \iint_{x+y \leqslant t} f(x, y) \mathrm{d}x \mathrm{d}y$。

解 当 $t < 0$ 时（见图 5.17(a)），$F(t) = 0$；当 $0 \leqslant t < 1$ 时（见图 5.17(b)），$F(t) = \int_0^t \mathrm{d}x \int_0^{t-x} \mathrm{d}y = \dfrac{t^2}{2}$；当 $1 \leqslant t < 2$ 时（见图 5.17(c)），$F(t) = \int_0^{t-1} \mathrm{d}x \int_0^1 \mathrm{d}y + \int_{t-1}^1 \mathrm{d}x \int_0^{t-x} \mathrm{d}y = -\dfrac{t^2}{2} + 2t - 1$；当 $t \geqslant 2$ 时（见图 5.17(d)），$F(t) = 1$。因此，所求函数为

$$F(t) = \begin{cases} 0, & t < 0 \\ \dfrac{t^2}{2}, & 0 \leqslant t < 1 \\ -\dfrac{t^2}{2} + 2t - 1, & 1 \leqslant t < 2 \\ 1, & t \geqslant 2 \end{cases}$$

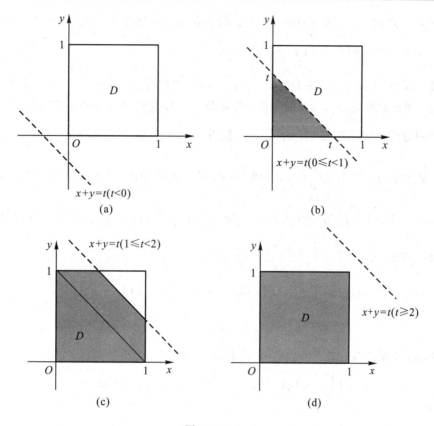

图 5.17

例 6　设平面区域 D 由直线 $x = 3y$，$y = 3x$ 及 $x + y = 8$ 围成（见图 5.18），计算 $\iint\limits_{D} x^2 \mathrm{d}x\mathrm{d}y$。

解
$$\iint\limits_{D} x^2 \mathrm{d}x\mathrm{d}y = \iint\limits_{D_1} x^2 \mathrm{d}x\mathrm{d}y + \iint\limits_{D_2} x^2 \mathrm{d}x\mathrm{d}y = \int_0^2 \mathrm{d}x \int_{\frac{x}{3}}^{3x} x^2 \mathrm{d}y + \int_2^6 \mathrm{d}x \int_{\frac{x}{3}}^{8-x} x^2 \mathrm{d}y$$

$$= \frac{8}{3}\int_0^2 x^3 \mathrm{d}x + \int_2^6 \left(8x^2 - \frac{4}{3}x^3\right)\mathrm{d}x$$

$$= \left[\frac{2}{3}x^4\right]_0^2 + \left[\frac{8}{3}x^3 - \frac{1}{3}x^4\right]_2^6 = \frac{416}{3}$$

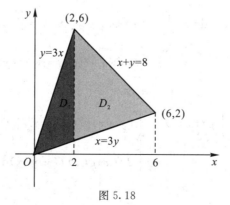

图 5.18

例 7 设 $f(x, y)$ 是平面区域 D 上的连续函数，且在 D 的任一子区域 D_0 上，恒有 $\iint\limits_{D_0} f(x, y)\mathrm{d}\sigma = 0$，则在 D 内 $f(x, y) \equiv 0$。

证 假设 $\exists (x_0, y_0) \in D$，$f(x_0, y_0) \neq 0$，不妨设 $f(x_0, y_0) > 0$，由于 $f(x, y)$ 在 D 上连续，因此存在点 (x_0, y_0) 的一个 δ 邻域 $D_\delta \subset D$，使得当 $(x, y) \in D_\delta$ 时，$f(x, y) > 0$，从而由积分中值定理知 $\exists (\xi, \eta) \in D_\delta$，使得 $\iint\limits_{D_\delta} f(x, y)\mathrm{d}\sigma = f(\xi, \eta)\sigma$，其中 σ 为区域 D_δ 的面积，又 $f(\xi, \eta) > 0$，故 $\iint\limits_{D_\delta} f(x, y)\mathrm{d}\sigma > 0$，这与假设矛盾，因此在 D 内 $f(x, y) \equiv 0$。

例 8 设 $f(x)$ 与 $g(x)$ 在 $[a, b]$ 上连续，证明 $\left(\int_a^b f(x)g(x)\mathrm{d}x \right)^2 \leqslant \int_a^b f^2(x)\mathrm{d}x \int_a^b g^2(x)\mathrm{d}x$。

证 **方法一** 令 $F(u) = \left(\int_a^u f(x)g(x)\mathrm{d}x \right)^2 - \int_a^u f^2(x)\mathrm{d}x \int_a^u g^2(x)\mathrm{d}x$，则

$$F'(u) = 2f(u)g(u) \int_a^u f(x)g(x)\mathrm{d}x - f^2(u) \int_a^u g^2(x)\mathrm{d}x - g^2(u) \int_a^u f^2(x)\mathrm{d}x$$

$$= \int_a^u [2f(u)f(x)g(u)g(x) - f^2(u)g^2(x) - g^2(u)g^2(x)]\mathrm{d}x \leqslant 0$$

所以 $F(u)$ 单调递减，又 $F(a) = 0$，故 $F(b) \leqslant F(a) = 0$，从而

$$\left(\int_a^b f(x)g(x)\mathrm{d}x \right)^2 - \int_a^b f^2(x)\mathrm{d}x \int_a^b g^2(x)\mathrm{d}x \leqslant 0$$

故

$$\left(\int_a^b f(x)g(x)\mathrm{d}x \right)^2 \leqslant \int_a^b f^2(x)\mathrm{d}x \int_a^b g^2(x)\mathrm{d}x$$

方法二 设 t 为任意实数，则

$$(f(x) - tg(x))^2 = f^2(x) - 2tf(x)g(x) + t^2 g^2(t) \geqslant 0$$

从而 $\int_a^b (f(x) - tg(x))^2\mathrm{d}x = \int_a^b f^2(x)\mathrm{d}x - 2t \int_a^b f(x)g(x)\mathrm{d}x + t^2 \int_a^b g^2(x)\mathrm{d}x \geqslant 0$，由于二次三项式非负，因此 $\left(\int_a^b f(x)g(x)\mathrm{d}x \right)^2 - \int_a^b f^2(x)\mathrm{d}x \int_a^b g^2(x)\mathrm{d}x \leqslant 0$，故

$$\left(\int_a^b f(x)g(x)\mathrm{d}x \right)^2 \leqslant \int_a^b f^2(x)\mathrm{d}x \int_a^b g^2(x)\mathrm{d}x$$

方法三 设 $D = \{(x, y) \,|\, a \leqslant x \leqslant b, a \leqslant y \leqslant b\}$，由于

$$\int_a^b f^2(x)\mathrm{d}x \int_a^b g^2(x)\mathrm{d}x = \int_a^b f^2(x)\mathrm{d}x \int_a^b g^2(y)\mathrm{d}y = \iint\limits_D f^2(x)g^2(y)\mathrm{d}x\mathrm{d}y$$

$$= \iint\limits_D f^2(y)g^2(x)\mathrm{d}x\mathrm{d}y = \int_a^b f^2(y)\mathrm{d}y \int_a^b g^2(x)\mathrm{d}x$$

因此

$$2 \int_a^b f^2(x)\mathrm{d}x \int_a^b g^2(x)\mathrm{d}x = \iint\limits_D [f^2(x)g^2(y) + f^2(y)g^2(x)]\mathrm{d}x\mathrm{d}y$$

$$\geqslant \iint\limits_D 2f(x)g(x)f(y)g(y)\mathrm{d}x\mathrm{d}y$$

即

$$\int_a^b f^2(x)\mathrm{d}x \int_a^b g^2(x)\mathrm{d}x \geqslant \iint_D f(x)g(x)f(y)g(y)\mathrm{d}x\mathrm{d}y = \int_a^b f(x)g(x)\mathrm{d}x \int_a^b f(y)g(y)\mathrm{d}y$$

$$= \int_a^b f(x)g(x)\mathrm{d}x \int_a^b f(x)g(x)\mathrm{d}x = \left(\int_a^b f(x)g(x)\mathrm{d}x\right)^2$$

例 9 计算 $I = \iint_D \dfrac{y}{x^6}\mathrm{d}x\mathrm{d}y$，其中 D 是由 $y = x^4 - x^3$ 的凸弧部分与 x 轴所围成的曲边梯形。

解 令 $y = x^4 - x^3$，则

$$y' = 4x^3 - 3x^2, \quad y'' = 12x^2 - 6x = 6x(2x - 1)$$

由 $y'' < 0$，得 $0 < x < \dfrac{1}{2}$；当 $0 < x < \dfrac{1}{2}$ 时，$y' < 0$，从而 $y = x^4 - x^3 < 0$，即积分区域 D 在 x 轴下方（见图 5.19），所以

$$I = \iint_D \frac{y}{x^6}\mathrm{d}x\mathrm{d}y = \int_0^{\frac{1}{2}}\mathrm{d}x \int_{x^4-x^3}^0 \frac{y}{x^6}\mathrm{d}y = \frac{1}{2}\int_0^{\frac{1}{2}}\left[\frac{y^2}{x^6}\right]_{x^4-x^3}^0 \mathrm{d}x$$

$$= -\frac{1}{2}\int_0^{\frac{1}{2}}\frac{(x^4-x^3)^2}{x^6}\mathrm{d}x = -\frac{7}{48}$$

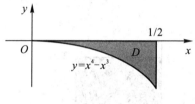

图 5.19

例 10 证明 xOy 面上的曲线弧 $y = f(x)(a \leqslant x \leqslant b, f(x) > 0)$ 绕 x 轴旋转所成的旋转曲面的面积为 $S = 2\pi\displaystyle\int_a^b f(x)\sqrt{1 + f'^2(x)}\mathrm{d}x$。

证 曲线弧 $y = f(x)$ 绕 x 轴旋转的曲面方程为 $\sqrt{y^2 + z^2} = f(x)$，即 $z^2 = f^2(x) - y^2$，由于此曲面关于 xOy 面对称，因此只需求位于 xOy 面上方部分的面积 S_1。曲面 $z = \sqrt{f^2(x) - y^2}$ 在 xOy 面的投影区域为 $D_{xy} = \{(x, y) \,|\, -f(x) \leqslant y \leqslant f(x), a \leqslant x \leqslant b\}$，且 $\dfrac{\partial z}{\partial x} = \dfrac{f'(x)f(x)}{\sqrt{f^2(x) - y^2}}$，$\dfrac{\partial z}{\partial y} = -\dfrac{y}{\sqrt{f^2(x) - y^2}}$，从而

$$S_1 = \iint_{D_{xy}} \sqrt{1 + \left(\frac{\partial z}{\partial x}\right)^2 + \left(\frac{\partial z}{\partial y}\right)^2}\mathrm{d}x\mathrm{d}y = \iint_{D_{xy}} \frac{f(x)\sqrt{1 + f'^2(x)}}{\sqrt{f^2(x) - y^2}}\mathrm{d}x\mathrm{d}y$$

$$= \int_a^b \left[f(x)\sqrt{1 + f'^2(x)} \int_{-f(x)}^{f(x)} \frac{1}{\sqrt{f^2(x) - y^2}}\mathrm{d}y\right]\mathrm{d}x$$

$$= \int_a^b \left[f(x)\sqrt{1 + f'^2(x)}\left[\arcsin\frac{y}{f(x)}\right]_{-f(x)}^{f(x)}\right]\mathrm{d}x$$

$$= \pi\int_a^b f(x)\sqrt{1 + f'^2(x)}\mathrm{d}x$$

故

$$S = 2S_1 = 2\pi\int_a^b f(x)\sqrt{1 + f'^2(x)}\mathrm{d}x$$

例 11 计算 $\iint\limits_{D}\max\{xy,1\}\mathrm{d}x\mathrm{d}y$，其中 $D=\{(x,y)\mid 0\leqslant x\leqslant 2,0\leqslant y\leqslant 2\}$。

解 用曲线 $xy=1$ 将区域 D 分成两个区域 D_1 与 D_2，其中 $D_1=\{(x,y)\mid xy\leqslant 1,(x,y)\in D\}$，$D_2=\{(x,y)\mid xy\geqslant 1,(x,y)\in D\}$（见图 5.20），则

$$\iint\limits_{D}\max\{xy,1\}\mathrm{d}x\mathrm{d}y=\iint\limits_{D_1}\mathrm{d}x\mathrm{d}y（区域\ D_1\ 的面积）+\iint\limits_{D_2}xy\mathrm{d}x\mathrm{d}y$$

$$=2\times\frac{1}{2}+\int_{\frac{1}{2}}^{2}\frac{1}{x}\mathrm{d}x+\int_{\frac{1}{2}}^{2}\mathrm{d}x\int_{\frac{1}{x}}^{2}xy\mathrm{d}y$$

$$=1+2\ln2+\frac{15}{4}-\ln2=\frac{19}{4}+\ln2$$

或

$$\iint\limits_{D}\max\{xy,1\}\mathrm{d}x\mathrm{d}y=\iint\limits_{D_1}\mathrm{d}x\mathrm{d}y+\iint\limits_{D_2}xy\mathrm{d}x\mathrm{d}y$$

$$=\int_{0}^{\frac{1}{2}}\mathrm{d}x\int_{0}^{2}\mathrm{d}y+\int_{\frac{1}{2}}^{2}\mathrm{d}x\int_{0}^{\frac{1}{x}}\mathrm{d}y+\int_{\frac{1}{2}}^{2}\mathrm{d}x\int_{\frac{1}{x}}^{2}xy\mathrm{d}y$$

$$=1+2\ln2+\frac{15}{4}-\ln2=\frac{19}{4}+\ln2$$

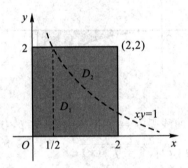

图 5.20

三、经典习题与解答

经典习题

1. 选择题

(1) 设 $I=\iint\limits_{x^2+y^2\leqslant4}\sqrt[3]{1-x^2-y^2}\mathrm{d}x\mathrm{d}y$，则（　　）。

(A) $I>0$　　　　(B) $I<0$　　　　(C) $I=0$　　　　(D) 无法判定

(2) 设 D_k 是圆域 $D=\{(x,y)\mid x^2+y^2\leqslant1\}$ 在第 k 象限内的闭区域，记 $I_k=\iint\limits_{D_k}(y-x)\mathrm{d}x\mathrm{d}y$

$(k=1,2,3,4)$，则（　　）。

(A) $I_1>0$　　　　(B) $I_2>0$　　　　(C) $I_3>0$　　　　(D) $I_4>0$

(3) 设平面区域 D 由 $x = 0$，$y = 0$，$x + y = \dfrac{1}{4}$，$x + y = 1$ 所围成，若

$$I_1 = \iint\limits_{D} [\ln(x+y)]^3 \mathrm{d}x\mathrm{d}y, \quad I_2 = \iint\limits_{D} (x+y)^3 \mathrm{d}x\mathrm{d}y, \quad I_3 = \iint\limits_{D} [\sin(x+y)]^3 \mathrm{d}x\mathrm{d}y$$

则（　　）。

(A) $I_1 < I_2 < I_3$ \qquad\qquad\qquad (B) $I_3 < I_2 < I_1$

(C) $I_1 < I_3 < I_2$ \qquad\qquad\qquad (D) $I_3 < I_1 < I_2$

(4) 设 $\displaystyle\int_0^1 f(x)\mathrm{d}x = \int_0^1 x f(x)\mathrm{d}x$，$D = \{(x, y) \mid x + y \leqslant 1, x \geqslant 0, y \geqslant 0\}$，则

$\displaystyle\iint\limits_{D} f(x)\mathrm{d}x\mathrm{d}y = （\qquad）$。

(A) 2 \qquad\qquad (B) 0 \qquad\qquad (C) $\dfrac{1}{2}$ \qquad\qquad (D) 1

(5) 二次积分 $\displaystyle\int_0^{\frac{\pi}{2}} \mathrm{d}\theta \int_0^{2\sin\theta} f(\rho\cos\theta, \rho\sin\theta)\rho\mathrm{d}\rho$ 可以写成（　　）。

(A) $\displaystyle\int_0^1 \mathrm{d}x \int_0^{1+\sqrt{1-x^2}} f(x, y)\mathrm{d}y$ \qquad\qquad (B) $\displaystyle\int_0^2 \mathrm{d}x \int_0^{\sqrt{2x-x^2}} f(x, y)\mathrm{d}y$

(C) $\displaystyle\int_0^2 \mathrm{d}y \int_0^{\sqrt{2y-y^2}} f(x, y)\mathrm{d}x$ \qquad\qquad (D) $\displaystyle\int_0^2 \mathrm{d}x \int_0^2 f(x, y)\mathrm{d}y$

(6) 设函数 $f(u)$ 连续，$D = \{(x, y) \mid x^2 + y^2 \leqslant 2y\}$，则 $\displaystyle\iint\limits_{D} f(xy)\mathrm{d}x\mathrm{d}y = （\qquad）$。

(A) $\displaystyle\int_{-1}^1 \mathrm{d}x \int_{-\sqrt{1-x^2}}^{\sqrt{1-x^2}} f(xy)\mathrm{d}y$ \qquad\qquad (B) $2\displaystyle\int_0^2 \mathrm{d}y \int_0^{\sqrt{2y-y^2}} f(xy)\mathrm{d}x$

(C) $\displaystyle\int_0^{\pi} \mathrm{d}\theta \int_0^{2\sin\theta} f(\rho^2 \sin\theta\cos\theta)\mathrm{d}\rho$ \qquad (D) $\displaystyle\int_0^{\pi} \mathrm{d}\theta \int_0^{2\sin\theta} f(\rho^2 \sin\theta\cos\theta)\rho\mathrm{d}\rho$

(7) 设 $\displaystyle\iint\limits_{D} xy^2 \mathrm{d}x\mathrm{d}y = \dfrac{1}{15}$，其中 D 由 $y = kx(k > 0)$，$y = 0$，$x = 1$ 所围成，则 $k = $

（　　）。

(A) 1 \qquad\qquad (B) $\sqrt[3]{\dfrac{4}{5}}$ \qquad\qquad (C) $\sqrt[3]{\dfrac{1}{15}}$ \qquad\qquad (D) $\sqrt[3]{\dfrac{2}{15}}$

2. 填空题

(1) 二重积分 $\displaystyle\iint\limits_{|x|+|y|\leqslant 1} \ln(x^2 + y^2)\mathrm{d}x\mathrm{d}y$ 的符号为_____。

(2) 交换二次积分的顺序，得 $\displaystyle\int_0^a \mathrm{d}y \int_0^{\sqrt{ay}} f(x, y)\mathrm{d}x + \int_a^{2a} \mathrm{d}y \int_0^{2a-y} f(x, y)\mathrm{d}x = $_____。

(3) 交换二次积分的顺序，得 $\displaystyle\int_0^1 \mathrm{d}y \int_{1-y}^{1+y^2} f(x, y)\mathrm{d}x = $_____。

(4) $\displaystyle\int_0^a \mathrm{d}x \int_0^{\sqrt{a^2-x^2}} \sqrt{x^2 + y^2}\,\mathrm{d}y = $_____。

(5) 交换积分次序，得 $\displaystyle\int_{-\frac{\pi}{4}}^{\frac{\pi}{2}} \mathrm{d}\theta \int_0^{2\cos\theta} f(\rho\cos\theta, \rho\sin\theta)\rho\mathrm{d}\rho = $_____。

(6) $\displaystyle\int_0^1 \mathrm{d}x \int_{x^2}^1 \dfrac{xy}{\sqrt{1+y^3}}\mathrm{d}y = $_____。

(7) $\displaystyle\int_0^1 dy \int_{\arcsin y}^{\pi-\arcsin y} x\, dx = $ _____。

(8) 设 $f(x)$ 在 $[0,1]$ 上连续且 $\displaystyle\int_0^1 f(x)dx = A$，则 $\displaystyle\int_0^1 dx\int_x^1 f(x)f(y)dy = $ _____。

(9) 设 $D = \{(x,y)\,|\,x^2+y^2 \leqslant 1\}$，则 $\displaystyle\iint_D (|x|+|y|)dxdy = $ _____。

(10) 设 $f(u)$ 为可微函数且 $f(0)=0$，则 $\displaystyle\lim_{t\to 0^+}\frac{1}{\pi t^3}\iint_{x^2+y^2\leqslant t^2} f(\sqrt{x^2+y^2})d\sigma = $ _____。

(11) 设 D 是由 $y=1$，$x^2-y^2=1$，$y=0$ 所围成的平面区域，则 $\displaystyle\iint_D xf(y^2)d\sigma = $ _____。

3. 解答题

(1) 求二重积分 $\displaystyle\iint_D x^2 e^{-y^2}dxdy$，其中 D 是以 $(0,0)$、$(1,1)$、$(0,1)$ 为顶点的三角形。

(2) 计算 $I = \displaystyle\iint_D \frac{y}{(1+x^2+y^2)^{\frac{3}{2}}}d\sigma$，其中 $D = \{(x,y)\,|\,0\leqslant x\leqslant 1, 0\leqslant y\leqslant 1\}$。

(3) 计算 $\displaystyle\iint_D \sqrt{|y-x^2|}\,dxdy$，其中 $D = \{(x,y)\,|\,|x|\leqslant 1, 0\leqslant y\leqslant 2\}$。

(4) 计算 $I = \displaystyle\iint_D \max\{x,y\}e^{-(x^2+y^2)}dxdy$，其中 $D = \{(x,y)\,|\,x\geqslant 0, y\geqslant 0\}$。

(5) 计算 $\displaystyle\iint_D \frac{1-x^2-y^2}{1+x^2+y^2}d\sigma$，其中 D 是由 $x^2+y^2=1$，$x=0$，$y=0$ 所围成的在第一象限内的闭区域。

(6) 设 $f(x)$ 在 $[0,a]$ $(a>0)$ 上连续，证明 $2\displaystyle\int_0^a f(x)dx\int_x^a f(y)dy = \left(\int_0^a f(x)dx\right)^2$。

(7) 设 $f(x)$ 在 $[a,b]$ 上连续，证明 $\displaystyle\int_a^b dx\int_a^x (x-y)^{n-2}f(y)dy = \frac{1}{n-1}\int_a^b (b-y)^{n-1}f(y)dy$。

(8) 设 $f(x)$ 是 $[0,1]$ 上单调递增的连续函数，证明 $\dfrac{\displaystyle\int_0^1 xf^3(x)dx}{\displaystyle\int_0^1 xf^2(x)dx} \geqslant \dfrac{\displaystyle\int_0^1 f^3(x)dx}{\displaystyle\int_0^1 f^2(x)dx}$。

(9) 设区域 $D = \{(x,y)\,|\,x^2+y^2\leqslant 1, x\geqslant 0\}$，计算二重积分 $\displaystyle\iint_D \frac{1+xy}{1+x^2+y^2}dxdy$。

(10) 设 $f(x)$ 在 $[a,b]$ 上连续且恒大于零，证明 $\displaystyle\int_a^b f(x)dx\int_a^b \frac{1}{f(x)}dx \geqslant (b-a)^2$。

+---+ 经典习题解答 +---+

1. 选择题

(1) **解**　应选 (B)。

由于

$$I = \iint_{x^2+y^2\leqslant 4} \sqrt[3]{1-x^2-y^2}\,dxdy = I_1 - I_2 - I_3$$

其中

$$I_1 = \iint\limits_{x^2+y^2 \leqslant 1} \sqrt[3]{1-x^2-y^2}\,\mathrm{d}x\mathrm{d}y, \quad I_2 = \iint\limits_{1 \leqslant x^2+y^2 \leqslant 2} \sqrt[3]{x^2+y^2-1}\,\mathrm{d}x\mathrm{d}y$$

$$I_3 = \iint\limits_{2 \leqslant x^2+y^2 \leqslant 4} \sqrt[3]{x^2+y^2-1}\,\mathrm{d}x\mathrm{d}y$$

积分区域如图 5.21 所示，由二重积分的性质知，

$$0 \leqslant I_1 \leqslant \iint\limits_{x^2+y^2 \leqslant 1} \mathrm{d}x\mathrm{d}y = \pi$$

$$I_2 > 0, \quad I_3 > \iint\limits_{2 \leqslant x^2+y^2 \leqslant 4} \mathrm{d}x\mathrm{d}y = 4\pi - 2\pi = 2\pi$$

因此 $I < 0$，故选(B)。

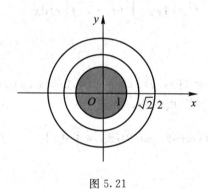

图 5.21

(2) **解**　应选(B)。

方法一

$$I_k = \iint\limits_{D_k} (y-x)\,\mathrm{d}x\mathrm{d}y = \int_{\frac{(k-1)\pi}{2}}^{\frac{k\pi}{2}} \mathrm{d}\theta \int_0^1 (\rho\sin\theta - \rho\cos\theta)\rho\,\mathrm{d}\rho$$

$$= \frac{1}{3} \int_{\frac{(k-1)\pi}{2}}^{\frac{k\pi}{2}} (\sin\theta - \cos\theta)\,\mathrm{d}\theta$$

$$= -\frac{1}{3} \left[(\cos\theta + \sin\theta) \right]_{\frac{(k-1)\pi}{2}}^{\frac{k\pi}{2}} \quad （积分区域如图 5.22 所示）$$

而 $I_2 = \dfrac{2}{3} > 0$，故选(B)。

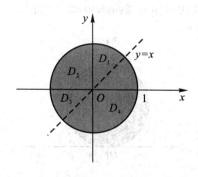

图 5.22

方法二 由于在第二象限恒有 $y > x$，即 $y - x > 0$（见图 5.22），因此 $I_2 > 0$，故选（B）。

(3) **解** 应选（C）。

由于在 D 内，$\dfrac{1}{4} \leqslant x + y \leqslant 1 < \mathrm{e}$，因此

$$\ln(x+y) < 0 < \sin(x+y) < x+y$$

从而

$$\iint_D [\ln(x+y)]^3 \mathrm{d}x\mathrm{d}y < \iint_D [\sin(x+y)]^3 \mathrm{d}x\mathrm{d}y < \iint_D (x+y)^3 \mathrm{d}x\mathrm{d}y$$

即 $I_1 < I_3 < I_2$，故选（C）。

(4) **解** 应选（B）。

$$\iint_D f(x)\mathrm{d}x\mathrm{d}y = \int_0^1 \mathrm{d}x \int_0^{1-x} f(x)\mathrm{d}y = \int_0^1 (1-x)f(x)\mathrm{d}x = \int_0^1 f(x)\mathrm{d}x - \int_0^1 xf(x)\mathrm{d}x = 0$$

故选（B）。

(5) **解** 应选（C）。

依题设知原积分区域 $D = \{(x, y) \,|\, x^2 + y^2 \leqslant 2y,\ x \geqslant 0\}$（见图 5.23），在直角坐标系下将二重积分化为先 y 后 x 的二次积分，则

$$\int_0^{\frac{\pi}{2}} \mathrm{d}\theta \int_0^{2\sin\theta} f(\rho\cos\theta,\ \rho\sin\theta)\rho\mathrm{d}\rho = \int_0^2 \mathrm{d}y \int_0^{\sqrt{2y-y^2}} f(x, y)\mathrm{d}x$$

故选（C）。

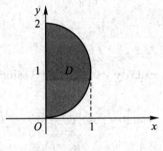

图 5.23

(6) **解** 应选（D）。

由于 $D = \{(x, y) \,|\, x^2 + y^2 \leqslant 2y\}$ 在极坐标下表示为

$$D = \{(\rho, \theta) \,|\, 0 \leqslant \rho \leqslant 2\sin\theta,\ 0 \leqslant \theta \leqslant \pi\} \quad （见图 5.24）$$

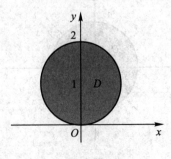

图 5.24

因此在极坐标系下, 有 $\iint\limits_D f(xy)\mathrm{d}x\mathrm{d}y = \int_0^\pi \mathrm{d}\theta \int_0^{2\sin\theta} f(\rho^2 \sin\theta\cos\theta)\rho\mathrm{d}\rho$, 故选(D)。

(7) **解** 应选(A)。

由于 $\dfrac{1}{15} = \iint\limits_D xy^2 \mathrm{d}x\mathrm{d}y = \int_0^1 \mathrm{d}x \int_0^{kx} xy^2 \mathrm{d}y = \dfrac{k^3}{3} \int_0^1 x^4 \mathrm{d}x = \dfrac{k^3}{15}$, 因此 $k = 1$, 故选(A)。

2. 填空题

(1) **解** 由于积分区域为 $D = \{(x, y) \mid |x| + |y| \leqslant 1\}$, 因此
$$0 \leqslant x^2 + y^2 \leqslant (|x| + |y|)^2 \leqslant 1$$

从而 $\ln(x^2 + y^2) \leqslant \ln 1 = 0$ 且不恒为零, 故 $\displaystyle\iint\limits_{|x| + |y| \leqslant 1} \ln(x^2 + y^2)\mathrm{d}x\mathrm{d}y < 0$。

(2) **解** 由题设知积分区域 D 由 $y = \dfrac{x^2}{a}$, $x = 0$, $x + y = 2a$ 所围成(见图 5.25), 将二重积分化为先 y 后 x 的二次积分, 得

$$\int_0^a \mathrm{d}y \int_0^{\sqrt{ay}} f(x, y)\mathrm{d}x + \int_a^{2a} \mathrm{d}y \int_0^{2a-y} f(x, y)\mathrm{d}x = \int_0^a \mathrm{d}x \int_{\frac{x^2}{a}}^{2a-x} f(x, y)\mathrm{d}y$$

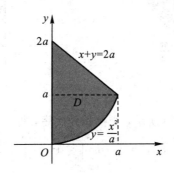

图 5.25

(3) **解** 由题设知积分区域 D 由 $x = y^2 + 1$, $x + y = 1$, $y = 1$ 所围成(见图 5.26), 将二重积分化为先 y 后 x 的二次积分, 得

$$\int_0^1 \mathrm{d}y \int_{1-y}^{1+y^2} f(x, y)\mathrm{d}x = \int_0^1 \mathrm{d}x \int_{1-x}^1 f(x, y)\mathrm{d}y + \int_1^2 \mathrm{d}x \int_{\sqrt{x-1}}^1 f(x, y)\mathrm{d}y$$

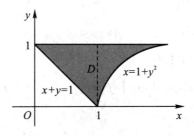

图 5.26

(4) **解** 将原积分化为极坐标下的二次积分, 得

$$\int_0^a \mathrm{d}x \int_0^{\sqrt{a^2-x^2}} \sqrt{x^2 + y^2}\,\mathrm{d}y = \int_0^{\frac{\pi}{2}} \mathrm{d}\theta \int_0^a \rho^2 \mathrm{d}\rho = \frac{\pi}{2} \cdot \frac{a^3}{3} = \frac{\pi a^3}{6}$$

(5) **解**　由于积分区域为 $x^2 + y^2 \leqslant 2x$，$y \geqslant -x$（见图 5.27），因此

$$\int_{-\frac{\pi}{4}}^{\frac{\pi}{2}} d\theta \int_0^{2\cos\theta} f(\rho\cos\theta, \rho\sin\theta)\rho d\rho$$

$$= \int_0^{\sqrt{2}} \rho d\rho \int_{-\frac{\pi}{4}}^{\arccos\frac{\rho}{2}} f(\rho\cos\theta, \rho\sin\theta) d\theta + \int_{\sqrt{2}}^2 \rho d\rho \int_{-\arccos\frac{\theta}{2}}^{\arccos\frac{\theta}{2}} f(\rho\cos\theta, \rho\sin\theta) d\theta$$

(6) **解**　积分区域如图 5.28 所示，交换积分次序，得

$$\int_0^1 dx \int_{x^2}^1 \frac{xy}{\sqrt{1+y^3}} dy = \int_0^1 dy \int_0^{\sqrt{y}} \frac{xy}{\sqrt{1+y^3}} dx = \frac{1}{2} \int_0^1 \frac{y^2}{\sqrt{1+y^3}} dy = \frac{1}{3}(\sqrt{2}-1)$$

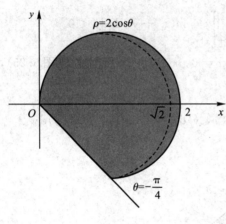

图 5.27

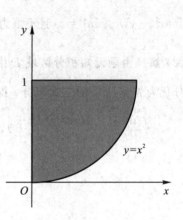

图 5.28

(7) **解**　积分区域如图 5.29 所示，交换积分次序，得

$$\int_0^1 dy \int_{\arcsin y}^{\pi-\arcsin y} x dx = \int_0^\pi x dx \int_0^{\sin x} dy = \int_0^\pi x\sin x dx = \pi$$

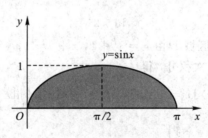

图 5.29

(8) **解**　方法一　交换积分次序，得

$$\int_0^1 dx \int_x^1 f(x)f(y) dy = \int_0^1 dy \int_0^y f(x)f(y) dx = \int_0^1 dx \int_0^x f(y)f(x) dy$$

从而

$$\int_0^1 dx \int_x^1 f(x)f(y) dy = \frac{1}{2}\left[\int_0^1 dx \int_0^x f(x)f(y) dy + \int_0^1 dx \int_x^1 f(x)f(y) dy\right]$$

$$= \frac{1}{2}\int_0^1 dx \int_0^1 f(x)f(y) dy = \frac{1}{2}\int_0^1 f(x) dx \int_0^1 f(y) dy = \frac{A^2}{2}$$

方法二　设 $F'(x) = f(x)$，则 $\int_0^1 f(x) dx = F(1) - F(0) = A$，从而

$$\int_0^1 \mathrm{d}x \int_x^1 f(x)f(y)\mathrm{d}y = \int_0^1 \Big[f(x)\int_x^1 f(y)\mathrm{d}y\Big]\mathrm{d}x = \int_0^1 f(x)\big[F(y)\big]_x^1 \mathrm{d}x$$

$$= \int_0^1 f(x)\big[F(1) - F(x)\big]\mathrm{d}x = F(1)A - \int_0^1 F(x)\mathrm{d}\big[F(x)\big]$$

$$= F(1)A - \frac{1}{2}\big[F^2(x)\big]_0^1 = \frac{A^2}{2}$$

方法三 由于 $f(x)f(y)$ 关于变量 y 和 x 是对称的，因此 $f(x)f(y)$ 在平面区域 $D = \{(x, y) \mid 0 \leqslant x \leqslant 1, 0 \leqslant y \leqslant 1\}$ 上的二重积分等于 $\int_0^1 \mathrm{d}x \int_x^1 f(x)f(y)\mathrm{d}y$ 的 2 倍，从而

$$\int_0^1 \mathrm{d}x \int_x^1 f(x)f(y)\mathrm{d}y = \frac{1}{2}\iint\limits_D f(x)f(y)\mathrm{d}x\mathrm{d}y = \frac{1}{2}\int_0^1 f(x)\mathrm{d}x \int_0^1 f(y)\mathrm{d}y = \frac{A^2}{2}$$

方法四 由于 $\dfrac{\mathrm{d}}{\mathrm{d}x}\displaystyle\int_1^x f(y)\mathrm{d}y = f(x)$，因此 $f(x)\mathrm{d}x = \mathrm{d}\Big(\displaystyle\int_1^x f(y)\mathrm{d}y\Big)$，从而

$$\int_0^1 \mathrm{d}x \int_x^1 f(x)f(y)\mathrm{d}y = -\int_0^1 \Big[\int_1^x f(y)\mathrm{d}y\Big]f(x)\mathrm{d}x = -\int_0^1 \Big[\int_1^x f(y)\mathrm{d}y\Big]\mathrm{d}\Big[\int_1^x f(y)\mathrm{d}y\Big]$$

$$= -\frac{1}{2}\Big[\Big(\int_1^x f(y)\mathrm{d}y\Big)^2\Big]_0^1 = \frac{1}{2}\Big[\int_0^1 f(y)\mathrm{d}y\Big]^2 = \frac{A^2}{2}$$

(9) **解** **方法一** 记 $D_k(k = 1, 2, 3, 4)$ 为 D 在第 k 象限内的闭区域，则

$$\iint\limits_D (|x| + |y|)\mathrm{d}x\mathrm{d}y = \iint\limits_{D_1}(x+y)\mathrm{d}x\mathrm{d}y + \iint\limits_{D_2}(-x+y)\mathrm{d}x\mathrm{d}y + \iint\limits_{D_3}(-x-y)\mathrm{d}x\mathrm{d}y$$

$$+ \iint\limits_{D_4}(x-y)\mathrm{d}x\mathrm{d}y$$

$$= \int_0^1 \mathrm{d}x \int_0^{\sqrt{1-x^2}}(x+y)\mathrm{d}y + \int_{-1}^0 \mathrm{d}x \int_0^{\sqrt{1-x^2}}(-x+y)\mathrm{d}y$$

$$+ \int_{-1}^0 \mathrm{d}x \int_{-\sqrt{1-x^2}}^0 (-x-y)\mathrm{d}y + \int_0^1 \mathrm{d}x \int_{-\sqrt{1-x^2}}^0 (x-y)\mathrm{d}y$$

$$= 4 \times \frac{2}{3} = \frac{8}{3}$$

方法二 由于 D 关于 x 轴和 y 轴都对称，$|x| + |y|$ 关于 x 和 y 是偶函数，因此

$$\iint\limits_D (|x| + |y|)\mathrm{d}x\mathrm{d}y = 4\iint\limits_{D_1}(x+y)\mathrm{d}x\mathrm{d}y = 4\int_0^1 \mathrm{d}x \int_0^{\sqrt{1-x^2}}(x+y)\mathrm{d}y = 4 \times \frac{2}{3} = \frac{8}{3}$$

其中 D_1 是 D 在第一象限内的闭区域。

(10) **解** 由于 $\displaystyle\iint\limits_{x^2+y^2 \leqslant t^2} f(\sqrt{x^2+y^2})\mathrm{d}\sigma = \int_0^{2\pi}\mathrm{d}\theta \int_0^{|t|} f(\rho)\rho\mathrm{d}\rho = 2\pi\int_0^{|t|} f(\rho)\rho\mathrm{d}\rho$，因此当 $t > 0$ 时，

$$\lim_{t\to 0^+}\frac{1}{\pi t^3}\iint\limits_{x^2+y^2 \leqslant t^2} f(\sqrt{x^2+y^2})\mathrm{d}\sigma = \lim_{t\to 0^+}\frac{2\pi\displaystyle\int_0^t f(r)r\mathrm{d}r}{\pi t^3} = \lim_{t\to 0^+}\frac{2tf(t)}{3t^2}$$

$$= \frac{2}{3}\lim_{t\to 0^+}\frac{f(t) - f(0)}{t} = \frac{2}{3}f'(0)$$

(11) **解** 由于积分区域关于 y 轴对称，被积函数是 x 的奇函数，因此 $\displaystyle\iint\limits_D xf(y^2)\mathrm{d}\sigma = 0$。

3. 解答题

(1) **解** 由于 $\int e^{-y^2} \mathrm{d}y$ 积不出来，因此不能先对 y 积分，将二重积分化为先 x 后 y 的二次积分，得

$$\iint\limits_{D} x^2 e^{-y^2} \mathrm{d}x\mathrm{d}y = \int_0^1 e^{-y^2} \mathrm{d}y \int_0^y x^2 \mathrm{d}x = \frac{1}{3}\int_0^1 y^3 e^{-y^2} \mathrm{d}y = -\frac{1}{6}\int_0^1 y^2 \mathrm{d}(e^{-y^2})$$

$$= -\frac{1}{6}\left[y^2 e^{-y^2}\right]_0^1 + \frac{1}{3}\int_0^1 ye^{-y^2}\mathrm{d}y = \frac{1}{6}\left(1 - \frac{2}{e}\right)$$

(2) **解** $I = \iint\limits_{D} \dfrac{y}{(1+x^2+y^2)^{\frac{3}{2}}} \mathrm{d}\sigma = \dfrac{1}{2}\int_0^1 \mathrm{d}x \int_0^1 \dfrac{\mathrm{d}(1+x^2+y^2)}{(1+x^2+y^2)^{\frac{3}{2}}}$

$$= -\int_0^1 \left[\frac{1}{\sqrt{1+x^2+y^2}}\right]_0^1 \mathrm{d}x = -\int_0^1 \left(\frac{1}{\sqrt{2+x^2}} - \frac{1}{\sqrt{1+x^2}}\right)\mathrm{d}x$$

$$= \int_0^1 \frac{1}{\sqrt{1+x^2}}\mathrm{d}x - \frac{1}{\sqrt{2}}\int_0^1 \frac{1}{\sqrt{1+\left(\dfrac{x}{\sqrt{2}}\right)^2}}\mathrm{d}x$$

$$= \left[\ln(x+\sqrt{1+x^2})\right]_0^1 - \left[\ln\left(\frac{x}{\sqrt{2}} + \sqrt{1+\left(\frac{x}{\sqrt{2}}\right)^2}\right)\right]_0^1$$

$$= \ln \frac{2+\sqrt{2}}{1+\sqrt{3}}$$

(3) **解** 令 $D_1 = \{(x,y) \mid |x|\leqslant 1, 0\leqslant y\leqslant x^2\}$，$D_2 = \{(x,y) \mid |x|\leqslant 1, x^2\leqslant y\leqslant 2\}$（见图 5.30），则

$$\iint\limits_{D}\sqrt{|y-x^2|}\,\mathrm{d}x\mathrm{d}y = \iint\limits_{D_1}\sqrt{x^2-y}\,\mathrm{d}x\mathrm{d}y + \iint\limits_{D_2}\sqrt{y-x^2}\,\mathrm{d}x\mathrm{d}y$$

$$= \int_{-1}^1 \mathrm{d}x \int_0^{x^2}\sqrt{x^2-y}\,\mathrm{d}y + \int_{-1}^1 \mathrm{d}x\int_{x^2}^2 \sqrt{y-x^2}\,\mathrm{d}y$$

$$= -\int_{-1}^1 \left[\frac{2}{3}(x^2-y)^{\frac{3}{2}}\Big|_0^{x^2}\right]\mathrm{d}x + \int_{-1}^1\left[\frac{2}{3}(y-x^2)^{\frac{3}{2}}\Big|_{x^2}^2\right]\mathrm{d}x$$

$$= \frac{2}{3}\int_{-1}^1 |x|^3\mathrm{d}x + \frac{2}{3}\int_{-1}^1 (2-x^2)^{\frac{3}{2}}\mathrm{d}x = \frac{5}{3} + \frac{\pi}{2}$$

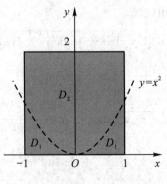

图 5.30

(4) **解** 令 $D_1 = \{(x, y) \mid y \geqslant x \geqslant 0\}$, $D_2 = \{(x, y) \mid 0 \leqslant y < x\}$(见图 5.31),则

$$I = \iint\limits_{D_1} y\mathrm{e}^{-(x^2+y^2)}\mathrm{d}x\mathrm{d}y + \iint\limits_{D_2} x\mathrm{e}^{-(x^2+y^2)}\mathrm{d}x\mathrm{d}y$$

$$= \int_0^{+\infty} \mathrm{e}^{-x^2}\mathrm{d}x \int_x^{+\infty} y\mathrm{e}^{-y^2}\mathrm{d}y + \int_0^{+\infty} \mathrm{e}^{-y^2}\mathrm{d}y \int_y^{+\infty} x\mathrm{e}^{-x^2}\mathrm{d}x$$

$$= 2\int_0^{+\infty} \mathrm{e}^{-x^2}\mathrm{d}x \int_x^{+\infty} y\mathrm{e}^{-y^2}\mathrm{d}y$$

$$= 2\int_0^{+\infty} \mathrm{e}^{-x^2}\left[-\frac{1}{2}\mathrm{e}^{-y^2}\right]_x^{+\infty}\mathrm{d}x = \int_0^{+\infty} \mathrm{e}^{-2x^2}\mathrm{d}x$$

$$= \frac{1}{\sqrt{2}}\int_0^{+\infty} \mathrm{e}^{-(\sqrt{2}x)^2}\mathrm{d}(\sqrt{2}x) = \frac{1}{\sqrt{2}}\int_0^{+\infty} \mathrm{e}^{-t^2}\mathrm{d}t = \frac{\sqrt{\pi}}{2\sqrt{2}}$$

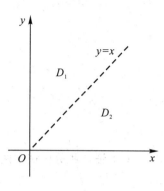

图 5.31

(5) **解** 由极坐标计算法得

$$\iint\limits_{D} \frac{1-x^2-y^2}{1+x^2+y^2}\mathrm{d}\sigma = \int_0^{\frac{\pi}{2}}\mathrm{d}\theta \int_0^1 \frac{1-\rho^2}{1+\rho^2}\rho\mathrm{d}\rho = \frac{\pi}{2}\int_0^1 \left(\frac{2}{1+\rho^2}-1\right)\rho\mathrm{d}\rho$$

$$= \frac{\pi}{2}\left[\ln(1+\rho^2) - \frac{1}{2}\rho^2\right]_0^1 = \frac{\pi}{2}\left(\ln 2 - \frac{1}{2}\right)$$

(6) **证** 设 D_1 由 $x = 0$, $y = a$, $y = x$ 所围成,D_2 由 $y = 0$, $x = a$, $y = x$ 所围成,$D = D_1 + D_2$(见图 5.32),则

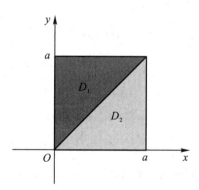

图 5.32

$$\left(\int_0^a f(x)\mathrm{d}x\right)^2 = \int_0^a f(x)\mathrm{d}x \int_0^a f(y)\mathrm{d}y = \iint\limits_{D} f(x)f(y)\mathrm{d}x\mathrm{d}y$$

$$= \iint\limits_{D_1} f(x)f(y)\mathrm{d}x\mathrm{d}y + \iint\limits_{D_2} f(x)f(y)\mathrm{d}x\mathrm{d}y$$

又 $\iint\limits_{D_1} f(x)f(y)\mathrm{d}x\mathrm{d}y = \int_0^a f(x)\mathrm{d}x \int_x^a f(y)\mathrm{d}y$,且

$$\iint\limits_{D_2} f(x)f(y)\mathrm{d}x\mathrm{d}y = \int_0^a f(y)\mathrm{d}y \int_y^a f(x)\mathrm{d}x$$

$$= \int_0^a \left[f(y)\int_y^a f(x)\mathrm{d}x\right]\mathrm{d}y$$

$$= \int_0^a \left[f(t)\int_t^a f(y)\mathrm{d}y\right]\mathrm{d}t$$

$$= \int_0^a f(t)\mathrm{d}t \int_t^a f(y)\mathrm{d}y$$

$$= \int_0^a f(x)\mathrm{d}x \int_x^a f(y)\mathrm{d}y$$

$$= \iint\limits_{D_1} f(x)f(y)\mathrm{d}x\mathrm{d}y$$

故

$$2\int_0^a f(x)\mathrm{d}x \int_x^a f(y)\mathrm{d}y = \left(\int_0^a f(x)\mathrm{d}x\right)^2$$

(7) **证** 积分区域如图 5.33 所示，交换积分次序，得

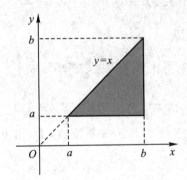

图 5.33

$$\int_a^b \mathrm{d}x \int_a^x (x-y)^{n-2} f(y)\mathrm{d}y = \int_a^b \left[f(y) \int_y^b (x-y)^{n-2}\mathrm{d}x \right]\mathrm{d}y$$

$$= \int_a^b \frac{1}{n-1} \left[(x-y)^{n-1} \right]_y^b f(y)\mathrm{d}y$$

$$= \frac{1}{n-1} \int_a^b (b-y)^{n-1} f(y)\mathrm{d}y$$

(8) **证** 设 $D = \{(x,y) \mid 0 \leqslant x \leqslant 1,\ 0 \leqslant y \leqslant 1\}$，令

$$I = \int_0^1 x f^3(x)\mathrm{d}x \int_0^1 f^2(x)\mathrm{d}x - \int_0^1 f^3(x)\mathrm{d}x \int_0^1 x f^2(x)\mathrm{d}x$$

$$= \iint\limits_D x f^3(x) f^2(y)\mathrm{d}x\mathrm{d}y - \iint\limits_D f^3(x) y f^2(y)\mathrm{d}x\mathrm{d}y$$

$$= \iint\limits_D f^3(x) f^2(y)(x-y)\mathrm{d}x\mathrm{d}y$$

同理

$$I = \iint\limits_D f^2(x) f^3(y)(y-x)\mathrm{d}x\mathrm{d}y$$

将两式相加，并注意到 $(x-y)(f(x)-f(y)) \geqslant 0$，得

$$2I = \iint\limits_D f^2(x) f^2(y)(x-y)(f(x)-f(y))\mathrm{d}x\mathrm{d}y \geqslant 0$$

故 $I \geqslant 0$，即原不等式得证。

(9) **解** 方法一 由于

$$\iint\limits_{D} \frac{1+xy}{1+x^2+y^2}\mathrm{d}x\mathrm{d}y = \iint\limits_{D} \frac{1}{1+x^2+y^2}\mathrm{d}x\mathrm{d}y + \iint\limits_{D} \frac{xy}{1+x^2+y^2}\mathrm{d}x\mathrm{d}y$$

且

$$\iint\limits_{D} \frac{1}{1+x^2+y^2}\mathrm{d}x\mathrm{d}y = \int_{-\frac{\pi}{2}}^{\frac{\pi}{2}} \mathrm{d}\theta \int_0^1 \frac{1}{1+\rho^2}\rho\mathrm{d}\rho = \frac{\pi}{2}\left[\ln(1+\rho^2)\right]_0^1 = \frac{\pi}{2}\ln2$$

$$\iint\limits_{D} \frac{xy}{1+x^2+y^2}\mathrm{d}x\mathrm{d}y = \int_{-\frac{\pi}{2}}^{\frac{\pi}{2}} \cos\theta\sin\theta\mathrm{d}\theta \int_0^1 \frac{\rho^2}{1+\rho^2}\rho\mathrm{d}\rho = 0$$

因此

$$\iint\limits_{D} \frac{1+xy}{1+x^2+y^2}\mathrm{d}x\mathrm{d}y = \frac{\pi}{2}\ln2 + 0 = \frac{\pi}{2}\ln2$$

　　方法二　由于

$$\iint\limits_{D} \frac{1+xy}{1+x^2+y^2}\mathrm{d}x\mathrm{d}y = \iint\limits_{D} \frac{1}{1+x^2+y^2}\mathrm{d}x\mathrm{d}y + \iint\limits_{D} \frac{xy}{1+x^2+y^2}\mathrm{d}x\mathrm{d}y = I_1 + I_2$$

$$I_1 = \iint\limits_{D} \frac{1}{1+x^2+y^2}\mathrm{d}x\mathrm{d}y = \int_{-\frac{\pi}{2}}^{\frac{\pi}{2}} \mathrm{d}\theta \int_0^1 \frac{1}{1+\rho^2}\rho\mathrm{d}\rho = \frac{\pi}{2}\left[\ln(1+\rho^2)\right]_0^1 = \frac{\pi}{2}\ln2$$

又区域 D 关于 x 轴对称,被积函数 $\dfrac{xy}{1+x^2+y^2}$ 是 y 的奇函数,故 $I_2 = 0$,因此

$$\iint\limits_{D} \frac{1+xy}{1+x^2+y^2}\mathrm{d}x\mathrm{d}y = I_1 + I_2 = \frac{\pi}{2}\ln2$$

　　(10) **证**　设 $D = \{(x,y)\,|\,a\leqslant x\leqslant b,\ a\leqslant y\leqslant b\}$,则

$$\int_a^b f(x)\mathrm{d}x \int_a^b \frac{1}{f(x)}\mathrm{d}x = \int_a^b f(x)\mathrm{d}x \int_a^b \frac{1}{f(y)}\mathrm{d}y = \iint\limits_{D} \frac{f(x)}{f(y)}\mathrm{d}x\mathrm{d}y$$

同理

$$\int_a^b f(x)\mathrm{d}x \int_a^b \frac{1}{f(x)}\mathrm{d}x = \iint\limits_{D} \frac{f(y)}{f(x)}\mathrm{d}x\mathrm{d}y$$

故

$$\int_a^b f(x)\mathrm{d}x \int_a^b \frac{1}{f(x)}\mathrm{d}x = \frac{1}{2}\iint\limits_{D}\left[\frac{f(x)}{f(y)} + \frac{f(y)}{f(x)}\right]\mathrm{d}x\mathrm{d}y$$

由题设知 $\dfrac{f(x)}{f(y)} + \dfrac{f(y)}{f(x)} \geqslant 2$,故

$$\int_a^b f(x)\mathrm{d}x \int_a^b \frac{1}{f(x)}\mathrm{d}x \geqslant \iint\limits_{D}\mathrm{d}x\mathrm{d}y = (b-a)^2$$

第 6 章　常微分方程

一、考点内容讲解

1. 微分方程的基本概念

(1) 定义：含有自变量、未知函数及未知函数的导数或微分的方程称为微分方程。未知函数为一元函数的微分方程称为常微分方程。

(2) 一般形式：$F(x, y, y', \cdots, y^{(n)}) = 0$。

(3) 标准形式：$y^{(n)} = f(x, y, y', \cdots, y^{(n-1)})$。

(4) 阶：微分方程中出现的未知函数的导数之最高阶数称为该微分方程的阶。

(5) 解：如果将函数 $y = \varphi(x)$ 代入微分方程中，使方程成为恒等式，则函数 $y = \varphi(x)$ 称为微分方程的显式解。如果由方程 $G(x, y) = 0$ 所确定的隐函数 $y = \varphi(x)$ 为微分方程的解，则 $G(x, y) = 0$ 称为微分方程的隐式解。含有 n 个独立的任意常数 C_1，C_2，$\cdots$，C_n 的解称为 n 阶微分方程的通解。不含任意常数或通解中任意常数已被定解条件确定出来的解称为微分方程的特解。

(6) 初值问题：确定 n 阶微分方程通解中 n 个任意常数的条件：$y\big|_{x=x_0} = y_0$，$y'\big|_{x=x_0} = y_1$，$\cdots$，$y^{(n-1)}\big|_{x=x_0} = y_{n-1}$，$y_0$，$y_1$，$\cdots$，$y_{n-1}$ 为常数，称为初值条件，该问题称为初值问题。

(7) 积分曲线：对于每一个确定的 C，微分方程 $F(x, y, y') = 0$ 的解 $y = \varphi(x, C)$ 的图形表示一条平面曲线，称为微分方程 $F(x, y, y') = 0$ 的一条积分曲线。

2. 一阶微分方程

(1) 可分离变量微分方程：

（ⅰ）形式：$y' = f(x)g(y)$ 或 $f_1(x)g_1(y)\mathrm{d}x + f_2(x)g_2(y)\mathrm{d}y = 0$。

（ⅱ）解法：两边同除 $g(y) \neq 0$，得 $\dfrac{\mathrm{d}y}{g(y)} = f(x)\mathrm{d}x$，$\displaystyle\int \dfrac{1}{g(y)}\mathrm{d}y = \int f(x)\mathrm{d}x + C$，或者两边同除 $g_1(y)f_2(x) \neq 0$，得 $\dfrac{f_1(x)}{f_2(x)}\mathrm{d}x + \dfrac{g_2(y)}{g_1(y)}\mathrm{d}y = 0$，$\displaystyle\int \dfrac{f_1(x)}{f_2(x)}\mathrm{d}x + \int \dfrac{g_2(y)}{g_1(y)}\mathrm{d}y = C$。

(2) 齐次方程：

（ⅰ）形式：$y' = \varphi\left(\dfrac{y}{x}\right)$。

（ⅱ）解法：令 $u = \dfrac{y}{x}$，则 $y = ux$，$\dfrac{\mathrm{d}y}{\mathrm{d}x} = u + x\dfrac{\mathrm{d}u}{\mathrm{d}x}$，从而原方程化为 $u + x\dfrac{\mathrm{d}u}{\mathrm{d}x} = \varphi(u)$，分离变量，得 $\dfrac{\mathrm{d}u}{\varphi(u) - u} = \dfrac{\mathrm{d}x}{x}$，$\displaystyle\int \dfrac{\mathrm{d}u}{\varphi(u) - u} = \ln|x| + C$。

(3) 可化为齐次方程的方程：

（ⅰ）形式：$\dfrac{\mathrm{d}y}{\mathrm{d}x} = f\left(\dfrac{a_1 x + b_1 y + c_1}{a_2 x + b_2 y + c_2}\right)$。

（ⅱ）解法：

① 当 $c_1 = c_2 = 0$ 时，$\dfrac{\mathrm{d}y}{\mathrm{d}x} = f\left(\dfrac{a_1 x + b_1 y}{a_2 x + b_2 y}\right) = f\left|\dfrac{a_1 + b_1 \dfrac{y}{x}}{a_2 + b_2 \dfrac{y}{x}}\right| = \varphi\left(\dfrac{y}{x}\right)$ 是齐次微分方程；

② 当 c_1、c_2 中至少有一个不为零，且 $\begin{vmatrix} a_1 & b_1 \\ a_2 & b_2 \end{vmatrix} \neq 0$，即 $\dfrac{a_1}{a_2} \neq \dfrac{b_1}{b_2}$ 时，从关系式中

$$\begin{cases} a_1 h + b_1 k + c_1 = 0 \\ a_2 h + b_2 k + c_2 = 0 \end{cases}$$

解出 h、k，令 $x = X + h$，$y = Y + k$，则原方程可化为 $\dfrac{\mathrm{d}Y}{\mathrm{d}X} = f\left(\dfrac{a_1 X + b_1 Y}{a_2 X + b_2 Y}\right)$；

③ 当 c_1、c_2 中至少有一个不为零，且 $\begin{vmatrix} a_1 & b_1 \\ a_2 & b_2 \end{vmatrix} = 0$，即 $\dfrac{a_1}{a_2} = \dfrac{b_1}{b_2}$ 时，令 $\dfrac{a_1}{a_2} = \dfrac{b_1}{b_2} = \lambda$，则原方程可化为

$$\dfrac{\mathrm{d}y}{\mathrm{d}x} = f\left(\dfrac{a_1 x + b_1 y + c_1}{a_2 x + b_2 y + c_2}\right) = f\left(\dfrac{\lambda(a_2 x + b_2 y) + c_1}{a_2 x + b_2 y + c_2}\right) \stackrel{\Delta}{=} \varphi(a_2 x + b_2 y)$$

令 $u = a_2 x + b_2 y$，原方程可化为 $\dfrac{\mathrm{d}u}{\mathrm{d}x} = a_2 + b_2 \varphi(u)$，这是可分离变量微分方程。

（4）一阶线性微分方程：

（ⅰ）形式：$y' + P(x)y = Q(x)$，如果 $Q(x) \equiv 0$，则称方程为齐次的；如果 $Q(x)$ 不恒为零，则称方程为非齐次的。

（ⅱ）解法：

① 齐次线性方程 $y' + P(x)y = 0$ 是可分离变量微分方程，将它分离变量积分，得 $\dfrac{\mathrm{d}y}{y} = -P(x)\mathrm{d}x$，$\ln|y| = -\int P(x)\mathrm{d}x + \ln C_1$，即 $y = C\mathrm{e}^{-\int P(x)\mathrm{d}x}$（$C = \pm C_1$）。

② 非齐次线性方程 $y' + P(x)y = Q(x)$ 的通解求法有两种：其一是直接代公式法，即 $y = \mathrm{e}^{-\int P(x)\mathrm{d}x}\left(\int Q(x)\mathrm{e}^{\int P(x)\mathrm{d}x}\mathrm{d}x + C\right)$；其二是常数变易法，即在求得其对应的齐次线性方程的通解 $y = C\mathrm{e}^{-\int P(x)\mathrm{d}x}$ 中，将常数 C 变成 x 的函数 $C(x)$，即 $y = C(x)\mathrm{e}^{-\int P(x)\mathrm{d}x}$，并视为原方程的解，其中 $C(x)$ 为待定函数，将 y 及 y' 代入原方程，解得 $C(x) = \int Q(x)\mathrm{e}^{\int P(x)\mathrm{d}x}\mathrm{d}x + C$，所以原方程的通解为 $y = \mathrm{e}^{-\int P(x)\mathrm{d}x}\left(\int Q(x)\mathrm{e}^{\int P(x)\mathrm{d}x}\mathrm{d}x + C\right)$。

（5）伯努利方程：

（ⅰ）形式：$y' + P(x)y = Q(x)y^a$（其中 a 为常数，$a \neq 0, 1$）。

（ⅱ）解法：令 $z = y^{1-a}$，$\dfrac{\mathrm{d}z}{\mathrm{d}x} = (1-a)y^{-a}\dfrac{\mathrm{d}y}{\mathrm{d}x}$，则原微分方程可化为一阶线性方程

$$\dfrac{\mathrm{d}z}{\mathrm{d}x} + (1-a)P(x)z = (1-a)Q(x)$$

求出通解后把 z 换成 y^{1-a} 便可得到原微分方程的通解。

（6）全微分方程：

（ⅰ）形式：$P(x, y)\mathrm{d}x + Q(x, y)\mathrm{d}y = 0$。

（ⅱ）判定：$\dfrac{\partial P}{\partial y} = \dfrac{\partial Q}{\partial x}$。

（ⅲ）解法：

① 偏积分；

② 凑微分；

③ 线积分 $u(x, y) = \displaystyle\int_{x_0}^{x} P(x, y)\mathrm{d}x + \int_{y_0}^{y} Q(x_0, y)\mathrm{d}y$。

3. 可降阶微分方程（数学三不要求）

（1）$y^{(n)} = f(x)$，解法：对方程连续积分 n 次，可得含有 n 个任意常数的通解。

（2）$y'' = f(x, y')$（不显含 y），解法：令 $y' = P$，则 $y'' = \dfrac{\mathrm{d}P}{\mathrm{d}x}$，原微分方程化为 $\dfrac{\mathrm{d}P}{\mathrm{d}x} = f(x, P)$，若能求得它的通解 $P = y' = \varphi(x, C_1)$，对它进行积分，就可以得到原方程的通解。

（3）$y'' = f(y, y')$（不显含 x），解法：令 $y' = P$（把 P 看作 y 的函数），则 $y'' = \dfrac{\mathrm{d}P}{\mathrm{d}x} = \dfrac{\mathrm{d}P}{\mathrm{d}y} \cdot \dfrac{\mathrm{d}y}{\mathrm{d}x} = \dfrac{\mathrm{d}P}{\mathrm{d}y} \cdot P$，原微分方程可化为 $P\dfrac{\mathrm{d}P}{\mathrm{d}y} = f(y, P)$，若能求得它的通解 $P = \dfrac{\mathrm{d}y}{\mathrm{d}x} = \varphi(y, C_1)$，再通过分离变量法，就可以求得原方程的通解。

4. 高阶线性微分方程

（1）二阶线性微分方程：

（ⅰ）一般式：$y'' + p(x)y' + q(x)y = f(x)$。

（ⅱ）齐次与非齐次：若 $f(x)$ 不恒为零，则方程 $y'' + p(x)y' + q(x)y = f(x)$ 称为非齐次线性方程；若 $f(x) \equiv 0$，则方程 $y'' + p(x)y' + q(x)y = 0$ 称为齐次线性方程。

（ⅲ）解的结构：

① 设 y_1、y_2 是齐次线性微分方程的两个特解，则 $ay_1 + by_2$（a、b 为常数）也是齐次线性微分方程的解；

② 设 y_1、y_2 是齐次线性微分方程的两个线性无关的特解，即 $\dfrac{y_1}{y_2} \neq k$，其中 k 为常数，则齐次线性微分方程的通解为 $y = C_1 y_1 + C_2 y_2$；

③ 非齐次线性微分方程的通解 = 对应的齐次线性方程的通解 + 非齐次线性方程的一个特解；

④ 非齐次线性微分方程两个相异的特解之差为对应的齐次线性微分方程的解；

⑤ 设 y_1、y_2 是方程 $y'' + p(x)y' + q(x)y = f(x)$ 的两个特解，则 $ay_1 + by_2$（$a + b = 1$）是方程 $y'' + p(x)y' + q(x)y = f(x)$ 的特解；

⑥ 设 y_1、y_2 分别是方程 $y'' + p(x)y' + q(x)y = f_1(x)$，$y'' + p(x)y' + q(x)y = f_2(x)$ 的两个特解，则 $y^* = y_1 + y_2$ 为方程 $y'' + p(x)y' + q(x)y = f_1(x) + f_2(x)$ 的特解。

（2）二阶常系数线性微分方程：

（ⅰ）齐次线性方程：$y'' + py' + qy = 0$，特征方程 $r^2 + pr + q = 0$ 的两个根为 r_1、r_2，其通解：

① 当特征方程的两个根为不等的实根 $r_1 \neq r_2$ 时，通解为 $y = C_1 \mathrm{e}^{r_1 x} + C_2 \mathrm{e}^{r_2 x}$；

② 当特征方程的两个根为相等的实根 $r_1 = r_2 = r$ 时，通解为 $y = \mathrm{e}^{rx}(C_1 + C_2 x)$；

③ 当特征方程的两个根为一对共轭复根 $r_{1,2} = \alpha \pm i\beta$ 时，通解为
$$y = e^{\alpha x}(C_1 \cos\beta x + C_2 \sin\beta x)$$

（ii）非齐次线性方程：$y'' + py' + qy = f(x)$，其特解：

① $f(x) = e^{\lambda x}P_m(x)$，特解 $y^* = x^k e^{\lambda x}Q_m(x)$，其中 k 按 λ 不是特征方程根、是特征方程单根、是特征方程重根时依次取 0、1、2；

② $f(x) = e^{\alpha x}[P_l(x)\cos\beta x + Q_n(x)\sin\beta x]$，特解 $y^* = x^k e^{\alpha x}[R_m^{(1)}(x)\cos\beta x + R_m^{(2)}(x)\sin\beta x]$，$m = \max\{l, n\}$，其中 k 按 $\alpha \pm i\beta$ 不是特征方程的根、是特征方程的根依次取 0、1。

（3）n 阶常系数齐次线性微分方程：$y^{(n)} + p_1 y^{(n-1)} + p_2 y^{(n-2)} + \cdots + p_{n-1}y' + p_n y = 0$，特征方程 $r^n + p_1 r^{n-1} + p_2 r^{n-2} + \cdots + p_{n-1}r + p_n = 0$ 的根为 $r_1, r_2, \cdots, r_n$，其通解：

（i）当 $r_1, r_2, \cdots, r_n$ 为特征方程互异的实根时，通解为 $y = C_1 e^{r_1 x} + C_2 e^{r_2 x} + \cdots + C_n e^{r_n x}$；

（ii）当 r_j 为特征方程的 $k(k \leqslant n)$ 重实根时，通解中含有的项为 $(C_1 + C_2 x + \cdots + C_k x^{k-1})e^{r_j x}$；

（iii）当 $r_j = \alpha \pm i\beta$ 为特征方程的 $k(k < n)$ 重复根时，通解中含有的项为
$$e^{\alpha x}[(C_1 + C_2 x + \cdots + C_k x^{k-1})\cos\beta x + (D_1 + D_2 x + \cdots + D_k x^{k-1})\sin\beta x]$$

（4）欧拉方程（数学二、数学三不要求）：

（i）形式：$x^n y^{(n)} + a_1 x^{n-1}y^{(n-1)} + \cdots + a_{n-1}xy' + a_n y = f(x)$，该方程具有这样的特点：各项未知函数导数的阶数与乘积因子自变量的方次数相同。

（ii）解法：令 $x = e^t$，即 $t = \ln x$，把 y 看成 t 的函数，则
$$xy' = \frac{dy}{dt} = Dy$$
$$x^2 y'' = \frac{d^2 y}{dt^2} - \frac{dy}{dt} = D(D-1)y$$
$$\vdots$$
$$x^n y^{(n)} = D(D-1)\cdots(D-n+1)y$$

可将其化为以 t 为自变量、y 为因变量的常系数线性微分方程，求出该线性方程的通解后，以 $t = \ln x$ 回代即可得到原方程的通解。

5. 差分方程（数学一、数学二不要求）

（1）差分方程的基本概念：

（i）差分：将函数 $y = f(t)$ 记为 y_t，t 取遍非负整数时的函数值构成一个数列
$$y_0, y_1, y_2, \cdots, y_n, \cdots$$

称差 $y_{t+1} - y_t$ 为 y_t 的差分，记为 $\Delta y_t = y_{t+1} - y_t$；称 $\Delta^2 y_t = \Delta(\Delta y_t) = \Delta y_{t+1} - \Delta y_t = y_{t+2} - 2y_{t+1} + y_t$ 为 y_t 的二阶差分。类似地，可定义二阶以上的差分。

（ii）差分方程：含有未知函数的差分，或表示未知函数几个时期值的关系的方程称为差分方程。

（iii）阶：差分方程中所含未知函数差分的最高阶数，或方程中未知函数附标的最大值与最小值的差数称为差分方程的阶。

（iv）解：如果一个函数代入差分方程后，使方程成为恒等式，则称此函数为差分方程

的解。差分方程的解中所含相互独立的任意常数的个数与差分方程的阶数相同，则称此解为差分方程的通解。系统初始时刻的状态所提供的条件称为初始条件。确定通解中任意常数应取的值得到的解称为特解。

（2）一阶常系数齐次线性差分方程：$y_{t+1} + ay_t = 0$，通解：$y_c(t) = C(-a)^t$。

（3）一阶常系数非齐次线性差分方程：$y_{t+1} + ay_t = f(t)$，通解为 $y_t = y_c(t) + y_t^*$，其中 $y_c(t)$ 是齐次差分方程 $y_{t+1} + ay_t = 0$ 的通解，y_t^* 是非齐次差分方程 $y_{t+1} + ay_t = f(t)$ 的特解。特解取法如下：

（ⅰ）$f(t) = P_m(t)$：

① 当 $a \neq -1$ 时，$y_t^* = Q_m(t)$；

② 当 $a = -1$ 时，$y_t^* = tQ_m(t)$。

（ⅱ）$f(t) = d^t P_m(t)$：

① 当 $d \neq -a$ 时，$y_t^* = d^t Q_m(t)$；

② 当 $d = -a$ 时，$y_t^* = td^t Q_m(t)$。

总结：一阶常系数非齐次差分方程 $y_{t+1} + ay_t = d^t P_m(t)$ 的特解为 $y_t^* = t^k d^t Q_m(t)$，其中 $Q_m(t)$ 是与 $P_m(t)$ 同次的待定多项式，当 $d \neq -a$ 时 $k = 0$，当 $d = -a$ 时 $k = 1$。

（ⅲ）$f(t) = P_m(t)\sin\alpha t$（或 $P_m(t)\cos\alpha t$）：$y_t^* = Q_m^{(1)}(t)\sin\alpha t + Q_m^{(2)}(t)\cos\alpha t$。

二、考点题型解析

常考题型：• 微分方程求解；• 微分方程综合问题；• 应用题。

1. 选择题

例 1 设连续函数 $f(x)$ 满足 $f(x) = \int_0^x f(t)\mathrm{d}t + 2$，则 $f(x) = ($ $)$。

(A) e^{2x} (B) $2\mathrm{e}^{2x}$ (C) $2\mathrm{e}^x$ (D) $\dfrac{1}{2}\mathrm{e}^x$

解 应选(C)。

在等式 $f(x) = \int_0^x f(t)\mathrm{d}t + 2$ 两边求导，得微分方程 $f'(x) = f(x)$，利用分离变量法得其通解为 $f(x) = C\mathrm{e}^x$，又 $f(0) = 2$，故 $C = 2$，从而 $f(x) = 2\mathrm{e}^x$，故选(C)。

例 2 微分方程 $(1 + y^2)\mathrm{d}x = (\arctan y - x)\mathrm{d}y$ 的通解为(   )。

(A) $x = \arctan y - 1 + C\mathrm{e}^{-\arctan y}$ (B) $x = -\arctan y + 1 + C\mathrm{e}^{\arctan y}$

(C) $x = -\arctan y + \mathrm{e}^{\arctan y} + C$ (D) $x = \arctan y - \mathrm{e}^{\arctan y} + C$

解 应选(A)。

原方程可化为 $\dfrac{\mathrm{d}x}{\mathrm{d}y} + \dfrac{1}{1+y^2}x = \dfrac{\arctan y}{1+y^2}$，其通解为

$$x = \mathrm{e}^{-\int \frac{1}{1+y^2}\mathrm{d}y}\left(\int \frac{\arctan y}{1+y^2}\mathrm{e}^{\int \frac{1}{1+y^2}\mathrm{d}y}\mathrm{d}y + C\right)$$

$$= \mathrm{e}^{-\arctan y}\left(\int \frac{\arctan y}{1+y^2}\mathrm{e}^{\arctan y}\mathrm{d}y + C\right) = \mathrm{e}^{-\arctan y}\left(\int \arctan y\,\mathrm{d}(\mathrm{e}^{\arctan y}) + C\right)$$

$$= \mathrm{e}^{-\arctan y}(\arctan y\,\mathrm{e}^{\arctan y} - \mathrm{e}^{\arctan y} + C) = \arctan y - 1 + C\mathrm{e}^{-\arctan y}$$

故选(A)。

例 3　微分方程 $(x+y)\mathrm{d}y - y\mathrm{d}x = 0$ 的通解为(　　)。

(A) $y = C\mathrm{e}^{\frac{x}{y}}$　　　　(B) $y = C\mathrm{e}^{\frac{y}{x}}$　　　　(C) $y\mathrm{e}^{\frac{y}{x}} = Cx^2$　　　　(D) $y\mathrm{e}^{-\frac{y}{x}} = Cx^2$

解　应选(A)。

原方程可化为 $\dfrac{\mathrm{d}y}{\mathrm{d}x} = \dfrac{y}{x+y} = \dfrac{\dfrac{y}{x}}{1+\dfrac{y}{x}}$，令 $u = \dfrac{y}{x}$，则 $\dfrac{\mathrm{d}y}{\mathrm{d}x} = u + x\dfrac{\mathrm{d}u}{\mathrm{d}x}$，从而原方程化为

$u + x\dfrac{\mathrm{d}u}{\mathrm{d}x} = \dfrac{u}{1+u}$，即 $\dfrac{1+u}{u^2}\mathrm{d}u = -\dfrac{\mathrm{d}x}{x}$，积分，得 $-\dfrac{1}{u} + \ln|u| = -\ln|x| + \ln C_1$，从而原方

程的通解为 $y = C\mathrm{e}^{\frac{x}{y}}(C = \pm C_1)$，故选(A)。

例 4　设 y_1、y_2、y_3 均是二阶非齐次线性方程 $y'' + p(x)y' + q(x)y = f(x)$ 的线性无关解，C_1、C_2 是常数，则该非齐次线性方程的通解为(　　)。

(A) $C_1 y_1 + C_2 y_2 + y_3$

(B) $C_1 y_1 + C_2 y_2 - (C_1 + C_2)y_3$

(C) $C_1 y_1 + C_2 y_2 - (1 - C_1 - C_2)y_3$

(D) $C_1 y_1 + C_2 y_2 + (1 - C_1 - C_2)y_3$

解　应选(D)。

方法一　由于 $C_1 y_1 + C_2 y_2$ 不是对应的齐次线性方程的通解，因此 $C_1 y_1 + C_2 y_2 + y_3$ 不是该非齐次线性方程的通解，从而(A) 不正确；而 $C_1 y_1 + C_2 y_2 - (C_1 + C_2)y_3 = C_1(y_1 - y_3) + C_2(y_2 - y_3)$ 是对应的齐次线性方程的通解，但没有特解，因此不是该非齐次线性方程的通解，从而(B) 不正确；$C_1 y_1 + C_2 y_2 - (1 - C_1 - C_2)y_3 = C_1(y_1 + y_3) + C_2(y_2 + y_3) - y_3$，且 $C_1(y_1 + y_3) + C_2(y_2 + y_3)$ 不是对应的齐次线性方程的通解，所以不是该非齐次线性方程的通解，从而(C) 不正确，故选(D)。

方法二　由于 $C_1 y_1 + C_2 y_2 + (1 - C_1 - C_2)y_3 = C_1(y_1 - y_3) + C_2(y_2 - y_3) + y_3$，且 $C_1(y_1 - y_3) + C_2(y_2 - y_3)$ 是对应的齐次线性方程的通解，y_3 是该非齐次线性方程的一个特解，从而 $C_1 y_1 + C_2 y_2 + (1 - C_1 - C_2)y_3$ 是该非齐次线性方程的通解，故选(D)。

例 5　设 y_1、y_2 是二阶常系数齐次线性方程 $y'' + py' + qy = 0$ 的两个特解，则 y_1、y_2 能构成该方程通解的充分条件为(　　)。

(A) $y_1 y_2' - y_1' y_2 = 0$

(B) $y_1 y_2' - y_1' y_2 \neq 0$

(C) $y_1 y_2' + y_1' y_2 = 0$

(D) $y_1 y_2' + y_1' y_2 \neq 0$

解　应选(B)。

由于 $y_1 y_2' - y_1' y_2 \neq 0$，即 $\dfrac{y_2'}{y_2} \neq \dfrac{y_1'}{y_1}$，从而 $\ln y_2 \neq \ln y_1 + \ln C$，即 $\dfrac{y_1}{y_2} \neq C$，其中 C 为常数，因此 y_1、y_2 线性无关，从而可构成该方程的通解，故选(B)。

例 6　微分方程 $y'' - 2y' = x\mathrm{e}^{2x}$ 的特解形式为(　　)。

(A) $y = ax\mathrm{e}^{2x}$

(B) $y = (ax + b)\mathrm{e}^{2x}$

(C) $y = x(ax + b)\mathrm{e}^{2x}$

(D) $y = x^2(ax + b)\mathrm{e}^{2x}$

解　应选(C)。

由于 $y'' - 2y' = x\mathrm{e}^{2x}$ 对应的齐次线性方程的特征方程 $r^2 - 2r = 0$ 的根为 $r_1 = 0$，$r_2 = 2$，因此 $\lambda = 2$ 是单根，从而微分方程 $y'' - 2y' = x\mathrm{e}^{2x}$ 的特解形式为 $y = x(ax + b)\mathrm{e}^{2x}$，故选(C)。

例 7　微分方程 $y'' + y = \mathrm{e}^x + 1 + \sin x$ 的特解形式为(　　)。

(A) $a\mathrm{e}^x + b + c\sin x$ (B) $a\mathrm{e}^x + b + c\cos x + d\sin x$

(C) $a\mathrm{e}^x + b + x(c\cos x + d\sin x)$ (D) $a\mathrm{e}^x + b + cx\sin x$

解 应选(C)。

由于 $y'' + y = \mathrm{e}^x + 1 + \sin x$ 对应的齐次线性方程的特征方程 $r^2 + 1 = 0$ 的根为 $r_{1,2} = \pm i$，因此 $\lambda = 1, \lambda = 0$ 不是特征方程的根，$\alpha \pm i\beta = \pm i$ 是特征方程的根，从而 $y'' - y = \mathrm{e}^x + 1 + \sin x$ 的特解形式为 $y^* = a\mathrm{e}^x + b + x(c\cos x + d\sin x)$，故选(C)。

例8 具有特解 $y_1 = \mathrm{e}^{-x}, y_2 = 2x\mathrm{e}^{-x}, y_3 = 3\mathrm{e}^x$ 的三阶常系数齐次线性方程为( )。

(A) $y''' - y'' - y' + y = 0$ (B) $y''' + y'' - y' - y = 0$

(C) $y''' - 6y'' + 11y' - 6y = 0$ (D) $y''' - 2y'' - y' + 2y = 0$

解 应选(B)。

由于 $y_1 = \mathrm{e}^{-x}, y_2 = 2x\mathrm{e}^{-x}$ 是原方程的解，因此 $r = -1$ 是特征方程的二重根；又 $y_3 = 3\mathrm{e}^x$ 也是原方程的解，故 $r = 1$ 是特征方程的单根。因此，特征方程为 $(r+1)^2(r-1) = 0$，即 $r^3 + r^2 - r - 1 = 0$，于是所求方程为 $y''' + y'' - y' - y = 0$，故选(B)。

例9 微分方程 $y^{(4)} - 4y = 0$ 的通解为 $y = ($)。

(A) $C_1\cos\sqrt{2}x + C_2\sin\sqrt{2}x + C_3\mathrm{e}^{\sqrt{2}x} + C_4\mathrm{e}^{-\sqrt{2}x}$

(B) $(C_1 + C_2 x)\mathrm{e}^{\sqrt{2}x} + \mathrm{e}^{\sqrt{2}x}(C_3\cos x + C_4\sin x)$

(C) $C_1\mathrm{e}^{\sqrt{2}x} + C_2\mathrm{e}^{-\sqrt{2}x} + \mathrm{e}^{-\sqrt{2}x}(C_3\cos\sqrt{2}x + C_4\sin\sqrt{2}x)$

(D) $(C_1 + C_2 x + C_3 x^2 + C_4 x^3)\mathrm{e}^{\sqrt{2}x}$

解 应选(A)。

由于微分方程的特征方程 $r^4 - 4 = 0$ 的根为 $r_{1,2} = \pm\sqrt{2}i, r_{3,4} = \pm\sqrt{2}$，因此 $y^{(4)} - 4y = 0$ 的通解为 $y = C_1\cos\sqrt{2}x + C_2\sin\sqrt{2}x + C_3\mathrm{e}^{\sqrt{2}x} + C_4\mathrm{e}^{-\sqrt{2}x}$，故选(A)。

2. 填空题

例1 微分方程 $(xy^2 + x)\mathrm{d}x + (y - x^2 y)\mathrm{d}y = 0$ 的通解为 _____。

解 由 $(xy^2 + x)\mathrm{d}x + (y - x^2 y)\mathrm{d}y = 0$，得 $(y^2 + 1)x\mathrm{d}x + (1 - x^2)y\mathrm{d}y = 0$，即

$$\frac{y}{1 + y^2}\mathrm{d}y = \frac{x}{x^2 - 1}\mathrm{d}x$$

积分，得

$$\frac{1}{2}\ln(y^2 + 1) = \frac{1}{2}\ln|x^2 - 1| + \frac{1}{2}\ln C_1$$

所以原方程的通解为 $y^2 + 1 = C(x^2 - 1)(C = \pm C_1)$。

例2 微分方程 $(1 + x^2)y' = \arctan x$ 满足条件 $y|_{x=0} = 0$ 的特解为 _____。

解 由 $(1 + x^2)y' = \arctan x$，得

$$\mathrm{d}y = \frac{\arctan x}{1 + x^2}\mathrm{d}x$$

积分，得

$$y = \frac{1}{2}(\arctan x)^2 + C$$

由 $y|_{x=0} = 0$，得 $C = 0$，所以原方程满足条件的特解为 $y = \frac{1}{2}(\arctan x)^2$。

例 3　微分方程 $xy' - x\sin\dfrac{y}{x} - y = 0$ 的通解为_____。

解　由 $xy' - x\sin\dfrac{y}{x} - y = 0$，得

$$y' - \sin\frac{y}{x} - \frac{y}{x} = 0$$

令 $\dfrac{y}{x} = u$，则

$$\frac{\mathrm{d}y}{\mathrm{d}x} = u + x\frac{\mathrm{d}u}{\mathrm{d}x}$$

从而原方程可化为 $u + x\dfrac{\mathrm{d}u}{\mathrm{d}x} - \sin u - u = 0$，即

$$\frac{\mathrm{d}u}{\sin u} = \frac{\mathrm{d}x}{x}, \quad \frac{\mathrm{d}u}{2\sin\dfrac{u}{2}\cos\dfrac{u}{2}} = \frac{\mathrm{d}x}{x}$$

积分，得

$$\ln\left|\tan\frac{u}{2}\right| = \ln|x| + \ln C_1, \quad \tan\frac{u}{2} = Cx \ (C = \pm C_1)$$

所以原方程的通解为

$$\tan\frac{y}{2x} = Cx$$

例 4　微分方程 $(y + \sqrt{x^2 + y^2})\mathrm{d}x - x\mathrm{d}y = 0$ 满足条件 $y|_{x=1} = 0$ 的特解为_____。

解　由 $(y + \sqrt{x^2 + y^2})\mathrm{d}x - x\mathrm{d}y = 0$，得

$$\left(\frac{y}{x} + \sqrt{1 + \left(\frac{y}{x}\right)^2}\right) - \frac{\mathrm{d}y}{\mathrm{d}x} = 0$$

令 $\dfrac{y}{x} = u$，则 $\dfrac{\mathrm{d}y}{\mathrm{d}x} = u + x\dfrac{\mathrm{d}u}{\mathrm{d}x}$，从而原方程可化为 $(u + \sqrt{1 + u^2}) - u - x\dfrac{\mathrm{d}u}{\mathrm{d}x} = 0$，即

$$\frac{\mathrm{d}u}{\sqrt{1 + u^2}} = \frac{\mathrm{d}x}{x}$$

积分，得

$$\ln(u + \sqrt{1 + u^2}) = \ln|x| + \ln C_1$$

即

$$\frac{y}{x} + \sqrt{1 + \left(\frac{y}{x}\right)^2} = Cx \ (C = \pm C_1), \quad y + \sqrt{x^2 + y^2} = Cx^2$$

由 $y|_{x=1} = 0$，得 $C = 1$，所以原方程满足条件的特解为 $y + \sqrt{x^2 + y^2} = x^2$，即

$$y = \frac{1}{2}(x^2 - 1)$$

例 5　微分方程 $y' = \dfrac{y - x + 1}{y + x + 5}$ 的通解为_____。

解　解方程组 $\begin{cases} k - h + 1 = 0 \\ k + h + 5 = 0 \end{cases}$，得 $h = -2, k = -3$。令 $x = X - 2, y = Y - 3$，则原方程可化为

$$\frac{dY}{dX} = \frac{Y - X}{Y + X} = \frac{\dfrac{Y}{X} - 1}{\dfrac{Y}{X} + 1}$$

再令 $\dfrac{Y}{X} = u$，则 $\dfrac{dY}{dX} = u + X\dfrac{du}{dX}$，从而 $u + X\dfrac{du}{dX} = \dfrac{u - 1}{u + 1}$，分离变量，得 $\dfrac{u + 1}{u^2 + 1}du = -\dfrac{dX}{X}$，

积分，得

$$\arctan u + \frac{1}{2}\ln(1 + u^2) = -\ln|X| + C$$

变量还原得原方程的通解为

$$\arctan\frac{y + 3}{x + 2} + \frac{1}{2}\ln\left[1 + \left(\frac{y + 3}{x + 2}\right)^2\right] = -\ln|x + 2| + C$$

例 6 设 $y = e^x$ 是微分方程 $xy' + p(x)y = x$ 的一个解，则此方程满足条件 $y|_{x=\ln 2} = 0$ 的特解为_____。

解 将 $y = e^x$ 代入原方程，得 $xe^x + p(x)e^x = x$，即 $p(x) = xe^{-x} - x$，从而原方程可化为 $y' + (e^{-x} - 1)y = 1$，其通解为

$$y = e^{-\int(e^{-x} - 1)dx}\left(\int e^{\int(e^{-x} - 1)dx}dx + C\right) = e^{e^{-x} + x}\left(\int e^{-e^{-x} - x}dx + C\right)$$

$$= e^{e^{-x} + x}\left(-\int e^{-e^{-x}}d(e^{-x}) + C\right) = e^{e^{-x} + x}(e^{-e^{-x}} + C) = e^x + Ce^{e^{-x} + x}$$

由 $y|_{x=\ln 2} = 0$，得 $C = -e^{-\frac{1}{2}}$，所以满足条件的特解为 $y = e^x - e^{e^{-x} + x - \frac{1}{2}}$。

例 7 微分方程 $(x^2 + 1)y' + 2xy = 4x^2$ 的通解为_____。

解 **方法一** 由于 $(x^2 + 1)y' + 2xy = [(x^2 + 1)y]'$，原方程可变为

$$[(x^2 + 1)y]' = 4x^2$$

积分，得 $(x^2 + 1)y = \dfrac{4}{3}x^3 + C$，即

$$y = \frac{1}{x^2 + 1}\left(\frac{4}{3}x^3 + C\right)$$

因此 $y = \dfrac{1}{x^2 + 1}\left(\dfrac{4}{3}x^3 + C\right)$ 为原方程的通解。

方法二 原方程变形，得

$$y' + \frac{2x}{x^2 + 1}y = \frac{4x^2}{x^2 + 1}$$

从而 $(x^2 + 1)y' + 2xy = 4x^2$ 的通解为

$$y = e^{-\int\frac{2x}{x^2 + 1}dx}\left(\int\frac{4x^2}{x^2 + 1}e^{\int\frac{2x}{x^2 + 1}dx}dx + C\right) = \frac{1}{x^2 + 1}\left(\int 4x^2dx + C\right) = \frac{1}{x^2 + 1}\left(\frac{4}{3}x^3 + C\right)$$

例 8 微分方程 $xy' - y[\ln(xy) - 1] = 0$ 的通解为_____。

解 令 $xy = u$，则 $u' = y + xy'$，代入原方程，得 $u' - y - y(\ln u - 1) = 0$，即

$$u' = y\ln u, \quad u' = \frac{u}{x}\ln u$$

分离变量，得

$$\frac{du}{u\ln u} = \frac{dx}{x}$$

积分，得

$$\ln|\ln u| = \ln|x| + \ln C_1$$

从而 $\ln u = Cx$，其中 $C = \pm C_1$，所以原方程的通解为 $\ln(xy) = Cx$。

例 9　微分方程 $y'' + \dfrac{2}{1-y}y'^2 = 0$ 的通解为_____。

解　令 $y' = P$，则 $y'' = P\dfrac{\mathrm{d}P}{\mathrm{d}y}$，从而原方程可化为

$$P\frac{\mathrm{d}P}{\mathrm{d}y} + \frac{2}{1-y}P^2 = 0$$

分离变量，得

$$\frac{\mathrm{d}P}{P} = \frac{2}{y-1}\mathrm{d}y$$

积分，得

$$\ln|P| = \ln(y-1)^2 + \ln C_1'$$

即

$$P = C_1(y-1)^2 \quad (C_1 = \pm C_1'), \qquad \frac{\mathrm{d}y}{\mathrm{d}x} = C_1(y-1)^2$$

分离变量，得 $\dfrac{\mathrm{d}y}{(y-1)^2} = C_1\mathrm{d}x$，积分得原方程的通解为 $-\dfrac{1}{y-1} = C_1 x + C_2$。

例 10　微分方程 $y'' = \dfrac{1}{x}y' + xe^x\sin x$ 的通解为_____。

解　方法一　令 $y' = P$，则 $y'' = P'$，从而原方程可化为

$$P' = \frac{1}{x}P + xe^x\sin x$$

由通解公式，得

$$P = e^{\int \frac{1}{x}\mathrm{d}x}\left[\int xe^x\sin x e^{-\int \frac{1}{x}\mathrm{d}x}\mathrm{d}x + C_1\right] = x\left[\int e^x\sin x\mathrm{d}x + C_1\right] = \frac{1}{2}xe^x(\sin x - \cos x) + C_1 x$$

即 $\dfrac{\mathrm{d}y}{\mathrm{d}x} = \dfrac{1}{2}xe^x(\sin x - \cos x) + C_1 x$，所以原方程的通解为

$$y = \int\left[\frac{1}{2}xe^x(\sin x - \cos x) + C_1 x\right]\mathrm{d}x + C_2$$

$$= \frac{1}{2}\left[-xe^x\cos x + \frac{1}{2}e^x(\sin x + \cos x)\right] + \frac{1}{2}C_1 x^2 + C_2$$

方法二　令 $y' = P$，则 $y'' = P'$，从而原方程可化为 $P' = \dfrac{1}{x}P + xe^x\sin x$，对应的齐次

线性方程 $P' - \dfrac{1}{x}P = 0$，即 $\dfrac{\mathrm{d}P}{P} = \dfrac{\mathrm{d}x}{x}$ 的通解为 $P = Cx$，由常数变易法，令 $P = C(x)x$ 为

非齐次线性方程的解，代入并整理，得 $C'(x)x = xe^x\sin x$，即 $C'(x) = e^x\sin x$，所以

$$C(x) = \int e^x\sin x\mathrm{d}x + C_1 = \frac{1}{2}e^x(\sin x - \cos x) + C_1$$

从而 $P = \dfrac{1}{2}xe^x(\sin x - \cos x) + C_1 x$，即

$$\frac{\mathrm{d}y}{\mathrm{d}x} = \frac{1}{2}xe^x(\sin x - \cos x) + C_1 x$$

所以原方程的通解为

$$y = \int \left[\frac{1}{2} x \mathrm{e}^x (\sin x - \cos x) + C_1 x \right] \mathrm{d}x + C_2$$

$$= \frac{1}{2} \left[-x \mathrm{e}^x \cos x + \frac{1}{2} \mathrm{e}^x (\sin x + \cos x) \right] + \frac{1}{2} C_1 x^2 + C_2$$

例 11　差分方程 $y_{t+1} - y_t = 2t$ 的通解为_____。

解　对应齐次差分方程为 $y_{t+1} - y_t = 0$，其通解为 $y_c(t) = C$，因为 $f(t) = 2t$，$a = -1$，所以原方程的特解为 $y_t^* = t(At + B)$，代入原方程，得

$$A(t+1)^2 + B(t+1) - At^2 - Bt = 2t$$

即

$$2At + A + B = 2t$$

比较系数，得 $A = 1$，$B = -1$，故 $y_t^* = t^2 - t$，从而原差分方程的通解为

$$y_t = y_c(t) + y_t^* = C + t^2 - t$$

例 12　差分方程 $y_{t+1} - y_t = t \cdot 2^t$ 的通解为_____。

解　对应的齐次差分方程为 $y_{t+1} - y_t = 0$，其通解为 $y_c(t) = C(1)^t = C$，因为 $f(t) = t \cdot 2^t$，且 $a + d = -1 + 2 = 1 \neq 0$，所以原方程的特解为 $y_t^* = 2^t(At + B)$，代入原方程，得

$$2^{t+1}[A(t+1) + B] - 2^t(At + B) = t \cdot 2^t$$

即

$$At + 2A + B = t$$

比较系数，得 $A = 1$，$B = -2$，故 $y_t^* = 2^t(t - 2)$，从而原差分方程的通解为

$$y_t = y_c(t) + y_t^* = C + 2^t(t - 2)$$

例 13　差分方程 $y_{t+1} - 2y_t = t \cdot 2^t$ 的通解为_____。

解　对应的齐次差分方程为 $y_{t+1} - 2y_t = 0$，其通解为 $y_c(t) = C2^t$，因为 $f(t) = t \cdot 2^t$，且 $a + d = -2 + 2 = 0$，所以原方程的特解为

$$y_t^* = t \cdot 2^t(At + B) = 2^t(At^2 + Bt)$$

代入原方程，得

$$2^{t+1}[A(t+1)^2 + B(t+1)] - 2 \cdot 2^t(At^2 + Bt) = t \cdot 2^t$$

即

$$4At + 2A + 2B = t$$

比较系数，得 $A = \frac{1}{4}$，$B = -\frac{1}{4}$，故 $y_t^* = 2^t \left(\frac{1}{4} t^2 - \frac{1}{4} t \right)$，从而原差分方程的通解为

$$y_t = y_c(t) + y_t^* = C2^t + 2^t \left(\frac{1}{4} t^2 - \frac{1}{4} t \right) = \left(C + \frac{1}{4} t^2 - \frac{1}{4} t \right) 2^t$$

3. 解答题

例 1　求微分方程 $\dfrac{\mathrm{d}y}{\mathrm{d}x} = \dfrac{y}{x + y^4}$ 的通解。

解　由 $\dfrac{\mathrm{d}y}{\mathrm{d}x} = \dfrac{y}{x + y^4}$，得 $\dfrac{\mathrm{d}x}{\mathrm{d}y} = \dfrac{x + y^4}{y}$，即 $\dfrac{\mathrm{d}x}{\mathrm{d}y} - \dfrac{1}{y} \cdot x = y^3$，从而原方程的通解为

$$x = \mathrm{e}^{\int \frac{1}{y} \mathrm{d}y} \left(\int y^3 \mathrm{e}^{-\int \frac{1}{y} \mathrm{d}y} \mathrm{d}y + C \right) = y \left(\int y^2 \mathrm{d}y + C \right) = y \left(\frac{1}{3} y^3 + C \right)$$

例 2 求微分方程 $y' + y = x\sqrt{y}$ 的通解。

解 由 $y' + y = x\sqrt{y}$，得 $\dfrac{1}{\sqrt{y}}\dfrac{\mathrm{d}y}{\mathrm{d}x} + \sqrt{y} = x$，令 $\sqrt{y} = u$，则 $\dfrac{1}{2\sqrt{y}}\dfrac{\mathrm{d}y}{\mathrm{d}x} = \dfrac{\mathrm{d}u}{\mathrm{d}x}$，从而原方程

可化为 $\dfrac{\mathrm{d}u}{\mathrm{d}x} + \dfrac{u}{2} = \dfrac{x}{2}$，其通解为

$$u = \mathrm{e}^{-\int \frac{1}{2}\mathrm{d}x}\left[\int \frac{x}{2}\mathrm{e}^{\int \frac{1}{2}\mathrm{d}x}\mathrm{d}x + C\right] = \mathrm{e}^{-\frac{x}{2}}\left(x\mathrm{e}^{\frac{x}{2}} - 2\mathrm{e}^{\frac{x}{2}} + C\right)$$

所以原方程的通解为

$$\sqrt{y} = \mathrm{e}^{-\frac{x}{2}}\left(x\mathrm{e}^{\frac{x}{2}} - 2\mathrm{e}^{\frac{x}{2}} + C\right)$$

例 3 设 $f(x)$ 具有一阶连续导数，且 $\int_0^1 f(xt)\mathrm{d}t = \dfrac{1}{2}f(x) + 1$，求 $f(x)$。

解 令 $xt = u$，则 $\int_0^1 f(xt)\mathrm{d}t = \dfrac{1}{x}\int_0^x f(u)\mathrm{d}u$，从而 $\dfrac{1}{x}\int_0^x f(u)\mathrm{d}u = \dfrac{1}{2}f(x) + 1$，即

$$\int_0^x f(u)\mathrm{d}u = \frac{1}{2}xf(x) + x$$

两边求导，得

$$f(x) = \frac{1}{2}f(x) + \frac{1}{2}xf'(x) + 1$$

即

$$f'(x) - \frac{1}{x}f(x) = -\frac{2}{x}$$

所以

$$f(x) = \mathrm{e}^{\int \frac{1}{x}\mathrm{d}x}\left[\int \left(-\frac{2}{x}\right)\mathrm{e}^{-\int \frac{1}{x}\mathrm{d}x}\mathrm{d}x + C\right] = x\left[\int \left(-\frac{2}{x}\right)\cdot \frac{1}{x}\mathrm{d}x + C\right] = x\left(\frac{2}{x} + C\right)$$

例 4 设 a、b 为正数，λ 为非负常数，微分方程 $\dfrac{\mathrm{d}y}{\mathrm{d}x} + ay = b\mathrm{e}^{-\lambda x}$。

（ⅰ）求该方程的通解；

（ⅱ）证明当 $\lambda = 0$ 时，$\lim\limits_{x \to +\infty} y(x) = \dfrac{b}{a}$，当 $\lambda > 0$ 时，$\lim\limits_{x \to +\infty} y(x) = 0$。

解 （ⅰ）该方程的通解为

$$y = \mathrm{e}^{-\int a\mathrm{d}x}\left(\int b\mathrm{e}^{-\lambda x}\mathrm{e}^{\int a\mathrm{d}x}\mathrm{d}x + C\right) = \mathrm{e}^{-ax}\left(b\int \mathrm{e}^{(a-\lambda)x}\mathrm{d}x + C\right)$$

$$= \begin{cases} \dfrac{b}{a-\lambda}\mathrm{e}^{-\lambda x} + C\mathrm{e}^{-ax}, & \lambda \neq a \\ (bx + C)\mathrm{e}^{-ax}, & \lambda = a \end{cases}$$

（ⅱ）当 $\lambda = 0$ 时，$y(x) = C\mathrm{e}^{-ax} + \dfrac{b}{a}$，从而

$$\lim_{x \to +\infty} y(x) = \lim_{x \to +\infty}\left(C\mathrm{e}^{-ax} + \frac{b}{a}\right) = \frac{b}{a}$$

当 $\lambda > 0$ 且 $\lambda \neq a$ 时，$y(x) = \dfrac{b}{a-\lambda}\mathrm{e}^{-\lambda x} + C\mathrm{e}^{-ax}$，从而

$$\lim_{x \to +\infty} y(x) = \lim_{x \to +\infty}\left(\frac{b}{a-\lambda}\mathrm{e}^{-\lambda x} + C\mathrm{e}^{-ax}\right) = 0$$

当 $\lambda > 0$ 且 $\lambda = a$ 时，$y(x) = (bx + C)\mathrm{e}^{-ax}$，从而

$$\lim_{x \to +\infty} y(x) = \lim_{x \to +\infty} (bx + C)\mathrm{e}^{-ax} = 0$$

所以当 $\lambda > 0$ 时，$\lim\limits_{x \to +\infty} y(x) = 0$。

例 5 设当 $0 \leqslant x \leqslant b$ 时，函数 $f(x)$ 满足 $f'(x) = p(x)f(x)$，$f(0) = a$，函数 $g(x)$ 满足 $g'(x) \geqslant p(x)g(x)$，$g(0) = a$，证明当 $0 \leqslant x \leqslant b$ 时，$g(x) \geqslant f(x)$。

证 令 $F(x) = g(x) - f(x)$ $(0 \leqslant x \leqslant b)$，则 $F(0) = 0$，且

$$F'(x) = g'(x) - f'(x) \geqslant p(x)[g(x) - f(x)] = p(x)F(x)$$

从而

$$F'(x) - p(x)F(x) \geqslant 0, \quad [F'(x) - p(x)F(x)]\mathrm{e}^{-\int_0^x p(t)\mathrm{d}t} \geqslant 0$$

即

$$\left[F(x)\mathrm{e}^{-\int_0^x p(t)\mathrm{d}t}\right]' \geqslant 0$$

所以 $G(x) = F(x)\mathrm{e}^{-\int_0^x p(t)\mathrm{d}t}$ 在 $[0, b]$ 上单调递增，从而 $G(x) \geqslant G(0) = 0$，因此 $F(x) \geqslant 0$，故当 $0 \leqslant x \leqslant b$ 时，$g(x) \geqslant f(x)$。

例 6 设 $F(x) = \dfrac{f(x)}{g(x)}$，其中 $f(x)$、$g(x)$ 在 $(-\infty, +\infty)$ 内满足以下条件：$f'(x) = g(x)$，$g'(x) = f(x)$，且 $f(0) = 0$，$g(0) \neq 0$。

（ⅰ）求 $F(x)$ 所满足的微分方程；

（ⅱ）求 $F(x)$ 的表达式。

解 （ⅰ）由于 $F'(x) = \dfrac{f'(x)g(x) - f(x)g'(x)}{g^2(x)} = \dfrac{g^2(x) - f^2(x)}{g^2(x)} = 1 - F^2(x)$，因此 $F(x)$ 所满足的微分方程为 $F'(x) = 1 - F^2(x)$。

（ⅱ）$F'(x) = 1 - F^2(x)$ 是可分离变量微分方程，分离变量，得 $\dfrac{\mathrm{d}F}{1 - F^2} = \mathrm{d}x$，解之，得 $\dfrac{1 + F}{1 - F} = C\mathrm{e}^{2x}$，由 $f(0) = 0$，$g(0) \neq 0$，得 $F(0) = 0$，从而 $C = 1$，故 $F(x) = \dfrac{\mathrm{e}^{2x} - 1}{\mathrm{e}^{2x} + 1}$。

例 7 设 $f(x)$ 在 $(0, +\infty)$ 内有定义，$f'(1) = 4$，且 $\forall x, y \in (0, +\infty)$，有 $f(xy) = xf(y) + yf(x)$，证明 $f(x)$ 处处可导，并求 $f(x)$ 及 $f'(x)$。

解 由于 $f(xy) = xf(y) + yf(x)$，取 $y = 1$，得 $f(1) = 0$。$\forall x \in (0, +\infty)$，取 $y = 1 + \dfrac{\Delta x}{x}$，则

$$f(x + \Delta x) = xf\left(1 + \frac{\Delta x}{x}\right) + \left(1 + \frac{\Delta x}{x}\right)f(x) = xf\left(1 + \frac{\Delta x}{x}\right) + f(x) + \frac{\Delta x}{x}f(x)$$

从而

$$f'(x) = \lim_{\Delta x \to 0} \frac{f(x + \Delta x) - f(x)}{\Delta x} = \lim_{\Delta x \to 0} \frac{xf\left(1 + \dfrac{\Delta x}{x}\right) + \dfrac{\Delta x}{x}f(x)}{\Delta x}$$

$$= \lim_{\Delta x \to 0} \frac{f\left(1 + \dfrac{\Delta x}{x}\right) - f(1)}{\dfrac{\Delta x}{x}} + \frac{f(x)}{x} = f'(1) + \frac{f(x)}{x} = 4 + \frac{f(x)}{x}$$

所以 $f(x)$ 处处可导，且 $f'(x) = 4 + \dfrac{f(x)}{x}$。这是一阶非齐次线性微分方程，其通解为

$$f(x) = e^{\int \frac{1}{x}\mathrm{d}x}\left(\int 4e^{-\int \frac{1}{x}\mathrm{d}x}\,\mathrm{d}x + C\right) = x(4\ln x + C)$$

由 $f(1) = 0$，得 $C = 0$，因此 $f(x) = 4x\ln x$。

例 8　求微分方程 $(3x^2 + 2xe^{-y})\mathrm{d}x + (3y^2 - x^2e^{-y})\mathrm{d}y = 0$ 的通解。

解　由于 $P = 3x^2 + 2xe^{-y}$，$Q = 3y^2 - x^2e^{-y}$，$\dfrac{\partial Q}{\partial x} = -2xe^{-y} = \dfrac{\partial P}{\partial y}$，因此原方程为全微分方程，从而

$$\int_0^x (3x^2 + 2x)\mathrm{d}x + \int_0^y (3y^2 - x^2e^{-y})\mathrm{d}y = C$$
$$x^3 + x^2 + y^3 + x^2e^{-y} - x^2 = C$$

所以原方程的通解为

$$x^3 + y^3 + x^2e^{-y} = C$$

例 9　利用变换 $y = \dfrac{u}{\cos x}$ 将方程 $y''\cos x - 2y'\sin x + 3y\cos x = e^x$ 化简，并求出原方程的通解。

解　由于 $y = \dfrac{u}{\cos x}$，即 $u = y\cos x$，因此

$$u' = y'\cos x - y\sin x, \quad u'' = y''\cos x - 2y'\sin x - y\cos x$$

从而原方程可化为 $u'' + 4u = e^x$。对应的齐次线性方程的特征方程 $r^2 + 4 = 0$ 的根为 $r_{1,2} = \pm 2i$，故对应的齐次线性方程的通解为

$$u = C_1\cos 2x + C_2\sin 2x$$

又 $\lambda = 1$ 不是特征方程的根，故非齐次线性方程的特解可设为 $u^* = ae^x$，将其代入非齐次线性方程，得 $a = \dfrac{1}{5}$，从而其通解为

$$u = C_1\cos 2x + C_2\sin 2x + \frac{e^x}{5}$$

故原方程的通解为

$$y = C_1\frac{\cos 2x}{\cos x} + 2C_2\sin x + \frac{e^x}{5\cos x}$$

例 10　求微分方程 $xy'' = y' + x^2$ 的通解。

解　令 $y' = P$，则 $y'' = \dfrac{\mathrm{d}P}{\mathrm{d}x}$，从而原方程可化为 $x\dfrac{\mathrm{d}P}{\mathrm{d}x} = P + x^2$，即 $\dfrac{\mathrm{d}P}{\mathrm{d}x} - \dfrac{1}{x}P = x$，所以

$$P = e^{\int \frac{1}{x}\mathrm{d}x}\left(\int xe^{-\int \frac{1}{x}\mathrm{d}x}\,\mathrm{d}x + C_1\right) = x(x + C_1) = x^2 + C_1 x$$

从而 $y' = x^2 + C_1 x$，积分得原方程的通解为

$$y = \frac{1}{3}x^3 + \frac{1}{2}C_1 x^2 + C_2$$

例 11　求微分方程 $y'' + 4y' + 4y = e^{-2x}$ 满足条件 $y(0) = 0$，$y'(0) = 1$ 的特解。

解　由于 $y'' + 4y' + 4y = e^{-2x}$ 对应的齐次线性方程的特征方程 $r^2 + 4r + 4 = 0$ 的根为 $r_1 = r_2 = -2$，因此对应的齐次线性方程的通解为

$$y = (C_1 + C_2 x)e^{-2x}$$

又 $\lambda = -2$ 是特征方程的重根，故非齐次线性方程的特解可设为 $y^* = ax^2 e^{-2x}$，将其代入非齐次线性方程，得 $a = \dfrac{1}{2}$，从而 $y^* = \dfrac{1}{2} x^2 e^{-2x}$，所以原方程的通解为

$$y = (C_1 + C_2 x)e^{-2x} + \frac{1}{2} x^2 e^{-2x}$$

由 $y(0) = 0$，$y'(0) = 1$，得 $C_1 = 0$，$C_2 = 1$，从而原方程满足条件的特解为

$$y = xe^{-2x} + \frac{1}{2} x^2 e^{-2x}$$

例 12　求微分方程 $y'' + 3y' + 2y = 2x\sin x$ 的通解。

解　由于 $y'' + 3y' + 2y = 2x\sin x$ 对应的齐次线性方程的特征方程 $r^2 + 3r + 2 = 0$ 的根为 $r_1 = -2$，$r_2 = -1$，因此对应的齐次线性方程的通解为

$$y = C_1 e^{-2x} + C_2 e^{-x}$$

又 $\alpha \pm \beta i = \pm i$ 不是特征根，故非齐次线性方程的特解可设为

$$y^* = (ax + b)\cos x + (cx + d)\sin x$$

将其代入非齐次线性方程，得 $a = -\dfrac{3}{5}$，$b = \dfrac{17}{25}$，$c = \dfrac{1}{5}$，$d = \dfrac{6}{25}$，从而

$$y^* = \left(-\frac{3}{5} x + \frac{17}{25} \right)\cos x + \left(\frac{1}{5} x + \frac{6}{25} \right)\sin x$$

所以原方程的通解为

$$y = C_1 e^{-2x} + C_2 e^{-x} + \left(-\frac{3}{5} x + \frac{17}{25} \right)\cos x + \left(\frac{1}{5} x + \frac{6}{25} \right)\sin x$$

例 13　求微分方程 $x^2 y'' - 3xy' + 4y = x + x^2 \ln x$ 的通解。

解　令 $x = e^t$，即 $t = \ln x$，则原方程可化为

$$D(D-1)y - 3Dy + 4y = e^t + te^{2t}$$

即 $D^2 y - 4Dy + 4y = e^t + te^{2t}$，从而得到关于 t 的非齐次线性方程

$$y''_t - 4y'_t + 4y = e^t + te^{2t}$$

由于 $y''_t - 4y'_t + 4y = e^t + te^{2t}$ 对应的齐次线性方程的特征方程 $r^2 - 4r + 4 = 0$ 的根为 $r_{1,2} = 2$，因此对应的齐次线性方程的通解为

$$y = (C_1 + C_2 t)e^{2t}$$

又 $\lambda_1 = 1$ 不是特征方程的根，$\lambda_2 = 2$ 是特征方程的二重根，故非齐次线性方程的特解可设为 $y^* = Ae^t + t^2(Bt + C)e^{2t}$，将其代入非齐次线性方程，得 $A = 1$，$B = \dfrac{1}{6}$，$C = 0$，从而特解为

$$y^* = e^t + \frac{1}{6} t^3 e^{2t}$$

所以非齐次线性方程的通解为

$$y = (C_1 + C_2 t)e^{2t} + e^t + \frac{1}{6} t^3 e^{2t}$$

将 $t = \ln x$ 代入，得原方程的通解为

$$y = C_1 x^2 + C_2 x^2 \ln x + x + \frac{1}{6} x^2 \ln^3 x$$

例 14　设函数 $f(u)$ 具有二阶连续导数，且 $z = f(\mathrm{e}^x \sin y)$ 满足方程 $\dfrac{\partial^2 z}{\partial x^2} + \dfrac{\partial^2 z}{\partial y^2} = \mathrm{e}^{2x} z$，求 $f(u)$。

解　令 $u = \mathrm{e}^x \sin y$，则 $z = f(u)$，由复合函数的求偏导公式，得

$$\frac{\partial z}{\partial x} = f'(u)\mathrm{e}^x \sin y$$

$$\frac{\partial z}{\partial y} = f'(u)\mathrm{e}^x \cos y$$

$$\frac{\partial^2 z}{\partial x^2} = f'(u)\mathrm{e}^x \sin y + f''(u)\mathrm{e}^{2x} \sin^2 y$$

$$\frac{\partial^2 z}{\partial y^2} = -f'(u)\mathrm{e}^x \sin y + f''(u)\mathrm{e}^{2x} \cos^2 y$$

将其代入原方程，得 $f''(u) - f(u) = 0$，其特征方程 $r^2 - 1 = 0$ 的根为 $r_{1,2} = \pm 1$，从而

$$f(u) = C_1 \mathrm{e}^{-u} + C_2 \mathrm{e}^u$$

例 15　设 $f(x)$ 在 $[1, +\infty)$ 上连续，若由曲线 $y = f(x)$，直线 $x = 1$，$x = t(t > 1)$ 与 x 轴所围的平面图形绕 x 轴旋转一周所成的旋转体体积为 $V(t) = \dfrac{\pi}{3}[t^2 f(t) - f(1)]$，试求 $f(x)$ 所满足的微分方程，并求该微分方程满足条件 $y|_{x=2} = \dfrac{2}{9}$ 的解。

解　依题设知 $V(t) = \pi \displaystyle\int_1^t f^2(x)\mathrm{d}x = \dfrac{\pi}{3}[t^2 f(t) - f(1)]$，即 $3\displaystyle\int_1^t f^2(x)\mathrm{d}x = t^2 f(t) - f(1)$，两边对 t 求导，得

$$3f^2(t) = 2tf(t) + t^2 f'(t)$$

将上式改写为 $x^2 y' = 3y^2 - 2xy$，即

$$\frac{\mathrm{d}y}{\mathrm{d}x} = 3\left(\frac{y}{x}\right)^2 - 2 \cdot \frac{y}{x}$$

令 $\dfrac{y}{x} = u$，则 $\dfrac{\mathrm{d}y}{\mathrm{d}x} = u + x\dfrac{\mathrm{d}u}{\mathrm{d}x}$，代入上式，得

$$x\frac{\mathrm{d}u}{\mathrm{d}x} = 3u(u - 1)$$

当 $u \neq 0$，$u \neq 1$ 时，$\dfrac{\mathrm{d}u}{u(u-1)} = \dfrac{3\mathrm{d}x}{x}$，积分，得 $\dfrac{u-1}{u} = Cx^3$，即 $y - x = Cx^3 y$，由 $y|_{x=2} = \dfrac{2}{9}$，得 $C = -1$，故满足条件的解为

$$y - x = -x^3 y$$

例 16　设函数 $y = y(x)$ 在 $(-\infty, +\infty)$ 内具有二阶导数，且 $y' \neq 0$，$x = x(y)$ 是 $y = y(x)$ 的反函数。

（ⅰ）试将 $x = x(y)$ 所满足的微分方程 $\dfrac{\mathrm{d}^2 x}{\mathrm{d}y^2} + (y + \sin x)\left(\dfrac{\mathrm{d}x}{\mathrm{d}y}\right)^3 = 0$ 变换为 $y = y(x)$ 所满足的微分方程；

（ⅱ）求变换后微分方程满足初始条件 $y(0) = 0$，$y'(0) = \dfrac{3}{2}$ 的解。

解　（ⅰ）由于 $x(y(x)) = x$，因此

$$\frac{\mathrm{d}x}{\mathrm{d}y}y' = 1, \quad \frac{\mathrm{d}^2 x}{\mathrm{d}y^2}(y')^2 + \frac{\mathrm{d}x}{\mathrm{d}y}y'' = 0$$

从而$\frac{\mathrm{d}x}{\mathrm{d}y} = \frac{1}{y'}$, $\frac{\mathrm{d}^2 x}{\mathrm{d}y^2} = -\frac{y''}{y'^3}$, 代入题设的微分方程, 得

$$y'' - y = \sin x$$

（ ii ）方程 $y'' - y = \sin x$ 对应的齐次线性方程 $y'' - y = 0$ 的通解为 $y = C_1 \mathrm{e}^x + C_2 \mathrm{e}^{-x}$。
设方程 $y'' - y = \sin x$ 的特解为 $y^* = A\cos x + B\sin x$, 求得 $A = 0$, $B = -\frac{1}{2}$, 所以
$y'' - y = \sin x$ 的通解为

$$y = C_1 \mathrm{e}^x + C_2 \mathrm{e}^{-x} - \frac{1}{2}\sin x$$

由 $y(0) = 0$, $y'(0) = \frac{3}{2}$, 得 $C_1 = 1$, $C_2 = -1$, 故满足初始条件的特解为

$$y = \mathrm{e}^x - \mathrm{e}^{-x} - \frac{1}{2}\sin x$$

例 17　从船上向海中沉放某种探测仪器, 按探测要求, 需确定仪器的下沉深度 y（从海平面算起）与下沉速度 v 之间的函数关系。设仪器在重力作用下, 从海平面由静止开始垂直下沉, 在下沉过程中还受到阻力和浮力的作用。设仪器的质量为 m, 体积为 B, 海水比重为 ρ, 仪器所受阻力与下沉速度成正比, 比例系数为 $k(k > 0)$, 试建立 y 与 v 所满足的微分方程, 并求出函数关系式 $y = y(v)$。

解　由牛顿第二定律, 得 $m\frac{\mathrm{d}^2 y}{\mathrm{d}t^2} = mg - B\rho - kv$, 其中 $v = \frac{\mathrm{d}y}{\mathrm{d}t}$。又

$$\frac{\mathrm{d}^2 y}{\mathrm{d}t^2} = \frac{\mathrm{d}v}{\mathrm{d}t} = \frac{\mathrm{d}v}{\mathrm{d}y} \cdot \frac{\mathrm{d}y}{\mathrm{d}t} = v\frac{\mathrm{d}v}{\mathrm{d}y}$$

从而原方程可化为

$$mv\frac{\mathrm{d}v}{\mathrm{d}y} = mg - B\rho - kv$$

分离变量, 得 $\mathrm{d}y = \frac{mv}{mg - B\rho - kv}\mathrm{d}v$, 积分, 得

$$y = -\frac{m}{k}v - \frac{m(mg - B\rho)}{k^2}\ln(mg - B\rho - kv) + C$$

由初始条件 $v|_{y=0} = 0$, 得 $C = \frac{m(mg - B\rho)}{k^2}\ln(mg - B\rho)$, 故所求函数关系式为

$$y = -\frac{m}{k}v - \frac{m(mg - B\rho)}{k^2}\ln\frac{mg - B\rho - kv}{mg - B\rho}$$

例 18　某产品在时刻 t 的价格、总供给与总需求分别为 p_t、S_t 和 D_t, 且满足条件:
（ i ）$S_t = 2p_t + 1$;
（ ii ）$D_t = -4p_{t-1} + 5$;
（ iii ）$S_t = D_t$。
证明由（ i ）、（ ii ）、（ iii ）可导出差分方程 $p_{t+1} + 2p_t = 2$, 并求满足条件 $p_t|_{t=0} = p_0$ 上述方程的解。

证　由 $S_t = D_t$ 得 $2p_t + 1 = -4p_{t-1} + 5$, 即 $p_t + 2p_{t-1} = 2$, 从而 $p_{t+1} + 2p_t = 2$。其对

应的齐次差分方程为 $p_{t+1} + 2p_t = 0$，通解为

$$p_c(t) = C(-2)^t$$

因为 $f(t) = 2, a = 2 \neq -1$，所以原方程的特解为 $p_t^* = A$，代入原方程，得 $A + 2A = 2$，即 $A = \dfrac{2}{3}$，从而原差分方程的通解为

$$p_t = p_c(t) + p_t^* = C(-2)^t + \frac{2}{3}$$

由 $p_t|_{t=0} = p_0$，得 $C = p_0 - \dfrac{2}{3}$，故原方程满足条件的解为

$$p_t = \left(p_0 - \frac{2}{3}\right)(-2)^t + \frac{2}{3}$$

三、经典习题与解答

经典习题

1. 选择题

(1) 微分方程 $(2x - y)\mathrm{d}x + (2y - x)\mathrm{d}y = 0$ 的通解为( )。

(A) $x^2 + y^2 = C$ \qquad\qquad (B) $x^2 - y^2 = C$

(C) $x^2 + xy + y^2 = C$ \qquad\qquad (D) $x^2 - xy + y^2 = C$

(2) 微分方程 $(y^2 - 6x)y' + 2y = 0$ 的通解为( )。

(A) $2x - y^2 + Cy^3 = 0$ \qquad\qquad (B) $2y - x^2 + Cx^3 = 0$

(C) $2x - Cy^2 + y^3 = 0$ \qquad\qquad (D) $2y - Cx^2 + x^3 = 0$

(3) 微分方程 $\dfrac{\mathrm{d}y}{\mathrm{d}x} = \dfrac{y}{x} + \tan\dfrac{y}{x}$ 的通解为( )。

(A) $\dfrac{1}{\sin\dfrac{y}{x}} = Cx$ \qquad\qquad (B) $\sin\dfrac{y}{x} = x + C$

(C) $\sin\dfrac{y}{x} = Cx$ \qquad\qquad (D) $\sin\dfrac{x}{y} = Cx$

(4) 设函数 $y(x)$ 满足微分方程 $xy' = y\ln\dfrac{y}{x}$，且当 $x = 1$ 时，$y = \mathrm{e}^2$，则当 $x = -1$ 时，$y = ($ $)$。

(A) -1 \qquad (B) 0 \qquad\qquad (C) 1 \qquad\qquad (D) e^{-1}

(5) 设函数 $y(x)$ 满足微分方程 $\cos^2 x \cdot y' + y = \tan x$，且当 $x = \dfrac{\pi}{4}$ 时，$y = 0$，则当 $x = 0$ 时，$y = ($ $)$。

(A) $\dfrac{\pi}{4}$ \qquad (B) $-\dfrac{\pi}{4}$ \qquad (C) -1 \qquad\qquad (D) 1

(6) 一阶线性微分方程 $y' + P(x)y = Q(x)$ 的积分因子是( )。

(A) $\mu(x) = \mathrm{e}^{\int P(x)\mathrm{d}x}$ \qquad\qquad (B) $\mu(x) = \mathrm{e}^{-\int P(x)\mathrm{d}x}$

(C) $\mu(x) = \mathrm{e}^{\int Q(x)\mathrm{d}x}$ \qquad\qquad (D) $\mu(x) = \mathrm{e}^{-\int Q(x)\mathrm{d}x}$

(7) 微分方程 $y'' - 2y' - 3y = 0$ 的通解为 $y = ($ $)$。

(A) $\dfrac{C_1}{x} + C_2 x^3$ (B) $C_1 x + \dfrac{C_2}{x^3}$

(C) $C_1 e^x + C_2 e^{-3x}$ (D) $C_1 e^{-x} + C_2 e^{3x}$

(8) 微分方程 $y'' + 2y' + y = 0$ 的通解为 $y = ($ $)$。

(A) $C_1 \cos x + C_2 \sin x$ (B) $C_1 e^x + C_2 e^{2x}$

(C) $(C_1 + C_2 x) e^{-x}$ (D) $C_1 e^x + C_2 e^{-x}$

(9) 微分方程 $y^{(4)} - 2y'' + y = 0$ 的通解为 $y = ($ $)$。

(A) $C_1 e^x + C_2 x + C_3 e^{-x} + C_4 x$

(B) $C_1 e^x + C_2 \sin x + C_3 e^{-x} + C_4 \cos x$

(C) $(C_1 + C_2 x) e^x + (C_3 + C_4 x) e^{-x}$

(D) $(C_1 + C_2 x) \sin x + (C_3 + C_4 x) \cos x$

(10) 设 $y = f(x)$ 是微分方程 $y'' - 2y' + 4y = 0$ 的一个解，若 $f(x_0) > 0$，$f'(x_0) = 0$，则函数 $f(x)$ 在点 $x_0($ $)$。

(A) 取得极大值   (B) 取得极小值

(C) 某个邻域内单调递增   (D) 某个邻域内单调递减

(11) 已知 $y_1 = x e^x + e^{2x}$，$y_2 = x e^x + e^{-x}$ 是二阶常系数非齐次线性微分方程的两个解，则此方程为 $($ $)$。

(A) $y'' - 2y' + y = e^{2x}$ (B) $y'' - y' - 2y = x e^x$

(C) $y'' - y' - 2y = e^x - 2x e^x$ (D) $y'' - y = e^{2x}$

2. 填空题

(1) 若 $f(x)$ 满足 $f'(x) + x f'(-x) = x$，则 $f(x) = $ _____。

(2) 微分方程 $y' = 1 + x + y^2 + x y^2$ 的通解为_____。

(3) 微分方程 $(1 + x) dy + (1 - 2e^{-y}) dx = 0$ 的通解为_____。

(4) 微分方程 $\dfrac{x}{1+y} dx - \dfrac{y}{1+x} dy = 0$ 满足条件 $y|_{x=0} = 1$ 的特解为_____。

(5) 微分方程 $y' = \dfrac{y}{x}(1 + \ln y - \ln x)$ 的通解为_____。

(6) 微分方程 $y' \cos x + y \sin x = 1$ 的通解为_____。

(7) 微分方程 $x y' + 2y = \sin x$ 满足条件 $y|_{x=\pi} = \dfrac{1}{\pi}$ 的特解为_____。

(8) 微分方程 $2 y y' = e^{\frac{x^2+y^2}{x}} + \dfrac{x^2 + y^2}{x} - 2x$ 的通解为_____。

(9) 微分方程 $(xy + y + \sin y) dx + (x + \cos y) dy = 0$ 的通解为_____。

(10) 微分方程 $3 y'' - 2y' - 8y = 0$ 的通解为_____。

(11) 微分方程 $y'' + 2y' + 5y = 0$ 的通解为_____。

(12) 微分方程 $y''' - y' = 0$ 满足条件 $y|_{x=0} = 3$，$y'|_{x=0} = -1$，$y''|_{x=0} = 1$ 的特解为_____。

(13) 微分方程 $x + y y' = (\sqrt{x^2 + y^2} - 1)\tan x$ 的通解为_____。

（14）设 $f(t)$ 是定义在 $(0, +\infty)$ 上的连续函数，当 $x > 0$，$y > 0$ 时，$\displaystyle\int_1^{xy} f(t)\mathrm{d}t = y\displaystyle\int_0^x f(t)\mathrm{d}t + x\displaystyle\int_1^y f(t)\mathrm{d}t$，且 $f(1) = 3$，则 $f(x) = $ _____。

（15）差分方程 $y_{x+1} - y_x = 5$ 的通解为 _____。

（16）差分方程 $y_{t+1} - y_t = t \cdot 2^t$ 的通解为 _____。

3. 解答题

（1）求微分方程 $(\mathrm{e}^{x+y} - \mathrm{e}^x)\mathrm{d}x + (\mathrm{e}^{x+y} + \mathrm{e}^y)\mathrm{d}y = 0$ 的通解。

（2）求微分方程 $(x - 2y)\mathrm{d}y = 2y\mathrm{d}x$ 的通解。

（3）求微分方程 $2x\mathrm{d}y - y\mathrm{d}x = 2y^2\mathrm{d}y$ 的通解。

（4）设 $f(x)$ 具有一阶连续导数，且 $f(x) = \displaystyle\int_0^x (x^2 - t^2)f'(t)\mathrm{d}t + x^2$，求 $f(x)$。

（5）设 $f(x)$ 具有一阶连续导数，且 $\displaystyle\int_0^x [2f(t) - 1]\mathrm{d}t = f(x) - 1$，求 $f(x)$。

（6）求微分方程 $\dfrac{2x}{y^3}\mathrm{d}x + \dfrac{y^2 - 3x^2}{y^4}\mathrm{d}y = 0$ 的通解。

（7）求微分方程 $2xy^3\mathrm{d}x + (x^2y^2 - 1)\mathrm{d}y = 0$ 的通解。

（8）设 $f(x)$ 在 $[0, +\infty)$ 内连续，且 $\lim\limits_{x \to +\infty} f(x) = 1$，证明 $y = \mathrm{e}^{-x}\displaystyle\int_0^x \mathrm{e}^t f(t)\mathrm{d}t$ 满足微分方程 $y' + y = f(x)$，并求 $\lim\limits_{x \to +\infty} y(x)$。

（9）求微分方程 $y'' + y' = 2x^2 + 1$ 的通解。

（10）求微分方程 $y'' + 2y' + 5y = \mathrm{e}^{-x}\cos 2x$ 的通解。

（11）求微分方程 $x^3y''' + 3x^2y'' - 2xy' + 2y = 0$ 的通解。

（12）设 $f(x)$ 具有二阶连续导数，$f(0) = 0$，$f'(0) = 1$，且 $[xy(x+y) - f(x)y]\mathrm{d}x + [f'(x) + x^2y]\mathrm{d}y = 0$ 为一全微分方程，求 $f(x)$ 及此全微分方程的通解。

（13）已知 $f(1) = 0$，$f(x)$ 可导，试确定 $f(x^2 - y^2)$，使得 $y[2 - f(x^2 - y^2)]\mathrm{d}x + xf(x^2 - y^2)\mathrm{d}y = 0$ 是全微分方程，并求此全微分方程的解。

（14）设 $y = y_1(x)$、$y = y_2(x)$ 是微分方程 $y' = p(x)y + q(x)$ 的两个不同解，其中 $p(x)$、$q(x)$ 为给定的连续函数，证明对于方程的任一解 $y(x)$，有 $\dfrac{y(x) - y_1(x)}{y_2(x) - y_1(x)} = C$（常数）。

（15）求一个微分方程，使得其通解为 $(x - C_1)^2 + (y - C_2)^2 = 1$。

（16）设 $f(x)$ 处处可导，$f'(0) = 2$，且对一切实数 x、y 满足 $f(x+y) = \mathrm{e}^x f(y) + \mathrm{e}^y f(x)$，求 $f(x)$。

（17）设 $f(x)$ 是以 T 为周期的连续函数，证明对于线性微分方程 $y' + kx = f(x)$，其中 k 为常数，存在唯一的以 T 为周期的特解，并求出此特解。

（18）设 $f(x)$ 在数轴上处处确定，不恒为零，$f'(0)$ 存在，且对任何 x、y 恒有等式 $f(x+y) = f(x)f(y)$，求 $f(x)$。

（19）设微分方程 $y'' + P(x)y' + Q(x)y = 0$。

（ⅰ）证明若 $1 + P(x) + Q(x) = 0$，则方程有一特解 $y = \mathrm{e}^x$，若 $P(x) + xQ(x) = 0$，则方程有一特解 $y = x$；

（ⅱ）求微分方程 $(x-1)y''-xy'+y=0$ 满足初始条件 $y(0)=2$，$y'(0)=1$ 的特解。

（20）设二阶常系数线性微分方程 $y''+\alpha y'+\beta y=\gamma e^x$ 的一个特解为 $y=e^{2x}+(1+x)e^x$，试确定常数 α、β、γ，并求该方程的通解。

经典习题解答

1. 选择题

（1）**解** 应选（D）。

可以对各选项两边求微分，由于 $d(x^2-xy+y^2)=0$，即 $(2x-y)dx+(2y-x)dy=0$，故选（D）。

（2）**解** 应选（A）。

原方程可化为 $\dfrac{dx}{dy}-\dfrac{3}{y}x=-\dfrac{y}{2}$，其通解为

$$x=e^{\int\frac{3}{y}dy}\left(\int\left(-\frac{y}{2}\right)e^{-\int\frac{3}{y}dy}dy+C_1\right)=y^3\left(-\frac{1}{2}\int\frac{1}{y^2}dy+C_1\right)=y^3\left(\frac{1}{2y}+C_1\right)=\frac{1}{2}y^2+C_1y^3$$

即 $2x-y^2+Cy^3=0$ $(C=-2C_1)$，故选（A）。

（3）**解** 应选（C）。

该方程为齐次方程，令 $u=\dfrac{y}{x}$，则 $\dfrac{dy}{dx}=u+x\dfrac{du}{dx}$，从而原方程化为 $u+x\dfrac{du}{dx}=u+\tan u$，

利用可分离变量法得其通解为 $\sin\dfrac{y}{x}=Cx$，故选（C）。

（4）**解** 应选（A）。

该方程为齐次方程，令 $u=\dfrac{y}{x}$，则 $\dfrac{dy}{dx}=u+x\dfrac{du}{dx}$，从而原方程化为 $u+x\dfrac{du}{dx}=u\ln u$，

即 $\dfrac{du}{u(\ln u-1)}=\dfrac{dx}{x}$，积分，得 $\ln|\ln u-1|=\ln|x|+\ln C_1$，所以原方程的通解为 $\ln\dfrac{y}{x}-1=Cx$，

其中 $C=\pm C_1$。由于当 $x=1$ 时，$y=e^2$，因此 $C=1$，从而 $\ln\dfrac{y}{x}-1=x$；当 $x=-1$ 时，

$y=-1$，故选（A）。

（5）**解** 应选（C）。

该方程为一阶线性方程，由通解公式得通解为

$$y=e^{-\int\frac{1}{\cos^2x}dx}\left(\int\frac{\tan x}{\cos^2x}e^{\int\frac{1}{\cos^2x}dx}dx+C\right)=e^{-\tan x}\left(\int\frac{\tan x}{\cos^2x}e^{\tan x}dx+C\right)$$

$$=e^{-\tan x}\left[\int\tan x\,d(e^{\tan x})+C\right]=e^{-\tan x}(e^{\tan x}\tan x-e^{\tan x}+C)$$

$$=\tan x-1+Ce^{-\tan x}$$

由于当 $x=\dfrac{\pi}{4}$ 时，$y=0$，因此 $C=0$，从而 $y=\tan x-1$；当 $x=0$ 时，$y=-1$，故选（C）。

（6）**解** 应选（A）。

将一阶线性微分方程写成对称式，并乘以函数因子 $\mu(x)$，得

$$\mu(x)[P(x)y-Q(x)]dx+\mu(x)dy=0$$

由 $\dfrac{\partial}{\partial y}\{\mu(x)[P(x)y-Q(x)]\}=\dfrac{\partial\mu(x)}{\partial x}$，即 $\mu'(x)=\mu(x)P(x)$，得 $\mu(x)=Ce^{\int P(x)\mathrm{d}x}$，取 $C=1$，则 $\mu(x)=e^{\int P(x)\mathrm{d}x}$，故选(A)。

（7）**解**　应选(D)。

由于微分方程的特征方程 $r^2-2r-3=0$ 的根为 $r_1=-1$，$r_2=3$，因此 $y''-2y'-3y=0$ 的通解为 $y=C_1e^{-x}+C_2e^{3x}$，故选(D)。

（8）**解**　应选(C)。

由于微分方程的特征方程 $r^2+2r+1=0$ 的根为 $r_{1,2}=-1$，因此 $y''+2y'+y=0$ 的通解为 $y=(C_1+C_2x)e^{-x}$，故选(C)。

（9）**解**　应选(C)。

由于微分方程的特征方程 $r^4-2r^2+1=0$ 的根 $r=-1$，$r=1$ 均为二重根，因此微分方程 $y^{(4)}-2y''+y=0$ 的通解为 $y=(C_1+C_2x)e^x+(C_3+C_4x)e^{-x}$，故选(C)。

（10）**解**　应选(A)。

由 $f'(x_0)=0$ 知 x_0 是驻点，且 $f''(x_0)+4f(x_0)=0$，$f(x_0)>0$，从而 $f''(x_0)=-4f(x_0)<0$，所以 $f(x)$ 在点 x_0 处取得极大值，故选(A)。

（11）**解**　应选(C)。

由于非齐次线性方程两解之差必为对应的齐次线性方程的解，由 $y_1-y_2=e^{2x}-e^{-x}$ 及解的结构知对应的齐次线性方程的通解为 $y=C_1e^{2x}+C_2e^{-x}$，因此特征方程的根为 $r_1=2$，$r_2=-1$，从而对应的齐次线性方程为 $y''-y'-2y=0$；再由特解 $y^*=xe^x$ 得非齐次项为 $f(x)=y^{*''}-y^{*'}-2y^*=e^x-2xe^x$，从而所求方程为 $y''-y'-2y=e^x-2xe^x$，故选(C)。

2. 填空题

（1）**解**　在原方程中以 $(-x)$ 代 x，得 $f'(-x)-xf'(x)=-x$，再与原方程联立消去 $f'(-x)$，得 $f'(x)+x^2f'(x)=x+x^2$，即

$$f'(x)=\frac{x+x^2}{1+x^2}$$

积分，得

$$f(x)=\int\frac{x+x^2}{1+x^2}\mathrm{d}x=\frac{1}{2}\ln(1+x^2)+x-\arctan x+C$$

（2）**解**　由 $y'=1+x+y^2+xy^2$，得 $\dfrac{\mathrm{d}y}{\mathrm{d}x}=(1+x)(1+y^2)$，即

$$\frac{\mathrm{d}y}{1+y^2}=(1+x)\mathrm{d}y$$

积分，得 $\arctan y=\dfrac{1}{2}(1+x)^2+C$，所以原方程的通解为

$$y=\tan\left[\frac{1}{2}(1+x)^2+C\right]$$

（3）**解**　由 $(1+x)\mathrm{d}y+(1-2e^{-y})\mathrm{d}x=0$，得 $\dfrac{\mathrm{d}y}{1-2e^{-y}}=-\dfrac{1}{1+x}\mathrm{d}x$，即

$$\frac{e^y\mathrm{d}y}{e^y-2}=-\frac{1}{1+x}\mathrm{d}x$$

积分，得

$$\ln|e^y - 2| = -\ln|1 + x| + \ln C_1$$

所以原方程的通解为

$$(1 + x)(e^y - 2) = C \ (C = \pm C_1)$$

　　(4) **解**　由 $\dfrac{x}{1+y}\mathrm{d}x - \dfrac{y}{1+x}\mathrm{d}y = 0$，得

$$y(1+y)\mathrm{d}y = x(1+x)\mathrm{d}x$$

积分，得

$$\frac{1}{2}y^2 + \frac{1}{3}y^3 = \frac{1}{2}x^2 + \frac{1}{3}x^3 + C$$

由 $y|_{x=0} = 1$，得 $C = \dfrac{1}{2} + \dfrac{1}{3} = \dfrac{5}{6}$，所以原方程满足条件的特解为

$$\frac{1}{2}y^2 + \frac{1}{3}y^3 = \frac{1}{2}x^2 + \frac{1}{3}x^3 + \frac{5}{6}$$

　　(5) **解**　由 $y' = \dfrac{y}{x}(1 + \ln y - \ln x)$，得

$$\frac{\mathrm{d}y}{\mathrm{d}x} = \frac{y}{x}\left(1 + \ln\frac{y}{x}\right)$$

令 $\dfrac{y}{x} = u$，则 $\dfrac{\mathrm{d}y}{\mathrm{d}x} = u + x\dfrac{\mathrm{d}u}{\mathrm{d}x}$，从而原方程可化为 $u + x\dfrac{\mathrm{d}u}{\mathrm{d}x} = u(1 + \ln u)$，即

$$\frac{\mathrm{d}u}{u\ln u} = \frac{\mathrm{d}x}{x}$$

积分，得

$$\ln|\ln u| = \ln|x| + \ln C_1, \quad \ln u = Cx(C = \pm C_1), \quad u = e^{Cx}$$

即 $\dfrac{y}{x} = e^{Cx}$，所以原方程的通解为

$$y = xe^{Cx}$$

　　(6) **解**　由 $y'\cos x + y\sin x = 1$，得 $y' + (\tan x)y = \dfrac{1}{\cos x}$，从而 $y'\cos x + y\sin x = 1$ 的通解为

$$y = e^{-\int \tan x \mathrm{d}x}\left(\int \frac{1}{\cos x}e^{\int \tan x \mathrm{d}x}\mathrm{d}x + C\right) = \cos x\left(\int \frac{1}{\cos^2 x}\mathrm{d}x + C\right)$$

$$= \cos x(\tan x + C) = \sin x + C\cos x$$

　　(7) **解**　由 $xy' + 2y = \sin x$，得 $y' + \dfrac{2}{x}y = \dfrac{\sin x}{x}$，从而 $xy' + 2y = \sin x$ 的通解为

$$y = e^{-\int \frac{2}{x}\mathrm{d}x}\left(\int \frac{\sin x}{x}e^{\int \frac{2}{x}\mathrm{d}x}\mathrm{d}x + C\right) = \frac{1}{x^2}\left(\int x\sin x \mathrm{d}x + C\right) = \frac{1}{x^2}(\sin x - x\cos x + C)$$

由 $y|_{x=\pi} = \dfrac{1}{\pi}$，得 $C = 0$，所以原方程满足条件的特解为

$$y = \frac{1}{x^2}(\sin x - x\cos x)$$

　　(8) **解**　令 $x^2 + y^2 = u$，则 $2x + 2yy' = u'$，代入原方程，得 $u' = e^{\frac{u}{x}} + \dfrac{u}{x}$。再令 $\dfrac{u}{x} = v$，

即 $u = xv$，则 $u' = v + xv'$，从而 $v + xv' = \mathrm{e}^v + v$，分离变量，得 $\dfrac{\mathrm{d}v}{\mathrm{e}^v} = \dfrac{\mathrm{d}x}{x}$，积分，得 $-\mathrm{e}^{-v} = \ln|x| + C$，所以原方程的通解为

$$-\mathrm{e}^{-\frac{x^2 + y^2}{x}} = \ln|x| + C$$

（9）**解**　原方程可化为

$$(y\mathrm{d}x + x\mathrm{d}y) + xy\mathrm{d}x + \sin y\mathrm{d}x + \cos y\mathrm{d}y = 0$$

凑微分，得 $\mathrm{d}(xy + \sin y) + (xy + \sin y)\mathrm{d}x = 0$，即

$$\frac{\mathrm{d}(xy + \sin y)}{xy + \sin y} + \mathrm{d}x = 0$$

故原微分方程的通解为

$$\ln|xy + \sin y| + x = C$$

（10）**解**　由于 $3y'' - 2y' - 8y = 0$ 的特征方程 $3r^2 - 2r - 8 = 0$，即 $(3r + 4)(r - 2) = 0$ 的根为 $r_1 = -\dfrac{4}{3}$，$r_2 = 2$，因此原方程的通解为

$$y = C_1 \mathrm{e}^{-\frac{4}{3}x} + C_2 \mathrm{e}^{2x}$$

（11）**解**　由于 $y'' + 2y' + 5y = 0$ 的特征方程 $r^2 + 2r + 5 = 0$ 的根为

$$r_{1,2} = \frac{-2 \pm \sqrt{4 - 20}}{2} = -1 \pm 2\mathrm{i}$$

因此原方程的通解为

$$y = \mathrm{e}^{-x}(C_1 \cos 2x + C_2 \sin 2x)$$

（12）**解**　由于 $y''' - y' = 0$ 的特征方程 $r^3 - r = 0$ 的根为 $r_1 = -1$，$r_2 = 0$，$r_3 = 1$，因此原方程的通解为

$$y = C_1 \mathrm{e}^{-x} + C_2 + C_3 \mathrm{e}^{x}$$

由初始条件，得

$$C_1 + C_2 + C_3 = 3, \quad -C_1 + C_3 = -1, \quad C_1 + C_3 = 1$$

即 $C_1 = 1$，$C_2 = 2$，$C_3 = 0$，故原方程满足条件的特解为

$$y = \mathrm{e}^{-x} + 2$$

（13）**解**　令 $u = \sqrt{x^2 + y^2}$，则 $u^2 = x^2 + y^2$，微分，得

$$u\mathrm{d}u = x\mathrm{d}x + y\mathrm{d}y$$

从而原方程化为 $u\mathrm{d}u = (u - 1)\tan x\mathrm{d}x$，即

$$\frac{u}{u - 1}\mathrm{d}u = \tan x\mathrm{d}x$$

积分，得

$$u + \ln(u - 1) = -\ln|\cos x| + C$$

即

$$\sqrt{x^2 + y^2} + \ln(\sqrt{x^2 + y^2} - 1) + \ln|\cos x| = C$$

（14）**解**　原式两边对 x 求导，得

$$yf(xy) = yf(x) + \int_1^y f(t)\mathrm{d}t$$

令 $x = 1$，由 $f(1) = 3$，得

$$yf(y) = 3y + \int_1^y f(t)\mathrm{d}t$$

上式两边对 y 求导，得 $f(y) + yf'(y) = 3 + f(y)$，即 $f'(y) = \dfrac{3}{y}$，积分，得

$$f(y) = 3\ln y + C$$

令 $y = 1$，由 $f(1) = 3$，得 $C = 3$，从而 $f(x) = 3\ln x + 3$。

(15) **解** 对应的齐次差分方程为 $y_{x+1} - y_x = 0$，其通解为 $y_c(x) = C$。因为 $f(x) = 5$，$a = -1$，所以原方程的特解为 $y_x^* = Ax$，将其代入原方程，得 $A = 5$，故 $y_x^* = 5x$，从而原差分方程的通解为

$$y_x = y_c(x) + y_x^* = C + 5x$$

(16) **解** 对应的齐次差分方程为 $y_{t+1} - y_t = 0$，其通解为 $y_c(t) = C(1)^t = C$。因为 $f(t) = t \cdot 2^t$，且 $a + d = -1 + 2 = 1 \neq 0$，所以原方程的特解为 $y_t^* = 2^t(At + B)$，将其代入原方程，得 $2^{t+1}[A(t+1) + B] - 2^t(At + B) = t \cdot 2^t$，即

$$At + 2A + B = t$$

比较系数，得 $A = 1$，$B = -2$，故 $y_t^* = 2^t(t - 2)$，从而原差分方程的通解为

$$y_t = y_c(t) + y_t^* = C + 2^t(t - 2)$$

3. 解答题

(1) **解** 原方程分离变量，得

$$\frac{\mathrm{e}^y}{\mathrm{e}^y - 1}\mathrm{d}y = -\frac{\mathrm{e}^x}{\mathrm{e}^x + 1}\mathrm{d}x$$

积分，得

$$\int \frac{\mathrm{e}^y}{\mathrm{e}^y - 1}\mathrm{d}y = -\int \frac{\mathrm{e}^x}{\mathrm{e}^x + 1}\mathrm{d}x$$

从而 $\ln|\mathrm{e}^y - 1| = -\ln(\mathrm{e}^x + 1) + \ln C_1$，所以原方程的通解为

$$(\mathrm{e}^x + 1)(\mathrm{e}^y - 1) = C \quad (C = \pm C_1)$$

(2) **解** 由 $(x - 2y)\mathrm{d}y = 2y\mathrm{d}x$，得

$$\left(1 - \frac{2y}{x}\right)\frac{\mathrm{d}y}{\mathrm{d}x} = \frac{2y}{x}$$

令 $\dfrac{y}{x} = u$，则 $y = xu$，$y' = u + xu'$，从而原方程可化为 $(1 - 2u)\left(u + x\dfrac{\mathrm{d}u}{\mathrm{d}x}\right) = 2u$，即

$$\frac{1 - 2u}{u(1 + 2u)}\mathrm{d}u = \frac{\mathrm{d}x}{x}$$

积分，得 $\dfrac{u}{(1 + 2u)^2} = Cx$，所以原方程的通解为

$$y = C(x + 2y)^2$$

(3) **解** 由 $2x\mathrm{d}y - y\mathrm{d}x = 2y^2\mathrm{d}y$，得 $-y\dfrac{\mathrm{d}x}{\mathrm{d}y} + 2x = 2y^2$，即

$$\frac{\mathrm{d}x}{\mathrm{d}y} - \frac{2}{y} \cdot x = -2y$$

从而原方程的通解为

$$x = \mathrm{e}^{\int \frac{2}{y}\mathrm{d}y}\left[\int(-2y)\mathrm{e}^{-\int \frac{2}{y}\mathrm{d}y}\mathrm{d}y + C\right] = y^2\left(-2\int y \cdot \frac{1}{y^2}\mathrm{d}y + C\right) = Cy^2 - 2y^2\ln|y|$$

(4) **解**　由于 $f(x) = \int_0^x (x^2 - t^2)f'(t)\mathrm{d}t + x^2 = x^2\int_0^x f'(t)\mathrm{d}t - \int_0^x t^2 f'(t)\mathrm{d}t + x^2$，因此

$$f'(x) = 2x\int_0^x f'(t)\mathrm{d}t + x^2 f'(x) - x^2 f'(x) + 2x = 2x[f(x) - f(0)] + 2x$$

由题设知 $f(0) = 0$，从而 $f'(x) - 2xf(x) = 2x$，所以

$$f(x) = \mathrm{e}^{\int 2x\mathrm{d}x}\left(\int 2x\mathrm{e}^{-\int 2x\mathrm{d}x}\mathrm{d}x + C\right) = \mathrm{e}^{x^2}\left(\int 2x\mathrm{e}^{-x^2}\mathrm{d}x + C\right) = \mathrm{e}^{x^2}(-\mathrm{e}^{-x^2} + C) = -1 + C\mathrm{e}^{x^2}$$

再由 $f(0) = 0$，得 $C = 1$，故

$$f(x) = \mathrm{e}^{x^2} - 1$$

(5) **解**　由 $\int_0^x [2f(t) - 1]\mathrm{d}t = f(x) - 1$，得 $2f(x) - 1 = f'(x)$，即

$$f'(x) - 2f(x) = -1$$

所以

$$f(x) = \mathrm{e}^{\int 2\mathrm{d}x}\left[\int(-1)\mathrm{e}^{-\int 2\mathrm{d}x}\mathrm{d}x + C\right] = \mathrm{e}^{2x}\left(-\int \mathrm{e}^{-2x}\mathrm{d}x + C\right) = \mathrm{e}^{2x}\left(\frac{1}{2}\mathrm{e}^{-2x} + C\right) = \frac{1}{2} + C\mathrm{e}^{2x}$$

再由题设知 $f(0) = 1$，故 $C = \dfrac{1}{2}$，从而

$$f(x) = \frac{1}{2}(1 + \mathrm{e}^{2x})$$

(6) **解**　由于 $P = \dfrac{2x}{y^3}$，$Q = \dfrac{y^2 - 3x^2}{y^4}$，$\dfrac{\partial Q}{\partial x} = -\dfrac{6x}{y^4} = \dfrac{\partial P}{\partial y}$，因此原方程为全微分方程，从而

$$\int_0^x \frac{2x}{1^3}\mathrm{d}x + \int_1^y \frac{y^2 - 3x^2}{y^4}\mathrm{d}y = C_1, \quad x^2 + \left[-\frac{1}{y}\right]_1^y + \left[\frac{x^2}{y^3}\right]_1^y = C_1$$

所以原方程的通解为

$$-\frac{1}{y} + \frac{x^2}{y^3} = C \quad (C = C_1 - 1)$$

(7) **解**　由于 $P = 2xy^3$，$Q = x^2y^2 - 1$，$\dfrac{\partial Q}{\partial x} = 2xy^2$，$\dfrac{\partial P}{\partial y} = 6xy^2$，因此原方程不是全微分方程，又原方程可化为

$$(2xy^3\mathrm{d}x + x^2y^2\mathrm{d}y) - \mathrm{d}y = 0$$

用简单的观察法可以看出积分因子为 $u = \dfrac{1}{y^2}$，所以原方程化为

$$\frac{2xy^3\mathrm{d}x + x^2y^2\mathrm{d}y}{y^2} - \frac{\mathrm{d}y}{y^2} = 0$$

即

$$\mathrm{d}(x^2y) + \mathrm{d}\left(\frac{1}{y}\right) = 0$$

从而原方程的通解为

$$x^2y + \frac{1}{y} = C$$

(8) **解** 由于 $y' = -\mathrm{e}^{-x} \int_0^x \mathrm{e}^t f(t) \mathrm{d}t + \mathrm{e}^{-x} \cdot \mathrm{e}^x f(x) = -y + f(x)$，因此 $y(x)$ 满足微分方程 $y' + y = f(x)$。

由 $\lim\limits_{x \to +\infty} f(x) = 1$，知 $\exists X > 0$，当 $x > X$ 时，有 $f(x) > \dfrac{1}{2}$，则

$$\int_0^x \mathrm{e}^t f(t) \mathrm{d}t = \int_0^X \mathrm{e}^t f(t) \mathrm{d}t + \int_X^x \mathrm{e}^t f(t) \mathrm{d}t \geqslant \int_0^X \mathrm{e}^t f(t) \mathrm{d}t + \int_X^x \frac{1}{2} \mathrm{e}^x \mathrm{d}t$$

$$= \int_0^X \mathrm{e}^t f(t) \mathrm{d}t + \frac{1}{2} \mathrm{e}^X (x - X)$$

从而当 $x \to +\infty$ 时，$\int_0^x \mathrm{e}^t f(t) \mathrm{d}t \to +\infty$，由洛必达法则得

$$\lim_{x \to +\infty} y(x) = \lim_{x \to +\infty} \frac{\displaystyle\int_0^x \mathrm{e}^t f(t) \mathrm{d}t}{\mathrm{e}^x} = \lim_{x \to +\infty} \frac{\mathrm{e}^x f(x)}{\mathrm{e}^x} = \lim_{x \to +\infty} f(x) = 1$$

(9) **解** 由于 $y'' + y' = 2x^2 + 1$ 对应的齐次线性方程的特征方程 $r^2 + r = 0$ 的根为 $r_1 = -1$，$r_2 = 0$，因此对应的齐次线性方程的通解为 $y = C_1 \mathrm{e}^{-x} + C_2$。又 $\lambda = 0$ 是特征方程的单根，故非齐次线性方程的特解可设为 $y^* = x(ax^2 + bx + c)$，将其代入非齐次线性方程，得 $a = \dfrac{2}{3}$，$b = -2$，$c = 5$，从而 $y^* = \dfrac{2}{3} x^3 - 2x^2 + 5x$，所以原方程的通解为

$$y = C_1 \mathrm{e}^{-x} + C_2 + \frac{2}{3} x^3 - 2x^2 + 5x$$

(10) **解** 由于 $y'' + 2y' + 5y = \mathrm{e}^{-x} \cos 2x$ 对应的齐次线性方程的特征方程 $r^2 + 2r + 5 = 0$ 的根为 $r_{1,2} = \dfrac{-2 \pm \sqrt{4 - 20}}{2} = -1 \pm 2\mathrm{i}$，因此对应的齐次线性方程的通解为

$$y = \mathrm{e}^{-x}(C_1 \cos 2x + C_2 \sin 2x)$$

又 $\alpha \pm \beta \mathrm{i} = -1 \pm 2\mathrm{i}$ 是特征根，故非齐次线性方程的特解可设为

$$y^* = x\mathrm{e}^{-x}(a \cos 2x + b \sin 2x)$$

将其代入非齐次方程，得 $a = 0$，$b = \dfrac{1}{4}$，从而 $y^* = \dfrac{1}{4} x\mathrm{e}^{-x} \sin 2x$，所以原方程的通解为

$$y = \mathrm{e}^{-x}(C_1 \cos 2x + C_2 \sin 2x) + \frac{1}{4} x\mathrm{e}^{-x} \sin 2x$$

(11) **解** 令 $x = \mathrm{e}^t$，即 $t = \ln x$，则

$$\frac{\mathrm{d}y}{\mathrm{d}x} = \frac{\mathrm{d}y}{\mathrm{d}t} \cdot \frac{\mathrm{d}t}{\mathrm{d}x} = \frac{1}{x} \frac{\mathrm{d}y}{\mathrm{d}t}$$

$$\frac{\mathrm{d}^2 y}{\mathrm{d}x^2} = \frac{1}{x^2} \left(\frac{\mathrm{d}^2 y}{\mathrm{d}t^2} - \frac{\mathrm{d}y}{\mathrm{d}t} \right)$$

$$\frac{\mathrm{d}^3 y}{\mathrm{d}x^3} = \frac{1}{x^3} \left(\frac{\mathrm{d}^3 y}{\mathrm{d}t^3} - 3 \frac{\mathrm{d}^2 y}{\mathrm{d}t^2} + 2 \frac{\mathrm{d}y}{\mathrm{d}t} \right)$$

原方程可化为

$$\left(\frac{\mathrm{d}^3 y}{\mathrm{d}t^3} - 3 \frac{\mathrm{d}^2 y}{\mathrm{d}t^2} + 2 \frac{\mathrm{d}y}{\mathrm{d}t} \right) + 3 \left(\frac{\mathrm{d}^2 y}{\mathrm{d}t^2} - \frac{\mathrm{d}y}{\mathrm{d}t} \right) - 2 \frac{\mathrm{d}y}{\mathrm{d}t} - 2y = 0$$

即

$$\frac{\mathrm{d}^3 y}{\mathrm{d}t^3} - 3\frac{\mathrm{d}y}{\mathrm{d}t} - 2y = 0$$

（或原方程化为 $D(D-1)(D-2)y + 3D(D-1)y - 2Dy + 2y = 0$，即 $D^3 y - 3Dy + 2y = 0$，从而得到关于 t 的非齐次线性方程为 $y_t''' - 3y_t' + 2y = 0$）

由于 $\dfrac{\mathrm{d}^3 y}{\mathrm{d}t^3} - 3\dfrac{\mathrm{d}y}{\mathrm{d}t} - 2y = 0$ 对应的齐次线性方程的特征方程 $r^3 - 3r + 2 = 0$ 的根为 $r_1 = r_2 = 1$，$r_3 = -2$，因此其通解为

$$y = (C_1 + C_2 t)\mathrm{e}^t + C_3 \mathrm{e}^{-2t}$$

将 $t = \ln x$ 代入，得原方程的通解为

$$y = C_1 x + C_2 x \ln x + \frac{C_3}{x^2}$$

(12) **解** 由于 $P = xy(x+y) - f(x)y$，$Q = f'(x) + x^2 y$，由 $\dfrac{\partial Q}{\partial x} = \dfrac{\partial P}{\partial y}$，得

$$f''(x) + 2xy = x^2 + 2xy - f(x)$$

即

$$f''(x) + f(x) = x^2$$

其对应的齐次线性方程的特征方程 $r^2 + 1 = 0$ 的根为 $r_{1,2} = \pm i$，从而对应的齐次线性方程的通解为

$$f(x) = C_1 \cos x + C_2 \sin x$$

又 $\lambda = 0$ 不是特征方程的根，故非齐次线性方程的特解可设为

$$f^*(x) = ax^2 + bx + c$$

将其代入非齐次线性方程，得 $a = 1$，$b = 0$，$c = -2$，从而特解为 $f^*(x) = x^2 - 2$，所以

$$f(x) = C_1 \cos x + C_2 \sin x + x^2 - 2$$

由 $f(0) = 0$，$f'(0) = 1$，得 $C_1 = 2$，$C_2 = 1$，从而 $f(x) = 2\cos x + \sin x + x^2 - 2$，原方程为

$$[xy^2 - (2\cos x + \sin x)y + 2y]\mathrm{d}x + (-2\sin x + \cos x + 2x + x^2 y)\mathrm{d}y = 0$$

所以其通解为 $\displaystyle\int_0^x 0\,\mathrm{d}x + \int_0^y (-2\sin x + \cos x + 2x + x^2 y)\mathrm{d}y = C$，即

$$-2y\sin x + y\cos x + 2xy + \frac{1}{2}x^2 y^2 = C$$

(13) **解** 由于 $P = y[2 - f(x^2 - y^2)]$，$Q = xf(x^2 - y^2)$，

$$\frac{\partial P}{\partial y} = 2 - f(x^2 - y^2) + 2y^2 f'(x^2 - y^2)$$

$$\frac{\partial Q}{\partial x} = f(x^2 - y^2) + 2x^2 f'(x^2 - y^2)$$

使得 $\dfrac{\partial P}{\partial y} = \dfrac{\partial Q}{\partial x}$，并令 $u = x^2 - y^2$，得 $uf'(u) + f(u) = 1$，即 $\dfrac{\mathrm{d}f}{f - 1} = -\dfrac{\mathrm{d}u}{u}$，故

$$f(u) = 1 + \frac{C}{u}$$

由 $f(1) = 0$，得 $C = -1$，所以

$$f(x^2 - y^2) = 1 - \frac{1}{x^2 - y^2}$$

全微分方程为

$$y\left(1+\frac{1}{x^2-y^2}\right)\mathrm{d}x+x\left(1-\frac{1}{x^2-y^2}\right)\mathrm{d}y=0$$

取折线路径$(1,0)\rightarrow(x,0)\rightarrow(x,y)$，积分，得$\int_0^y\left(x-\dfrac{x}{x^2-y^2}\right)\mathrm{d}y=C$，从而通解为

$$xy+\frac{1}{2}\ln\left|\frac{x-y}{x+y}\right|=C$$

(14) **证** 方法一 由题设知，对函数$y_1(x)$、$y_2(x)$和任一解$y(x)$，有

$$y_1'=p(x)y_1+q(x),\quad y_2'=p(x)y_2+q(x),\quad y'=p(x)y+q(x)$$

由于$y_1\neq y_2$，因此y_1、y_2中至少有一个与y不等，不妨设$y\neq y_1$，则

$$y'-y_1'=p(x)(y-y_1)$$
$$y_2'-y_1'=p(x)(y_2-y_1)$$

由此两式，得$\dfrac{y'-y_1'}{y-y_1}=\dfrac{y_2'-y_1'}{y_2-y_1}$，两边积分，得$\ln|y-y_1|=\ln|y_2-y_1|+\ln C_1$，即

$$\frac{y-y_1}{y_2-y_1}=C\quad(C=\pm C_1\text{ 常数})$$

方法二 原方程化为一阶线性微分方程的标准式$y'-p(x)y=q(x)$，由通解公式得

$$y=\mathrm{e}^{\int p(x)\mathrm{d}x}\left(\int q(x)\mathrm{e}^{-\int p(x)\mathrm{d}x}\mathrm{d}x+C_0\right)$$

$$y_i=\mathrm{e}^{\int p(x)\mathrm{d}x}\left(\int q(x)\mathrm{e}^{-\int p(x)\mathrm{d}x}\mathrm{d}x+C_i\right)\quad(i=1,2)$$

由于$C_1\neq C_2$，因此不妨设$C_0\neq C_1$，从而

$$y-y_1=(C_0-C_1)\mathrm{e}^{\int p(x)\mathrm{d}x},\quad y_2-y_1=(C_2-C_1)\mathrm{e}^{\int p(x)\mathrm{d}x}$$

故

$$\frac{y-y_1}{y_2-y_1}=\frac{C_0-C_1}{C_2-C_1}=C\quad(\text{常数})$$

(15) **解** 将$(x-C_1)^2+(y-C_2)^2=1$先对x求导一次，得

$$2(x-C_1)+2(y-C_2)y'=0$$

再对x求导一次，得

$$2+2y'^2+2(y-C_2)y''=0$$

则$y-C_2=-\dfrac{1+y'^2}{y''}$，从而$x-C_1=\dfrac{(1+y'^2)y'}{y''}$，故所求微分方程为

$$\frac{(1+y'^2)^2y'^2}{(y'')^2}+\frac{(1+y'^2)^2}{(y'')^2}=1$$

即

$$(y'')^2=(1+y'^2)^3$$

> **评注**：由于所给的通解含有两个任意常数，因此所求微分方程应为二阶，从而只能对所给通解对x两次求导，绝不可以再求导，否则得到三阶微分方程，是错误的。

(16) **解** 方法一 令$y=0$，得$f(x+0)=\mathrm{e}^x f(0)+f(x)$，从而$f(0)=0$。由导数的定义得

$$f'(x) = \lim_{\Delta x \to 0} \frac{f(x + \Delta x) - f(x)}{\Delta x} = \lim_{\Delta x \to 0} \frac{e^x f(\Delta x) + e^{\Delta x} f(x) - f(x)}{\Delta x}$$

$$= \lim_{\Delta x \to 0} \frac{e^x [f(\Delta x) - f(0)] + f(x)[e^{\Delta x} - 1]}{\Delta x}$$

$$= e^x \lim_{\Delta x \to 0} \frac{[f(\Delta x) - f(0)]}{\Delta x} + f(x) \lim_{\Delta x \to 0} \frac{e^{\Delta x} - 1}{\Delta x}$$

$$= e^x f'(0) + f(x) = 2e^x + f(x)$$

即 $f'(x) - f(x) = 2e^x$，其通解为

$$f(x) = e^{\int dx} \left(\int 2e^x e^{-\int dx} dx + C \right) = 2xe^x + Ce^x$$

由 $f(0) = 0$，得 $C = 0$，故 $f(x) = 2xe^x$。

　　方法二　将 $f(x + y) = e^x f(y) + e^y f(x)$ 认定为二元函数的隐式方程，对方程两边关于 y 求导，得

$$f'(x + y) = e^x f'(y) + e^y f(x)$$

令 $y = 0$，由 $f'(0) = 2$，得 $f'(x) - f(x) = 2e^x$，其通解为

$$f(x) = e^{\int dx} \left(\int 2e^x e^{-\int dx} dx + C \right) = 2xe^x + Ce^x$$

由 $f(0) = 0$，得 $C = 0$，故 $f(x) = 2xe^x$。

　　(17) **解**　由于原方程的通解为 $y(x) = e^{-kx} \left(\int_{x_0}^x f(t) e^{kt} dt + C \right)$，因此

$$y(x + T) = e^{-kx - kT} \left(\int_{x_0}^{x+T} f(t) e^{kt} dt + C \right)$$

令 $t = T + u$，则 $f(t) = f(u)$，从而

$$\int_{x_0}^{x+T} f(t) e^{kt} dt = \int_{x_0-T}^x f(u) e^{ku} e^{kT} du = e^{kT} \left[\int_{x_0-T}^{x_0} f(u) e^{ku} du + \int_{x_0}^x f(u) e^{ku} du \right]$$

故

$$y(x + T) = e^{-kx} \left[\int_{x_0-T}^{x_0} f(u) e^{ku} du + \int_{x_0}^x f(u) e^{ku} du + Ce^{-kT} \right]$$

对照 $y(x)$ 的通解式便知，令 $\int_{x_0-T}^{x_0} f(u) e^{ku} du + Ce^{-kT} = C$，即取 $C = \dfrac{\displaystyle\int_{x_0-T}^{x_0} f(u) e^{ku} du}{1 - e^{-kT}}$ 所确定的特解 $y(x)$ 必能满足 $y(x) = y(x + T)$。

　　(18) **解**　在 $f(x + y) = f(x) f(y)$ 中，令 $y = 0$，则 $f(x) = f(x) f(0)$。由 x 的任意性，得 $f(0) = 1$，从而

$$f'(x) = \lim_{\Delta x \to 0} \frac{f(x + \Delta x) - f(x)}{\Delta x} = \lim_{\Delta x \to 0} \frac{f(x) f(\Delta x) - f(x)}{\Delta x} = f(x) \lim_{\Delta x \to 0} \frac{f(\Delta x) - 1}{\Delta x}$$

$$= f(x) \lim_{\Delta x \to 0} \frac{f(\Delta x) - f(0)}{\Delta x} = f(x) f'(0)$$

即 $f'(x) = f(x) f'(0)$，分离变量，得 $\dfrac{df(x)}{f(x)} = f'(0) dx$，积分，得 $\ln[f(x)] = f'(0)x + \ln C$，即 $f(x) = Ce^{f'(0)x}$，再由 $f(0) = 1$ 得 $C = 1$，故

$$f(x) = e^{f'(0)x}$$

　　(19) **解**　（ⅰ）将 $y = e^x$ 代入微分方程并利用条件 $1 + P(x) + Q(x) = 0$，得

$$(e^x)'' + P(x)(e^x)' + Q(x)e^x = e^x[1 + P(x) + Q(x)] = 0$$

故若 $1 + P(x) + Q(x) = 0$，则 $y = e^x$ 是方程的一特解。

将 $y = x$ 代入微分方程并利用条件 $P(x) + xQ(x) = 0$，得

$$x'' + P(x)x' + Q(x)x = P(x) + xQ(x) = 0$$

故若 $P(x) + xQ(x) = 0$，则 $y = x$ 是方程的一特解。

（ⅱ）微分方程可化为

$$y'' - \frac{x}{x-1}y' + \frac{1}{x-1}y = 0$$

由于 $1 + \left(-\frac{x}{x-1}\right) + \frac{1}{x-1} = 0$，且 $-\frac{x}{x-1} + x \cdot \frac{1}{x-1} = 0$，因此由（ⅰ）知，$y = e^x$，$y = x$ 均为方程的特解，且线性无关，从而此方程的通解为

$$y = C_1 e^x + C_2 x$$

由 $y(0) = 2$，$y'(0) = 1$，得 $C_1 = 2$，$C_2 = -1$，故特解为

$$y = 2e^x - x$$

（20）**解**　方法一　将所给的特解写成 $y = e^{2x} + e^x + xe^x$，显然 e^{2x} 不是非齐次线性方程的特解，xe^x 不可能是对应的齐次线性方程的特解，则 $y = e^{2x}$，$y = e^x$ 为对应的齐次线性方程的两个线性无关的特解，它们对应的特征根为 $r_1 = 2$，$r_2 = 1$，从而对应的齐次线性方程为

$$y'' - 3y' + 2y = 0$$

故 $\alpha = -3$，$\beta = 2$。由于 $y = xe^x$ 是非齐次线性方程的特解，因此

$$(xe^x)'' - 3(xe^x)' + 2xe^x = (x+2)e^x - 3(x+1)e^x + 2xe^x = -e^x$$

从而 $\gamma = -1$，所以原微分方程的通解为 $y = C_1 e^{2x} + C_2 e^x + xe^x$。

方法二　将 $y = e^{2x} + (1+x)e^x$ 代入原方程，得

$$(4 + 2\alpha + \beta)e^{2x} + (3 + 2\alpha + \beta)e^x + (1 + \alpha + \beta)xe^x = \gamma e^x$$

比较两边同类项的系数，得

$$4 + 2\alpha + \beta = 0, \quad 3 + 2\alpha + \beta = \gamma, \quad 1 + \alpha + \beta = 0$$

解之，得

$$\alpha = -3, \quad \beta = 2, \quad \gamma = -1$$

从而原微分方程为 $y'' - 3y' + 2y = -e^x$，解之，得其通解为

$$y = C_1 e^{2x} + C_2 e^x + xe^x$$

第7章　无穷级数

7.1　常数项级数

一、考点内容讲解

1. 概念与性质

（1）定义：数列 $\{u_n\}$ 的各项依次相加所得的表达式 $\sum\limits_{n=1}^{\infty} u_n = u_1 + u_2 + \cdots + u_n + \cdots$ 称为

常数项无穷级数，简称常数项级数，u_n 称为级数的一般项，$s_n = u_1 + u_2 + \cdots + u_n = \sum\limits_{i=1}^{n} u_i$

称为级数的部分和。如果 $\lim\limits_{n\to\infty} s_n = s$，则称级数 $\sum\limits_{n=1}^{\infty} u_n$ 收敛，s 称为该级数的和，并且

$s = \sum\limits_{n=1}^{\infty} u_n$，$r_n = s - s_n$ 称为级数的余项；如果 $\lim\limits_{n\to\infty} s_n$ 不存在，则称级数 $\sum\limits_{n=1}^{\infty} u_n$ 发散。

（2）性质：

（ⅰ）若级数 $\sum\limits_{n=1}^{\infty} u_n$ 收敛于 s，k 为常数，则 $\sum\limits_{n=1}^{\infty} k u_n$ 收敛于 ks，即级数的每一项同乘以一

个不为零的常数后，它的敛散性不变。

（ⅱ）若 $\sum\limits_{n=1}^{\infty} u_n$ 和 $\sum\limits_{n=1}^{\infty} v_n$ 分别收敛于 s、σ，则 $\sum\limits_{n=1}^{\infty} (u_n \pm v_n)$ 收敛于 $s \pm \sigma$，即收敛级数可以

逐项相加或逐项相减；若 $\sum\limits_{n=1}^{\infty} u_n$ 收敛，$\sum\limits_{n=1}^{\infty} v_n$ 发散，则 $\sum\limits_{n=1}^{\infty} (u_n \pm v_n)$ 发散；若 $\sum\limits_{n=1}^{\infty} u_n$ 和 $\sum\limits_{n=1}^{\infty} v_n$ 均

发散，则 $\sum\limits_{n=1}^{\infty} (u_n \pm v_n)$ 的敛散性不确定。

（ⅲ）在级数中去掉、加上或改变有限项，不会影响级数的敛散性；但在收敛时，一般
来说，级数的和是要改变的。

（ⅳ）收敛级数加括号仍收敛且和不变，即如果加括号后所成的级数发散，则原级数也
发散。但如果加括号后所成的级数收敛，则原级数的敛散性不确定。

（ⅴ）级数收敛的必要条件：若级数 $\sum\limits_{n=1}^{\infty} u_n$ 收敛，则 $\lim\limits_{n\to\infty} u_n = 0$，但反之不然。此性质常常

用来判别级数发散，也可用来求或验证数列的极限值为 0。

2. 审敛准则

（1）正项级数（$\sum\limits_{n=1}^{\infty} u_n$ 及 $\sum\limits_{n=1}^{\infty} v_n$ 为正项级数，即 $u_n \geqslant 0$，$v_n \geqslant 0$）：

（ⅰ）正项级数收敛的基本定理：$\sum\limits_{n=1}^{\infty} u_n$ 收敛 $\Leftrightarrow$ 部分和数列 $\{s_n\}$ 有上界。

（ⅱ）比较判别法：设 $u_n \leqslant v_n$，则 $\sum\limits_{n=1}^{\infty} v_n$ 收敛 $\Rightarrow \sum\limits_{n=1}^{\infty} u_n$ 收敛，$\sum\limits_{n=1}^{\infty} u_n$ 发散 $\Rightarrow \sum\limits_{n=1}^{\infty} v_n$ 发散。

结论：若 u_n 是关于 n 的分式，且分母、分子关于 n 的最高次数分别为 p 和 q，则当 $p - q > 1$ 时，$\sum\limits_{n=1}^{\infty} u_n$ 收敛，当 $p - q \leqslant 1$ 时，$\sum\limits_{n=1}^{\infty} u_n$ 发散。

特别地，若当 $n \to \infty$ 时，$u_n \sim v_n$，则 $\sum\limits_{n=1}^{\infty} u_n$ 与 $\sum\limits_{n=1}^{\infty} v_n$ 同敛散。

（ⅲ）比较判别法的极限形式：设 $\lim\limits_{n \to \infty} \dfrac{u_n}{v_n} = l$ $(0 \leqslant l \leqslant +\infty)$，

① 若 $0 < l < +\infty$，则 $\sum\limits_{n=1}^{\infty} u_n$ 与 $\sum\limits_{n=1}^{\infty} v_n$ 同敛散；

② 若 $l = 0$，则 $\sum\limits_{n=1}^{\infty} v_n$ 收敛 $\Rightarrow \sum\limits_{n=1}^{\infty} u_n$ 收敛，$\sum\limits_{n=1}^{\infty} u_n$ 发散 $\Rightarrow \sum\limits_{n=1}^{\infty} v_n$ 发散；

③ 若 $l = +\infty$，则 $\sum\limits_{n=1}^{\infty} v_n$ 发散 $\Rightarrow \sum\limits_{n=1}^{\infty} u_n$ 发散，$\sum\limits_{n=1}^{\infty} u_n$ 收敛 $\Rightarrow \sum\limits_{n=1}^{\infty} v_n$ 收敛。

特别地，若 $\lim\limits_{n \to \infty} nu_n = l > 0$（或 $\lim\limits_{n \to \infty} nu_n = +\infty$），则 $\sum\limits_{n=1}^{\infty} u_n$ 发散；若 $\lim\limits_{n \to \infty} n^p u_n = l$ $(0 \leqslant l < +\infty, p > 1)$，则 $\sum\limits_{n=1}^{\infty} u_n$ 收敛。

（ⅳ）比值判别法（达朗贝尔判别法）：设 $\lim\limits_{n \to \infty} \dfrac{u_{n+1}}{u_n} = \rho$，则当 $\rho < 1$ 时，$\sum\limits_{n=1}^{\infty} u_n$ 收敛；当 $\rho > 1$（或 $\rho = +\infty$）时，$\sum\limits_{n=1}^{\infty} u_n$ 发散；当 $\rho = 1$ 时，$\sum\limits_{n=1}^{\infty} u_n$ 的敛散性需进一步判定。

（ⅴ）根值判别法（柯西判别法）：设 $\lim\limits_{n \to \infty} \sqrt[n]{u_n} = \rho$，则当 $\rho < 1$ 时，$\sum\limits_{n=1}^{\infty} u_n$ 收敛；当 $\rho > 1$（或 $\rho = +\infty$）时，$\sum\limits_{n=1}^{\infty} u_n$ 发散；当 $\rho = 1$ 时，$\sum\limits_{n=1}^{\infty} u_n$ 的敛散性需进一步判定。

（ⅵ）积分判别法：设 $f(x)$ 在 $[1, +\infty)$ 上是单调递减的非负函数，满足 $f(n) = u_n$，则当 $\displaystyle\int_1^{+\infty} f(x)\mathrm{d}x$ 收敛时，级数 $\sum\limits_{n=1}^{\infty} u_n$ 也收敛；当 $\displaystyle\int_1^{+\infty} f(x)\mathrm{d}x$ 发散时，级数 $\sum\limits_{n=1}^{\infty} u_n$ 也发散。

结论：p-级数 $\sum\limits_{n=1}^{\infty} \dfrac{1}{n^p}$ 与 $\displaystyle\int_1^{+\infty} \dfrac{1}{x^p}\mathrm{d}x$ 同敛散。

（ⅶ）作为比较对象的几何级数和 p-级数：

① 几何级数（$\sum\limits_{n=0}^{\infty} aq^n$，常数 $a \neq 0$）：当 $|q| < 1$ 时，$\sum\limits_{n=0}^{\infty} aq^n$ 收敛，且 $\sum\limits_{n=0}^{\infty} aq^n = \dfrac{a}{1-q}$；当 $|q| \geqslant 1$ 时，$\sum\limits_{n=0}^{\infty} aq^n$ 发散。

② p-级数 $\left(\sum\limits_{n=1}^{\infty} \dfrac{1}{n^p}\right)$：当 $p > 1$ 时，$\sum\limits_{n=1}^{\infty} \dfrac{1}{n^p}$ 收敛；当 $p \leqslant 1$ 时，$\sum\limits_{n=1}^{\infty} \dfrac{1}{n^p}$ 发散。

(2) 交错级数 ($\sum\limits_{n=1}^{\infty} (-1)^{n-1} u_n, u_n > 0$)：

（ⅰ）莱布尼茨准则：若 u_n 单调递减，$\lim\limits_{n\to\infty} u_n = 0$，则 $\sum\limits_{n=1}^{\infty} (-1)^{n-1} u_n$ 收敛。

（ⅱ）设交错级数 $\sum\limits_{n=1}^{\infty} (-1)^{n-1} u_n$ 的和为 s，则 $s \leqslant u_1$，余项的绝对值 $|r_n| \leqslant u_{n+1}$。

（ⅲ）比较 u_n 与 u_{n+1} 大小的方法：

① 比值法：即考察 $\dfrac{u_{n+1}}{u_n}$ 是否小于 1。

② 差值法：即考察 $u_n - u_{n+1}$ 是否小于 0。

③ 由 u_n 找出一个连续可导函数 $f(x)$，使 $u_n = f(n)(n = 1, 2, \cdots)$，考察 $f'(x)$ 是否小于 0。

(3) 任意项级数 ($\sum\limits_{n=1}^{\infty} u_n, u_n$ 为任意实数)：

（ⅰ）绝对收敛与条件收敛：若 $\sum\limits_{n=1}^{\infty} |u_n|$ 收敛，则称 $\sum\limits_{n=1}^{\infty} u_n$ 绝对收敛；若 $\sum\limits_{n=1}^{\infty} u_n$ 收敛，而 $\sum\limits_{n=1}^{\infty} |u_n|$ 发散，则称 $\sum\limits_{n=1}^{\infty} u_n$ 条件收敛。

（ⅱ）若干结论：

① 绝对收敛一定收敛，即若 $\sum\limits_{n=1}^{\infty} |u_n|$ 收敛，则 $\sum\limits_{n=1}^{\infty} u_n$ 收敛，但反之不然。

② 若由比值或根值判别法得出 $\sum\limits_{n=1}^{\infty} |u_n|$ 发散，则 $\sum\limits_{n=1}^{\infty} u_n$ 发散。

③ 条件收敛的级数的所有正项（或负项）构成的级数一定发散，即若 $\sum\limits_{n=1}^{\infty} u_n$ 条件收敛，则 $\sum\limits_{n=1}^{\infty} \dfrac{u_n + |u_n|}{2}$ 和 $\sum\limits_{n=1}^{\infty} \dfrac{u_n - |u_n|}{2}$ 均发散。

二、考点题型解析

常考题型：• 级数敛散性的判定；• 级数综合问题。

1. 选择题

例 1 判别级数 $\dfrac{1}{\sqrt{2}-1} - \dfrac{1}{\sqrt{2}+1} + \dfrac{1}{\sqrt{3}-1} - \dfrac{1}{\sqrt{3}+1} + \cdots + \dfrac{1}{\sqrt{n}-1} - \dfrac{1}{\sqrt{n}+1} + \cdots$ 敛散性的正确方法是（   ）。

（A）由莱布尼茨判别法得此级数收敛

（B）因为 $\lim\limits_{n\to\infty} \dfrac{1}{\sqrt{n}-1} = 0$，所以原级数收敛

（C）因为加括号后所成的级数发散，所以原级数发散

（D）各项取绝对值，判别得级数绝对收敛

解 应选（C）。

原级数加括号后，得

$$\left(\frac{1}{\sqrt{2}-1}-\frac{1}{\sqrt{2}+1}\right)+\left(\frac{1}{\sqrt{3}-1}-\frac{1}{\sqrt{3}+1}\right)+\cdots+\left(\frac{1}{\sqrt{n}-1}-\frac{1}{\sqrt{n}+1}\right)+\cdots$$

其一般项

$$u_n=\frac{1}{\sqrt{n}-1}-\frac{1}{\sqrt{n}+1}=\frac{2}{n-1}$$

而级数 $\sum\limits_{n=2}^{\infty}u_n=\sum\limits_{n=2}^{\infty}\frac{2}{n-1}$ 发散，从而原级数发散，故选(C)。

例 2 设级数 $\sum\limits_{n=1}^{\infty}u_n$ 条件收敛，级数 $\sum\limits_{n=1}^{\infty}u_n'(u_n'>0)$ 及 $\sum\limits_{n=1}^{\infty}u_n''(u_n''<0)$ 分别是级数 $\sum\limits_{n=1}^{\infty}u_n$ 中全体正项与全体负项所构成的级数，则(   )。

(A) $\sum\limits_{n=1}^{\infty}u_n'$ 及 $\sum\limits_{n=1}^{\infty}u_n''$ 都收敛　　　　　(B) $\sum\limits_{n=1}^{\infty}u_n'$ 及 $\sum\limits_{n=1}^{\infty}u_n''$ 都发散

(C) $\sum\limits_{n=1}^{\infty}u_n'$ 收敛，$\sum\limits_{n=1}^{\infty}u_n''$ 发散　　　　(D) $\sum\limits_{n=1}^{\infty}u_n''$ 收敛，$\sum\limits_{n=1}^{\infty}u_n'$ 发散

解 应选(B)。

方法一 若 $\sum\limits_{n=1}^{\infty}u_n'$ 及 $\sum\limits_{n=1}^{\infty}u_n''$ 都收敛，则 $\sum\limits_{n=1}^{\infty}(-u_n'')$ 收敛，从而 $\sum\limits_{n=1}^{\infty}u_n$ 绝对收敛，所以(A)不正确；若级数 $\sum\limits_{n=1}^{\infty}u_n'$ 及 $\sum\limits_{n=1}^{\infty}u_n''$ 中一个收敛一个发散，则 $\sum\limits_{n=1}^{\infty}u_n$ 发散，所以(C) 、(D) 不正确。故选(B)。

方法二 由于级数 $\sum\limits_{n=1}^{\infty}u_n$ 条件收敛，因此 $\sum\limits_{n=1}^{\infty}u_n$ 收敛，$\sum\limits_{n=1}^{\infty}|u_n|$ 发散，从而 $\sum\limits_{n=1}^{\infty}u_n'=\sum\limits_{n=1}^{\infty}\frac{u_n+|u_n|}{2}$ 及 $\sum\limits_{n=1}^{\infty}u_n''=\sum\limits_{n=1}^{\infty}\frac{u_n-|u_n|}{2}$ 均发散，故选(B)。

例 3 设 λ 为常数，则级数 $\sum\limits_{n=1}^{\infty}\frac{(-1)^n}{n^\lambda}\sin\frac{\pi}{\sqrt{n}}$(   )。

(A) 条件收敛　　　　　　　　　　　(B) 绝对收敛

(C) 发散　　　　　　　　　　　　　(D) 敛散性与 λ 有关

解 应选(D)。

当 $\lambda=0$ 时，原级数为 $\sum\limits_{n=1}^{\infty}(-1)^n\sin\frac{\pi}{\sqrt{n}}$，由交错级数的莱布尼茨准则知该级数收敛；当 $\lambda=-\frac{1}{2}$ 时，原级数为 $\sum\limits_{n=1}^{\infty}(-1)^n\sqrt{n}\sin\frac{\pi}{\sqrt{n}}$，由于 $\lim\limits_{n\to\infty}\left|(-1)^n\sqrt{n}\sin\frac{\pi}{\sqrt{n}}\right|=\pi\neq0$，则级数 $\sum\limits_{n=1}^{\infty}(-1)^n\sqrt{n}\sin\frac{\pi}{\sqrt{n}}$ 发散，从而原级数 $\sum\limits_{n=1}^{\infty}\frac{(-1)^n}{n^\lambda}\sin\frac{\pi}{\sqrt{n}}$ 的敛散性与 λ 有关，故选(D)。

例 4 设级数 $\sum\limits_{n=1}^{\infty}3^{-\alpha\ln n}$ 收敛，则(   )。

(A) $\alpha>\ln3$　　　　(B) $\alpha\neq1$　　　　(C) $\alpha>\frac{1}{\ln3}$　　　　(D) $\alpha<\ln3$

解 应选(C)。

由于 $-\alpha\ln n\ln 3 = -\alpha\ln 3\ln n$，因此 $\ln 3^{-\alpha\ln n} = \ln n^{-\alpha\ln 3}$，从而 $3^{-\alpha\ln n} = n^{-\alpha\ln 3} = \dfrac{1}{n^{\alpha\ln 3}}$，所以级

数 $\displaystyle\sum_{n=1}^{\infty} 3^{-\alpha\ln n} = \displaystyle\sum_{n=1}^{\infty} \dfrac{1}{n^{\alpha\ln 3}}$ 是 p-级数，从而当 $\alpha\ln 3 > 1$，即 $\alpha > \dfrac{1}{\ln 3}$ 时收敛，故选(C)。

例 5 设级数 $\displaystyle\sum_{n=1}^{\infty} a_n$ 收敛，级数 $\displaystyle\sum_{n=1}^{\infty} b_n$ 发散，则(   )。

(A) $\displaystyle\sum_{n=1}^{\infty} a_n b_n$ 必发散   (B) $\displaystyle\sum_{n=1}^{\infty} a_n^2$ 必收敛

(C) $\displaystyle\sum_{n=1}^{\infty} b_n^2$ 必发散   (D) $\displaystyle\sum_{n=1}^{\infty} (a_n + |b_n|)$ 必发散

解 应选(D)。

方法一 由于 $\displaystyle\sum_{n=1}^{\infty} b_n$ 发散，因此 $\displaystyle\sum_{n=1}^{\infty} |b_n|$ 发散，又 $\displaystyle\sum_{n=1}^{\infty} a_n$ 收敛，所以 $\displaystyle\sum_{n=1}^{\infty} (a_n + |b_n|)$ 必发散，故选(D)。

方法二 取 $a_n = \dfrac{1}{n^2}$，$b_n = \dfrac{1}{n}$，则级数 $\displaystyle\sum_{n=1}^{\infty} a_n$ 收敛，级数 $\displaystyle\sum_{n=1}^{\infty} b_n$ 发散，但级数 $\displaystyle\sum_{n=1}^{\infty} a_n b_n = \displaystyle\sum_{n=1}^{\infty} \dfrac{1}{n^3}$ 却收敛，从而选项(A)不正确；取 $a_n = (-1)^n \dfrac{1}{\sqrt{n}}$，则由莱布尼茨准则知交错级数 $\displaystyle\sum_{n=1}^{\infty} a_n$ 收敛，但 $\displaystyle\sum_{n=1}^{\infty} a_n^2 = \displaystyle\sum_{n=1}^{\infty} \dfrac{1}{n}$ 却发散，从而选项(B)不正确；取 $b_n = \dfrac{1}{n}$，则 $\displaystyle\sum_{n=1}^{\infty} b_n$ 发散，但 $\displaystyle\sum_{n=1}^{\infty} b_n^2 = \displaystyle\sum_{n=1}^{\infty} \dfrac{1}{n^2}$ 收敛，从而选项(C)不正确。故选(D)。

例 6 设 $\displaystyle\sum_{n=1}^{\infty} (a_n + b_n)$ 收敛，则级数 $\displaystyle\sum_{n=1}^{\infty} a_n$ 与 $\displaystyle\sum_{n=1}^{\infty} b_n$ (   )。

(A) 同时收敛   (B) 同时发散

(C) 敛散性不同   (D) 同敛散

解 应选(D)。

设 $\displaystyle\sum_{n=1}^{\infty} (a_n + b_n)$ 收敛，如果 $\displaystyle\sum_{n=1}^{\infty} a_n$ 收敛，则 $\displaystyle\sum_{n=1}^{\infty} b_n = \displaystyle\sum_{n=1}^{\infty} [(a_n + b_n) - a_n]$ 收敛；如果 $\displaystyle\sum_{n=1}^{\infty} a_n$ 发散，则 $\displaystyle\sum_{n=1}^{\infty} b_n = \displaystyle\sum_{n=1}^{\infty} [(a_n + b_n) - a_n]$ 发散。同理，如果 $\displaystyle\sum_{n=1}^{\infty} b_n$ 收敛，则 $\displaystyle\sum_{n=1}^{\infty} a_n$ 也收敛；如果 $\displaystyle\sum_{n=1}^{\infty} b_n$ 发散，则 $\displaystyle\sum_{n=1}^{\infty} a_n$ 也发散。因此，$\displaystyle\sum_{n=1}^{\infty} a_n$ 与 $\displaystyle\sum_{n=1}^{\infty} b_n$ 同敛散，故选(D)。

例 7 设级数 $\displaystyle\sum_{n=1}^{\infty} a_n$ 与 $\displaystyle\sum_{n=1}^{\infty} b_n$ 都发散，则(   )。

(A) $\displaystyle\sum_{n=1}^{\infty} (a_n + b_n)$ 发散   (B) $\displaystyle\sum_{n=1}^{\infty} a_n b_n$ 发散

(C) $\displaystyle\sum_{n=1}^{\infty} (|a_n| + |b_n|)$ 发散   (D) $\displaystyle\sum_{n=1}^{\infty} (a_n^2 + b_n^2)$ 发散

解 应选(C)。

方法一　设 $\sum\limits_{n=1}^{\infty} a_n$ 与 $\sum\limits_{n=1}^{\infty} b_n$ 都发散，则级数 $\sum\limits_{n=1}^{\infty} |a_n|$ 与 $\sum\limits_{n=1}^{\infty} |b_n|$ 都发散，由于两个发散的正项级数之和一定发散，因此 $\sum\limits_{n=1}^{\infty} (|a_n|+|b_n|)$ 发散，故选(C)。

方法二　取 $a_n = \dfrac{1+n}{n^2}$，$b_n = -\dfrac{1}{n}$，级数 $\sum\limits_{n=1}^{\infty} a_n$ 与 $\sum\limits_{n=1}^{\infty} b_n$ 都发散，但级数 $\sum\limits_{n=1}^{\infty} (a_n+b_n) = \sum\limits_{n=1}^{\infty} \dfrac{1}{n^2}$ 却收敛，从而选项(A)不正确；取 $a_n = b_n = \dfrac{1}{n}$，级数 $\sum\limits_{n=1}^{\infty} a_n$ 与 $\sum\limits_{n=1}^{\infty} b_n$ 都发散，但 $\sum\limits_{n=1}^{\infty} a_n b_n = \sum\limits_{n=1}^{\infty} \dfrac{1}{n^2}$ 却收敛，从而选项(B)不正确；取 $a_n = b_n = \dfrac{1}{n}$，级数 $\sum\limits_{n=1}^{\infty} a_n$ 与 $\sum\limits_{n=1}^{\infty} b_n$ 都发散，但 $\sum\limits_{n=1}^{\infty} (a_n^2+b_n^2) = \sum\limits_{n=1}^{\infty} \dfrac{2}{n^2}$ 却收敛，从而选项(D)不正确。故选(C)。

2. 填空题

例 1　设 $u_1 = 1$，$\lim\limits_{n \to \infty} u_n = 2019$，则级数 $\sum\limits_{n=1}^{\infty} (u_{n+1} - u_n)$ 的和为_____。

解　由于部分和
$$s_n = (u_2 - u_1) + (u_3 - u_2) + \cdots + (u_{n+1} - u_n) = u_{n+1} - u_1 = u_{n+1} - 1$$
因此
$$\lim_{n \to \infty} s_n = \lim_{n \to \infty} (u_{n+1} - 1) = \lim_{n \to \infty} u_{n+1} - 1 = 2019 - 1 = 2018$$
从而级数 $\sum\limits_{n=1}^{\infty} (u_{n+1} - u_n)$ 收敛，且其和 $s = 2018$。

例 2　级数 $\sum\limits_{n=1}^{\infty} \dfrac{1}{(2n-1)(2n+1)}$ 的和为_____。

解　由于
$$u_n = \frac{1}{(2n-1)(2n+1)} = \frac{1}{2}\left(\frac{1}{2n-1} - \frac{1}{2n+1}\right)$$
$$s_n = \frac{1}{1 \cdot 3} + \frac{1}{3 \cdot 5} + \cdots + \frac{1}{(2n-1)(2n+1)}$$
$$= \frac{1}{2}\left(1 - \frac{1}{3} + \frac{1}{3} - \frac{1}{5} + \cdots + \frac{1}{2n-1} - \frac{1}{2n+1}\right)$$
$$= \frac{1}{2}\left(1 - \frac{1}{2n+1}\right) \to \frac{1}{2} \ (n \to \infty)$$
因此级数 $\sum\limits_{n=1}^{\infty} \dfrac{1}{(2n-1)(2n+1)}$ 收敛，且其和为 $\dfrac{1}{2}$。

例 3　级数 $\sum\limits_{n=1}^{\infty} \arctan \dfrac{1}{2 \cdot n^2}$ 的和为_____。

解　由 $\arctan x + \arctan y = \arctan \dfrac{x+y}{1-xy}$，得
$$s_2 = \arctan \frac{1}{2} + \arctan \frac{1}{2 \cdot 2^2} = \arctan \frac{\frac{1}{2} + \frac{1}{8}}{1 - \frac{1}{2} \cdot \frac{1}{8}} = \arctan \frac{2}{3}$$

$$s_3 = s_2 + \arctan \frac{1}{2 \cdot 3^2} = \arctan \frac{2}{3} + \arctan \frac{1}{18} = \arctan \frac{3}{4}$$

$$\vdots$$

$$s_n = \arctan \frac{n}{n+1}$$

故 $\lim_{n \to \infty} s_n = \lim_{n \to \infty} \arctan \frac{n}{n+1} = \frac{\pi}{4}$，从而原级数收敛，且其和 $s = \frac{\pi}{4}$。

3. 解答题

例 1　已知 $\lim_{n \to \infty} nu_n = 0$，级数 $\sum_{n=1}^{\infty} (n+1)(u_{n+1} - u_n)$ 收敛，证明级数 $\sum_{n=1}^{\infty} u_n$ 也收敛。

证　设级数 $\sum_{n=1}^{\infty} u_n$ 的部分和为 σ_n，级数 $\sum_{n=1}^{\infty} (n+1)(u_{n+1} - u_n)$ 的和为 s，部分和为 s_n，则 $\lim_{n \to \infty} s_n = s$。由于

$$s_n = 2(u_2 - u_1) + 3(u_3 - u_2) + \cdots + (n+1)(u_{n+1} - u_n)$$
$$= -2u_1 - u_2 - u_3 - \cdots - u_n + (n+1)u_{n+1}$$
$$= -u_1 - (u_1 + u_2 + u_3 + \cdots + u_n) + (n+1)u_{n+1}$$
$$= -u_1 - \sigma_n + (n+1)u_{n+1}$$

即 $\sigma_n = -u_1 + (n+1)u_{n+1} - s_n$，由已知条件 $\lim_{n \to \infty} nu_n = 0$，得 $\lim_{n \to \infty} (n+1)u_{n+1} = 0$，因此

$$\lim_{n \to \infty} \sigma_n = \lim_{n \to \infty} [-u_1 + (n+1)u_{n+1} - s_n] = -u_1 - s$$

故级数 $\sum_{n=1}^{\infty} u_n$ 收敛。

例 2　证明 $\lim_{n \to \infty} \frac{n^n}{(n!)^2} = 0$。

证　考虑级数 $\sum_{n=1}^{\infty} \frac{n^n}{(n!)^2}$，由于

$$\lim_{n \to \infty} \frac{u_{n+1}}{u_n} = \lim_{n \to \infty} \frac{(n+1)^{n+1}}{[(n+1)!]^2} \cdot \frac{(n!)^2}{n^n} = \lim_{n \to \infty} \frac{1}{n+1} \cdot \left(1 + \frac{1}{n}\right)^n = 0$$

因此级数 $\sum_{n=1}^{\infty} \frac{n^n}{(n!)^2}$ 收敛，由级数收敛的必要条件知 $\lim_{n \to \infty} u_n = 0$，即 $\lim_{n \to \infty} \frac{n^n}{(n!)^2} = 0$。

例 3　判别级数 $\sum_{n=2}^{\infty} \frac{1}{n \ln^3 n}$ 的敛散性。

解　设 $f(x) = \frac{1}{x \ln^3 x}$，则 $f(n) = \frac{1}{n \ln^3 n} = u_n$，$f'(x) = -\frac{\ln x + 3}{x^2 \ln^4 x} < 0 (x \geqslant 2)$，因为 $f(x)$ 在 $[2, +\infty)$ 上是单调递减的非负函数，且 $\int_2^{+\infty} \frac{1}{x \ln^3 x} dx = \int_2^{+\infty} \frac{1}{\ln^3 x} d(\ln x) = \frac{1}{2 \ln^2 2}$，所以原级数收敛。

例 4　设 $a_n = \int_0^{\frac{\pi}{4}} \tan^n x \, dx$。

（ⅰ）求 $\sum_{n=1}^{\infty} \frac{1}{n} (a_n + a_{n+2})$ 的值；

（ⅱ）试证明对于任意的常数 $\lambda > 0$，级数 $\sum\limits_{n=1}^{\infty} \dfrac{a_n}{n^\lambda}$ 收敛。

解 （ⅰ）由于

$$a_n + a_{n+2} = \int_0^{\frac{\pi}{4}} \tan^n x\,\mathrm{d}x + \int_0^{\frac{\pi}{4}} \tan^{n+2} x\,\mathrm{d}x = \int_0^{\frac{\pi}{4}} \tan^n x(1+\tan^2 x)\,\mathrm{d}x$$

$$= \int_0^{\frac{\pi}{4}} \tan^n x\,\mathrm{d}(\tan x) = \left[\frac{\tan^{n+1} x}{n+1}\right]_0^{\frac{\pi}{4}} = \frac{1}{n+1}$$

因此级数 $\sum\limits_{n=1}^{\infty} \dfrac{1}{n}(a_n + a_{n+2})$ 的一般项 $u_n = \dfrac{1}{n}(a_n + a_{n+2}) = \dfrac{1}{n(n+1)}$，部分和

$$s_n = \sum_{k=1}^{n} \frac{1}{k(k+1)} = 1 - \frac{1}{2} + \frac{1}{2} - \frac{1}{3} + \cdots + \frac{1}{n} - \frac{1}{n+1} = 1 - \frac{1}{n+1} \to 1 \quad (n \to \infty)$$

从而

$$\sum_{n=1}^{\infty} \frac{1}{n}(a_n + a_{n+2}) = \sum_{n=1}^{\infty} \frac{1}{n(n+1)} = 1$$

（ⅱ）由（ⅰ）知 $a_n + a_{n+2} = \dfrac{1}{n+1}(a_n > 0)$，从而 $a_n < \dfrac{1}{n+1}$，$0 < \dfrac{a_n}{n^\lambda} < \dfrac{1}{n^\lambda} \cdot \dfrac{1}{n+1} < \dfrac{1}{n^{\lambda+1}}$，又对于任意的 $\lambda > 0$，级数 $\sum\limits_{n=1}^{\infty} \dfrac{1}{n^{\lambda+1}}(p = \lambda + 1 > 1)$ 收敛，故由比较判别法知 $\sum\limits_{n=1}^{\infty} \dfrac{a_n}{n^\lambda}$ 收敛。

例 5 设偶函数 $f(x)$ 的二阶导数 $f''(x)$ 在 $x = 0$ 的一个邻域内连续，且 $f(0) = 1$，$f''(0) = 2$，证明 $\sum\limits_{n=1}^{\infty}\left[f\left(\dfrac{1}{n}\right) - 1\right]$ 绝对收敛。

证 由 $f(x)$ 是偶函数知 $f'(0) = 0$，由泰勒公式得

$$f\left(\frac{1}{n}\right) = f(0) + \frac{1}{2!}f''(0) \cdot \frac{1}{n^2} + o\left(\frac{1}{n^2}\right) = 1 + \frac{1}{n^2} + o\left(\frac{1}{n^2}\right)$$

由于 $f\left(\dfrac{1}{n}\right) - 1 \sim \dfrac{1}{n^2}(n \to \infty)$，且 $f\left(\dfrac{1}{n}\right) - 1 > 0$，$\sum\limits_{n=1}^{\infty} \dfrac{1}{n^2}$ 收敛，因此 $\sum\limits_{n=1}^{\infty}\left[f\left(\dfrac{1}{n}\right) - 1\right]$ 绝对收敛。

例 6 设 $f(x)$ 在 $x = 0$ 的一个邻域内具有二阶连续导数，$\lim\limits_{x \to 0} \dfrac{f(x)}{x} = 0$，证明 $\sum\limits_{n=1}^{\infty} f\left(\dfrac{1}{n}\right)$ 绝对收敛。

证 由于 $\lim\limits_{x \to 0} \dfrac{f(x)}{x} = 0$，因此 $f(0) = 0$，$f'(0) = \lim\limits_{x \to 0} \dfrac{f(x) - f(0)}{x} = 0$，由泰勒公式得

$$f(x) = \frac{1}{2!}f''(\xi)x^2$$

其中 ξ 介于 0 与 x 之间。又 $f''(x)$ 在 $x = 0$ 的一个邻域内连续，故在点 $x = 0$ 的该邻域内存在一个闭区间为 $f''(x)$ 的有界区间，从而存在 $M > 0$，使得

$$|f''(x)| \leqslant M, \quad |f(x)| \leqslant \frac{M}{2}x^2$$

令 $x = \dfrac{1}{n}$，则当 n 充分大时，$\left|f\left(\dfrac{1}{n}\right)\right| \leqslant \dfrac{M}{2} \cdot \dfrac{1}{n^2}$，由于 $\sum\limits_{n=1}^{\infty} \dfrac{1}{n^2}$ 收敛，因此由比较判别法知 $\sum\limits_{n=1}^{\infty} f\left(\dfrac{1}{n}\right)$ 绝对收敛。

例 7　判别级数 $\sum\limits_{n=1}^{\infty} \dfrac{n^3 \left[\sqrt{2}+(-1)^n\right]^n}{3^n}$ 的敛散性。

解　由于 $0 < \dfrac{n^3 \left[\sqrt{2}+(-1)^n\right]^n}{3^n} \leqslant \dfrac{n^3 \left(\sqrt{2}+1\right)^n}{3^n}$，对于级数 $\sum\limits_{n=1}^{\infty} \dfrac{n^3 \left(\sqrt{2}+1\right)^n}{3^n}$，因为

$$\lim_{n\to\infty} \frac{u_{n+1}}{u_n} = \lim_{n\to\infty} \frac{(n+1)^3 \left(\sqrt{2}+1\right)^{n+1}}{3^{n+1}} \cdot \frac{3^n}{n^3 \left(\sqrt{2}+1\right)^n}$$

$$= \frac{\sqrt{2}+1}{3} \lim_{n\to\infty} \left(1+\frac{1}{n}\right)^3 = \frac{\sqrt{2}+1}{3} < 1$$

所以级数 $\sum\limits_{n=1}^{\infty} \dfrac{n^3 \left[\sqrt{2}+1\right]^n}{3^n}$ 收敛，因此由比较判别法知 $\sum\limits_{n=1}^{\infty} \dfrac{n^3 \left[\sqrt{2}+(-1)^n\right]^n}{3^n}$ 收敛。

例 8　设正项数列 $\{a_n\}$ 单调递减，且 $\sum\limits_{n=1}^{\infty} (-1)^n a_n$ 发散，问级数 $\sum\limits_{n=1}^{\infty} \left[n^{\left(\frac{1}{a_n+1}\right)^n}-1\right]$ 是否收敛，并说明理由。

解　由于 $\{a_n\}$ 单调递减且 $a_n > 0 (n=1,2,\cdots)$，因此 $\lim\limits_{n\to\infty} a_n = a$。若 $a=0$，则交错级数 $\sum\limits_{n=1}^{\infty} (-1)^n a_n$ 收敛，与题设矛盾，从而 $a>0$ 且 $a_n \geqslant a$。由于 $n^{\left(\frac{1}{a_n+1}\right)^n}-1 = e^{\left(\frac{1}{a_n+1}\right)^n \ln n}-1$，

且 $0 \leqslant \lim\limits_{n\to\infty} \dfrac{\ln n}{(a_n+1)^n} \leqslant \lim\limits_{n\to\infty} \dfrac{\ln n}{(a+1)^n} = 0$，因此

$$n^{\left(\frac{1}{a_n+1}\right)^n}-1 = e^{\left(\frac{1}{a_n+1}\right)^n \ln n}-1 \sim \frac{\ln n}{(a_n+1)^n} \quad (n\to\infty)$$

因为 $\sum\limits_{n=1}^{\infty} \dfrac{\ln n}{(a+1)^n}$ 是正项级数，且

$$\lim_{n\to\infty} \frac{\dfrac{\ln(n+1)}{(a+1)^{n+1}}}{\dfrac{\ln n}{(a+1)^n}} = \frac{1}{a+1} < 1$$

所以由比值判别法知 $\sum\limits_{n=1}^{\infty} \dfrac{\ln n}{(a+1)^n}$ 收敛，由比较判别法知 $\sum\limits_{n=1}^{\infty} \dfrac{\ln n}{(a_n+1)^n}$ 收敛，从而

$\sum\limits_{n=1}^{\infty} \left[n^{\left(\frac{1}{a_n+1}\right)^n}-1\right]$ 收敛。

例 9　设 $f_n(x) = x^3 + a^n x - 1$，其中 n 是正整数，$a>1$。

（ⅰ）证明方程 $f_n(x)=0$ 有唯一的正根 r_n；

（ⅱ）若 $s_n = r_1 + r_2 + \cdots + r_n$，证明 $\lim\limits_{n\to\infty} s_n = s$，且 $\dfrac{1}{a-1} - \dfrac{1}{a^4-1} \leqslant s \leqslant \dfrac{1}{a-1}$。

证　（ⅰ）由于 $f_n(x)$ 连续，$f_n(0) = -1 < 0$，$f_n\left(\dfrac{1}{a^n}\right) = \dfrac{1}{a^{3n}} > 0$，因此由零点定理知

$f_n(x) = 0$ 有正根 r_n，且 $0 < r_n < \dfrac{1}{a^n}$。又 $f_n'(x) = 3x^2 + a^n > 0$，故方程 $f_n(x)=0$ 有唯一正根。

（ⅱ）由于 $\sum\limits_{n=1}^{\infty} \dfrac{1}{a^n}$ 收敛，因此由比较判别法知 $s = \sum\limits_{n=1}^{\infty} r_n$ 收敛，即 $\lim\limits_{n\to\infty} s_n = s$，且

$$s = \sum_{n=1}^{\infty} r_n \leqslant \sum_{n=1}^{\infty} \frac{1}{a^n} = \frac{1}{a-1}$$

即 $s \leqslant \dfrac{1}{a-1}$。又

$$r_n = \frac{1}{a^n}(1 - r_n^3) \geqslant \frac{1}{a^n}\left(1 - \frac{1}{a^{3n}}\right) = \frac{1}{a^n} - \frac{1}{a^{4n}}$$

故

$$\sum_{n=1}^{\infty} r_n \geqslant \sum_{n=1}^{\infty} \frac{1}{a^n} - \sum_{n=1}^{\infty} \frac{1}{a^{4n}} = \frac{1}{a-1} - \frac{1}{a^4-1}$$

即

$$\frac{1}{a-1} - \frac{1}{a^4-1} \leqslant s \leqslant \frac{1}{a-1}$$

三、经典习题与解答

经典习题

1. 选择题

(1) 设 $\lim\limits_{n \to \infty} b_n = +\infty$，则级数 $\sum\limits_{n=1}^{\infty}\left(\dfrac{1}{b_n} - \dfrac{1}{b_{n+1}}\right)$（　　）。

(A) 一定发散　　　　　　　　　　　(B) 其敛散性不确定

(C) 必收敛于 0　　　　　　　　　　(D) 必收敛于 $\dfrac{1}{b_1}$

(2) 设级数 $\sum\limits_{n=1}^{\infty} a_n^2$ 和 $\sum\limits_{n=1}^{\infty} b_n^2$ 都收敛，则级数 $\sum\limits_{n=1}^{\infty} a_n b_n$（　　）。

(A) 条件收敛　　　　　　　　　　　(B) 绝对收敛

(C) 发散　　　　　　　　　　　　　(D) 敛散性不能确定

(3) a_n 和 b_n 满足条件（　　），可由级数 $\sum\limits_{n=1}^{\infty} a_n$ 发散推得级数 $\sum\limits_{n=1}^{\infty} b_n$ 发散。

(A) $a_n \leqslant b_n$　　　(B) $|a_n| \leqslant b_n$　　　(C) $a_n \leqslant |b_n|$　　　(D) $|a_n| \leqslant |b_n|$

(4) 设 $\lambda > 0$ 为常数，则级数 $\sum\limits_{n=2}^{\infty} \sin\left(n\pi + \dfrac{\lambda}{\ln n}\right)$（　　）。

(A) 条件收敛　　　　　　　　　　　(B) 绝对收敛

(C) 发散　　　　　　　　　　　　　(D) 敛散性与 λ 有关

(5) 正项级数 $\sum\limits_{n=1}^{\infty} a_n$ 收敛是级数 $\sum\limits_{n=1}^{\infty} a_n^2$ 收敛的（　　）。

(A) 充分条件　　　　　　　　　　　(B) 必要条件

(C) 充要条件　　　　　　　　　　　(D) 既非充分条件，又非必要条件

(6) 设 $\sum\limits_{n=1}^{\infty}\left(\dfrac{na}{n+1}\right)^n (a > 0)$ 收敛，则（　　）。

(A) $a > 1$　　　(B) $a < 1$　　　(C) $a \geqslant 1$　　　(D) $a \leqslant 1$

(7) 下列结论正确的是（　　）。

(A) 若 $\lim\limits_{n \to \infty} a_n b_n = 0$，则 $\sum\limits_{n=1}^{\infty} a_n$ 与 $\sum\limits_{n=1}^{\infty} b_n$ 中至少有一个收敛

（B）若 $\lim\limits_{n\to\infty} a_n b_n = 1$，则 $\sum\limits_{n=1}^{\infty} a_n$ 与 $\sum\limits_{n=1}^{\infty} b_n$ 中至少有一个发散

（C）若 $\lim\limits_{n\to\infty} \dfrac{a_n}{b_n} = 0$，则当 $\sum\limits_{n=1}^{\infty} b_n$ 收敛时，$\sum\limits_{n=1}^{\infty} a_n$ 收敛

（D）若 $\lim\limits_{n\to\infty} \dfrac{a_n}{b_n} = \infty$，则当 $\sum\limits_{n=1}^{\infty} a_n$ 发散时，$\sum\limits_{n=1}^{\infty} b_n$ 发散

2. 填空题

（1）级数 $\sum\limits_{n=1}^{\infty} \dfrac{(-1)^{n-1}}{2^{n-1}}$ 的和为 _____。

（2）级数 $\sum\limits_{n=1}^{\infty} \dfrac{1}{n(n+1)(n+2)}$ 的和为 _____。

（3）设级数 $\sum\limits_{n=1}^{\infty} \dfrac{\sqrt{n+1}}{n^{\alpha}}$ 收敛，则 α 应满足 _____。

3. 解答题

（1）设 $u_n > 0$，$v_n > 0$（$n = 1, 2, \cdots$），且对一切 n 有 $v_n \dfrac{u_n}{u_{n+1}} - v_{n+1} \geqslant a > 0$，其中 a 为常数，证明级数 $\sum\limits_{n=1}^{\infty} u_n$ 收敛。

（2）判别下列级数的敛散性：

（ⅰ）$\dfrac{1}{3} + \dfrac{1}{\sqrt{3}} + \dfrac{1}{\sqrt[3]{3}} + \dfrac{1}{\sqrt[4]{3}} + \cdots$；

（ⅱ）$\sum\limits_{n=1}^{\infty} \left(\dfrac{1}{n}\right)^{\frac{1}{n}}$；

（ⅲ）$\sum\limits_{n=1}^{\infty} \left(\dfrac{1}{n}\right)^{\frac{1}{2}}$；

（ⅳ）$\sum\limits_{n=1}^{\infty} \left(\dfrac{1}{n^3} - \dfrac{\ln^n 3}{3^n}\right)$。

（3）判别下列级数的敛散性：

（ⅰ）$\sum\limits_{n=1}^{\infty} \dfrac{n^{n+\frac{1}{n}}}{\left(n+\dfrac{1}{n}\right)^n}$；

（ⅱ）$\sum\limits_{n=1}^{\infty} \dfrac{\sqrt{n}}{n+1} \sin \dfrac{1}{n}$；

（ⅲ）$\sum\limits_{n=1}^{\infty} 2^n \tan \dfrac{\pi}{3^n}$；

（ⅳ）$\sum\limits_{n=1}^{\infty} \dfrac{4^n}{5^n - 3^n}$；

（ⅴ）$\sum\limits_{n=1}^{\infty} \dfrac{2^n \cdot n!}{n^n}$。

（4）设 $a_n \neq 0$（$n = 1, 2, \cdots$），且 $\lim\limits_{n\to\infty} a_n = a \neq 0$，证明 $\sum\limits_{n=1}^{\infty} |a_{n+1} - a_n|$ 与 $\sum\limits_{n=1}^{\infty} \left|\dfrac{1}{a_{n+1}} - \dfrac{1}{a_n}\right|$ 同

时收敛或同时发散。

(5) 判别级数 $\sum\limits_{n=1}^{\infty}(-1)^{n-1}\dfrac{2^n\sin^{2n}x}{n}$ 的敛散性。

(6) 判别级数 $\sum\limits_{n=2}^{\infty}\dfrac{1}{\ln n}\sin\dfrac{1}{n}$ 的敛散性。

(7) 判别级数 $\sum\limits_{n=2}^{\infty}\dfrac{(-1)^{n-1}}{n^p}$ 的敛散性。

(8) 设 $a_n>0$，$b_n>0$，且 $\dfrac{a_{n+1}}{a_n}\leqslant\dfrac{b_{n+1}}{b_n}(n=1,2,\cdots)$，证明若 $\sum\limits_{n=1}^{\infty}b_n$ 收敛，则 $\sum\limits_{n=1}^{\infty}a_n$ 收敛，

若 $\sum\limits_{n=1}^{\infty}a_n$ 发散，则 $\sum\limits_{n=1}^{\infty}b_n$ 发散。

(9) 设 $a_n\geqslant 0$，且 $\sum\limits_{n=1}^{\infty}a_n$ 收敛，证明 $\sum\limits_{n=1}^{\infty}a_n^2$ 也收敛。

(10) 设 $\sum\limits_{n=1}^{\infty}a_n$ 与 $\sum\limits_{n=1}^{\infty}c_n$ 都收敛，且 $a_n\leqslant b_n\leqslant c_n(n=1,2,\cdots)$，证明 $\sum\limits_{n=1}^{\infty}b_n$ 收敛。

经典习题解答

1. 选择题

(1) **解**　应选(D)。

由于 $s_n=\left(\dfrac{1}{b_1}-\dfrac{1}{b_2}\right)+\left(\dfrac{1}{b_2}-\dfrac{1}{b_3}\right)+\cdots+\left(\dfrac{1}{b_n}-\dfrac{1}{b_{n+1}}\right)=\dfrac{1}{b_1}-\dfrac{1}{b_{n+1}}\to\dfrac{1}{b_1}(n\to\infty)$，因此级

数 $\sum\limits_{n=1}^{\infty}\left(\dfrac{1}{b_n}-\dfrac{1}{b_{n+1}}\right)$ 收敛于 $\dfrac{1}{b_1}$，故选(D)。

(2) **解**　应选(B)。

由于 $|a_nb_n|\leqslant\dfrac{a_n^2+b_n^2}{2}$，且级数 $\sum\limits_{n=1}^{\infty}a_n^2$ 和 $\sum\limits_{n=1}^{\infty}b_n^2$ 都收敛，由比较判别法知 $\sum\limits_{n=1}^{\infty}|a_nb_n|$ 收敛，

即级数 $\sum\limits_{n=1}^{\infty}a_nb_n$ 绝对收敛，故选(B)。

(3) **解**　应选(B)。

由于 $\sum\limits_{n=1}^{\infty}a_n$ 发散，因此 $\sum\limits_{n=1}^{\infty}|a_n|$ 发散，又 $|a_n|\leqslant b_n$，由比较判别法知 $\sum\limits_{n=1}^{\infty}b_n$ 发散，故

选(B)。

(4) **解**　应选(A)。

由于 $\sin\left(n\pi+\dfrac{\lambda}{\ln n}\right)=(-1)^n\sin\dfrac{\lambda}{\ln n}$，由交错级数的莱布尼茨准则知 $\sum\limits_{n=2}^{\infty}(-1)^n\sin\dfrac{\lambda}{\ln n}$

收敛，又当 n 充分大时，$\left|(-1)^n\sin\dfrac{\lambda}{\ln n}\right|=\sin\dfrac{\lambda}{\ln n}$，且 $\sin\dfrac{\lambda}{\ln n}\sim\dfrac{\lambda}{\ln n}$，$\dfrac{\lambda}{\ln n}>\dfrac{\lambda}{n}$，而级数

$\sum\limits_{n=2}^{\infty}\dfrac{\lambda}{n}$ 发散，因此 $\sum\limits_{n=2}^{\infty}\sin\left(n\pi+\dfrac{\lambda}{\ln n}\right)$ 条件收敛，故选(A)。

(5) **解**　应选(A)。

设 $\sum\limits_{n=1}^{\infty} a_n$ 收敛，则 $\lim\limits_{n\to\infty} a_n = 0$，从而当 n 充分大时，$0 \leqslant a_n < 1$，因此 $0 \leqslant a_n^2 \leqslant a_n$，由比较判别法知 $\sum\limits_{n=1}^{\infty} a_n^2$ 收敛。但 $\sum\limits_{n=1}^{\infty} a_n^2$ 收敛不能推出 $\sum\limits_{n=1}^{\infty} a_n$ 收敛，事实上取 $a_n = \dfrac{1}{n}$，则 $\sum\limits_{n=1}^{\infty} a_n^2$ 收敛，但 $\sum\limits_{n=1}^{\infty} a_n$ 发散，从而正项级数 $\sum\limits_{n=1}^{\infty} a_n$ 收敛是级数 $\sum\limits_{n=1}^{\infty} a_n^2$ 收敛的充分条件，故选(A)。

(6) **解** 应选(B)。

由于 $\lim\limits_{n\to\infty} \sqrt[n]{a_n} = \lim\limits_{n\to\infty} \dfrac{na}{n+1} = a$，因此当 $a < 1$ 时，原级数收敛，当 $a > 1$ 时，原级数发散，当 $a = 1$ 时，原级数为 $\sum\limits_{n=1}^{\infty} \left(\dfrac{n}{n+1}\right)^n$，又 $\lim\limits_{n\to\infty} \left(\dfrac{n}{n+1}\right)^n = \lim\limits_{n\to\infty} \dfrac{1}{\left(1+\dfrac{1}{n}\right)^n} = \dfrac{1}{e} \neq 0$，所以级数 $\sum\limits_{n=1}^{\infty} \left(\dfrac{n}{n+1}\right)^n$ 发散，故选(B)。

(7) **解** 应选(B)。

由于 $\lim\limits_{n\to\infty} a_n b_n = 1$，因此 $\lim\limits_{n\to\infty} a_n = 0$ 和 $\lim\limits_{n\to\infty} b_n = 0$ 中至少有一个不成立，从而 $\sum\limits_{n=1}^{\infty} a_n$ 与 $\sum\limits_{n=1}^{\infty} b_n$ 中至少有一个发散，故选(B)。

2. 填空题

(1) **解** 由于该级数是 $q = -\dfrac{1}{2}$（$|q| < 1$）的等比级数，因此它收敛，且其和为

$$s = \frac{1}{1-q} = \frac{1}{1+\dfrac{1}{2}} = \frac{2}{3}$$

(2) **解** 由于 $\dfrac{1}{n(n+1)(n+2)} = \dfrac{1}{2}\left[\dfrac{1}{n(n+1)} - \dfrac{1}{(n+1)(n+2)}\right]$，因此

$$s_n = \frac{1}{2}\sum_{k=1}^{n}\left[\frac{1}{k(k+1)} - \frac{1}{(k+1)(k+2)}\right] = \frac{1}{2}\left[\frac{1}{1\cdot 2} - \frac{1}{(n+1)(n+2)}\right]$$

从而 $\lim\limits_{n\to\infty} s_n = \dfrac{1}{4}$，所以原级数收敛，且其和为 $\dfrac{1}{4}$。

(3) **解** 由于 $\lim\limits_{n\to\infty} \dfrac{\dfrac{\sqrt{n+1}}{n^a}}{\dfrac{1}{n^{a-\frac{1}{2}}}} = \lim\limits_{n\to\infty} \dfrac{\sqrt{n+1}}{\sqrt{n}} = 1$，因此原级数与级数 $\sum\limits_{n=1}^{\infty} \dfrac{1}{n^{a-\frac{1}{2}}}$ 同敛散，而

当且仅当 $\alpha - \dfrac{1}{2} > 1$，即 $\alpha > \dfrac{3}{2}$ 时，级数 $\sum\limits_{n=1}^{\infty} \dfrac{1}{n^{a-\frac{1}{2}}}$ 才收敛，故 α 应满足 $\alpha > \dfrac{3}{2}$。

3. 解答题

(1) **证** 由 $v_n \dfrac{u_n}{u_{n+1}} - v_{n+1} \geqslant a > 0$ 知，对一切 n 有 $v_n u_n - v_{n+1} u_{n+1} \geqslant a u_{n+1} > 0$，从而

$$v_1 u_1 - v_2 u_2 \geqslant a u_2 > 0, \quad v_2 u_2 - v_3 u_3 \geqslant a u_3 > 0, \quad \cdots, \quad v_n u_n - v_{n+1} u_{n+1} \geqslant a u_{n+1} > 0$$

各式相加，得

$$v_1 u_1 - v_{n+1} u_{n+1} \geqslant a(u_2 + u_3 + \cdots + u_{n+1}) > 0$$

又 $v_n u_n - v_{n+1} u_{n+1} \geqslant a u_{n+1} > 0$，即 $v_n u_n$ 单调递减，故 $0 < v_1 u_1 - v_{n+1} u_{n+1} < u_1 v_1$，从而

$$a(u_2 + u_3 + \cdots + u_{n+1}) < u_1 v_1$$

由正项级数收敛的基本定理知 $\displaystyle\sum_{n=2}^{\infty} a u_n$ 收敛，从而级数 $\displaystyle\sum_{n=1}^{\infty} u_n$ 收敛。

(2) **解** （ⅰ）由于级数的一般项为 $u_n = \dfrac{1}{\sqrt[n]{3}}$，且 $\lim\limits_{n\to\infty} u_n = \lim\limits_{n\to\infty} \dfrac{1}{\sqrt[n]{3}} = 1 \neq 0$，所以原级数发散。

（ⅱ）由于级数的一般项为 $u_n = \left(\dfrac{1}{n}\right)^{\frac{1}{n}} = \dfrac{1}{\sqrt[n]{n}}$，又 $\lim\limits_{n\to\infty} \sqrt[n]{n} = 1$，因此 $\lim\limits_{n\to\infty} u_n = 1 \neq 0$，所以原级数发散。

（ⅲ）由于

$$s_n = 1 + \frac{1}{\sqrt{2}} + \frac{1}{\sqrt{3}} + \cdots + \frac{1}{\sqrt{n}} > \frac{1}{\sqrt{n}} + \frac{1}{\sqrt{n}} + \frac{1}{\sqrt{n}} + \cdots + \frac{1}{\sqrt{n}} = \sqrt{n}$$

因此 $\lim\limits_{n\to\infty} s_n = +\infty$，所以原级数发散。

或 $\displaystyle\sum_{n=1}^{\infty} \left(\dfrac{1}{n}\right)^{\frac{1}{2}} = \sum_{n=1}^{\infty} \dfrac{1}{\sqrt{n}}$ 为 $p = \dfrac{1}{2} < 1$ 的 p-级数，故级数 $\displaystyle\sum_{n=1}^{\infty} \left(\dfrac{1}{n}\right)^{\frac{1}{2}}$ 发散。

（ⅳ）级数 $\displaystyle\sum_{n=1}^{\infty} \dfrac{1}{n^3}$ 是 $p = 3 > 1$ 的 p-级数，故级数 $\displaystyle\sum_{n=1}^{\infty} \dfrac{1}{n^3}$ 收敛，又 $\displaystyle\sum_{n=1}^{\infty} \left(\dfrac{\ln 3}{3}\right)^n$ 是 $|q| = \left|\dfrac{\ln 3}{3}\right| < 1$ 的等比级数，故级数 $\displaystyle\sum_{n=1}^{\infty} \left(\dfrac{\ln 3}{3}\right)^n$ 收敛，所以原级数收敛。

(3) **解** （ⅰ）因为 $u_n = \dfrac{n^{n+\frac{1}{n}}}{\left(n + \dfrac{1}{n}\right)^n} = \dfrac{\sqrt[n]{n}}{\left(1 + \dfrac{1}{n^2}\right)^n}$，且

$$\lim_{n\to\infty} \left(1 + \frac{1}{n^2}\right)^n = \lim_{n\to\infty} \left[\left(1 + \frac{1}{n^2}\right)^{n^2}\right]^{\frac{1}{n}} = e^0 = 1, \quad \lim_{n\to\infty} \sqrt[n]{n} = 1$$

因此 $\lim\limits_{n\to\infty} u_n = 1 \neq 0$，所以原级数发散。

（ⅱ）由于 $\sin\dfrac{1}{n} \sim \dfrac{1}{n}\,(n\to\infty)$，因此 $\displaystyle\sum_{n=1}^{\infty} \dfrac{\sqrt{n}}{n+1} \sin\dfrac{1}{n}$ 与 $\displaystyle\sum_{n=1}^{\infty} \dfrac{\sqrt{n}}{n+1} \cdot \dfrac{1}{n}$ 同敛散，又 $\dfrac{\sqrt{n}}{n+1} \cdot \dfrac{1}{n} = \dfrac{1}{\sqrt{n}(n+1)} < \dfrac{1}{n^{\frac{3}{2}}}$，且级数 $\displaystyle\sum_{n=1}^{\infty} \dfrac{1}{n^{\frac{3}{2}}}\left(p = \dfrac{3}{2} > 1\right)$ 收敛，所以原级数收敛。

（ⅲ）由于 $\tan\dfrac{\pi}{3^n} \sim \dfrac{\pi}{3^n}\,(n\to\infty)$，因此 $\displaystyle\sum_{n=1}^{\infty} 2^n \tan\dfrac{\pi}{3^n}$ 与 $\displaystyle\sum_{n=1}^{\infty} \pi\left(\dfrac{2}{3}\right)^n$ 同敛散，又级数 $\displaystyle\sum_{n=1}^{\infty} \pi\left(\dfrac{2}{3}\right)^n\left(公比\ q = \dfrac{2}{3} < 1\right)$ 收敛，故原级数收敛。

（ⅳ）由于 $\lim\limits_{n\to\infty} \sqrt[n]{u_n} = \lim\limits_{n\to\infty} \dfrac{4}{\sqrt[n]{5^n - 3^n}} = \dfrac{4}{5} \lim\limits_{n\to\infty} \dfrac{1}{\sqrt[n]{1 - \left(\dfrac{3}{5}\right)^n}} = \dfrac{4}{5} < 1$，因此原级数收敛。

（ⅴ）由于 $\lim\limits_{n\to\infty} \dfrac{u_{n+1}}{u_n} = \lim\limits_{n\to\infty} \dfrac{2^{n+1}(n+1)!}{(n+1)^{n+1}} \cdot \dfrac{n^n}{2^n n!} = \lim\limits_{n\to\infty} \dfrac{2}{\left(1 + \dfrac{1}{n}\right)^n} = \dfrac{2}{e} < 1$，因此原级数

收敛。

(4) **证**　记 $u_n = |a_{n+1} - a_n|$，$v_n = \left| \dfrac{1}{a_{n+1}} - \dfrac{1}{a_n} \right|$，则级数 $\displaystyle\sum_{n=1}^{\infty} u_n$ 与级数 $\displaystyle\sum_{n=1}^{\infty} v_n$ 都是正项级数，且 $\displaystyle\lim_{n\to\infty} \dfrac{u_n}{v_n} = a^2 > 0$，所以 $\displaystyle\sum_{n=1}^{\infty} |a_{n+1} - a_n|$ 与 $\displaystyle\sum_{n=1}^{\infty} \left| \dfrac{1}{a_{n+1}} - \dfrac{1}{a_n} \right|$ 同时收敛或同时发散。

(5) **解**　设 $u_n = (-1)^{n-1} \dfrac{2^n \sin^{2n} x}{n}$，则

$$\lim_{n\to\infty} \sqrt[n]{|u_n|} = \lim_{n\to\infty} \frac{(\sqrt{2}\sin x)^2}{\sqrt[n]{n}} = (\sqrt{2}\sin x)^2$$

从而当 $2\sin^2 x < 1$，即 $|x - n\pi| < \dfrac{\pi}{4}$ 时，级数 $\displaystyle\sum_{n=1}^{\infty} u_n$ 绝对收敛；当 $2\sin^2 x = 1$，即 $|x - n\pi| = \dfrac{\pi}{4}$ 时，级数 $\displaystyle\sum_{n=1}^{\infty} u_n = \displaystyle\sum_{n=1}^{\infty} (-1)^{n-1} \dfrac{1}{n}$ 条件收敛；当 $2\sin^2 x > 1$，即 $|x - n\pi| > \dfrac{\pi}{4}$ 时，存在 a，使得 $2\sin^2 x > a > 1$，当 n 充分大时，$\sqrt[n]{|u_n|} > a$，即 $|u_n| > a^n > 1$，因此当 $n \to \infty$ 时，u_n 不趋于零，故 $\displaystyle\sum_{n=1}^{\infty} (-1)^{n-1} \dfrac{2^n \sin^{2n} x}{n}$ 发散。

(6) **解**　考虑级数 $\displaystyle\sum_{n=2}^{\infty} \dfrac{1}{n\ln n}$，令 $f(x) = \dfrac{1}{x\ln x}$，则

$$f(n) = \frac{1}{n\ln n}, \quad f'(x) = -\frac{1+\ln x}{(x\ln x)^2} < 0 \quad (x \geqslant 2)$$

因为 $f(x)$ 在 $[2, +\infty)$ 上是单调递减的非负函数，且

$$\int_2^{+\infty} \frac{1}{x\ln x} \mathrm{d}x = \lim_{t\to+\infty} \int_2^t \frac{1}{\ln x} \mathrm{d}(\ln x) = \lim_{t\to+\infty} [\ln(\ln t) - \ln(\ln 2)] = +\infty$$

所以级数 $\displaystyle\sum_{n=2}^{\infty} \dfrac{1}{n\ln n}$ 发散，且 $\displaystyle\lim_{n\to\infty} \dfrac{\dfrac{1}{\ln n} \sin \dfrac{1}{n}}{\dfrac{1}{n\ln n}} = \lim_{n\to\infty} \dfrac{\sin \dfrac{1}{n}}{\dfrac{1}{n}} = 1$，由比较判别法的极限形式知 $\displaystyle\sum_{n=2}^{\infty} \dfrac{1}{\ln n} \sin \dfrac{1}{n}$ 发散。

(7) **解**　级数 $\displaystyle\sum_{n=2}^{\infty} \left| \dfrac{(-1)^{n-1}}{n^p} \right| = \displaystyle\sum_{n=2}^{\infty} \dfrac{1}{n^p}$，当 $p > 1$ 时收敛，当 $0 < p \leqslant 1$ 时发散。$\displaystyle\sum_{n=2}^{\infty} \dfrac{(-1)^{n-1}}{n^p}$ 是交错级数，由于 $\displaystyle\lim_{n\to\infty} \dfrac{1}{n^p} = 0$ 且 $\dfrac{1}{n^p} > \dfrac{1}{(n+1)^p} (0 < p \leqslant 1)$，因此 $\displaystyle\sum_{n=2}^{\infty} \dfrac{(-1)^{n-1}}{n^p}$ 收敛，所以当 $p > 1$ 时原级数绝对收敛，当 $0 < p \leqslant 1$ 时条件收敛。当 $p \leqslant 0$，且 $n \to \infty$ 时，$u_n = \dfrac{(-1)^{n-1}}{n^p} = (-1)^{n-1} n^{-p}$ 不趋于零，所以当 $p \leqslant 0$ 时，原级数发散。

(8) **证**　由于 $a_n > 0$，$b_n > 0$，$\dfrac{a_{n+1}}{a_n} \leqslant \dfrac{b_{n+1}}{b_n} (n = 1, 2, \cdots)$，因此 $\dfrac{a_{n+1}}{b_{n+1}} \leqslant \dfrac{a_n}{b_n} (n = 1, 2, \cdots)$，从而 $\dfrac{a_n}{b_n} \leqslant \dfrac{a_{n-1}}{b_{n-1}} \leqslant \cdots \leqslant \dfrac{a_1}{b_1}$，故 $a_n \leqslant \dfrac{a_1}{b_1} b_n$ 或 $b_n \geqslant \dfrac{b_1}{a_1} a_n$。由比较判别法知，若 $\displaystyle\sum_{n=1}^{\infty} b_n$ 收敛，则 $\displaystyle\sum_{n=1}^{\infty} a_n$ 收敛；若 $\displaystyle\sum_{n=1}^{\infty} a_n$ 发散，则 $\displaystyle\sum_{n=1}^{\infty} b_n$ 发散。

（9）**证　方法一**　由于 $a_n \geqslant 0$，因此 $\sum\limits_{n=1}^{\infty} a_n$ 与 $\sum\limits_{n=1}^{\infty} a_n^2$ 均为正项级数。由 $\sum\limits_{n=1}^{\infty} a_n$ 收敛，得 $\lim\limits_{n \to \infty} a_n = 0$，当 n 充分大时，$0 \leqslant a_n < 1$，从而 $0 \leqslant a_n^2 < a_n$，由比较判别法及级数收敛性知 $\sum\limits_{n=1}^{\infty} a_n^2$ 收敛。

方法二　设正项级数 $\sum\limits_{n=1}^{\infty} a_n$ 与 $\sum\limits_{n=1}^{\infty} a_n^2$ 的部分和分别为 s_n、σ_n，$\sum\limits_{n=1}^{\infty} a_n$ 收敛于 s，则 $s_n \leqslant s$，从而 $\sigma_n = a_1^2 + a_2^2 + \cdots + a_n^2 \leqslant (a_1 + a_2 + \cdots + a_n)^2 = s_n^2 \leqslant s^2$，故由正项级数收敛的基本定理知 $\sum\limits_{n=1}^{\infty} a_n^2$ 收敛。

（10）**证**　由 $a_n \leqslant b_n \leqslant c_n$ 得 $0 \leqslant b_n - a_n \leqslant c_n - a_n$，由于 $\sum\limits_{n=1}^{\infty} a_n$ 与 $\sum\limits_{n=1}^{\infty} c_n$ 都收敛，因此 $\sum\limits_{n=1}^{\infty} (c_n - a_n)$ 收敛，由比较判别法知 $\sum\limits_{n=1}^{\infty} (b_n - a_n)$ 收敛，故 $\sum\limits_{n=1}^{\infty} b_n = \sum\limits_{n=1}^{\infty} [a_n + (b_n - a_n)]$ 收敛。

7.2　幂　级　数

一、考点内容讲解

1. 概念

（1）函数项级数：

（ⅰ）定义：设 $u_1(x)$，$u_2(x)$，$\cdots$，$u_n(x)$，$\cdots$ 为定义在区间 I 上的函数列，则式子

$$\sum_{n=1}^{\infty} u_n(x) = u_1(x) + u_2(x) + \cdots + u_n(x) + \cdots$$

称为定义在区间 I 上的（函数项）无穷级数，简称（函数项）级数。

（ⅱ）收敛点、收敛域：设 $x_0 \in I$，若级数 $\sum\limits_{n=1}^{\infty} u_n(x_0)$ 收敛（发散），则称点 x_0 为函数项级数 $\sum\limits_{n=1}^{\infty} u_n(x)$ 的收敛点（发散点）。函数项级数 $\sum\limits_{n=1}^{\infty} u_n(x)$ 的所有收敛点（发散点）的全体称为其收敛域（发散域）。

（ⅲ）和函数：函数项级数在其收敛域内有和，其值与收敛点 x 有关，记为 $s(x)$，$s(x)$ 称为级数 $\sum\limits_{n=1}^{\infty} u_n(x)$ 的和函数，即 $s(x) = \sum\limits_{n=1}^{\infty} u_n(x)$（$x$ 属于收敛域）。

把函数项级数 $\sum\limits_{n=1}^{\infty} u_n(x)$ 的前 n 项的部分和记为 $s_n(x)$，则当 x 属于收敛域时，有 $\lim\limits_{n \to \infty} s_n(x) = s(x)$。称 $r_n(x) = s(x) - s_n(x)$ 为函数项级数 $\sum\limits_{n=1}^{\infty} u_n(x)$ 的余项，从而 $\lim\limits_{n \to \infty} r_n(x) = 0$。

（ⅳ）函数项级数收敛域的求法：

① 由比值法或根值法求 $\rho(x)$，即 $\lim\limits_{n \to \infty} \left| \dfrac{u_{n+1}(x)}{u_n(x)} \right| = \rho(x)$ 或 $\lim\limits_{n \to \infty} \sqrt[n]{|u_n(x)|} = \rho(x)$；

② 解不等式 $\rho(x) < 1$，求出函数项级数 $\sum\limits_{n=1}^{\infty} u_n(x)$ 的收敛区间 (a, b)；

③ 考察 $x = a$，$x = b$ 时，级数 $\sum\limits_{n=1}^{\infty} u_n(a)$ 与级数 $\sum\limits_{n=1}^{\infty} u_n(b)$ 的敛散性；

④ 得到函数项级数 $\sum\limits_{n=1}^{\infty} u_n(x)$ 的收敛域。

（2）幂级数：

（ⅰ）定义：函数项级数

$$\sum_{n=0}^{\infty} a_n (x - x_0)^n = a_0 + a_1(x - x_0) + \cdots + a_n(x - x_0)^n + \cdots \quad （\text{其中 } a_n \text{ 为常数}）$$

称为 $(x - x_0)$ 的幂级数。当 $x_0 = 0$ 时，$\sum\limits_{n=0}^{\infty} a_n x^n$ 称为 x 的幂级数。

（ⅱ）阿贝尔定理：

① 若幂级数 $\sum\limits_{n=0}^{\infty} a_n x^n$ 在点 $x_0 (x_0 \neq 0)$ 处收敛，则 $\sum\limits_{n=0}^{\infty} a_n x^n$ 在 $(-|x_0|, |x_0|)$（或 $|x| < |x_0|$）内绝对收敛；若 $\sum\limits_{n=0}^{\infty} a_n x^n$ 在点 $x_0 (x_0 \neq 0)$ 处发散，则 $\sum\limits_{n=0}^{\infty} a_n x^n$ 在 $(-\infty, -|x_0|)$ 及 $(|x_0|, +\infty)$（或 $|x| > |x_0|$）内必发散。

② 若幂级数 $\sum\limits_{n=0}^{\infty} a_n (x - x_0)^n$ 在点 $a(a \neq x_0)$ 处收敛，则 $\sum\limits_{n=0}^{\infty} a_n (x - x_0)^n$ 在 $|x - x_0| < |a - x_0|$ 内绝对收敛；若幂级数 $\sum\limits_{n=0}^{\infty} a_n (x - x_0)^n$ 在点 $a(a \neq x_0)$ 处发散，则幂级数 $\sum\limits_{n=0}^{\infty} a_n (x - x_0)^n$ 在 $|x - x_0| > |a - x_0|$ 内发散。

（ⅲ）收敛半径：若幂级数 $\sum\limits_{n=0}^{\infty} a_n x^n$ 不是仅在 $x = 0$ 一点收敛，也不是在整个数轴上都收敛，那么必有一个正数 R 存在，使得该幂级数在 $(-R, R)$ 内绝对收敛，在 $[-R, R]$ 之外发散，在 $x = \pm R$ 处可能收敛也可能发散。正数 R 称为幂级数 $\sum\limits_{n=0}^{\infty} a_n x^n$ 的收敛半径。若幂级数 $\sum\limits_{n=0}^{\infty} a_n x^n$ 仅在 $x = 0$ 处收敛，则规定 $R = 0$；若幂级数 $\sum\limits_{n=0}^{\infty} a_n x^n$ 在整个数轴上都收敛，则规定 $R = +\infty$。

（ⅳ）收敛半径的求法：

① 直接利用收敛定义；

② 若 $\lim\limits_{n \to \infty} \left| \dfrac{a_{n+1}}{a_n} \right| = \rho$，则 $R = \dfrac{1}{\rho}$；

③ 若 $\lim\limits_{n \to \infty} \sqrt[n]{|a_n|} = \rho$，则 $R = \dfrac{1}{\rho}$。

（ⅴ）收敛区间与收敛域：区间 $(-R, R)$ 称为幂级数 $\sum\limits_{n=0}^{\infty} a_n x^n$ 的收敛区间，讨论了在 $x = \pm R$ 点幂级数 $\sum\limits_{n=0}^{\infty} a_n x^n$ 的收敛性后所得的区间称为幂级数 $\sum\limits_{n=0}^{\infty} a_n x^n$ 的收敛域。若 $R = 0$，

则幂级数 $\sum\limits_{n=0}^{\infty} a_n x^n$ 的收敛域只有一点 $x = 0$；若 $R = +\infty$，则幂级数 $\sum\limits_{n=0}^{\infty} a_n x^n$ 的收敛域为 $(-\infty, +\infty)$。

2. 性质

（1）运算性：设幂级数 $\sum\limits_{n=0}^{\infty} a_n x^n$ 与 $\sum\limits_{n=0}^{\infty} b_n x^n$ 的收敛半径分别为 R_1、R_2，记 $R = \min\{R_1, R_2\}$，则当 $x \in (-R, R)$ 时，$\sum\limits_{n=0}^{\infty} a_n x^n \pm \sum\limits_{n=0}^{\infty} b_n x^n = \sum\limits_{n=0}^{\infty} (a_n \pm b_n) x^n$，且在 $(-R, R)$ 内绝对收敛，

$\left(\sum\limits_{n=0}^{\infty} a_n x^n\right) \cdot \left(\sum\limits_{n=0}^{\infty} b_n x^n\right) = \sum\limits_{n=0}^{\infty} c_n x^n$，其中 $c_n = a_0 b_n + a_1 b_{n-1} + \cdots + a_n b_0 (n = 0, 1, 2, \cdots)$。

（2）分析性：

（ⅰ）在收敛域 I 上幂级数 $\sum\limits_{n=0}^{\infty} a_n x^n$ 的和函数 $s(x)$ 是连续函数。

（ⅱ）在收敛区间 $(-R, R)$ 内幂级数 $\sum\limits_{n=0}^{\infty} a_n x^n$ 的和函数 $s(x)$ 是可导的，并且可以逐项求导，逐项求导后所得到的幂级数和原幂级数有相同的收敛半径，即

$$s'(x) = \left(\sum\limits_{n=0}^{\infty} a_n x^n\right)' = \sum\limits_{n=0}^{\infty} (a_n x^n)' = \sum\limits_{n=1}^{\infty} n a_n x^{n-1} \quad (|x| < R)$$

（ⅲ）在收敛域 I 上幂级数 $\sum\limits_{n=0}^{\infty} a_n x^n$ 的和函数 $s(x)$ 是可积的，且可以逐项求积，逐项求积后所得到的幂级数与原幂级数有相同的收敛半径，即

$$\int_0^x s(t) \mathrm{d}t = \int_0^x \left(\sum\limits_{n=0}^{\infty} a_n t^n\right) \mathrm{d}t = \sum\limits_{n=0}^{\infty} \left(\int_0^x a_n t^n \mathrm{d}t\right) = \sum\limits_{n=0}^{\infty} \frac{a_n}{n+1} x^{n+1} \quad (x \in I)$$

3. 展开

（1）泰勒级数：设 $f(x)$ 在点 x_0 的某个邻域内具有各阶导数，则幂级数 $\sum\limits_{n=0}^{\infty} \frac{f^{(n)}(x_0)}{n!} (x - x_0)^n$ 称为函数 $f(x)$ 在 $x = x_0$ 处的泰勒级数。

（2）定理：设函数 $f(x)$ 在点 x_0 的某个邻域内具有各阶导数，则 $f(x)$ 在该邻域内能展开成泰勒级数（泰勒级数收敛于 $f(x)$）的充分必要条件是 $\lim\limits_{n \to \infty} R_n(x) = 0$。

（3）麦克劳林级数：泰勒级数中取 $x_0 = 0$ 得到的级数 $\sum\limits_{n=0}^{\infty} \frac{f^{(n)}(0)}{n!} x^n$ 称为函数 $f(x)$ 的麦克劳林级数。

（4）将 $f(x)$ 展开成 x 的幂级数的方法：

（ⅰ）直接法：求出 $f(x)$ 各阶导数在 $x = 0$ 处的值，再按照公式写出其麦克劳林级数，求出它的收敛半径，最后考察当 $n \to \infty$ 时余项 $R_n(x) = \frac{f^{(n+1)}(\theta x)}{(n+1)!} x^{n+1} (0 < \theta < 1, x \in (-R, R))$ 的极限是否为零。

（ⅱ）间接法：根据四则性质或分析性质对函数作适当的变形，利用已知函数的展开式将其展开成幂级数。

（5）常用的展开式：

（ⅰ）$\dfrac{1}{1-x} = \sum_{n=0}^{\infty} x^n (-1 < x < 1)$；

（ⅱ）$e^x = \sum_{n=0}^{\infty} \dfrac{1}{n!} x^n (-\infty < x < +\infty)$；

（ⅲ）$\sin x = \sum_{n=0}^{\infty} \dfrac{(-1)^n}{(2n+1)!} x^{2n+1} (-\infty < x < +\infty)$；

（ⅳ）$\cos x = \sum_{n=0}^{\infty} \dfrac{(-1)^n}{(2n)!} x^{2n} (-\infty < x < +\infty)$；

（ⅴ）$\ln(1+x) = \sum_{n=0}^{\infty} \dfrac{(-1)^n}{n+1} x^{n+1} = \sum_{n=1}^{\infty} \dfrac{(-1)^{n-1}}{n} x^n (-1 < x \leqslant 1)$；

（ⅵ）$\ln(1-x) = -\sum_{n=0}^{\infty} \dfrac{x^{n+1}}{n+1} = -\sum_{n=1}^{\infty} \dfrac{x^n}{n} (-1 \leqslant x < 1)$；

（ⅶ）$(1+x)^\alpha = 1 + \sum_{n=1}^{\infty} \dfrac{\alpha(\alpha-1)\cdots(\alpha-n+1)}{n!} x^n (-1 < x < 1)$。

二、考点题型解析

常考题型：• 求收敛域；• 幂级数展开；• 求和函数与数项级数求和。

1. 选择题

例 1 已知幂级数 $\sum_{n=0}^{\infty} a_n(x-1)^n$ 在 $x=3$ 处收敛，则该幂级数在 $x=-\dfrac{1}{2}$ 处（　　）。

（A）条件收敛 　　　　（B）绝对收敛 　　　　（C）发散 　　　　（D）收敛性不确定

解 应选（B）。

由于幂级数 $\sum_{n=0}^{\infty} a_n(x-1)^n$ 在 $x=3$ 处收敛，则当 $|x-1| < |3-1| = 2$，即 $-1 < x < 3$ 时，该幂级数绝对收敛，又 $x = -\dfrac{1}{2} \in (-1, 3)$，因此该幂级数在 $x = -\dfrac{1}{2}$ 处绝对收敛，故选（B）。

例 2 设幂级数 $\sum_{n=1}^{\infty} \dfrac{(x-a)^n}{n}$ 在 $x=2$ 处收敛，则实数 a 的取值范围为（　　）。

（A）$1 < a \leqslant 3$ 　　（B）$1 \leqslant a < 3$ 　　（C）$1 < a < 3$ 　　（D）$1 \leqslant a \leqslant 3$

解 应选（A）。

由于 $\lim_{n\to\infty} \left| \dfrac{a_{n+1}}{a_n} \right| = \lim_{n\to\infty} \dfrac{n}{n+1} = 1$，且当 $x-a = -1$，即 $x = a-1$ 时，幂级数 $\sum_{n=1}^{\infty} \dfrac{(x-a)^n}{n} = \sum_{n=1}^{\infty} \dfrac{(-1)^n}{n}$ 收敛，当 $x-a = 1$，即 $x = a+1$ 时，幂级数 $\sum_{n=1}^{\infty} \dfrac{(x-a)^n}{n} = \sum_{n=1}^{\infty} \dfrac{1}{n}$ 发散，因此幂级数 $\sum_{n=1}^{\infty} \dfrac{(x-a)^n}{n}$ 的收敛域为 $[a-1, a+1)$，又幂级数 $\sum_{n=1}^{\infty} \dfrac{(x-a)^n}{n}$ 在 $x=2$ 处收敛，所以 $2 \in [a-1, a+1)$，从而 $1 < a \leqslant 3$，故选（A）。

例 3 函数 $f(x) = \dfrac{3}{(1-x)(1+2x)}$ 在 $x=0$ 处的幂级数展开式为（　　）。

(A) $\sum\limits_{n=0}^{\infty}[(-1)^n+2^n]x^n$　$(|x|<1)$　　　　(B) $\sum\limits_{n=0}^{\infty}[1+(-1)^n2^{n+1}]x^n$　$(|x|<1)$

(C) $\sum\limits_{n=0}^{\infty}[(-1)^n+2^{n+1}]x^n$　$\left(|x|<\dfrac{1}{2}\right)$　　(D) $\sum\limits_{n=0}^{\infty}[1+(-1)^n2^{n+1}]x^n$　$\left(|x|<\dfrac{1}{2}\right)$

解　应选(D)。

由于 $f(x)=\dfrac{3}{(1-x)(1+2x)}=\dfrac{1}{1-x}+\dfrac{2}{1+2x}$，且

$$\frac{1}{1-x}=\sum_{n=0}^{\infty}x^n \quad (|x|<1)$$

$$\frac{1}{1+2x}=\sum_{n=0}^{\infty}(-1)^n(2x)^n=\sum_{n=0}^{\infty}(-1)^n2^nx^n \quad \left(|x|<\frac{1}{2}\right)$$

因此

$$f(x)=\sum_{n=0}^{\infty}x^n+2\sum_{n=0}^{\infty}(-1)^n2^nx^n=\sum_{n=0}^{\infty}[1+(-1)^n2^{n+1}]x^n \quad \left(|x|<\frac{1}{2}\right)$$

故选(D)。

例4　函数项级数 $\sum\limits_{n=1}^{\infty}ne^{-nx}$ 的收敛域为(　　)。

(A) $x<-1$　　　　(B) $x>0$　　　　(C) $0<x<1$　　　　(D) $-1<x<0$

解　应选(B)。

由于 $\lim\limits_{n\to\infty}\left|\dfrac{u_{n+1}(x)}{u_n(x)}\right|=\lim\limits_{n\to\infty}\left|\dfrac{(n+1)e^{-(n+1)x}}{ne^{-nx}}\right|=e^{-x}\lim\limits_{n\to\infty}\dfrac{n+1}{n}=e^{-x}$，当 $e^{-x}<1$，即 $x>0$

时，级数收敛，当 $e^{-x}>1$，即 $x<0$ 时，级数发散，当 $x=0$ 时，级数 $\sum\limits_{n=1}^{\infty}ne^{-nx}=\sum\limits_{n=1}^{\infty}n$ 发

散，因此函数项级数 $\sum\limits_{n=1}^{\infty}ne^{-nx}$ 的收敛域为 $x>0$，故选(B)。

例5　当 $-4\leqslant x<4$ 时，幂级数 $\dfrac{x}{4}+\dfrac{x^2}{2\cdot4^2}+\dfrac{x^3}{3\cdot4^3}+\cdots+\dfrac{x^n}{n\cdot4^n}+\cdots$ 的和函数为

(　　)。

(A) $-\ln(4-x)$　　　(B) $-4\ln(4-x)$　　(C) $-\ln\left(1-\dfrac{x}{4}\right)$　　(D) $\ln\left(1+\dfrac{x}{4}\right)$

解　应选(C)。

方法一　因为 $\sum\limits_{n=1}^{\infty}\dfrac{t^n}{n}=-\ln(1-t)(-1\leqslant t<1)$，所以

$$\frac{x}{4}+\frac{x^2}{2\cdot4^2}+\frac{x^3}{3\cdot4^3}+\cdots+\frac{x^n}{n\cdot4^n}+\cdots=\sum_{n=1}^{\infty}\frac{1}{n}\left(\frac{x}{4}\right)^n=-\ln\left(1-\frac{x}{4}\right) \quad \left(-1\leqslant\frac{x}{4}<1\right)$$

即 $\dfrac{x}{4}+\dfrac{x^2}{2\cdot4^2}+\dfrac{x^3}{3\cdot4^3}+\cdots+\dfrac{x^n}{3\cdot4^n}+\cdots=-\ln\left(1-\dfrac{x}{4}\right)(-4\leqslant x<4)$，故选(C)。

方法二　设 $s(x)=\dfrac{x}{4}+\dfrac{x^2}{2\cdot4^2}+\dfrac{x^3}{3\cdot4^3}+\cdots+\dfrac{x^n}{n\cdot4^n}+\cdots$，则

$$s'(x)=\frac{1}{4}+\frac{x}{4^2}+\frac{x^2}{4^3}+\cdots+\frac{x^{n-1}}{4^n}+\cdots=\frac{\dfrac{1}{4}}{1-\dfrac{x}{4}}=\frac{1}{4-x} \quad \left(\left|\frac{x}{4}\right|<1\right)$$

两边积分，得 $s(x) = -\ln(4-x) + C$，由 $s(0) = 0$，得 $C = \ln 4$，从而 $s(x) = -\ln\left(1 - \dfrac{x}{4}\right)$ $(-4 \leqslant x < 4)$，故选(C)。

2. 填空题

例 1 已知幂级数 $\displaystyle\sum_{n=1}^{\infty} a_n x^n$ 的收敛半径为 2，则幂级数 $\displaystyle\sum_{n=1}^{\infty} n a_n (x+1)^n$ 的收敛区间为_____。

解 由于幂级数 $\displaystyle\sum_{n=1}^{\infty} n a_n (x+1)^n$ 可由幂级数 $\displaystyle\sum_{n=1}^{\infty} a_n x^n$ 逐项求导和平移得到，因此其收敛半径不变，即 $R = 2$，从而幂级数 $\displaystyle\sum_{n=1}^{\infty} n a_n (x+1)^n$ 的收敛区间为 $(-3, 1)$。

例 2 已知幂级数 $\displaystyle\sum_{n=1}^{\infty} a_n x^n$ 在 $x=1$ 处条件收敛，则幂级数 $\displaystyle\sum_{n=1}^{\infty} a_n (x-1)^n$ 的收敛半径为_____。

解 由于幂级数 $\displaystyle\sum_{n=1}^{\infty} a_n x^n$ 在 $x=1$ 处条件收敛，因此 $x=1$ 为该幂级数收敛区间的端点，从而其收敛半径为 1，又幂级数 $\displaystyle\sum_{n=1}^{\infty} a_n (x-1)^n$ 是由幂级数 $\displaystyle\sum_{n=1}^{\infty} a_n x^n$ 平移而得到的，所以幂级数 $\displaystyle\sum_{n=1}^{\infty} a_n (x-1)^n$ 的收敛半径为 1。

例 3 级数 $\displaystyle\sum_{n=1}^{\infty} \dfrac{(x^2+x+1)^n}{n(n+1)}$ 的收敛域为_____。

解 由于 $\displaystyle\lim_{n\to\infty}\left|\dfrac{u_{n+1}(x)}{u_n(x)}\right| = \lim_{n\to\infty}\left|\dfrac{(x^2+x+1)^{n+1}}{(n+1)(n+2)} \cdot \dfrac{n(n+1)}{(x^2+x+1)^n}\right| = x^2+x+1$，因此当 $x^2+x+1 < 1$，即 $-1 < x < 0$ 时，级数收敛，当 $x < -1$ 及 $x > 0$ 时，级数发散，当 $x = -1$，$x = 0$ 时，原级数即 $\displaystyle\sum_{n=1}^{\infty} \dfrac{1}{n(n+1)}$ 收敛，从而原级数的收敛域为 $[-1, 0]$。

例 4 级数 $\displaystyle\sum_{n=0}^{\infty} \dfrac{n+1}{n!}$ 的和为_____。

解 由 $\mathrm{e}^x = \displaystyle\sum_{n=0}^{\infty} \dfrac{x^n}{n!}$ $(-\infty < x < +\infty)$，得 $\displaystyle\sum_{n=0}^{\infty} \dfrac{1}{n!} = \sum_{n=1}^{\infty} \dfrac{1}{(n-1)!} = \mathrm{e}$，因此

$$\sum_{n=0}^{\infty} \dfrac{n+1}{n!} = \sum_{n=1}^{\infty} \dfrac{1}{(n-1)!} + \sum_{n=0}^{\infty} \dfrac{1}{n!} = \mathrm{e} + \mathrm{e} = 2\mathrm{e}$$

例 5 已知 $\displaystyle\sum_{n=1}^{\infty} \dfrac{1}{n^2} = \dfrac{\pi^2}{6}$，则 $\displaystyle\int_0^1 \dfrac{\ln x}{1+x}\mathrm{d}x = $ _____。

解 由于

$$\int_0^1 x^n \ln x \,\mathrm{d}x = \lim_{t\to 0^+}\int_t^1 \ln x \,\mathrm{d}\left(\dfrac{x^{n+1}}{n+1}\right) = \lim_{t\to 0^+}\left\{\left[\dfrac{x^{n+1}\ln x}{n+1}\right]_t^1 - \dfrac{1}{n+1}\int_t^1 x^n \,\mathrm{d}x\right\} = -\dfrac{1}{(n+1)^2}$$

因此

$$\int_0^1 \dfrac{\ln x}{1+x}\mathrm{d}x = \int_0^1 \ln x \left[\sum_{n=0}^{\infty} (-1)^n x^n\right]\mathrm{d}x = \sum_{n=0}^{\infty} (-1)^{n+1} \dfrac{1}{(n+1)^2} = -\sum_{n=1}^{\infty} \dfrac{1}{n^2} + 2\sum_{n=1}^{\infty} \dfrac{1}{(2n)^2}$$

$$= -\sum_{n=1}^{\infty} \frac{1}{n^2} + \frac{1}{2}\sum_{n=1}^{\infty} \frac{1}{n^2} = -\frac{1}{2}\sum_{n=1}^{\infty} \frac{1}{n^2} = -\frac{\pi^2}{12}$$

例 6 幂级数 $\sum_{n=0}^{\infty} \frac{1}{n!}x^{2n+1}$ 的和函数 $s(x) = $ _____，由此结果得 $\sum_{n=0}^{\infty} \frac{2n+1}{n!} = $

_____。

解 显然，$\sum_{n=0}^{\infty} \frac{1}{n!}x^{2n+1}$ 的收敛域为 $(-\infty, +\infty)$，其和函数为

$$s(x) = \sum_{n=0}^{\infty} \frac{1}{n!}x^{2n+1} = x\sum_{n=0}^{\infty} \frac{x^{2n}}{n!} = xe^{x^2}$$

逐项求导，得

$$\sum_{n=0}^{\infty} \frac{2n+1}{n!}x^{2n} = (xe^{x^2})' = (1+2x^2)e^{x^2}$$

令 $x = 1$，则 $\sum_{n=0}^{\infty} \frac{2n+1}{n!} = 3e$。

例 7 幂级数 $\sum_{n=0}^{\infty} \frac{n+1}{n!}x^n$ 的和函数 $s(x) = $ _____，由此结果得 $\sum_{n=1}^{\infty} \frac{n+1}{n!} \cdot 8^n = $

_____。

解 显然，幂级数 $\sum_{n=0}^{\infty} \frac{n+1}{n!}x^n$ 的收敛域为 $(-\infty, +\infty)$，其和函数为

$$s(x) = \sum_{n=0}^{\infty} \frac{n+1}{n!}x^n = x\sum_{n=1}^{\infty} \frac{1}{(n-1)!}x^{n-1} + \sum_{n=0}^{\infty} \frac{1}{n!}x^n = xe^x + e^x = (x+1)e^x$$

令 $x = 8$，则 $\sum_{n=0}^{\infty} \frac{n+1}{n!} \cdot 8^n = 9e^8$，从而 $\sum_{n=1}^{\infty} \frac{n+1}{n!} \cdot 8^n = 9e^8 - 1$。

例 8 函数 $f(x) = \frac{1}{4}\ln\frac{1+x}{1-x} + \frac{1}{2}\arctan x - x$ 展开成为 x 的幂级数为_____。

解 由于 $f'(x) = \frac{1}{4}\left(\frac{1}{1+x} + \frac{1}{1-x}\right) + \frac{1}{2}\frac{1}{1+x^2} - 1 = \frac{1}{1-x^4} - 1 = \sum_{n=1}^{\infty} x^{4n}$，且 $f(0) = 0$，

因此

$$f(x) = \int_0^x f'(x)dx = \int_0^x \left[\sum_{n=1}^{\infty} x^{4n}\right]dx = \sum_{n=1}^{\infty} \frac{x^{4n+1}}{4n+1} \quad (-1 < x < 1)$$

3. 解答题

例 1 求幂级数 $\sum_{n=1}^{\infty} (-1)^n \frac{n}{3^n}x^{2n+1}$ 的收敛域。

解 方法一 由于 $\lim_{n\to\infty}\left|\frac{a_{n+1}}{a_n}\right| = \lim_{n\to\infty}\left|\frac{n+1}{3^{n+1}} \cdot \frac{3^n}{n}\right| = \frac{1}{3}$，且该幂级数缺偶次项，因此 $R = \sqrt{3}$。

当 $x = \sqrt{3}$ 时，原级数即 $\sum_{n=1}^{\infty} (-1)^n \sqrt{3}n$ 发散，当 $x = -\sqrt{3}$ 时，原级数即 $\sum_{n=1}^{\infty} (-1)^{n+1}\sqrt{3}n$ 发散，故原幂级数的收敛域为 $(-\sqrt{3}, \sqrt{3})$。

方法二　由于 $\lim\limits_{n\to\infty}\left|\dfrac{u_{n+1}(x)}{u_n(x)}\right|=\lim\limits_{n\to\infty}\left|\dfrac{(-1)^{n+1}\dfrac{n+1}{3^{n+1}}x^{2(n+1)+1}}{(-1)^n\dfrac{n}{3^n}x^{2n+1}}\right|=\dfrac{1}{3}x^2$，因此当 $\dfrac{1}{3}x^2<1$，

即 $|x|<\sqrt{3}$ 时，原幂级数收敛，当 $|x|>\sqrt{3}$ 时，原幂级数发散，从而 $R=\sqrt{3}$。当 $x=\sqrt{3}$ 时，原级数即 $\sum\limits_{n=1}^{\infty}(-1)^n\sqrt{3}\,n$ 发散，当 $x=-\sqrt{3}$ 时，原级数即 $\sum\limits_{n=1}^{\infty}(-1)^{n+1}\sqrt{3}\,n$ 发散，故原幂级数的收敛域为 $(-\sqrt{3},\sqrt{3})$。

例 2　将 $f(x)=x\arctan x-\ln\sqrt{1+x^2}$ 展开为 x 的幂级数。

解　由于 $f(0)=0$，且 $f'(x)=\arctan x+\dfrac{x}{1+x^2}-\dfrac{1}{\sqrt{1+x^2}}\cdot\dfrac{x}{\sqrt{1+x^2}}=\arctan x$，

$f'(0)=0$，$f''(x)=\dfrac{1}{1+x^2}=\sum\limits_{n=0}^{\infty}(-1)^n x^{2n}\,(-1<x<1)$，因此

$$f'(x)=\int_0^x f''(x)\mathrm{d}x=\int_0^x\Big[\sum_{n=0}^{\infty}(-1)^n x^{2n}\Big]\mathrm{d}x=\sum_{n=0}^{\infty}(-1)^n\dfrac{x^{2n+1}}{2n+1}\quad(-1<x<1)$$

$$f(x)=\int_0^x f'(x)\mathrm{d}x=\int_0^x\Big[\sum_{n=0}^{\infty}(-1)^n\dfrac{x^{2n+1}}{2n+1}\Big]\mathrm{d}x$$

$$=\sum_{n=0}^{\infty}(-1)^n\dfrac{x^{2n+2}}{(2n+1)(2n+2)}\quad(-1\leqslant x\leqslant 1)$$

（式中 $x=\pm1$ 成立，原因在于 $x=\pm1$ 时，左端的函数连续，右端的级数收敛）

例 3　将 $f(x)=\dfrac{1}{(x+1)^2}$ 在 $x=-2$ 处展开为幂级数。

解　令

$$g(x)=\dfrac{1}{x+1}=\dfrac{1}{-1+(x+2)}=-\dfrac{1}{1-(x+2)}=-\sum_{n=0}^{\infty}(x+2)^n\quad(-3<x<-1)$$

则

$$g'(x)=-\dfrac{1}{(x+1)^2}=-\sum_{n=1}^{\infty}n(x+2)^{n-1}$$

故

$$f(x)=-g'(x)=\sum_{n=1}^{\infty}n(x+2)^{n-1}\quad(-3<x<-1)$$

例 4　求幂级数 $\sum\limits_{n=1}^{\infty}\dfrac{x^n}{n(n+1)}$ 的收敛域及和函数。

解　由于 $\lim\limits_{n\to\infty}\left|\dfrac{a_{n+1}}{a_n}\right|=\lim\limits_{n\to\infty}\left|\dfrac{n(n+1)}{(n+1)(n+2)}\right|=1$，因此 $R=1$。当 $x=-1$ 时，原级数即 $\sum\limits_{n=1}^{\infty}\dfrac{(-1)^n}{n(n+1)}$ 收敛，当 $x=1$ 时，原级数即 $\sum\limits_{n=1}^{\infty}\dfrac{1}{n(n+1)}$ 收敛，从而原幂级数的收敛域为 $[-1,1]$。

令 $s(x)=\sum\limits_{n=1}^{\infty}\dfrac{x^n}{n(n+1)}(|x|\leqslant1)$，显然 $s(1)=\sum\limits_{n=1}^{\infty}\dfrac{1}{n(n+1)}=1$，$s(0)=0$，当 $|x|<1$ 时，

$$\sum_{n=1}^{\infty}\frac{x^n}{n(n+1)}=\sum_{n=1}^{\infty}\frac{x^n}{n}-\sum_{n=1}^{\infty}\frac{x^n}{n+1}=-\ln(1-x)-\frac{1}{x}[-\ln(1-x)-x]$$

因为 $s(x)$ 在收敛域内是连续的，所以

$$s(-1)=\lim_{x\to-1^+}\left\{-\ln(1-x)-\frac{1}{x}[-\ln(1-x)-x]\right\}=1-2\ln2$$

故

$$s(x)=\begin{cases}\left(\dfrac{1}{x}-1\right)\ln(1-x)+1,&0<|x|<1\\[2mm]1,&x=1\\[2mm]0,&x=0\\[2mm]1-2\ln2,&x=-1\end{cases}$$

例 5　设级数 $\dfrac{x^4}{2\cdot4}+\dfrac{x^6}{2\cdot4\cdot6}+\dfrac{x^8}{2\cdot4\cdot6\cdot8}+\cdots(-\infty<x<+\infty)$ 的和函数为 $s(x)$，求：

（ⅰ）$s(x)$ 所满足的一阶微分方程；

（ⅱ）$s(x)$ 的表达式。

解（ⅰ）设 $s(x)=\dfrac{x^4}{2\cdot4}+\dfrac{x^6}{2\cdot4\cdot6}+\dfrac{x^8}{2\cdot4\cdot6\cdot8}+\cdots$，则

$$s'(x)=\frac{x^3}{2}+\frac{x^5}{2\cdot4}+\frac{x^7}{2\cdot4\cdot6}+\cdots=x\left[\frac{x^2}{2}+s(x)\right]$$

令 $s(x)=y$，从而 $s(x)$ 所满足的一阶微分方程为

$$y'=xy+\frac{x^3}{2}$$

（ⅱ）微分方程 $y'=xy+\dfrac{x^3}{2}$ 为一阶线性方程 $y'-xy=\dfrac{x^3}{2}$，其通解为

$$y=\mathrm{e}^{\int x\mathrm{d}x}\left(\int\frac{x^3}{2}\mathrm{e}^{-\int x\mathrm{d}x}\mathrm{d}x+C\right)=\mathrm{e}^{\frac{x^2}{2}}\left(\int\frac{x^3}{2}\mathrm{e}^{-\frac{x^2}{2}}\mathrm{d}x+C\right)=-\frac{x^2}{2}-1+C\mathrm{e}^{\frac{x^2}{2}}$$

又 $s(0)=0$，即 $y(0)=0$，故 $C=1$，所以

$$s(x)=-\frac{x^2}{2}-1+\mathrm{e}^{\frac{x^2}{2}}$$

例 6　求级数 $\displaystyle\sum_{n=1}^{\infty}\frac{(-1)^{n-1}}{n(2n-1)3^n}$ 的和。

解　令 $s(x)=\displaystyle\sum_{n=1}^{\infty}\frac{(-1)^{n-1}x^{2n}}{n(2n-1)}(|x|<1)$，则当 $|x|<1$ 时，

$$s'(x)=2\sum_{n=1}^{\infty}\frac{(-1)^{n-1}x^{2n-1}}{2n-1},\quad s''(x)=2\sum_{n=1}^{\infty}(-1)^{n-1}x^{2n-2}=\frac{2}{1+x^2}$$

由于 $s'(0)=0$，$s(0)=0$，因此

$$s'(x)=\int_0^x\frac{2}{1+x^2}\mathrm{d}x=2\arctan x$$

$$s(x)=2\int_0^x\arctan x\mathrm{d}x=2x\arctan x-\ln(1+x^2)\quad(|x|<1)$$

从而

$$\sum_{n=1}^{\infty} \frac{(-1)^{n-1}}{n(2n-1)3^n} = s\left(\frac{1}{\sqrt{3}}\right) = \frac{2}{\sqrt{3}}\arctan\frac{1}{\sqrt{3}} - \ln\frac{4}{3} = \frac{\sqrt{3}}{9}\pi - \ln\frac{4}{3}$$

例 7　设 $f(x) = \ln(1-2x)$，求 $f^{(n)}(0)$。

解　由于 $f(x) = \ln(1-2x) = -\sum_{n=1}^{\infty} \frac{2^n}{n} x^n = \sum_{n=1}^{\infty} \left(-\frac{2^n}{n}\right) x^n$，从而比较 x^n 的系数，得

$a_n = -\frac{2^n}{n} = \frac{f^{(n)}(0)}{n!}$ ，因此

$$f^{(n)}(0) = \left(-\frac{2^n}{n}\right) \cdot n! = -2^n \cdot (n-1)!$$

例 8　求幂级数 $\sum_{n=1}^{\infty} \frac{1}{n2^n} x^{n-1}$ 的和函数。

解　由于 $\lim_{n\to\infty} \sqrt[n]{|a_n|} = \lim_{n\to\infty} \sqrt[n]{\frac{1}{n2^n}} = \frac{1}{2}$，因此 $R = 2$。当 $x = -2$ 时，原级数即

$\sum_{n=1}^{\infty} (-1)^{n-1} \frac{1}{2n}$ 收敛，当 $x = 2$ 时，原级数即 $\sum_{n=1}^{\infty} \frac{1}{2n}$ 发散，从而原幂级数的收敛域为 $[-2, 2)$。

令 $s(x) = \sum_{n=1}^{\infty} \frac{1}{n2^n} x^{n-1} (-2 \leqslant x < 2)$，则 $s(0) = \frac{1}{2}$。当 $-2 < x < 2$ 且 $x \neq 0$ 时，

$$xs(x) = x\sum_{n=1}^{\infty} \frac{1}{n2^n} x^{n-1} = \sum_{n=1}^{\infty} \frac{1}{n} \left(\frac{x}{2}\right)^n = -\ln\left(1 - \frac{x}{2}\right)$$

从而

$$s(x) = \frac{\ln 2 - \ln(2-x)}{x}$$

又和函数 $s(x)$ 在收敛域内是连续的，故

$$s(-2) = \lim_{x\to -2^+} s(x) = \lim_{x\to -2^+} \frac{\ln 2 - \ln(2-x)}{x} = \frac{\ln 2}{2}$$

从而幂级数的和函数为

$$s(x) = \begin{cases} \dfrac{1}{x}\left[\ln 2 - \ln(2-x)\right], & -2 \leqslant x < 0, 0 < x < 2 \\ \dfrac{1}{2}, & x = 0 \end{cases}$$

例 9　求幂级数 $\sum_{n=0}^{\infty} \frac{x^{2n}}{(2n)!}$ 的和函数。

解　由于 $\lim_{n\to\infty} \left|\frac{u_{n+1}(x)}{u_n(x)}\right| = \lim_{n\to\infty} \left|\frac{\frac{x^{2(n+1)}}{(2(n+1))!}}{\frac{x^{2n}}{(2n)!}}\right| = 0$，因此 $R = +\infty$，从而原幂级数的收

敛域为 $(-\infty, +\infty)$。设幂级数的和函数为 $s(x)$，则

$$s(x) = \sum_{n=0}^{\infty} \frac{x^{2n}}{(2n)!} = 1 + \frac{x^2}{2!} + \frac{x^4}{4!} + \cdots + \frac{x^{2n}}{(2n)!} + \cdots$$

$$s'(x) = x + \frac{x^3}{3!} + \frac{x^5}{5!} + \cdots + \frac{x^{2n-1}}{(2n-1)!} + \cdots$$

由于

$$s(x) + s'(x) = 1 + x + \frac{x^2}{2!} + \frac{x^3}{3!} + \cdots + \frac{x^{2n-1}}{(2n-1)!} + \frac{x^{2n}}{(2n)!} + \cdots = e^x$$

从而 $s(x) + s'(x) = e^x$，即 $[e^x s(x)]' = e^{2x}$，其通解为

$$s(x) = Ce^{-x} + \frac{1}{2}e^x$$

由 $s(0) = 1$，得 $C = \frac{1}{2}$，故

$$s(x) = \frac{1}{2}(e^{-x} + e^x) \quad (-\infty < x < +\infty)$$

例 10 设幂级数 $\sum_{n=0}^{\infty} a_n x^n$ 在 $(-\infty, +\infty)$ 内收敛，其和函数 $y(x)$ 满足 $y'' - 2xy' - 4y = 0$，$y(0) = 0$，$y'(0) = 1$。

（ⅰ）证明 $a_{n+2} = \frac{2}{n+1} a_n (n = 0, 1, 2, \cdots)$；

（ⅱ）求 $y(x)$ 的表达式。

解 （ⅰ）对 $y(x) = \sum_{n=0}^{\infty} a_n x^n$ 求一、二阶导数，得

$$y' = \sum_{n=1}^{\infty} n a_n x^{n-1}, \quad y'' = \sum_{n=2}^{\infty} n(n-1) a_n x^{n-2}$$

代入方程整理，得

$$\sum_{n=0}^{\infty} (n+1)(n+2) a_{n+2} x^n - \sum_{n=1}^{\infty} 2n a_n x^n - \sum_{n=0}^{\infty} 4 a_n x^n = 0$$

从而 $2a_2 - 4a_0 = 0$，$(n+1)(n+2) a_{n+2} - 2(n+2) a_n = 0$，故

$$a_{n+2} = \frac{2}{n+1} a_n \quad (n = 0, 1, 2, \cdots)$$

（ⅱ）由于 $a_{n+2} = \frac{2}{n+1} a_n (n = 0, 1, 2, \cdots)$，$a_0 = y(0) = 0$，$a_1 = y'(0) = 1$，因此

$$a_{2n} = 0 \quad (n = 0, 1, 2, \cdots)$$

$$a_{2n+1} = \frac{2}{2n} a_{2n-1} = \frac{2}{2n} \frac{2}{2n-2} a_{2n-3} = \cdots = \frac{2^n}{2n(2n-2)\cdots 2} a_1 = \frac{1}{n!} \quad (n = 0, 1, 2, \cdots)$$

从而

$$y(x) = \sum_{n=0}^{\infty} a_n x^n = \sum_{n=0}^{\infty} a_{2n+1} x^{2n+1} = \sum_{n=0}^{\infty} \frac{x^{2n+1}}{n!} = x \sum_{n=0}^{\infty} \frac{(x^2)^n}{n!} = x e^{x^2} \quad (-\infty < x < +\infty)$$

三、经典习题与解答

┌┈┈┈┈┈┈┈┈┈┐
╎ **经 典 习 题** ╎
└┈┈┈┈┈┈┈┈┈┘

1. 选择题

(1) 设级数 $\sum_{n=0}^{\infty} a_n x^n$ 与级数 $\sum_{n=0}^{\infty} b_n x^n$ 的收敛半径都是 R，级数 $\sum_{n=0}^{\infty} (a_n + b_n) x^n$ 的收敛半径为 R_1，则（　　）。

(A) $R_1 = R$ (B) $R_1 < R$ (C) $R_1 \geqslant R$ (D) $R_1 \leqslant R$

(2) 幂级数 $\displaystyle\sum_{n=1}^{\infty} \frac{(x+5)^{2n-1}}{2n \cdot 4^n}$ 的收敛域为( )。

(A) $(-2, 2)$ (B) $(-7, -2)$ (C) $(-7, -3)$ (D) $(-7, -1)$

(3) 函数项级数 $\displaystyle\sum_{n=1}^{\infty} \frac{\sqrt{n}}{(x-2)^n}$ 的收敛域为( )。

(A) $x > 1$ (B) $x < 1$ (C) $x < 1$ 及 $x > 3$ (D) $1 < x < 3$

(4) 函数 $f(x) = \dfrac{1}{3-x}$ 展开成 $x-1$ 的幂级数为( )。

(A) $\displaystyle\sum_{n=0}^{\infty} \frac{(x-1)^n}{2^n}$ $(x \in (-1, 3))$ (B) $\displaystyle\sum_{n=0}^{\infty} \frac{(-1)^n}{2^n}(x-1)^n$ $(x \in (-1, 3))$

(C) $\dfrac{1}{2} \displaystyle\sum_{n=0}^{\infty} \frac{(x-1)^n}{2^n}$ $(x \in (-1, 3))$ (D) $\dfrac{1}{2} \displaystyle\sum_{n=0}^{\infty} (x-1)^n$ $(x \in (-1, 3))$

(5) 函数 $\displaystyle\int_0^x \frac{\sin t}{t} dt$ 在 $x = 0$ 处的幂级数展开式为( )。

(A) $\displaystyle\sum_{n=0}^{\infty} (-1)^n \frac{x^{2n+1}}{(2n-1)!(2n+1)}$ $(-\infty < x < +\infty)$

(B) $\displaystyle\sum_{n=0}^{\infty} (-1)^n \frac{x^{2n+1}}{(2n-1)!(2n+1)}$ $(-\infty < x < 0, 0 < x < +\infty)$

(C) $\displaystyle\sum_{n=0}^{\infty} (-1)^n \frac{x^{2n+1}}{(2n+1)!(2n+1)}$ $(-\infty < x < +\infty)$

(D) $\displaystyle\sum_{n=0}^{\infty} (-1)^n \frac{x^{2n+1}}{(2n+1)!(2n+1)}$ $(-\infty < x < 0, 0 < x < +\infty)$

2. 填空题

(1) 幂级数 $\displaystyle\sum_{n=1}^{\infty} \frac{x^n}{2n+1}$ 的收敛域为_____。

(2) 幂级数 $\displaystyle\sum_{n=1}^{\infty} \frac{2^n + (-1)^n}{n} x^{2n}$ 的收敛半径为_____。

(3) 幂级数 $\displaystyle\sum_{n=1}^{\infty} \frac{n}{2^n + (-3)^n}(x-1)^n$ 的收敛区间为_____。

(4) 已知幂级数 $\displaystyle\sum_{n=1}^{\infty} a_n(x-1)^n$ 在 $x = 2$ 处收敛，在 $x = 0$ 处发散，则幂级数 $\displaystyle\sum_{n=1}^{\infty} a_n(x-1)^n$ 的收敛域为_____。

(5) 函数项级数 $\displaystyle\sum_{n=1}^{\infty} \frac{n^2}{x^n}$ 的收敛域为_____。

(6) 级数 $\displaystyle\sum_{n=1}^{\infty} \frac{(-1)^{n-1}}{n \cdot 2^{n+1}}$ 的和为_____。

(7) 级数 $\displaystyle\sum_{n=1}^{\infty} \frac{n}{3^n}$ 的和为_____。

(8) $\dfrac{\mathrm{d}}{\mathrm{d}x}\left(\dfrac{e^x-1}{x}\right)$ 的幂级数表达式为_____，由此结果得 $\displaystyle\sum_{n=1}^{\infty}\dfrac{n}{(n+1)!}=$ _____。

(9) 幂级数 $(2-x)^2+\dfrac{3}{4}x^2-\dfrac{3\sqrt{3}}{8}x^3+\dfrac{9}{16}x^4-\cdots$ 的和函数 $s(x)=$ _____。

(10) 函数 $f(x)=\ln(1+x+x^2+x^3+x^4)$ 展开成为 x 的幂级数为_____。

3. 解答题

(1) 求幂级数 $\displaystyle\sum_{n=1}^{\infty}\dfrac{5^n+(-3)^n}{n}x^n$ 的收敛域。

(2) 求幂级数 $\displaystyle\sum_{n=1}^{\infty}\dfrac{1}{n-3^{2n}}(x-1)^{2n}$ 的收敛域。

(3) 将 $f(x)=\dfrac{x-1}{4-x}$ 在 $x=1$ 处展开为幂级数。

(4) 求幂级数 $\displaystyle\sum_{n=1}^{\infty}(2n+1)x^n$ 的和函数。

(5) 求级数 $\displaystyle\sum_{n=2}^{\infty}\dfrac{1}{(n^2-1)2^n}$ 的和。

(6) 设 $f(x)=\begin{cases}\dfrac{1+x^2}{x}\arctan x, & x\neq 0 \\ 1, & x=0\end{cases}$，试将 $f(x)$ 展开成 x 的幂级数，并求级数

$\displaystyle\sum_{n=1}^{\infty}\dfrac{(-1)^n}{1-4n^2}$ 的和。

(7) 将函数 $f(x)=\arctan\dfrac{1-2x}{1+2x}$ 展开成 x 的幂级数，并求级数 $\displaystyle\sum_{n=0}^{\infty}\dfrac{(-1)^n}{2n+1}$ 的和。

(8) 求幂级数 $\displaystyle\sum_{n=1}^{\infty}\dfrac{2n-1}{2^n}x^{2n-2}$ 的和函数。

(9) 求幂级数 $\displaystyle\sum_{n=0}^{\infty}(-1)^n\dfrac{n+1}{(2n+1)!}x^{2n+1}$ 的和函数。

(10) 求幂级数 $\displaystyle\sum_{n=0}^{\infty}(2n+1)x^n$ 的和函数。

(11) 求幂级数 $\displaystyle\sum_{n=0}^{\infty}\dfrac{n^2+1}{2^n n!}x^n$ 的和函数。

┄┄┄ 经典习题解答 ┄┄┄

1. 选择题

(1) **解** 应选(C)。

由于 $\displaystyle\lim_{n\to\infty}\sqrt[n]{|a_n+b_n|}\leqslant\lim_{n\to\infty}\sqrt[n]{|a_n|+|b_n|}\leqslant\lim_{n\to\infty}\sqrt[n]{2\max\{|a_n|,\ |b_n|\}}$，因此 $R_1\geqslant R$，故选(C)。

(2) **解** 应选(C)。

由于

$$\lim_{n \to \infty} \left| \frac{u_{n+1}(x)}{u_n(x)} \right| = \lim_{n \to \infty} \left| \frac{(x+5)^{2n+1}}{2(n+1) \cdot 4^{n+1}} \cdot \frac{2n \cdot 4^n}{(x+5)^{2n-1}} \right|$$

$$= \frac{(x+5)^2}{4} \lim_{n \to \infty} \frac{n}{n+1} = \frac{(x+5)^2}{4}$$

当 $\frac{(x+5)^2}{4} < 1$，即 $|x+5| < 2$ 时，幂级数收敛，当 $|x+5| > 2$ 时，幂级数发散，因此收敛半径 $R = 2$，从而收敛区间为 $(-7, -3)$。当 $x = -7$ 和 $x = -3$ 时，幂级数即 $\sum_{n=1}^{\infty} \left(-\frac{1}{4n} \right)$ 和 $\sum_{n=1}^{\infty} \frac{1}{4n}$ 均发散，从而原幂级数的收敛域为 $(-7, -3)$，故选(C)。

（3）**解**　应选(C)。

由于

$$\lim_{n \to \infty} \left| \frac{u_{n+1}(x)}{u_n(x)} \right| = \lim_{n \to \infty} \left| \frac{\frac{\sqrt{n+1}}{(x-2)^{n+1}}}{\frac{\sqrt{n}}{(x-2)^n}} \right| = \lim_{n \to \infty} \sqrt{\frac{n+1}{n}} \cdot \frac{1}{|x-2|} = \frac{1}{|x-2|}$$

当 $\frac{1}{|x-2|} < 1$，即 $|x-2| > 1$ 时，级数收敛，当 $|x-2| < 1$ 时，级数发散，因此函数项级数 $\sum_{n=1}^{\infty} \frac{\sqrt{n}}{(x-2)^n}$ 的收敛区间为 $x < 1$ 及 $x > 3$。当 $x = 1$ 和 $x = 3$ 时，级数即 $\sum_{n=1}^{\infty} (-1)^n \sqrt{n}$ 和 $\sum_{n=1}^{\infty} \sqrt{n}$ 均发散，从而原级数的收敛域为 $x < 1$ 及 $x > 3$，故选(C)。

（4）**解**　应选(C)。

$$f(x) = \frac{1}{3-x} = \frac{1}{2+1-x} = \frac{1}{2} \cdot \frac{1}{1 - \frac{x-1}{2}}$$

$$= \frac{1}{2} \sum_{n=0}^{\infty} \left(\frac{x-1}{2} \right)^n = \frac{1}{2} \sum_{n=0}^{\infty} \frac{(x-1)^n}{2^n} \quad (-1 < x < 3)$$

故选(C)。

（5）**解**　应选(C)。

由于 $\sin x = \sum_{n=0}^{\infty} (-1)^n \frac{x^{2n+1}}{(2n+1)!}$ $(-\infty < x < +\infty)$，因此

$$\int_0^x \frac{\sin t}{t} dt = \int_0^x \left[\frac{1}{t} \sum_{n=0}^{\infty} (-1)^n \frac{t^{2n+1}}{(2n+1)!} \right] dt = \sum_{n=0}^{\infty} \left[\frac{(-1)^n}{(2n+1)!} \int_0^x t^{2n} dt \right]$$

$$= \sum_{n=0}^{\infty} (-1)^n \frac{x^{2n+1}}{(2n+1)!(2n+1)} \quad (-\infty < x < +\infty)$$

故选(C)。

2. 填空题

（1）**解**　由于 $\lim_{n \to \infty} \left| \frac{a_{n+1}}{a_n} \right| = \lim_{n \to \infty} \frac{2n+1}{2(n+1)+1} = 1$，因此 $R = 1$。当 $x = -1$ 时，原幂级数即 $\sum_{n=1}^{\infty} \frac{(-1)^n}{2n+1}$ 收敛，当 $x = 1$ 时，原幂级数即 $\sum_{n=1}^{\infty} \frac{1}{2n+1}$ 发散，从而幂级数 $\sum_{n=1}^{\infty} \frac{x^n}{2n+1}$ 的收敛域为 $[-1, 1)$。

(2) **解** 方法一   由于 $\lim\limits_{n\to\infty}\left|\dfrac{a_{n+1}}{a_n}\right|=\lim\limits_{n\to\infty}\dfrac{2^{n+1}+(-1)^{n+1}}{n+1}\cdot\dfrac{n}{2^n+(-1)^n}=2$，且该幂级数

缺奇数项，因此 $R=\dfrac{1}{\sqrt{2}}$。

方法二   由于 $\lim\limits_{n\to\infty}\left|\dfrac{u_{n+1}(x)}{u_n(x)}\right|=\lim\limits_{n\to\infty}\left|\dfrac{\dfrac{2^{n+1}+(-1)^{n+1}}{n+1}x^{2(n+1)}}{\dfrac{2^n+(-1)^n}{n}x^{2n}}\right|=2x^2$，从而当 $2x^2<1$，即

$|x|<\dfrac{1}{\sqrt{2}}$ 时，幂级数收敛，当 $|x|>\dfrac{1}{\sqrt{2}}$ 时，幂级数发散，因此 $R=\dfrac{1}{\sqrt{2}}$。

(3) **解**   由于 $\lim\limits_{n\to\infty}\left|\dfrac{a_{n+1}}{a_n}\right|=\lim\limits_{n\to\infty}\left|\dfrac{n+1}{2^{n+1}+(-3)^{n+1}}\cdot\dfrac{2^n+(-3)^n}{n}\right|=\lim\limits_{n\to\infty}\left|\dfrac{\left(-\dfrac{2}{3}\right)^n+1}{2\left(-\dfrac{2}{3}\right)^n-3}\right|=\dfrac{1}{3}$，

因此 $R=3$，从而幂级数 $\sum\limits_{n=1}^{\infty}\dfrac{x^n}{2n+1}$ 的收敛区间为 $(-2,4)$。

(4) **解**   由幂级数 $\sum\limits_{n=1}^{\infty}a_n(x-1)^n$ 在 $x=2$ 处收敛及阿贝尔定理知，幂级数

$\sum\limits_{n=1}^{\infty}a_n(x-1)^n$ 在 $|x-1|<|2-1|=1$，即 $0<x<2$ 处收敛，再由幂级数 $\sum\limits_{n=1}^{\infty}a_n(x-1)^n$

在 $x=0$ 处发散及阿贝尔定理知，幂级数 $\sum\limits_{n=1}^{\infty}a_n(x-1)^n$ 在 $|x-1|>|0-1|=1$，即 $x<0$

及 $x>2$ 处发散，从而幂级数 $\sum\limits_{n=1}^{\infty}a_n(x-1)^n$ 的收敛域为 $(0,2]$。

(5) **解**   令 $t=\dfrac{1}{x}$，则原级数为 $\sum\limits_{n=1}^{\infty}n^2t^n$。由于 $\lim\limits_{n\to\infty}\left|\dfrac{a_{n+1}}{a_n}\right|=\lim\limits_{n\to\infty}\dfrac{(n+1)^2}{n^2}=1$，因此

$R=1$。当 $t=\pm1$ 时，级数 $\sum\limits_{n=1}^{\infty}(\pm1)^nn^2$ 发散，从而 $\sum\limits_{n=1}^{\infty}n^2t^n$ 的收敛域为 $(-1,1)$。由 $t=\dfrac{1}{x}$

得 $-1<\dfrac{1}{x}<1$，故 $\sum\limits_{n=1}^{\infty}\dfrac{n^2}{x^n}$ 的收敛域为 $x<-1$ 及 $x>1$。

(6) **解**   由于 $\ln(1+x)=\sum\limits_{n=1}^{\infty}\dfrac{(-1)^{n-1}}{n}x^n\ (-1<x\leqslant1)$，因此

$$\sum\limits_{n=1}^{\infty}\dfrac{(-1)^{n-1}}{n\cdot2^{n+1}}=\dfrac{1}{2}\sum\limits_{n=1}^{\infty}\dfrac{(-1)^{n-1}}{n}\left(\dfrac{1}{2}\right)^n=\dfrac{1}{2}\ln\left(1+\dfrac{1}{2}\right)=\dfrac{1}{2}\ln\dfrac{3}{2}$$

(7) **解** 方法一   令 $s(x)=\sum\limits_{n=1}^{\infty}nx^{n-1}\ (-1<x<1)$，则

$$s(x)=\sum\limits_{n=1}^{\infty}nx^{n-1}=\left[\sum\limits_{n=0}^{\infty}x^n\right]'=\left(\dfrac{1}{1-x}\right)'=\dfrac{1}{(1-x)^2}\quad(-1<x<1)$$

所以

$$\sum\limits_{n=1}^{\infty}\dfrac{n}{3^n}=\dfrac{1}{3}\sum\limits_{n=1}^{\infty}\dfrac{n}{3^{n-1}}=\dfrac{1}{3}s\left(\dfrac{1}{3}\right)=\dfrac{1}{3}\cdot\dfrac{1}{\left(1-\dfrac{1}{3}\right)^2}=\dfrac{3}{4}$$

方法二　令 $s(x) = \sum_{n=1}^{\infty} nx^{n-1} (-1 < x < 1)$，则

$$\int_0^x s(x)\,dx = \int_0^x \left(\sum_{n=1}^{\infty} nx^{n-1} \right) dx = \sum_{n=1}^{\infty} x^n = \frac{x}{1-x} \quad (-1 < x < 1)$$

从而 $s(x) = \left(\dfrac{x}{1-x} \right)' = \dfrac{1}{(1-x)^2}$，故

$$\sum_{n=1}^{\infty} \frac{n}{3^n} = \frac{1}{3} \sum_{n=1}^{\infty} \frac{n}{3^{n-1}} = \frac{1}{3} s\left(\frac{1}{3} \right) = \frac{1}{3} \cdot \frac{1}{\left(1-\frac{1}{3}\right)^2} = \frac{3}{4}$$

方法三　令 $s_n = \dfrac{1}{3} + \dfrac{2}{3^2} + \dfrac{3}{3^3} + \cdots + \dfrac{n}{3^n}$，则 $\dfrac{1}{3} s_n = \dfrac{1}{3^2} + \dfrac{2}{3^3} + \dfrac{3}{3^4} + \cdots + \dfrac{n-1}{3^n} + \dfrac{n}{3^{n+1}}$，故

$$s_n - \frac{1}{3} s_n = \frac{1}{3} + \frac{1}{3^2} + \frac{1}{3^3} + \cdots + \frac{1}{3^n} - \frac{n}{3^{n+1}} = \frac{\frac{1}{3}\left[1 - \left(\frac{1}{3}\right)^n\right]}{1 - \frac{1}{3}} - \frac{n}{3^{n+1}}$$

$$\lim_{n \to \infty} s_n = \lim_{n \to \infty} \frac{3}{2} \left\{ \frac{\frac{1}{3}\left[1 - \left(\frac{1}{3}\right)^n\right]}{1 - \frac{1}{3}} - \frac{n}{3^{n+1}} \right\} = \frac{3}{4}$$

从而级数 $\sum_{n=1}^{\infty} \dfrac{n}{3^n}$ 收敛，且其和为

$$s = \sum_{n=1}^{\infty} \frac{n}{3^n} = \frac{3}{4}$$

（8）**解**　由于

$$\frac{e^x - 1}{x} = \frac{1}{x} \left(1 + x + \frac{x^2}{2!} + \cdots + \frac{x^n}{n!} + \cdots - 1 \right) = 1 + \frac{x}{2!} + \frac{x^2}{3!} + \cdots + \frac{x^{n-1}}{n!} + \cdots$$

因此

$$\frac{d}{dx} \left(\frac{e^x - 1}{x} \right) = \frac{1}{2!} + \frac{2x}{3!} + \frac{3x^2}{4!} + \cdots + \frac{(n-1)x^{n-2}}{n!} + \frac{nx^{n-1}}{(n+1)!} + \cdots \quad (-\infty < x < +\infty)$$

令 $x = 1$，则

$$\sum_{n=1}^{\infty} \frac{n}{(n+1)!} = \frac{d}{dx} \left(\frac{e^x - 1}{x} \right) \bigg|_{x=1} = \frac{xe^x - (e^x - 1)}{x^2} \bigg|_{x=1} = 1$$

（9）**解**　由于该幂级数从第二项起是公比 $q = -\dfrac{\sqrt{3}}{2} x$ 的等比级数，因此

$$s(x) = (2-x)^2 + \frac{\frac{3}{4}x^2}{1 - \left(-\frac{\sqrt{3}}{2}x\right)} = (2-x)^2 + \frac{3x^2}{4 + 2\sqrt{3}x} \quad \left(-\frac{2}{\sqrt{3}} < x < \frac{2}{\sqrt{3}} \right)$$

（10）**解**　由于

$$f(x) = \ln(1 + x + x^2 + x^3 + x^4) = \ln \frac{1 - x^5}{1 - x} = \ln(1 - x^5) - \ln(1 - x)$$

且

$$\ln(1-x^5) = -\sum_{n=1}^{\infty} \frac{x^{5n}}{n} \ (-1 \leqslant x < 1), \quad \ln(1-x) = -\sum_{n=1}^{\infty} \frac{x^n}{n} \ (-1 \leqslant x < 1)$$

因此

$$f(x) = -\sum_{n=1}^{\infty} \frac{x^{5n}}{n} - \left(-\sum_{n=1}^{\infty} \frac{x^n}{n}\right) = \sum_{n=1}^{\infty} \frac{(1-x^{4n})}{n} x^n \quad (-1 \leqslant x < 1)$$

3. 解答题

(1) **解** 由于

$$\lim_{n \to \infty} \left| \frac{a_{n+1}}{a_n} \right| = \lim_{n \to \infty} \left| \frac{5^{n+1} + (-3)^{n+1}}{n+1} \cdot \frac{n}{5^n + (-3)^n} \right| = \lim_{n \to \infty} \left| \frac{5^{n+1} + (-3)^{n+1}}{5^n + (-3)^n} \right| = 5$$

因此 $R = \frac{1}{5}$。在 $x = \frac{1}{5}$ 处，原级数为

$$\sum_{n=1}^{\infty} \frac{5^n + (-3)^n}{n} \cdot \frac{1}{5^n} = \sum_{n=1}^{\infty} \frac{1}{n} + \sum_{n=1}^{\infty} \left(-\frac{3}{5}\right)^n \cdot \frac{1}{n}$$

因为 $\sum_{n=1}^{\infty} \frac{1}{n}$ 发散，$\sum_{n=1}^{\infty} \left(-\frac{3}{5}\right)^n \cdot \frac{1}{n}$ 收敛，所以原级数在 $x = \frac{1}{5}$ 处发散；在 $x = -\frac{1}{5}$ 处，原级数为

$$\sum_{n=1}^{\infty} \frac{5^n + (-3)^n}{n} \cdot \frac{(-1)^n}{5^n} = \sum_{n=1}^{\infty} \frac{(-1)^n}{n} + \sum_{n=1}^{\infty} \left(\frac{3}{5}\right)^n \cdot \frac{1}{n}$$

由于 $\sum_{n=1}^{\infty} \frac{(-1)^n}{n}$ 和 $\sum_{n=1}^{\infty} \left(\frac{3}{5}\right)^n \cdot \frac{1}{n}$ 都收敛，因此原级数在 $x = -\frac{1}{5}$ 处收敛。故原幂级数的收敛域为 $\left[-\frac{1}{5}, \frac{1}{5}\right)$。

(2) **解** **方法一** 由于 $\lim_{n \to \infty} \left| \frac{a_{n+1}}{a_n} \right| = \lim_{n \to \infty} \left| \frac{n - 3^{2n}}{n+1 - 3^{2(n+1)}} \right| = \frac{1}{9}$，且该幂级数缺奇次项，

因此 $R = 3$。当 $x - 1 = 3$ 时，原级数即 $\sum_{n=1}^{\infty} \frac{3^{2n}}{n - 3^{2n}}$ 发散，当 $x - 1 = -3$ 时，原级数即

$\sum_{n=1}^{\infty} \frac{(-3)^{2n}}{n - 3^{2n}}$ 发散，故原幂级数的收敛域为 $(-2, 4)$。

方法二 由于

$$\lim_{n \to \infty} \left| \frac{u_{n+1}(x)}{u_n(x)} \right| = \lim_{n \to \infty} \left| \frac{\frac{1}{n+1 - 3^{2(n+1)}} (x-1)^{2(n+1)}}{\frac{1}{n - 3^{2n}} (x-1)^{2n}} \right| = \frac{1}{9} (x-1)^2$$

则当 $\frac{1}{9}(x-1)^2 < 1$，即 $|x-1| < 3$ 时，原幂级数收敛，当 $|x-1| > 3$ 时，原幂级数发散，

因此 $R = 3$。当 $x - 1 = 3$ 时，原级数即 $\sum_{n=1}^{\infty} \frac{3^{2n}}{n - 3^{2n}}$ 发散，当 $x - 1 = -3$ 时，原级数即

$\sum_{n=1}^{\infty} \frac{(-3)^{2n}}{n - 3^{2n}}$ 发散，故原幂级数的收敛域为 $(-2, 4)$。

(3) **解** 由于

$$\frac{1}{4-x} = \frac{1}{3-(x-1)} = \frac{1}{3} \frac{1}{1 - \frac{x-1}{3}} = \frac{1}{3} \sum_{n=0}^{\infty} \frac{(x-1)^n}{3^n} \quad (-2 < x < 4)$$

因此函数 $f(x)$ 在 $x = 1$ 展开为幂级数应为

$$f(x) = (x-1) \cdot \frac{1}{4-x} = \frac{1}{3} \sum_{n=0}^{\infty} \frac{(x-1)^{n+1}}{3^n} \quad (-2 < x < 4)$$

(4) **解** $\sum_{n=1}^{\infty} (2n+1)x^n = 2x \sum_{n=1}^{\infty} nx^{n-1} + \sum_{n=1}^{\infty} x^n = 2x \left(\sum_{n=0}^{\infty} x^n \right)' + \frac{1}{1-x} - 1$

$$= 2x \left(\frac{1}{1-x} \right)' + \frac{x}{1-x} = \frac{2x}{(1-x)^2} + \frac{x}{1-x}$$

$$= \frac{3x - x^2}{(1-x)^2} \quad (-1 < x < 1)$$

(5) **解** 令 $s(x) = \sum_{n=2}^{\infty} \frac{x^n}{n^2-1}$ ($|x| < 1$)，则

$$s(x) = \sum_{n=2}^{\infty} \frac{x^n}{n^2-1} = \frac{1}{2} \sum_{n=2}^{\infty} \left(\frac{1}{n-1} - \frac{1}{n+1} \right) x^n = \frac{x}{2} \sum_{n=2}^{\infty} \frac{x^{n-1}}{n-1} - \frac{1}{2x} \sum_{n=2}^{\infty} \frac{x^{n+1}}{n+1}$$

$$= -\frac{x}{2} \ln(1-x) - \frac{1}{2x} \left[-\ln(1-x) - x - \frac{x^2}{2} \right] \quad (0 < |x| < 1)$$

从而

$$\sum_{n=2}^{\infty} \frac{1}{(n^2-1)2^n} = s\left(\frac{1}{2} \right) = \frac{5}{8} - \frac{3}{4} \ln 2$$

(6) **解** 由于

$$\lim_{x \to 0} f(x) = \lim_{x \to 0} \frac{1+x^2}{x} \arctan x = 1 = f(0)$$

因此 $f(x)$ 在其定义域上是连续函数。又

$$(\arctan x)' = \frac{1}{1+x^2} = \sum_{n=0}^{\infty} (-1)^n x^{2n} \quad (|x| < 1)$$

故

$$\arctan x = \int_0^x (\arctan x)' \mathrm{d}x = \int_0^x \left[\sum_{n=0}^{\infty} (-1)^n x^{2n} \right] \mathrm{d}x = \sum_{n=0}^{\infty} \frac{(-1)^n}{2n+1} x^{2n+1} \quad (|x| \leqslant 1)$$

因为 $f(x) = \frac{1}{x} \arctan x + x \arctan x$，所以

$$f(x) = \frac{1}{x} \sum_{n=0}^{\infty} \frac{(-1)^n}{2n+1} x^{2n+1} + \sum_{n=0}^{\infty} \frac{(-1)^n}{2n+1} x^{2n+2} = 1 + \sum_{n=1}^{\infty} \frac{(-1)^n}{2n+1} x^{2n} + \sum_{n=1}^{\infty} \frac{(-1)^{n-1}}{2n-1} x^{2n}$$

$$= 1 + \sum_{n=1}^{\infty} (-1)^n \frac{2}{1-4n^2} x^{2n} \quad (|x| \leqslant 1)$$

令 $x = 1$，则级数

$$\sum_{n=1}^{\infty} \frac{(-1)^n}{1-4n^2} = \frac{1}{2} [f(1) - 1] = \frac{1}{2} \left(\frac{\pi}{2} - 1 \right) = \frac{\pi}{4} - \frac{1}{2}$$

(7) **解** **方法一** 由于

$$f'(x) = -\frac{2}{1+4x^2} = -2 \sum_{n=0}^{\infty} (-1)^n \cdot 4^n \cdot x^{2n} \quad \left(-\frac{1}{2} < x < \frac{1}{2} \right)$$

且 $f(0) = \frac{\pi}{4}$，因此

$$f(x) = f(0) + \int_0^x f'(x)\mathrm{d}x = \frac{\pi}{4} - 2\int_0^x \left[\sum_{n=0}^{\infty}(-1)^n \cdot 4^n \cdot x^{2n}\right]\mathrm{d}x$$

$$= \frac{\pi}{4} - \sum_{n=0}^{\infty}(-1)^n \frac{2^{2n+1}}{2n+1}x^{2n+1} \quad \left(-\frac{1}{2} < x < \frac{1}{2}\right)$$

因为 $\sum_{n=0}^{\infty}\dfrac{(-1)^n}{2n+1}$ 收敛，函数 $f(x)$ 在 $x = \dfrac{1}{2}$ 处连续，所以 $f(x)$ 展开成 x 的幂级数为

$$f(x) = \frac{\pi}{4} - \sum_{n=0}^{\infty}(-1)^n \frac{2^{2n+1}}{2n+1}x^{2n+1} \quad \left(-\frac{1}{2} < x \leqslant \frac{1}{2}\right)$$

令 $x = \dfrac{1}{2}$，则

$$f\left(\frac{1}{2}\right) = \frac{\pi}{4} - \sum_{n=0}^{\infty}\frac{(-1)^n \cdot 2^{2n+1}}{2n+1} \cdot \left(\frac{1}{2}\right)^{2n+1} = \frac{\pi}{4} - \sum_{n=0}^{\infty}\frac{(-1)^n}{2n+1}$$

又 $f\left(\dfrac{1}{2}\right) = 0$，故所求级数的和为 $\sum_{n=0}^{\infty}\dfrac{(-1)^n}{2n+1} = \dfrac{\pi}{4}$。

方法二 由于

$$\arctan\frac{1-2x}{1+2x} = \frac{\pi}{4} - \arctan 2x$$

且 $(\arctan x)' = \dfrac{1}{1+x^2} = \sum_{n=0}^{\infty}(-1)^n x^{2n}(|x| < 1)$，从而

$$\arctan x = \int_0^x (\arctan x)'\mathrm{d}x = \int_0^x \left[\sum_{n=0}^{\infty}(-1)^n x^{2n}\right]\mathrm{d}x = \sum_{n=0}^{\infty}\frac{(-1)^n}{2n+1}x^{2n+1} \quad (|x| \leqslant 1)$$

因此

$$f(x) = \frac{\pi}{4} - \sum_{n=0}^{\infty}(-1)^n \frac{2^{2n+1}}{2n+1}x^{2n+1} \quad \left(-\frac{1}{2} < x < \frac{1}{2}\right)$$

因为 $\sum_{n=0}^{\infty}\dfrac{(-1)^n}{2n+1}$ 收敛，函数 $f(x)$ 在 $x = \dfrac{1}{2}$ 处连续，所以 $f(x)$ 展开成 x 的幂级数为

$$f(x) = \frac{\pi}{4} - \sum_{n=0}^{\infty}(-1)^n \frac{2^{2n+1}}{2n+1}x^{2n+1} \quad \left(-\frac{1}{2} < x \leqslant \frac{1}{2}\right)$$

令 $x = \dfrac{1}{2}$，则

$$f\left(\frac{1}{2}\right) = \frac{\pi}{4} - \sum_{n=0}^{\infty}(-1)^n \frac{2^{2n+1}}{2n+1} \cdot \left(\frac{1}{2}\right)^{2n+1} = \frac{\pi}{4} - \sum_{n=0}^{\infty}\frac{(-1)^n}{2n+1}$$

又 $f\left(\dfrac{1}{2}\right) = 0$，故所求级数的和为 $\sum_{n=0}^{\infty}\dfrac{(-1)^n}{2n+1} = \dfrac{\pi}{4}$。

(8) **解** 由于 $\lim\limits_{n\to\infty}\sqrt[n]{|u_n(x)|} = \lim\limits_{n\to\infty}\sqrt[n]{\dfrac{2n-1}{2^n}}|x|^{2n-2} = \dfrac{x^2}{2}$，因此当 $\dfrac{x^2}{2} < 1$，即 $|x| < \sqrt{2}$

时，级数收敛，当 $|x| > \sqrt{2}$ 时，级数发散，从而 $R = \sqrt{2}$。当 $x = \pm\sqrt{2}$ 时，原级数即 $\sum_{n=1}^{\infty}\dfrac{2n-1}{2}$ 发散，因此该幂级数的收敛域为 $(-\sqrt{2}, \sqrt{2})$。

令 $s(x) = \sum_{n=1}^{\infty}\dfrac{2n-1}{2^n}x^{2n-2}(-\sqrt{2} < x < \sqrt{2})$，则

$$s(x) = \sum_{n=1}^{\infty} \frac{2n-1}{2^n} x^{2n-2} = \frac{1}{\sqrt{2}}\left[\sum_{n=1}^{\infty}\left(\frac{x}{\sqrt{2}}\right)^{2n-1}\right]' = \frac{1}{\sqrt{2}}\left(\frac{\frac{x}{\sqrt{2}}}{1-\frac{x^2}{2}}\right)'$$

$$= \left(\frac{x}{2-x^2}\right)' = \frac{2+x^2}{(2-x^2)^2} \quad (-\sqrt{2} < x < \sqrt{2})$$

或

$$s(x) = \sum_{n=1}^{\infty} \frac{2n-1}{2^n} x^{2n-2} = \left[\int_0^x \left(\sum_{n=1}^{\infty} \frac{2n-1}{2^n} x^{2n-2}\right)dx\right]' = \left(\sum_{n=1}^{\infty} \frac{x^{2n-1}}{2^n}\right)' = \left[\frac{1}{x}\sum_{n=1}^{\infty}\left(\frac{x^2}{2}\right)^n\right]'$$

$$= \left[\frac{1}{x}\frac{\frac{x^2}{2}}{1-\frac{x^2}{2}}\right]' = \left(\frac{x}{2-x^2}\right)' = \frac{2+x^2}{(2-x^2)^2} \quad (-\sqrt{2} < x < \sqrt{2})$$

(9) **解**　由于

$$\lim_{n\to\infty}\left|\frac{u_{n+1}(x)}{u_n(x)}\right| = \lim_{n\to\infty}\left|\frac{(-1)^{n+1}\frac{(n+1)+1}{(2(n+1)+1)!}x^{2(n+1)+1}}{(-1)^n\frac{n+1}{(2n+1)!}x^{2n+1}}\right| = 0$$

因此 $R = +\infty$，从而原幂级数的收敛域为 $(-\infty, +\infty)$。设幂级数的和函数为 $s(x)$，则

$$s(x) = \sum_{n=0}^{\infty}(-1)^n\frac{n+1}{(2n+1)!}x^{2n+1} = \frac{1}{2}\sum_{n=0}^{\infty}(-1)^n\frac{(2n+1)+1}{(2n+1)!}x^{2n+1}$$

$$= \frac{x}{2}\sum_{n=0}^{\infty}(-1)^n\frac{1}{2n!}x^{2n} + \frac{1}{2}\sum_{n=0}^{\infty}(-1)^n\frac{1}{(2n+1)!}x^{2n+1}$$

$$= \frac{x}{2}\cos x + \frac{1}{2}\sin x = \frac{1}{2}(x\cos x + \sin x) \quad (-\infty < x < +\infty)$$

或

$$s(x) = \sum_{n=0}^{\infty}(-1)^n\frac{n+1}{(2n+1)!}x^{2n+1} = \left[\int_0^x\left(\sum_{n=0}^{\infty}(-1)^n\frac{n+1}{(2n+1)!}x^{2n+1}\right)dx\right]'$$

$$= \left[\frac{x}{2}\sum_{n=0}^{\infty}\frac{(-1)^n}{(2n+1)!}x^{2n+1}\right]' = \left(\frac{x}{2}\sin x\right)'$$

$$= \frac{1}{2}(x\cos x + \sin x) \quad (-\infty < x < +\infty)$$

(10) **解**　由于 $\lim\limits_{n\to\infty}\left|\dfrac{a_{n+1}}{a_n}\right| = \lim\limits_{n\to\infty}\left|\dfrac{2(n+1)+1}{2n+1}\right| = 1$，因此 $R = 1$。当 $x = -1$ 时，原幂级

数即 $\sum\limits_{n=0}^{\infty}(-1)^n(2n+1)$ 发散，当 $x = 1$ 时，原幂级数即 $\sum\limits_{n=0}^{\infty}(2n+1)$ 发散，从而原幂级数的

收敛域为 $(-1, 1)$。令 $s(x) = \sum\limits_{n=0}^{\infty}(2n+1)x^n (-1 < x < 1)$，则

$$s(x) = \sum_{n=0}^{\infty}(2n+1)x^n = \sum_{n=0}^{\infty}2nx^n + \sum_{n=0}^{\infty}x^n = 2x\left[\sum_{n=1}^{\infty}nx^{n-1}\right] + \frac{1}{1-x}$$

$$= 2x\left[\sum_{n=0}^{\infty}x^n - 1\right]' + \frac{1}{1-x} = \frac{2x}{(1-x)^2} + \frac{1}{1-x} = \frac{1+x}{(1-x)^2} \quad (-1 < x < 1)$$

（11）**解**　由于 $\lim\limits_{n \to \infty} \left| \dfrac{a_{n+1}}{a_n} \right| = \lim\limits_{n \to \infty} \left| \dfrac{(n+1)^2+1}{2^{n+1}(n+1)!} \cdot \dfrac{2^n n!}{n^2+1} \right| = 0$，因此 $R = +\infty$，从而原幂级数的收敛域为 $(-\infty, +\infty)$。设幂级数的和函数为 $s(x)$，则

$$s(x) = \sum_{n=0}^{\infty} \frac{n^2+1}{2^n n!} x^n = \sum_{n=0}^{\infty} \frac{n^2}{2^n n!} x^n + \sum_{n=0}^{\infty} \frac{1}{2^n n!} x^n$$

$$\sum_{n=0}^{\infty} \frac{n^2}{2^n n!} x^n = \sum_{n=1}^{\infty} \frac{n^2}{n!} \left(\frac{x}{2}\right)^n = \sum_{n=1}^{\infty} \frac{n}{(n-1)!} \left(\frac{x}{2}\right)^n = \sum_{n=1}^{\infty} \frac{n-1+1}{(n-1)!} \left(\frac{x}{2}\right)^n$$

$$= \sum_{n=2}^{\infty} \frac{1}{(n-2)!} \left(\frac{x}{2}\right)^n + \sum_{n=1}^{\infty} \frac{1}{(n-1)!} \left(\frac{x}{2}\right)^n$$

$$= \frac{x^2}{4} \sum_{n=2}^{\infty} \frac{1}{(n-2)!} \left(\frac{x}{2}\right)^{n-2} + \frac{x}{2} \sum_{n=1}^{\infty} \frac{1}{(n-1)!} \left(\frac{x}{2}\right)^{n-1} = \frac{x^2}{4} \mathrm{e}^{\frac{x}{2}} + \frac{x}{2} \mathrm{e}^{\frac{x}{2}}$$

$$\sum_{n=0}^{\infty} \frac{1}{2^n n!} x^n = \sum_{n=0}^{\infty} \frac{1}{n!} \left(\frac{x}{2}\right)^n = \mathrm{e}^{\frac{x}{2}}$$

故

$$s(x) = \sum_{n=0}^{\infty} \frac{n^2+1}{2^n n!} x^n = \frac{x^2}{4} \mathrm{e}^{\frac{x}{2}} + \frac{x}{2} \mathrm{e}^{\frac{x}{2}} + \mathrm{e}^{\frac{x}{2}} = \left(\frac{1}{4}x^2 + \frac{1}{2}x + 1\right) \mathrm{e}^{\frac{x}{2}} \quad (-\infty < x < +\infty)$$

7.3　傅里叶级数

一、考点内容讲解

1. 三角级数与三角函数系的正交性

（1）三角级数：级数 $\dfrac{a_0}{2} + \sum\limits_{n=1}^{\infty} (a_n \cos nx + b_n \sin nx)$ 称为三角级数，其中 a_0、a_n、b_n（$n = 1, 2, \cdots$）都是常数。

（2）三角函数系的正交性：$1, \cos x, \sin x, \cos 2x, \sin 2x, \cdots, \cos nx, \sin nx, \cdots$ 称为三角函数系。三角函数系中任何不同的两个函数的乘积在区间 $[-\pi, \pi]$ 或 $[0, 2\pi]$ 上的积分为零，即

$$\int_{-\pi}^{\pi} \cos nx \, \mathrm{d}x = \int_0^{2\pi} \cos nx \, \mathrm{d}x = 0 \quad (n = 1, 2, \cdots,)$$

$$\int_{-\pi}^{\pi} \sin nx \, \mathrm{d}x = \int_0^{2\pi} \sin nx \, \mathrm{d}x = 0 \quad (n = 1, 2, \cdots)$$

$$\int_{-\pi}^{\pi} \sin mx \cos nx \, \mathrm{d}x = \int_0^{2\pi} \sin mx \cos nx \, \mathrm{d}x = 0 \quad (m, n = 1, 2, \cdots)$$

$$\int_{-\pi}^{\pi} \cos mx \cos nx \, \mathrm{d}x = \int_0^{2\pi} \cos mx \cos nx \, \mathrm{d}x = 0 \quad (m, n = 1, 2, \cdots, m \neq n)$$

$$\int_{-\pi}^{\pi} \sin mx \sin nx \, \mathrm{d}x = \int_0^{2\pi} \sin mx \sin nx \, \mathrm{d}x = 0 \quad (m, n = 1, 2, \cdots, m \neq n)$$

且三角函数系中任何一个函数的平方在区间 $[-\pi, \pi]$ 或 $[0, 2\pi]$ 上的积分为

$$\int_{-\pi}^{\pi} 1^2 \, \mathrm{d}x = 2\pi, \quad \int_{-\pi}^{\pi} \cos^2 mx \, \mathrm{d}x = \int_0^{2\pi} \sin^2 mx \, \mathrm{d}x = \pi \quad (m = 1, 2, \cdots)$$

2. 傅里叶系数与傅里叶级数

(1) 傅里叶系数：设 $f(x)$ 是以 2π 为周期的函数，且在 $[-\pi, \pi]$ 或 $[0, 2\pi]$ 上可积，则

$$a_n = \frac{1}{\pi} \int_{-\pi}^{\pi} f(x)\cos nx \, dx = \frac{1}{\pi} \int_0^{2\pi} f(x)\cos nx \, dx \quad (n = 0, 1, 2, \cdots)$$

$$b_n = \frac{1}{\pi} \int_{-\pi}^{\pi} f(x)\sin nx \, dx = \frac{1}{\pi} \int_0^{2\pi} f(x)\sin nx \, dx \quad (n = 1, 2, \cdots)$$

称为函数 $f(x)$ 的傅里叶系数。

(2) 傅里叶级数（2π 为周期）：以 $f(x)$ 的傅里叶系数为系数的三角级数

$$\frac{a_0}{2} + \sum_{n=1}^{\infty} (a_n \cos nx + b_n \sin nx)$$

称为 $f(x)$ 的傅里叶级数，表示为

$$f(x) \sim \frac{a_0}{2} + \sum_{n=1}^{\infty} (a_n \cos nx + b_n \sin nx)$$

(3) 傅里叶级数（$2l$ 为周期）：设 $f(x)$ 是以 $2l$ 为周期的函数，且在 $[-l, l]$ 上可积，则以 $a_n = \frac{1}{l} \int_{-l}^{l} f(x)\cos \frac{n\pi x}{l} dx (n = 0, 1, 2, \cdots)$, $b_n = \frac{1}{l} \int_{-l}^{l} f(x)\sin \frac{n\pi x}{l} dx (n = 1, 2, \cdots)$

为系数的三角级数 $\frac{a_0}{2} + \sum_{n=1}^{\infty} \left(a_n \cos \frac{n\pi x}{l} + b_n \sin \frac{n\pi x}{l} \right)$ 称为 $f(x)$ 的傅里叶级数，表示为

$$f(x) \sim \frac{a_0}{2} + \sum_{n=1}^{\infty} \left(a_n \cos \frac{n\pi x}{l} + b_n \sin \frac{n\pi x}{l} \right)$$

3. 收敛定理（狄利克雷定理）

设 $f(x)$ 在 $[-\pi, \pi]$ 上连续或有有限个第一类间断点，且只有有限个极值点，则 $f(x)$ 的傅里叶级数在 $[-\pi, \pi]$ 上处处收敛，且收敛于

(1) $f(x)$，当 x 为 $f(x)$ 的连续点时；

(2) $\dfrac{f(x-0) + f(x+0)}{2}$，当 x 为 $f(x)$ 的间断点时；

(3) $\dfrac{f(-\pi+0) + f(\pi-0)}{2}$，当 $x = \pm\pi$ 时。

4. 函数展开为傅里叶级数

(1) 周期为 2π 的函数：

（ⅰ）在 $[-\pi, \pi]$ 上展开：$f(x) \sim \dfrac{a_0}{2} + \sum_{n=1}^{\infty} (a_n \cos nx + b_n \sin nx)$，其中 a_n、b_n 分别为

$$a_n = \frac{1}{\pi} \int_{-\pi}^{\pi} f(x)\cos nx \, dx \quad (n = 0, 1, 2, \cdots)$$

$$b_n = \frac{1}{\pi} \int_{-\pi}^{\pi} f(x)\sin nx \, dx \quad (n = 1, 2, \cdots)$$

（ⅱ）在 $[-\pi, \pi]$ 上奇偶函数的展开：

① $f(x)$ 为奇函数：$f(x) \sim \sum_{n=1}^{\infty} b_n \sin nx$（正弦级数），其中 a_n、b_n 分别为

$$a_n = 0 (n = 0, 1, 2, \cdots), \quad b_n = \frac{2}{\pi} \int_0^{\pi} f(x)\sin nx \, dx (n = 1, 2, \cdots)$$

② $f(x)$ 为偶函数：$f(x) \sim \dfrac{a_0}{2} + \displaystyle\sum_{n=1}^{\infty} a_n \cos nx$（余弦级数），其中 a_n、b_n 分别为

$$a_n = \frac{2}{\pi} \int_0^\pi f(x) \cos nx\, \mathrm{d}x\ (n = 0, 1, 2, \cdots),\quad b_n = 0\ (n = 1, 2, \cdots)$$

（ⅲ）在 $[0, \pi]$ 上展开为正弦级数或余弦级数：

① 展为正弦级数（奇延拓）：设 $f(x)$ 为 $[0, \pi]$ 上的非周期函数，令

$$F(x) = \begin{cases} f(x), & 0 \leqslant x \leqslant \pi \\ -f(-x), & -\pi < x < 0 \end{cases}$$

则 $F(x)$ 除 $x = 0$ 外为 $(-\pi, \pi)$ 上的奇函数，$f(x) \sim \displaystyle\sum_{n=1}^{\infty} b_n \sin nx$（正弦级数），其中 a_n、b_n 分别为

$$a_n = 0\ (n = 0, 1, 2, \cdots),\quad b_n = \frac{2}{\pi} \int_0^\pi f(x) \sin nx\, \mathrm{d}x\ (n = 1, 2, \cdots)$$

② 展为余弦级数（偶延拓）：设 $f(x)$ 为 $[0, \pi]$ 上的非周期函数，令

$$F(x) = \begin{cases} f(x), & 0 \leqslant x \leqslant \pi \\ f(-x), & -\pi < x < 0 \end{cases}$$

则 $F(x)$ 为 $(-\pi, \pi)$ 上的偶函数，$f(x) \sim \dfrac{a_0}{2} + \displaystyle\sum_{n=1}^{\infty} a_n \cos nx$（余弦级数），其中 a_n、b_n 分别为

$$a_n = \frac{2}{\pi} \int_0^\pi f(x) \cos nx\, \mathrm{d}x\ (n = 0, 1, 2, \cdots),\quad b_n = 0\ (n = 1, 2, \cdots)$$

(2) 周期为 $2l$ 的函数：

（ⅰ）在 $[-l, l]$ 上展开：$f(x) \sim \dfrac{a_0}{2} + \displaystyle\sum_{n=1}^{\infty} \left(a_n \cos \dfrac{n\pi x}{l} + b_n \sin \dfrac{n\pi x}{l} \right)$，其中 a_n、b_n 分别为

$$a_n = \frac{1}{l} \int_{-l}^{l} f(x) \cos \frac{n\pi x}{l} \mathrm{d}x \quad (n = 0, 1, 2, \cdots)$$

$$b_n = \frac{1}{l} \int_{-l}^{l} f(x) \sin \frac{n\pi x}{l} \mathrm{d}x \quad (n = 1, 2, \cdots)$$

（ⅱ）在 $[-l, l]$ 上奇偶函数的展开：

① $f(x)$ 为奇函数：$f(x) \sim \displaystyle\sum_{n=1}^{\infty} b_n \sin \dfrac{n\pi x}{l}$（正弦级数），其中 a_n、b_n 分别为

$$a_n = 0\ (n = 0, 1, 2, \cdots),\quad b_n = \frac{2}{l} \int_0^l f(x) \sin \frac{n\pi x}{l} \mathrm{d}x\ (n = 1, 2, \cdots)$$

② $f(x)$ 为偶函数：$f(x) \sim \dfrac{a_0}{2} + \displaystyle\sum_{n=1}^{\infty} a_n \cos \dfrac{n\pi x}{l}$（余弦级数），其中 a_n、b_n 分别为

$$a_n = \frac{2}{l} \int_0^l f(x) \cos \frac{n\pi x}{l} \mathrm{d}x\ (n = 0, 1, 2, \cdots),\quad b_n = 0\ (n = 1, 2, \cdots)$$

（ⅲ）在 $[0, l]$ 上展开为正弦级数或余弦级数：

① 展为正弦级数（奇延拓）：设 $f(x)$ 为 $[0, l]$ 上的非周期函数，令

$$F(x) = \begin{cases} f(x), & 0 \leqslant x \leqslant l \\ -f(-x), & -l < x < 0 \end{cases}$$

则 $F(x)$ 除 $x = 0$ 外为 $(-l, l)$ 上的奇函数，$f(x) \sim \displaystyle\sum_{n=1}^{\infty} b_n \sin \dfrac{n\pi x}{l}$（正弦级数），其中 a_n、b_n

分别为

$$a_n = 0 \ (n = 0, 1, 2, \cdots), \quad b_n = \frac{2}{l} \int_0^l f(x) \sin\frac{n\pi x}{l} \mathrm{d}x \ (n = 1, 2, \cdots)$$

② 展为余弦级数（偶延拓）：设 $f(x)$ 为 $[0, l]$ 上的非周期函数，令

$$F(x) = \begin{cases} f(x), & 0 \leqslant x \leqslant l \\ f(-x), & -l < x < 0 \end{cases}$$

则 $F(x)$ 为 $(-l, l)$ 上的偶函数，$f(x) \sim \dfrac{a_0}{2} + \displaystyle\sum_{n=1}^{\infty} a_n \cos\frac{n\pi x}{l}$（余弦级数），其中 a_n、b_n 分别为

$$a_n = \frac{2}{l} \int_0^l f(x) \cos\frac{n\pi x}{l} \mathrm{d}x \ (n = 0, 1, 2, \cdots), \quad b_n = 0 \ (n = 1, 2, \cdots)$$

二、考点题型解析

常考题型：• 收敛定理问题；• 函数展开为傅里叶级数。

1. 选择题

例 1 设函数 $f(x)$ 是以 2π 为周期的函数，在 $[-\pi, \pi)$ 上，

$$f(x) = \begin{cases} 1 - x, & -\pi \leqslant x < 0 \\ 1 + x, & 0 \leqslant x < \pi \end{cases}$$

则 $f(x)$ 的傅里叶级数在 $x = \pi$ 处收敛于（ ）。

(A) $1 + \pi$ (B) $1 - \pi$ (C) 1 (D) 0

解 应选（A）。

由收敛定理知，在连续点 $x = \pi$ 处，$f(x)$ 的傅里叶级数收敛于 $f(\pi) = 1 + \pi$，故选（A）。

例 2 设函数 $f(x) = \begin{cases} 1, & 0 \leqslant x < h \\ 0, & h < x \leqslant \pi \end{cases}$ 的余弦级数展开式是 $\dfrac{h}{\pi} + \dfrac{2}{\pi} \displaystyle\sum_{n=1}^{\infty} \dfrac{\sin nh}{n} \cos nx$，则该级数的和函数为（ ）。

(A) $s(x) = \begin{cases} 1, & 0 \leqslant x < h \\ \dfrac{1}{2}, & x = h \\ 0, & h < x < \pi \end{cases}$

(B) $s(x) = \begin{cases} 1, & 0 < x < h \\ \dfrac{1}{2}, & x = h, x = 0, x = \pi \\ 0, & h < x < \pi \end{cases}$

(C) $s(x) = \begin{cases} 1, & -h < x < h \\ \dfrac{1}{2}, & x = \pm h \\ 0, & -\pi \leqslant x < -h, h < x \leqslant \pi \end{cases}$

(D) $s(x) = \begin{cases} 1, & -h < x < 0, 0 < x < h \\ \dfrac{1}{2}, & x = \pm h, x = 0, x = \pm \pi \\ 0, & -\pi < x < -h, h < x < \pi \end{cases}$

解　应选(C)。

由收敛定理知，在 $0<x<h$ 及 $h<x<\pi$ 处，$f(x)$ 的傅里叶级数收敛于 $f(x)$，由于对函数 $f(x)$ 作偶延拓，因此在 $-\pi<x<-h$，$-h<x<0$ 处，$f(x)$ 的傅里叶级数收敛于 $f(-x)$，在 $x=\pm\pi$ 处，$f(x)$ 的傅里叶级数收敛于 $\dfrac{f(-\pi+0)+f(\pi-0)}{2}=0$，在 $x=-h$ 处，$f(x)$ 的傅里叶级数收敛于 $\dfrac{f(-h-0)+f(-h+0)}{2}=\dfrac{1}{2}$，在 $x=h$ 处，$f(x)$ 的傅里叶级数收敛于 $\dfrac{f(h-0)+f(h+0)}{2}=\dfrac{1}{2}$，故选(C)。

例 3　函数 $f(x)=\begin{cases}2x+1, & -3\leqslant x\leqslant 0\\ x, & 0<x<3\end{cases}$ 展开为傅里叶级数，则应(　　)。

(A) 在 $[-3,3)$ 外作周期延拓，级数在 $(-3,0)$、$(0,3)$ 上收敛于 $f(x)$

(B) 作奇延拓，级数在 $(-3,0)$、$(0,3)$ 上收敛于 $f(x)$

(C) 作偶延拓，级数在 $[-3,3]$ 上收敛于 $f(x)$

(D) 在 $[-3,3)$ 外作周期延拓，级数在 $[-3,3]$ 上收敛于 $f(x)$

解　应选(A)。

由于欲使函数 $f(x)$ 展为傅里叶级数，只需在 $[-3,3)$ 外对 $f(x)$ 作周期为 2×3 的周期延拓，又延拓后的周期函数在 $x=6k$，$x=3(2k+1)(k=0,\pm1,\pm2,\cdots)$ 处不连续，即 $f(x)$ 在 $x=0$，$x=\pm3$ 处间断，从而 $f(x)$ 的傅里叶级数在 $(-3,0)$、$(0,3)$ 上收敛于 $f(x)$，故选(A)。

例 4　设函数 $f(x)=\begin{cases}1, & 0\leqslant x\leqslant h\\ 0, & h<x\leqslant\pi\end{cases}(h\neq0)$ 的正弦级数展开式是 $\dfrac{2}{\pi}\sum\limits_{n=1}^{\infty}\dfrac{1-\cos nh}{n}\sin nx$，该级数的和函数为 $s(x)$，则(　　)。

(A) $s(0)=0$，$s\left(-\dfrac{h}{2}\right)=-1$　　　　(B) $s(0)=\dfrac{1}{2}$，$s\left(-\dfrac{h}{2}\right)=-\dfrac{1}{2}$

(C) $s(0)=0$，$s\left(-\dfrac{h}{2}\right)=1$　　　　(D) $s(0)=1$，$s\left(-\dfrac{h}{2}\right)=-1$

解　应选(A)。

欲将 $f(x)$ 在 $[0,\pi]$ 上展成正弦级数，需对 $f(x)$ 作周期为 2π 的奇延拓。由于延拓后的周期函数在 $x=0$，$x=\pm h$ 处不连续，在 $[-\pi,\pi]$ 上的其他点均连续，因此级数的和函数为

$$s(x)=\begin{cases}1, & 0<x<h\\ \dfrac{1}{2}, & x=h\\ 0, & -\pi\leqslant x<-h,\ x=0,\ h<x\leqslant\pi\\ -\dfrac{1}{2}, & x=-h\\ -1, & -h<x<0\end{cases}$$

从而 $s(0)=0$，$s\left(-\dfrac{h}{2}\right)=-1$，故选(A)。

例 5　设函数 $f(x)=x+1(0\leqslant x\leqslant1)$，则它以 2 为周期的余弦级数在 $x=0$ 处收敛于(　　)。

(A) 1　　　　　　　(B) -1　　　　　(C) 0　　　　　(D) $\dfrac{1}{2}$

解　应选(A)。

对函数 $f(x)$ 作以 2 为周期的偶延拓，由于延拓后的函数在 $x=0$ 处连续，因此由收敛定理知，余弦级数在 $x=0$ 处收敛于 $f(0)=1$，故选(A)。

2. 填空题

例 1　设 $f(x)$ 是以 2π 为周期的函数，其傅里叶系数为 a_n、b_n，则 $f(x+h)$（h 为实数）的傅里叶系数 $a'_n=$ ＿＿＿＿＿，$b'_n=$ ＿＿＿＿＿。

解　$a'_n=\dfrac{1}{\pi}\displaystyle\int_{-\pi}^{\pi}f(x+h)\cos nx\,\mathrm{d}x=\dfrac{1}{\pi}\int_{-\pi}^{\pi}f(x+h)\cos[n(x+h)-nh]\,\mathrm{d}x$

$\qquad=\dfrac{1}{\pi}\displaystyle\int_{-\pi}^{\pi}f(x+h)\cos nh\cos n(x+h)\,\mathrm{d}x+\dfrac{1}{\pi}\int_{-\pi}^{\pi}f(x+h)\sin nh\sin n(x+h)\,\mathrm{d}x$

$\qquad=a_n\cos nh+b_n\sin nh$

同理

$$b'_n=b_n\cos nh-a_n\sin nh$$

例 2　设 $f(x)$ 是可积函数，且在 $[-\pi,\pi]$ 上恒有 $f(x+\pi)=f(x)$，则 $a_{2n-1}=$ ＿＿＿＿＿，$b_{2n-1}=$ ＿＿＿＿＿。

解　$a_n=\dfrac{1}{\pi}\displaystyle\int_{-\pi}^{\pi}f(x)\cos nx\,\mathrm{d}x=\dfrac{1}{\pi}\int_{-\pi}^{0}f(x)\cos nx\,\mathrm{d}x+\dfrac{1}{\pi}\int_{0}^{\pi}f(x)\cos nx\,\mathrm{d}x$

由于

$$\int_{0}^{\pi}f(x)\cos nx\,\mathrm{d}x\xlongequal{x=t+\pi}\int_{-\pi}^{0}f(t+\pi)\cos n(t+\pi)\,\mathrm{d}t=\int_{-\pi}^{0}f(t+\pi)(-1)^n\cos nt\,\mathrm{d}t$$

$$=\int_{-\pi}^{0}f(t)(-1)^n\cos nt\,\mathrm{d}t=\int_{-\pi}^{0}f(x)(-1)^n\cos nx\,\mathrm{d}x$$

因此 $a_n=\dfrac{1}{\pi}\displaystyle\int_{-\pi}^{0}[1+(-1)^n]f(x)\cos nx\,\mathrm{d}x$，从而 $a_{2n-1}=0$，同理 $b_{2n-1}=0$。

例 3　函数 $f(x)=x-2\ (1<x\leqslant5)$ 的傅里叶级数为＿＿＿＿＿＿。

解　令 $x=t+3$，则 $f(x)=x-2=t+1=\varphi(t)\ (-2<t\leqslant2)$，在 $(-2,2]$ 上展开 $\varphi(t)$。

$$a_0=\frac{1}{2}\int_{-2}^{2}(t+1)\,\mathrm{d}t=2,\quad a_n=\frac{1}{2}\int_{-2}^{2}(t+1)\cos\frac{n\pi t}{2}\,\mathrm{d}t=0\quad(n=1,2,\cdots)$$

$$b_n=\frac{1}{2}\int_{-2}^{2}(t+1)\sin\frac{n\pi t}{2}\,\mathrm{d}t=\int_{0}^{2}t\sin\frac{n\pi t}{2}\,\mathrm{d}t=\frac{4}{n\pi}(-1)^{n-1}\quad(n=1,2,\cdots)$$

所以 $\varphi(t)$ 的傅里叶级数为 $\varphi(t)=1+\dfrac{4}{\pi}\displaystyle\sum_{n=1}^{\infty}\dfrac{(-1)^{n-1}}{n}\sin\dfrac{n\pi t}{2}\ (-2<t<2)$，将 $t=x-3$ 代入，得 $f(x)$ 的傅里叶级数为

$$f(x)=1+\frac{4}{\pi}\sum_{n=1}^{\infty}\frac{(-1)^{n-1}}{n}\sin\frac{n\pi(x-3)}{2}\quad(1<x<5)$$

在 $x=5$ 处，级数收敛于 1，它不等于 $f(5)$。

例 4　将函数 $f(x)=\begin{cases}x^2,&0\leqslant x<1\\0,&1\leqslant x\leqslant2\end{cases}$ 在 $[0,2]$ 上展开成正弦级数，则该级数的和函

数 $s(x) =$ _____。

解 对函数 $f(x)$ 作奇延拓，由收敛定理得

$$s(x) = \begin{cases} x^2, & 0 \leqslant x < 1 \\ 0, & 1 < x \leqslant 2 \\ \dfrac{1}{2}, & x = 1 \end{cases}$$

例 5 将函数 $f(x) = x + 1 (0 \leqslant x \leqslant \pi)$ 展开成正弦级数为_____。

解 对 $f(x)$ 作周期为 2π 的奇延拓，则

$$a_n = 0 \quad (n = 0, 1, 2, \cdots)$$

$$b_n = \frac{2}{\pi} \int_0^\pi (x+1)\sin nx \, dx = \frac{2}{\pi} \int_0^\pi (x+1) d\left(-\frac{\cos nx}{n}\right)$$

$$= \frac{2}{\pi} \left[-\frac{x+1}{n}\cos nx + \frac{\sin nx}{n^2} \right]_0^\pi = \frac{2[1 - (\pi+1)(-1)^n]}{n\pi} \quad (n = 1, 2, \cdots)$$

从而 $f(x) = x + 1 \ (0 \leqslant x \leqslant \pi)$ 展开成正弦级数为

$$f(x) = \frac{2}{\pi} \sum_{n=1}^\infty \frac{1 - (-1)^n (\pi+1)}{n} \sin nx \quad (0 < x < \pi)$$

在 $x = 0$ 和 $x = \pi$ 处级数的和为 0，它不等于 $f(0)$ 和 $f(\pi)$。

例 6 将函数 $f(x) = x + 1 \ (0 \leqslant x \leqslant \pi)$ 展开成余弦级数为_____。

解 对 $f(x)$ 作偶延拓，则 $b_n = 0 \ (n = 1, 2, \cdots)$，$a_0 = \dfrac{2}{\pi} \int_0^\pi (x+1) dx = \pi + 2$，

$$a_n = \frac{2}{\pi} \int_0^\pi (x+1)\cos nx \, dx = \frac{2}{\pi}\left(\int_0^\pi x\cos nx \, dx + \int_0^\pi \cos nx \, dx\right)$$

$$= \frac{2}{\pi}\left[\frac{x\sin nx}{n} + \frac{\cos nx}{n^2}\right]_0^\pi = \frac{2[(-1)^n - 1]}{n^2\pi} = \begin{cases} -\dfrac{4}{n^2\pi}, & n = 1, 3, 5, \cdots \\ 0, & n = 2, 4, 6, \cdots \end{cases}$$

从而 $f(x) = x + 1 (0 \leqslant x \leqslant \pi)$ 展开成余弦级数为

$$f(x) = \frac{\pi}{2} + 1 - \frac{4}{\pi} \sum_{n=1}^\infty \frac{1}{(2n-1)^2} \cos(2n-1)x \quad (0 \leqslant x \leqslant \pi)$$

3. 解答题

例 1 设在区间 $[-\pi, \pi]$ 上 $f(x)$ 为偶函数，且 $f\left(\dfrac{\pi}{2} + x\right) = -f\left(\dfrac{\pi}{2} - x\right)$，证明 $f(x)$ 的傅里叶级数展开式中所有系数 $a_{2n} = 0 \ (n = 0, 1, 2, \cdots)$。

证 由于

$$a_{2n} = \frac{2}{\pi} \int_0^\pi f(x)\cos 2nx \, dx = \frac{2}{\pi}\left[\int_0^{\frac{\pi}{2}} f(x)\cos 2nx \, dx + \int_{\frac{\pi}{2}}^\pi f(x)\cos 2nx \, dx\right]$$

对第一个积分作变换 $t = \dfrac{\pi}{2} - x$，则

$$\int_0^{\frac{\pi}{2}} f(x)\cos 2nx \, dx = -\int_{\frac{\pi}{2}}^0 f\left(\frac{\pi}{2} - t\right)\cos(n\pi - 2nt) dt = \int_0^{\frac{\pi}{2}} f\left(\frac{\pi}{2} - t\right)\cos(n\pi - 2nt) dt$$

对第二个积分作变换 $t = x - \dfrac{\pi}{2}$，则

$$\int_{\frac{\pi}{2}}^{\pi} f(x)\cos 2nx\,\mathrm{d}x = \int_0^{\frac{\pi}{2}} f\left(\frac{\pi}{2}+t\right)\cos(n\pi + 2nt)\,\mathrm{d}t$$

由于 $f\left(\frac{\pi}{2}+x\right) = -f\left(\frac{\pi}{2}-x\right)$，$\cos(n\pi - 2nt) = \cos(n\pi + 2nt)$，因此 $a_{2n} = 0$ （$n = 0, 1, 2, \cdots$）。

例 2　将 $f(x) = x^2$ 在 $[0, 2\pi]$ 上展开成傅里叶级数，并求级数 $\sum\limits_{n=1}^{\infty} \frac{1}{n^2}$ 和 $\sum\limits_{n=1}^{\infty} \frac{(-1)^{n+1}}{n^2}$ 的和。

解　$a_0 = \frac{1}{\pi}\int_0^{2\pi} x^2\,\mathrm{d}x = \frac{8}{3}\pi^2$

$a_n = \frac{1}{\pi}\int_0^{2\pi} x^2\cos nx\,\mathrm{d}x = \left[\frac{x^2\sin nx}{n\pi}\right]_0^{2\pi} - \frac{2}{n\pi}\int_0^{2\pi} x\sin nx\,\mathrm{d}x$

$\quad = \frac{2}{n\pi}\int_0^{2\pi} x\,\mathrm{d}\left(\frac{\cos nx}{n}\right) = \frac{2}{n\pi}\left[\frac{x\cos nx}{n} - \frac{\sin nx}{n^2}\right]_0^{2\pi} = \frac{4}{n^2}$ 　$(n = 1, 2, \cdots)$

$b_n = \frac{1}{\pi}\int_0^{2\pi} x^2\sin nx\,\mathrm{d}x = \left[-\frac{x^2\cos nx}{n\pi}\right]_0^{2\pi} + \frac{2}{n\pi}\int_0^{2\pi} x\cos nx\,\mathrm{d}x$

$\quad = -\frac{4\pi}{n} + \frac{2}{n\pi}\int_0^{2\pi} x\,\mathrm{d}\left(\frac{\sin nx}{n}\right) = -\frac{4\pi}{n} + \frac{2}{n\pi}\left[\frac{x\sin nx}{n} + \frac{\cos nx}{n^2}\right]_0^{2\pi}$

$\quad = -\frac{4\pi}{n}$ 　$(n = 1, 2, \cdots)$

从而 $f(x)$ 的傅里叶级数为

$$f(x) = \frac{4}{3}\pi^2 + 4\sum_{n=1}^{\infty}\left(\frac{1}{n^2}\cos nx - \frac{\pi}{n}\sin nx\right) \qquad (0 < x < 2\pi)$$

在 $x = 0$ 和 $x = 2\pi$ 处级数的和为 $2\pi^2$，它不等于 $f(0)$ 和 $f(2\pi)$。

令 $x = 0$，则 $2\pi^2 = \frac{4}{3}\pi^2 + \sum\limits_{n=1}^{\infty}\frac{4}{n^2}$，故

$$\sum_{n=1}^{\infty}\frac{1}{n^2} = \frac{\pi^2}{6}$$

令 $x = \pi$，则 $\pi^2 = \frac{4}{3}\pi^2 + \sum\limits_{n=1}^{\infty}\frac{4(-1)^n}{n^2}$，故

$$\sum_{n=1}^{\infty}\frac{(-1)^{n+1}}{n^2} = \frac{\pi^2}{12}$$

例 3　将 $f(x) = \sin ax$ $(a > 0)$ 在 $(-\pi, \pi)$ 内展开成傅里叶级数。

解　当 a 不是整数时，由于 $f(x)$ 为奇函数，因此

$$a_n = 0 \quad (n = 0, 1, 2, \cdots)$$

$$b_n = \frac{2}{\pi}\int_0^{\pi}\sin ax\sin nx\,\mathrm{d}x = \frac{1}{\pi}\int_0^{\pi}[\cos(n-a)x - \cos(n+a)x]\,\mathrm{d}x$$

$$= \frac{2\sin a\pi}{\pi}\cdot\frac{(-1)^{n+1}n}{n^2-a^2} \quad (n = 1, 2, \cdots)$$

从而 $f(x)$ 在 $(-\pi, \pi)$ 内展开成傅里叶级数为

$$f(x) = \frac{2\sin a\pi}{\pi}\sum_{n=1}^{\infty}\frac{(-1)^{n+1}n}{n^2-a^2}\sin nx \quad (-\pi < x < \pi, a \neq 1, 2, \cdots)$$

当 a 为整数时, 则 $a_n = 0$ $(n = 0, 1, 2, \cdots)$, $b_n = \dfrac{1}{\pi}\displaystyle\int_{-\pi}^{\pi}\sin ax \sin nx\, \mathrm{d}x = \begin{cases} 1, & a = n \\ 0, & a \neq n \end{cases}$

$(n = 1, 2, \cdots)$, 从而 $f(x)$ 在 $(-\pi, \pi)$ 内展开成傅里叶级数为

$$f(x) = \sum_{n=1}^{\infty} b_n \sin nx = \sin ax \quad (-\pi < x < \pi, a = 1, 2, \cdots)$$

例 4 设 $f(x)$ 在区间 $[-\pi, \pi]$ 上可积, 且 a_k、b_k 是函数 $f(x)$ 的傅里叶系数, 试证明对于任意的自然数 n, $\dfrac{a_0^2}{2} + \displaystyle\sum_{k=1}^{n}(a_k^2 + b_k^2) \leqslant \dfrac{1}{\pi}\int_{-\pi}^{\pi}[f(x)]^2\,\mathrm{d}x$。

证 令 $s_n(x) = \dfrac{a_0}{2} + \displaystyle\sum_{k=1}^{n}(a_k\cos kx + b_k\sin kx)$, 则

$$0 \leqslant \int_{-\pi}^{\pi}[f(x) - s_n(x)]^2\,\mathrm{d}x = \int_{-\pi}^{\pi}[f(x)]^2\,\mathrm{d}x - 2\int_{-\pi}^{\pi}f(x)s_n(x)\,\mathrm{d}x + \int_{-\pi}^{\pi}[s_n(x)]^2\,\mathrm{d}x$$

$$\int_{-\pi}^{\pi}f(x)s_n(x)\,\mathrm{d}x = \int_{-\pi}^{\pi}f(x)\left[\frac{a_0}{2} + \sum_{k=1}^{n}(a_k\cos kx + b_k\sin kx)\right]\mathrm{d}x = \pi\left[\frac{a_0^2}{2} + \sum_{k=1}^{n}(a_k^2 + b_k^2)\right]$$

$$\int_{-\pi}^{\pi}[s_n(x)]^2\,\mathrm{d}x = \int_{-\pi}^{\pi}\left[\frac{a_0}{2} + \sum_{k=1}^{n}(a_k\cos kx + b_k\sin kx)\right]^2\mathrm{d}x = \pi\left[\frac{a_0^2}{2} + \sum_{k=1}^{n}(a_k^2 + b_k^2)\right]$$

故 $0 \leqslant \displaystyle\int_{-\pi}^{\pi}[f(x)]^2\,\mathrm{d}x - \pi\left[\dfrac{a_0^2}{2} + \sum_{k=1}^{n}(a_k^2 + b_k^2)\right]$, 即

$$\frac{a_0^2}{2} + \sum_{k=1}^{n}(a_k^2 + b_k^2) \leqslant \frac{1}{\pi}\int_{-\pi}^{\pi}[f(x)]^2\,\mathrm{d}x$$

三、经典习题与解答

经 典 习 题

1. 选择题

(1) 三角函数系的正交性是指在三角函数系中( )。

(A) 任意一个函数在 $[-\pi, \pi]$ 上的积分为 0

(B) 任意两个不同函数乘积在 $[-\pi, \pi]$ 上的积分不为 0

(C) 任意一个函数自身平方在 $[-\pi, \pi]$ 上的积分为 0

(D) 任意两个不同函数在 $[-\pi, \pi]$ 上的积分为 0, 任意一个函数自身平方在 $[-\pi, \pi]$ 上的积分不为 0

(2) 设函数 $f(x)$ 是以 2π 为周期的函数, 它在 $[-\pi, \pi)$ 上的表达式为

$$f(x) = \begin{cases} 0, & -\pi \leqslant x \leqslant 0 \\ x, & 0 < x < \pi \end{cases}$$

若 $f(x)$ 的傅里叶级数是

$$\frac{\pi}{4} - \frac{2}{\pi}\cdot\frac{\cos x}{1^2} + \sin x - \frac{1}{2}\sin 2x - \frac{2}{\pi}\cdot\frac{\cos 3x}{3^2} + \frac{1}{3}\sin 3x - \frac{1}{4}\sin 4x - \frac{2}{\pi}\cdot\frac{\cos 5x}{5^2} + \cdots$$

则该级数的和函数为( )。

(A) $s(x) = f(x)$ $(-\pi < x < \pi)$

(B) $s(x) = f(x)$ $(-\infty < x < +\infty)$

(C) $s(x) = \begin{cases} f(x), & x \neq k\pi \\ \dfrac{\pi}{2}, & x = k\pi \end{cases}$ $(k = 0, \pm 1, \pm 2, \cdots)$

(D) $s(x) = \begin{cases} f(x), & x \neq (2k-1)\pi \\ \dfrac{\pi}{2}, & x = (2k-1)\pi \end{cases}$ $(k = 0, \pm 1, \pm 2, \cdots)$

(3) 在区间 $(0, \pi)$ 内, $\dfrac{\pi - x}{2} = ($ $)$。

(A) $\dfrac{\pi}{2} + \sum\limits_{n=1}^{\infty} \dfrac{1}{n} \sin nx$

(B) $\dfrac{\pi}{2} - \sum\limits_{n=1}^{\infty} \dfrac{1}{n} \sin nx$

(C) $\dfrac{\pi}{4} + \dfrac{2}{\pi} \sum\limits_{n=1}^{\infty} \dfrac{1}{(2n-1)^2} \cos(2n-1)x$

(D) $\dfrac{\pi}{4} + \sum\limits_{n=1}^{\infty} \left[\dfrac{1 + (-1)^n}{n^2 \pi} \cos nx + \dfrac{1}{n} \sin nx \right]$

(4) 设周期为 2π 的函数 $f(x) = \begin{cases} -1, & -\pi \leqslant x < 0 \\ 1, & 0 \leqslant x < \pi \end{cases}$，则函数 $f(x)$ 的傅里叶级数

$f(x) \sim \dfrac{4}{\pi} \left[\sin x + \dfrac{1}{3} \sin 3x + \cdots + \dfrac{1}{2n-1} \sin(2n-1)x + \cdots \right]$（   ）。

(A) 在 $(-\infty, +\infty)$ 内收敛于 $f(x)$

(B) 在 $x \neq n\pi (n = 0, \pm 1, \pm 2, \cdots)$ 处收敛于 $f(x)$，在 $x = n\pi (n = 0, \pm 1, \pm 2, \cdots)$ 处发散

(C) 在 $x \neq n\pi (n = 0, \pm 1, \pm 2, \cdots)$ 处收敛于 $f(x)$，在 $x = n\pi (n = 0, \pm 1, \pm 2, \cdots)$ 处收敛于 0

(D) 在 $x \neq n\pi (n = 0, \pm 1, \pm 2, \cdots)$ 处收敛于 0，在 $x = n\pi (n = 0, \pm 1, \pm 2, \cdots)$ 处收敛于 $f(x)$

2. 填空题

(1) 设函数 $f(x) = \pi x + x^2 (-\pi < x < \pi)$ 的傅里叶级数为

$$\dfrac{a_0}{2} + \sum_{n=1}^{\infty} (a_n \cos nx + b_n \sin nx)$$

则 $b_3 = $ _____。

(2) 设 $f(x)$ 是以 2 为周期的函数，它在 $(-1, 1]$ 上的表达式为

$$f(x) = \begin{cases} 2, & -1 < x \leqslant 0 \\ x^3, & 0 < x \leqslant 1 \end{cases}$$

则 $f(x)$ 的傅里叶级数在 $x = 1$ 处收敛于_____。

(3) 设 $f(x)$ 在 $(0, l)$ 内连续，在 $(0, l)$ 内 $f(x) = \sum\limits_{n=1}^{\infty} b_n \sin \dfrac{n\pi x}{l}$，则 $b_n = $ _____。

(4) 函数 $f(x) = |\sin x|$ 的傅里叶级数为_____。

(5) 将函数 $f(x) = 1 \ (0 \leqslant x \leqslant 1)$ 展开成正弦级数为_____。

(6) 函数 $f(x) = \arccos(\cos x)$ 的傅里叶级数为_____。

3. 解答题

(1) 将 $f(x) = \begin{cases} 1, & 0 \leqslant x \leqslant \pi \\ 0, & -\pi < x < 0 \end{cases}$ 展开成傅里叶级数。

(2) 将 $f(x) = -\sin\dfrac{x}{2} + 1 \ (0 \leqslant x \leqslant \pi)$ 展开成正弦级数。

(3) 将 $f(x) = \begin{cases} 1, & 0 \leqslant x \leqslant \dfrac{a}{2} \\ -1, & \dfrac{a}{2} < x \leqslant a \end{cases} \ (a > 0)$ 展开成余弦级数。

╔══════════════╗
║ 经典习题解答 ║
╚══════════════╝

1. 选择题

(1) **解** 应选(D)。

由三角函数系正交性的定义知，三角函数系中任意两个不同函数在 $[-\pi, \pi]$ 上的积分为 0，任意一个函数自身平方在 $[-\pi, \pi]$ 上的积分不为 0，故选(D)。

(2) **解** 应选(D)。

函数 $f(x)$ 满足收敛定理条件，它在点 $x = (2k-1)\pi \ (k = 0, \pm 1, \pm 2, \cdots)$ 处不连续，在其他点处连续，从而由收敛定理知，当 $x \neq (2k-1)\pi$ 时，$f(x)$ 的傅里叶级数收敛于 $f(x)$，当 $x = (2k-1)\pi$ 时，级数收敛于 $\dfrac{f(\pi-0)+f(-\pi+0)}{2} = \dfrac{\pi+0}{2} = \dfrac{\pi}{2}$，故选(D)。

(3) **解** 应选(C)。

对函数 $\dfrac{\pi-x}{2}$ 作偶延拓，则

$$a_0 = \frac{2}{\pi}\int_0^\pi \frac{\pi-x}{2}\mathrm{d}x = \frac{\pi}{2}$$

$$a_n = \frac{2}{\pi}\int_0^\pi \frac{\pi-x}{2}\cos nx\,\mathrm{d}x = \frac{1}{\pi}\int_0^\pi (\pi-x)\mathrm{d}\left(\frac{\sin nx}{n}\right)$$

$$= \frac{1}{\pi}\left[\frac{(\pi-x)\sin nx}{n}\right]_0^\pi + \frac{1}{n\pi}\int_0^\pi \sin nx\,\mathrm{d}x$$

$$= \left[-\frac{1}{n^2\pi}\cos nx\right]_0^\pi = \frac{1}{n^2\pi}(1-\cos n\pi)$$

$$= \frac{1}{n^2\pi}[1-(-1)^n] = \begin{cases} \dfrac{2}{n^2\pi}, & n = 1, 3, 5, \cdots \\ 0, & n = 2, 4, 6, \cdots \end{cases}$$

因此在区间 $(0, \pi)$ 内，$\dfrac{\pi-x}{2} = \dfrac{\pi}{4} + \dfrac{2}{\pi}\sum_{n=1}^{\infty}\dfrac{1}{(2n-1)^2}\cos(2n-1)x$，故选(C)。

(5) **解** 应选(C)。

由于函数 $f(x)$ 满足收敛定理条件，它在点 $x = n\pi \ (n = 0, \pm 1, \pm 2, \cdots)$ 处不连续，在

其他点处连续，因此由收敛定理知，当 $x \neq n\pi$ 时，$f(x)$ 的傅里叶级数收敛于 $f(x)$，当 $x = n\pi$ 时，级数收敛于 $\dfrac{f(\pi - 0) + f(-\pi + 0)}{2} = \dfrac{1 + (-1)}{2} = 0$，故选 (C)。

2. 填空题

(1) **解** $b_3 = \dfrac{1}{\pi} \displaystyle\int_{-\pi}^{\pi} f(x) \sin 3x \mathrm{d}x = \dfrac{1}{\pi} \int_{-\pi}^{\pi} (\pi x + x^2) \sin 3x \mathrm{d}x = 2 \int_0^{\pi} x \sin 3x \mathrm{d}x$

$\qquad = 2 \left[-\dfrac{1}{3} x \cos 3x + \dfrac{1}{9} \sin 3x \right]_0^{\pi} = \dfrac{2}{3} \pi$

(2) **解** 由收敛定理知，$f(x)$ 的傅里叶级数在 $x = 1$ 处收敛于

$$\frac{f(1 - 0) + f(-1 + 0)}{2} = \frac{1 + 2}{2} = \frac{3}{2}$$

(3) **解** 对 $f(x)$ 作周期为 $2l$ 的奇延拓，则 $b_n = \dfrac{2}{l} \displaystyle\int_0^l f(x) \sin \dfrac{n\pi x}{l} \mathrm{d}x$。

(4) **解** 由于 $f(x)$ 是以 π 为周期的连续偶函数，它满足收敛定理条件，因此

$b_n = 0 \quad (n = 1, 2, \cdots)$

$a_0 = \dfrac{2}{\pi} \displaystyle\int_0^{\pi} \sin x \mathrm{d}x = \left[-\dfrac{2}{\pi} \cos x \right]_0^{\pi} = \dfrac{4}{\pi}$

$a_n = \dfrac{2}{\pi} \displaystyle\int_0^{\pi} \sin x \cos 2nx \mathrm{d}x$

$\qquad = \dfrac{1}{\pi} \displaystyle\int_0^{\pi} [\sin(2n + 1)x - \sin(2n - 1)x] \mathrm{d}x = -\dfrac{4}{\pi(4n^2 - 1)} \quad (n = 1, 2, \cdots)$

从而函数 $f(x) = |\sin x|$ 的傅里叶级数为

$$f(x) = \frac{2}{\pi} - \frac{4}{\pi} \sum_{n=1}^{\infty} \frac{1}{4n^2 - 1} \cos 2nx \quad (-\infty < x < +\infty)$$

(5) **解** 对 $f(x)$ 作周期为 2 的奇延拓，则

$$a_n = 0 \quad (n = 0, 1, 2, \cdots)$$

$$b_n = 2 \int_0^1 \sin n\pi x \mathrm{d}x = \frac{2}{n\pi} [1 - (-1)^n] = \begin{cases} \dfrac{4}{n\pi}, & n = 1, 3, 5, \cdots \\ 0, & n = 2, 4, 6, \cdots \end{cases}$$

故 $f(x) = 1 \, (0 \leqslant x \leqslant 1)$ 展开成正弦级数为

$$f(x) = \frac{4}{\pi} \sum_{n=1}^{\infty} \frac{1}{2n - 1} \sin(2n - 1)\pi x \quad (0 < x < 1)$$

在 $x = 0$ 和 $x = 1$ 处级数收敛于 0，它不等于 $f(0)$ 和 $f(1)$。

(6) 函数 $f(x) = \arccos(\cos x)$ 的傅里叶级数为 _____。

解 由于 $\arccos(\cos x) = \begin{cases} x, & 0 \leqslant x \leqslant \pi \\ -x, & -\pi < x < 0 \end{cases}$，且是以 2π 为周期的偶函数，因此

$$a_0 = \frac{2}{\pi} \int_0^{\pi} x \mathrm{d}x = \pi$$

$$a_n = \frac{2}{\pi} \int_0^{\pi} x \cos nx \mathrm{d}x = \frac{2}{n^2 \pi} [(-1)^n - 1] = \begin{cases} -\dfrac{4}{n^2 \pi}, & n = 1, 3, 5, \cdots \\ 0, & n = 2, 4, 6, \cdots \end{cases}$$

$$b_n = 0 \quad (n = 1, 2, \cdots)$$

从而函数 $f(x) = \arccos(\cos x)$ 的傅里叶级数为

$$f(x) = \frac{\pi}{2} - \frac{4}{\pi} \sum_{n=1}^{\infty} \frac{1}{(2n-1)^2} \cos(2n-1)x \quad (-\infty < x < +\infty)$$

3. 解答题

(1) **解** $a_0 = \frac{1}{\pi} \int_{-\pi}^{\pi} f(x)\,\mathrm{d}x = \frac{1}{\pi} \int_{0}^{\pi} \mathrm{d}x = 1$

$$a_n = \frac{1}{\pi} \int_{-\pi}^{\pi} f(x)\cos nx\,\mathrm{d}x = \frac{1}{\pi} \int_{0}^{\pi} \cos nx\,\mathrm{d}x = 0 \quad (n = 1, 2, \cdots)$$

$$b_n = \frac{1}{\pi} \int_{-\pi}^{\pi} f(x)\sin nx\,\mathrm{d}x = \frac{1}{\pi} \int_{0}^{\pi} \sin nx\,\mathrm{d}x = \left[-\frac{1}{n\pi}\cos nx \right]_{0}^{\pi}$$

$$= \frac{1-(-1)^n}{n\pi} = \begin{cases} \dfrac{2}{n\pi}, & n = 1, 3, 5, \cdots \\ 0, & n = 2, 4, 6, \cdots \end{cases}$$

从而 $f(x)$ 的傅里叶级数为

$$f(x) = \frac{1}{2} + \frac{2}{\pi} \sum_{n=1}^{\infty} \frac{1}{2n-1} \sin(2n-1)x \quad (-\pi < x < 0, 0 < x < \pi)$$

在 $x = 0$ 和 $x = \pm\pi$ 处级数的和为 $\frac{1}{2}$，在 $x = 0$ 和 $x = \pi$ 处，它不等于 $f(0)$ 和 $f(\pi)$。

(2) **解** 对 $f(x)$ 作周期为 2π 的奇延拓，则

$$a_n = 0 \quad (n = 0, 1, 2, \cdots)$$

$$b_n = \frac{2}{\pi} \int_{0}^{\pi} \left(-\sin\frac{x}{2} + 1 \right) \sin nx\,\mathrm{d}x = \frac{1}{\pi} \int_{0}^{\pi} \left(-2\sin\frac{x}{2}\sin nx \right)\mathrm{d}x + \frac{2}{\pi} \int_{0}^{\pi} \sin nx\,\mathrm{d}x$$

$$= \frac{1}{\pi} \int_{0}^{\pi} \left[\cos\left(\frac{1}{2}+n\right)x - \cos\left(\frac{1}{2}-n\right)x \right]\mathrm{d}x + \frac{2}{\pi} \int_{0}^{\pi} \sin nx\,\mathrm{d}x$$

$$= \frac{1}{\pi} \left[\frac{\sin\left(\frac{1}{2}+n\right)x}{\frac{1}{2}+n} - \frac{\sin\left(\frac{1}{2}-n\right)x}{\frac{1}{2}-n} \right]_{0}^{\pi} - \left[\frac{2}{\pi}\frac{\cos nx}{n} \right]_{0}^{\pi}$$

$$= \frac{1}{\pi} \left[\frac{\sin\left(n+\frac{1}{2}\right)\pi}{n+\frac{1}{2}} - \frac{\sin\left(n-\frac{1}{2}\right)\pi}{n-\frac{1}{2}} \right] + \frac{2[1-(-1)^n]}{n\pi}$$

$$= \frac{1}{\pi} \left[\frac{(-1)^n}{n+\frac{1}{2}} - \frac{(-1)^{n+1}}{n-\frac{1}{2}} \right] + \frac{2[1-(-1)^n]}{n\pi}$$

$$= (-1)^n \frac{8n}{\pi(4n^2-1)} + \frac{2[1-(-1)^n]}{n\pi} \quad (n = 1, 2, \cdots)$$

从而 $f(x)$ 的傅里叶级数为

$$f(x) = \frac{2}{\pi} \sum_{n=1}^{\infty} \left[(-1)^n \frac{4n}{\pi(4n^2-1)} + \frac{1-(-1)^n}{n\pi} \right] \sin nx \quad (0 < x \leqslant \pi)$$

在 $x = 0$ 处级数的和为 0，它不等于 $f(0)$。

(3) **解** 对 $f(x)$ 作周期为 $2a$ 的偶延拓，则

$$b_n = 0 \quad (n = 1, 2, \cdots)$$

$$a_0 = \frac{2}{a}\left[\int_0^{\frac{a}{2}} \mathrm{d}x + \int_{\frac{a}{2}}^a (-1)\mathrm{d}x\right] = 0$$

$$a_n = \frac{2}{a}\left[\int_0^{\frac{a}{2}} \cos\frac{n\pi x}{a}\mathrm{d}x + \int_{\frac{a}{2}}^a (-1)\cos\frac{n\pi x}{a}\mathrm{d}x\right]$$

$$= \frac{2}{a}\left\{\left[\frac{a}{n\pi}\sin\frac{n\pi x}{a}\right]_0^{\frac{a}{2}} - \left[\frac{a}{n\pi}\sin\frac{n\pi x}{a}\right]_{\frac{a}{2}}^a\right\}$$

$$= \frac{4}{n\pi}\sin\frac{n\pi}{2} = \begin{cases} (-1)^{k-1}\dfrac{4}{(2k-1)\pi}, & n = 2k-1,\ k = 1, 2, \cdots \\ 0, & n = 2k,\ k = 1, 2, \cdots \end{cases}$$

从而 $f(x)$ 展开成余弦级数为

$$f(x) = \frac{4}{\pi}\sum_{n=1}^{\infty}\frac{(-1)^{n-1}}{2n-1}\sin\frac{(2n-1)\pi x}{a} \quad \left(0 \leqslant x < \frac{a}{2},\ \frac{a}{2} < x \leqslant a\right)$$

在 $x = \dfrac{a}{2}$ 处级数的和为 0，它不等于 $f\left(\dfrac{a}{2}\right)$。

第8章 向量代数与空间解析几何及多元函数微分学在几何上的应用

8.1 向 量 代 数

一、考点内容讲解

1. 向量的概念与运算

(1) 定义：

（ⅰ）向量：既有大小又有方向的量称为向量，记为 a。

（ⅱ）向量的表示：设点 $O(0,0,0)$，$M(x,y,z)$，$M_1(x_1,y_1,z_1)$，$M_2(x_2,y_2,z_2)$，i、j、k 分别为三维坐标正向的基本单位向量，则向量 $a = \overrightarrow{OM} = xi + yj + zk = \{x,y,z\}$，向量 $\overrightarrow{M_1M_2} = (x_2-x_1)i + (y_2-y_1)j + (z_2-z_1)k = \{x_2-x_1,y_2-y_1,z_2-z_1\}$。

（ⅲ）向量的模：向量的大小称为向量的模，向量 a 的模记为 $|a|$。设 $a = xi + yj + zk$，则 $|a| = \sqrt{x^2+y^2+z^2}$。模为 1 的向量为单位向量，向量 a 的单位向量记为 a^0，即

$$a^0 = \frac{a}{|a|}$$
$$= \frac{x}{\sqrt{x^2+y^2+z^2}}i + \frac{y}{\sqrt{x^2+y^2+z^2}}j + \frac{z}{\sqrt{x^2+y^2+z^2}}k$$
$$= \cos\alpha\, i + \cos\beta\, j + \cos\gamma\, k$$

$\cos\alpha = \dfrac{x}{\sqrt{x^2+y^2+z^2}}$，$\cos\beta = \dfrac{y}{\sqrt{x^2+y^2+z^2}}$，$\cos\gamma = \dfrac{z}{\sqrt{x^2+y^2+z^2}}$ 称为向量 a 的方向余弦，其中 α、β、γ 是向量 a 与 x 轴、y 轴、z 轴正向的夹角（规定：$0 \leqslant \alpha \leqslant \pi$，$0 \leqslant \beta \leqslant \pi$，$0 \leqslant \gamma \leqslant \pi$），且 $\cos^2\alpha + \cos^2\beta + \cos^2\gamma = 1$。

(2) 运算：

（ⅰ）加法：设 $a = \{a_x,a_y,a_z\}$，$b = \{b_x,b_y,b_z\}$，则 $a \pm b = \{a_x \pm b_x, a_y \pm b_y, a_z \pm b_z\}$。

（ⅱ）数乘：设 $a = \{a_x,a_y,a_z\}$，λ 是数，则 $\lambda a = \{\lambda a_x, \lambda a_y, \lambda a_z\}$。显然，当 $\lambda > 0$ 时，λa 与 a 同向；当 $\lambda = 0$ 时，λa 为零向量；当 $\lambda < 0$ 时，λa 与 a 反向。

(3) 性质：

（ⅰ）交换律：$a + b = b + a$。

（ⅱ）结合律：$(a+b)+c = a+(b+c) = a+b+c$，$\lambda(\mu a) = \mu(\lambda a) = (\lambda\mu)a$。

（ⅲ）分配律：$(\lambda+\mu)a = \lambda a + \mu a$，$\lambda(a+b) = \lambda a + \lambda b$。

2. 数量积

(1) 几何表示：$a \cdot b = |a||b|\cos\theta$，其中 $\theta\,(0 \leqslant \theta \leqslant \pi)$ 是向量 a 与 b 的夹角。

(2) 代数表示：设 $a = \{a_x,\ a_y,\ a_z\}$，$b = \{b_x,\ b_y,\ b_z\}$，则

$$a \cdot b = a_x b_x + a_y b_y + a_z b_z$$

(3) 运算律：

（ⅰ）交换律：$a \cdot b = b \cdot a$。

（ⅱ）分配律：$a \cdot (b + c) = a \cdot b + a \cdot c$。

（ⅲ）数乘向量的结合律：$\lambda(a \cdot b) = (\lambda a) \cdot b = a \cdot (\lambda b)$。

(4) 几何应用：

（ⅰ）求模：$|a| = \sqrt{a \cdot a}$。

（ⅱ）求两向量夹角：$\cos\theta = \dfrac{a \cdot b}{|a|\,|b|}$。

（ⅲ）判定两非零向量垂直：$a \perp b \Leftrightarrow a \cdot b = 0$。

3. 向量积

(1) 几何表示：$a \times b$ 是一向量，其模 $|a \times b| = |a|\,|b|\sin\theta$，其方向符合右手法则。

(2) 代数表示：设 $a = \{a_x,\ a_y,\ a_z\}$，$b = \{b_x,\ b_y,\ b_z\}$，则

$$a \times b = \begin{vmatrix} i & j & k \\ a_x & a_y & a_z \\ b_x & b_y & b_z \end{vmatrix}$$

(3) 运算律：

（ⅰ）交换变号：$a \times b = -(b \times a)$。

（ⅱ）分配律：$a \times (b + c) = a \times b + a \times c$。

（ⅲ）数乘向量的结合律：$\lambda(a \times b) = (\lambda a) \times b = a \times (\lambda b)$。

(4) 几何应用：

（ⅰ）求同时垂直于 a 和 b 的向量：$a \times b$。

（ⅱ）求以 a 和 b 为邻边的平行四边形面积：$S = |a \times b|$。

（ⅲ）若 $a = \overrightarrow{AB}$、$b = \overrightarrow{AC}$，求三角形 ABC 的面积：$S = \dfrac{1}{2}|a \times b|$。

（ⅳ）判定两非零向量平行（共线）：$a /\!/ b \Leftrightarrow a \times b = 0$ 或存在数 λ，使得 $b = \lambda a$。

4. 混合积

(1) 几何表示：$[abc] = (a \times b) \cdot c$。

(2) 代数表示：设 $a = \{a_x,\ a_y,\ a_z\}$，$b = \{b_x,\ b_y,\ b_z\}$，$c = \{c_x,\ c_y,\ c_z\}$，则

$$[abc] = \begin{vmatrix} a_x & a_y & a_z \\ b_x & b_y & b_z \\ c_x & c_y & c_z \end{vmatrix}$$

(3) 运算律：

（ⅰ）轮换对称律：$[abc] = [bca] = [cab]$。

（ⅱ）交换变号：$[abc] = -[acb]$。

(4) 几何应用：

（ⅰ）求以 a、b、c 为棱的平行六面体体积：$V = |[abc]|$。

（ⅱ）判定三向量共面：a、b、c 共面 $\Leftrightarrow [abc] = 0$，或存在不全为零的数 λ、μ、ν，使得 $\lambda a + \mu b + \nu c = \mathbf{0}$。

二、考点题型解析

常考题型：• 向量运算及应用；• 向量的位置关系。

1. 选择题

例 1 设 a、b、c 为非零向量，且 $a = b \times c$，$b = c \times a$，$c = a \times b$，则 $|a| + |b| + |c| = $（　　）。

(A) 0　　　　　　　(B) 1　　　　　　　(C) 2　　　　　　　(D) 3

解 应选(D)。

由于 $a = b \times c$，$b = c \times a$，$c = a \times b$，因此 a、b、c 两两相互垂直，从而

$$|a| = |b \times c| = |b||c|, \quad |b| = |c \times a| = |a||c|, \quad |c| = |a \times b| = |a||b|$$

故

$$|a| = |b| = |c| = 1$$

所以 $|a| + |b| + |c| = 3$，故选(D)。

例 2 设三向量 a、b、c 满足 $a + b + c = \mathbf{0}$，则 $a \times b = $（　　）。

(A) $c \times b$　　　　(B) $b \times c$　　　　(C) $a \times c$　　　　(D) $b \times a$

解 应选(B)。

由于 $a + b + c = \mathbf{0}$，因此 $a = -b - c$，从而

$$a \times b = (-b - c) \times b = -b \times b - c \times b = -c \times b = b \times c$$

故选(B)。

例 3 设 a、b、c 都是单位向量，且 $a + b + c = \mathbf{0}$，则 $a \cdot b + b \cdot c + c \cdot a = $（　　）。

(A) $-\dfrac{3}{2}$　　　　(B) -1　　　　(C) 1　　　　(D) $\dfrac{3}{2}$

解 应选(A)。

由于 $a + b + c = \mathbf{0}$，因此 $a \cdot (a + b + c) = a \cdot \mathbf{0} = 0$，从而 $1 + a \cdot b + a \cdot c = 0$，同理 $b \cdot a + 1 + b \cdot c = 0$，$c \cdot a + c \cdot b + 1 = 0$，三式相加并利用交换律，得

$$a \cdot b + b \cdot c + c \cdot a = -\frac{3}{2}$$

故选(A)。

例 4 设 a、b 为非零向量，且 $(a + 3b) \perp (7a - 5b)$，$(a - 4b) \perp (7a - 2b)$，则 a 与 b 的夹角 $\theta = $（　　）。

(A) 0　　　　　　(B) $\dfrac{\pi}{2}$　　　　　　(C) $\dfrac{\pi}{3}$　　　　　　(D) $\dfrac{2\pi}{3}$

解 应选(C)。

由于 $(a + 3b) \perp (7a - 5b)$，$(a - 4b) \perp (7a - 2b)$，因此

$$\begin{cases} (a + 3b) \cdot (7a - 5b) = 7|a|^2 + 16a \cdot b - 15|b|^2 = 0 \\ (a - 4b) \cdot (7a - 2b) = 7|a| - 30a \cdot b + 8|b|^2 = 0 \end{cases}$$

解得 $|a|^2 = |b|^2 = 2a \cdot b$，所以

$$\cos\theta = \frac{a \cdot b}{|a||b|} = \frac{a \cdot b}{2(a \cdot b)} = \frac{1}{2}$$

从而 $\theta = \dfrac{\pi}{3}$，故选(C)。

2. 填空题

例 1　设 a、b、c 是三个向量，且 $c \perp a$，$c \perp b$，a 与 b 的夹角为 $\dfrac{\pi}{6}$，$|a| = 6$，$|b| = |c| = 3$，则 $(a \times b) \cdot c = $ _____。

解　由题设得

$$|a \times b| = |a||b|\sin\frac{\pi}{6} = 6 \times 3 \times \frac{1}{2} = 9$$

由于 $c \perp a$，$c \perp b$，因此 $c \ /\!/ \ a \times b$，从而

$$(a \times b) \cdot c = |a \times b||c|\cos\theta = 9 \times 3 \times (\pm 1) = \pm 27$$

例 2　设 $|a| = 3$，$|b| = 4$，且 $a \perp b$，则 $|(a+b) \times (a-b)| = $ _____。

解　由于 $(a+b) \times (a-b) = a \times a - a \times b + b \times a - b \times b = 2(b \times a)$，又 $a \perp b$，故 a 与 b 的夹角为 $\dfrac{\pi}{2}$，因此

$$|(a+b) \times (a-b)| = |2(b \times a)| = 2|a||b|\sin\frac{\pi}{2} = 2 \times 3 \times 4 \times 1 = 24$$

例 3　向量 $a = \{4, -3, 4\}$ 在向量 $b = \{2, 2, 1\}$ 上的投影为 _____。

解　$a = \{4, -3, 4\}$ 在向量 $b = \{2, 2, 1\}$ 上的投影为

$$|a|\cos\theta = \frac{a \cdot b}{|b|} = \frac{6}{3} = 2$$

例 4　设 $|a| = 3$，$|b| = 26$，$|a \times b| = 72$，则 $a \cdot b = $ _____。

解　由于 $72 = |a \times b| = |a||b|\sin\theta = 3 \times 26\sin\theta$，因此 $\sin\theta = \dfrac{12}{13}$，从而 $\cos\theta = \pm\dfrac{5}{13}$，所以

$$a \cdot b = |a||b|\cos\theta = 3 \times 26 \times \left(\pm\frac{5}{13}\right) = \pm 30$$

例 5　已知单位向量 $\overrightarrow{OA}$ 与三个坐标轴的夹角相等，B 是点 $M(1, -3, 2)$ 关于点 $N(-1, 2, 1)$ 的对称点，则 $\overrightarrow{OA} \times \overrightarrow{OB} = $ _____。

解　由于 $\overrightarrow{OA}$ 与三个坐标轴的夹角相等，因此 $\cos\alpha = \cos\beta = \cos\gamma$，而

$$\cos^2\alpha + \cos^2\beta + \cos^2\gamma = 1$$

于是 $\cos\alpha = \cos\beta = \cos\gamma = \pm\dfrac{1}{\sqrt{3}}$，从而 $\overrightarrow{OA} = \pm\dfrac{1}{\sqrt{3}}(i+j+k)$。设 B 的坐标为 $\{x, y, z\}$，由题设知 N 是 $\overline{MB}$ 的中点，则

$$-1 = \frac{1+x}{2}, \quad 2 = \frac{-3+y}{2}, \quad 1 = \frac{2+z}{2}$$

于是有 $x = -3$，$y = 7$，$z = 0$，从而 $\overrightarrow{OB} = -3i + 7j$，故

$$\overrightarrow{OA} \times \overrightarrow{OB} = \pm \begin{vmatrix} i & j & k \\ \dfrac{\sqrt{3}}{3} & \dfrac{\sqrt{3}}{3} & \dfrac{\sqrt{3}}{3} \\ -3 & 7 & 0 \end{vmatrix} = \pm\frac{\sqrt{3}}{3}(-7i - 3j + 10k)$$

3. 解答题

例 1 证明向量 $c = \dfrac{|a|b + |b|a}{|a| + |b|}$ 表示向量 a 与 b 夹角平分线的方向。

证 由于 $\dfrac{a}{|a|}$、$\dfrac{b}{|b|}$ 均为单位向量,且以 $\dfrac{a}{|a|}$、$\dfrac{b}{|b|}$ 为邻边的平行四边形是菱形,因此

其对角线平分顶角,从而 $\dfrac{a}{|a|} + \dfrac{b}{|b|} = \dfrac{|a|b + |b|a}{|a||b|}$ 是 a 与 b 夹角平分线平行的向量,又

$$c = \frac{|a|b + |b|a}{|a| + |b|} = \frac{|a||b|}{|a| + |b|} \cdot \frac{|a|b + |b|a}{|a||b|} = \lambda \frac{|a|b + |b|a}{|a||b|}$$

其中 $\lambda = \dfrac{|a||b|}{|a| + |b|} > 0$,故 c 表示向量 a 与 b 夹角平分线的方向。

例 2 设 a 是非零向量,已知 b 在与 a 平行,且正向与 a 一致的数轴上的投影为 p,求极限 $\lim\limits_{x \to 0} \dfrac{|a + xb| - |a|}{x}$。

解 由于 $|a + xb| = \sqrt{(a + xb) \cdot (a + xb)} = \sqrt{|a|^2 + 2x(a \cdot b) + x^2|b|^2}$,因此

$$
\begin{aligned}
\lim_{x \to 0} \frac{|a + xb| - |a|}{x} &= \lim_{x \to 0} \frac{(|a + xb| - |a|)(|a + xb| + |a|)}{x(|a + xb| + |a|)} \\
&= \lim_{x \to 0} \frac{(a + xb) \cdot (a + xb) - |a|^2}{x(\sqrt{(a + xb) \cdot (a + xb)} + |a|)} \\
&= \lim_{x \to 0} \frac{2x(a \cdot b) + x^2|b|^2}{x(\sqrt{|a|^2 + 2x(a \cdot b) + x^2|b|^2} + |a|)} \\
&= \lim_{x \to 0} \frac{2(a \cdot b) + x|b|^2}{\sqrt{|a|^2 + 2x(a \cdot b) + x^2|b|^2} + |a|} \\
&= \frac{a \cdot b}{|a|} = \mathrm{Prj}_a b = p
\end{aligned}
$$

例 3 已知向量 $\overrightarrow{OA} = a$,$\overrightarrow{OB} = b$,点 A 在 $\overrightarrow{OB}$ 上的投影点为 D,$\angle ODA = \dfrac{\pi}{2}$。

(ⅰ)证明 $\triangle ODA$ 的面积等于 $\dfrac{|a \cdot b||a \times b|}{2|b|^2}$;

(ⅱ)当 a 与 b 的夹角 θ 为何值时,$\triangle ODA$ 的面积取最大值,并求最大值。

解 (ⅰ)设 $\triangle ODA$ 的面积为 S,则

$$S = \frac{1}{2}|\overline{OD}| \cdot |\overline{AD}| = \frac{1}{2}|a|\cos\theta \cdot |a|\sin\theta = \frac{1}{4}|a|^2\sin2\theta$$

又 $|a \cdot b| = |a||b|\cos\theta$,$|a \times b| = |a||b|\sin\theta$,故

$$\frac{|a \cdot b||a \times b|}{2|b|^2} = \frac{|a|^2|b|^2\sin\theta\cos\theta}{2|b|^2} = \frac{1}{4}|a|^2\sin2\theta$$

所以 $\triangle ODA$ 的面积为

$$S = \frac{|a \cdot b||a \times b|}{2|b|^2}$$

(ⅱ)由于 $S = \dfrac{1}{4}|a|^2\sin2\theta$,因此 $\dfrac{\mathrm{d}S}{\mathrm{d}\theta} = \dfrac{1}{2}|a|^2\cos2\theta$。令 $\dfrac{\mathrm{d}S}{\mathrm{d}\theta} = 0$,得 $\theta = \dfrac{\pi}{4}$ 是

$\left[0, \dfrac{\pi}{2}\right]$ 内唯一驻点,又 $\dfrac{\mathrm{d}^2S}{\mathrm{d}\theta^2}\Big|_{\theta = \frac{\pi}{4}} = -|a|^2\sin2\theta\big|_{\theta = \frac{\pi}{4}} = -|a|^2 < 0$,故当 $\theta = \dfrac{\pi}{4}$ 时,$\triangle ODA$

的面积最大，最大值为 $S = \dfrac{1}{4}\,|\boldsymbol{a}|^2$。

例 4　已知三点 A、B、C 的向径分别为

$$\boldsymbol{r}_1 = 2\boldsymbol{i} + 4\boldsymbol{j} + \boldsymbol{k}, \quad \boldsymbol{r}_2 = 3\boldsymbol{i} + 7\boldsymbol{j} + 5\boldsymbol{k}, \quad \boldsymbol{r}_3 = 4\boldsymbol{i} + 10\boldsymbol{j} + 9\boldsymbol{k}$$

试证 A、B、C 三点在一条直线上。

证　由于 $\overrightarrow{AB} = \boldsymbol{r}_2 - \boldsymbol{r}_1 = \boldsymbol{i} + 3\boldsymbol{j} + 4\boldsymbol{k}$，$\overrightarrow{AC} = \boldsymbol{r}_3 - \boldsymbol{r}_1 = 2\boldsymbol{i} + 6\boldsymbol{j} + 8\boldsymbol{k}$，因此 $\overrightarrow{AC} = 2\overrightarrow{AB}$，所以 A、B、C 三点共线。

例 5　单位圆 O 的圆周上有相异两点 P、Q，向量 $\overrightarrow{OP}$ 与 $\overrightarrow{OQ}$ 的夹角为 $\theta(0 \leqslant \theta \leqslant \pi)$，设 a、b 为正常数，求极限 $\lim\limits_{\theta \to 0} \dfrac{1}{\theta^2}\Big[\,|a\overrightarrow{OP}| + |b\overrightarrow{OQ}| - |a\overrightarrow{OP} + b\overrightarrow{OQ}|\,\Big]$。

解　设

$$\overrightarrow{OP} = \cos\alpha\,\boldsymbol{i} + \cos\beta\,\boldsymbol{j} = \cos\alpha\,\boldsymbol{i} + \sin\alpha\,\boldsymbol{j}, \quad \overrightarrow{OQ} = \cos(\alpha+\theta)\boldsymbol{i} + \sin(\alpha+\theta)\boldsymbol{j}$$

则 $|\overrightarrow{OP}| = 1$，$|a\overrightarrow{OP}| = \sqrt{(a\cos\alpha)^2 + (a\sin\alpha)^2} = a$，同理 $|\overrightarrow{OQ}| = 1$，$|b\overrightarrow{OQ}| = b$。

$$|a\overrightarrow{OP} + b\overrightarrow{OQ}| = \sqrt{(a\overrightarrow{OP} + b\overrightarrow{OQ}) \cdot (a\overrightarrow{OP} + b\overrightarrow{OQ})}$$

$$= \sqrt{a^2\,|\overrightarrow{OP}|^2 + 2ab(\overrightarrow{OP} \cdot \overrightarrow{OQ}) + b^2\,|\overrightarrow{OQ}|^2} = \sqrt{a^2 + b^2 + 2ab\cos\theta}$$

从而

$$\lim_{\theta \to 0} \frac{1}{\theta^2}\Big[\,|a\overrightarrow{OP}| + |b\overrightarrow{OQ}| - |a\overrightarrow{OP} + b\overrightarrow{OQ}|\,\Big]$$

$$= \lim_{\theta \to 0} \frac{a + b - \sqrt{a^2 + b^2 + 2ab\cos\theta}}{\theta^2} = \lim_{\theta \to 0} \frac{2ab(1 - \cos\theta)}{\theta^2(a + b + \sqrt{a^2 + b^2 + 2ab\cos\theta})}$$

$$= \frac{2ab}{a + b + \sqrt{a^2 + b^2 + 2ab}} \lim_{\theta \to 0} \frac{1 - \cos\theta}{\theta^2} = \frac{2ab}{2(a+b)} \cdot \frac{1}{2} = \frac{ab}{2(a+b)}$$

三、经典习题与解答

经典习题

1. 选择题

(1) 设 $\boldsymbol{a}$、$\boldsymbol{b}$ 为非零向量，且 $\boldsymbol{a} \perp \boldsymbol{b}$，则（　　）。

(A) $|\boldsymbol{a}+\boldsymbol{b}| = |\boldsymbol{a}| + |\boldsymbol{b}|$　　　　(B) $|\boldsymbol{a}-\boldsymbol{b}| = |\boldsymbol{a}| - |\boldsymbol{b}|$

(C) $|\boldsymbol{a}+\boldsymbol{b}| = |\boldsymbol{a}-\boldsymbol{b}|$　　　　(D) $\boldsymbol{a}+\boldsymbol{b} = \boldsymbol{a}-\boldsymbol{b}$

(2) 设向量 $\boldsymbol{a}$ 与 $\boldsymbol{b}$ 平行但方向相反，且 $|\boldsymbol{a}| > |\boldsymbol{b}| > 0$，则（　　）。

(A) $|\boldsymbol{a}+\boldsymbol{b}| = |\boldsymbol{a}| - |\boldsymbol{b}|$　　　　(B) $|\boldsymbol{a}+\boldsymbol{b}| > |\boldsymbol{a}| - |\boldsymbol{b}|$

(C) $|\boldsymbol{a}+\boldsymbol{b}| < |\boldsymbol{a}| - |\boldsymbol{b}|$　　　　(D) $|\boldsymbol{a}+\boldsymbol{b}| = |\boldsymbol{a}| + |\boldsymbol{b}|$

(3) 设 $|\boldsymbol{a}| = 1$，$|\boldsymbol{b}| = \sqrt{2}$，且向量 $\boldsymbol{a}$ 与 $\boldsymbol{b}$ 的夹角为 $\theta = \dfrac{\pi}{4}$，则 $|\boldsymbol{a}+\boldsymbol{b}| = ($　　$)$。

(A) 1　　　　　　　　　　(B) $1+\sqrt{2}$

(C) 2　　　　　　　　　　(D) $\sqrt{5}$

(4) 设向量 a、b 为非零向量，且 $|a-b|=|a+b|$，则（　　）。

(A) $a-b=0$ (B) $a+b=0$

(C) $a \cdot b=0$ (D) $a \times b=0$

(5) 设三个向量 a、b、c 满足 $a \cdot b=a \cdot c$，则（　　）。

(A) $a=0$ 或 $b=c$ (B) $a=b-c=0$

(C) 当 $a \neq 0$ 时，$b=c$ (D) $a \perp (b-c)$

(6) 设向量 $a=i+j+k$，则垂直于 a 且垂直于 oy 轴的单位向量 $e=$（　　）。

(A) $\pm \dfrac{\sqrt{3}}{3}(i+j+k)$ (B) $\pm \dfrac{\sqrt{3}}{3}(i-j+k)$

(C) $\pm \dfrac{\sqrt{2}}{2}(i-k)$ (D) $\pm \dfrac{\sqrt{2}}{2}(i+k)$

2. 填空题

(1) 设 $a=\{2,-3,1\}$，$b=\{1,-2,5\}$，$c \perp a$，$c \perp b$，$c \cdot (i+2j-7k)=10$，则 $c=$ _____。

(2) 设 $(a \times b) \cdot c=2$，则 $[(a+b) \times (b+c)] \cdot (c+a)=$ _____。

(3) 设向量 a、b、c 两两相互垂直，$p=\alpha a+\beta b+\gamma c$，其中 α、β、γ 是实数，则 $|p|=$ _____。

(4) 设向量 a、b、c 两两相互垂直，且 $|a|=1$，$|b|=2$，$|c|=3$，则 $s=a+b+c$ 与 c 的夹角为 _____。

(5) 设 $|a|=13$，$|b|=19$，$|a+b|=24$，则 $|a-b|=$ _____。

(6) 三棱锥的四个顶点是 $A(1,1,1)$、$B(5,4,-1)$、$C(2,3,5)$、$D(6,0,-3)$，则三棱锥的体积为 _____。

(7) 设向量 a 与 b 的夹角为 $\dfrac{2\pi}{3}$，$|a|=1$，$|b|=2$，则 $|a \times b|^2=$ _____。

(8) 三角形的三个顶点是 $A(3,4,-1)$、$B(2,0,3)$、$C(-3,5,4)$，则三角形的面积为 _____。

3. 解答题

(1) 已知 $\overrightarrow{OA}=\{-2,3,-6\}$，$\overrightarrow{OB}=\{1,-2,2\}$，$|\overrightarrow{OC}|=\sqrt{42}$，且 $\overrightarrow{OC}$ 平分 $\angle AOB$，求 $\overrightarrow{OC}$。

(2) 已知三角形的一个顶点 $A(2,-5,3)$ 及两边向量 $\overrightarrow{AB}=\{4,1,2\}$ 和 $\overrightarrow{BC}=\{3,-2,5\}$，求其余顶点的坐标、向量 $\overrightarrow{AC}$ 和 $\angle A$。

(3) 设三棱锥以 $O(0,0,0)$、$A(5,2,0)$、$B(2,5,0)$、$C(1,2,4)$ 为顶点，求它的体积，并计算 $\triangle ABC$ 的面积和由点 O 引向该面的高。

(4) 试证向量 $a=-i+3j+2k$，$b=2i-3j-4k$，$c=-3i+12j+6k$ 在同一平面上，并沿 a 和 b 分解 c。

(5) 已知向量 a、b 非零且不共线，作 $c=\lambda a+b$，λ 是实数，证明使 $|c|$ 最小的向量垂直于 a，并求当 $a=\{1,2,-2\}$，$b=\{1,-1,1\}$ 时使 $|c|$ 最小的向量 c。

┌─────────────────┐
│　**经典习题解答**　│
└─────────────────┘

1. 选择题

(1) **解**　应选(C)。

由于 $a \perp b$，因此以 a、b 为邻边的平行四边形为矩形，而 $|a+b|$、$|a-b|$ 是该矩形的两条对角线的长度，从而 $|a+b| = |a-b|$，故选(C)。

(2) **解**　应选(A)。

由于向量 a、b 平行但方向相反，因此

$$|a+b| = \sqrt{(a+b) \cdot (a+b)} = \sqrt{a \cdot a + 2a \cdot b + b \cdot b}$$
$$= \sqrt{|a|^2 + 2|a||b|\cos\pi + |b|^2} = \sqrt{|a|^2 - 2|a||b| + |b|^2}$$
$$= |a| - |b|$$

故选(A)。

(3) **解**　应选(D)。

由于 $|a| = 1$，$|b| = \sqrt{2}$，且 a 与 b 的夹角为 $\theta = \dfrac{\pi}{4}$，因此

$$|a+b| = \sqrt{(a+b) \cdot (a+b)} = \sqrt{a \cdot a + 2a \cdot b + b \cdot b}$$
$$= \sqrt{|a|^2 + 2|a||b|\cos\frac{\pi}{4} + |b|^2}$$
$$= \sqrt{1 + 2 \times 1 \times \sqrt{2} \times \frac{\sqrt{2}}{2} + 2} = \sqrt{5}$$

故选(D)。

(4) **解**　应选(C)。

由于 $|a-b| = |a+b|$，又

$$|a-b| = \sqrt{(a-b) \cdot (a-b)} = \sqrt{a \cdot a - 2a \cdot b + b \cdot b} = \sqrt{|a|^2 - 2a \cdot b + |b|^2}$$
$$|a+b| = \sqrt{(a+b) \cdot (a+b)} = \sqrt{a \cdot a + 2a \cdot b + b \cdot b} = \sqrt{|a|^2 + 2a \cdot b + |b|^2}$$

因此 $\sqrt{|a|^2 - 2a \cdot b + |b|^2} = \sqrt{|a|^2 + 2a \cdot b + |b|^2}$，从而 $a \cdot b = 0$，故选(C)。

(5) **解**　应选(D)。

由于 $a \cdot b = a \cdot c$，因此 $a \cdot b - a \cdot c = 0$，即 $a \cdot (b-c) = 0$，从而 $a \perp (b-c)$，故选(D)。

(6) **解**　应选(C)。

由于 $j \times a = j \times (i+j+k) = j \times i + j \times k = -k + i$ 垂直于 a 且垂直于 oy 轴，其模为 $\sqrt{2}$，从而垂直于 a 且垂直于 oy 轴的单位向量 $e = \pm\dfrac{\sqrt{2}}{2}(i-k)$，故选(C)。

2. 填空题

(1) **解**　设 $c = \{x, y, z\}$，由 $c \perp a$，$c \perp b$，$c \cdot (i+2j-7k) = 10$，得

$$\begin{cases} 2x - 3y + z = 0 \\ x - 2y + 5z = 0 \\ x + 2y - 7z = 10 \end{cases}$$

解之,得

$$x = \frac{65}{12}, \quad y = \frac{15}{4}, \quad z = \frac{5}{12}$$

所以

$$c = \left\{ \frac{65}{12}, \frac{15}{4}, \frac{5}{12} \right\} = \frac{5}{12} \{13, 9, 1\}$$

(2) **解** 由于 $(a \times b) \cdot c = 2$,因此

$$[(a + b) \times (b + c)] \cdot (c + a)$$
$$= (a \times b + a \times c + b \times b + b \times c) \cdot (c + a)$$
$$= (a \times b) \cdot c + (a \times c) \cdot c + (b \times c) \cdot c + (a \times b) \cdot a + (a \times c) \cdot a + (b \times c) \cdot a$$
$$= 2[(a \times b) \cdot c] = 4$$

(3) **解** 由于 a、b、c 两两相互垂直,因此

$$a \cdot b = b \cdot c = a \cdot c = 0$$

从而

$$|p| = \sqrt{(\alpha a + \beta b + \gamma c) \cdot (\alpha a + \beta b + \gamma c)} = \sqrt{|\alpha|^2 |a|^2 + |\beta|^2 |b|^2 + |\gamma|^2 |c|^2}$$

(4) **解** 由于向量 a、b、c 两两相互垂直,因此

$$|s| = \sqrt{s \cdot s} = \sqrt{|a|^2 + |b|^2 + |c|^2} = \sqrt{14}$$

从而 $\cos\theta = \dfrac{s \cdot c}{|s||c|} = \dfrac{|c|^2}{|s||c|} = \dfrac{3}{\sqrt{14}}$,所以 s 与 c 的夹角为 $\theta = \arccos \dfrac{3}{\sqrt{14}}$。

(5) **解** 由于 $24^2 = |a+b|^2 = (a+b) \cdot (a+b) = 13^2 + 2a \cdot b + 19^2$,因此 $2a \cdot b = 46$。
同理,由于 $|a-b|^2 = 13^2 - 2a \cdot b + 19^2$,解之,得 $|a-b|^2 = 484$,所以 $|a-b| = 22$。

(6) **解** 由于 $\overrightarrow{AB} = \{4, 3, -2\}$,$\overrightarrow{AC} = \{1, 2, 4\}$,$\overrightarrow{AD} = \{5, -1, -4\}$,又向量 $\overrightarrow{AB}$、$\overrightarrow{AC}$、$\overrightarrow{AD}$ 的混合积为

$$[\overrightarrow{AB}\ \overrightarrow{AC}\ \overrightarrow{AD}] = \begin{vmatrix} 4 & 3 & -2 \\ 1 & 2 & 4 \\ 5 & -1 & -4 \end{vmatrix} = 78$$

因此三棱锥的体积为

$$V = \frac{1}{6} \times 78 = 13$$

(7) **解** 由于 $|a \times b| = |a||b| \sin \dfrac{2\pi}{3} = 1 \times 2 \times \dfrac{\sqrt{3}}{2} = \sqrt{3}$,因此 $|a \times b|^2 = 3$。

(8) **解** 由于 $\overrightarrow{AB} = \{-1, -4, 4\}$,$\overrightarrow{AC} = \{-6, 1, 5\}$,因此

$$\overrightarrow{AB} \times \overrightarrow{AC} = \begin{vmatrix} i & j & k \\ -1 & -4 & 4 \\ -6 & 1 & 5 \end{vmatrix} = -24i - 19j - 25k$$

从而

$$|\overrightarrow{AB} \times \overrightarrow{AC}| = \sqrt{(-24)^2 + (-19)^2 + (-25)^2} = \sqrt{1562}$$

所以所求三角形的面积为

$$S = \frac{1}{2} |\overrightarrow{AB} \times \overrightarrow{AC}| = \frac{1}{2} \sqrt{1562}$$

3. 解答题

(1) **解**　由于 $\dfrac{\overrightarrow{OA}}{|\overrightarrow{OA}|}$、$\dfrac{\overrightarrow{OB}}{|\overrightarrow{OB}|}$ 均为单位向量，因此

$$\frac{\overrightarrow{OA}}{|\overrightarrow{OA}|} + \frac{\overrightarrow{OB}}{|\overrightarrow{OB}|} = \frac{1}{7}\{-2,3,-6\} + \frac{1}{3}\{1,-2,2\} = \frac{1}{21}\{1,-5,-4\}$$

是 $\angle AOB$ 的角平分线向量，从而存在 $\lambda > 0$，使 $\dfrac{\overrightarrow{OA}}{|\overrightarrow{OA}|} + \dfrac{\overrightarrow{OB}}{|\overrightarrow{OB}|} = \lambda \overrightarrow{OC}$，即 $\dfrac{1}{21}\{1,-5,-4\} = \lambda \overrightarrow{OC}$，

但 $|\overrightarrow{OC}| = \sqrt{42}$，两边取模，得 $\dfrac{1}{21}\sqrt{42} = \lambda \sqrt{42}$，$\lambda = \dfrac{1}{21}$，所以 $\overrightarrow{OC} = \{1,-5,-4\}$。

(2) **解**　设 B、C 的坐标分别为 (x_1,y_1,z_1)、(x_2,y_2,z_2)，则

$$\overrightarrow{AB} = \{x_1-2,\,y_1+5,\,z_1-3\} = \{4,1,2\}$$
$$\overrightarrow{BC} = \{x_2-x_1,\,y_2-y_1,\,z_2-z_1\} = \{3,-2,5\}$$

从而

$$x_1 = 6,\quad y_1 = -4,\quad z_1 = 5,\quad x_2 = 9,\quad y_2 = -6,\quad z_2 = 10$$

即 B 点的坐标为 $(6,-4,5)$，C 点的坐标为 $(9,-6,10)$，所以

$$\overrightarrow{AC} = \{9-2,\,-6+5,\,10-3\} = \{7,-1,7\}$$

$$\angle A = \arccos \frac{\overrightarrow{AB} \cdot \overrightarrow{AC}}{|\overrightarrow{AB}||\overrightarrow{AC}|} = \arccos \frac{4\times 7 + 1\times(-1) + 2\times 7}{\sqrt{4^2+1^2+2^2}\sqrt{7^2+(-1)^2+7^2}} = \arccos \frac{41}{3\sqrt{231}}$$

(3) **解**　方法一　由于 $\overrightarrow{OA} = \{5,2,0\}$，$\overrightarrow{AB} = \{-3,3,0\}$，$\overrightarrow{AC} = \{-4,0,4\}$，因此

$$\overrightarrow{AB} \times \overrightarrow{AC} = \begin{vmatrix} \boldsymbol{i} & \boldsymbol{j} & \boldsymbol{k} \\ -3 & 3 & 0 \\ -4 & 0 & 4 \end{vmatrix} = \{12,12,12\}$$

从而 $\triangle ABC$ 的面积

$$S = \frac{1}{2}|\overrightarrow{AB} \times \overrightarrow{AC}| = \frac{1}{2}\sqrt{12^2+12^2+12^2} = 6\sqrt{3}$$

由于点 O 向 $\triangle ABC$ 这一平面所引的高 h 就是向量 $\overrightarrow{OA}$ 在向量 $\overrightarrow{AB} \times \overrightarrow{AC}$ 上投影的模，因此

$$h = |\operatorname{Prj}_{\overrightarrow{AB}\times\overrightarrow{AC}}\overrightarrow{OA}| = \frac{|\overrightarrow{OA} \cdot (\overrightarrow{AB} \times \overrightarrow{AC})|}{|\overrightarrow{AB} \times \overrightarrow{AC}|} = \frac{5\times 12 + 2\times 12 + 0\times 12}{12\sqrt{3}} = \frac{7}{3}\sqrt{3}$$

从而三棱锥的体积为

$$V = \frac{1}{3}Sh = \frac{1}{3}\cdot 6\sqrt{3}\cdot \frac{7}{3}\sqrt{3} = 14$$

方法二　由于 $\overrightarrow{AO} = \{-5,-2,0\}$，$\overrightarrow{AB} = \{-3,3,0\}$，$\overrightarrow{AC} = \{-4,0,4\}$，因此 $\overrightarrow{AO}$、$\overrightarrow{AB}$、$\overrightarrow{AC}$ 的混合积为 $[\overrightarrow{AO}\ \overrightarrow{AB}\ \overrightarrow{AC}] = \begin{vmatrix} -5 & -2 & 0 \\ -3 & 3 & 0 \\ -4 & 0 & 4 \end{vmatrix} = -84$，所以三棱锥的体积为

$$V = \frac{1}{6}|[\overrightarrow{AO}\ \overrightarrow{AB}\ \overrightarrow{AC}]| = 14$$

$\triangle ABC$ 的面积

$$S = \frac{1}{2}|\overrightarrow{AB} \times \overrightarrow{AC}| = \frac{1}{2}\sqrt{12^2+12^2+12^2} = 6\sqrt{3}$$

由点 O 向 $\triangle ABC$ 平面所引的高为

$$h = \frac{3V}{S} = \frac{3 \cdot 14}{6\sqrt{3}} = \frac{7}{3}\sqrt{3}$$

（4）证　由于 $[abc] = \begin{vmatrix} -1 & 3 & 2 \\ 2 & -3 & -4 \\ -3 & 12 & 6 \end{vmatrix} = 0$，因此 a、b、c 三向量共面。设 $c = \lambda a + \mu b$，

其中 λ、μ 为待定常数，则

$$-3i + 12j + 6k = \lambda(-i + 3j + 2k) + \mu(2i - 3j - 4k)$$
$$= (-\lambda + 2\mu)i + (3\lambda - 3\mu)j + (2\lambda - 4\mu)k$$

比较等式两边单位向量的系数，得

$$\begin{cases} -\lambda + 2\mu = -3 \\ 3\lambda - 3\mu = 12 \\ 2\lambda - 4\mu = 6 \end{cases}$$

解之，得 $\lambda = 5$，$\mu = 1$，所以 c 沿 a 和 b 分解为

$$c = 5a + b$$

（5）证　由于

$$|c|^2 = (\lambda a + b) \cdot (\lambda a + b) = \lambda^2 |a|^2 + 2\lambda(a \cdot b) + |b|^2$$
$$= |a|^2\left(\lambda + \frac{a \cdot b}{|a|^2}\right)^2 + |b|^2 - \frac{(a \cdot b)^2}{|a|^2}$$

因此当 $\lambda = -\dfrac{a \cdot b}{|a|^2}$ 时，$|c|$ 最小。当 $|c|$ 最小时的向量为 $c = \lambda a + b = -\dfrac{a \cdot b}{|a|^2}a + b$，又

$$c \cdot a = \left(-\frac{a \cdot b}{|a|^2}a + b\right) \cdot a = -\frac{a \cdot b}{|a|^2}(a \cdot a) + b \cdot a = 0$$

故使 $|c|$ 最小的向量垂直于 a。当 $a = \{1, 2, -2\}$，$b = \{1, -1, 1\}$ 时，$|c|$ 最小的向量 c 为

$$c = -\frac{a \cdot b}{|a|^2}a + b = -\frac{-3}{9}a + b = \frac{1}{3}\{1, 2, -2\} + \{1, -1, 1\} = \frac{4}{3}i - \frac{1}{3}j + \frac{1}{3}k$$

8.2　空间平面与直线

一、考点内容讲解

1. 平面方程

（1）一般式：$Ax + By + Cz + D = 0$，法向量 $n = \{A, B, C\}$。

（2）点法式：$A(x - x_0) + B(y - y_0) + C(z - z_0) = 0$。

（3）三点式：$\begin{vmatrix} x - x_1 & y - y_1 & z - z_1 \\ x_2 - x_1 & y_2 - y_1 & z_2 - z_1 \\ x_3 - x_1 & y_3 - y_1 & z_3 - z_1 \end{vmatrix} = 0$。

（4）截距式：$\dfrac{x}{a} + \dfrac{y}{b} + \dfrac{z}{c} = 1$。

2. 直线方程

(1) 一般式：$\begin{cases} A_1x + B_1y + C_1z + D_1 = 0 \\ A_2x + B_2y + C_2z + D_2 = 0 \end{cases}$，方向向量 $\boldsymbol{s} = \{A_1, B_1, C_1\} \times \{A_2, B_2, C_2\}$。

(2) 对称式（标准式）：$\dfrac{x-x_0}{l} = \dfrac{y-y_0}{m} = \dfrac{z-z_0}{n}$，方向向量 $\boldsymbol{s} = \{l, m, n\}$。

(3) 两点式：$\dfrac{x-x_1}{x_2-x_1} = \dfrac{y-y_1}{y_2-y_1} = \dfrac{z-z_1}{z_2-z_1}$。

(4) 参数式：$x = x_0 + lt$，$y = y_0 + mt$，$z = z_0 + nt$。

3. 平面与平面、平面与直线、直线与直线之间的关系

(1) 平面与平面：设平面 $\pi_1: A_1x + B_1y + C_1z + D_1 = 0$ 与 $\pi_2: A_2x + B_2y + C_2z + D_2 = 0$ 的夹角为 θ，则

（ⅰ）$\cos\theta = \dfrac{|A_1A_2 + B_1B_2 + C_1C_2|}{\sqrt{A_1^2 + B_1^2 + C_1^2}\,\sqrt{A_2^2 + B_2^2 + C_2^2}} \left(0 \leqslant \theta \leqslant \dfrac{\pi}{2}\right)$；

（ⅱ）$\pi_1 \,/\!/\, \pi_2 \Leftrightarrow \boldsymbol{n}_1 \,/\!/\, \boldsymbol{n}_2 \Leftrightarrow \dfrac{A_1}{A_2} = \dfrac{B_1}{B_2} = \dfrac{C_1}{C_2}$；

（ⅲ）$\pi_1 \perp \pi_2 \Leftrightarrow \boldsymbol{n}_1 \perp \boldsymbol{n}_2 \Leftrightarrow A_1A_2 + B_1B_2 + C_1C_2 = 0$。

(2) 平面与直线：设平面 $\pi: A(x-x_0) + B(y-y_0) + C(z-z_0) = 0$ 与直线 $L: \dfrac{x-x_1}{l} = \dfrac{y-y_1}{m} = \dfrac{z-z_1}{n}$ 的夹角为 θ，则

（ⅰ）$\sin\theta = \dfrac{|Al + Bm + Cn|}{\sqrt{A^2 + B^2 + C^2}\,\sqrt{l^2 + m^2 + n^2}} \left(0 \leqslant \theta \leqslant \dfrac{\pi}{2}\right)$；

（ⅱ）$\pi \,/\!/\, L \Leftrightarrow \boldsymbol{n} \perp \boldsymbol{s} \Leftrightarrow Al + Bm + Cn = 0$；

（ⅲ）$\pi \perp L \Leftrightarrow \boldsymbol{n} \,/\!/\, \boldsymbol{s} \Leftrightarrow \dfrac{A}{l} = \dfrac{B}{m} = \dfrac{C}{n}$。

(3) 直线与直线：设直线 $L_1: \dfrac{x-x_1}{l_1} = \dfrac{y-y_1}{m_1} = \dfrac{z-z_1}{n_1}$ 与 $L_2: \dfrac{x-x_2}{l_2} = \dfrac{y-y_2}{m_2} = \dfrac{z-z_2}{n_2}$ 的夹角为 θ，则

（ⅰ）$\cos\theta = \dfrac{|l_1l_2 + m_1m_2 + n_1n_2|}{\sqrt{l_1^2 + m_1^2 + n_1^2}\,\sqrt{l_2^2 + m_2^2 + n_2^2}} \left(0 \leqslant \theta \leqslant \dfrac{\pi}{2}\right)$；

（ⅱ）$L_1 \,/\!/\, L_2 \Leftrightarrow \boldsymbol{s}_1 \,/\!/\, \boldsymbol{s}_2 \Leftrightarrow \dfrac{l_1}{l_2} = \dfrac{m_1}{m_2} = \dfrac{n_1}{n_2}$；

（ⅲ）$L_1 \perp L_2 \Leftrightarrow \boldsymbol{s}_1 \perp \boldsymbol{s}_2 \Leftrightarrow l_1l_2 + m_1m_2 + n_1n_2 = 0$；

（ⅳ）L_1 与 L_2 共面 $\Leftrightarrow \begin{vmatrix} x_2-x_1 & y_2-y_1 & z_2-z_1 \\ l_1 & m_1 & n_1 \\ l_2 & m_2 & n_2 \end{vmatrix} = 0$。

4. 平面束方程

过直线 $L: \begin{cases} A_1x + B_1y + C_1z + D_1 = 0 \\ A_2x + B_2y + C_2z + D_2 = 0 \end{cases}$ 的平面束方程为

$$\lambda(A_1 x + B_1 y + C_1 z + D_1) + \mu(A_2 x + B_2 y + C_2 z + D_2) = 0 \quad (\lambda、\mu \text{ 不同时为零})$$

5. 点到平面的距离

点 $M(x_0, y_0, z_0)$ 到平面 $\pi: Ax + By + Cz + D = 0$ 的距离为

$$d = \frac{|Ax_0 + By_0 + Cz_0 + D|}{\sqrt{A^2 + B^2 + C^2}}$$

6. 点到直线的距离

点 $M(x_0, y_0, z_0)$ 到直线 $L: \dfrac{x - x_1}{l} = \dfrac{y - y_1}{m} = \dfrac{z - z_1}{n}$ 的距离为

$$d = \frac{|\overrightarrow{M_1 M_0} \times \boldsymbol{s}|}{|\boldsymbol{s}|} = \frac{|\{x_1 - x_0, y_1 - y_0, z_1 - z_0\} \times \{l, m, n\}|}{\sqrt{l^2 + m^2 + n^2}}$$

二、考点题型解析

常考题型：• 求直线方程；• 求平面方程；• 平面与直线位置关系问题。

1. 选择题

例 1　直线 $L_1: \begin{cases} x + 2y - z = 7 \\ -2x + y + z = 7 \end{cases}$ 与 $L_2: \begin{cases} 3x + 6y - 3z = 8 \\ 2x - y - z = 0 \end{cases}$ 的关系为（　　）。

(A) $L_1 \perp L_2$　　　　　　　　　　(B) L_1 与 L_2 相交但不垂直

(C) L_1 与 L_2 为异面直线　　　　　(D) $L_1 \parallel L_2$

解　应选(D)。

由于 L_1 的方向向量

$$\boldsymbol{s}_1 = \{1, 2, -1\} \times \{-2, 1, 1\} = \begin{vmatrix} \boldsymbol{i} & \boldsymbol{j} & \boldsymbol{k} \\ 1 & 2 & -1 \\ -2 & 1 & 1 \end{vmatrix} = 3\boldsymbol{i} + \boldsymbol{j} + 5\boldsymbol{k}$$

L_2 的方向向量

$$\boldsymbol{s}_2 = \{3, 6, -3\} \times \{2, -1, -1\} = \begin{vmatrix} \boldsymbol{i} & \boldsymbol{j} & \boldsymbol{k} \\ 3 & 6 & -3 \\ 2 & -1 & -1 \end{vmatrix} = -9\boldsymbol{i} - 3\boldsymbol{j} - 15\boldsymbol{k} = -3\boldsymbol{s}_1$$

因此 $L_1 \parallel L_2$，故选(D)。

例 2　设三条直线

$$L_1: \frac{x+3}{-2} = \frac{y+4}{-5} = \frac{z}{3}, \quad L_2: \begin{cases} x = 3t \\ y = -1 + 3t \\ z = 2 + 7t \end{cases}, \quad L_3: \begin{cases} x + 2y - z + 1 = 0 \\ 2x + y - z = 0 \end{cases}$$

则（　　）。

(A) $L_1 \parallel L_3$　　　　(B) $L_1 \parallel L_2$　　　　(C) $L_2 \perp L_3$　　　　(D) $L_1 \perp L_2$

解　应选(D)。

由于 $\boldsymbol{s}_1 = \{-2, -5, 3\}$，$\boldsymbol{s}_2 = \{3, 3, 7\}$，因此

$$\boldsymbol{s}_1 \cdot \boldsymbol{s}_2 = -2 \times 3 + (-5) \times 3 + 3 \times 7 = 0$$

从而 $L_1 \perp L_2$，故选(D)。

例 3　设 $\boldsymbol{\alpha}_1 = \begin{bmatrix} a_1 \\ a_2 \\ a_3 \end{bmatrix}$，$\boldsymbol{\alpha}_2 = \begin{bmatrix} b_1 \\ b_2 \\ b_3 \end{bmatrix}$，$\boldsymbol{\alpha}_3 = \begin{bmatrix} c_1 \\ c_2 \\ c_3 \end{bmatrix}$，则三条直线 $a_1 x + b_1 y + c_1 = 0$，

$a_2 x + b_2 y + c_2 = 0$，$a_3 x + b_3 y + c_3 = 0$（其中 $a_i^2 + b_i^2 \neq 0$，$i = 1, 2, 3$）交于一点的充要条件是（　　）。

　　(A) $\boldsymbol{\alpha}_1$，$\boldsymbol{\alpha}_2$，$\boldsymbol{\alpha}_3$ 线性相关　　　　　　　(B) $\boldsymbol{\alpha}_1$，$\boldsymbol{\alpha}_2$，$\boldsymbol{\alpha}_3$ 线性无关

　　(C) $r(\boldsymbol{\alpha}_1, \boldsymbol{\alpha}_2, \boldsymbol{\alpha}_3) = r(\boldsymbol{\alpha}_1, \boldsymbol{\alpha}_2)$　　　(D) $\boldsymbol{\alpha}_1$，$\boldsymbol{\alpha}_2$，$\boldsymbol{\alpha}_3$ 线性相关，$\boldsymbol{\alpha}_1$，$\boldsymbol{\alpha}_2$ 线性无关

　　解　应选(D)。

　　由于三条直线交于一点 $\Leftrightarrow$ 方程组 $\begin{bmatrix} a_1 & b_1 \\ a_2 & b_2 \\ a_3 & b_3 \end{bmatrix} \begin{bmatrix} x \\ y \end{bmatrix} = \begin{bmatrix} -c_1 \\ -c_2 \\ -c_3 \end{bmatrix}$ 有唯一解 $\Leftrightarrow$ 系数矩阵的秩与

增广矩阵的秩都等于 2，即 $\boldsymbol{\alpha}_1$，$\boldsymbol{\alpha}_2$，$\boldsymbol{\alpha}_3$ 线性相关，$\boldsymbol{\alpha}_1$，$\boldsymbol{\alpha}_2$ 线性无关，故选(D)。

　　例 4　设矩阵 $\begin{bmatrix} a_1 & b_1 & c_1 \\ a_2 & b_2 & c_2 \\ a_3 & b_3 & c_3 \end{bmatrix}$ 是满秩的，则直线 $\dfrac{x - a_3}{a_1 - a_2} = \dfrac{y - b_3}{b_1 - b_2} = \dfrac{z - c_3}{c_1 - c_2}$ 与直线

$\dfrac{x - a_1}{a_2 - a_3} = \dfrac{y - b_1}{b_2 - b_3} = \dfrac{z - c_1}{c_2 - c_3}$（　　）。

　　(A) 相交于一点　　　　(B) 重合　　　　　　(C) 平行但不重合　　　　(D) 异面

　　解　应选(A)。

　　方法一　设 $A = \begin{bmatrix} \boldsymbol{\alpha}_1 \\ \boldsymbol{\alpha}_2 \\ \boldsymbol{\alpha}_3 \end{bmatrix}$，其中 $\boldsymbol{\alpha}_i = \{a_i, b_i, c_i\}$（$i = 1, 2, 3$），则 $\boldsymbol{\alpha}_1$，$\boldsymbol{\alpha}_2$，$\boldsymbol{\alpha}_3$ 线性无关，

从而 $\boldsymbol{\alpha}_1 - \boldsymbol{\alpha}_2$ 与 $\boldsymbol{\alpha}_2 - \boldsymbol{\alpha}_3$ 线性无关，故两条直线不平行。由于 $(\boldsymbol{\alpha}_1 - \boldsymbol{\alpha}_2) + (\boldsymbol{\alpha}_2 - \boldsymbol{\alpha}_3) + (\boldsymbol{\alpha}_3 - \boldsymbol{\alpha}_1) = \boldsymbol{0}$，因此三个向量 $\boldsymbol{\alpha}_1 - \boldsymbol{\alpha}_2$、$\boldsymbol{\alpha}_2 - \boldsymbol{\alpha}_3$、$\boldsymbol{\alpha}_3 - \boldsymbol{\alpha}_1$ 共面，从而两条直线相交，故选(A)。

　　方法二　令

$$\frac{x - a_3}{a_1 - a_2} = \frac{y - b_3}{b_1 - b_2} = \frac{z - c_3}{c_1 - c_2} = s$$

$$\frac{x - a_1}{a_2 - a_3} = \frac{y - b_1}{b_2 - b_3} = \frac{z - c_1}{c_2 - c_3} = t$$

$$\boldsymbol{\alpha}_i = \{a_i, b_i, c_i\} \quad (i = 1, 2, 3)$$

则得到关于 s、t 的方程组

$$\begin{cases} (a_1 - a_2)s + (a_3 - a_2)t + (a_3 - a_1) = 0 \\ (b_1 - b_2)s + (b_3 - b_2)t + (b_3 - b_1) = 0 \\ (c_1 - c_2)s + (c_3 - c_2)t + (c_3 - c_1) = 0 \end{cases}$$

有唯一解的充要条件是 $\boldsymbol{\alpha}_1 - \boldsymbol{\alpha}_2$ 与 $\boldsymbol{\alpha}_3 - \boldsymbol{\alpha}_2$ 线性无关，且 $\boldsymbol{\alpha}_1 - \boldsymbol{\alpha}_2$，$\boldsymbol{\alpha}_3 - \boldsymbol{\alpha}_2$，$\boldsymbol{\alpha}_3 - \boldsymbol{\alpha}_1$ 线性相关，所以两条直线相交，故选(A)。

　　方法三　令 $\boldsymbol{\alpha}_i = \{a_i, b_i, c_i\}$（$i = 1, 2, 3$），将 $\boldsymbol{\alpha}_1$、$\boldsymbol{\alpha}_2$、$\boldsymbol{\alpha}_3$ 视为向径，即 (a_i, b_i, c_i) 是

三个点，由于 $A = \begin{bmatrix} \boldsymbol{\alpha}_1 \\ \boldsymbol{\alpha}_2 \\ \boldsymbol{\alpha}_3 \end{bmatrix}$ 的秩为 3，故这三个点共面，从而确定一个平面 π。由题设两直线一

条是过点 (a_1, b_1, c_1)，方向向量为 $\boldsymbol{\alpha}_2 - \boldsymbol{\alpha}_3$，另一条是过点 (a_3, b_3, c_3)，方向向量为 $\boldsymbol{\alpha}_1 - \boldsymbol{\alpha}_2$，从而这两条直线在平面 π 上且不平行，所以相交，故选(A)。

2. 填空题

例 1　直线 $\dfrac{x}{1} = \dfrac{y+7}{2} = \dfrac{z-3}{-1}$ 上与点 $(3, 2, 6)$ 的距离最近的点为_____。

解　方法一　过点 $(3, 2, 6)$ 且垂直于直线 $\dfrac{x}{1} = \dfrac{y+7}{2} = \dfrac{z-3}{-1}$ 的平面为

$$(x - 3) + 2(y - 2) - (z - 6) = 0$$

即

$$x + 2y - z - 1 = 0$$

令 $\dfrac{x}{1} = \dfrac{y+7}{2} = \dfrac{z-3}{-1} = t$，则 $x = t$，$y = -7 + 2t$，$z = 3 - t$，将其代入平面方程，得 $t = 3$，从而所求的点为 $(3, -1, 0)$。

方法二　设 $M_0(3, 2, 6)$、$M_1(0, -7, 3)$，则 $\overrightarrow{M_1 M_0} = \{3, 9, 3\}$，从而点 $M_0(3, 2, 6)$ 到直线 $\dfrac{x}{1} = \dfrac{y+7}{2} = \dfrac{z-3}{-1}$ 的距离为

$$d = \frac{|\overrightarrow{M_1 M_0} \times \boldsymbol{s}|}{|\boldsymbol{s}|} = \frac{1}{\sqrt{6}} |-15\boldsymbol{i} + 6\boldsymbol{j} - 3\boldsymbol{k}| = \frac{\sqrt{270}}{\sqrt{6}} = \sqrt{45}$$

令 $(t, -7 + 2t, 3 - t)$ 为直线 $\dfrac{x}{1} = \dfrac{y+7}{2} = \dfrac{z-3}{-1} = t$ 上任一点，则

$$\sqrt{(3-t)^2 + (9-2t)^2 + (3+t)^2} = \sqrt{45}$$

即

$$t^2 - 6t + 9 = 0$$

解之，得 $t = 3$，故所求的点为 $(3, -1, 0)$。

例 2　平面 $\pi_1: x - 2y + 2z + 21 = 0$，$\pi_2: 7x + 24z - 5 = 0$ 间的二面角的平分面方程为_____。

解　设平分面上任一点为 (x, y, z)，则该点到两平面的距离相等，所以

$$\frac{|x - 2y + 2z + 21|}{\sqrt{1^2 + (-2)^2 + 2^2}} = \frac{|7x + 24z - 5|}{\sqrt{7^2 + 24^2}}$$

从而 $46x - 50y + 122z + 510 = 0$，$4x - 50y - 22z + 540 = 0$，即

$$23x - 25y + 61z + 255 = 0, \quad 2x - 25y - 11z + 270 = 0$$

例 3　点 $(3, -1, -1)$ 在平面 $x + 2y + 3z - 30 = 0$ 上的投影为_____。

解　过点 $(3, -1, -1)$ 且垂直于平面 $x + 2y + 3z - 30 = 0$ 的直线方程为

$$\frac{x-3}{1} = \frac{y+1}{2} = \frac{z+1}{3}$$

令 $\dfrac{x-3}{1} = \dfrac{y+1}{2} = \dfrac{z+1}{3} = t$，则 $x = 3 + t$，$y = -1 + 2t$，$z = -1 + 3t$，代入已知平面方程，得

$$3 + t + 2(-1 + 2t) + 3(-1 + 3t) - 30 = 0$$

解之，得 $t = \dfrac{16}{7}$，所以投影点坐标为 $\left(\dfrac{37}{7}, \dfrac{25}{7}, \dfrac{41}{7}\right)$。

例 4　直线 L_1：$\begin{cases} x+y-z-1=0 \\ 2x+y-z-2=0 \end{cases}$ 和直线 L_2：$\begin{cases} x+2y-z-2=0 \\ x+2y+2z+4=0 \end{cases}$ 间的最短距离

为　　　　。

解　两直线的方向向量分别为

$$s_1 = \begin{vmatrix} \boldsymbol{i} & \boldsymbol{j} & \boldsymbol{k} \\ 1 & 1 & -1 \\ 2 & 1 & -1 \end{vmatrix} = -\boldsymbol{j}-\boldsymbol{k}, \quad s_2 = \begin{vmatrix} \boldsymbol{i} & \boldsymbol{j} & \boldsymbol{k} \\ 1 & 2 & -1 \\ 1 & 2 & 2 \end{vmatrix} = 6\boldsymbol{i}-3\boldsymbol{j}$$

取 $\boldsymbol{n} = s_1 \times s_2 = \begin{vmatrix} \boldsymbol{i} & \boldsymbol{j} & \boldsymbol{k} \\ 0 & -1 & -1 \\ 6 & -3 & 0 \end{vmatrix} = -3\boldsymbol{i}-6\boldsymbol{j}+6\boldsymbol{k}$，以 $\boldsymbol{n}$ 为法线向量过 L_1 上的点 $(1, 0, 0)$

作平面 π：$-3(x-1)-6y+6z=0$，即 $x+2y-2z-1=0$，又 $L_2 \parallel \pi$，在 L_2 上任取一
点 $(0, 0, -2)$，则所求的最短距离为

$$d = \frac{|1 \cdot 0 + 2 \cdot 0 - 2 \cdot (-2) - 1|}{\sqrt{1^2 + 2^2 + (-2)^2}} = 1$$

> **评注**：异面直线 L_1：$\dfrac{x-x_1}{l_1} = \dfrac{y-y_1}{m_1} = \dfrac{z-z_1}{n_1}$ 与 L_2：$\dfrac{x-x_2}{l_2} = \dfrac{y-y_2}{m_2} = \dfrac{z-z_2}{n_2}$ 间
> 的距离为
>
> $$d = \frac{\left| \left[\overrightarrow{PQ} s_1 s_2 \right] \right|}{\left| s_1 \times s_2 \right|}$$
>
> 其中 $P(x_1, y_1, z_1)$、$Q(x_2, y_2, z_2)$。

3. 解答题

例 1　求平行于平面 $6x+y+6z+5=0$ 且与三坐标面所构成的四面体的体积为 1 的
平面的平面方程。

解　**方法一**　设所求的平面为 $\dfrac{x}{a} + \dfrac{y}{b} + \dfrac{z}{c} = 1$，由题设得

$$\frac{1}{6}|abc| = 1, \quad \frac{\frac{1}{a}}{6} = \frac{\frac{1}{b}}{1} = \frac{\frac{1}{c}}{6} = t$$

则 $a = \dfrac{1}{6t}$，$b = \dfrac{1}{t}$，$c = \dfrac{1}{6t}$，代入得 $|t^3| = \dfrac{1}{6^3}$，即 $t = \pm \dfrac{1}{6}$。

当 $t = \dfrac{1}{6}$ 时，$a = 1$，$b = 6$，$c = 1$，所求的平面方程为 $x + \dfrac{1}{6}y + z = 1$，即

$$6x+y+6z-6=0$$

当 $t = -\dfrac{1}{6}$ 时，$a = -1$，$b = -6$，$c = -1$，所求的平面方程为 $x + \dfrac{1}{6}y + z = -1$，即

$$6x+y+6z+6=0$$

方法二　由于所求平面与已知平面 $6x+y+6z+5=0$ 平行，因此所求平面的方程为
$6x+y+6z+D=0$，即 $\dfrac{x}{-\dfrac{D}{6}} + \dfrac{y}{-D} + \dfrac{z}{-\dfrac{D}{6}} = 1$，从而所求平面在 x 轴、y 轴、z 轴上的截

距依次为 $-\dfrac{D}{6}$、$-D$、$-\dfrac{D}{6}$，所以 $\dfrac{1}{6}\left|\left(-\dfrac{D}{6}\right)(-D)\left(-\dfrac{D}{6}\right)\right|=1$，即 $|D^3|=6^3$，$D=\pm 6$，

从而所求的平面方程为

$$6x+y+6z-6=0 \text{ 或 } 6x+y+6z+6=0$$

例 2　求与直线 $L_1:\begin{cases} x=3z-1 \\ y=2z-3 \end{cases}$ 和 $L_2:\begin{cases} y=2x-5 \\ z=7x+2 \end{cases}$ 都垂直相交的直线方程。

解　由于直线 L_1、L_2 的参数方程分别为

$$L_1:\begin{cases} x=-1+3s \\ y=-3+2s, \\ z=s \end{cases} \quad L_2:\begin{cases} x=t \\ y=-5+2t \\ z=2+7t \end{cases}$$

因此 L_1、L_2 的方向向量分别为 $s_1=\{3,2,1\}$，$s_2=\{1,2,7\}$，取所求直线的方向向量为

$$s=\dfrac{1}{4}(s_1\times s_2)=\dfrac{1}{4}\begin{vmatrix} i & j & k \\ 3 & 2 & 1 \\ 1 & 2 & 7 \end{vmatrix}=3i-5j+k$$

从而过 L_1 且平行于 s 的平面方程为 $\begin{vmatrix} x+1 & y+3 & z \\ 3 & 2 & 1 \\ 3 & -5 & 1 \end{vmatrix}=0$，即 $x-3z+1=0$。过 L_2 且平

行于 s 的平面方程为 $\begin{vmatrix} x & y+5 & z-2 \\ 1 & 2 & 7 \\ 3 & -5 & 1 \end{vmatrix}=0$，即 $37x+20y-11z+122=0$。故所求的直线

方程为

$$\begin{cases} x-3z+1=0 \\ 37x+20y-11z+122=0 \end{cases}$$

例 3　判断直线 $L_1:\dfrac{x}{2}=\dfrac{y+3}{3}=\dfrac{z}{4}$ 和 $L_2:\dfrac{x-1}{1}=\dfrac{y+2}{1}=\dfrac{z-2}{2}$ 是否在同一平面

上。若在同一平面上，求其交点；若不在同一平面上，求其间的距离。

解　由于 L_1、L_2 的方向向量分别为 $s_1=\{2,3,4\}$，$s_2=\{1,1,2\}$，且分别过点

$P(0,-3,0)$，$Q(1,-2,2)$，$\overrightarrow{PQ}=\{1,1,2\}$，又直线 L_1 与 L_2 共面的充要条件是向量 s_1、

s_2、$\overrightarrow{PQ}$ 共面，即其混合积为零，又 $\begin{vmatrix} 2 & 3 & 4 \\ 1 & 1 & 2 \\ 1 & 1 & 2 \end{vmatrix}=0$，因此直线 L_1 与 L_2 共面且相交。

令 $\dfrac{x}{2}=\dfrac{y+3}{3}=\dfrac{z}{4}=t$，则 $x=2t$，$y=-3+3t$，$z=4t$，将其代入直线 L_2 的方程中，

得

$$\dfrac{2t-1}{1}=\dfrac{(-3+3t)+2}{1}=\dfrac{4t-2}{2}$$

解之，得 $t=0$，从而 $x=0$，$y=-3$，$z=0$，所以两直线的交点为 $(0,-3,0)$。

例 4　判断直线 $L_1:\dfrac{x+1}{1}=\dfrac{y}{1}=\dfrac{z-1}{2}$ 和 $L_2:\dfrac{x}{1}=\dfrac{y+1}{3}=\dfrac{z-2}{4}$ 是否在同一平面

上。若在同一平面上，求其交点；若不在同一平面上，求其间的距离。

解　由于 L_1、L_2 的方向向量分别为 $s_1 = \{1,1,2\}$，$s_2 = \{1,3,4\}$，且分别过点 $P(-1,0,1)$，$Q(0,-1,2)$，$\overrightarrow{PQ} = \{1,-1,1\}$，又直线 L_1 与 L_2 共面的充要条件是向量 s_1、s_2、$\overrightarrow{PQ}$ 共面，即其混合积为零，又 $\begin{vmatrix} 1 & 1 & 2 \\ 1 & 3 & 4 \\ 1 & -1 & 1 \end{vmatrix} = 2 \neq 0$，因此直线 L_1 与 L_2 为异面直线（不共面）。异面直线 L_1、L_2 间的距离为

$$d = \frac{|[\overrightarrow{PQ}\, s_1 s_2]|}{|s_1 \times s_2|} = \frac{2}{|-2i - 2j + 2k|} = \frac{2}{\sqrt{12}} = \frac{\sqrt{3}}{3}$$

或（利用二元函数的极值求异面直线 L_1 与 L_2 间的距离）直线 L_1、L_2 的参数方程分别为

$$L_1 : \begin{cases} x = -1 + s \\ y = s \\ z = 1 + 2s \end{cases}, \quad L_2 : \begin{cases} x = t \\ y = -1 + 3t \\ z = 2 + 4t \end{cases}$$

令

$$f(s,t) = (t - s + 1)^2 + (-1 + 3t - s)^2 + (1 + 4t - 2s)^2$$

由 $\begin{cases} f'_s = 12s - 24t - 4 = 0 \\ f'_t = -24s + 52t + 4 = 0 \end{cases}$，得 $s = \dfrac{7}{3}$，$t = 1$，因此由二元函数求极值方法知，当 $s = \dfrac{7}{3}$，$t = 1$ 时，$f(s,t)$ 最小，其最小值的平方根就是两直线间的距离

$$d = \frac{\sqrt{3}}{3}$$

三、经典习题与解答

┤ 经 典 习 题 ├

1. 选择题

(1) 两平行平面 $\pi_1 : 19x - 4y + 8z + 21 = 0$ 与 $\pi_2 : 19x - 4y + 8z + 42 = 0$ 间的距离为（　　）。

(A) 1　　　　　　(B) $\dfrac{1}{2}$　　　　　(C) 2　　　　　　(D) 21

(2) 设平面 $Ax + By + Cz + D = 0$ 过点 $(k,k,0)$ 与 $(2k,2k,0)$，其中 $k \neq 0$，且垂直于 xOy 平面，则（　　）。

(A) $A = -B$，$C = D = 0$　　　　　(B) $B = -C$，$A = D = 0$
(C) $C = -A$，$B = D = 0$　　　　　(D) $C = A$，$B = D = 0$

(3) 直线 $\begin{cases} x - y + z + 5 = 0 \\ 5x - 8y + 4z + 36 = 0 \end{cases}$ 的标准式方程为（　　）。

(A) $\dfrac{x}{4} = \dfrac{y-4}{1} = \dfrac{z+1}{-3}$　　　　　(B) $\dfrac{x}{4} = \dfrac{y-4}{1} = \dfrac{z-1}{3}$

(C) $\dfrac{x}{4} = \dfrac{y-4}{-1} = \dfrac{z+1}{-3}$　　　　　(D) $\dfrac{x}{4} = \dfrac{y-4}{1} = \dfrac{z-1}{-3}$

(4) 设直线 $L_1 : \dfrac{x-1}{1} = \dfrac{y+1}{2} = \dfrac{z-1}{\lambda}$ 与 $L_2 : x + 1 = y - 1 = z$ 相交一点，则 $\lambda =$

（　　）。

(A) 1　　　　　　　　(B) 0　　　　　　　　(C) $\dfrac{5}{4}$　　　　　　　(D) $-\dfrac{5}{3}$

(5) 过点 $(0,2,4)$ 且与平面 $x+2z=1$ 及平面 $y-3z=2$ 都平行的直线为（　　）。

(A) $\dfrac{x-0}{1}=\dfrac{y-2}{0}=\dfrac{z-4}{2}$　　　　　(B) $\dfrac{x-0}{0}=\dfrac{y-2}{1}=\dfrac{z-4}{-3}$

(C) $\dfrac{x}{-2}=\dfrac{y-2}{3}=\dfrac{z-4}{1}$　　　　　(D) $-2x+3(y-2)+z-4=0$

2. 填空题

(1) 原点关于平面 $6x+2y-9z+121=0$ 的对称点为＿＿＿＿。

(2) 设直线 L 过点 $M(0,-3,-2)$ 且与两直线

$$L_1:\begin{cases}x=-1+2t\\ y=5-4t\\ z=2+3t\end{cases},\quad L_2:\dfrac{x-3}{3}=\dfrac{y-2}{2}=\dfrac{z-1}{1}$$

都垂直，则直线 L 的方程为＿＿＿＿。

(3) 过原点 O 且垂直于平面 $\pi_1:x+2y+3z-2=0$ 及 $\pi_2:6x-y-5z+23=0$ 的平面方程为＿＿＿＿。

(4) 在由平面 $2x+y-3z+2=0$，$5x+5y-4z+3=0$ 所确定的平面束内两个互相垂直且一个平面过点 $(4,-3,1)$ 的两个平面方程分别为＿＿＿＿，＿＿＿＿。

3. 解答题

(1) 已知 $A(-5,-11,3)$、$B(7,10,-6)$、$C(1,-3,-2)$，试求平行于 $\triangle ABC$ 所在的平面且与它的距离等于 2 的平面方程。

(2) 求通过两平面 $\pi_1:2x+y-z-2=0$ 和 $\pi_2:3x-2y-2z+1=0$ 的交线且与平面 $\pi_3:3x+2y+3z-6=0$ 垂直的平面方程。

(3) 设直线过点 $A(-3,5,-9)$ 且与两直线 $L_1:\begin{cases}y=3x+5\\ z=2x-3\end{cases}$ 和 $L_2:\begin{cases}y=4x-7\\ z=5x+10\end{cases}$ 相交，求此直线方程。

┄┄┄┄ 经典习题解答 ┄┄┄┄

1. 选择题

(1) **解**　应选(A)。

在平面 π_1 取定点 $\left\{0,0,-\dfrac{21}{8}\right\}$，则该点到平面 π_2 的距离就是两平行平面间的距离，从而由点到平面的距离公式得

$$d=\dfrac{\left|8\times\left(-\dfrac{21}{8}\right)+42\right|}{\sqrt{19^2+(-4)^2+8^2}}=1$$

故选(A)。

> **评注**：两平行平面 $\pi_1: Ax + By + Cz + D_1 = 0$ 与 $\pi_2: Ax + By + Cz + D_2 = 0$ 间的
> 距离为
> $$d = \frac{|D_1 - D_2|}{\sqrt{A^2 + B^2 + C^2}}$$

(2) **解** 应选(A)。

由于平面 $Ax + By + Cz + D = 0$ 过点 $(k, k, 0)$ 与 $(2k, 2k, 0)$，因此 $kA + kB + D = 0$，$2kA + 2kB + D = 0$，从而 $D = 0$，$A + B = 0$；又平面 $Ax + By + Cz + D = 0$ 垂直于 xOy 平面 $(z = 0)$，故其法向量 $\boldsymbol{n} = \{A, B, C\}$ 与单位向量 $\boldsymbol{k} = \{0, 0, 1\}$ 垂直，从而 $C = 0$。故选(A)。

(3) **解** 应选(A)。

取 $x_0 = 0$，则 $\begin{cases} y - z = 5 \\ -2y + z = -9 \end{cases}$，解之，得 $y_0 = 4$，$z_0 = -1$，从而 $(0, 4, -1)$ 是直线上一点。

由于两平面的交线与两平面法线向量 $\boldsymbol{n}_1 = \{1, -1, 1\}$ 和 $\boldsymbol{n}_2 = \{5 - 8, 4\}$ 都垂直，取

直线的方向向量 $\boldsymbol{s} = \boldsymbol{n}_1 \times \boldsymbol{n}_2 = \begin{vmatrix} \boldsymbol{i} & \boldsymbol{j} & \boldsymbol{k} \\ 1 & -1 & 1 \\ 5 & -8 & 4 \end{vmatrix} = 4\boldsymbol{i} + \boldsymbol{j} - 3\boldsymbol{k}$，因此直线的标准方程为

$$\frac{x}{4} = \frac{y - 4}{1} = \frac{z + 1}{-3}$$

故选(A)。

(4) **解** 应选(C)。

直线 L_1 的参数方程为 $x = 1 + t$，$y = -1 + 2t$，$z = 1 + \lambda t$，代入 L_2 方程中，得 $t = 4$，$\lambda = \frac{5}{4}$，故选(C)。

(5) **解** 应选(C)。

由于所求直线过点 $(0, 2, 4)$，且方向向量为

$$\boldsymbol{s} = \boldsymbol{n}_1 \times \boldsymbol{n}_2 = \{1, 0, 2\} \times \{0, 1, -3\} = \begin{vmatrix} \boldsymbol{i} & \boldsymbol{j} & \boldsymbol{k} \\ 1 & 0 & 2 \\ 0 & 1 & -3 \end{vmatrix} = -2\boldsymbol{i} + 3\boldsymbol{j} + \boldsymbol{k}$$

因此所求直线方程为 $\dfrac{x}{-2} = \dfrac{y - 2}{3} = \dfrac{z - 4}{1}$，故选(C)。

2. 填空题

(1) **解** **方法一** 过原点且垂直于平面 $6x + 2y - 9z + 121 = 0$ 的直线的参数方程为

$\begin{cases} x = 6t \\ y = 2t \\ z = -9t \end{cases}$，设所求对称点的坐标为 $(6t, 2t, -9t)$，由于原点和其对称点的中点

$\left(3t, t, -\dfrac{9}{2}t\right)$ 在平面 $6x + 2y - 9z + 121 = 0$ 上，因此 $18t + 2t + \dfrac{81}{2}t + 121 = 0$，解之，得 $t = -2$，

所以所求对称点为$(-12,-4,18)$。

　　方法二　过原点且垂直于平面$6x+2y-9z+121=0$的直线的参数方程为$\begin{cases}x=6t\\y=2t\\z=-9t\end{cases}$，

从而所求点在该直线上且它到平面的距离与原点到平面的距离相等，因此

$$\frac{|6\cdot 6t+2\cdot 2t-9\cdot(-9t)+121|}{\sqrt{6^2+2^2+(-9)^2}}=\frac{|6\cdot 0+2\cdot 0-9\cdot 0+121|}{\sqrt{6^2+2^2+(-9)^2}}$$

解之，得$t=-2$，$t=0$（舍去），所以所求的点为$(-12,-4,18)$。

　　(2) **解**　由于直线L过点$M(0,-3,-2)$，且直线L的方向向量为

$$s=s_1\times s_2=\begin{vmatrix}i&j&k\\2&-4&3\\3&2&1\end{vmatrix}=-10i+7j+16k$$

因此直线L的方程为$\dfrac{x}{-10}=\dfrac{y+3}{7}=\dfrac{z+2}{16}$。

　　(3) **解**　由于所求平面过原点$O(0,0,0)$，且平面的法向量为

$$n=n_1\times n_2=\begin{vmatrix}i&j&k\\1&2&3\\6&-1&-5\end{vmatrix}=-7i+23j-13k$$

因此所求平面方程为$-7x+23y-13z=0$。

　　(4) **解**　设平面束方程为$2x+y-3z+2+\lambda(5x+5y-4z+3)=0$，即

$$(2+5\lambda)x+(1+5\lambda)y+(-3-4\lambda)z+(2+3\lambda)=0$$

由于平面过点$(4,-3,1)$，因此$4+4\lambda=0$，解之，得$\lambda=-1$，从而所求平面方程为

$$3x+4y-z+1=0$$

　　又另一平面与上述平面垂直，故

$$3(2+5\lambda)+4(1+5\lambda)+(-1)(-3-4\lambda)=0$$

解之，得

$$\lambda=-\frac{1}{3}$$

从而另一平面方程为

$$x-2y-5z+3=0$$

　　3. 解答题

　　(1) **解**　方法一　由三点式知$\triangle ABC$所在平面方程为

$$\begin{vmatrix}x-1&y+3&z+2\\-5-1&-11+3&3+2\\7-1&10+3&-6+2\end{vmatrix}=0$$

即

$$-11(x-1)+2(y+2)-10(z+2)=0$$

由于所求平面与该平面平行，因此设所求平面方程为

$$-11x+2y-10z+D=0$$

又点 $C(1, -3, -2)$ 在 $\triangle ABC$ 所在的平面上，它到所求平面的距离为 2，所以

$$\frac{|-11 \times 1 + 2 \times (-3) - 10 \times (-2) + D|}{\sqrt{(-11)^2 + 2^2 + (-10)^2}} = 2$$

即 $|3 + D| = 30$，解之，得 $D_1 = 27，D_2 = -33$，从而所求平面方程为

$$-11x + 2y - 10z + 27 = 0 \quad \text{或} \quad -11x + 2y - 10z - 33 = 0$$

方法二　$\triangle ABC$ 所在的平面的法向量为

$$\boldsymbol{n} = \overrightarrow{AB} \times \overrightarrow{AC} = \{12, 21, -9\} \times \{6, 8, -5\} = 3\{-11, 2, -10\}$$

由于所求平面与 $\triangle ABC$ 所在的平面平行，因此设其方程为 $-11x + 2y - 10z + D = 0$。
又点 $C(1, -3, -2)$ 在 $\triangle ABC$ 所在的平面上，它到所求平面的距离为 2，所以

$$\frac{|-11 \times 1 + 2 \times (-3) - 10 \times (-2) + D|}{\sqrt{(-11)^2 + 2^2 + (-10)^2}} = 2$$

即 $|3 + D| = 30$，解之，得 $D_1 = 27，D_2 = -33$，从而所求平面方程为

$$-11x + 2y - 10z + 27 = 0 \quad \text{或} \quad -11x + 2y - 10z - 33 = 0$$

(2) **解**　设所求的平面方程为 $2x + y - z - 2 + \lambda(3x - 2y - 2z + 1) = 0$，即

$$(2 + 3\lambda)x + (1 - 2\lambda)y + (-1 - 2\lambda)z + (-2 + \lambda) = 0$$

由于所求平面垂直于平面 π_3，因此 $3(2 + 3\lambda) + 2(1 - 2\lambda) + 3(-1 - 2\lambda) = 0$，解之，得 $\lambda = 5$，从而所求的平面方程为

$$17x - 9y - 11z + 3 = 0$$

(3) **解**　设所求直线方程为 $L: \begin{cases} x = -3 + lt \\ y = 5 + mt \\ z = -9 + nt \end{cases}$，由于直线 L 与直线 L_1、L_2 相交，因此

$$\begin{cases} 5 + mt = -9 + 3lt + 5 \\ -9 + nt = -6 + 2lt - 3 \end{cases}, \quad \begin{cases} 5 + mt = -12 + 4lt - 7 \\ -9 + nt = -15 + 5lt + 10 \end{cases}$$

即

$$\begin{cases} (m - 3l)t = -9 \\ n = 2l \end{cases}, \quad \begin{cases} (m - 4l)t = -24 \\ (n - 5l)t = 4 \end{cases}$$

解之，得 $n = 2l，m = 22l$。令 $l = 1$，则 $m = 22，n = 2$，故所求直线方程为

$$L: \begin{cases} x = -3 + t \\ y = 5 + 22t \\ z = -9 + 2t \end{cases}$$

8.3　曲面与空间曲线

一、考点内容讲解

1. 曲面方程

一般式：$F(x, y, z) = 0$ 或 $z = f(x, y)$。

(1) 曲面方程的概念：如果曲面 S 和三元方程 $F(x, y, z) = 0$ 有下述关系：曲面 S 上任一点的坐标都满足方程，不在曲面 S 上的点的坐标不满足方程，则方程称为曲面 S 的方

程，曲面 S 称为方程 $F(x, y, z) = 0$ 的图形。

（2）曲面研究的两个基本问题：

（ⅰ）已知一曲面作为点的几何轨迹时，建立这曲面的方程；

（ⅱ）已知坐标 x、y 和 z 间的一个方程时，研究这方程所表示的曲面的形状。

2. 空间曲线

（1）参数式：$\begin{cases} x = x(t) \\ y = y(t) \\ z = z(t) \end{cases}$。

（2）一般式：$\begin{cases} F(x, y, z) = 0 \\ G(x, y, z) = 0 \end{cases}$（两曲面的交线）。

3. 常见曲面

（1）旋转曲面：一条平面曲线绕其平面上一条直线旋转一周所成的曲面称为旋转曲面，旋转曲线和定直线依次称为旋转曲面的母线和轴。

（ⅰ）设 L 是 yOz 面上的一条曲线，其方程为 $\begin{cases} f(y, z) = 0 \\ x = 0 \end{cases}$，则 L 绕 y 轴旋转所得旋转曲面方程为 $f(y, \pm \sqrt{x^2 + z^2}) = 0$。

（ⅱ）设 L 是 yOz 面上的一条曲线，其方程为 $\begin{cases} f(y, z) = 0 \\ x = 0 \end{cases}$，则 L 绕 z 轴旋转所得旋转曲面方程为 $f(\pm \sqrt{x^2 + y^2}, z) = 0$。

（ⅲ）空间曲线 Γ：$\begin{cases} F(x, y, z) = 0 \\ G(x, y, z) = 0 \end{cases}$ 绕 z 轴旋转所得旋转曲面方程：

① 从曲线方程中解出 $\begin{cases} x = x(z) \\ y = y(z) \end{cases}$；

② 旋转曲面方程为 $x^2 + y^2 = x^2(z) + y^2(z)$。

（ⅳ）准线为 Γ：$\begin{cases} F(x, y, z) = 0 \\ G(x, y, z) = 0 \end{cases}$、顶点为 $A(x_0, y_0, z_0)$ 的锥面方程：设 $M(x, y, z)$ 为锥面上任一点，直线 AM 为锥面的母线，它与准线的交点为 (X, Y, Z)，则母线方程为

$\dfrac{x - x_0}{X - x_0} = \dfrac{y - y_0}{Y - y_0} = \dfrac{z - z_0}{Z - z_0}$，消去方程组 $\begin{cases} F(X, Y, Z) = 0 \\ G(X, Y, Z) = 0 \\ \dfrac{x - x_0}{X - x_0} = \dfrac{y - y_0}{Y - y_0} = \dfrac{z - z_0}{Z - z_0} \end{cases}$ 中的 X、Y、Z 得到锥

面方程。

（ⅴ）空间曲线 $\dfrac{x - x_0}{l} = \dfrac{y - y_0}{m} = \dfrac{z - z_0}{n}$ 绕 z 轴旋转所得旋转曲面方程：

$$x^2 + y^2 = \left[x_0 + \frac{l}{n}(z - z_0) \right]^2 + \left[y_0 + \frac{m}{n}(z - z_0) \right]^2$$

（2）柱面：平行于定直线并沿定曲线 Γ 移动的直线 L 形成的轨迹称为柱面，定曲线 Γ 称为柱面的准线，动直线 L 称为柱面的母线。

（ⅰ）准线为 Γ：$\begin{cases} f(x, y) = 0 \\ z = 0 \end{cases}$、母线平行于 z 轴的柱面方程为 $f(x, y) = 0$。

（ⅱ）准线为 Γ：$\begin{cases} g(x, z) = 0 \\ y = 0 \end{cases}$、母线平行于 y 轴的柱面方程为 $g(x, z) = 0$。

（ⅲ）准线为 Γ：$\begin{cases} h(y, z) = 0 \\ x = 0 \end{cases}$、母线平行于 x 轴的柱面方程为 $h(y, z) = 0$。

（ⅳ）准线为 Γ：$\begin{cases} F(x, y, z) = 0 \\ G(x, y, z) = 0 \end{cases}$、母线平行于 z 轴的柱面方程为 $F(x, y, z) = 0$ 和 $G(x, y, z) = 0$ 联立消去 z 所得的二元方程 $H(x, y) = 0$。

（ⅴ）准线为 Γ：$\begin{cases} F(x, y, z) = 0 \\ G(x, y, z) = 0 \end{cases}$、母线的方向向量为 $\{l, m, n\}$ 的柱面方程：

① 在准线任取一点 (X, Y, Z)，则过点 (X, Y, Z) 的母线方程为

$$\frac{x - X}{l} = \frac{y - Y}{m} = \frac{z - Z}{n}$$

② 消去方程组 $\begin{cases} F(X, Y, Z) = 0 \\ G(X, Y, Z) = 0 \\ \dfrac{x - X}{l} = \dfrac{y - Y}{m} = \dfrac{z - Z}{n} \end{cases}$ 中的 X、Y、Z 得到柱面方程。

（ⅵ）准线方程为参数方程 Γ：$\begin{cases} x = x(t) \\ y = y(t) \ (a \leqslant t \leqslant b) \\ z = z(t) \end{cases}$、母线的方向向量为 $\{l, m, n\}$ 的

柱面方程：取 $\forall t_0 \in [a, b]$，则 $(x(t_0), y(t_0), z(t_0))$ 是准线上一点，母线的参数方程为

$$\begin{cases} x = x(t_0) + lu \\ y = y(t_0) + mu \quad (-\infty < u < +\infty) \\ z = z(t_0) + nu \end{cases}$$

当 t_0 在 $[a, b]$ 上变化，u 取所有的值时，上式所确定的点 (x, y, z) 就布满整个柱面，所以柱面的参数方程为

$$\begin{cases} x = x(t) + lu \\ y = y(t) + mu \quad (a \leqslant t \leqslant b, -\infty < u < +\infty) \\ z = z(t) + nu \end{cases}$$

（3）二次曲面（三元二次方程所表示的曲面）：

（ⅰ）椭圆锥面：$\dfrac{x^2}{a^2} + \dfrac{y^2}{b^2} = z^2$，特别地，圆锥面为 $z^2 = a^2(x^2 + y^2)$，其中 $a = \cot\alpha$。

（ⅱ）椭球面：$\dfrac{x^2}{a^2} + \dfrac{y^2}{b^2} + \dfrac{z^2}{c^2} = 1$，特别地，球面为 $x^2 + y^2 + z^2 = R^2$。

（ⅲ）单叶双曲面：$\dfrac{x^2}{a^2} + \dfrac{y^2}{b^2} - \dfrac{z^2}{c^2} = 1$。

（ⅳ）双叶双曲面：$\dfrac{x^2}{a^2} - \dfrac{y^2}{b^2} + \dfrac{z^2}{c^2} = -1$。

（ⅴ）二次锥面：$\dfrac{x^2}{a^2} + \dfrac{y^2}{b^2} - \dfrac{z^2}{c^2} = 0$。

（ⅵ）椭圆抛物面：$\dfrac{x^2}{a^2} + \dfrac{y^2}{b^2} = z$，特别地，旋转抛物面为 $z = a^2(x^2 + y^2)$。

（ⅶ）双曲抛物面（马鞍面）：$\dfrac{x^2}{a^2} - \dfrac{y^2}{b^2} = z$。

（4）空间曲线投影：在曲线 $\Gamma:\begin{cases} F(x,\,y,\,z) = 0 \\ G(x,\,y,\,z) = 0 \end{cases}$ 的方程中消去 z 得到关于 xOy 面的投影柱面 $H(x,\,y) = 0$，则曲线 Γ 在 xOy 面上的投影曲线方程为 $\begin{cases} H(x,\,y) = 0 \\ z = 0 \end{cases}$。同理，曲线 Γ 在 yOz 面、xOz 面上的投影曲线方程分别为 $\begin{cases} R(y,\,z) = 0 \\ x = 0 \end{cases}$ 及 $\begin{cases} T(x,\,z) = 0 \\ y = 0 \end{cases}$。

二、考点题型解析

常考题型：• 建立柱面方程；• 建立旋转曲面方程；• 求空间曲线的投影曲线方程。

1. 选择题

例 1 方程 $\begin{cases} \dfrac{y^2}{9} - \dfrac{z^2}{4} = 1 \\ x = 2 \end{cases}$ 表示（　　）。

(A) 双曲柱面与平面 $x = 2$ 的交线　　　(B) 双曲柱面

(C) 双叶双曲面　　　　　　　　　　　　(D) 单叶双曲面

解　应选（A）。

由于 $\dfrac{y^2}{9} - \dfrac{z^2}{4} = 1$ 表示母线平行于 x 轴、准线为 yOz 面上双曲线 $\dfrac{y^2}{9} - \dfrac{z^2}{4} = 1$ 的柱面，

因此 $\begin{cases} \dfrac{y^2}{9} - \dfrac{z^2}{4} = 1 \\ x = 2 \end{cases}$ 表示该柱面与平面 $x = 2$ 的交线，故选（A）。

例 2 方程 $x^2 - \dfrac{y^2}{4} + z^2 = 1$ 表示（　　）。

(A) 旋转双曲面　　　　　　　　　　　　(B) 双叶双曲面

(C) 双曲柱面　　　　　　　　　　　　　(D) 锥面

解　应选（A）。

由于 xOy 平面上双曲线 $x^2 - \dfrac{y^2}{4} = 1$ 绕 y 轴旋转所得旋转曲面方程为

$$\left(\pm\sqrt{x^2 + z^2}\right)^2 - \dfrac{y^2}{4} = 1$$

即 $x^2 - \dfrac{y^2}{4} + z^2 = 1$，因此 $x^2 - \dfrac{y^2}{4} + z^2 = 1$ 表示旋转双曲面，故选（A）。或者由于 yOz 平面上双曲线 $z^2 - \dfrac{y^2}{4} = 1$ 绕 y 轴旋转所得旋转曲面方程为

$$\left(\pm\sqrt{x^2 + z^2}\right)^2 - \dfrac{y^2}{4} = 1$$

即 $x^2 - \dfrac{y^2}{4} + z^2 = 1$，因此 $x^2 - \dfrac{y^2}{4} + z^2 = 1$ 表示旋转双曲面，故选（A）。

例 3　曲线 $\begin{cases} y^2 + z^2 - 2x = 0 \\ z = 3 \end{cases}$ 在 xOy 平面上的投影曲线方程是(　　)。

(A) $\begin{cases} y^2 = 2x \\ z = 0 \end{cases}$ 　　　　　　　(B) $\begin{cases} y^2 = 2x - 9 \\ z = 0 \end{cases}$

(C) $\begin{cases} y^2 = 2x - 9 \\ z = 3 \end{cases}$ 　　　　　　　(D) $\begin{cases} y^2 = 2x \\ z = 3 \end{cases}$

解　应选(B)。

在曲线方程 $\begin{cases} y^2 + z^2 - 2x = 0 \\ z = 3 \end{cases}$ 中消去 z 得到关于 xOy 平面的投影柱面方程 $y^2 = 2x - 9$，

从而曲线 $\begin{cases} y^2 + z^2 - 2x = 0 \\ z = 3 \end{cases}$ 在 xOy 平面上的投影曲线方程是 $\begin{cases} y^2 = 2x - 9 \\ z = 0 \end{cases}$，故选(B)。

2. 填空题

例 1　以曲线 Γ：$\begin{cases} f(x, y) = 0 \\ z = k \end{cases}$ $(k \neq 0)$ 为准线，以原点 $O(0, 0, 0)$ 为顶点的锥面方程

为_____。

解　设 $M(x, y, z)$ 为锥面上任意一点，直线 OM 为锥面的母线，它与准线的交点为

(X, Y, k)，则母线方程为 $\dfrac{x}{X} = \dfrac{y}{Y} = \dfrac{z}{k}$，联立方程组 $\begin{cases} f(X, Y) = 0 \\ \dfrac{x}{X} = \dfrac{y}{Y} = \dfrac{z}{k} \end{cases}$，消去 X、Y，因为

$X = \dfrac{kx}{z}$，$Y = \dfrac{ky}{z}$，故所求的锥面方程为 $f\left(\dfrac{kx}{z}, \dfrac{ky}{z}\right) = 0$。

例 2　曲线 Γ：$\begin{cases} x^2 + y^2 + z^2 = a^2 \\ y = c \end{cases}$ $(|c| < a)$ 关于平面 π：$x + y + z = 0$ 的投影曲线方

程为_____。

解　曲线 Γ 投影到平面 π 的投影柱面是以 Γ 为准线、母线垂直于平面 π 即平行于平面

π 的法向量 $\boldsymbol{n} = \{1, 1, 1\}$ 的柱面。设 $M(x_0, y_0, z_0)$ 是准线 Γ 上任意一点，则直线 $\dfrac{x - x_0}{1} =$

$\dfrac{y - y_0}{1} = \dfrac{z - z_0}{1}$ 在投影柱面上，从而 $x_0 = x - y + c$，$z_0 = z - y + c$，$y_0 = c$，所以投影柱

面方程为 $(x - y + c)^2 + c^2 + (z - y + c)^2 = a^2$，从而曲线 Γ 关于平面 π 的投影曲线方程为

$$\begin{cases} (x - y + c)^2 + c^2 + (z - y + c)^2 = a^2 \\ x + y + z = 0 \end{cases}$$

例 3　准线方程为 Γ：$\begin{cases} x^2 + y^2 + z^2 = 1 \\ 2x^2 + 2y^2 + z^2 = 2 \end{cases}$、母线的方向向量为 $\{-1, 0, 1\}$ 的柱面方

程为_____。

解　设 (X, Y, Z) 是准线上任一点，则柱面的母线方程为

$$\dfrac{x - X}{-1} = \dfrac{y - Y}{0} = \dfrac{z - Z}{1}$$

令 $\dfrac{x - X}{-1} = \dfrac{y - Y}{0} = \dfrac{z - Z}{1} = t$，则 $X = x + t$，$Y = y$，$Z = z - t$，将其代入准线方程

中，得 $\begin{cases}(x+t)^2+y^2+(z-t)^2=1 \\ 2(x+t)^2+2y^2+(z-t)^2=2\end{cases}$，解之，得 $t=z$，从而所求柱面方程为

$$(x+z)^2+y^2=1$$

3. 解答题

例 1 求顶点在原点，母线和 z 轴夹角为 $\dfrac{\pi}{6}$ 的锥面方程。

解 **方法一** 设 $M(x,y,z)$ 是任一点，则点 M 在所求的锥面上的充要条件是 M 与顶点连线 OM（母线）和 z 轴正向的夹角 $\theta=\dfrac{\pi}{6}$，从而

$$\frac{\sqrt{3}}{2}=\cos\theta=\frac{\overrightarrow{OM}\cdot\boldsymbol{k}}{|\overrightarrow{OM}|}=\frac{(x\boldsymbol{i}+y\boldsymbol{j}+z\boldsymbol{k})\cdot\boldsymbol{k}}{\sqrt{x^2+y^2+z^2}}$$

故所求的锥面方程为 $\dfrac{1}{3}z^2=x^2+y^2$。

方法二 所求锥面可以看成在 yOz 平面上过原点且和 z 轴夹角为 $\dfrac{\pi}{6}$ 的直线绕 z 轴旋转一周所得的旋转曲面，该直线方程为

$$\begin{cases}z=y\tan\left(\dfrac{\pi}{2}-\dfrac{\pi}{6}\right)=\sqrt{3}\,y \\ x=0\end{cases}$$

它绕 z 轴旋转的旋转曲面方程为 $z=\sqrt{3}(\pm\sqrt{x^2+y^2})$，故所求的锥面方程为 $z^2=3(x^2+y^2)$。

例 2 试求通过直线

$$L_1:\begin{cases}x=0 \\ y-z=2\end{cases},\quad L_2:\begin{cases}x=0 \\ x+y-z+2=0\end{cases},\quad L_3:\begin{cases}x=\sqrt{2} \\ y-z=0\end{cases}$$

的圆柱面方程。

解 将三条直线化为标准式，即

$$L_1:\frac{x}{0}=\frac{y-1}{1}=\frac{z+1}{1},\quad L_2:\frac{x}{0}=\frac{y}{1}=\frac{z-2}{1},\quad L_3:\frac{x-\sqrt{2}}{0}=\frac{y-1}{1}=\frac{z-1}{1}$$

因为 $\boldsymbol{s}_1=\{0,1,1\}=\boldsymbol{s}_2=\boldsymbol{s}_3$，所以三条直线平行。取 L_1 上的点 $P_1(0,1,-1)$，过 P_1 作与三条直线都垂直的平面 π，其方程为

$$\pi:(y-1)+(z+1)=0,\ \text{即}\ y+z=0$$

解方程组

$$\begin{cases}x=0 \\ y-z+2=0, \\ y+z=0\end{cases}\quad\begin{cases}x=\sqrt{2} \\ y-z=0 \\ y+z=0\end{cases}$$

得平面 π 与直线 L_2 及 L_3 的交点分别为 $P_2(0,-1,1)$、$P_3(\sqrt{2},0,0)$，从而 P_1、P_2、P_3 确定了平面 π 上的一个圆。设圆心为 $C(x,y,z)$，则 $|\overrightarrow{CP_1}|=|\overrightarrow{CP_2}|=|\overrightarrow{CP_3}|$，即

$$\sqrt{(x-0)^2+(y-1)^2+(z+1)^2}=\sqrt{(x-0)^2+(y+1)^2+(z-1)^2}$$
$$=\sqrt{(x-\sqrt{2})^2+(y-0)^2+(z-0)^2}$$

上式平方后，得 $z - y = 0$ 与 $\sqrt{2}\,x - y + z = 0$，又点 C 在平面 π 上，故

$$\begin{cases} z - y = 0 \\ \sqrt{2}\,x - y + z = 0 \\ y + z = 0 \end{cases}$$

从而圆心为 $C(0, 0, 0)$，所以圆柱面的轴线方程为 $\dfrac{x}{0} = \dfrac{y}{1} = \dfrac{z}{1}$，半径为 $R = |\overrightarrow{CP_1}| = \sqrt{2}$。

　　由于圆柱面任一点 $P(x, y, z)$ 到轴线的距离都等于半径 $R = \sqrt{2}$，因此所求圆柱面方程为

$$\frac{|\{x,\, y,\, z\} \times \{0,\, 1,\, 1\}|}{\sqrt{0^2 + 1^2 + 1^2}} = \sqrt{2}, \quad \sqrt{(y-z)^2 + x^2 + x^2} = 2$$

即

$$2x^2 + y^2 + z^2 - 2yz = 4$$

例 3　求以原点为顶点且经过三坐标轴的正圆锥面方程。

解　由于以原点为顶点的锥面经过三坐标轴，因此 $A(1, 0, 0)$、$B(0, 1, 0)$、$C(0, 0, 1)$ 在锥面上。由 A、B、C 三点确定的平面为 $x + y + z = 1$，该平面与正圆锥的交线是一个圆，即锥面的准线 $\begin{cases} x^2 + y^2 + z^2 = 1 \\ x + y + z = 1 \end{cases}$。设 $M(x, y, z)$ 为锥面上任一点，母线 OM 与准线的交点为 (X, Y, Z)，则母线方程为

$$\frac{x}{X} = \frac{y}{Y} = \frac{z}{Z}$$

令 $\dfrac{x}{X} = \dfrac{y}{Y} = \dfrac{z}{Z} = t$，则 $X = \dfrac{x}{t}$，$Y = \dfrac{y}{t}$，$Z = \dfrac{z}{t}$，将其代入准线方程，得

$$\begin{cases} \dfrac{1}{t^2}(x^2 + y^2 + z^2) = 1 \\ \dfrac{1}{t}(x + y + z) = 1 \end{cases}$$

消去 t，得锥面方程为 $xy + xz + yz = 0$。

例 4　设直线 L 在 yOz 平面的投影直线为 $\begin{cases} 2y - 3z = 1 \\ x = 0 \end{cases}$，在 xOz 平面的投影直线为 $\begin{cases} x + z = 2 \\ y = 0 \end{cases}$，求直线 L 在 xOy 平面的投影直线。

解　由于直线 L 在 yOz 平面的投影直线为 $\begin{cases} 2y - 3z = 1 \\ x = 0 \end{cases}$，且平面 $2y - 3z = 1$ 与 yOz 平面垂直，因此直线 L 必在平面 $2y - 3z = 1$ 上，同理直线 L 必在平面 $x + z = 2$ 上，从而直线方程 $\begin{cases} 2y - 3z = 1 \\ x + z = 2 \end{cases}$，从直线方程中消去 z，得 $3x + 2y = 7$，故直线 L 在 yOz 平面的投影直线 $\begin{cases} 3x + 2y = 7 \\ z = 0 \end{cases}$。

三、经典习题与解答

经典习题

1. 选择题

(1) 已知直线 L_1 过点 $(0,0,-1)$ 且平行于 x 轴，L_2 过点 $(0,0,1)$ 且垂直于 xOz 面，则到两直线等距离的点的轨迹为(　　)。

(A) $x^2 + y^2 = 4z$ (B) $x^2 - y^2 = 2z$

(C) $x^2 - y^2 = z$ (D) $x^2 - y^2 = 4z$

(2) 方程 $(z-a)^2 = x^2 + y^2$ 表示(　　)。

(A) xOz 平面上曲线 $(z-a)^2 = x^2$ 绕 y 轴旋转所得曲面

(B) xOz 平面上直线 $z - a = x$ 绕 z 轴旋转所得曲面

(C) yOz 平面上直线 $z - a = y$ 绕 y 轴旋转所得曲面

(D) yOz 平面上曲线 $(z-a)^2 = y^2$ 绕 x 轴旋转所得曲面

(3) 曲面 $x^2 + 4y^2 + z^2 = 4$ 与平面 $x + z = a$ 的交线在 yOz 平面上的投影曲线方程是(　　)。

(A) $\begin{cases} (a-z)^2 + 4y^2 + z^2 = 4 \\ x = 0 \end{cases}$ (B) $\begin{cases} x^2 + 4y^2 + (a-x)^2 = 4 \\ z = 0 \end{cases}$

(C) $\begin{cases} x^2 + 4y^2 + (a-x)^2 = 4 \\ x = 0 \end{cases}$ (D) $(a-z)^2 + 4y^2 + z^2 = 4$

2. 填空题

(1) 设动点到两定点 $P(c,0,0)$ 和 $Q(-c,0,0)$ 的距离之和为 $2a(a>c>0)$，则动点的轨迹为_____。

(2) 曲线 $\Gamma:\begin{cases} z = x^2 + 2y^2 \\ z = 2 - x^2 \end{cases}$ 关于 xOy 平面上的投影柱面方程为_____。

(3) 设准线方程为 $\Gamma:\begin{cases} x + y - z - 1 = 0 \\ x - y + z = 0 \end{cases}$，则母线平行于直线 $x = y = z$ 的柱面方程为_____。

(4) 空间直线 $\begin{cases} x + y - z = 4 \\ x - y + 2z = 1 \end{cases}$ 绕 z 轴旋转的旋转曲面方程为_____。

3. 解答题

(1) 一动点到点 $P(1,2,3)$ 的距离是它到平面 $x = 3$ 距离的 $\dfrac{1}{\sqrt{3}}$，试求动点的轨迹方程。

(2) 试在平面 $x + y + z - 1 = 0$ 与三坐标平面所构成的四面体内求一点，使之与四面体各侧面的距离相等，并求内切于四面体的球面方程。

(3) 在直角坐标中已知点 $A(1,0,0)$ 与 $B(0,1,1)$，线段 AB 绕 z 轴旋转一周所成的旋转曲面为 S，求由 S 及两平面 $z = 0$，$z = 1$ 所围成的立体体积。

经典习题解答

1. 选择题

（1）**解**　应选（D）。

由于 L_1、L_2 的方程分别为

$$\frac{x}{1}=\frac{y}{0}=\frac{z+1}{0}, \quad \frac{x}{0}=\frac{y}{1}=\frac{z-1}{0}$$

设 $M(x, y, z)$ 是空间任一点，利用点 $M(x_0, y_0, z_0)$ 到直线 $L:\dfrac{x-x_1}{l}=\dfrac{y-y_1}{m}=\dfrac{z-z_1}{n}$

的距离公式 $d=\dfrac{|\overrightarrow{MM_1}\times s|}{|s|}$，得

$$\frac{|\{x, y, z+1\}\times\{1, 0, 0\}|}{|\{1, 0, 0\}|}=\frac{|\{x, y, z-1\}\times\{0, 1, 0\}|}{|\{0, 1, 0\}|}$$

因此 $x^2-y^2=4z$，故选（D）。

（2）**解**　应选（B）。

由于 xOz 平面上直线 $z-a=x$ 绕 z 轴旋转所得曲面方程为 $z-a=\pm\sqrt{x^2+y^2}$，因此 $(z-a)^2=x^2+y^2$，故选（B）。

（3）**解**　应选（A）。

在方程 $x^2+4y^2+z^2=4$ 与 $x+z=a$ 中消去 x 得到关于 yOz 平面的投影柱面方程 $(a-z)^2+4y^2+z^2=4$，从而曲面 $x^2+4y^2+z^2=4$ 与平面 $x+z=a$ 的交线在 yOz 平面上的投影曲线方程是 $\begin{cases}(a-z)^2+4y^2+z^2=4\\ x=0\end{cases}$，故选（A）。

2. 填空题

（1）**解**　设动点的坐标为 (x, y, z)，则

$$\sqrt{(x-c)^2+y^2+z^2}+\sqrt{(x+c)^2+y^2+z^2}=2a$$

从而

$$2x^2+2y^2+2z^2+2c^2+2\sqrt{(x-c)^2+y^2+z^2}\ \sqrt{(x+c)^2+y^2+z^2}=4a^2$$

化简，得

$$(x^2+y^2+z^2+c^2-2a^2)^2=[(x-c)^2+y^2+z^2][(x+c)^2+y^2+z^2]$$
$$(a^2-c^2)x^2+a^2y^2+a^2z^2=a^2(a^2-c^2)$$

即 $\dfrac{x^2}{a^2}+\dfrac{1}{a^2-c^2}(y^2+z^2)=1$，所以动点的轨迹方程为 $\dfrac{x^2}{a^2}+\dfrac{y^2+z^2}{a^2-c^2}=1$，它表示旋转椭球面。

（2）**解**　在曲线 $\Gamma:\begin{cases}z=x^2+2y^2\\ z=2-x^2\end{cases}$ 方程中消去 z 得到关于 xOy 平面的投影柱面方程为 $x^2+y^2=1$。

（3）**解**　母线的方向向量为 $\{1, 1, 1\}$，设 (X, Y, Z) 是准线任意一点，则柱面的母线方程为

$$\frac{x-X}{1}=\frac{y-Y}{1}=\frac{z-Z}{1}$$

令 $\dfrac{x-X}{1}=\dfrac{y-Y}{1}=\dfrac{z-Z}{1}=t$，则 $X=x-t,\ Y=y-t,\ Z=z-t$，将其代入准线方程中，得

$$\begin{cases} x-t+y-t-z+t-1=0 \\ x-t-y+t+z-t=0 \end{cases}$$

解之，得 $t=\dfrac{2x-1}{2}$，从而所求的柱面方程为 $2y-2z-1=0$。

（4）**解**　由直线方程解得 $x=\dfrac{1}{2}(5-z),\ y=\dfrac{3}{2}(1+z)$，从而旋转曲面的方程为

$$x^2+y^2=\dfrac{1}{4}(5-z)^2+\dfrac{9}{4}(1+z)^2$$

即

$$4x^2+4y^2-10z^2-8z-34=0$$

3. 解答题

（1）**解**　设动点为 $M(x,y,z)$，则它到点 $P(1,2,3)$ 的距离为 $\sqrt{(x-1)^2+(y-2)^2+(z-3)^2}$，到平面 $x=3$ 的距离为 $|x-3|$，由题意有

$$\dfrac{1}{\sqrt{3}}|x-3|=\sqrt{(x-1)^2+(y-2)^2+(z-3)^2}$$

所以动点的轨迹方程为

$$\dfrac{x^2}{3}+\dfrac{(y-2)^2}{2}+\dfrac{(z-3)^2}{2}=1$$

（2）**解**　设所求的点为 $M(x,y,z)$，则 M 到平面 $x+y+z-1=0$ 的距离为

$$d_1=\dfrac{|x+y+z-1|}{\sqrt{1^2+1^2+1^2}}=\dfrac{|x+y+z-1|}{\sqrt{3}}$$

到三个坐标面的距离分别为 $d_2=|x|,\ d_3=|y|,\ d_4=|z|$，由于 $d_1=d_2=d_3=d_4$，因此

$$\dfrac{|x+y+z-1|}{\sqrt{3}}=|x|=|y|=|z|$$

因为所构成的四面体在第一卦限，所以

$$x\geqslant 0,\quad y\geqslant 0,\quad z\geqslant 0$$

从而 $x=y=z$，且 $x+y+z\leqslant 1$，即 $1-3x\geqslant 0$，故 $1-3x=\sqrt{3}x$，解之，得

$$x=y=z=\dfrac{3-\sqrt{3}}{6}$$

从而所求点为 $\left(\dfrac{3-\sqrt{3}}{6},\dfrac{3-\sqrt{3}}{6},\dfrac{3-\sqrt{3}}{6}\right)$。由于内切于四面体的球半径为 $R=\dfrac{3-\sqrt{3}}{6}$，因此内切于四面体的球面方程为

$$\left(x-\dfrac{3-\sqrt{3}}{6}\right)^2+\left(y-\dfrac{3-\sqrt{3}}{6}\right)^2+\left(z-\dfrac{3-\sqrt{3}}{6}\right)^2=\left(\dfrac{3-\sqrt{3}}{6}\right)^2$$

（3）**解**　过 A、B 的直线方程为 $\dfrac{x-1}{-1}=\dfrac{y}{1}=\dfrac{z}{1}$，即 $\begin{cases} x=1-z \\ y=z \end{cases}$。在 z 轴上截距为 z 的平面与 z 轴的交点为 $Q(0,0,z)$，与直线 AB 的交点为 $P(1-z,z,z)$，从而截口圆的半径为

$$r(z) = |PQ| = \sqrt{(1-z)^2 + z^2 + (z-z)^2} = \sqrt{(1-z)^2 + z^2}$$

故所求旋转体体积为

$$V = \pi \int_0^1 r^2(z)\mathrm{d}z = \pi \int_0^1 (1 - 2z + 2z^2)\mathrm{d}z = \frac{2}{3}\pi$$

8.4　多元函数微分学在几何上的应用

一、考点内容讲解

1. 空间曲面的切平面与法线

(1) 设空间曲面 Σ：$F(x, y, z) = 0$，则法向量 $\boldsymbol{n} = \{F'_x, F'_y, F'_z\}$，从而曲面 Σ 上在点 $P(x_0, y_0, z_0)$ 处的切平面和法线方程分别为

$$F'_x(x_0, y_0, z_0)(x - x_0) + F'_y(x_0, y_0, z_0)(y - y_0) + F'_z(x_0, y_0, z_0)(z - z_0) = 0$$

$$\frac{x - x_0}{F'_x(x_0, y_0, z_0)} = \frac{y - y_0}{F'_y(x_0, y_0, z_0)} = \frac{z - z_0}{F'_z(x_0, y_0, z_0)}$$

(2) 设空间曲面 Σ：$z = f(x, y)$，则法向量 $\boldsymbol{n} = \{f'_x, f'_y, -1\}$，从而在曲面 Σ 上的点 $P(x_0, y_0, z_0)$ 处的切平面和法线方程分别为

$$f'_x(x_0, y_0)(x - x_0) + f'_y(x_0, y_0)(y - y_0) - (z - z_0) = 0$$

$$\frac{x - x_0}{f'_x(x_0, y_0)} = \frac{y - y_0}{f'_y(x_0, y_0)} = \frac{z - z_0}{-1}$$

2. 空间曲线的切线与法平面

(1) 设空间曲线 Γ：$\begin{cases} x = x(t) \\ y = y(t) \\ z = z(t) \end{cases}$，则在 $t = t_0$ 处切向量 $\boldsymbol{t} = \{x'(t_0), y'(t_0), z'(t_0)\}$，从而在曲线 Γ 上一点 $P(x_0, y_0, z_0)$（其中 $x_0 = x(t_0)$，$y_0 = y(t_0)$，$z_0 = z(t_0)$）处的切线和法平面方程分别为

$$\frac{x - x_0}{x'(t_0)} = \frac{y - y_0}{y'(t_0)} = \frac{z - z_0}{z'(t_0)}$$

$$x'(t_0)(x - x_0) + y'(t_0)(y - y_0) + z'(t_0)(z - z_0) = 0$$

(2) 设空间曲线 Γ：$\begin{cases} F(x, y, z) = 0 \\ G(x, y, z) = 0 \end{cases}$，则切向量 $\boldsymbol{t} = \boldsymbol{n}_1 \times \boldsymbol{n}_2$，其中 $\boldsymbol{n}_1 = \{F'_x, F'_y, F'_z\}$，$\boldsymbol{n}_2 = \{G'_x, G'_y, G'_z\}$，从而在曲线 Γ 上一点 $P(x_0, y_0, z_0)$ 处的切线和法平面方程分别为

$$\frac{x - x_0}{\left.\dfrac{\partial(F, G)}{\partial(y, z)}\right|_P} = \frac{y - y_0}{\left.\dfrac{\partial(F, G)}{\partial(z, x)}\right|_P} = \frac{z - z_0}{\left.\dfrac{\partial(F, G)}{\partial(x, y)}\right|_P}$$

$$\left.\frac{\partial(F, G)}{\partial(y, z)}\right|_P (x - x_0) + \left.\frac{\partial(F, G)}{\partial(z, x)}\right|_P (y - y_0) + \left.\frac{\partial(F, G)}{\partial(x, y)}\right|_P (z - z_0) = 0$$

其中 $\dfrac{\partial(F, G)}{\partial(y, z)}$、$\dfrac{\partial(F, G)}{\partial(z, x)}$、$\dfrac{\partial(F, G)}{\partial(x, y)}$ 为函数雅可比行列式。

二、考点题型解析

常考题型：• 建立曲面的切平面和法线方程；• 建立空间曲线的切线和法平面方程。

1. 选择题

例 1 曲线 $\Gamma: \begin{cases} x^2 + y^2 + z^2 = 6 \\ x + y + z = 0 \end{cases}$ 在点 $M(1, -2, 1)$ 处的切线一定平行于( )。

(A) xOy 平面

(B) yOz 平面

(C) zOx 平面

(D) 平面 $x + y + z = 0$

解 应选(C)。

由于 $\boldsymbol{n}_1 = \{2x, 2y, 2z\}|_{(1,-2,1)} = \{2, -4, 2\}$，$\boldsymbol{n}_2 = \{1, 1, 1\}$，因此曲线 Γ 在点 $M(1, -2, 1)$ 的切向量为

$$\boldsymbol{t} = \boldsymbol{n}_1 \times \boldsymbol{n}_2 = \begin{vmatrix} \boldsymbol{i} & \boldsymbol{j} & \boldsymbol{k} \\ 2 & -4 & 2 \\ 1 & 1 & 1 \end{vmatrix} = -6\boldsymbol{i} + 6\boldsymbol{k} = -6\{1, 0, -1\}$$

从而曲线 Γ 在点 $M(1, -2, 1)$ 处的切线平行于 zOx 平面，故选(C)。

例 2 曲面 $xyz = a^3 (a > 0)$ 的切平面与三坐标面所围成四面体的体积为( )。

(A) $\frac{3}{2}a^3$ (B) $3a^3$ (C) $\frac{9}{2}a^3$ (D) $6a^3$

解 应选(C)。

令 $F(x, y, z) = xyz - a^3$，则 $F'_x = yz$，$F'_y = xz$，$F'_z = xy$，从而曲面上点 $M(x_0, y_0, z_0)$ 处的法向量 $\boldsymbol{n} = \{y_0 z_0, x_0 z_0, x_0 y_0\}$，因此切平面方程为

$$y_0 z_0 (x - x_0) + x_0 z_0 (y - y_0) + x_0 y_0 (z - z_0) = 0$$

它与三坐标轴的交点分别为 $(3x_0, 0, 0)$、$(0, 3y_0, 0)$、$(0, 0, 3z_0)$，所以切平面与三坐标面所围成的四面体的体积为

$$V = \frac{1}{6}|3x_0 \cdot 3y_0 \cdot 3z_0| = \frac{9}{2}|x_0 y_0 z_0| = \frac{9}{2}a^3$$

故选(C)。

例 3 曲面 $xy + yz + zx - 1 = 0$ 与平面 $x - 3y + z - 4 = 0$ 在点 $M(1, -2, -3)$ 处的夹角为( )。

(A) $\frac{\pi}{6}$ (B) $\frac{\pi}{3}$ (C) $\frac{\pi}{2}$ (D) $\frac{2\pi}{3}$

解 应选(C)。

令 $F(x, y, z) = xy + yz + zx - 1$，则 $F'_x = y + z$，$F'_y = x + z$，$F'_z = y + x$，从而曲面在点 $M(1, -2, -3)$ 处的法向量 $\boldsymbol{n}_1 = \{-5, -2, -1\}$，平面 $x - 3y + z - 4 = 0$ 的法向量 $\boldsymbol{n}_2 = \{1, -3, 1\}$。由于 $\boldsymbol{n}_1 \cdot \boldsymbol{n}_2 = 0$，因此 $\boldsymbol{n}_1 \perp \boldsymbol{n}_2$，从而曲面与平面在 $M(1, -2, -3)$ 处的夹角为 $\frac{\pi}{2}$，故选(C)。

例 4 空间曲线 $\Gamma: \begin{cases} x = ae^t \cos t \\ y = ae^t \sin t \\ z = ae^t \end{cases}$ 上任意一点处的切线与( )。

(A) z 轴形成定角　　　　　　　　(B) x 轴形成定角

(C) y 轴形成定角　　　　　　　　(D) 锥面 $x^2 + y^2 = z^2$ 的各母线夹角相同

解　应选(D)。

由于 $x'(t) = a\mathrm{e}^t(\cos t - \sin t)$，$y'(t) = a\mathrm{e}^t(\sin t + \cos t)$，$z'(t) = a\mathrm{e}^t$，且曲线 Γ 在锥面 $x^2 + y^2 = z^2$ 上，因此锥面就是准线为 Γ、顶点为原点 $O(0, 0, 0)$ 的锥面。设 $M(x, y, z)$ 为锥面上任意一点，直线 OM 为锥面的母线，它与准线 Γ 的交点为 $(a\mathrm{e}^t\cos t, a\mathrm{e}^t\sin t, a\mathrm{e}^t)$，则母线方程为

$$\frac{x}{a\mathrm{e}^t\cos t} = \frac{y}{a\mathrm{e}^t\sin t} = \frac{z}{a\mathrm{e}^t}$$

从而曲线 Γ 在任意一点处切线与锥面各母线夹角余弦为

$$\cos\theta = \frac{\{x'(t), y'(t), z'(t)\} \cdot \{a\mathrm{e}^t\cos t, a\mathrm{e}^t\sin t, a\mathrm{e}^t\}}{|\{x'(t), y'(t), z'(t)\}| \, |\{a\mathrm{e}^t\cos t, a\mathrm{e}^t\sin t, a\mathrm{e}^t\}|} = \frac{2(a\mathrm{e}^t)^2}{\sqrt{3(a\mathrm{e}^t)^2}\sqrt{2(a\mathrm{e}^t)^2}} = \frac{2}{\sqrt{6}}$$

故选(D)。

2. 填空题

例 1　当 $a > 0$ 时，曲线 $\begin{cases} x^2 + y^2 + z^2 = 4a^2 \\ x^2 + y^2 = 2ax \end{cases}$ 在点 $M_0(a, a, \sqrt{2}a)$ 处的切线方程为_____，法平面方程为_____。

解　令 $F(x, y, z) = x^2 + y^2 + z^2 - 4a^2$，$G(x, y, z) = x^2 + y^2 - 2ax$，则

$$F'_x = 2x, \quad F'_y = 2y, \quad F'_z = 2z$$
$$G'_x = 2x - 2a, \quad G'_y = 2y, \quad G'_z = 0$$

从而

$$\begin{vmatrix} F'_y & F'_z \\ G'_y & G'_z \end{vmatrix}\Big|_{M_0} = -4yz\big|_{M_0} = -4\sqrt{2}a^2$$

$$\begin{vmatrix} F'_z & F'_x \\ G'_z & G'_x \end{vmatrix}\Big|_{M_0} = 4(xz - az)\big|_{M_0} = 0$$

$$\begin{vmatrix} F'_x & F'_y \\ G'_x & G'_y \end{vmatrix}\Big|_{M_0} = 4(xy - xy + ay)\big|_{M_0} = 4a^2$$

所以曲线在点 $M_0(a, a, \sqrt{2}a)$ 处的切线方程为 $\dfrac{x-a}{-4\sqrt{2}a^2} = \dfrac{y-a}{0} = \dfrac{z-\sqrt{2}a}{4a^2}$，即

$$\begin{cases} \dfrac{x-a}{-\sqrt{2}} = \dfrac{z-\sqrt{2}a}{1} \\ y = a \end{cases}$$

法平面方程为 $-4\sqrt{2}a^2(x-a) + 4a^2(z - \sqrt{2}a) = 0$，即

$$z - \sqrt{2}x = 0$$

例 2　曲面 $x^2 + 2y^2 + 3z^2 = 12$ 平行于平面 $x + 4y + 3z = 0$ 的切平面方程为_____。

解　设切点为 (x_0, y_0, z_0)，$F(x, y, z) = x^2 + 2y^2 + 3z^2 - 12$，则 $F'_x = 2x$，$F'_y = 4y$，$F'_z = 6z$，从而曲面在点 (x_0, y_0, z_0) 处的法向量为

$$\boldsymbol{n} = \{2x_0, 4y_0, 6z_0\} = 2\{x_0, 2y_0, 3z_0\}$$

又切平面平行于平面 $x + 4y + 3z = 0$，故 $\dfrac{x_0}{1} = \dfrac{2y_0}{4} = \dfrac{3z_0}{3} = t$，从而

$$x_0 = t, \quad y_0 = 2t, \quad z_0 = t$$

将其代入曲面方程，得 $t^2 + 8t^2 + 3t^2 = 12$，所以 $t = \pm 1$。

当 $t = 1$ 时，$x_0 = 1$，$y_0 = 2$，$z_0 = 1$，则所求切平面方程为

$$(x - 1) + 4(y - 2) + 3(z - 1) = 0$$

即

$$x + 4y + 3z - 12 = 0$$

当 $t = -1$ 时，$x_0 = -1$，$y_0 = -2$，$z_0 = -1$，则所求切平面方程为

$$(x + 1) + 4(y + 2) + 3(z + 1) = 0$$

即

$$x + 4y + 3z + 12 = 0$$

3. 解答题

例 1 证明曲面 $x^{\frac{2}{3}} + y^{\frac{2}{3}} + z^{\frac{2}{3}} = a^{\frac{2}{3}}$ 上任意一点处的切平面在各坐标轴上截距的平方和等于常数 a^2。

证 令 $F(x, y, z) = x^{\frac{2}{3}} + y^{\frac{2}{3}} + z^{\frac{2}{3}} - a^{\frac{2}{3}}$，则

$$F'_x = \frac{2}{3} x^{-\frac{1}{3}}, \quad F'_y = \frac{2}{3} y^{-\frac{1}{3}}, \quad F'_z = \frac{2}{3} z^{-\frac{1}{3}}$$

从而曲面在任一点 (x_0, y_0, z_0) 处的法向量为 $\boldsymbol{n} = \dfrac{2}{3} \{ x_0^{-\frac{1}{3}}, y_0^{-\frac{1}{3}}, z_0^{-\frac{1}{3}} \}$，所以曲面在 (x_0, y_0, z_0) 处的切平面方程为

$$\frac{2}{3} x_0^{-\frac{1}{3}} (x - x_0) + \frac{2}{3} y_0^{-\frac{1}{3}} (y - y_0) + \frac{2}{3} z_0^{-\frac{1}{3}} (z - z_0) = 0$$

即

$$\frac{x}{x_0^{\frac{1}{3}} a^{\frac{2}{3}}} + \frac{y}{y_0^{\frac{1}{3}} a^{\frac{2}{3}}} + \frac{z}{z_0^{\frac{1}{3}} a^{\frac{2}{3}}} = 1$$

由于切平面在 x 轴、y 轴、z 轴上的截距分别为 $x = x_0^{\frac{1}{3}} a^{\frac{2}{3}}$、$y = y_0^{\frac{1}{3}} a^{\frac{2}{3}}$、$z = z_0^{\frac{1}{3}} a^{\frac{2}{3}}$，因此

$$x^2 + y^2 + z^2 = (a^{\frac{2}{3}})^2 (x_0^{\frac{2}{3}} + y_0^{\frac{2}{3}} + z_0^{\frac{2}{3}}) = a^{\frac{4}{3}} \cdot a^{\frac{2}{3}} = a^2$$

即曲面上任意一点处的切平面在各坐标轴上截距的平方和等于常数 a^2。

例 2 证明曲面 $F(nx - lz, ny - mz) = 0$ 上任意一点处的切平面都平行于直线

$$\frac{x - 1}{l} = \frac{y - 2}{m} = \frac{z - 3}{n}$$

证 令 $G(x, y, z) = F(nx - lz, ny - mz)$，则

$$G'_x = nF'_1, \quad G'_y = nF'_2, \quad G'_z = -lF'_1 - mF'_2$$

从而曲面上任意一点 (x, y, z) 处的法向量

$$\boldsymbol{n} = \{ nF'_1, nF'_2, -lF'_1 - mF'_2 \}$$

又直线 $\dfrac{x - 1}{l} = \dfrac{y - 2}{m} = \dfrac{z - 3}{n}$ 的方向向量 $\boldsymbol{s} = \{ l, m, n \}$，且

$$\boldsymbol{n} \cdot \boldsymbol{s} = nlF'_1 + mnF'_2 - nlF'_1 - mnF'_2 = 0$$

故曲面上任意一点处的切平面都平行于直线 $\dfrac{x-1}{l}=\dfrac{y-2}{m}=\dfrac{z-3}{n}$。

例 3　求曲面 $z=x^2+y^2+1$ 上同时平行于直线 $L_1:\dfrac{x}{2}=\dfrac{y}{-2}=z$ 与直线 $L_2:2x=y=z$ 的切平面方程。

解　设切点为 (x_0,y_0,z_0)，$F(x,y,z)=x^2+y^2-z+1$，则
$$F_x'=2x,\quad F_y'=2y,\quad F_z'=-1$$
从而曲面在点 (x_0,y_0,z_0) 处的法向量为 $\boldsymbol{n}=\{2x_0,2y_0,-1\}$。由于切平面平行于直线 L_1、L_2，因此
$$\begin{cases}4x_0-4y_0-1=0\\ x_0+2y_0-1=0\end{cases}$$

解之，得 $x_0=\dfrac{1}{2}$，$y_0=\dfrac{1}{4}$，$z_0=x_0^2+y_0^2+1=\dfrac{21}{16}$，$\boldsymbol{n}=\left\{1,\dfrac{1}{2},-1\right\}$，从而所求的切平面方程为
$$\left(x-\dfrac{1}{2}\right)+\dfrac{1}{2}\left(y-\dfrac{1}{4}\right)-\left(z-\dfrac{21}{16}\right)=0$$
即
$$x+\dfrac{1}{2}y-z+\dfrac{11}{16}=0$$

三、经典习题与解答

┌─────────────┐
│ **经典习题** │
└─────────────┘

1. 选择题

(1) 曲面 $xy=z^2$ 在点 $M(1,4,2)$ 处的切平面方程为（　　）。

(A) $4x+y=0$ 　　　　　　　　　　(B) $4x+y-4z=0$

(C) $4x+y+z=0$ 　　　　　　　　　(D) $x+4y+z=0$

(2) 曲面 $x^2-4y^2+2z^2=6$ 在点 $M(2,2,3)$ 处的法线方程为（　　）。

(A) $\dfrac{x-2}{-1}=\dfrac{y-2}{-4}=\dfrac{z-3}{3}$ 　　　　(B) $\dfrac{x-2}{1}=\dfrac{y-2}{-4}=\dfrac{z-3}{3}$

(C) $\dfrac{x-2}{1}=\dfrac{y-2}{-4}=\dfrac{z-3}{-3}$ 　　　　(D) $\dfrac{x-2}{1}=\dfrac{y-2}{4}=\dfrac{z-3}{3}$

(3) 曲线 $\Gamma:\begin{cases}x=a\sin^2 t\\ y=b\sin t\cos t\\ z=c\cos^2 t\end{cases}$ 在点 $t=\dfrac{\pi}{4}$ 处的法平面必（　　）。

(A) 平行于 x 轴 　　　　　　　　(B) 平行于 y 轴

(C) 垂直于 xOy 平面 　　　　　　(D) 垂直于 yOz 平面

(4) 空间曲线 $\Gamma:\begin{cases}z=\dfrac{x^2+y^2}{4}\\ y=4\end{cases}$ 在点 $(2,4,5)$ 处的切线与横轴的正向所成的角度为（　　）。

(A) $\dfrac{\pi}{2}$　　　　(B) $\dfrac{\pi}{3}$　　　　(C) $\dfrac{\pi}{4}$　　　　(D) $\dfrac{\pi}{6}$

2. 填空题

(1) 椭球面 $2x^2 + 3y^2 + z^2 = 6$ 在点 $P(1, 1, 1)$ 处的切平面方程为_____，法线方程为_____。

(2) 设旋转曲面 $4z = x^2 + y^2$ 上某点 M 处的切平面为 π，若平面 π 过曲线 $x = t^2$，$y = t$，$z = 3(t-1)$ 上对应于 $t = 1$ 处的切线 l，则平面 π 的方程为_____。

(3) 曲线 $\begin{cases} x = \displaystyle\int_0^t \mathrm{e}^u \cos u \, du \\ y = 2\sin t + \cos t \\ z = 1 + \mathrm{e}^{3t} \end{cases}$ 在 $t = 0$ 处的切线方程为_____，法平面方程为_____。

3. 解答题

(1) 求过直线 $L: \begin{cases} 3x - 2y - z = 5 \\ x + y + z = 0 \end{cases}$ 且与曲面 $2x^2 - 2y^2 + 2z = \dfrac{5}{8}$ 相切的切平面方程。

(2) 求曲线 $x = t$，$y = -t^2$，$z = t^3$ 与平面 $x + 2y + z = 4$ 平行的切线方程。

(3) 求曲线 $\begin{cases} x^2 - z = 0 \\ 3x + 2y + 1 = 0 \end{cases}$ 上的点 $(1, -2, 1)$ 处的法平面与直线 $\begin{cases} 9x - 7y - 21z = 0 \\ x - y - z = 0 \end{cases}$ 之间的夹角。

经典习题解答

1. 选择题

(1) **解**　应选(B)。

令 $F(x, y, z) = xy - z^2$，则 $F_x' = y$，$F_y' = x$，$F_z' = -2z$，从而曲面在点 $M(1, 4, 2)$ 处的法向量 $\boldsymbol{n} = \{4, 1, -4\}$，因此切平面方程为 $4(x - 1) + (y - 4) - 4(z - 2) = 0$，即 $4x + y - 4z = 0$，故选(B)。

(2) **解**　应选(B)。

令 $F(x, y, z) = x^2 - 4y^2 + 2z^2 - 6$，则 $F_x' = 2x$，$F_y' = -8y$，$F_z' = 4z$，从而曲面在点 $M(2, 2, 3)$ 处的法向量 $\boldsymbol{n} = \{4, -16, 12\} = 4\{1, -4, 3\}$，因此法线方程为

$$\frac{x-2}{1} = \frac{y-2}{-4} = \frac{z-3}{3}$$

故选(B)。

(3) **解**　应选(B)。

由于

$$x'\left(\frac{\pi}{4}\right) = a\sin 2t \big|_{t=\frac{\pi}{4}} = a, \; y'\left(\frac{\pi}{4}\right) = b\cos 2t \big|_{t=\frac{\pi}{4}} = 0, \; z'\left(\frac{\pi}{4}\right) = -c\sin 2t \big|_{t=\frac{\pi}{4}} = -c$$

因此曲线在 $t = \dfrac{\pi}{4}$ 处的切向量为 $\boldsymbol{t} = \{a, 0, -c\}$ 垂直于 y 轴，从而曲线 Γ 在点 $t = \dfrac{\pi}{4}$ 处的法平面必平行于 y 轴，故选(B)。

(4) **解**　应选(C)。

由于曲面 $z = \dfrac{x^2 + y^2}{4}$ 在点 $(2, 4, 5)$ 处的法向量 $\boldsymbol{n}_1 = \{1, 2, -1\}$，平面 $y = 4$ 的法向量为 $\boldsymbol{n}_2 = \{0, 1, 0\}$，因此曲线在点 $(2, 4, 5)$ 处的切向量为

$$\boldsymbol{t} = \boldsymbol{n}_1 \times \boldsymbol{n}_2 = \begin{vmatrix} \boldsymbol{i} & \boldsymbol{j} & \boldsymbol{k} \\ 1 & 2 & -1 \\ 0 & 1 & 0 \end{vmatrix} = \boldsymbol{i} + \boldsymbol{k}$$

从而曲线 Γ 在点 $(2, 4, 5)$ 处的切线与横轴的正向所成角度的余弦

$$\cos\theta = \frac{\{1, 0, 1\} \cdot \{1, 0, 0\}}{\sqrt{1^2 + 0^2 + 1^2}} = \frac{1}{\sqrt{2}}$$

所以空间曲线 Γ 在点 $(2, 4, 5)$ 处的切线与横轴的正向所成的角度为 $\dfrac{\pi}{4}$，故选 (C)。

2. 填空题

(1) **解**　令 $F(x, y, z) = 2x^2 + 3y^2 + z^2 - 6$，则 $F'_x = 4x$，$F'_y = 6y$，$F'_z = 2z$，从而曲面在点 $P(1, 1, 1)$ 处的法向量 $\boldsymbol{n} = \{4, 6, 2\} = 2\{2, 3, 1\}$，所以切平面方程为

$$2x + 3y + z - 6 = 0$$

法线方程为

$$\frac{x - 1}{2} = \frac{y - 1}{3} = \frac{z - 1}{1}$$

(2) **解**　由于 $x'(t) = 2t$，$y'(t) = 1$，$z'(t) = 3$，因此曲线在对应于 $t = 1$ 处的切向量 $\boldsymbol{t} = \{2, 1, 3\}$，从而切线 l 的方程为

$$\frac{x - 1}{2} = \frac{y - 1}{1} = \frac{z}{3}$$

令 $F(x, y, z) = x^2 + y^2 - 4z$，则 $F'_x = 2x$，$F'_y = 2y$，$F'_z = -4$，从而旋转曲面在点 $M(x_0, y_0, z_0)$ 处的法向量 $\boldsymbol{n} = \{2x_0, 2y_0, -4\}$，所以切平面方程为

$$2x_0(x - x_0) + 2y_0(y - y_0) - 4(z - z_0) = 0$$

即

$$x_0 x + y_0 y - 2z = 2z_0$$

又平面 π 过切线 l，故切线 l 上的点 $(1, 1, 0)$、$(3, 2, 3)$ 在平面 π 上，从而

$$\begin{cases} x_0 + y_0 = 2z_0 \\ 3x_0 + 2y_0 - 6 = 2z_0 \\ x_0^2 + y_0^2 = 4z_0 \end{cases}$$

解之，得 $M_1\left(\dfrac{12}{5}, \dfrac{6}{5}, \dfrac{9}{5}\right)$，$M_2(2, 2, 2)$，所以平面 π 的方程为

$$6x + 3y - 5z = 9 \text{ 或 } x + y - z = 2$$

(3) **解**　由于当 $t = 0$ 时，$x = 0$，$y = 1$，$z = 2$，$x'(t) = \mathrm{e}^t \cos t$，$y'(t) = 2\cos t - \sin t$，$z'(t) = 3\mathrm{e}^{3t}$，因此曲线在 $t = 0$ 的切向量 $\boldsymbol{t} = \{1, 2, 3\}$，所以切线方程为

$$\frac{x}{1} = \frac{y - 1}{2} = \frac{z - 2}{3}$$

法平面方程为

$$x + 2(y - 1) + 3(z - 2) = 0$$

即

$$x + 2y + 3z - 8 = 0$$

3. 解答题

(1) **解** 令 $F(x, y, z) = 2x^2 - 2y^2 + 2z - \dfrac{5}{8}$，则 $F_x' = 4x$，$F_y' = -4y$，$F_z' = 2$。过直线 L 的平面束方程为 $3x - 2y - z - 5 + \lambda(x + y + z) = 0$，即

$$(3 + \lambda)x + (\lambda - 2)y + (\lambda - 1)z - 5 = 0$$

从而其法向量为 $\{3 + \lambda, \lambda - 2, \lambda - 1\}$。设曲面的切平面的切点为 (x_0, y_0, z_0)，则

$$\begin{cases} \dfrac{3 + \lambda}{4x_0} = \dfrac{\lambda - 2}{-4y_0} = \dfrac{\lambda - 1}{2} = t \\ (3 + \lambda)x_0 + (\lambda - 2)y_0 + (\lambda - 1)z_0 - 5 = 0 \\ 2x_0^2 - 2y_0^2 + 2z_0 = \dfrac{5}{8} \end{cases}$$

解之，得 $t_1 = 1$，$t_2 = 3$，从而 $\lambda_1 = 3$，$\lambda_2 = 7$，所以所求的切平面方程为

$$6x + y + 2z - 5 = 0 \quad \text{或} \quad 10x + 5y + 6z - 5 = 0$$

(2) **解** 由于曲线的切向量为 $\boldsymbol{t} = \{1, -2t, 3t^2\}$，平面 $x + 2y + z = 4$ 的法向量为 $\boldsymbol{n} = \{1, 2, 1\}$，从而 $\boldsymbol{t} \cdot \boldsymbol{n} = 0$，即 $1 - 4t + 3t^2 = 0$，解之，得 $t = 1$ 或 $t = \dfrac{1}{3}$。

当 $t = 1$ 时，切点为 $(1, -1, 1)$，切向量为 $\boldsymbol{t} = \{1, -2, 3\}$，切线方程为

$$\frac{x - 1}{1} = \frac{y + 1}{-2} = \frac{z - 1}{3}$$

当 $t = \dfrac{1}{3}$ 时，切点为 $\left(\dfrac{1}{3}, -\dfrac{1}{9}, \dfrac{1}{27}\right)$，切向量为 $\boldsymbol{t} = \left\{1, -\dfrac{2}{3}, \dfrac{1}{3}\right\}$，切线方程为

$$\frac{x - \dfrac{1}{3}}{1} = \frac{y + \dfrac{1}{9}}{-\dfrac{2}{3}} = \frac{z - \dfrac{1}{27}}{\dfrac{1}{3}}$$

即

$$\frac{3x - 1}{3} = \frac{3y + \dfrac{1}{3}}{-2} = \frac{3z - \dfrac{1}{9}}{1}$$

(3) **解** 由于曲线的参数方程为 $x = x$，$y = \dfrac{-3x - 1}{2}$，$z = x^2$，因此曲线在点 $(1, -2, 1)$ 处的切向量为

$$\boldsymbol{t} = \left\{1, -\frac{3}{2}, 2x\right\}\Bigg|_{x=1} = \left\{1, -\frac{3}{2}, 2\right\} = \frac{1}{2}\{2, -3, 4\}$$

又直线的方向向量

$$\boldsymbol{s} = \{9, -7, -21\} \times \{1, -1, -1\} = \begin{vmatrix} \boldsymbol{i} & \boldsymbol{j} & \boldsymbol{k} \\ 9 & -7 & -21 \\ 1 & -1 & -1 \end{vmatrix} = -14\boldsymbol{i} - 12\boldsymbol{j} - 2\boldsymbol{k}$$

从而

$$\boldsymbol{t} \cdot \boldsymbol{s} = 2 \times (-14) + (-3) \times (-12) + 4 \times (-2) = 0$$

即 $\boldsymbol{t} \perp \boldsymbol{s}$，故曲线在点 $(1, -2, 1)$ 处的法平面与直线的夹角为零。

第 9 章　多元函数积分学及其应用

9.1　三重积分与曲线曲面积分

一、考点内容讲解

1. 三重积分

(1) 定义：设 $f(x, y, z)$ 是空间有界闭区域 Ω 上的有界函数，将闭区域 Ω 任意分成 n 个小闭区域 $\Delta v_1, \Delta v_2, \cdots, \Delta v_n$，其中 Δv_i 表示第 i 个小闭区域，也表示它的体积，在每个 Δv_i 上任取一点 (ξ_i, η_i, ζ_i)，作乘积 $f(\xi_i, \eta_i, \zeta_i)\Delta v_i (i = 1, 2, \cdots, n)$，并作和 $\sum_{i=1}^{n} f(\xi_i, \eta_i, \zeta_i)\Delta v_i$，如果当各小闭区域直径中的最大值 λ 趋于零时，这和的极限存在，则称此极限为函数 $f(x, y, z)$ 在闭区域 Ω 上的三重积分，记作 $\iiint\limits_{\Omega} f(x, y, z)\mathrm{d}v$，即

$$\iiint\limits_{\Omega} f(x, y, z)\mathrm{d}v = \lim_{\lambda \to 0} \sum_{i=1}^{n} f(\xi_i, \eta_i, \zeta_i)\Delta v_i$$

其中 $\mathrm{d}v$ 称为体积元素。

在直角坐标系中，如果用平行于坐标面的平面来划分 Ω，那么除了包含 Ω 的边界点的一些不规则小闭区域外，得到的小闭区域 Δv_i 为长方体。设长方体小闭区域 Δv_i 的边长为 Δx_j、Δy_k、Δz_l，则 $\Delta v_i = \Delta x_j \Delta y_k \Delta z_l$。因此在直角坐标系中，有时也把体积元素 $\mathrm{d}v$ 记作 $\mathrm{d}x\mathrm{d}y\mathrm{d}z$，从而三重积分记作 $\iiint\limits_{\Omega} f(x, y, z)\mathrm{d}x\mathrm{d}y\mathrm{d}z$。

(2) 性质：与二重积分类似。

(3) 计算：

（ⅰ）直角坐标系：

① 先一后二（坐标面投影法）：设 Ω：$\begin{cases} z_1(x, y) \leqslant z \leqslant z_2(x, y) \\ (x, y) \in D \end{cases}$，则

$$\iiint\limits_{\Omega} f(x, y, z)\mathrm{d}v = \iint\limits_{D} \mathrm{d}x\mathrm{d}y \int_{z_1(x, y)}^{z_2(x, y)} f(x, y, z)\mathrm{d}z$$

② 先二后一（坐标轴投影法或截痕法）：设 Ω 介于平面 $z = c$ 和 $z = d$ 之间，过 z 轴上区间 $[c, d]$ 中任一点作垂直于 z 轴的平面，截得平面区域 D_z，则

$$\iiint\limits_{\Omega} f(x, y, z)\mathrm{d}v = \int_{c}^{d} \mathrm{d}z \iint\limits_{D_z} f(x, y, z)\mathrm{d}x\mathrm{d}y$$

（ⅱ）柱面坐标：柱面坐标与直角坐标的关系为 $x = \rho\cos\theta, y = \rho\sin\theta, z = z$，体积元素

$dv = \rho d\rho d\theta dz$。设 $\Omega: \theta_1 \leqslant \theta \leqslant \theta_2$，$\rho_1(\theta) \leqslant \rho \leqslant \rho_2(\theta)$，$z_1(\rho, \theta) \leqslant z \leqslant z_2(\rho, \theta)$，则

$$\iiint\limits_{\Omega} f(x, y, z)dv = \int_{\theta_1}^{\theta_2} d\theta \int_{\rho_1(\theta)}^{\rho_2(\theta)} \rho d\rho \int_{z_1(\rho, \theta)}^{z_2(\rho, \theta)} f(\rho\cos\theta, \rho\sin\theta, z)dz$$

（ⅲ）**球面坐标**：球面坐标与直角坐标的关系为 $x = r\sin\varphi\cos\theta$，$y = r\sin\varphi\sin\theta$，$z = r\cos\varphi$，体积元素 $dv = r^2\sin\varphi dr d\varphi d\theta$。设 $\Omega: \theta_1 \leqslant \theta \leqslant \theta_2$，$\varphi_1(\theta) \leqslant \varphi \leqslant \varphi_2(\theta)$，$r_1(\theta, \varphi) \leqslant r \leqslant r_2(\theta, \varphi)$，则

$$\iiint\limits_{\Omega} f(x, y, z)dv = \int_{\theta_1}^{\theta_2} d\theta \int_{\varphi_1(\theta)}^{\varphi_2(\theta)} \sin\varphi d\varphi \int_{r_1(\theta, \varphi)}^{r_2(\theta, \varphi)} f(r\sin\varphi\cos\theta, r\sin\varphi\sin\theta, r\cos\varphi)r^2 dr$$

（ⅳ）**奇偶性**：若积分区域关于 xOy 坐标面对称，$f(x, y, z)$ 关于 z 有奇偶性，则

$$\iiint\limits_{\Omega} f(x, y, z)dv = \begin{cases} 2\iiint\limits_{\Omega_{z\geqslant 0}} f(x, y, z)dv, & f(x, y, z) \text{ 关于 } z \text{ 是偶函数} \\ 0, & f(x, y, z) \text{ 关于 } z \text{ 是奇函数} \end{cases}$$

对于若积分区域关于 yOz 坐标面对称，$f(x, y, z)$ 关于 x 有奇偶性及若积分区域关于 zOx 坐标面对称，$f(x, y, z)$ 关于 y 有奇偶性的情形有类似的结论。

（ⅴ）**平移变换**：设 $u = x - a$，$v = y - b$，$w = z - c$，则

$$\iiint\limits_{\Omega} f(x, y, z)dxdydz = \iiint\limits_{\Omega'} f(u + a, v + b, w + c)dudvdw$$

其中 Ω' 是在变换下把 $Oxyz$ 空间中的区域 Ω 变为 $O'uvw$ 空间中的一个区域，且平移变换下保持区域的形状或体积不变。

（ⅵ）变量对称性（轮换对称性）。

2. 对弧长的曲线积分（第一类曲线积分）

（1）**定义**：设 L 为 xOy 面内的一条光滑曲线弧，函数 $f(x, y)$ 在 L 上有界，用 L 上的点 M_1，M_2，$\cdots$，M_{n-1} 把 L 分成 n 个小段，设第 i 个小段的长度为 Δs_i，(ξ_i, η_i) 为第 i 个小段上任意取定的一点，作乘积 $f(\xi_i, \eta_i)\Delta s_i (i = 1, 2, \cdots, n)$，并作和 $\sum_{i=1}^{n} f(\xi_i, \eta_i)\Delta s_i$，如果当各小弧段的长度的最大值 $\lambda \to 0$ 时，这和的极限存在，则称该极限值为函数 $f(x, y)$ 在曲线 L 上对弧长的曲线积分或第一类曲线积分，记为 $\int_L f(x, y)ds = \lim\limits_{\lambda \to 0} \sum_{i=1}^{n} f(\xi_i, \eta_i)\Delta s_i$。

（2）**性质**：需要注意 (x, y) 是 L 上的点，应该满足 L 的方程。

（ⅰ）$\int_L [f(x, y) \pm g(x, y)]ds = \int_L f(x, y)ds \pm \int_L g(x, y)ds$。

（ⅱ）$\int_L kf(x, y)ds = k\int_L f(x, y)ds$（$k$ 为常数）。

（ⅲ）设 $L = L_1 + L_2$，则 $\int_{L_1 + L_2} f(x, y)ds = \int_{L_1} f(x, y)ds + \int_{L_2} f(x, y)ds$。

（ⅳ）$\int_{L(\overset{\frown}{AB})} f(x, y)ds = \int_{L(\overset{\frown}{BA})} f(x, y)ds$，即第一类曲线积分与积分路径的方向无关。

以上关于曲线积分的定义和性质可类似地推广到积分弧段为空间曲线的情形。

（3）**计算**：

（ⅰ）**直接法（参数代入法）**：

① 若 L 的方程由参数方程给出 L：$\begin{cases} x = x(t) \\ y = y(t) \end{cases}$ $(\alpha \leqslant t \leqslant \beta)$，则

$$\int_L f(x, y)\mathrm{d}s = \int_\alpha^\beta f(x(t), y(t)) \sqrt{x'^2(t) + y'^2(t)}\,\mathrm{d}t$$

② 若 L 的方程由直角坐标给出 L：$y = y(x)(a \leqslant x \leqslant b)$，则

$$\int_L f(x, y)\mathrm{d}s = \int_a^b f(x, y(x)) \sqrt{1 + y'^2(x)}\,\mathrm{d}x$$

③ 若 L 的方程由极坐标给出 L：$\rho = \rho(\theta)(\alpha \leqslant \theta \leqslant \beta)$，则

$$\int_L f(x, y)\mathrm{d}s = \int_\alpha^\beta f(\rho\cos\theta, \rho\sin\theta) \sqrt{\rho^2 + \rho'^2}\,\mathrm{d}\theta$$

（ⅱ）奇偶性：

① 若积分曲线 L 关于 y 轴对称，则

$$\int_L f(x, y)\mathrm{d}s = \begin{cases} 2\displaystyle\int_{L_{x\geqslant 0}} f(x, y)\mathrm{d}s, & f(x, y) \text{ 关于 } x \text{ 是偶函数} \\ 0, & f(x, y) \text{ 关于 } x \text{ 是奇函数} \end{cases}$$

② 若积分曲线 L 关于 x 轴对称，则

$$\int_L f(x, y)\mathrm{d}s = \begin{cases} 2\displaystyle\int_{L_{y\geqslant 0}} f(x, y)\mathrm{d}s, & f(x, y) \text{ 关于 } y \text{ 是偶函数} \\ 0, & f(x, y) \text{ 关于 } y \text{ 是奇函数} \end{cases}$$

（ⅲ）对称性：若积分曲线关于直线 $y = x$ 对称，则

$$\int_L f(x, y)\mathrm{d}s = \int_L f(y, x)\mathrm{d}s$$

特别地，

$$\int_L f(x)\mathrm{d}s = \int_L f(y)\mathrm{d}s$$

空间曲线积分 $\displaystyle\int_\Gamma f(x, y, z)\mathrm{d}s$ 通常也化为定积分计算，即设空间曲线 Γ 的方程为 $x = x(t)$，$y = y(t)$，$z = z(t)(\alpha \leqslant t \leqslant \beta)$，则

$$\int_\Gamma f(x, y, z)\mathrm{d}s = \int_\alpha^\beta f(x(t), y(t), z(t)) \sqrt{x'^2(t) + y'^2(t) + z'^2(t)}\,\mathrm{d}t$$

3. 对坐标的曲线积分（第二类曲线积分）

（1）定义：设 L 为 xOy 面内从点 A 到点 B 的一条有向光滑曲线弧，函数 $P(x, y)$、$Q(x, y)$ 在 L 上有界，用 L 上的点 $M_1(x_1, y_1)$，$M_2(x_2, y_2)$，$\cdots$，$M_{n-1}(x_{n-1}, y_{n-1})$ 把 L 分成 n 个有向小弧段 $\overset{\frown}{M_{i-1}M_i}$ $(i = 1, 2, \cdots, n, M_0 = A, M_n = B)$，设 $\Delta x_i = x_i - x_{i-1}$，$\Delta y_i = y_i - y_{i-1}$，点 (ξ_i, η_i) 为 $\overset{\frown}{M_{i-1}M_i}$ 上任意取定的点，如果当各小弧段的长度的最大值 $\lambda \to 0$ 时，和式 $\displaystyle\sum_{i=1}^n P(\xi_i, \eta_i)\Delta x_i$ 的极限存在，则称该极限为函数 $P(x, y)$ 在有向曲线弧 L 上对坐标 x 的曲线积分，或称 $P(x, y)$ 在有向曲线弧 L 上的第二类曲线积分，记为 $\displaystyle\int_L P(x, y)\mathrm{d}x$。类似地，如果 $\displaystyle\lim_{\lambda \to 0}\sum_{i=1}^n Q(\xi_i, \eta_i)\Delta y_i$ 存在，则称该极限为函数 $Q(x, y)$ 在有向曲线弧 L 上对坐标 y 的曲线积分，或 $Q(x, y)$ 在有向曲线弧 L 上的第二类曲线积分，记为

$\int_L Q(x, y)\mathrm{d}y$。通常

$$\int_L P(x, y)\mathrm{d}x + Q(x, y)\mathrm{d}y = \lim_{\lambda \to 0} \sum_{i=1}^{n} \left[P(\xi_i, \eta_i)\Delta x_i + Q(\xi_i, \eta_i)\Delta y_i \right]$$

（2）性质：

（ⅰ）$\int_L \alpha P(x, y)\mathrm{d}x + \beta Q(x, y)\mathrm{d}y = \alpha \int_L P(x, y)\mathrm{d}x + \beta \int_L Q(x, y)\mathrm{d}y$（$\alpha$、$\beta$ 为常数）。

（ⅱ）如果把 L 分成 L_1 和 L_2，则 $\int_L P\mathrm{d}x + Q\mathrm{d}y = \int_{L_1} P\mathrm{d}x + Q\mathrm{d}y + \int_{L_2} P\mathrm{d}x + Q\mathrm{d}y$。

（ⅲ）设 L^- 是 L 的反向曲线弧，则 $\int_{L^-} P\mathrm{d}x + Q\mathrm{d}y = -\int_L P\mathrm{d}x + Q\mathrm{d}y$，即第二类曲线积分与积分路径的方向有关。

以上关于曲线积分的定义和性质均可推广到空间曲线的情况。

（3）计算：

（ⅰ）直接法（参数代入法）：设 L：$\begin{cases} x = x(t) \\ y = y(t) \end{cases}$，曲线的起点 $A(x_0, y_0)$ 和终点 $B(x_1, y_1)$ 对应参数分别为 $t = \alpha$，$t = \beta$，则

$$\int_L P(x, y)\mathrm{d}x + Q(x, y)\mathrm{d}y = \int_\alpha^\beta \left[P(x(t), y(t))x'(t) + Q(x(t), y(t))y'(t) \right]\mathrm{d}t$$

对于空间曲线，有类似结论。

（ⅱ）格林公式（或补线格林公式）：

$$\oint_L P\mathrm{d}x + Q\mathrm{d}y = \iint_D \left(\frac{\partial Q}{\partial x} - \frac{\partial P}{\partial y} \right)\mathrm{d}x\mathrm{d}y$$

其中 D 由 L 围成，且 L 取正向，函数 P、Q 在 D 上有一阶连续偏导数。

（ⅲ）路径无关性与利用路径无关性计算曲线积分：

① 判定：设 P、Q 在单连通区域 G 内有一阶连续偏导数，则曲线积分 $\int_L P\mathrm{d}x + Q\mathrm{d}y$ 与路径无关 $\Leftrightarrow$ 沿 G 内任意闭曲线 C 的曲线积分 $\oint_C P\mathrm{d}x + Q\mathrm{d}y = 0 \Leftrightarrow \dfrac{\partial P}{\partial y} = \dfrac{\partial Q}{\partial x}$ 在 G 成立 $\Leftrightarrow$ $P\mathrm{d}x + Q\mathrm{d}y$ 在 G 内为某一函数 $u(x, y)$ 的全微分 $\left(\text{主要利用} \dfrac{\partial P}{\partial y} = \dfrac{\partial Q}{\partial x} \text{判定}\right)$。

② 改路径计算：

$$\int_{A(x_0, y_0)}^{B(x_1, y_1)} P(x, y)\mathrm{d}x + Q(x, y)\mathrm{d}y = \int_{x_0}^{x_1} P(x, y_0)\mathrm{d}x + \int_{y_0}^{y_1} Q(x_1, y)\mathrm{d}y$$

③ 原函数（求原函数方法：偏积分、凑微分）计算：设 $P\mathrm{d}x + Q\mathrm{d}y = \mathrm{d}u(x, y)$，则

$$\int_{(x_1, y_1)}^{(x_2, y_2)} P\mathrm{d}x + Q\mathrm{d}y = u(x_2, y_2) - u(x_1, y_1)$$

（ⅳ）两类曲线积分的联系：

$$\int_L P\mathrm{d}x + Q\mathrm{d}y = \int_L (P\cos\alpha + Q\cos\beta)\mathrm{d}s$$

其中 α 与 β 为有向曲线弧 L 在点 (x, y) 处的切向量的方向角。对于空间曲线，有类似结论。

4. 对面积的曲面积分(第一类曲面积分)

(1) 定义:设曲面 Σ 是光滑的,函数 $f(x, y, z)$ 在 Σ 上有界,把 Σ 分成 n 个小块 ΔS_i(ΔS_i 同时也表示第 i 小块的面积),设 (ξ_i, η_i, ζ_i) 是 ΔS_i 上任意取定的一点,作乘积 $f(\xi_i, \eta_i, \zeta_i)\Delta S_i (i = 1, 2, \cdots, n)$,并作和 $\sum\limits_{i=1}^{n} f(\xi_i, \eta_i, \zeta_i)\Delta S_i$,如果当各小块曲面的直径的最大值 $\lambda \to 0$ 时,这和的极限存在,则称该极限为函数 $f(x, y, z)$ 在曲面 Σ 上对面积的曲面积分或第一类曲面积分,记为 $\iint\limits_{\Sigma} f(x, y, z)\mathrm{d}S = \lim\limits_{\lambda \to 0} \sum\limits_{i=1}^{n} f(\xi_i, \eta_i, \zeta_i)\Delta S_i$。

(2) 性质:

(i) $\iint\limits_{\Sigma}[f(x, y, z) \pm g(x, y, z)]\mathrm{d}S = \iint\limits_{\Sigma} f(x, y, z)\mathrm{d}S \pm \iint\limits_{\Sigma} g(x, y, z)\mathrm{d}S$。

(ii) $\iint\limits_{\Sigma} k f(x, y, z)\mathrm{d}S = k \iint\limits_{\Sigma} f(x, y, z)\mathrm{d}S$ (k 为常数)。

(iii) 设 $\Sigma = \Sigma_1 + \Sigma_2$,则 $\iint\limits_{\Sigma_1+\Sigma_2} f(x, y, z)\mathrm{d}S = \iint\limits_{\Sigma_1} f(x, y, z)\mathrm{d}S + \iint\limits_{\Sigma_2} f(x, y, z)\mathrm{d}S$。

(iv) 设 $-\Sigma$ 是 Σ 的另一侧,则 $\iint\limits_{-\Sigma} f(x, y, z)\mathrm{d}S = \iint\limits_{\Sigma} f(x, y, z)\mathrm{d}S$,即第一类曲面积分与积分曲面 Σ 的侧的取向无关。

(3) 计算:

(i) 直接法(投影法):设曲面的方程 $\Sigma : z = z(x, y)$ $((x, y) \in D)$,则

$$\iint\limits_{\Sigma} f(x, y, z)\mathrm{d}S = \iint\limits_{D} f(x, y, z(x, y)) \sqrt{1 + {z'_x}^2 + {z'_y}^2}\,\mathrm{d}x\mathrm{d}y$$

(ii) 奇偶性:若曲面 Σ 关于 xOy 平面对称,则

$$\iint\limits_{\Sigma} f(x, y, z)\mathrm{d}S = \begin{cases} 2 \iint\limits_{\Sigma_{z \geqslant 0}} f(x, y, z)\mathrm{d}S, & f(x, y, z) \text{ 关于 } z \text{ 是偶函数} \\ 0, & f(x, y, z) \text{ 关于 } z \text{ 是奇函数} \end{cases}$$

对于若曲面 Σ 关于 yOz 平面对称,$f(x, y, z)$ 关于 x 有奇偶性及若曲面 Σ 关于 zOx 平面对称,$f(x, y, z)$ 关于 y 有奇偶性的情形有类似的结论。

(iii) 变量对称性(轮换对称性)。

5. 对坐标的曲面积分(第二类曲面积分)

(1) 定义:设 Σ 为光滑的有向曲面,函数 $R(x, y, z)$ 在 Σ 上有界,把 Σ 分成 n 块小曲面 ΔS_i(ΔS_i 同时也表示第 i 块小曲面的面积),ΔS_i 在 xOy 面上的投影为 $(\Delta S_i)_{xy}$,(ξ_i, η_i, ζ_i) 是 ΔS_i 上任意取定的一点,作乘积 $R(\xi_i, \eta_i, \zeta_i)(\Delta S_i)_{xy} (i = 1, 2, \cdots, n)$,并作和 $\sum\limits_{i=1}^{n} R(\xi_i, \eta_i, \zeta_i)(\Delta S_i)_{xy}$,如果当各小块曲面的直径的最大值 $\lambda \to 0$ 时,这和的极限存在,则称该极限为函数 $R(x, y, z)$ 在有向曲面 Σ 上对于坐标 x、y 的曲面积分,或称 $R(x, y, z)$ 在有向曲面 Σ 上的第二类曲面积分,记为 $\iint\limits_{\Sigma} R(x, y, z)\mathrm{d}x\mathrm{d}y = \lim\limits_{\lambda \to 0} \sum\limits_{i=1}^{n} R(\xi_i, \eta_i, \zeta_i)(\Delta S_i)_{xy}$。

类似地，可以定义曲面积分 $\iint\limits_{\Sigma}P(x,y,z)\mathrm{d}y\mathrm{d}z$ 及 $\iint\limits_{\Sigma}Q(x,y,z)\mathrm{d}z\mathrm{d}x$。通常

$$\iint\limits_{\Sigma}P(x,y,z)\mathrm{d}y\mathrm{d}z+\iint\limits_{\Sigma}Q(x,y,z)\mathrm{d}z\mathrm{d}x+\iint\limits_{\Sigma}R(x,y,z)\mathrm{d}x\mathrm{d}y$$

$$=\iint\limits_{\Sigma}P(x,y,z)\mathrm{d}y\mathrm{d}z+Q(x,y,z)\mathrm{d}z\mathrm{d}x+R(x,y,z)\mathrm{d}x\mathrm{d}y$$

$$=\lim_{\lambda\to0}\sum_{i=1}^{n}\left[P(\xi_i,\eta_i,\zeta_i)(\Delta S_i)_{yz}+Q(\xi_i,\eta_i,\zeta_i)(\Delta S_i)_{zx}+R(\xi_i,\eta_i,\zeta_i)(\Delta S_i)_{xy}\right]$$

（2）性质：

（ⅰ）$\iint\limits_{-\Sigma}P\mathrm{d}y\mathrm{d}z+Q\mathrm{d}z\mathrm{d}x+R\mathrm{d}x\mathrm{d}y=-\iint\limits_{\Sigma}P\mathrm{d}y\mathrm{d}z+Q\mathrm{d}z\mathrm{d}x+R\mathrm{d}x\mathrm{d}y$，即第二类曲面积分与积分曲面侧的取向有关。

（ⅱ）如果把 Σ 分成 Σ_1 和 Σ_2，则

$$\iint\limits_{\Sigma}P\mathrm{d}y\mathrm{d}z+Q\mathrm{d}z\mathrm{d}x+R\mathrm{d}x\mathrm{d}y=\iint\limits_{\Sigma_1}P\mathrm{d}y\mathrm{d}z+Q\mathrm{d}z\mathrm{d}x+R\mathrm{d}x\mathrm{d}y$$
$$+\iint\limits_{\Sigma_2}P\mathrm{d}y\mathrm{d}z+Q\mathrm{d}z\mathrm{d}x+R\mathrm{d}x\mathrm{d}y$$

（3）计算：

（ⅰ）直接法（投影法）：设曲面 Σ：$z=z(x,y)$，它在 xOy 面上的投影区域为 D_{xy}，则

$$\iint\limits_{\Sigma}R(x,y,z)\mathrm{d}x\mathrm{d}y=\pm\iint\limits_{D_{xy}}R[x,y,z(x,y)]\mathrm{d}x\mathrm{d}y$$

其中当 Σ 取上侧时右边公式前取"+"号，当 Σ 取下侧时右边公式前取"—"号。

类似地，若曲面 Σ 方程由 $x=x(y,z)$ 给出，则

$$\iint\limits_{\Sigma}P(x,y,z)\mathrm{d}y\mathrm{d}z=\pm\iint\limits_{D_{yz}}P[x(y,z),y,z]\mathrm{d}y\mathrm{d}z$$

其中当 Σ 取前侧时右边公式前取"+"号，当 Σ 取后侧时右边公式前取"—"号。

若曲面 Σ 方程由 $y=y(z,x)$ 给出，则

$$\iint\limits_{\Sigma}Q(x,y,z)\mathrm{d}z\mathrm{d}x=\pm\iint\limits_{D_{zx}}Q[x,y(z,x),z]\mathrm{d}z\mathrm{d}x$$

其中当 Σ 取右侧时右边公式前取"+"号，当 Σ 取左侧时右边公式前取"—"号。

（ⅱ）转化投影法：

$$\iint\limits_{\Sigma}P(x,y,z)\mathrm{d}y\mathrm{d}z+Q(x,y,z)\mathrm{d}z\mathrm{d}x+R(x,y,z)\mathrm{d}x\mathrm{d}y$$

$$=\iint\limits_{\Sigma}\left[\{P,Q,R\}\cdot\left\langle\frac{\cos\alpha}{\cos\gamma},\frac{\cos\beta}{\cos\gamma},1\right\rangle\right]\mathrm{d}x\mathrm{d}y=\iint\limits_{\Sigma}\left(P\frac{\cos\alpha}{\cos\gamma}+Q\frac{\cos\beta}{\cos\gamma}+R\right)\mathrm{d}x\mathrm{d}y$$

其中 $\cos\alpha$、$\cos\beta$、$\cos\gamma$ 为有向曲面 Σ 上的点 (x,y,z) 处法向量的方向余弦。

（ⅲ）高斯公式（或补面高斯公式）：

$$\oiint\limits_{\Sigma}P(x,y,z)\mathrm{d}y\mathrm{d}z+Q(x,y,z)\mathrm{d}z\mathrm{d}x+R(x,y,z)\mathrm{d}x\mathrm{d}y=\iiint\limits_{\Omega}\left(\frac{\partial P}{\partial x}+\frac{\partial Q}{\partial y}+\frac{\partial R}{\partial z}\right)\mathrm{d}v$$

其中 Ω 由 Σ 围成，且 Σ 取外侧，函数 P、Q、R 在 Ω 上有一阶连续偏导数。

（4）两类曲面积分的联系：

$$\iint\limits_{\Sigma} P(x,y,z)\mathrm{d}y\mathrm{d}z + Q(x,y,z)\mathrm{d}z\mathrm{d}x + R(x,y,z)\mathrm{d}x\mathrm{d}y$$

$$= \iint\limits_{\Sigma} [P(x,y,z)\cos\alpha + Q(x,y,z)\cos\beta + R(x,y,z)\cos\gamma]\mathrm{d}S$$

其中 $\cos\alpha$、$\cos\beta$、$\cos\gamma$ 为有向曲面 Σ 上的点 (x,y,z) 处法向量的方向余弦。

6. 斯托克斯公式

斯托克斯公式为

$$\oint_{\Gamma} P\mathrm{d}x + Q\mathrm{d}y + R\mathrm{d}z = \iint\limits_{\Sigma} \begin{vmatrix} \mathrm{d}y\mathrm{d}z & \mathrm{d}z\mathrm{d}x & \mathrm{d}x\mathrm{d}y \\ \dfrac{\partial}{\partial x} & \dfrac{\partial}{\partial y} & \dfrac{\partial}{\partial z} \\ P & Q & R \end{vmatrix} = \iint\limits_{\Sigma} \begin{vmatrix} \cos\alpha & \cos\beta & \cos\gamma \\ \dfrac{\partial}{\partial x} & \dfrac{\partial}{\partial y} & \dfrac{\partial}{\partial z} \\ P & Q & R \end{vmatrix} \mathrm{d}S$$

其中 Γ 为分段光滑的空间有向封闭曲线，Σ 是以 Γ 为边界的分片光滑的有向曲面，Γ 的正向与 Σ 的侧向符合右手规则。

二、考点题型解析

常考题型：• 三重积分的计算；• 曲线积分的计算；• 曲面积分的计算。

1. 选择题

例 1　设 $f(x,y,z)$ 是连续函数，则 $\displaystyle\int_0^1 \mathrm{d}x \int_0^1 \mathrm{d}y \int_0^{x^2+y^2} f(x,y,z)\mathrm{d}z = (\quad)$。

(A) $\displaystyle\int_0^1 \mathrm{d}x \int_0^{x^2} \mathrm{d}z \int_0^1 f(x,y,z)\mathrm{d}y$

(B) $\displaystyle\int_0^1 \mathrm{d}x \int_0^{x^2} \mathrm{d}y \int_0^{y^2} f(x,y,z)\mathrm{d}z$

(C) $\displaystyle\int_0^1 \mathrm{d}x \int_{x^2}^{x^2+1} \mathrm{d}z \int_{\sqrt{z-x^2}}^1 f(x,y,z)\mathrm{d}y$

(D) $\displaystyle\int_0^1 \mathrm{d}x \int_0^{x^2} \mathrm{d}z \int_0^1 f(x,y,z)\mathrm{d}y + \int_0^1 \mathrm{d}x \int_{x^2}^{x^2+1} \mathrm{d}z \int_{\sqrt{z-x^2}}^1 f(x,y,z)\mathrm{d}y$

解　应选（D）。

视 x 为常数，积分区域如图 9.1 所示，交换 $\displaystyle\int_0^1 \mathrm{d}y \int_0^{x^2+y^2} f(x,y,z)\mathrm{d}z$ 的次序，得

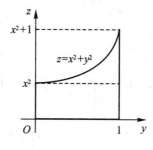

图 9.1

$$\int_0^1 \mathrm{d}y \int_0^{x^2+y^2} f(x, y, z)\mathrm{d}z = \int_0^{x^2}\mathrm{d}z \int_0^1 f(x, y, z)\mathrm{d}y + \int_{x^2}^{x^2+1}\mathrm{d}z \int_{\sqrt{z-x^2}}^1 f(x, y, z)\mathrm{d}y$$

因此原积分为

$$\int_0^1 \mathrm{d}x \int_0^{x^2}\mathrm{d}z \int_0^1 f(x, y, z)\mathrm{d}y + \int_0^1 \mathrm{d}x \int_{x^2}^{x^2+1}\mathrm{d}z \int_{\sqrt{z-x^2}}^1 f(x, y, z)\mathrm{d}y$$

故选(D)。

例 2 设 $\Omega: x^2 + y^2 + z^2 \leqslant 1$，则 $\iiint\limits_{\Omega} e^{|z|}\mathrm{d}v = ($ $)$。

(A) $\dfrac{\pi}{2}$ (B) π (C) $\dfrac{3\pi}{2}$ (D) 2π

解 应选(D)。

由于积分区域 $\Omega: x^2 + y^2 + z^2 \leqslant 1$ 关于 xOy 面对称，且被积函数 $e^{|z|}$ 关于 z 为偶函数，因此利用对称性及先二后一法，得

$$\iiint\limits_{\Omega} e^{|z|}\mathrm{d}v = 2\iiint\limits_{\Omega_{z\geqslant 0}} e^z\mathrm{d}v = 2\int_0^1 \mathrm{d}z \iint\limits_{x^2+y^2 \leqslant 1-z^2} e^z\mathrm{d}x\mathrm{d}y = 2\int_0^1 e^z \cdot \pi(1-z^2)\mathrm{d}z = 2\pi$$

故选(D)。

例 3 设 Ω 由曲面 $z = x^2 + y^2$，$y = x$，$y = 0$，$z = 1$ 所围成，$f(x, y, z)$ 在 Ω 上连续，则 $\iiint\limits_{\Omega} f(x, y, z)\mathrm{d}v = ($ $)$。

(A) $\displaystyle\int_0^1 \mathrm{d}y \int_y^{\sqrt{1-y^2}} \mathrm{d}x \int_{x^2+y^2}^1 f(x, y, z)\mathrm{d}z$ (B) $\displaystyle\int_0^{\frac{\sqrt{2}}{2}} \mathrm{d}x \int_y^{\sqrt{1-y^2}} \mathrm{d}y \int_{x^2+y^2}^1 f(x, y, z)\mathrm{d}z$

(C) $\displaystyle\int_0^{\frac{\sqrt{2}}{2}} \mathrm{d}y \int_y^{\sqrt{1-y^2}} \mathrm{d}x \int_{x^2+y^2}^1 f(x, y, z)\mathrm{d}z$ (D) $\displaystyle\int_0^{\frac{\sqrt{2}}{2}} \mathrm{d}y \int_y^{\sqrt{1-y^2}} \mathrm{d}x \int_0^1 f(x, y, z)\mathrm{d}z$

解 应选(C)。

由于 $z = x^2 + y^2$ 与 $z = 1$ 的交线为 $x^2 + y^2 = 1$，故 Ω 在 xOy 平面上的投影域由 $x = \sqrt{1-y^2}$，$y = x$，$y = 0$ 所构成，即 Ω 在 xOy 面上的投影区域为

$$D_{xy}: 0 \leqslant y \leqslant \frac{\sqrt{2}}{2}, \ y \leqslant x \leqslant \sqrt{1-y^2}$$

因此 Ω 可表示为 $\Omega: \begin{cases} x^2 + y^2 \leqslant z \leqslant 1 \\ (x, y) \in D_{xy} \end{cases}$，从而

$$\iiint\limits_{\Omega} f(x, y, z)\mathrm{d}v = \int_0^{\frac{\sqrt{2}}{2}} \mathrm{d}y \int_y^{\sqrt{1-y^2}} \mathrm{d}x \int_{x^2+y^2}^1 f(x, y, z)\mathrm{d}z$$

故选(C)。

例 4 设 Ω 是下半球域：$-\sqrt{1-x^2-y^2} \leqslant z \leqslant 0$，记

$$I_1 = \iiint\limits_{\Omega} z\mathrm{e}^{-x^2-y^2}\mathrm{d}v, \quad I_2 = \iiint\limits_{\Omega} z^2\mathrm{e}^{-x^2-y^2}\mathrm{d}v, \quad I_3 = \iiint\limits_{\Omega} z^3\mathrm{e}^{-x^2-y^2}\mathrm{d}v$$

则 I_1、I_2、I_3 的大小顺序是(   )。

(A) $I_3 \leqslant I_1 \leqslant I_2$ (B) $I_2 \leqslant I_3 \leqslant I_1$

(C) $I_3 \leqslant I_2 \leqslant I_1$ (D) $I_1 \leqslant I_3 \leqslant I_2$

解 应选(D)。

由于在 Ω 上 $z^2 e^{-x^2-y^2} \geqslant 0$，$z e^{-x^2-y^2} \leqslant z^3 e^{-x^2-y^2} \leqslant 0$，因此 $I_2 \geqslant 0$，$I_1 \leqslant I_3 \leqslant 0$，从而 $I_1 \leqslant I_3 \leqslant I_2$，故选（D）。

例 5　设 L 是曲线 $\rho = R$、半直线 $\theta = 0$ 及 $\theta = \dfrac{\pi}{4}$ 所围成的边界，则 $\displaystyle\oint_L e^{\sqrt{x^2+y^2}} ds =$（　）。

(A) $2(e^R - 1) + \dfrac{\pi R}{4} e^R$　　　　　　　(B) $3(e^R - 1) + \dfrac{\pi R}{4} e^R$

(C) $2(e^R - 1) + \dfrac{\pi R}{3} e^R$　　　　　　　(D) $4(e^R - 1) + \dfrac{\pi R}{4} e^R$

解　应选（A）。

由于 $L = L_1 + L_2 + L_3$（见图 9.2），其中

$$L_1: y = 0 \quad (0 \leqslant x \leqslant R)$$

$$L_2: \begin{cases} x = R\cos\theta \\ y = R\sin\theta \end{cases} \left(0 \leqslant \theta \leqslant \dfrac{\pi}{4}\right)$$

$$L_3: y = x \quad \left(0 \leqslant x \leqslant \dfrac{\sqrt{2}}{2} R\right)$$

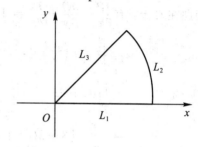

图 9.2

且

$$\int_{L_1} e^{\sqrt{x^2+y^2}} ds = \int_0^R e^x dx = e^R - 1$$

$$\int_{L_2} e^{\sqrt{x^2+y^2}} ds = \int_0^{\frac{\pi}{4}} e^R R d\theta = \frac{\pi R}{4} e^R$$

$$\int_{L_3} e^{\sqrt{x^2+y^2}} ds = \int_0^{\frac{\sqrt{2}}{2}R} e^{\sqrt{2}x} \sqrt{1+1^2} dx = e^R - 1$$

因此

$$\oint_L e^{\sqrt{x^2+y^2}} ds = \sum_{i=1}^{3} \int_{L_i} e^{\sqrt{x^2+y^2}} ds = 2(e^R - 1) + \frac{\pi R}{4} e^R$$

故选（A）。

例 6　设 L 是以 $A(1, 0)$、$B(0, 1)$、$C(-1, 0)$、$D(0, -1)$ 为顶点的正方形依逆时针方向的周界（见图 9.3），则 $\displaystyle\oint_L \frac{dx + dy}{|x| + |y|} =$（　）。

(A) -1　　　　　　　(B) 1

(C) 0　　　　　　　(D) 2

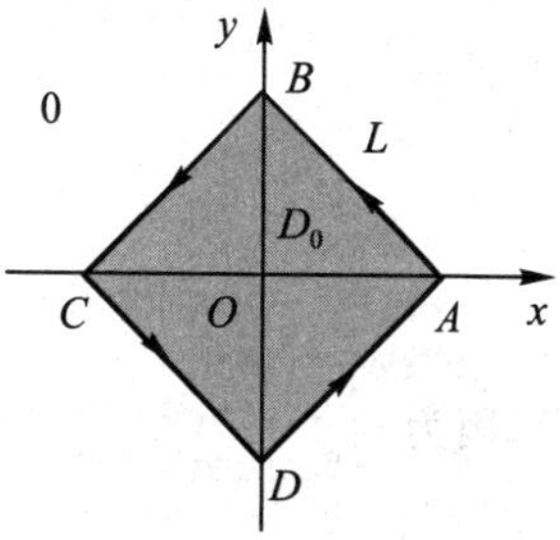

解　应选（C）。

由于 L 为 $|x| + |y| = 1$，因此

$$\oint_L \frac{dx + dy}{|x| + |y|} = \oint_L dx + dy = \iint_{D_0} (0-0) dx dy = 0$$

图 9.3

其中 D_0 为 $|x| + |y| = 1$ 围成的正方形区域（见图 9.3），故选（C）。

例 7　设函数 f 有连续导数，Σ 是由 $y = x^2 + z^2$，$y = 8 - x^2 - z^2$ 所围立体 Ω 的整个

表面的外侧，则 $\oiint\limits_{\Sigma} \dfrac{1}{y}f\left(\dfrac{x}{y}\right)\,\mathrm{d}y\mathrm{d}z+\dfrac{1}{x}f\left(\dfrac{x}{y}\right)\,\mathrm{d}z\mathrm{d}x+z\mathrm{d}x\mathrm{d}y=(\quad)$。

(A) 4π　　　　　　　(B) 8π　　　　　　　(C) 16π　　　　　　　(D) 32π

解　应选(C)。

由于 Ω: $\begin{cases} x^2+z^2\leqslant y\leqslant 8-x^2-z^2 \\ D_{xz}:\ x^2+z^2\leqslant 4 \end{cases}$，$P=\dfrac{1}{y}f\left(\dfrac{x}{y}\right)$，$Q=\dfrac{1}{x}f\left(\dfrac{x}{y}\right)$，$R=z$，且

$$\dfrac{\partial P}{\partial x}=\dfrac{1}{y^2}f'\left(\dfrac{x}{y}\right),\quad \dfrac{\partial Q}{\partial y}=-\dfrac{1}{y^2}f'\left(\dfrac{x}{y}\right),\quad \dfrac{\partial R}{\partial z}=1$$

因此在 Ω 上，有 $\dfrac{\partial P}{\partial x}+\dfrac{\partial Q}{\partial y}+\dfrac{\partial R}{\partial z}=1$，由高斯公式得

$$\oiint\limits_{\Sigma} \dfrac{1}{y}f\left(\dfrac{x}{y}\right)\,\mathrm{d}y\mathrm{d}z+\dfrac{1}{x}f\left(\dfrac{x}{y}\right)\,\mathrm{d}z\mathrm{d}x+z\mathrm{d}x\mathrm{d}y$$

$$=\iiint\limits_{\Omega}\mathrm{d}x\mathrm{d}y\mathrm{d}z=\iint\limits_{x^2+z^2\leqslant 4}\mathrm{d}x\mathrm{d}z\int_{x^2+z^2}^{8-x^2-z^2}\mathrm{d}y$$

$$=\iint\limits_{x^2+z^2\leqslant 4}[8-2(x^2+z^2)]\mathrm{d}x\mathrm{d}z=2\int_0^{2\pi}\mathrm{d}\theta\int_0^2(4-\rho^2)\rho\mathrm{d}\rho=16\pi$$

故选(C)。

例8　设 Σ 是由柱面 $x^2+y^2=1$ 及平面 $z=0$，$z=1$ 所围

立体表面的外侧(见图9.4)，则 $\oiint\limits_{\Sigma}x(y-z)\mathrm{d}y\mathrm{d}z+(x-y)\,\mathrm{d}x\mathrm{d}y=$

(　　)。

(A) 0　　　　　　　　(B) $\dfrac{\pi}{2}$

(C) $-\dfrac{\pi}{2}$　　　　　　(D) $\dfrac{3\pi}{2}$

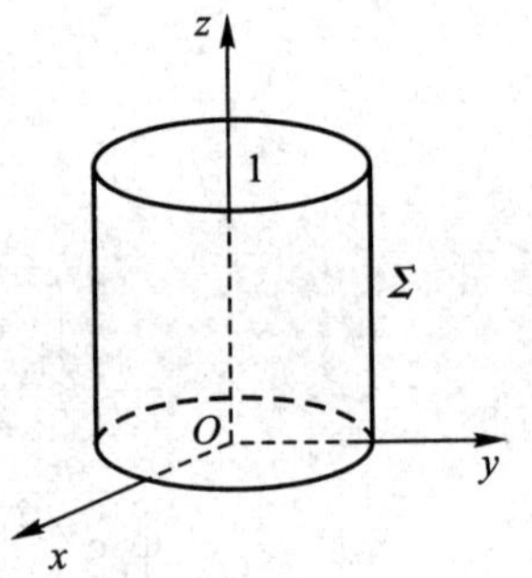

图 9.4

解　应选(C)。

方法一　把有向曲面 Σ 分成以下四部分：

Σ_1: $z=0(x^2+y^2\leqslant 1)$ 的下侧

Σ_2: $z=1(x^2+y^2\leqslant 1)$ 的上侧

Σ_3: $x=\sqrt{1-y^2}\,(0\leqslant z\leqslant 1)$ 的前侧

Σ_4: $x=-\sqrt{1-y^2}\,(0\leqslant z\leqslant 1)$ 的后侧

因为

$$\oiint\limits_{\Sigma_1}x(y-z)\mathrm{d}y\mathrm{d}z+(x-y)\mathrm{d}x\mathrm{d}y=0$$

$$\oiint\limits_{\Sigma_2}x(y-z)\mathrm{d}y\mathrm{d}z+(x-y)\mathrm{d}x\mathrm{d}y=0$$

$$\oiint\limits_{\Sigma_3}(x-y)\mathrm{d}x\mathrm{d}y=\oiint\limits_{\Sigma_4}(x-y)\mathrm{d}x\mathrm{d}y=0$$

所以

$$\oiint_{\Sigma} x(y-z)\mathrm{d}y\mathrm{d}z+(x-y)\mathrm{d}x\mathrm{d}y \underset{\Sigma_3+\Sigma_4}{=\!=\!=} \oiint x(y-z)\mathrm{d}y\mathrm{d}z = 2\iint_{D_{yz}} \sqrt{1-y^2}\,(y-z)\mathrm{d}y\mathrm{d}z$$

$$= 2\int_{-1}^{1}\mathrm{d}y\int_{0}^{1}\sqrt{1-y^2}\,(y-z)\mathrm{d}z = 2\int_{-1}^{1}\sqrt{1-y^2}\left(y-\frac{1}{2}\right)\mathrm{d}y = -\int_{-1}^{1}\sqrt{1-y^2}\,\mathrm{d}y$$

$$= -2\int_{0}^{1}\sqrt{1-y^2}\,\mathrm{d}y = -2\cdot\frac{\pi}{4} = -\frac{\pi}{2}$$

故选(C)。

方法二　记 Σ 所围成区域为 Ω，由高斯公式得

$$\oiint_{\Sigma} x(y-z)\mathrm{d}y\mathrm{d}z+(x-y)\mathrm{d}x\mathrm{d}y$$

$$= \iiint_{\Omega}(y-z)\mathrm{d}x\mathrm{d}y\mathrm{d}z = \iint_{x^2+y^2\leqslant 1}\mathrm{d}x\mathrm{d}y\int_{0}^{1}(y-z)\mathrm{d}z$$

$$= \iint_{x^2+y^2\leqslant 1}\left(y-\frac{1}{2}\right)\mathrm{d}x\mathrm{d}y = \iint_{x^2+y^2\leqslant 1}y\,\mathrm{d}x\mathrm{d}y - \frac{1}{2}\iint_{x^2+y^2\leqslant 1}\mathrm{d}x\mathrm{d}y = -\frac{\pi}{2}$$

故选(C)。

2. 填空题

例1　三次积分 $\displaystyle\int_{0}^{1}\mathrm{d}x\int_{0}^{1-x}\mathrm{d}y\int_{0}^{x+y}f(x,y,z)\mathrm{d}z$ 按先 x 再 z 后 y 的次序积分为_____。

解　如图 9.5(a) 所示，由于

$$\int_{0}^{1}\mathrm{d}x\int_{0}^{1-x}\mathrm{d}y\int_{0}^{x+y}f(x,y,z)\mathrm{d}z = \int_{0}^{1}\mathrm{d}y\int_{0}^{1-y}\mathrm{d}x\int_{0}^{x+y}f(x,y,z)\mathrm{d}z$$

视 y 为常数，如图 9.5(b) 所示，交换 $\displaystyle\int_{0}^{1-y}\mathrm{d}x\int_{0}^{x+y}f(x,y,z)\mathrm{d}z$ 的次序，得

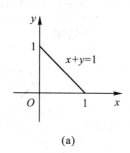 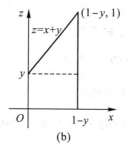

(a)　　　　　　　　　　　(b)

图 9.5

$$\int_{0}^{1-y}\mathrm{d}x\int_{0}^{x+y}f(x,y,z)\mathrm{d}z = \int_{0}^{y}\mathrm{d}z\int_{0}^{1-y}f(x,y,z)\mathrm{d}x + \int_{y}^{1}\mathrm{d}z\int_{z-y}^{1-y}f(x,y,z)\mathrm{d}x$$

因此

$$\int_{0}^{1}\mathrm{d}x\int_{0}^{1-x}\mathrm{d}y\int_{0}^{x+y}f(x,y,z)\mathrm{d}z$$

$$= \int_{0}^{1}\mathrm{d}y\int_{0}^{y}\mathrm{d}z\int_{0}^{1-y}f(x,y,z)\mathrm{d}x + \int_{0}^{1}\mathrm{d}y\int_{y}^{1}\mathrm{d}z\int_{z-y}^{1-y}f(x,y,z)\mathrm{d}x$$

例2　设 $\Omega\colon x^2+y^2+z^2\leqslant 1$，则 $\displaystyle\iiint_{\Omega}\frac{z\ln(x^2+y^2+z^2+1)}{x^2+y^2+z^2+1}\mathrm{d}x\mathrm{d}y\mathrm{d}z =$ _____。

解　由于 Ω：$x^2+y^2+z^2\leqslant 1$ 关于 xOy 面对称，被积函数 $\dfrac{z\ln(x^2+y^2+z^2+1)}{x^2+y^2+z^2+1}$ 关于

z 是奇函数，因此 $\displaystyle\iiint\limits_{\Omega}\dfrac{z\ln(x^2+y^2+z^2+1)}{x^2+y^2+z^2+1}\mathrm{d}x\mathrm{d}y\mathrm{d}z=0$。

例 3　设 Ω 是由 $x+y+z=1$，$x=0$，$y=0$，$z=0$ 所围成的区域，则 $\displaystyle\iiint\limits_{\Omega}(x+y+z)\mathrm{d}x\mathrm{d}y\mathrm{d}z=$

_____。

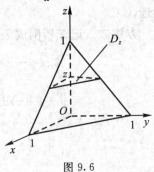

解　**方法一**　由于 $f(x,y,z)=x+y+z$ 及 Ω 关于 x、

y、z 均对称（见图 9.6），因此

$$\iiint\limits_{\Omega}x\mathrm{d}x\mathrm{d}y\mathrm{d}z=\iiint\limits_{\Omega}y\mathrm{d}x\mathrm{d}y\mathrm{d}z=\iiint\limits_{\Omega}z\mathrm{d}x\mathrm{d}y\mathrm{d}z$$

又 Ω：$0\leqslant x\leqslant 1$，$0\leqslant y\leqslant 1-x$，$0\leqslant z\leqslant 1-x-y$，故

$$\begin{aligned}\iiint\limits_{\Omega}(x+y+z)\mathrm{d}x\mathrm{d}y\mathrm{d}z&=3\iiint\limits_{\Omega}x\mathrm{d}x\mathrm{d}y\mathrm{d}z\\&=3\int_0^1\mathrm{d}x\int_0^{1-x}\mathrm{d}y\int_0^{1-x-y}x\mathrm{d}z\\&=3\int_0^1 x\mathrm{d}x\int_0^{1-x}(1-x-y)\mathrm{d}y\\&=\frac{3}{2}\int_0^1 x(1-x)^2\mathrm{d}x=\frac{1}{8}\end{aligned}$$

图 9.6

方法二　如图 9.6 所示，由先二后一法得

$$\begin{aligned}\iiint\limits_{\Omega}(x+y+z)\mathrm{d}x\mathrm{d}y\mathrm{d}z&=3\iiint\limits_{\Omega}z\mathrm{d}z=3\int_0^1\mathrm{d}z\iint\limits_{D_z}z\mathrm{d}x\mathrm{d}y\\&=3\int_0^1 z\frac{1}{2}(1-z)^2\mathrm{d}z=\frac{3}{2}\int_0^1 z(1-z)^2\mathrm{d}z=\frac{1}{8}\end{aligned}$$

例 4　设 Ω 是由锥面 $x^2+y^2=z^2$ 与平面 $z=a(a>0)$ 所围

成的空间区域（见图 9.7），则 $\displaystyle\iiint\limits_{\Omega}(x^2+y^2)\mathrm{d}x\mathrm{d}y\mathrm{d}z=$ _____。

解　**方法一（球面坐标）**

$$\begin{aligned}\iiint\limits_{\Omega}(x^2+y^2)\mathrm{d}x\mathrm{d}y\mathrm{d}z&=\int_0^{2\pi}\mathrm{d}\theta\int_0^{\frac{\pi}{4}}\sin\varphi\mathrm{d}\varphi\int_0^{\frac{a}{\cos\varphi}}r^2\cdot r^2\sin^2\varphi\mathrm{d}r\\&=\frac{2\pi}{5}a^5\int_0^{\frac{\pi}{4}}\tan^3\varphi\cdot\sec^2\varphi\mathrm{d}\varphi=\frac{\pi}{10}a^5\end{aligned}$$

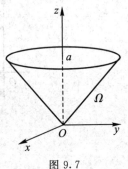

图 9.7

方法二（柱面坐标）

$$\iiint\limits_{\Omega}(x^2+y^2)\mathrm{d}x\mathrm{d}y\mathrm{d}z=\int_0^{2\pi}\mathrm{d}\theta\int_0^a\rho\mathrm{d}\rho\int_\rho^a\rho^2\mathrm{d}z=2\pi\int_0^a\rho^3(a-\rho)\mathrm{d}\rho=\frac{\pi}{10}a^5$$

例 5　设 L 为球面 $x^2+y^2+z^2=a^2(a>0)$ 与平面 $x=y$ 相交的曲线，则曲线积

分 $\displaystyle\int_L\sqrt{2y^2+z^2}\mathrm{d}s=$ _____。

解　由于曲线 L：$\begin{cases}x^2+y^2+z^2=a^2\\x=y\end{cases}$，即 L：$\begin{cases}2y^2+z^2=a^2\\x=y\end{cases}$，因此

$$\int_L \sqrt{2y^2 + z^2}\,\mathrm{d}s = \int_L \sqrt{a^2}\,\mathrm{d}s = a \cdot \int_L \mathrm{d}s = a \cdot 2\pi a = 2\pi a^2$$

例 6　设 L 是由点 $O(0,\,0)$ 到点 $A(1,\,1)$ 的曲线 $y = \sin \dfrac{\pi}{2}x$，则曲线积分 $\displaystyle\int_L (x^2 + 2xy)\,\mathrm{d}x + (x^2 + y^4)\,\mathrm{d}y = $ _____。

解　由于 $\dfrac{\partial P}{\partial y} = \dfrac{\partial}{\partial y}(x^2 + 2xy) = 2x$，$\dfrac{\partial Q}{\partial x} = \dfrac{\partial}{\partial x}(x^2 + y^4) = 2x$，因此 $\dfrac{\partial P}{\partial y} = \dfrac{\partial Q}{\partial x}$，从而曲线积分与路径无关，故

$$\int_L (x^2 + 2xy)\,\mathrm{d}x + (x^2 + y^4)\,\mathrm{d}y = \int_0^1 x^2\,\mathrm{d}x + \int_0^1 (1 + y^4)\,\mathrm{d}y = \frac{23}{15}$$

例 7　设 Σ 是球面 $x^2 + y^2 + z^2 = R^2$，则 $\displaystyle\iint_\Sigma (ax + by + cz + d)^2\,\mathrm{d}S = $ _____。

解　由区域对称性及函数奇偶性，得

$$\iint_\Sigma x^2\,\mathrm{d}S = \iint_\Sigma y^2\,\mathrm{d}S = \iint_\Sigma z^2\,\mathrm{d}S, \quad \iint_\Sigma x\,\mathrm{d}S = \iint_\Sigma y\,\mathrm{d}S = \iint_\Sigma z\,\mathrm{d}S = 0$$

$$\iint_\Sigma xy\,\mathrm{d}S = \iint_\Sigma xz\,\mathrm{d}S = \iint_\Sigma yz\,\mathrm{d}S = 0$$

故

$$\iint_\Sigma (ax + by + cz + d)^2\,\mathrm{d}S = d^2\iint_\Sigma \mathrm{d}S + (a^2 + b^2 + c^2)\iint_\Sigma x^2\,\mathrm{d}S$$

$$= 4\pi R^2 d^2 + \frac{1}{3}(a^2 + b^2 + c^2)\iint_\Sigma (x^2 + y^2 + z^2)\,\mathrm{d}S$$

$$= 4\pi R^2 d^2 + \frac{1}{3}(a^2 + b^2 + c^2)R^2\iint_\Sigma \mathrm{d}S$$

$$= 4\pi R^2 d^2 + \frac{4\pi}{3}(a^2 + b^2 + c^2)R^4$$

例 8　设 Γ 为椭圆 $x^2 + y^2 = a^2$，$\dfrac{x}{a} + \dfrac{z}{h} = 1(a > 0,\ h > 0)$，若从 x 轴正向看去取逆时针方向（见图 9.8），则曲线积分 $\displaystyle\oint_\Gamma (y - z)\,\mathrm{d}x + (z - x)\,\mathrm{d}y + (x - y)\,\mathrm{d}z = $ _____。

解　**方法一**　由于 $P = y - z$，$Q = z - x$，$R = x - y$，因此

$$\frac{\partial R}{\partial y} - \frac{\partial Q}{\partial z} = -2$$

$$\frac{\partial P}{\partial z} - \frac{\partial R}{\partial x} = -2$$

$$\frac{\partial Q}{\partial x} - \frac{\partial P}{\partial y} = -2$$

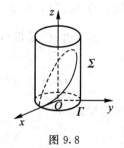

图 9.8

从而

$$\oint_\Gamma (y - z)\,\mathrm{d}x + (z - x)\,\mathrm{d}y + (x - y)\,\mathrm{d}z = -2\iint_\Sigma \mathrm{d}y\mathrm{d}z + \mathrm{d}z\mathrm{d}x + \mathrm{d}x\mathrm{d}y$$

其中 Σ 是曲线 Γ 围成的平面区域，Σ 的侧与 Γ 的方向符合右手规则。由于 Σ 在 xOy 面上的

投影域为 D_{xy}：$x^2 + y^2 \leqslant a^2$，在 zOx 面上的投影域为直线段 $\dfrac{x}{a} + \dfrac{z}{h} = 1$ $(-a \leqslant x \leqslant a)$，在 yOz 面上的投影域为 D_{yz}：$\dfrac{(z-h)^2}{h^2} + \dfrac{y^2}{a^2} \leqslant 1$，因此

$$-2\iint\limits_{\Sigma}\mathrm{d}y\mathrm{d}z + \mathrm{d}z\mathrm{d}x + \mathrm{d}x\mathrm{d}y = -2\left(\iint\limits_{D_{yz}}\mathrm{d}y\mathrm{d}z + \iint\limits_{D_{xy}}\mathrm{d}x\mathrm{d}y\right) = -2(\pi a h + \pi a^2) = -2a\pi(h+a)$$

故

$$\oint_{\Gamma}(y-z)\mathrm{d}x + (z-x)\mathrm{d}y + (x-y)\mathrm{d}z = -2\iint\limits_{\Sigma}\mathrm{d}y\mathrm{d}z + \mathrm{d}z\mathrm{d}x + \mathrm{d}x\mathrm{d}y = -2\pi a(h+a)$$

方法二　取 Σ 为平面 $\dfrac{x}{a} + \dfrac{z}{h} = 1$ 被 Γ 所围成的部分的上侧，Σ 的单位法向量

$$\boldsymbol{n} = \{\cos\alpha, \cos\beta, \cos\gamma\} = \left\{\dfrac{h}{\sqrt{a^2+h^2}}, 0, \dfrac{a}{\sqrt{a^2+h^2}}\right\}$$

在 Σ 上，$z = h\left(1 - \dfrac{x}{a}\right)$，$z'_x = -\dfrac{h}{a}$，$z'_y = 0$，$\mathrm{d}S = \sqrt{1 + \dfrac{h^2}{a^2}}\,\mathrm{d}x\mathrm{d}y$，$\Sigma$ 在 xOy 面上的投影域为 D_{xy}：$x^2 + y^2 \leqslant a^2$。由斯托克斯公式得

$$\oint_{\Gamma}(y-z)\mathrm{d}x + (z-x)\mathrm{d}y + (x-y)\mathrm{d}z$$

$$= \iint\limits_{\Sigma} \begin{vmatrix} \cos\alpha & \cos\beta & \cos\gamma \\ \dfrac{\partial}{\partial x} & \dfrac{\partial}{\partial y} & \dfrac{\partial}{\partial z} \\ y-z & z-x & x-y \end{vmatrix} \mathrm{d}S = \dfrac{-2(a+h)}{\sqrt{a^2+h^2}}\iint\limits_{\Sigma}\mathrm{d}S$$

$$= \dfrac{-2(a+h)}{\sqrt{a^2+h^2}}\iint\limits_{D_{xy}}\dfrac{\sqrt{a^2+h^2}}{a}\mathrm{d}x\mathrm{d}y = \dfrac{-2(a+h)}{a}\iint\limits_{D_{xy}}\mathrm{d}x\mathrm{d}y = -2\pi a(a+h)$$

3. 解答题

例 1　设 $f(x, y, z)$ 连续，且

$$f(x, y, z) = \sqrt{x^2 + y^2} + z\iiint\limits_{\Omega}\left[f(x, y, z) + \iiint\limits_{\Omega}f(x, y, z)\mathrm{d}v\right]\mathrm{d}v$$

其中 $\Omega = \{(x, y, z) \mid \sqrt{x^2+y^2} \leqslant z \leqslant 1\}$，求 $f(x, y, z)$ 的表达式。

解　设 $K = \iiint\limits_{\Omega}f(x, y, z)\mathrm{d}v$，则

$$f(x, y, z) = \sqrt{x^2+y^2} + zK + z\iint\limits_{\Omega}K\mathrm{d}v = \sqrt{x^2+y^2} + K\left(1 + \dfrac{\pi}{3}\right)z$$

两边积分，得

$$K = \iiint\limits_{\Omega}\sqrt{x^2+y^2}\,\mathrm{d}v + K\left(1 + \dfrac{\pi}{3}\right)\iiint\limits_{\Omega}z\,\mathrm{d}v$$

$$= \int_0^{2\pi}\mathrm{d}\theta\int_0^1\mathrm{d}\rho\int_{\rho}^1\rho^2\mathrm{d}z + K\left(1 + \dfrac{\pi}{3}\right)\int_0^1\mathrm{d}z\iint\limits_{x^2+y^2\leqslant z^2}z\mathrm{d}x\mathrm{d}y$$

$$= \dfrac{\pi}{6} + \dfrac{\pi}{4}K\left(1 + \dfrac{\pi}{3}\right)$$

解之，得 $K = \dfrac{2\pi}{12 - 3\pi - \pi^2}$，故

$$f(x,\ y,\ z) = \sqrt{x^2 + y^2} + \frac{2\pi}{12 - 3\pi - \pi^2}\left(1 + \frac{\pi}{3}\right)z$$

例 2　设 $f(x)$ 在 $(-\infty,\ +\infty)$ 上可积，试证 $\iiint\limits_{\Omega} f(z)\mathrm{d}v = \pi\displaystyle\int_{-1}^{1}(1 - z^2)f(z)\mathrm{d}z$，其中 Ω 是由球面 $x^2 + y^2 + z^2 = 1$ 所围成的区域。

证　方法一（先二后一法）　由于积分区域在 z 轴上的投影区间为 $[-1,1]$，在该区间内任取一点 z，相应的区域 D_z：$x^2 + y^2 \leqslant 1 - z^2$，因此

$$\iiint\limits_{\Omega} f(z)\mathrm{d}z = \int_{-1}^{1} f(z)\mathrm{d}z \iint\limits_{x^2+y^2\leqslant 1-z^2} \mathrm{d}x\mathrm{d}y = \int_{-1}^{1} f(z)\cdot \pi(1 - z^2)\mathrm{d}z$$

$$= \pi\int_{-1}^{1}(1 - z^2)f(z)\mathrm{d}z$$

方法二（累次积分法，取先 x 再 y 后 z 的次序）

$$\iiint\limits_{\Omega} f(z)\mathrm{d}v = \int_{-1}^{1} f(z)\mathrm{d}z \int_{-\sqrt{1-z^2}}^{\sqrt{1-z^2}} \mathrm{d}y \int_{-\sqrt{1-y^2-z^2}}^{\sqrt{1-y^2-z^2}} \mathrm{d}x = 2\int_{-1}^{1} f(z)\mathrm{d}z \int_{-\sqrt{1-z^2}}^{\sqrt{1-z^2}} \sqrt{1-y^2-z^2}\,\mathrm{d}y$$

$$= 2\int_{-1}^{1} f(z)\left[\frac{y}{2}\sqrt{1-y^2-z^2} + \frac{1-z^2}{2}\arcsin\frac{y}{\sqrt{1-z^2}}\right]_{-\sqrt{1-z^2}}^{\sqrt{1-z^2}}\mathrm{d}z$$

$$= \pi\int_{-1}^{1}(1 - z^2)f(z)\mathrm{d}z$$

例 3　在过点 $O(0,0)$ 和 $A(\pi,0)$ 的曲线族 $y = \alpha\sin x\,(\alpha > 0)$ 中，求一条曲线 L，使沿该曲线从 O 到 A 的积分 $\displaystyle\int_{L}(1 + y^3)\mathrm{d}x + (2x + y)\mathrm{d}y$ 的值最小。

解　令 $I(\alpha) = \displaystyle\int_{L}(1 + y^3)\mathrm{d}x + (2x + y)\mathrm{d}y$，则

$$I(\alpha) = \int_{0}^{\pi}[1 + \alpha^3\sin^3 x + (2x + \alpha\sin x)\alpha\cos x]\mathrm{d}x = \pi - 4\alpha + \frac{4}{3}\alpha^3$$

令 $I'(\alpha) = 4(\alpha^2 - 1) = 0$，则 $\alpha = 1$，$\alpha = -1$（舍去），从而 $\alpha = 1$ 是 $I(\alpha)$ 在 $(0, +\infty)$ 内唯一的驻点，且 $I''(\alpha)|_{\alpha=1} = 8 > 0$，所以 $I(\alpha)$ 在 $\alpha = 1$ 处取得最小值，故所求的曲线为 $y = \sin x\,(0 \leqslant x \leqslant \pi)$。

例 4　计算曲线积分 $\displaystyle\int_{L}\left(1 - \frac{y^2}{x^2}\cos\frac{y}{x}\right)\mathrm{d}x + \left(\sin\frac{y}{x} + \frac{y}{x}\cos\frac{y}{x}\right)\mathrm{d}y$，其中 L 分别为

（ⅰ）圆 $(x - 2)^2 + (y - 2)^2 = 2$ 的正向；

（ⅱ）沿曲线 $y = x^2$ 从点 $O(0,0)$ 到点 $A(\pi, \pi^2)$ 的一段弧。

解
$$\frac{\partial P}{\partial y} = \frac{\partial}{\partial y}\left(1 - \frac{y^2}{x^2}\cos\frac{y}{x}\right) = -\frac{2y}{x^2}\cos\frac{y}{x} + \frac{y^2}{x^3}\sin\frac{y}{x}$$

$$\frac{\partial Q}{\partial x} = \frac{\partial}{\partial x}\left(\sin\frac{y}{x} + \frac{y}{x}\cos\frac{y}{x}\right) = -\frac{2y}{x^2}\cos\frac{y}{x} + \frac{y^2}{x^3}\sin\frac{y}{x}$$

（ⅰ）由于在 $(x-2)^2 + (y-2)^2 \leqslant 2$ 内 $\dfrac{\partial P}{\partial y} = \dfrac{\partial Q}{\partial x}$，因此 $\displaystyle\int_{L} P\mathrm{d}x + Q\mathrm{d}y = 0$。

（ⅱ）由于除了 y 轴 $(x = 0)$ 上的点外 $\dfrac{\partial P}{\partial y} = \dfrac{\partial Q}{\partial x}$，因此从点 $(\varepsilon, 0)(\varepsilon > 0)$ 到点 $A(\pi, \pi^2)$

的一段弧 L_1 上的曲线积分 $\int_{L_1} P\mathrm{d}x + Q\mathrm{d}y$ 与路径无关，又

$$\int_{L_1} P\mathrm{d}x + Q\mathrm{d}y = \int_{\varepsilon}^{\pi}\mathrm{d}x + \int_0^{\frac{\pi}{2}}\left(\sin\frac{y}{\pi} + \frac{y}{\pi}\cos\frac{y}{\pi}\right)\mathrm{d}y = \pi - \varepsilon + \left[y\sin\frac{y}{\pi}\right]_0^{\frac{\pi}{2}} = \pi - \varepsilon$$

故

$$\int_L P\mathrm{d}x + Q\mathrm{d}y = \lim_{\varepsilon\to 0^+}\int_{L_1} P\mathrm{d}x + Q\mathrm{d}y = \lim_{\varepsilon\to 0^+}(\pi - \varepsilon) = \pi$$

例 5 计算曲线积分 $I = \oint_L \dfrac{y\mathrm{d}x - (x-1)\mathrm{d}y}{(x-1)^2 + y^2}$，其中 L 分别为

（ⅰ）圆 $x^2 + y^2 - 2y = 0$ 的正向；

（ⅱ）椭圆 $4x^2 + y^2 - 8x = 0$ 的正向。

解
$$\frac{\partial P}{\partial y} = \frac{\partial}{\partial y}\left[\frac{y}{(x-1)^2 + y^2}\right] = \frac{(x-1)^2 - y^2}{[(x-1)^2 + y^2]^2}$$
$$\frac{\partial Q}{\partial x} = \frac{\partial}{\partial x}\left[\frac{-(x-1)}{(x-1)^2 + y^2}\right] = \frac{(x-1)^2 - y^2}{[(x-1)^2 + y^2]^2}$$

（ⅰ）由于在 $x^2 + (y-1)^2 \leqslant 1$ 内 $\dfrac{\partial P}{\partial y} = \dfrac{\partial Q}{\partial x}$，因此 $I = \oint_L P\mathrm{d}x + Q\mathrm{d}y = 0$。

（ⅱ）由于 $P = \dfrac{y}{(x-1)^2 + y^2}$，$Q = \dfrac{-(x-1)}{(x-1)^2 + y^2}$ 在椭圆所围成的区域内的点 $(1,0)$ 处不连续，因此不能直接应用格林公式，取含于其内的圆 C：$(x-1)^2 + y^2 = 1$ 顺时针方向，在 L 和 C 所围成的区域 D 上应用格林公式，得

$$\oint_{L+C} P\mathrm{d}x + Q\mathrm{d}y = \iint_D\left(\frac{\partial Q}{\partial x} - \frac{\partial P}{\partial y}\right)\mathrm{d}x\mathrm{d}y = 0$$

所以

$$I = \oint_L P\mathrm{d}x + Q\mathrm{d}y = \oint_{L+C} P\mathrm{d}x + Q\mathrm{d}y - \oint_C P\mathrm{d}x + Q\mathrm{d}y = -\oint_C P\mathrm{d}x + Q\mathrm{d}y$$

令 $x - 1 = \cos\theta$，$y = \sin\theta$，则

$$I = -\int_{2\pi}^0 \frac{\sin\theta(-\sin\theta) - \cos\theta\cos\theta}{\cos^2\theta + \sin^2\theta}\mathrm{d}\theta = \int_{2\pi}^0 \mathrm{d}\theta = -2\pi$$

评注： 如果取 C 的方向为正向，那么 $\oint_L P\mathrm{d}x + Q\mathrm{d}y = \oint_C P\mathrm{d}x + Q\mathrm{d}y$。一般地，设 $P(x,y)$、$Q(x,y)$ 在区域 D 内有一阶连续的偏导数，且恒有 $\dfrac{\partial P}{\partial y} = \dfrac{\partial Q}{\partial x}$，$L_1$、$L_2$ 为 D 内任意两条同向闭曲线，其各自所围的区域中有相同的不属于 D 的点，则

$$\oint_{L_1} P\mathrm{d}x + Q\mathrm{d}y = \oint_{L_2} P\mathrm{d}x + Q\mathrm{d}y$$

例 6 计算曲线积分 $I = \oint_L \dfrac{x-y}{x^2+y^2}\mathrm{d}x + \dfrac{x+y}{x^2+y^2}\mathrm{d}y$，其中 L 为沿椭圆 $\dfrac{x^2}{a^2} + \dfrac{y^2}{b^2} = 1$ 的正向。

解 由于

$$\frac{\partial P}{\partial y} = \frac{\partial}{\partial y}\left(\frac{x-y}{x^2+y^2}\right) = \frac{y^2 - x^2 - 2xy}{(x^2+y^2)^2}, \quad \frac{\partial Q}{\partial x} = \frac{\partial}{\partial x}\left(\frac{x+y}{x^2+y^2}\right) = \frac{y^2 - x^2 - 2xy}{(x^2+y^2)^2}$$

因此在 $\dfrac{x^2}{a^2}+\dfrac{y^2}{b^2}\leqslant 1$ 内，除 $O(0,0)$ 外，$\dfrac{\partial P}{\partial y}=\dfrac{\partial Q}{\partial x}$。取 C：$x^2+y^2=\varepsilon^2$ 的正向，其中 $\varepsilon>0$ 使得 C 含于 L 内。令 $x=\varepsilon\cos\theta$，$y=\varepsilon\sin\theta$，则

$$I=\oint_L\frac{x-y}{x^2+y^2}\mathrm{d}x+\frac{x+y}{x^2+y^2}\mathrm{d}y=\oint_{x^2+y^2=\varepsilon^2}\frac{x-y}{x^2+y^2}\mathrm{d}x+\frac{x+y}{x^2+y^2}\mathrm{d}y$$

$$=\int_0^{2\pi}\left[\frac{\varepsilon(\cos\theta-\sin\theta)}{\varepsilon^2}\cdot(-\varepsilon\sin\theta)+\frac{\varepsilon(\cos\theta+\sin\theta)}{\varepsilon^2}\cdot(\varepsilon\cos\theta)\right]\mathrm{d}\theta$$

$$=\int_0^{2\pi}\mathrm{d}\theta=2\pi$$

例 7　设 $f(\pi)=1$，试求 $f(x)$ 使曲线积分 $\displaystyle\int_{\overset{\frown}{AB}}\left[\sin x-f(x)\right]\frac{y}{x}\mathrm{d}x+f(x)\mathrm{d}y$ 与路径无关，并求当 A、B 两点坐标分别为 $(1,0)$、(π,π) 时的曲线积分值。

解　由于

$$\frac{\partial P}{\partial y}=\frac{\partial}{\partial y}\left[(\sin x-f(x))\frac{y}{x}\right]=(\sin x-f(x))\frac{1}{x},\quad\frac{\partial Q}{\partial x}=\frac{\partial}{\partial x}[f(x)]=f'(x)$$

又曲线积分与路径无关，因此 $f'(x)=(\sin x-f(x))\dfrac{1}{x}$，化简整理得一阶线性微分方程

$$f'(x)+\frac{1}{x}f(x)=\frac{1}{x}\sin x$$

解之，得

$$f(x)=\mathrm{e}^{-\int\frac{1}{x}\mathrm{d}x}\left(\int\frac{1}{x}\sin x\mathrm{e}^{\int\frac{1}{x}\mathrm{d}x}+C\right)=\frac{1}{x}(-\cos x+C)$$

由 $f(\pi)=1$，得 $C=\pi-1$，故

$$f(x)=\frac{1}{x}(\pi-1-\cos x)$$

$$\int_{(1,0)}^{(\pi,\pi)}\left[\sin x-\frac{1}{x}(\pi-1-\cos x)\right]\frac{y}{x}\mathrm{d}x+\frac{1}{x}(\pi-1-\cos x)\mathrm{d}y$$

$$=\int_1^\pi 0\cdot\mathrm{d}x+\int_0^\pi\frac{1}{\pi}(\pi-1-\cos\pi)\mathrm{d}y=\pi$$

例 8　设 Σ 为 $x^2+y^2+z^2-yz=1$ 位于平面 $2z-y=0$ 上方部分，试计算曲线积分 $I=\displaystyle\iint_\Sigma\frac{(x+\sqrt{3})\,|\,y-2z\,|}{\sqrt{4+y^2+z^2-4yz}}\mathrm{d}S$。

解　取投影区域 $D=\left\{(x,y)\,\Big|\,x^2+\dfrac{3}{4}y^2\leqslant 1\right\}$，记曲面 Σ 的方程为

$$z=z(x,y)\quad((x,y)\in D)$$

由于

$$\sqrt{1+\left(\frac{\partial z}{\partial x}\right)^2+\left(\frac{\partial z}{\partial y}\right)^2}=\sqrt{1+\left(\frac{2x}{y-2z}\right)^2+\left(\frac{2y-z}{y-2z}\right)^2}=\frac{\sqrt{4+y^2+z^2-4yz}}{|\,y-2z\,|}$$

因此

$$I=\iint_D\frac{(x+\sqrt{3})\,|\,y-2z\,|}{\sqrt{4+y^2+z^2-4yz}}\cdot\frac{\sqrt{4+y^2+z^2-4yz}}{|\,y-2z\,|}\mathrm{d}x\mathrm{d}y=\iint_D(x+\sqrt{3})\mathrm{d}x\mathrm{d}y$$

又 $\iint\limits_{D} x \mathrm{d}x\mathrm{d}y = 0$，$\iint\limits_{D}\sqrt{3}\,\mathrm{d}x\mathrm{d}y = 2\pi$，故 $I = \iint\limits_{D}(x+\sqrt{3})\mathrm{d}x\mathrm{d}y = 2\pi$。

例 9 计算曲面积分 $I = \iint\limits_{\Sigma} y\mathrm{d}y\mathrm{d}z - x\mathrm{d}z\mathrm{d}x + z^2\mathrm{d}x\mathrm{d}y$，其中 Σ 为锥面 $z = \sqrt{x^2 + y^2}$ 被 $z = 1$ 和 $z = 2$ 所截部分的外侧。

解 方法一 $\displaystyle I = \iint\limits_{\Sigma} y\mathrm{d}y\mathrm{d}z - x\mathrm{d}z\mathrm{d}x + z^2\mathrm{d}x\mathrm{d}y = \iint\limits_{\Sigma}(y\cos\alpha - x\cos\beta + z^2\cos\gamma)\mathrm{d}S$

$$= \iint\limits_{\Sigma}\left(y\,\frac{\cos\alpha}{\cos\gamma} - x\,\frac{\cos\beta}{\cos\gamma} + z^2\right)\cos\gamma\mathrm{d}S = \iint\limits_{\Sigma}\left(y\,\frac{\cos\alpha}{\cos\gamma} - x\,\frac{\cos\beta}{\cos\gamma} + z^2\right)\mathrm{d}x\mathrm{d}y$$

$$= \iint\limits_{\Sigma}(-yz_x' + xz_y' + z^2)\mathrm{d}x\mathrm{d}y = \iint\limits_{\Sigma}\left(-\frac{xy}{\sqrt{x^2+y^2}} + \frac{xy}{\sqrt{x^2+y^2}} + z^2\right)\mathrm{d}x\mathrm{d}y$$

$$= \iint\limits_{\Sigma} z^2\mathrm{d}x\mathrm{d}y = -\iint\limits_{D_{xy}}(x^2+y^2)\mathrm{d}x\mathrm{d}y = -\int_0^{2\pi}\mathrm{d}\theta\int_1^2\rho^3\mathrm{d}\rho = -\frac{15}{2}\pi$$

方法二 $\displaystyle I = \iint\limits_{\Sigma} y\mathrm{d}y\mathrm{d}z - x\mathrm{d}z\mathrm{d}x + z^2\mathrm{d}x\mathrm{d}y$

$$= \iint\limits_{\Sigma}\{y, -x, z^2\}\cdot\left\{-\frac{x}{\sqrt{x^2+y^2}}, -\frac{y}{\sqrt{x^2+y^2}}, 1\right\}\mathrm{d}x\mathrm{d}y$$

$$= \iint\limits_{\Sigma} z^2\mathrm{d}x\mathrm{d}y = -\iint\limits_{D_{xy}}(x^2+y^2)\mathrm{d}x\mathrm{d}y = -\int_0^{2\pi}\mathrm{d}\theta\int_1^2\rho^3\mathrm{d}\rho = -\frac{15}{2}\pi$$

方法三 取 $\Sigma_1: z = 1(x^2 + y^2 \leqslant 1)$ 的下侧，$\Sigma_2: z = 2(x^2 + y^2 \leqslant 2^2)$ 的上侧，记 Σ 与 Σ_1、Σ_2 所围成的空间闭区域为 Ω，由高斯公式得

$$I = \oiint\limits_{\Sigma+\Sigma_1+\Sigma_2} y\mathrm{d}y\mathrm{d}z - x\mathrm{d}z\mathrm{d}x + z^2\mathrm{d}x\mathrm{d}y - \iint\limits_{\Sigma_1} y\mathrm{d}y\mathrm{d}z - x\mathrm{d}z\mathrm{d}x + z^2\mathrm{d}x\mathrm{d}y$$

$$\quad - \iint\limits_{\Sigma_2} y\mathrm{d}y\mathrm{d}z - x\mathrm{d}z\mathrm{d}x + z^2\mathrm{d}x\mathrm{d}y$$

$$= \iiint\limits_{\Omega}\left(\frac{\partial P}{\partial x} + \frac{\partial Q}{\partial y} + \frac{\partial R}{\partial z}\right)\mathrm{d}v - \iint\limits_{\Sigma_1}\mathrm{d}x\mathrm{d}y - \iint\limits_{\Sigma_2} 4\mathrm{d}x\mathrm{d}y$$

$$= \iiint\limits_{\Omega} 2z\mathrm{d}v + \iint\limits_{x^2+y^2\leqslant 1}\mathrm{d}x\mathrm{d}y - 4\iint\limits_{x^2+y^2\leqslant 2^2}\mathrm{d}x\mathrm{d}y = \int_1^2 2z\mathrm{d}z\iint\limits_{x^2+y^2\leqslant z^2}\mathrm{d}x\mathrm{d}y + \pi - 16\pi$$

$$= 2\int_1^2 z\cdot\pi z^2\mathrm{d}z - 15\pi = -\frac{15}{2}\pi$$

例 10 计算曲线积分 $\oint_{\Gamma}(z-y)\mathrm{d}x + (x-z)\mathrm{d}y + (x-y)\mathrm{d}z$，其中 $\Gamma:\begin{cases}x^2+y^2=1\\x-y+z=2\end{cases}$ 从 z 轴正向往 z 轴负向看是顺时针方向。

解 方法一（参数代入法） 曲线 Γ 的参数方程为
$$z = 2 - \cos\theta + \sin\theta, \quad y = \sin\theta, \quad x = \cos\theta$$
且 θ 从 0 到 2π，则

$$\oint_{\Gamma}(z-y)\mathrm{d}x + (x-z)\mathrm{d}y + (x-y)\mathrm{d}z = -\int_{2\pi}^0[2(\sin\theta + \cos\theta) - 2\cos2\theta - 1]\mathrm{d}\theta$$

$$= -[2(-\cos\theta + \sin\theta) - \sin2\theta - \theta]_{2\pi}^0 = -2\pi$$

方法二(斯托克斯公式)　设 Σ 是平面 $x-y+z=2$ 上以 Γ 为边界的部分的下侧，D_{xy} 为 Σ 在 xOy 上的投影区域，由斯托克斯公式得

$$\oint_{\Gamma}(z-y)\mathrm{d}x+(x-z)\mathrm{d}y+(x-y)\mathrm{d}z=\iint_{\Sigma}\begin{vmatrix}\mathrm{d}y\mathrm{d}z & \mathrm{d}z\mathrm{d}x & \mathrm{d}x\mathrm{d}y\\ \dfrac{\partial}{\partial x} & \dfrac{\partial}{\partial y} & \dfrac{\partial}{\partial z}\\ z-y & x-z & x-y\end{vmatrix}$$

$$=\iint_{\Sigma}2\mathrm{d}x\mathrm{d}y=-2\iint_{D_{xy}}\mathrm{d}x\mathrm{d}y=-2\pi$$

方法三(转化法)　将 Γ 转化为平面曲线积分，由 $x-y+z=2$，得 $z=2-x+y$，从而 $\mathrm{d}z=-\mathrm{d}x+\mathrm{d}y$，在 xOy 面的投影曲线 Γ'：$\begin{cases}x^2+y^2=1\\ z=0\end{cases}$，其方向为顺时针，所围成的区域为 D_{xy}，所以

$$\oint_{\Gamma}(z-y)\mathrm{d}x+(x-z)\mathrm{d}y+(x-y)\mathrm{d}z$$

$$=\oint_{\Gamma'}(2-x)\mathrm{d}x+(2x-y-2)\mathrm{d}y+(x-y)(-\mathrm{d}x+\mathrm{d}y)$$

$$=\oint_{\Gamma'}(-2x+y+2)\mathrm{d}x+(3x-2y-2)\mathrm{d}y$$

$$=-2\iint_{D_{xy}}\mathrm{d}x\mathrm{d}y=-2\pi$$

三、经典习题与解答

经典习题

1. 选择题

(1) 设 Ω：$x^2+y^2+z^2\leqslant 1$，则 $\iiint_{\Omega}(x^2+y^2+z^2)\mathrm{d}v=$ (　　)。

(A) $\iiint_{\Omega}\mathrm{d}v=\Omega$ 的体积　　　　　　　　(B) $\int_0^{2\pi}\mathrm{d}\varphi\int_0^{2\pi}\mathrm{d}\theta\int_0^1 r^4\sin\theta\mathrm{d}r$

(C) $\int_0^{2\pi}\mathrm{d}\theta\int_0^{\pi}\mathrm{d}\varphi\int_0^1 r^4\sin\varphi\mathrm{d}r$　　　(D) $\int_0^{\pi}\mathrm{d}\varphi\int_0^{2\pi}\mathrm{d}\theta\int_0^1 r^4\sin\theta\mathrm{d}r$

(2) 设 Ω 由曲面 $z=xy$，$y=x$，$x=1$ 及 $z=0$ 所围成，则 $\iiint_{\Omega}xy^2z^3\mathrm{d}v=$ (　　)。

(A) $\dfrac{1}{364}$　　　　(B) $\dfrac{1}{363}$　　　　(C) $\dfrac{1}{362}$　　　　(D) $\dfrac{1}{361}$

(3) 设 L 是摆线 $\begin{cases}x=R(t-\sin t)\\ y=R(1-\cos t)\end{cases}(0\leqslant t\leqslant 2\pi)$，则 $\int_L y^2\mathrm{d}s=$ (　　)。

(A) $\dfrac{254}{15}R^3$　　　(B) $\dfrac{253}{15}R^3$　　　(C) $\dfrac{256}{15}R^3$　　　(D) $\dfrac{257}{15}R^3$

(4) 设 L 是折线 $y=1-|1-x|$ 由点 $O(0,0)$ 到点 $A(2,0)$ 的折线段(见图 9.9)，则曲线积分 $\int_L(x^2+y^2)\mathrm{d}x+(x^2-y^2)\mathrm{d}y=$ (　　)。

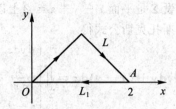

图 9.9

(A) $\dfrac{5}{3}$ 　　　(B) $\dfrac{2}{3}$ 　　　(C) $\dfrac{4}{3}$ 　　　(D) 1

(5) 设 Σ 是 yOz 平面上的圆域 $y^2 + z^2 \leqslant 1$，则 $\iint\limits_{\Sigma}(x^2 + y^2 + z^2)\mathrm{d}S = ($ 　　$)$。

(A) 0 　　　(B) π 　　　(C) $\dfrac{\pi}{4}$ 　　　(D) $\dfrac{\pi}{2}$

(6) 设 Σ 是平面 $\dfrac{x}{2} + \dfrac{y}{3} + \dfrac{z}{4} = 1$ 在第一卦限的有限部分，则 $\iint\limits_{\Sigma}\left(z + 2x + \dfrac{4}{3}y\right)\mathrm{d}S = $
(　　)。

(A) $2\sqrt{61}$ 　　　(B) $3\sqrt{61}$ 　　　(C) $4\sqrt{61}$ 　　　(D) $5\sqrt{61}$

(7) 设 Σ 是曲面 $z = x^2 + y^2 (0 \leqslant z \leqslant 1)$ 的下侧（见图 9.10），则 $\iint\limits_{\Sigma}(x + y)\mathrm{d}y\mathrm{d}z + $
$(y + z)\,\mathrm{d}z\mathrm{d}x + (z + x)\mathrm{d}x\mathrm{d}y = ($ 　　)。

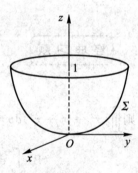

图 9.10

(A) $\dfrac{\pi}{2}$ 　　　(B) $\dfrac{\pi}{3}$ 　　　(C) $\dfrac{\pi}{4}$ 　　　(D) $\dfrac{\pi}{5}$

(8) 设 Σ 是由 $z = \dfrac{x^2 + y^2}{2}$ 及 $z = z_0 (z_0 > 0)$ 所围立体表面的内侧，则 $\iint\limits_{\Sigma}z\mathrm{d}x\mathrm{d}y = $
(　　)。

(A) πz_0^2 　　　(B) $3\pi z_0^2$ 　　　(C) $-\pi z_0^2$ 　　　(D) $-3\pi z_0^2$

(9) 设 Σ 是由锥面 $z = \sqrt{x^2 + y^2}$ 及平面 $z = 1, z = 2$ 所围立体表面的外侧，则
$\oiint\limits_{\Sigma} \dfrac{\mathrm{e}^z}{\sqrt{x^2 + y^2}}\mathrm{d}x\mathrm{d}y = ($ 　　)。

(A) $\pi\mathrm{e}^2$ 　　　(B) $2\pi\mathrm{e}^2$ 　　　(C) $3\pi\mathrm{e}^2$ 　　　(D) $4\pi\mathrm{e}^2$

(10) 设 Σ 是平面块 $y = x (0 \leqslant x \leqslant 1, 0 \leqslant z \leqslant 1)$ 的右侧，则 $\iint\limits_{\Sigma} y \mathrm{d}x \mathrm{d}z = ($　　$)$。

(A) 1　　　　　　(B) 2　　　　　　(C) $\dfrac{1}{2}$　　　　　　(D) $-\dfrac{1}{2}$

2. 填空题

(1) 设 Ω 是由曲线 $\begin{cases} y^2 = 2z \\ x = 0 \end{cases}$ 绕 z 轴旋转一周而成的曲面与两平面 $z = 2$，$z = 8$ 所围成的立体（见图 9.11），则 $\iiint\limits_{\Omega} (x^2 + y^2) \mathrm{d}x \mathrm{d}y \mathrm{d}z = $ _____。

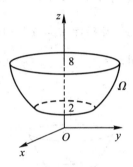

图 9.11

(2) 设 Ω 是由球面 $x^2 + y^2 + z^2 = 4$ 与抛物面 $x^2 + y^2 = 3z$ 所围成的空间区域，则 $\iiint\limits_{\Omega} z \mathrm{d}x \mathrm{d}y \mathrm{d}z = $ _____。

(3) 设曲线 L 为圆 $x^2 + y^2 = R^2$，则 $\displaystyle\int_L (x^2 + y^2 + xy) \mathrm{d}s = $ _____。

(4) 设 $L: (x^2 + y^2)^2 = a^2(x^2 - y^2)(a > 0)$（见图 9.12），则 $\displaystyle\int_L |y| \mathrm{d}s = $ _____。

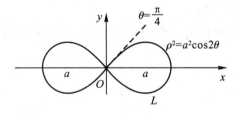

图 9.12

(5) 设 L 是抛物线 $y = x^2$ 上从点 $A(1, 1)$ 到点 $B(-1, 1)$ 再沿直线到点 $C(0, 2)$ 所构成的曲线（见图 9.13），则 $\displaystyle\int_L y^2 \mathrm{d}x - x \mathrm{d}y = $ _____。

(6) 设 L 是取正向的圆周 $x^2 + y^2 = 9$，则 $\displaystyle\oint_L (2xy - 2y) \mathrm{d}x + (x^2 - 4x) \mathrm{d}y = $ _____。

(7) 设 L 是依次以 $A_1(a, 0)$、$A_2(0, a)$、$A_3(-a, 0)$、

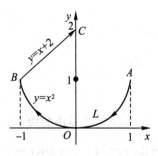

图 9.13

$A_4(0, -a)(a > 0)$ 为顶点取逆时针方向正方形的边界，则 $\oint_L \dfrac{x\mathrm{d}y - y\mathrm{d}x}{|x| + |y|} = $ _____。

(8) 设 L 是以 $A(1, 0)$、$B(0, 1)$、$C(-1, 0)$ 为顶点的三角形正向曲线，则 $\oint_L |y|\mathrm{d}x + |x|\mathrm{d}y = $ _____。

(9) 设曲线积分 $\displaystyle\int_L xy^2 \mathrm{d}x + y\varphi(x)\mathrm{d}y$ 与路径无关，其中 φ 具有连续导数，且 $\varphi(0) = 0$，则 $\displaystyle\int_{(0,0)}^{(1,1)} xy^2 \mathrm{d}x + y\varphi(x)\mathrm{d}y = $ _____。

(10) 设 Σ 是圆柱面 $x^2 + y^2 = a^2$ 介于 $z = 0$ 和 $z = h$ 之间的部分，则 $\displaystyle\iint_\Sigma x^2 \mathrm{d}S = $ _____。

(11) 设 Σ 是曲面 $y = \sqrt{x^2 + z^2}$ 及平面 $y = 1$，$y = 2$ 所围成立体的表面外侧（见图 9.14），则曲面积分 $\displaystyle\iint_\Sigma \dfrac{2^y}{\sqrt{x^2 + z^2}}\mathrm{d}x\mathrm{d}z = $ _____。

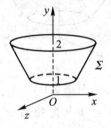

图 9.14

(12) 设 Σ 是曲面 $z = \sqrt{x^2 + y^2}$ 介于 $z = 0$ 和 $z = 2$ 之间的部分的下侧，则曲面积分 $\displaystyle\iint_\Sigma (z^2 + x)\mathrm{d}y\mathrm{d}z - z\mathrm{d}x\mathrm{d}y = $ _____。

(13) 设 Σ 是由曲线 $\begin{cases} z = \sqrt{y-1} \\ x = 0 \end{cases} (1 \leqslant y \leqslant 3)$ 绕 y 轴旋转一周所成的曲面（见图 9.15），它的法向量与 y 轴正向的夹角恒大于 $\dfrac{\pi}{2}$，则 $\displaystyle\iint_\Sigma (8y+1)x\mathrm{d}y\mathrm{d}z + 2(1-y^2)\mathrm{d}z\mathrm{d}x - 4yz\mathrm{d}x\mathrm{d}y = $ _____。

图 9.15

(14) 设 Σ 是由曲面 $z = \sqrt{x^2 + y^2}$ 与 $z = \sqrt{2 - x^2 - y^2}$ 所围立体表面外侧，则曲面积分 $\displaystyle\oiint_\Sigma 2xz\mathrm{d}y\mathrm{d}z + yz\mathrm{d}z\mathrm{d}x - z^2\mathrm{d}x\mathrm{d}y = $ _____。

(15) 设 Σ 是球面 $x^2 + y^2 + z^2 = a^2$ 的外侧，则 $\oiint\limits_{\Sigma} \dfrac{x\,\mathrm{d}y\mathrm{d}z + y\mathrm{d}z\mathrm{d}x + z\mathrm{d}x\mathrm{d}y}{\sqrt{(x^2 + y^2 + z^2)^3}} =$ _____。

(16) 设 Σ 是上半球面 $z = \sqrt{a^2 - x^2 - y^2}$，则 $\iint\limits_{\Sigma}(x + y + z)\mathrm{d}S =$ _____。

(17) 设在光滑封闭曲面 Σ 所围成的区域 Ω 上，$P(x, y, z)$、$Q(x, y, z)$、$R(x, y, z)$ 具有二阶连续偏导数，则 $I = \oiint\limits_{\Sigma} \left(\dfrac{\partial R}{\partial y} - \dfrac{\partial Q}{\partial z}\right)\mathrm{d}y\mathrm{d}z + \left(\dfrac{\partial P}{\partial z} - \dfrac{\partial R}{\partial x}\right)\mathrm{d}z\mathrm{d}x + \left(\dfrac{\partial Q}{\partial x} - \dfrac{\partial P}{\partial y}\right)\mathrm{d}x\mathrm{d}y =$

_____。

3. 解答题

(1) 计算三重积分 $\iiint\limits_{\Omega} z^2 \mathrm{d}v$，其中 Ω：$\dfrac{x^2}{a^2} + \dfrac{y^2}{b^2} + \dfrac{z^2}{c^2} \leqslant 1$。

(2) 计算三重积分 $\iiint\limits_{\Omega}(x^2 + y^2)\mathrm{d}v$，其中 Ω 是圆台，高为 h，上底半径为 a，下底半径为 $b(b > a)$，且下底圆在 xOy 面上，圆心在原点 O（见图 9.16）。

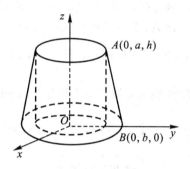

图 9.16

(3) 计算三重积分 $\iiint\limits_{\Omega} z\sqrt{x^2 + y^2 + z^2}\,\mathrm{d}v$，其中 Ω：$x^2 + y^2 + z^2 \leqslant 1$，$z \geqslant \sqrt{3(x^2 + y^2)}$（见图 9.17）。

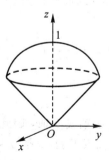

图 9.17

(4) 计算三重积分 $\iiint\limits_{\Omega}(x + y + z)\mathrm{d}v$，其中 Ω 由 $x^2 + y^2 = z^2$，$z = h(h > 0)$ 所围成。

(5) 计算三重积分 $\iiint\limits_{\Omega} \sqrt{x^2 + y^2 + z^2}\,\mathrm{d}v$，其中 Ω 是由曲面 $x^2 + y^2 + z^2 = z$ 所围成的区域。

(6) 计算 $I = \int_L (e^x \sin y - my)dx + (e^x \cos y - m)dy$，其中 L 为由点 $A(a, 0)(a > 0)$ 到点 $O(0, 0)$ 的上半圆周 $x^2 + y^2 = ax (y \geqslant 0)$。

(7) 设 L 是正向圆周 $(x-a)^2 + (y-a)^2 = 1$，$\varphi(x)$ 是连续的正函数，证明

$$\oint_L \frac{x}{\varphi(y)}dy - y\varphi(x)dx \geqslant 2\pi$$

(8) 设 $f(x, y, z) = \begin{cases} x^2 + y^2, & z \geqslant \sqrt{x^2 + y^2} \\ 0, & z < \sqrt{x^2 + y^2} \end{cases}$，计算 $F(t) = \iint\limits_{x^2 + y^2 + z^2 = t^2} f(x, y, z)dS$。

(9) 计算曲面积分 $I = \iint\limits_{\Sigma} (x^3 + az^2)dydz + (y^3 + ax^2)dzdx + (z^3 + ay^2)dxdy$，其中 Σ 为上半球面 $z = \sqrt{a^2 - x^2 - y^2}$ 的上侧。

(10) 计算曲面积分 $I = \iint\limits_{\Sigma} \dfrac{x\,dydz + z^2\,dxdy}{x^2 + y^2 + z^2}$，其中 Σ 是由曲面 $x^2 + y^2 = R^2$ 及两平面 $z = R$, $z = -R (R > 0)$ 所围立体表面的外侧。

(11) 求曲面 $x^2 = y^2 + z^2$ 包含在 $x^2 + y^2 + z^2 = 2z$ 内那部分的面积。

(12) 设 $f(x, y, z)$ 为连续函数，Σ 为平面 $x - y + z = 1$ 在第四卦限的上侧，计算曲面积分 $I = \iint\limits_{\Sigma} [f(x, y, z) + x]dydz + [2f(x, y, z) + y]dzdx + [f(x, y, z) + z]dxdy$。

(13) 设 $Q(x, y)$ 具有一阶连续偏导数，曲线积分 $\int_L 2xy\,dx + Q(x, y)dy$ 与路径无关，且对于任意的 t，恒有 $\int_{(0,0)}^{(t,1)} 2xy\,dx + Q(x, y)dy = \int_{(0,0)}^{(1,t)} 2xy\,dx + Q(x, y)dy$，求 $Q(x, y)$。

╌╌┤ 经典习题解答 ├╌╌

1. 选择题

(1) **解** 应选(C)。

因积分区域 Ω 为单位球体域，Ω 的球面坐标为 $0 \leqslant \theta \leqslant 2\pi$，$0 \leqslant \varphi \leqslant \pi$，$0 \leqslant r \leqslant 1$，因此

$$\iiint\limits_{\Omega} (x^2 + y^2 + z^2)dv = \int_0^{2\pi} d\theta \int_0^{\pi} d\varphi \int_0^1 r^4 \sin\varphi dr$$

故选(C)。

(2) **解** 应选(A)。

由于 $z = xy$ 与 $z = 0$ 的交线为 x 轴或 y 轴，因此 Ω 在 xOy 平面上的投影域由 x 轴及直线 $y = x$, $x = 1$ 围成，在直角坐标系下 $\Omega : 0 \leqslant x \leqslant 1$, $0 \leqslant y \leqslant x$, $0 \leqslant z \leqslant xy$，从而

$$\iiint\limits_{\Omega} xy^2z^3 dv = \int_0^1 dx \int_0^x dy \int_0^{xy} xy^2z^3 dz = \frac{1}{4}\int_0^1 dx \int_0^x x^5 y^6 dy = \frac{1}{28}\int_0^1 x^{12} dx = \frac{1}{364}$$

故选(A)。

(3) **解** 应选(C)。

$$\int_L y^2 ds = \int_0^{2\pi} R^2 (1 - \cos t)^2 \sqrt{[R(1 - \cos t)]^2 + (R\sin t)^2} dt$$

$$= \sqrt{2}R^3 \int_0^{2\pi} (1-\cos t)^{\frac{5}{2}} dt = 8R^3 \int_0^{2\pi} \sin^5 \frac{t}{2} dt = 16R^3 \int_0^{\pi} \sin^5 u du$$

$$= 32R^3 \int_0^{\frac{\pi}{2}} \sin^5 u du = 32R^3 \cdot \frac{4}{5} \cdot \frac{2}{3} = \frac{256}{15}R^3$$

故选(C)。

(4) **解**　应选(C)。

方法一(参数代入法)　由于 $L: y = 1 - |1-x| = \begin{cases} x, & 0 \leqslant x \leqslant 1 \\ 2-x, & 1 < x \leqslant 2 \end{cases}$，则

$$\int_L (x^2+y^2)dx + (x^2-y^2)dy = \int_0^1 2x^2 dx + \int_1^2 \{[x^2+(2-x)^2] - [x^2-(2-x)^2]\}dx$$

$$= \frac{2}{3} + 2\int_1^2 (2-x)^2 dx = \frac{4}{3}$$

故选(C)。

方法二(补线格林公式法)　记 $L_1: y=0$(x 从 2 到 0)，L 与 L_1 所围成的区域为 D，则

$$\int_L (x^2+y^2)dx + (x^2-y^2)dy = -\iint_D \left(\frac{\partial Q}{\partial x} - \frac{\partial P}{\partial y}\right) dxdy - \int_{L_1} (x^2+y^2)dx + (x^2-y^2)dy$$

$$= -\iint_D (2x-2y)dxdy - \int_2^0 x^2 dx$$

$$= 2\int_0^1 dy \int_y^{2-y} (y-x)dx + \frac{8}{3} = -\frac{4}{3} + \frac{8}{3} = \frac{4}{3}$$

故选(C)。

(5) **解**　应选(D)。

由于 $\Sigma: x = 0$ $(y^2+z^2 \leqslant 1)$，因此 $\frac{\partial x}{\partial y} = 0$，$\frac{\partial x}{\partial z} = 0$，从而

$$\iint_{\Sigma} (x^2+y^2+z^2)dS = \iint_{y^2+z^2 \leqslant 1} (y^2+z^2)dydz = \int_0^{2\pi} d\theta \int_0^1 \rho^3 d\rho = \frac{\pi}{2}$$

故选(D)。

(6) **解**　应选(C)。

方法一　由于

$$\iint_{\Sigma} \left(z+2x+\frac{4}{3}y\right)dS = 4\iint_{\Sigma} \left(\frac{x}{2}+\frac{y}{3}+\frac{z}{4}\right) dS = 4\iint_{\Sigma} dS = 4S$$

其中 S 是 $\frac{x}{2}+\frac{y}{3}+\frac{z}{4} = 1$ 在第一卦限的有限部分的面积，又

$$\{-2, 3, 0\} \times \{-2, 0, 4\} = \begin{vmatrix} i & j & k \\ -2 & 3 & 0 \\ -2 & 0 & 4 \end{vmatrix} = 12i + 8j + 6k$$

故

$$S = \frac{1}{2} |\{-2, 3, 0\} \times \{-2, 0, 4\}| = \frac{1}{2}\sqrt{12^2+8^2+6^2} = \sqrt{61}$$

从而 $\iint_{\Sigma} \left(z+2x+\frac{4}{3}y\right)dS = 4\sqrt{61}$，故选(C)。

方法二 由于

$$\Sigma: z = 4 - 2x - \frac{4y}{3}, \ dS = \sqrt{1 + (-2)^2 + \left(-\frac{4}{3}\right)^2}\,dxdy = \frac{\sqrt{61}}{3}dxdy$$

Σ 在 xOy 平面上的投影域为 $D_{xy}: 0 \leqslant x \leqslant 2, \ 0 \leqslant y \leqslant 3\left(1 - \frac{x}{2}\right)$ ，因此

$$\iint\limits_{\Sigma}\left(z + 2x + \frac{4}{3}y\right)dS = 4\iint\limits_{D_{xy}}\frac{\sqrt{61}}{3}dxdy = \frac{4\sqrt{61}}{3} \times \frac{1}{2} \times 2 \times 3 = 4\sqrt{61}$$

故选(C)。

(7) **解** 应选(A)。

取 $\Sigma_1: z = 1\,(x^2 + y^2 \leqslant 1)$ 的上侧，Ω 为 Σ_1 和 Σ 围成的空间闭区域，则

$$\iint\limits_{\Sigma}(x + y)dydz + (y + z)dzdx + (z + x)dxdy$$

$$= \iiint\limits_{\Omega}(1 + 1 + 1)dxdydz - \iint\limits_{\Sigma_1}(x + y)dydz + (y + z)dzdx + (z + x)dxdy$$

$$= 3\int_0^1 dz \iint\limits_{x^2 + y^2 \leqslant z} dxdy - \iint\limits_{x^2 + y^2 \leqslant 1}(1 + x)dxdy = 3\int_0^1 \pi z dz - \pi = \frac{3\pi}{2} - \pi = \frac{\pi}{2}$$

故选(A)。

(8) **解** 应选(C)。

方法一(投影法) 由于

$$\Sigma = \Sigma_1 + \Sigma_2$$

其中 $\Sigma_1: z = z_0\,(x^2 + y^2 \leqslant 2z_0)$ 的下侧，$\Sigma_2: z = \dfrac{x^2 + y^2}{2}\,(x^2 + y^2 \leqslant 2z_0)$ 的上侧，则

$$\iint\limits_{\Sigma}z\,dxdy = -\iint\limits_{x^2+y^2\leqslant 2z_0}z_0\,dxdy + \iint\limits_{x^2+y^2\leqslant 2z_0}\frac{x^2 + y^2}{2}dxdy$$

$$= -z_0\pi(2z_0) + \frac{1}{2}\int_0^{2\pi}d\theta\int_0^{\sqrt{2z_0}}\rho^3 d\rho = -2\pi z_0^2 + \pi z_0^2 = -\pi z_0^2$$

故选(C)。

方法二(高斯公式) 记 Σ 所围成区域为 Ω，由高斯公式得

$$\iint\limits_{\Sigma}z\,dxdy = -\iiint\limits_{\Omega}dxdydz = -\int_0^{z_0}dz\iint\limits_{x^2+y^2\leqslant 2z}dxdy = -\int_0^{z_0}2\pi z dz = -\pi z_0^2$$

或

$$\iint\limits_{\Sigma}z\,dxdy = -\iiint\limits_{\Omega}dxdydz = -\int_0^{2\pi}d\theta\int_0^{\sqrt{2z_0}}\rho d\rho\int_{\frac{\rho^2}{2}}^{z_0}dz = -2\pi\int_0^{\sqrt{2z_0}}\left(z_0 - \frac{\rho^2}{2}\right)\rho d\rho = -\pi z_0^2$$

故选(C)。

(9) **解** 应选(B)。

方法一 设 $\Sigma = \Sigma_1 + \Sigma_2 + \Sigma_3$，其中 $\Sigma_1: z = \sqrt{x^2 + y^2}\,(1 \leqslant x^2 + y^2 \leqslant 4)$ 的下侧，$\Sigma_2: z = 1\,(x^2 + y^2 \leqslant 1)$ 的下侧，$\Sigma_3: z = 2\,(x^2 + y^2 \leqslant 4)$ 的上侧，则

$$\iint\limits_{\Sigma_1}\frac{e^z}{\sqrt{x^2 + y^2}}dxdy = -\iint\limits_{1\leqslant x^2+y^2\leqslant 4}\frac{e^{\sqrt{x^2+y^2}}}{\sqrt{x^2 + y^2}}dxdy = -\int_0^{2\pi}d\theta\int_1^2\frac{e^\rho}{\rho}\rho d\rho = -2\pi(e^2 - e)$$

$$\iint\limits_{\Sigma_2} \frac{e^z}{\sqrt{x^2+y^2}}dxdy = -\iint\limits_{x^2+y^2\leqslant 1} \frac{e}{\sqrt{x^2+y^2}}dxdy = -e\int_0^{2\pi}d\theta\int_0^1 d\rho = -2\pi e$$

$$\iint\limits_{\Sigma_3} \frac{e^z}{\sqrt{x^2+y^2}}dxdy = \iint\limits_{x^2+y^2\leqslant 4} \frac{e^2}{\sqrt{x^2+y^2}}dxdy = e^2\int_0^{2\pi}d\theta\int_0^2 d\rho = 4\pi e^2$$

因此

$$\oiint\limits_{\Sigma} \frac{e^z}{\sqrt{x^2+y^2}}dxdy = \sum_{i=1}^3 \iint\limits_{\Sigma_i} \frac{e^z}{\sqrt{x^2+y^2}}dxdy = -2\pi(e^2-e) -2\pi e +4\pi e^2 = 2\pi e^2$$

故选(B)。

　　方法二　记 Σ 所围成区域为 Ω，由高斯公式得

$$\oiint\limits_{\Sigma} \frac{e^z}{\sqrt{x^2+y^2}}dxdy = \iiint\limits_{\Omega} \frac{e^z}{\sqrt{x^2+y^2}}dxdydz = \int_1^2 e^z dz \iint\limits_{x^2+y^2\leqslant z^2} \frac{1}{\sqrt{x^2+y^2}}dxdy \quad \text{（先一后二法）}$$

$$= \int_1^2 e^z dz\int_0^{2\pi}d\theta\int_0^z \frac{1}{\rho}\cdot\rho d\rho = 2\pi\int_1^2 ze^z dz = 2\pi e^2$$

故选(B)。

　　方法三　记 Σ 所围成区域为 Ω，由高斯公式得

$$\oiint\limits_{\Sigma} \frac{e^z}{\sqrt{x^2+y^2}}dxdy = \iiint\limits_{\Omega} \frac{e^z}{\sqrt{x^2+y^2}}dxdydz \quad \text{（柱坐标法）}$$

$$= \iint\limits_{x^2+y^2\leqslant 1} dxdy\int_1^2 \frac{e^z}{\sqrt{x^2+y^2}}dz + \iint\limits_{1\leqslant x^2+y^2\leqslant 4} dxdy\int_{\sqrt{x^2+y^2}}^2 \frac{e^z}{\sqrt{x^2+y^2}}dz$$

$$= (e^2-e)\iint\limits_{x^2+y^2\leqslant 1} \frac{1}{\sqrt{x^2+y^2}}dxdy + \iint\limits_{1\leqslant x^2+y^2\leqslant 4} \frac{e^2-e^{\sqrt{x^2+y^2}}}{\sqrt{x^2+y^2}}dxdy$$

$$= (e^2-e)\int_0^{2\pi}d\theta\int_0^1 \frac{1}{\rho}\cdot\rho d\rho + \int_0^{2\pi}d\theta\int_1^2 \frac{e^2-e^\rho}{\rho}\rho d\rho$$

$$= 2\pi(e^2-e) + 2\pi e = 2\pi e^2$$

故选(B)。

　　(10) **解**　应选(C)。

　　由于 Σ 在 zOx 平面上的投影域为 $D_{zx}: 0\leqslant x\leqslant 1, 0\leqslant z\leqslant 1$，因此

$$\iint\limits_{\Sigma} y dxdz = \iint\limits_{D_{zx}} x dxdz = \int_0^1 x dx\int_0^1 dz = \frac{1}{2}$$

故选(C)。

2. 填空题

　　(1) **解**　方法一

$$\iiint\limits_{\Omega}(x^2+y^2)dxdydz \quad \text{（先一后二）}$$

$$= \iint\limits_{x^2+y^2\leqslant 4} dxdy\int_2^8 (x^2+y^2)dz + \iint\limits_{4\leqslant x^2+y^2\leqslant 16} dxdy\int_{\frac{x^2+y^2}{2}}^8 (x^2+y^2)dz$$

$$= \int_0^{2\pi}d\theta\int_0^2 \rho d\rho\int_2^8 \rho^2 dz + \int_0^{2\pi}d\theta\int_2^4 \rho d\rho\int_{\frac{\rho^2}{2}}^8 \rho^2 dz = 336\pi$$

　　方法二

$$\iiint_{\Omega}(x^2+y^2)\mathrm{d}x\mathrm{d}y\mathrm{d}z \quad (先二后一)$$

$$=\int_2^8\mathrm{d}z\iint_{x^2+y^2\leqslant 2z}(x^2+y^2)\mathrm{d}x\mathrm{d}y=\int_2^8\mathrm{d}z\int_0^{2\pi}\mathrm{d}\theta\int_0^{\sqrt{2z}}\rho^3\mathrm{d}\rho=2\pi\int_2^8 z^2\mathrm{d}z=336\pi$$

(2) **解** 由于球面与抛物面的交线为 $\begin{cases}x^2+y^2+z^2=4\\x^2+y^2=3z\end{cases}$ ，它是 $z=1$ 平面上圆 $x^2+y^2=3$ ，因此

$$\iiint_{\Omega}z\mathrm{d}x\mathrm{d}y\mathrm{d}z=\int_0^{2\pi}\mathrm{d}\theta\int_0^{\sqrt{3}}\rho\mathrm{d}\rho\int_{\frac{\rho^2}{3}}^{\sqrt{4-\rho^2}}z\mathrm{d}z=\pi\int_0^{\sqrt{3}}\rho\left(4-\rho^2-\frac{\rho^4}{9}\right)\mathrm{d}\rho=\frac{13}{4}\pi$$

(3) **解** 由于积分曲线 L 关于 y（或 x）轴对称，函数 xy 关于 x（或 y）是奇函数，因此 $\int_L xy\mathrm{d}s=0$，从而

$$\int_L(x^2+y^2+xy)\mathrm{d}s=\int_L(x^2+y^2)\mathrm{d}s=R^2\int_L\mathrm{d}s=R^2\cdot 2\pi R=2\pi R^3$$

(4) **解** 由于积分曲线 L 关于 x 轴、y 轴都对称，被积函数 $|y|$ 关于 x、y 均为偶函数，因此原积分应该是第一象限曲线积分的 4 倍。曲线的极坐标表示为 $\rho^4=a^2\rho^2(\cos^2\theta-\sin^2\theta)$，即 $\rho^2=a^2\cos 2\theta$。令 $\rho^2=0\Rightarrow 2\theta=\frac{\pi}{2}\Rightarrow\theta=\frac{\pi}{4}$，$\mathrm{d}s=\sqrt{\rho^2+\rho'^2}\mathrm{d}\theta=\frac{a}{\sqrt{\cos 2\theta}}\mathrm{d}\theta$，从而

$$\int_L|y|\mathrm{d}s=4\int_0^{\frac{\pi}{4}}\rho\sin\theta\frac{a}{\sqrt{\cos 2\theta}}\mathrm{d}\theta=4\int_0^{\frac{\pi}{4}}a\sqrt{\cos 2\theta}\sin\theta\frac{a}{\sqrt{\cos 2\theta}}\mathrm{d}\theta=4a^2\left(1-\frac{\sqrt{2}}{2}\right)$$

(5) **解** $L=\overset{\frown}{AB}+\overline{BC}$，其中 $\overset{\frown}{AB}$：$y=x^2$（x 从 1 到 -1），$\overline{BC}$：$y=x+2$（x 从 -1 到 0），因此

$$\int_L y^2\mathrm{d}x-x\mathrm{d}y=\int_{\overset{\frown}{AB}+\overline{BC}}y^2\mathrm{d}x-x\mathrm{d}y=\int_1^{-1}(x^4-x\cdot 2x)\mathrm{d}x+\int_{-1}^0[(x+2)^2-x]\mathrm{d}x=\frac{113}{30}$$

(6) **解** 由格林公式得

$$\oint_L(2xy-2y)\mathrm{d}x+(x^2-4x)\mathrm{d}y=\iint_{x^2+y^2\leqslant 9}[(2x-4)-(2x-2)]\mathrm{d}x\mathrm{d}y$$

$$=-2\iint_{x^2+y^2\leqslant 9}\mathrm{d}x\mathrm{d}y=-2\cdot 9\pi=-18\pi$$

(7) **解** 由于 L：$|x|+|y|=a$，记 L 所围成的区域为 D，则 D 是边长为 $\sqrt{2}a$ 的正方形，其面积为 $2a^2$，因此由格林公式得

$$\oint_L\frac{x\mathrm{d}y-y\mathrm{d}x}{|x|+|y|}=\frac{1}{a}\oint_L x\mathrm{d}y-y\mathrm{d}x=\frac{2}{a}\iint_D\mathrm{d}x\mathrm{d}y=4a$$

(8) **解** 取 L_1 为折线 $\overline{ABOA}$，所围成的区域为 D_1，取 L_2 为折线 $\overline{BCOB}$，所围成的区域为 D_2，由格林公式得

$$\oint_L|y|\mathrm{d}x+|x|\mathrm{d}y=\oint_{\overline{ABOA}+\overline{BCOB}}|y|\mathrm{d}x+|x|\mathrm{d}y$$

$$=\oint_{L_1}y\mathrm{d}x+x\mathrm{d}y+\oint_{L_2}y\mathrm{d}x-x\mathrm{d}y$$

$$= \iint\limits_{D_1} (1-1)\mathrm{d}x\mathrm{d}y + \iint\limits_{D_2} (-1-1)\mathrm{d}x\mathrm{d}y = -1$$

(9) **解**　方法一　由于 $\dfrac{\partial P}{\partial y} = 2xy$，$\dfrac{\partial Q}{\partial x} = y\varphi'(x)$，且曲线积分 $\displaystyle\int_L xy^2\mathrm{d}x + y\varphi(x)\mathrm{d}y$ 与路径无关，因此 $y\varphi'(x) = 2xy$，从而 $\varphi(x) = x^2 + C$。又由 $\varphi(0) = 0$，得 $C = 0$，故 $\varphi(x) = x^2$。所以曲线积分

$$\int_{(0,\,0)}^{(1,\,1)} xy^2\mathrm{d}x + y\varphi(x)\mathrm{d}y = \int_{(0,\,0)}^{(1,\,1)} xy^2\mathrm{d}x + yx^2\mathrm{d}y = \int_0^1 0\mathrm{d}x + \int_0^1 y\mathrm{d}y = \frac{1}{2}$$

方法二　由于曲线积分 $\displaystyle\int_L xy^2\mathrm{d}x + y\varphi(x)\mathrm{d}y$ 与路径无关，取折线 $\overline{OBA}$ 积分（其中 $O(0,\,0)$，$B(0,\,1)$，$A(1,\,1)$），则

$$\int_{(0,\,0)}^{(1,\,1)} xy^2\mathrm{d}x + y\varphi(x)\mathrm{d}y = \varphi(0)\int_0^1 y\mathrm{d}y + \int_0^1 x\mathrm{d}x = \frac{\varphi(0)}{2} + \frac{1}{2} = \frac{1}{2}$$

(10) **解**　方法一　由 Σ 的方程知 x 与 y 对称，从而 $\displaystyle\iint\limits_{\Sigma} x^2\mathrm{d}S = \iint\limits_{\Sigma} y^2\mathrm{d}S$，所以

$$\iint\limits_{\Sigma} x^2\mathrm{d}S = \frac{1}{2}\iint\limits_{\Sigma}(x^2+y^2)\mathrm{d}S = \frac{1}{2}\iint\limits_{\Sigma} a^2\mathrm{d}S = \frac{a^2}{2}\iint\limits_{\Sigma}\mathrm{d}S = \frac{a^2}{2}\cdot 2\pi ah = \pi a^3 h$$

方法二　由于 Σ 在 xOy 面上的投影为一条曲线（圆周 $x^2 + y^2 = a^2$），因此曲面积分不能向 xOy 面投影计算，只能向 yOz 面或 zOx 面投影计算。但从被积函数 x^2 来看，向 zOx 面投影时，不转化 x 比较简单。向 zOx 面投影计算时，记 $\Sigma = \Sigma_1 + \Sigma_2$，其中

$$\Sigma_1: y = \sqrt{a^2 - x^2}, \quad \Sigma_2: y = -\sqrt{a^2 - x^2}$$

且 Σ_1、Σ_2 关于 zOx 面对称，它们在 zOx 面上的投影区域都是 $D_{zx}: -a \leqslant x \leqslant a,\ 0 \leqslant z \leqslant h$，又被积函数 x^2 关于 y 是偶函数，故所求积分为 Σ_1 上积分的 2 倍，在 Σ_1 上 $\dfrac{\partial y}{\partial x} = \dfrac{-x}{\sqrt{a^2 - x^2}}$，$\dfrac{\partial y}{\partial z} = 0$，所以

$$\iint\limits_{\Sigma} x^2\mathrm{d}S = 2\iint\limits_{\Sigma_1} x^2\mathrm{d}S = 2\iint\limits_{D_{zx}} x^2\sqrt{1 + \left(\frac{-x}{\sqrt{a^2-x^2}}\right)^2}\,\mathrm{d}z\mathrm{d}x = 2\int_0^h \mathrm{d}z \int_{-a}^a \frac{a}{\sqrt{a^2-x^2}} x^2\mathrm{d}x$$

$$= 4ah\int_0^a \frac{x^2}{\sqrt{a^2-x^2}}\mathrm{d}x \xlongequal{x=a\sin t} 4ah\int_0^{\frac{\pi}{2}} a^2\sin^2 t\,\mathrm{d}t = \pi a^3 h$$

(11) **解**　方法一　设 $\Sigma = \Sigma_1 + \Sigma_2 + \Sigma_3$，其中 $\Sigma_1: y = 1\,(x^2 + z^2 \leqslant 1)$ 的左侧，$\Sigma_2: y = 2\,(x^2 + z^2 \leqslant 4)$ 的右侧，$\Sigma_3: y = \sqrt{x^2+z^2}\,(1 \leqslant y \leqslant 2)$ 的左侧，则

$$\iint\limits_{\Sigma_1} \frac{2^y}{\sqrt{x^2+z^2}}\mathrm{d}x\mathrm{d}z = -\iint\limits_{x^2+z^2 \leqslant 1} \frac{2}{\sqrt{x^2+z^2}}\mathrm{d}x\mathrm{d}z = -2\int_0^{2\pi}\mathrm{d}\theta\int_0^1 \mathrm{d}\rho = -4\pi$$

$$\iint\limits_{\Sigma_2} \frac{2^y}{\sqrt{x^2+z^2}}\mathrm{d}x\mathrm{d}z = \iint\limits_{x^2+z^2 \leqslant 4} \frac{2^2}{\sqrt{x^2+z^2}}\mathrm{d}x\mathrm{d}z = 4\int_0^{2\pi}\mathrm{d}\theta\int_0^2 \mathrm{d}\rho = 16\pi$$

$$\iint\limits_{\Sigma_3} \frac{2^y}{\sqrt{x^2+z^2}}\mathrm{d}x\mathrm{d}z = -\iint\limits_{1 \leqslant x^2+z^2 \leqslant 4} \frac{2^{\sqrt{x^2+z^2}}}{\sqrt{x^2+z^2}}\mathrm{d}x\mathrm{d}z = -\int_0^{2\pi}\mathrm{d}\theta\int_1^2 2^\rho\mathrm{d}\rho = -\frac{4\pi}{\ln 2}$$

因此

$$\iint\limits_{\Sigma} \frac{2^y}{\sqrt{x^2+z^2}}\mathrm{d}x\mathrm{d}z = \iint\limits_{\Sigma_1} \frac{2^y}{\sqrt{x^2+z^2}}\mathrm{d}x\mathrm{d}z + \iint\limits_{\Sigma_2} \frac{2^y}{\sqrt{x^2+z^2}}\mathrm{d}x\mathrm{d}z + \iint\limits_{\Sigma_3} \frac{2^y}{\sqrt{x^2+z^2}}\mathrm{d}x\mathrm{d}z$$

$$= \left(12 - \frac{4}{\ln 2}\right)\pi$$

方法二　记 Σ 围成的空间闭区域为 Ω，由高斯公式得

$$\iint\limits_{\Sigma} \frac{2^y}{\sqrt{x^2+z^2}}\mathrm{d}x\mathrm{d}z = \ln 2\iiint\limits_{\Omega} \frac{2^y}{\sqrt{x^2+z^2}}\mathrm{d}x\mathrm{d}y\mathrm{d}z = \ln 2\int_1^2 2^y\mathrm{d}y \iint\limits_{x^2+z^2\leqslant y^2} \frac{1}{\sqrt{x^2+z^2}}\mathrm{d}x\mathrm{d}z$$

$$= \ln 2\int_1^2 2^y\mathrm{d}y \int_0^{2\pi}\mathrm{d}\theta \int_0^y \mathrm{d}\rho = 2\pi\ln 2\int_1^2 y 2^y\mathrm{d}y = \left[2\pi 2^y\left(y - \frac{1}{\ln 2}\right)\right]_1^2$$

$$= \left(12 - \frac{4}{\ln 2}\right)\pi$$

(12) 解　取 $\Sigma_1: z = 2(x^2 + y^2 \leqslant 4)$ 的上侧，Σ 与 Σ_1 所围成的空间区域为 Ω，由高斯公式得

$$\iint\limits_{\Sigma}(z^2 + x)\mathrm{d}y\mathrm{d}z - z\mathrm{d}x\mathrm{d}y = \iint\limits_{\Sigma+\Sigma_1}(z^2 + x)\mathrm{d}y\mathrm{d}z - z\mathrm{d}x\mathrm{d}y - \iint\limits_{\Sigma_1}(z^2 + x)\mathrm{d}y\mathrm{d}z - z\mathrm{d}x\mathrm{d}y$$

$$= \iiint\limits_{\Omega}(1-1)\mathrm{d}x\mathrm{d}y\mathrm{d}z + \iint\limits_{\Sigma_1}2\mathrm{d}x\mathrm{d}y = 2\iint\limits_{x^2+y^2\leqslant 4}\mathrm{d}x\mathrm{d}y = 8\pi$$

(13) 解　曲线 $\begin{cases} z = \sqrt{y-1} \\ x = 0 \end{cases}(1 \leqslant y \leqslant 3)$ 绕 y 轴旋转一周所成的曲面 Σ 方程为

$$y - 1 = z^2 + x^2 \quad (\Sigma \text{ 取左侧})$$

设 $\Sigma_1: y = 3(x^2 + z^2 \leqslant 2)$ 的右侧，Σ 与 Σ_1 所围成的空间区域为 Ω，则

$$\iint\limits_{\Sigma}(8y+1)x\mathrm{d}y\mathrm{d}z + 2(1-y^2)\mathrm{d}z\mathrm{d}x - 4yz\mathrm{d}x\mathrm{d}y$$

$$= \iint\limits_{\Sigma+\Sigma_1}(8y+1)x\mathrm{d}y\mathrm{d}z + 2(1-y^2)\mathrm{d}z\mathrm{d}x - 4yz\mathrm{d}x\mathrm{d}y$$

$$- \iint\limits_{\Sigma_1}(8y+1)x\mathrm{d}y\mathrm{d}z + 2(1-y^2)\mathrm{d}z\mathrm{d}x - 4yz\mathrm{d}x\mathrm{d}y$$

$$= \iiint\limits_{\Omega}(8y+1-4y-4y)\mathrm{d}x\mathrm{d}y\mathrm{d}z - 2\iint\limits_{\Sigma_1}(1-3^2)\mathrm{d}z\mathrm{d}x = \iiint\limits_{\Omega}\mathrm{d}x\mathrm{d}y\mathrm{d}z + 32\pi$$

$$= \int_1^3\mathrm{d}y \iint\limits_{x^2+z^2\leqslant y-1}\mathrm{d}x\mathrm{d}z + 32\pi = \pi\int_1^3(y-1)\mathrm{d}y + 32\pi = 34\pi$$

(14) 解　记 Σ 所围的空间闭区域为 Ω，由高斯公式得

$$\oiint\limits_{\Sigma}2xz\mathrm{d}y\mathrm{d}z + yz\mathrm{d}z\mathrm{d}x - z^2\mathrm{d}x\mathrm{d}y = \iiint\limits_{\Omega}(2z+z-2z)\mathrm{d}x\mathrm{d}y\mathrm{d}z = \iiint\limits_{\Omega}z\mathrm{d}x\mathrm{d}y\mathrm{d}z$$

$$= \int_0^{2\pi}\mathrm{d}\theta \int_0^{\frac{\pi}{4}}\mathrm{d}\varphi \int_0^{\sqrt{2}} r\cos\varphi \cdot r^2\sin\varphi\mathrm{d}r$$

$$= 2\pi\int_0^{\frac{\pi}{4}}\cos\varphi\sin\varphi\mathrm{d}\varphi = \frac{\pi}{2}$$

(15) 解　方法一　记 Σ 所围的空间闭区域为 Ω，由高斯公式得

$$\oiint\limits_{\Sigma} \frac{x\mathrm{d}y\mathrm{d}z + y\mathrm{d}z\mathrm{d}x + z\mathrm{d}x\mathrm{d}y}{\sqrt{(x^2+y^2+z^2)^3}} = \frac{1}{a^3}\oiint\limits_{\Sigma}x\mathrm{d}y\mathrm{d}z + y\mathrm{d}z\mathrm{d}x + z\mathrm{d}x\mathrm{d}y = \frac{1}{a^3}\iiint\limits_{\Omega}3\mathrm{d}v = 4\pi$$

方法二　由于 Σ 指定侧法向量为 $\{2x, 2y, 2z\}$，方向余弦

$$\cos\alpha = \frac{x}{\sqrt{x^2 + y^2 + z^2}} = \frac{x}{a}$$

$$\cos\beta = \frac{y}{\sqrt{x^2 + y^2 + z^2}} = \frac{y}{a}$$

$$\cos\gamma = \frac{z}{\sqrt{x^2 + y^2 + z^2}} = \frac{z}{a}$$

因此

$$\oiint\limits_{\Sigma} \frac{x\,\mathrm{d}y\mathrm{d}z + y\,\mathrm{d}z\mathrm{d}x + z\,\mathrm{d}x\mathrm{d}y}{\sqrt{(x^2 + y^2 + z^2)^3}} = \frac{1}{a^2}\oiint\limits_{\Sigma} \cos\alpha\mathrm{d}y\mathrm{d}z + \cos\beta\mathrm{d}z\mathrm{d}x + \cos\gamma\mathrm{d}x\mathrm{d}y$$

$$= \frac{1}{a^2}\oiint\limits_{\Sigma} (\cos^2\alpha + \cos^2\beta + \cos^2\gamma)\mathrm{d}S$$

$$= \frac{1}{a^2}\oiint\limits_{\Sigma} \mathrm{d}S = 4\pi$$

(16) **解**　由于 Σ 关于 yOz 面、zOx 面对称，因此 $\iint\limits_{\Sigma} x\mathrm{d}S = 0$，$\iint\limits_{\Sigma} z\mathrm{d}S = 0$，从而

$$\iint\limits_{\Sigma} (x + y + z)\mathrm{d}S = \iint\limits_{\Sigma} z\mathrm{d}S = \iint\limits_{x^2+y^2\leqslant a^2} \sqrt{a^2 - x^2 - y^2}\ \sqrt{1 + z_x'^2 + z_y'^2}\mathrm{d}x\mathrm{d}y$$

$$= \iint\limits_{x^2+y^2\leqslant a^2} \sqrt{a^2 - x^2 - y^2}\ \frac{a}{\sqrt{a^2 - x^2 - y^2}}\mathrm{d}x\mathrm{d}y$$

$$= a\iint\limits_{x^2+y^2\leqslant a^2} \mathrm{d}x\mathrm{d}y = \pi a^3$$

(17) **解**　由于

$$\frac{\partial}{\partial x}\left(\frac{\partial R}{\partial y} - \frac{\partial Q}{\partial z}\right) = \frac{\partial^2 R}{\partial y\partial x} - \frac{\partial^2 Q}{\partial z\partial x}$$

$$\frac{\partial}{\partial y}\left(\frac{\partial P}{\partial z} - \frac{\partial R}{\partial x}\right) = \frac{\partial^2 P}{\partial z\partial y} - \frac{\partial^2 R}{\partial x\partial y}$$

$$\frac{\partial}{\partial z}\left(\frac{\partial Q}{\partial x} - \frac{\partial P}{\partial y}\right) = \frac{\partial^2 Q}{\partial x\partial z} - \frac{\partial^2 P}{\partial y\partial z}$$

因此由高斯公式得

$$I = \iiint\limits_{\Omega}\left[\frac{\partial^2 R}{\partial y\partial x} - \frac{\partial^2 Q}{\partial z\partial x} + \frac{\partial^2 P}{\partial z\partial y} - \frac{\partial^2 R}{\partial x\partial y} + \frac{\partial^2 Q}{\partial x\partial z} - \frac{\partial^2 P}{\partial y\partial z}\right]\mathrm{d}v = 0$$

3. 解答题

(1) **解**　（先二后一法）　由于积分区域在 z 轴上的投影区间为 $[-c, c]$，在该区间内任

取一点 z，相应的区域 D_z: $\dfrac{x^2}{a^2\left(1 - \dfrac{z^2}{c^2}\right)} + \dfrac{y^2}{b^2\left(1 - \dfrac{z^2}{c^2}\right)} \leqslant 1$，因此

$$\iiint\limits_{\Omega} z^2\mathrm{d}v = \int_{-c}^{c} z^2\,\mathrm{d}z\iint\limits_{D_z}\mathrm{d}x\mathrm{d}y = \int_{-c}^{c} z^2 \cdot \pi ab\left(1 - \frac{z^2}{c^2}\right)\mathrm{d}z = \frac{4}{15}\pi abc^3$$

(2) **解**　方法一　设圆台侧面与 yOz 面的交线段为 AB（见图 9.16），则 AB 所在直线方

程为 $z = \dfrac{h}{b-a}(b-y)$，从而圆台侧面方程为 $z = \dfrac{h}{b-a}(b - \sqrt{x^2+y^2})(0 \leqslant z \leqslant h)$，所以

$$\iiint\limits_{\Omega} (x^2+y^2)\mathrm{d}v = \int_0^h \mathrm{d}z \iint\limits_{x^2+y^2 \leqslant \left(b-\frac{b-a}{h}z\right)^2} (x^2+y^2)\mathrm{d}x\mathrm{d}y$$

$$= \int_0^h \mathrm{d}z \int_0^{2\pi} \mathrm{d}\theta \int_0^{b-\frac{b-a}{h}z} \rho^3 \mathrm{d}\rho = \frac{\pi}{2} \int_0^h \left(b - \frac{b-a}{h}z\right)^4 \mathrm{d}z$$

$$= \frac{h\pi}{10(a-b)} \left[\left(b - \frac{b-a}{h}z\right)^5\right]_0^h = \frac{\pi h(b^5-a^5)}{10(b-a)}$$

方法二 设圆台侧面与 yOz 面的交线段为 AB（见图 9.16），则 AB 所在直线方程为 $z = \dfrac{h}{b-a}(b-y)$，从而圆台侧面方程为 $z = \dfrac{h}{b-a}(b - \sqrt{x^2+y^2})(0 \leqslant z \leqslant h)$，所以

$$\iiint\limits_{\Omega} (x^2+y^2)\mathrm{d}v = \iint\limits_{x^2+y^2 \leqslant a^2} \mathrm{d}x\mathrm{d}y \int_0^h (x^2+y^2)\mathrm{d}z + \iint\limits_{a^2 \leqslant x^2+y^2 \leqslant b^2} \mathrm{d}x\mathrm{d}y \int_0^{\frac{h}{b-a}(b-\sqrt{x^2+y^2})} (x^2+y^2)\mathrm{d}z$$

$$= \int_0^{2\pi} \mathrm{d}\theta \int_0^a \rho^3 \mathrm{d}\rho \int_0^h \mathrm{d}z + \int_0^{2\pi} \mathrm{d}\theta \int_a^b \rho^3 \mathrm{d}\rho \int_0^{\frac{h}{b-a}(b-\rho)} \mathrm{d}z$$

$$= \frac{\pi a^4 h}{2} + \frac{2\pi h}{b-a} \int_a^b \rho^3 (b-\rho)\mathrm{d}\rho$$

$$= \frac{1}{2}\pi a^4 h + \frac{2\pi h}{b-a}\left[\frac{1}{4}b(b^4-a^4) - \frac{1}{5}(b^5-a^5)\right] = \frac{\pi h(b^5-a^5)}{10(b-a)}$$

（3）**解** **方法一（球面坐标法）**

$$\iiint\limits_{\Omega} z \sqrt{x^2+y^2+z^2}\, \mathrm{d}v = \int_0^{2\pi} \mathrm{d}\theta \int_0^{\frac{\pi}{6}} \sin\varphi \mathrm{d}\varphi \int_0^1 r\cos\varphi \cdot r \cdot r^2 \mathrm{d}r$$

$$= 2\pi \int_0^{\frac{\pi}{6}} \cos\varphi \sin\varphi \mathrm{d}\varphi \int_0^1 r^4 \mathrm{d}r = \frac{\pi}{20}$$

方法二（柱面坐标法） 由于 $x^2+y^2+z^2=1$ 与 $z = \sqrt{3(x^2+y^2)}$ 的交线是平面 $z = \dfrac{\sqrt{3}}{2}$ 上的圆 $x^2+y^2 = \dfrac{1}{4}$（见图 9.17），因此 Ω 在 xOy 面上的投影域 $D: x^2+y^2 \leqslant \dfrac{1}{4}$，所以

$$\iiint\limits_{\Omega} z \sqrt{x^2+y^2+z^2}\, \mathrm{d}v = \int_0^{2\pi} \mathrm{d}\theta \int_0^{\frac{1}{2}} \rho \mathrm{d}\rho \int_{\sqrt{3}\rho}^{\sqrt{1-\rho^2}} z \sqrt{\rho^2+z^2}\, \mathrm{d}z$$

$$= \pi \int_0^{\frac{1}{2}} \rho \mathrm{d}\rho \int_{\sqrt{3}\rho}^{\sqrt{1-\rho^2}} \sqrt{\rho^2+z^2}\, \mathrm{d}(\rho^2+z^2)$$

$$= \frac{2\pi}{3} \int_0^{\frac{1}{2}} \rho \left[(\rho^2+z^2)^{\frac{3}{2}}\right]_{\sqrt{3}\rho}^{\sqrt{1-\rho^2}} \mathrm{d}\rho = \frac{2\pi}{3} \int_0^{\frac{1}{2}} \rho(1-8\rho^3)\mathrm{d}\rho = \frac{\pi}{20}$$

（4）**解** **方法一（先二后一法）** 由积分区域的对称性及被积函数的奇偶性知，$\iiint\limits_{\Omega} x \mathrm{d}v = 0, \iiint\limits_{\Omega} y \mathrm{d}v = 0$，又由于积分区域在 z 轴上的投影区间为 $[0,h]$，在该区间内任取一点 z，相应的区域 $D_z: x^2+y^2 \leqslant z^2$，因此

$$\iiint\limits_{\Omega} (x+y+z)\mathrm{d}v = \iiint\limits_{\Omega} z \mathrm{d}v = \int_0^h z\mathrm{d}z \iint\limits_{D_z} \mathrm{d}x\mathrm{d}y = \int_0^h z \cdot \pi z^2 \mathrm{d}z = \frac{\pi h^4}{4}$$

方法二（柱面坐标法）　由积分区域的对称性及被积函数的奇偶性知，$\iiint\limits_{\Omega} x\,\mathrm{d}v = 0$，
$\iiint\limits_{\Omega} y\,\mathrm{d}v = 0$，从而

$$\iiint\limits_{\Omega}(x+y+z)\,\mathrm{d}v = \iiint\limits_{\Omega} z\,\mathrm{d}v = \int_0^{2\pi}\mathrm{d}\theta\int_0^h\rho\,\mathrm{d}\rho\int_\rho^h z\,\mathrm{d}z = \pi\int_0^h\rho(h^2-\rho^2)\,\mathrm{d}\rho = \frac{\pi h^4}{4}$$

（5）**解**　利用球面坐标法计算，则曲面方程球坐标形式为 $r = \cos\varphi$，故

$$\iiint\limits_{\Omega}\sqrt{x^2+y^2+z^2}\,\mathrm{d}v = \int_0^{2\pi}\mathrm{d}\theta\int_0^{\frac{\pi}{2}}\sin\varphi\,\mathrm{d}\varphi\int_0^{\cos\varphi}r^3\,\mathrm{d}r = \frac{\pi}{2}\int_0^{\frac{\pi}{2}}\cos^4\varphi\sin\varphi\,\mathrm{d}\varphi = \frac{\pi}{10}$$

（6）**解**　$\dfrac{\partial P}{\partial y} = \dfrac{\partial}{\partial y}(\mathrm{e}^x\sin y - my) = \mathrm{e}^x\cos y - m,\ \dfrac{\partial Q}{\partial x} = \dfrac{\partial}{\partial x}(\mathrm{e}^x\cos y - m) = \mathrm{e}^x\cos y$，记

$D: \left(x-\dfrac{a}{2}\right)^2 + y^2 \leqslant \dfrac{a^2}{4}(y > 0)$，由补线格林公式得

$$I = \int_{L+\overline{OA}}(\mathrm{e}^x\sin y - my)\,\mathrm{d}x + (\mathrm{e}^x\cos y - m)\,\mathrm{d}y$$

$$- \int_{\overline{OA}}(\mathrm{e}^x\sin y - my)\,\mathrm{d}x + (\mathrm{e}^x\cos y - m)\,\mathrm{d}y$$

$$= \iint\limits_{D}\left(\frac{\partial Q}{\partial x} - \frac{\partial P}{\partial y}\right)\mathrm{d}x\mathrm{d}y - \int_0^a 0\cdot\mathrm{d}x = m\iint\limits_{D}\mathrm{d}x\mathrm{d}y = \frac{m}{8}\pi a^2$$

（7）**证**　记 L 所围成的闭区域为 D，由格林公式得

$$\oint_L\frac{x}{\varphi(y)}\mathrm{d}y - y\varphi(x)\mathrm{d}x = \iint\limits_{D}\left[\frac{1}{\varphi(y)} + \varphi(x)\right]\mathrm{d}x\mathrm{d}y$$

由于区域 D 关于直线 $y = x$ 对称，因此 $\iint\limits_{D}\varphi(x)\mathrm{d}x\mathrm{d}y = \iint\limits_{D}\varphi(y)\mathrm{d}x\mathrm{d}y$，所以

$$\oint_L\frac{x}{\varphi(y)}\mathrm{d}y - y\varphi(x)\mathrm{d}x = \iint\limits_{D}\left[\frac{1}{\varphi(y)} + \varphi(x)\right]\mathrm{d}x\mathrm{d}y = \iint\limits_{D}\left[\frac{1}{\varphi(y)} + \varphi(y)\right]\mathrm{d}x\mathrm{d}y$$

$$\geqslant 2\iint\limits_{D}\sqrt{\frac{1}{\varphi(y)}\cdot\varphi(y)}\,\mathrm{d}x\mathrm{d}y = 2\iint\limits_{D}\mathrm{d}x\mathrm{d}y = 2\pi$$

（8）**解**　由于球面 $x^2+y^2+z^2 = t^2$ 被上半锥面 $z = \sqrt{x^2+y^2}$ 分成两部分：

$$\Sigma_1: x^2+y^2+z^2 = t^2,\ z\geqslant\sqrt{x^2+y^2}$$

$$\Sigma_2: x^2+y^2+z^2 = t^2,\ z < \sqrt{x^2+y^2}$$

因此

$$F(t) = \iint\limits_{x^2+y^2+z^2 = t^2} f(x,y,z)\,\mathrm{d}S = \iint\limits_{\Sigma_1}(x^2+y^2)\,\mathrm{d}S + \iint\limits_{\Sigma_2} 0\cdot\mathrm{d}S$$

$$= \iint\limits_{x^2+y^2\leqslant\frac{t^2}{2}}(x^2+y^2)\sqrt{1+z_x'^2+z_y'^2}\,\mathrm{d}x\mathrm{d}y$$

$$= \iint\limits_{x^2+y^2\leqslant\frac{t^2}{2}}(x^2+y^2)\frac{t}{\sqrt{t^2-x^2-y^2}}\,\mathrm{d}x\mathrm{d}y$$

$$= \int_0^{2\pi} \mathrm{d}\theta \int_0^{\frac{t}{\sqrt{2}}} \rho^2 \frac{t}{\sqrt{t^2 - \rho^2}} \rho \mathrm{d}\rho = -2\pi t \int_0^{\frac{t}{\sqrt{2}}} \rho^2 \mathrm{d}(\sqrt{t^2 - \rho^2})$$

$$= -2\pi t \left[\rho^2 \sqrt{t^2 - \rho^2} + \frac{2}{3} (t^2 - \rho^2)^{\frac{3}{2}} \right]_0^{\frac{t}{\sqrt{2}}} = \frac{1}{6}(8 - 5\sqrt{2})\pi t^4$$

(9) **解** 取 $\Sigma_1: z = 0 \ (x^2 + y^2 \leqslant a^2)$ 的下侧，Σ 与 Σ_1 所围成的空间闭区域为 Ω，则

$$I = \oiint\limits_{\Sigma + \Sigma_1} (x^3 + az^2)\mathrm{d}y\mathrm{d}z + (y^3 + ax^2)\mathrm{d}z\mathrm{d}x + (z^3 + ay^2)\mathrm{d}x\mathrm{d}y$$

$$- \iint\limits_{\Sigma_1} (x^3 + az^2)\mathrm{d}y\mathrm{d}z + (y^3 + ax^2)\mathrm{d}z\mathrm{d}x + (z^3 + ay^2)\mathrm{d}x\mathrm{d}y$$

$$= \iiint\limits_{\Omega} \left(\frac{\partial P}{\partial x} + \frac{\partial Q}{\partial y} + \frac{\partial R}{\partial z} \right) \mathrm{d}v - \iint\limits_{\Sigma_1} ay^2 \mathrm{d}x\mathrm{d}y$$

$$= 3\iiint\limits_{\Omega} (x^2 + y^2 + z^2)\mathrm{d}v + a\iint\limits_{D_{xy}} y^2 \mathrm{d}x\mathrm{d}y$$

$$= 3\int_0^{2\pi} \mathrm{d}\theta \int_0^{\frac{\pi}{2}} \sin\varphi \mathrm{d}\varphi \int_0^a r^4 \mathrm{d}r + a\int_0^{2\pi} \mathrm{d}\theta \int_0^a \rho^3 \sin^2\theta \mathrm{d}\rho$$

$$= \frac{6}{5}\pi a^5 + \frac{1}{4}\pi a^5 = \frac{29}{20}\pi a^5$$

(10) **解** 虽然曲面 Σ 是封闭的，但由于 P、Q、R 及其一阶偏导数在曲面 Σ 所围成的区域中不连续，所以不能直接使用高斯公式。设 $\Sigma = \Sigma_1 + \Sigma_2 + \Sigma_3$，其中 $\Sigma_1: z = R(x^2 + y^2 \leqslant R^2)$ 的上侧，$\Sigma_2: z = -R(x^2 + y^2 \leqslant R^2)$ 的下侧，Σ_1 及 Σ_2 在 xOy 平面上的投影都是 $D_{xy}: x^2 + y^2 \leqslant a^2$，$\Sigma_3: x^2 + y^2 = R^2(-R \leqslant z \leqslant R)$ 的外侧，则

$$\iint\limits_{\Sigma_1} \frac{x\mathrm{d}y\mathrm{d}z + z^2 \mathrm{d}x\mathrm{d}y}{x^2 + y^2 + z^2} = \iint\limits_{\Sigma_1} \frac{R^2}{R^2 + x^2 + y^2}\mathrm{d}x\mathrm{d}y = \iint\limits_{D_{xy}} \frac{R^2}{R^2 + x^2 + y^2}\mathrm{d}x\mathrm{d}y$$

$$\iint\limits_{\Sigma_2} \frac{x\mathrm{d}y\mathrm{d}z + z^2 \mathrm{d}x\mathrm{d}y}{x^2 + y^2 + z^2} = \iint\limits_{\Sigma_2} \frac{R^2}{R^2 + x^2 + y^2}\mathrm{d}x\mathrm{d}y = -\iint\limits_{D_{xy}} \frac{R^2}{R^2 + x^2 + y^2}\mathrm{d}x\mathrm{d}y$$

设 $\Sigma_3 = \Sigma_{31} + \Sigma_{32}$，其中 $\Sigma_{31}: x = \sqrt{R^2 - y^2}$ 的前侧，$\Sigma_{32}: x = -\sqrt{R^2 - y^2}$ 的后侧，Σ_{31} 及 Σ_{32} 在 yOz 平面上的投影都是 $D_{yz}: -R \leqslant y \leqslant R, -R \leqslant z \leqslant R$，则

$$\iint\limits_{\Sigma_3} \frac{x\mathrm{d}y\mathrm{d}z + z^2 \mathrm{d}x\mathrm{d}y}{x^2 + y^2 + z^2} = \iint\limits_{\Sigma_{31}} \frac{x\mathrm{d}y\mathrm{d}z + z^2 \mathrm{d}x\mathrm{d}y}{x^2 + y^2 + z^2} + \iint\limits_{\Sigma_{32}} \frac{x\mathrm{d}y\mathrm{d}z + z^2 \mathrm{d}x\mathrm{d}y}{x^2 + y^2 + z^2}$$

$$= \iint\limits_{\Sigma_{31}} \frac{x}{x^2 + y^2 + z^2}\mathrm{d}y\mathrm{d}z + \iint\limits_{\Sigma_{32}} \frac{x}{x^2 + y^2 + z^2}\mathrm{d}y\mathrm{d}z$$

$$= \iint\limits_{D_{yz}} \frac{\sqrt{R^2 - y^2}}{R^2 + z^2}\mathrm{d}y\mathrm{d}z - \iint\limits_{D_{yz}} \frac{-\sqrt{R^2 - y^2}}{R^2 + z^2}\mathrm{d}y\mathrm{d}z$$

$$= 2\iint\limits_{D_{yz}} \frac{\sqrt{R^2 - y^2}}{R^2 + z^2}\mathrm{d}y\mathrm{d}z = 2\int_{-R}^R \frac{1}{R^2 + z^2}\mathrm{d}z \int_{-R}^R \sqrt{R^2 - y^2}\mathrm{d}y$$

$$= 8\int_0^R \frac{1}{R^2 + z^2}\mathrm{d}z \int_0^R \sqrt{R^2 - y^2}\mathrm{d}y$$

$$= 8 \left[\frac{1}{R}\arctan\frac{z}{R} \right]_0^R \cdot \frac{1}{4}\pi R^2 = \frac{1}{2}\pi^2 R$$

故

$$I = \iint\limits_{\Sigma_1} \frac{x\mathrm{d}y\mathrm{d}z + z^2\mathrm{d}x\mathrm{d}y}{x^2 + y^2 + z^2} + \iint\limits_{\Sigma_2} \frac{x\mathrm{d}y\mathrm{d}z + z^2\mathrm{d}x\mathrm{d}y}{x^2 + y^2 + z^2} + \iint\limits_{\Sigma_3} \frac{x\mathrm{d}y\mathrm{d}z + z^2\mathrm{d}x\mathrm{d}y}{x^2 + y^2 + z^2} = \frac{1}{2}\pi^2 R$$

(11) **解**　两曲面的交线为 $\begin{cases} x^2 = y^2 + z^2 \\ x^2 + y^2 + z^2 = 2z \end{cases}$，它在 yOz 面上的投影曲线方程为

$\begin{cases} y^2 + z^2 = z \\ x = 0 \end{cases}$，曲面 $x^2 = y^2 + z^2$ 在 yOz 面上的投影区域为 $y^2 + z^2 \leqslant z$，又 $x'_y = \dfrac{y}{\sqrt{y^2 + z^2}}$，

$x'_z = \dfrac{z}{\sqrt{y^2 + z^2}}$，由对称性得所求的面积为

$$A = 2\iint\limits_{y^2+z^2\leqslant z} \sqrt{1 + x_y'^{\,2} + x_z'^{\,2}}\,\mathrm{d}y\mathrm{d}z = 2\iint\limits_{y^2+z^2\leqslant z} \sqrt{2}\,\mathrm{d}y\mathrm{d}z = 2\sqrt{2}\cdot\pi\left(\frac{1}{2}\right)^2 = \frac{\sqrt{2}}{2}\pi$$

(12) **解**　**方法一**　由于 Σ 指定侧法向量为 $\{1,\ -1,\ 1\}$，方向余弦 $\cos\alpha = \dfrac{1}{\sqrt{3}}$，

$\cos\beta = -\dfrac{1}{\sqrt{3}}$，$\cos\gamma = \dfrac{1}{\sqrt{3}}$，记 Σ 在 xOy 面上的投影区域为 D_{xy}，其面积为 $\dfrac{1}{2}$，因此

$$I = \iint\limits_{\Sigma}\left\{[f(x,\ y,\ z) + x]\frac{1}{\sqrt{3}} + [2f(x,\ y,\ z) + y]\left(-\frac{1}{\sqrt{3}}\right) + [f(x,\ y,\ z) + z]\frac{1}{\sqrt{3}}\right\}\mathrm{d}S$$

$$= \frac{1}{\sqrt{3}}\iint\limits_{\Sigma}(x - y + z)\mathrm{d}S = \frac{1}{\sqrt{3}}\iint\limits_{\Sigma}\mathrm{d}S = \frac{1}{\sqrt{3}}\iint\limits_{D_{xy}}\sqrt{1 + z_x'^{\,2} + z_y'^{\,2}}\,\mathrm{d}x\mathrm{d}y$$

$$= \frac{1}{\sqrt{3}}\iint\limits_{D_{xy}}\sqrt{3}\,\mathrm{d}x\mathrm{d}y = \frac{1}{2}$$

方法二　由于 $\mathrm{d}y\mathrm{d}z = \dfrac{\cos\alpha}{\cos\gamma}\mathrm{d}x\mathrm{d}y = \mathrm{d}x\mathrm{d}y$，$\mathrm{d}z\mathrm{d}x = \dfrac{\cos\beta}{\cos\gamma}\mathrm{d}x\mathrm{d}y = -\mathrm{d}x\mathrm{d}y$，因此

$$I = \iint\limits_{\Sigma}\{[f(x,\ y,\ z) + x] + (-1)[2f(x,\ y,\ z) + y] + [f(x,\ y,\ z) + z]\}\mathrm{d}x\mathrm{d}y$$

$$= \iint\limits_{\Sigma}(x - y + z)\mathrm{d}x\mathrm{d}y = \iint\limits_{\Sigma}\mathrm{d}x\mathrm{d}y = \iint\limits_{D_{xy}}\mathrm{d}x\mathrm{d}y = \frac{1}{2}$$

(13) **解**　由于 $\displaystyle\int_L 2xy\mathrm{d}x + Q(x,\ y)\mathrm{d}y$ 与路径无关，因此 $\dfrac{\partial}{\partial y}(2xy) = \dfrac{\partial Q}{\partial x}$，即 $\dfrac{\partial Q}{\partial x} = 2x$，

积分，得 $Q(x,\ y) = x^2 + C(y)$，由 $\displaystyle\int_L 2xy\mathrm{d}x + Q(x,\ y)\mathrm{d}y$ 与路径无关得

$$\int_{(0,\ 0)}^{(t,\ 1)} 2xy\mathrm{d}x + Q(x,\ y)\mathrm{d}y = \int_0^1 Q(t,\ y)\mathrm{d}y = \int_0^1 [t^2 + C(y)]\mathrm{d}y = t^2 + \int_0^1 C(y)\mathrm{d}y$$

$$\int_{(0,\ 0)}^{(1,\ t)} 2xy\mathrm{d}x + Q(x,\ y)\mathrm{d}y = \int_0^t Q(1,\ y)\mathrm{d}y = \int_0^t [1 + C(y)]\mathrm{d}y = t + \int_0^t C(y)\mathrm{d}y$$

由题设，得 $t^2 + \displaystyle\int_0^1 C(y)\mathrm{d}y = t + \int_0^t C(y)\mathrm{d}y$，再两边求导，得 $2t = 1 + C(t)$，从而

$C(y) = 2y - 1$，故

$$Q(x,\ y) = x^2 + 2y - 1$$

9.2 多元函数积分学的应用

一、考点内容讲解

1. 几何量

(1) 平面薄板面积：$A = \iint\limits_{D} \mathrm{d}\sigma$。

(2) 空间立体体积：$V = \iint\limits_{D_{xy}} [z_2(x, y) - z_1(x, y)] \mathrm{d}x\mathrm{d}y$，$V = \iiint\limits_{\Omega} \mathrm{d}v$。

(3) 曲线弧长：$l = \int_{L} \mathrm{d}s$。

(4) 曲面面积：$A = \iint\limits_{\Sigma} \mathrm{d}S = \iint\limits_{D} \sqrt{1 + f_x'^2 + f_y'^2} \, \mathrm{d}x\mathrm{d}y$。

(5) 柱面被曲面所截部分的面积：设有 xOy 平面上的光滑曲线 L，以 L 为准线，母线平行于 z 轴作柱面，此柱面在 xOy 平面与连续曲面 $z = f(x, y) (\geqslant 0)$ 之间部分的面积为 $A = \int_{L} f(x, y) \mathrm{d}s$。

2. 物理量

(1) 质量：

（ⅰ）平面薄板：$m = \iint\limits_{D} \mu(x, y) \mathrm{d}\sigma$；

（ⅱ）空间立体：$m = \iiint\limits_{\Omega} \mu(x, y, z) \mathrm{d}v$；

（ⅲ）空间曲线：$m = \int_{L} \mu(x, y, z) \mathrm{d}s$；

（ⅳ）空间曲面：$m = \iint\limits_{\Sigma} \mu(x, y, z) \mathrm{d}S$。

(2) 质心：

（ⅰ）平面薄板：

$$\bar{x} = \frac{\iint\limits_{D} x\mu(x, y) \mathrm{d}\sigma}{\iint\limits_{D} \mu(x, y) \mathrm{d}\sigma}, \quad \bar{y} = \frac{\iint\limits_{D} y\mu(x, y) \mathrm{d}\sigma}{\iint\limits_{D} \mu(x, y) \mathrm{d}\sigma}$$

（ⅱ）空间立体：

$$\bar{x} = \frac{\iiint\limits_{\Omega} x\mu(x, y, z) \mathrm{d}v}{\iiint\limits_{\Omega} \mu(x, y, z) \mathrm{d}v}, \quad \bar{y} = \frac{\iiint\limits_{\Omega} y\mu(x, y, z) \mathrm{d}v}{\iiint\limits_{\Omega} \mu(x, y, z) \mathrm{d}v}, \quad \bar{z} = \frac{\iiint\limits_{\Omega} z\mu(x, y, z) \mathrm{d}v}{\iiint\limits_{\Omega} \mu(x, y, z) \mathrm{d}v}$$

（ⅲ）空间曲线：

$$\bar{x} = \frac{\int_{\Gamma} x\mu(x,\ y,\ z)\mathrm{d}s}{\int_{\Gamma}\mu(x,\ y,\ z)\mathrm{d}s},\ \bar{y} = \frac{\int_{\Gamma} y\mu(x,\ y,\ z)\mathrm{d}s}{\int_{\Gamma}\mu(x,\ y,\ z)\mathrm{d}s},\ \bar{z} = \frac{\int_{\Gamma} z\mu(x,\ y,\ z)\mathrm{d}s}{\int_{\Gamma}\mu(x,\ y,\ z)\mathrm{d}s}$$

（ⅳ）空间曲面：

$$\bar{x} = \frac{\iint\limits_{\Sigma} x\mu(x,\ y,\ z)\mathrm{d}S}{\iint\limits_{\Sigma}\mu(x,\ y,\ z)\mathrm{d}S},\ \bar{y} = \frac{\iint\limits_{\Sigma} y\mu(x,\ y,\ z)\mathrm{d}S}{\iint\limits_{\Sigma}\mu(x,\ y,\ z)\mathrm{d}S},\ \bar{z} = \frac{\iint\limits_{\Sigma}\mu\rho(x,\ y,\ z)\mathrm{d}S}{\iint\limits_{\Sigma}\mu(x,\ y,\ z)\mathrm{d}S}$$

（3）转动惯量：

（ⅰ）平面薄板：

$$I_x = \iint\limits_{D} y^2\mu(x,\ y)\mathrm{d}\sigma,\ I_y = \iint\limits_{D} x^2\mu(x,\ y)\mathrm{d}\sigma,\ I_o = \iint\limits_{D}(x^2+y^2)\mu(x,\ y)\mathrm{d}\sigma$$

（ⅱ）空间立体：

$$I_x = \iiint\limits_{\Omega}(y^2+z^2)\mu(x,\ y,\ z)\mathrm{d}v$$

$$I_y = \iiint\limits_{\Omega}(z^2+x^2)\mu(x,\ y,\ z)\mathrm{d}v$$

$$I_z = \iiint\limits_{\Omega}(x^2+y^2)\mu(x,\ y,\ z)\mathrm{d}v$$

（ⅲ）空间曲线：

$$I_x = \int_{\Gamma}(y^2+z^2)\mu(x,\ y,\ z)\mathrm{d}s$$

$$I_y = \int_{\Gamma}(z^2+x^2)\mu(x,\ y,\ z)\mathrm{d}s$$

$$I_z = \int_{\Gamma}(x^2+y^2)\mu(x,\ y,\ z)\mathrm{d}s$$

（ⅳ）空间曲面：

$$I_x = \iint\limits_{\Sigma}(y^2+z^2)\mu(x,\ y,\ z)\mathrm{d}S$$

$$I_y = \iint\limits_{\Sigma}(z^2+x^2)\mu(x,\ y,\ z)\mathrm{d}S$$

$$I_z = \iint\limits_{\Sigma}(x^2+y^2)\mu(x,\ y,\ z)\mathrm{d}S$$

（4）变力做功：变力 $\boldsymbol{F} = P\boldsymbol{i} + Q\boldsymbol{j} + R\boldsymbol{k}$ 沿路径 Γ 所做的功为

$$W = \int_{\Gamma} P\mathrm{d}x + Q\mathrm{d}y + R\mathrm{d}z$$

（5）引力：设单位质点位于点 $M_0(x_0,\ y_0,\ z_0)$ 处的引力 $\boldsymbol{F} = F_x\boldsymbol{i} + F_y\boldsymbol{j} + F_z\boldsymbol{k}$，则

（ⅰ）平面薄板：

$$F_x = G\iint\limits_{D}\frac{\mu(x,\ y)(x-x_0)}{\left[(x-x_0)^2+(y-y_0)^2+z_0^2\right]^{\frac{3}{2}}}\mathrm{d}\sigma$$

$$F_y = G\iint\limits_{D}\frac{\mu(x,\ y)(y-y_0)}{\left[(x-x_0)^2+(y-y_0)^2+z_0^2\right]^{\frac{3}{2}}}\mathrm{d}\sigma$$

$$F_z = -Gz_0 \iint\limits_{D} \frac{\mu(x,\,y)}{\left[(x-x_0)^2 + (y-y_0)^2 + z_0^2\right]^{\frac{3}{2}}} \mathrm{d}\sigma$$

（ⅱ）空间立体：

$$F_x = G \iiint\limits_{\Omega} \frac{\mu(x,\,y,\,z)(x-x_0)}{\left[(x-x_0)^2 + (y-y_0)^2 + (z-z_0)^2\right]^{\frac{3}{2}}} \mathrm{d}v$$

$$F_y = G \iiint\limits_{\Omega} \frac{\mu(x,\,y,\,z)(y-y_0)}{\left[(x-x_0)^2 + (y-y_0)^2 + (z-z_0)^2\right]^{\frac{3}{2}}} \mathrm{d}v$$

$$F_z = G \iiint\limits_{\Omega} \frac{\mu(x,\,y,\,z)(z-z_0)}{\left[(x-x_0)^2 + (y-y_0)^2 + (z-z_0)^2\right]^{\frac{3}{2}}} \mathrm{d}v$$

（ⅲ）空间曲线：

$$F_x = G \int_{\Gamma} \frac{\mu(x,\,y,\,z)(x-x_0)}{\left[(x-x_0)^2 + (y-y_0)^2 + (z-z_0)^2\right]^{\frac{3}{2}}} \mathrm{d}s$$

$$F_y = G \int_{\Gamma} \frac{\mu(x,\,y,\,z)(y-y_0)}{\left[(x-x_0)^2 + (y-y_0)^2 + (z-z_0)^2\right]^{\frac{3}{2}}} \mathrm{d}s$$

$$F_z = G \int_{\Gamma} \frac{\mu(x,\,y,\,z)(z-z_0)}{\left[(x-x_0)^2 + (y-y_0)^2 + (z-z_0)^2\right]^{\frac{3}{2}}} \mathrm{d}s$$

（ⅳ）空间曲面：

$$F_x = G \iint\limits_{\Sigma} \frac{\mu(x,\,y,\,z)(x-x_0)}{\left[(x-x_0)^2 + (y-y_0)^2 + (z-z_0)^2\right]^{\frac{3}{2}}} \mathrm{d}S$$

$$F_y = G \iint\limits_{\Sigma} \frac{\mu(x,\,y,\,z)(y-y_0)}{\left[(x-x_0)^2 + (y-y_0)^2 + (z-z_0)^2\right]^{\frac{3}{2}}} \mathrm{d}S$$

$$F_z = G \iint\limits_{\Sigma} \frac{\mu(x,\,y,\,z)(z-z_0)}{\left[(x-x_0)^2 + (y-y_0)^2 + (z-z_0)^2\right]^{\frac{3}{2}}} \mathrm{d}S$$

（6）通量：设向量场 $U = Pi + Qj + Rk$，则向量场 U 通过曲面 Σ 流向指定侧的流量（通量）为

$$\Phi = \iint\limits_{\Sigma} P\mathrm{d}y\mathrm{d}z + Q\mathrm{d}z\mathrm{d}x + R\mathrm{d}x\mathrm{d}y$$

二、考点题型解析

常考题型：• 求几何量；• 求物理量。

1. 选择题

例 1　由抛物面 $y^2 + z^2 = 4x$ 和平面 $x = 2$ 所围成的质量分布均匀的物体的重心坐标为（　　）。

(A) $\bar{x} = \dfrac{4}{3}, \bar{y} = 0, \bar{z} = 0$ 　　　　　(B) $\bar{x} = \dfrac{5}{3}, \bar{y} = 0, \bar{z} = 0$

(C) $\bar{x} = \dfrac{5}{4}, \bar{y} = 0, \bar{z} = 0$ 　　　　　(D) $\bar{x} = \dfrac{7}{4}, \bar{y} = 0, \bar{z} = 0$

解　应选（A）。

由对称性知重心位于 x 轴上，从而 $\bar{y} = 0, \bar{z} = 0$。设物体所占空间区域为 Ω，其体积为 V，则

$$V = \iiint\limits_{\Omega} \mathrm{d}v = \int_0^{2\pi} \mathrm{d}\theta \int_0^{2\sqrt{2}} \rho \mathrm{d}\rho \int_{\frac{\rho^2}{4}}^2 \mathrm{d}x = 8\pi$$

$$\iiint\limits_{\Omega} x \mathrm{d}v = \int_0^{2\pi} \mathrm{d}\theta \int_0^{2\sqrt{2}} \rho \mathrm{d}\rho \int_{\frac{\rho^2}{4}}^2 x \mathrm{d}x = \frac{32}{3}\pi$$

从而

$$\bar{x} = \frac{1}{V} \iiint\limits_{\Omega} x \mathrm{d}v = \frac{4}{3}$$

故选(A)。

例 2　向量场 $\boldsymbol{U} = (x^3 + h)\boldsymbol{i} + (y^3 + h)\boldsymbol{j} + (z^3 + h)\boldsymbol{k}\ (h > 0)$ 通过上半球面 $z = \sqrt{R^2 - x^2 - y^2}$ 上侧的通量 $\Phi = ($　　$)$。

(A) $\dfrac{6}{5}\pi R^5 + \pi R^2 h$　　　　　　(B) $\dfrac{5}{6}\pi R^5 + \pi R^2 h$

(C) $\dfrac{6}{5}\pi R^5 - \pi R^2 h$　　　　　　(D) $\dfrac{5}{6}\pi R^5 - \pi R^2 h$

解　应选(A)。

方法一　设上半球面为 Σ，由于 $z'_x = \dfrac{-x}{\sqrt{R^2 - x^2 - y^2}}$，$z'_y = \dfrac{-y}{\sqrt{R^2 - x^2 - y^2}}$，因此 Σ 上任意一点的法向量为 $\left\{ \dfrac{x}{\sqrt{R^2 - x^2 - y^2}}, \dfrac{y}{\sqrt{R^2 - x^2 - y^2}}, 1 \right\}$，从而

$$\Phi = \iint\limits_{\Sigma} (x^3 + h)\mathrm{d}y\mathrm{d}z + (y^3 + h)\mathrm{d}z\mathrm{d}x + (z^3 + h)\mathrm{d}x\mathrm{d}y$$

$$= \iint\limits_{\Sigma} \{(x^3 + h), (y^3 + h), (z^3 + h)\} \cdot \left\{ \frac{x}{\sqrt{R^2 - x^2 - y^2}}, \frac{y}{\sqrt{R^2 - x^2 - y^2}}, 1 \right\} \mathrm{d}x\mathrm{d}y$$

$$= \iint\limits_{\Sigma} \left[\frac{(x^3 + h)x}{\sqrt{R^2 - x^2 - y^2}} + \frac{(y^3 + h)y}{\sqrt{R^2 - x^2 - y^2}} + (z^3 + h) \right] \mathrm{d}x\mathrm{d}y$$

$$= \iint\limits_{D_{xy}} \left[\frac{(x^3 + h)x}{\sqrt{R^2 - x^2 - y^2}} + \frac{(y^3 + h)y}{\sqrt{R^2 - x^2 - y^2}} + (R^2 - x^2 - y^2)^{\frac{3}{2}} + h) \right] \mathrm{d}x\mathrm{d}y$$

$$= 2\iint\limits_{D_{xy}} \frac{x^4}{\sqrt{R^2 - x^2 - y^2}} \mathrm{d}x\mathrm{d}y + \iint\limits_{D_{xy}} (R^2 - x^2 - y^2)^{\frac{3}{2}} \mathrm{d}x\mathrm{d}y + \pi R^2 h$$

$$= 8\int_0^{\frac{\pi}{2}} \mathrm{d}\theta \int_0^R \frac{\rho^4 \cos^4\theta}{\sqrt{R^2 - \rho^2}} \rho \mathrm{d}\rho + 4\int_0^{\frac{\pi}{2}} \mathrm{d}\theta \int_0^R (R^2 - \rho^2)^{\frac{3}{2}} \rho \mathrm{d}\rho + \pi R^2 h$$

$$= \frac{6}{5}\pi R^5 + \pi R^2 h$$

故选(A)。

方法二　设 $\Sigma: z = \sqrt{R^2 - x^2 - y^2}$，$\Sigma_1: z = 0(x^2 + y^2 \leqslant R^2)$ 的下侧，记 Σ 与 Σ_1 所围成的空间闭区域为 Ω，则

$$\Phi = \iint\limits_{\Sigma} (x^3 + h)\mathrm{d}y\mathrm{d}z + (y^3 + h)\mathrm{d}z\mathrm{d}x + (z^3 + h)\mathrm{d}x\mathrm{d}y$$

$$= \oiint\limits_{\Sigma + \Sigma_1} (x^3 + h)\mathrm{d}y\mathrm{d}z + (y^3 + h)\mathrm{d}z\mathrm{d}x + (z^3 + h)\mathrm{d}x\mathrm{d}y$$

$$-\iint\limits_{\Sigma_1}(x^3+h)\mathrm{d}y\mathrm{d}z+(y^3+h)\mathrm{d}z\mathrm{d}x+(z^3+h)\mathrm{d}x\mathrm{d}y$$

$$=3\iiint\limits_{\Omega}(x^2+y^2+z^2)\mathrm{d}v+\pi R^2h=3\int_0^{2\pi}\mathrm{d}\theta\int_0^{\frac{\pi}{2}}\sin\varphi\mathrm{d}\varphi\int_0^R r^4\mathrm{d}r=\frac{6}{5}\pi R^5+\pi R^2h$$

故选(A)。

2. 填空题

例 1 由曲线 $(x^2+y^2)^2=a^2(x^2-y^2)$ 所围成的薄片(面密度为常数 μ)对于坐标原点的转动惯量为_____。

解 由于曲线 $(x^2+y^2)^2=a^2(x^2-y^2)$ 是双纽线,因此其极坐标方程为 $\rho^2=a^2\cos2\theta$。设薄片所占的平面区域为 D,则

$$I_o=\iint\limits_{D}(x^2+y^2)\mu\mathrm{d}\sigma=4\mu\int_0^{\frac{\pi}{4}}\mathrm{d}\theta\int_0^{a\sqrt{\cos2\theta}}\rho^3\mathrm{d}\rho=\frac{1}{2}\mu a^4\int_0^{\frac{\pi}{4}}(1+\cos4\theta)\mathrm{d}\theta=\frac{1}{8}\mu\pi a^4$$

例 2 一金属丝成半圆形 $x=a\cos t,y=a\sin t(0\leqslant t\leqslant\pi)$,其上每一点密度等于该点的纵坐标,则金属丝的质量为_____。

解 设所求的质量为 m,金属丝所表示的曲线为 L,则

$$m=\int_L|y|\mathrm{d}s=\int_0^{\pi}a\sin t\sqrt{x_t'^2+y_t'^2}\mathrm{d}t=a^2\int_0^{\pi}\sin t\mathrm{d}t=2a^2$$

例 3 半径为 a、中心角为 2φ 的均匀圆弧 L(线密度 $\mu=1$)的重心坐标为_____。

解 以圆弧的圆心为原点,对称轴为 x 轴建立坐标系(见图 9.18),由于曲线 L 的参数方程为 $x=a\cos\theta,y=a\sin\theta(-\varphi\leqslant\theta\leqslant\varphi)$,故 $\bar{y}=0$,又 $\int_L\mu\mathrm{d}s=\int_L\mathrm{d}s=2a\varphi$,

$$\int_L\mu x\mathrm{d}s=\int_L x\mathrm{d}s=\int_{-\varphi}^{\varphi}a\cos\theta\sqrt{(-a\sin\theta)^2+(a\cos\theta)^2}\mathrm{d}\theta=a^2\int_{-\varphi}^{\varphi}\cos\theta\mathrm{d}\theta=2a^2\sin\varphi$$

从而 $\bar{x}=\dfrac{2a^2\sin\varphi}{2a\varphi}=\dfrac{a\sin\varphi}{\varphi}$,所以重心坐标为 $\left(0,\dfrac{a\sin\varphi}{\varphi}\right)$。

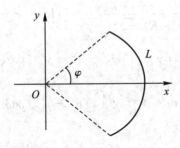

图 9.18

例 4 均匀曲线弧 $x=a(t-\sin t),y=a(1-\cos t)(0\leqslant t\leqslant\pi)$ 的重心坐标为_____。

解 $\displaystyle\int_L\mu x\mathrm{d}s=\mu\int_0^{\pi}a(t-\sin t)\sqrt{[a(1-\cos t)]^2+(a\sin t)^2}\mathrm{d}t=2\mu a^2\int_0^{\pi}(t-\sin t)\sin\frac{t}{2}\mathrm{d}t$

$$=\frac{16}{3}\mu a^2$$

$$\int_L\mu\mathrm{d}s=\mu\int_0^{\pi}\sqrt{[a(1-\cos t)]^2+(a\sin t)^2}\mathrm{d}\theta=2\mu a\int_0^{\pi}\sin\frac{t}{2}\mathrm{d}t=4\mu a$$

所以 $\bar{x} = \dfrac{\dfrac{16}{3}\mu a^2}{4\mu a} = \dfrac{4}{3}a$，同理 $\bar{y} = \dfrac{4}{3}a$，从而重心坐标为 $\left(\dfrac{4}{3}a,\ \dfrac{4}{3}a\right)$。

例 5　曲面 $az = x^2 + y^2(a > 0)$ 与曲面 $z = \sqrt{x^2 + y^2}$ 所围成的均匀物体的重心坐标为 _____。

解　设物体所占空间区域为 Ω，则由对称性得 $\bar{x} = \bar{y} = 0$。由于物体的体积为

$$V = \iiint\limits_{\Omega} \mathrm{d}v = \int_0^{2\pi}\mathrm{d}\theta\int_0^a\rho\mathrm{d}\rho\int_{\frac{\rho^2}{a}}^{\rho}\mathrm{d}z = 2\pi\int_0^a\left(\rho - \frac{\rho^2}{a}\right)\rho\mathrm{d}\rho = \frac{1}{6}\pi a^3$$

又

$$\iiint\limits_{\Omega} z\,\mathrm{d}v = \int_0^{2\pi}\mathrm{d}\theta\int_0^a\rho\mathrm{d}\rho\int_{\frac{\rho^2}{a}}^{\rho}z\mathrm{d}z = \pi\int_0^a\left(\rho^2 - \frac{\rho^4}{a^2}\right)\rho\mathrm{d}\rho = \frac{1}{12}\pi a^4$$

因此 $\bar{z} = \dfrac{1}{V}\iiint\limits_{\Omega} z\,\mathrm{d}v = \dfrac{\dfrac{1}{12}\pi a^4}{\dfrac{1}{6}\pi a^3} = \dfrac{a}{2}$。所以，物体的重心坐标为 $\left(0,\ 0,\ \dfrac{a}{2}\right)$。

3. 解答题

例 1　设密度均匀的平面片由曲线 $y = x^2(x > 0)$，$x = 0$，$y = t(t > 0$ 可变$)$ 所围成，求该可变面积平面片的重心轨迹。

解　平面片的面积

$$A = \iint\limits_{D}\mathrm{d}x\mathrm{d}y = \int_0^t\mathrm{d}y\int_0^{\sqrt{y}}\mathrm{d}x = \int_0^t\sqrt{y}\,\mathrm{d}y = \frac{2}{3}t^{\frac{3}{2}}$$

又

$$\iint\limits_{D}x\,\mathrm{d}x\mathrm{d}y = \int_0^t\mathrm{d}y\int_0^{\sqrt{y}}x\mathrm{d}x = \frac{1}{2}\int_0^t y\mathrm{d}y = \frac{1}{4}t^2$$

$$\iint\limits_{D}y\,\mathrm{d}x\mathrm{d}y = \int_0^t\mathrm{d}y\int_0^{\sqrt{y}}y\mathrm{d}x = \int_0^t y^{\frac{3}{2}}\mathrm{d}y = \frac{2}{5}t^{\frac{5}{2}}$$

从而

$$\bar{x} = \frac{1}{A}\iint\limits_{D}x\,\mathrm{d}x\mathrm{d}y = \frac{3}{8}t^{\frac{1}{2}},\quad \bar{y} = \frac{1}{A}\iint\limits_{D}y\,\mathrm{d}x\mathrm{d}y = \frac{3}{5}t$$

这是可变面积平面片重心的参数方程，消去 t，即得重心的直角坐标方程为 $y = \dfrac{64}{15}x^2$，仍是一条抛物线。

例 2　设球体 $x^2 + y^2 + z^2 \leqslant 2Rz$ 内各点处的体密度等于该点到原点距离的平方，求该球体的重心。

解　由对称性知重心在 z 轴上，即 $\bar{x} = \bar{y} = 0$。由于球体 $x^2 + y^2 + z^2 \leqslant 2Rz$ 在球面坐标下的方程为 $r \leqslant 2R\cos\varphi$，体密度为 $\mu(x,\ y,\ z) = x^2 + y^2 + z^2 = r^2$，因此

$$m = \iiint\limits_{\Omega}\mu(x,\ y,\ z)\mathrm{d}v = \int_0^{2\pi}\mathrm{d}\theta\int_0^{\frac{\pi}{2}}\sin\varphi\mathrm{d}\varphi\int_0^{2R\cos\varphi}r^4\mathrm{d}r = \frac{64\pi}{5}R^5\int_0^{\frac{\pi}{2}}\sin\varphi\cos^5\varphi\mathrm{d}\varphi = \frac{32}{15}\pi R^5$$

$$\bar{z} = \frac{1}{m}\iiint\limits_{\Omega}\mu(x,\ y,\ z)z\mathrm{d}v = \frac{1}{m}\int_0^{2\pi}\mathrm{d}\theta\int_0^{\frac{\pi}{2}}\sin\varphi\cos\varphi\mathrm{d}\varphi\int_0^{2R\cos\varphi}r^5\mathrm{d}r$$

$$= \frac{2\pi}{m} \cdot \frac{64}{6} R^6 \int_0^{\frac{\pi}{2}} \sin\varphi \cos^7\varphi \mathrm{d}\varphi = \frac{1}{m} \cdot \frac{8}{3}\pi R^6 = \frac{\frac{8}{3}\pi R^6}{\frac{32}{15}\pi R^5} = \frac{5}{4}R$$

从而球体的重心坐标为 $\left(0, 0, \frac{5}{4}R\right)$。

例 3 设由 $y = \ln x$，x 轴及 $x = \mathrm{e}$ 所围成的均匀薄板，其面密度 $\mu = 1$，求此薄板绕 $x = t$ 旋转的转动惯量 $I(t)$，并求当 t 为何值时，$I(t)$ 最小。

解 设薄板所占平面区域为 D，则

$$I(t) = \iint\limits_D (x-t)^2 \mathrm{d}x\mathrm{d}y = \int_1^{\mathrm{e}} \mathrm{d}x \int_0^{\ln x} (x-t)^2 \mathrm{d}y$$

$$= \int_1^{\mathrm{e}} (x-t)^2 \ln x \mathrm{d}x = \frac{1}{3} \int_1^{\mathrm{e}} \ln x \mathrm{d}[(x-t)^3]$$

$$= \frac{1}{3} \left[(x-t)^3 \ln x\right]_1^{\mathrm{e}} - \frac{1}{3} \int_1^{\mathrm{e}} (x-t)^3 \cdot \frac{1}{x} \mathrm{d}x$$

$$= \frac{1}{3}(\mathrm{e}-t)^3 - \frac{1}{3} \left[\frac{1}{3}x^3 - \frac{3}{2}x^2 t + 3xt^2 - t^3 \ln x\right]_1^{\mathrm{e}}$$

$$= t^2 - \frac{1}{2}(\mathrm{e}^2 + 1)t + \frac{2}{9}\mathrm{e}^3 + \frac{1}{9}$$

令 $I'(t) = 2t - \frac{1}{2}(\mathrm{e}^2 + 1) = 0$，则 $t = \frac{1}{4}(\mathrm{e}^2 + 1)$。由于 $I''(t)\big|_{t=\frac{1}{4}(\mathrm{e}^2+1)} = 2 > 0$，因此

当 $t = \frac{1}{4}(\mathrm{e}^2 + 1)$ 时，$I(t)$ 最小。

例 4 试求半径为 R 的上半球壳的重心，已知其上各点处密度数量上等于该点到铅垂直径的距离。

解 以球心为原点，铅垂直径为 z 轴建立坐标系，则球面方程为

$$\Sigma: z = \sqrt{R^2 - x^2 - y^2}$$

球面上任一点 $M(x, y, z)$ 处的密度 $\mu(x, y, z) = \sqrt{x^2 + y^2}$，由对称性知 $\bar{x} = \bar{y} = 0$，则

$$m = \iint\limits_{\Sigma} \mu(x, y, z)\mathrm{d}S = \iint\limits_{D_{xy}} \sqrt{x^2 + y^2}\,\sqrt{1 + z_x'^2 + z_y'^2}\,\mathrm{d}x\mathrm{d}y$$

$$= \iint\limits_{D_{xy}} \sqrt{x^2 + y^2}\,\frac{R}{\sqrt{R^2 - x^2 - y^2}}\mathrm{d}x\mathrm{d}y = R \int_0^{2\pi} \mathrm{d}\theta \int_0^R \frac{\rho^2}{\sqrt{R^2 - \rho^2}}\mathrm{d}\rho$$

$$= 2\pi R \int_0^R \left(-\sqrt{R^2 - \rho^2} + \frac{R^2}{\sqrt{R^2 - \rho^2}}\right)\mathrm{d}\rho = \frac{1}{2}\pi^2 R^3$$

$$\iint\limits_{\Sigma} z\mu(x, y, z)\mathrm{d}S = \iint\limits_{\Sigma} z\sqrt{x^2 + y^2}\,\mathrm{d}S = \iint\limits_{D_{xy}} \sqrt{R^2 - x^2 - y^2}\,\sqrt{x^2 + y^2}\,\frac{R}{\sqrt{R^2 - x^2 - y^2}}\mathrm{d}x\mathrm{d}y$$

$$= R \iint\limits_{D_{xy}} \sqrt{x^2 + y^2}\,\mathrm{d}x\mathrm{d}y = R \int_0^{2\pi} \mathrm{d}\theta \int_0^R \rho^2 \mathrm{d}\rho = \frac{2}{3}\pi R^4$$

故 $\bar{z} = \dfrac{\frac{2}{3}\pi R^4}{\frac{1}{2}\pi^2 R^3} = \dfrac{4R}{3\pi}$，所以重心坐标为 $\left(0, 0, \dfrac{4R}{3\pi}\right)$。

三、经典习题与解答

经典习题

1. 选择题

(1) 位于两圆 $\rho = 2\sin\theta$ 与 $\rho = 4\sin\theta$ 之间质量分布均匀薄板的重心坐标为( )。

(A) $\bar{x} = 0$，$\bar{y} = \dfrac{5}{3}$ (B) $\bar{x} = 0$，$\bar{y} = \dfrac{6}{3}$

(C) $\bar{x} = 0$，$\bar{y} = \dfrac{7}{3}$ (D) $\bar{x} = 0$，$\bar{y} = \dfrac{8}{3}$

(2) 设体密度函数为 μ 的立方体占有空间区域 Ω：$0 \leqslant x \leqslant 1$，$0 \leqslant y \leqslant 1$，$0 \leqslant z \leqslant 1$，则该立方体对 z 的转动惯量 $I_z = ($)。

(A) $\dfrac{1}{3}\mu$ (B) $\dfrac{2}{3}\mu$ (C) μ (D) $\dfrac{4}{3}\mu$

2. 填空题

(1) 由抛物线 $y = x^2$ 及直线 $y = 1$ 所围成的薄片(面密度为常数 μ)对于直线 $y = -1$ 的转动惯量为_____。

(2) 由 xOy 平面以及抛物面 $z = x^2 + y^2$ 和柱面 $x^2 + y^2 = 4$ 所围成的空间立体的体积为_____。

(3) 螺线 Γ：$x = a\cos t$，$y = a\sin t$，$z = \dfrac{h}{2\pi}t$ $(0 \leqslant t \leqslant 2\pi)$ 对于 x 轴转动惯量 $I_x = $ _____。

(4) 一质点 M 受到一个指向原点的大小与 OM 成正比的弹性力的作用，现在要把这个点从 $(a, 0, 0)$ 沿螺线 Γ：$x = a\cos t$，$y = a\sin t$，$z = \dfrac{h}{2\pi}t$ $(0 \leqslant t \leqslant 2\pi)$ 上升一周，则所做的功为_____。

(5) 已知曲面 $z = \dfrac{1}{2}(x^2 + y^2)(0 \leqslant z \leqslant 1)$ 的面密度为 z，则此曲面的质量为_____。

3. 解答题

(1) 设柱面被平面 π_1、π_2 所截得到一个柱体，其中 π_1 与柱面的母线垂直，π_1 在柱面内的那部分区域设为 D，证明柱体的体积 $V = \sigma \cdot h$，其中 σ 是 D 的面积，h 是 D 的几何中心 G(即形心或均匀薄片 D 的重心)所对应的高。

(2) 求密度均匀的圆柱体对其底面中心处单位质点的引力。

(3) 计算半径为 R、中心角为 2α、线密度 $\mu = 1$ 的圆弧 L 对于它的对称轴的转动惯量。

(4) 试求密度均匀($\mu = 1$)、半径为 R 的球面对离球心距离为 $a(a > R)$ 处的单位质量的质点 A 的引力。

$$\boxed{\text{经典习题解答}}$$

1. 选择题

(1) **解** 应选(C)。

由于闭区域 D 关于 y 轴对称，因此重心必位于 y 轴上，从而 $\bar{x}=0$。又闭区域 D 位于半径为 1 与半径为 2 的两圆之间，故它的面积等于这两个圆的面积之差，即 $A=3\pi$，因此

$$\iint\limits_{D}y\mathrm{d}x\mathrm{d}y=\int_{0}^{\pi}\sin\theta\mathrm{d}\theta\int_{2\sin\theta}^{4\sin\theta}\rho^{2}\mathrm{d}\rho=\frac{56}{3}\int_{0}^{\pi}\sin^{4}\theta\mathrm{d}\theta=7\pi$$

所以 $\bar{y}=\dfrac{1}{A}\iint\limits_{D}y\mathrm{d}x\mathrm{d}y=\dfrac{7}{3}$，故选(C)。

(2) **解** 应选(B)。

$$I_{z}=\mu\iiint\limits_{\Omega}(x^{2}+y^{2})\mathrm{d}v=2\mu\iiint\limits_{\Omega}x^{2}\mathrm{d}v=2\mu\int_{0}^{1}x^{2}\mathrm{d}x\int_{0}^{1}\mathrm{d}y\int_{0}^{1}\mathrm{d}z=\frac{2\mu}{3}$$

或

$$I_{z}=\mu\iiint\limits_{\Omega}(x^{2}+y^{2})\mathrm{d}v=\mu\int_{0}^{1}\mathrm{d}x\int_{0}^{1}\mathrm{d}y\int_{0}^{1}(x^{2}+y^{2})\mathrm{d}z=\mu\int_{0}^{1}\mathrm{d}x\int_{0}^{1}(x^{2}+y^{2})\mathrm{d}y$$

$$=\mu\int_{0}^{1}\left(x^{2}+\frac{1}{3}\right)\mathrm{d}x=\mu\left(\frac{1}{3}+\frac{1}{3}\right)=\frac{2}{3}\mu$$

故选(B)。

2. 填空题

(1) **解** 设所求的转动惯量为 I，薄片所占的平面区域为 D，则

$$I=\iint\limits_{D}(y+1)^{2}\mu\mathrm{d}x\mathrm{d}y=\mu\int_{-1}^{1}\mathrm{d}x\int_{x^{2}}^{1}(y+1)^{2}\mathrm{d}y=\frac{\mu}{3}\int_{-1}^{1}\left[(y+1)^{3}\right]_{x^{2}}^{1}\mathrm{d}x=\frac{368}{105}\mu$$

(2) **解** 设所求的体积为 V，空间立体所占的空间区域为 Ω，则

$$V=\iiint\limits_{\Omega}\mathrm{d}v=\int_{0}^{2\pi}\mathrm{d}\theta\int_{0}^{2}\rho\mathrm{d}\rho\int_{0}^{\rho^{2}}\mathrm{d}z=2\pi\int_{0}^{2}\rho^{3}\mathrm{d}\rho=\frac{\pi}{2}\left[\rho^{4}\right]_{0}^{2}=8\pi$$

(3) **解** $I_{x}=\int_{\Gamma}(y^{2}+z^{2})\mathrm{d}s=\int_{0}^{2\pi}\left(a^{2}\sin^{2}t+\frac{h^{2}}{4\pi^{2}}t^{2}\right)\sqrt{(-a\sin t)^{2}+(a\cos t)^{2}+\frac{h^{2}}{4\pi^{2}}}\mathrm{d}t$

$$=\sqrt{a^{2}+\frac{h^{2}}{4\pi^{2}}}\int_{0}^{2\pi}\left(a^{2}\sin^{2}t+\frac{h^{2}}{4\pi^{2}}t^{2}\right)\mathrm{d}t=\left(\frac{a^{2}}{2}+\frac{h^{2}}{3}\right)\sqrt{4\pi^{2}a^{2}+h^{2}}$$

(4) **解** 在质点上升时，除受到弹力作用外，还受到重力的作用，从而作用力应该是重力 $-mg\boldsymbol{k}$ 与弹力 $-k(x\boldsymbol{i}+y\boldsymbol{j}+z\boldsymbol{k})(k>0)$ 的合力 $\boldsymbol{F}=(-kx)\boldsymbol{i}+(-ky)\boldsymbol{j}+(-kz-mg)\boldsymbol{k}$，故所做的功为

$$W=\int_{\Gamma}\boldsymbol{F}\cdot\mathrm{d}\boldsymbol{r}=\int_{\Gamma}(-kx)\mathrm{d}x+(-ky)\mathrm{d}y+(-kz-mg)\mathrm{d}z$$

$$=\int_{0}^{2\pi}\left[ka^{2}\cos t\sin t-ka^{2}\cos t\sin t+\left(-\frac{kh}{2\pi}t-mg\right)\frac{h}{2\pi}\right]\mathrm{d}t$$

$$=\int_{0}^{2\pi}\left(-\frac{kh}{2\pi}t-mg\right)\frac{h}{2\pi}\mathrm{d}t=-\frac{1}{2}kh^{2}-mgh$$

(5) **解** 设所求的质量为 m，曲面为 Σ，则

$$m = \iint\limits_{\Sigma} z \, dS = \iint\limits_{D_{xy}} \frac{1}{2}(x^2 + y^2) \sqrt{1 + z'^2_x + z'^2_y} \, dxdy = \frac{1}{2} \int_0^{2\pi} d\theta \int_0^{\sqrt{2}} \rho^3 \sqrt{1 + \rho^2} \, d\rho$$

$$= \frac{\pi}{2} \int_0^{\sqrt{2}} \rho^2 \sqrt{1 + \rho^2} \, d(1 + \rho^2) = \frac{\pi}{2} \int_0^{\sqrt{2}} (1 + \rho^2 - 1) \sqrt{1 + \rho^2} \, d(1 + \rho^2)$$

$$= \frac{\pi}{2} \int_0^{\sqrt{2}} [(1 + \rho^2)^{\frac{3}{2}} - (1 + \rho^2)^{\frac{1}{2}}] d(1 + \rho^2) = \frac{\pi}{2} \left[\frac{2}{5}(1 + \rho^2)^{\frac{5}{2}} - \frac{2}{3}(1 + \rho^2)^{\frac{3}{2}} \right]_0^{\sqrt{2}}$$

$$= \frac{2\pi}{15}(6\sqrt{3} + 1)$$

3. 解答题

(1) **证**　以 D 的形心为原点建立坐标系，则 $\sigma = \iint\limits_{D} dxdy$，形心坐标 $\bar{x} = \dfrac{\iint\limits_{D} x \, dxdy}{\iint\limits_{D} dxdy} = 0$，

$\bar{y} = \dfrac{\iint\limits_{D} y \, dxdy}{\iint\limits_{D} dxdy} = 0$，从而 $\iint\limits_{D} x \, dxdy = 0$，$\iint\limits_{D} y \, dxdy = 0$。设 π_2 的法向量为 $\{A, B, C\}$，由于平面

π_2 过 $(0, 0, h)$，因此 π_2 的方程为 $Ax + By + C(z - h) = 0$，即 $z = h - \dfrac{Ax + By}{C}$，从而柱

体的体积为

$$V = \iint\limits_{D} z \, dxdy = \iint\limits_{D} \left(h - \frac{Ax + by}{C} \right) dxdy = h \iint\limits_{D} dxdy - \frac{A}{C} \iint\limits_{D} x \, dxdy - \frac{B}{C} \iint\limits_{D} y \, dxdy$$

$$= h \iint\limits_{D} dxdy = \sigma \cdot h$$

(2) **解**　设圆柱体底面半径为 R，高为 H，以中心轴为 z 轴，底面为 xOy 面建立坐标系，则所求的引力为圆柱体对原点处单位质点的引力。设引力为 $\boldsymbol{F} = \{F_x, F_y, F_z\}$，圆柱体的密度为 μ_0，则

$$F_x = F_y = 0$$

$$F_z = \iiint\limits_{\Omega} \frac{G\mu_0 z}{\sqrt{(x^2 + y^2 + z^2)^{\frac{3}{2}}}} dv = G\mu_0 \int_0^{2\pi} d\theta \int_0^R \rho d\rho \int_0^H \frac{z}{(\rho^2 + z^2)^{\frac{3}{2}}} dz$$

$$= 2\pi G\mu_0 \int_0^R \rho \left[-(\rho^2 + z^2)^{-\frac{1}{2}} \right]_0^H d\rho = 2\pi G\mu_0 \int_0^R \left(\frac{1}{\rho} - \frac{1}{\sqrt{\rho^2 + H^2}} \right) \rho d\rho$$

$$= 2\pi G\mu_0 (R - \sqrt{R^2 + H^2} + H)$$

由于 $R - \sqrt{R^2 + H^2} + H > 0$，因此 $F_z > 0$，从而引力的方向与 z 轴同向。故所求引力

为 $\boldsymbol{F} = \{0, 0, 2\pi G\mu_0 (R - \sqrt{R^2 + H^2} + H)\}$。

(3) **解**　以圆弧的圆心为原点，对称轴为 x 轴建立坐标系，由于曲线 L 的参数方程为

$x = R\cos\theta$，$y = R\sin\theta (-\alpha \leqslant \theta \leqslant \alpha)$，故

$$I = \int_L y^2 \, ds = \int_{-\alpha}^{\alpha} R^2 \sin^2\theta \sqrt{(-R\sin\theta)^2 + (R\cos\theta)^2} \, d\theta = 2R^3 \int_0^{\alpha} \sin^2\theta d\theta$$

$$= R^3 \int_0^{\alpha} (1 - \cos 2\theta) d\theta = R^3 \left[\theta - \frac{\sin 2\theta}{2} \right]_0^{\alpha} = R^3(\alpha - \sin\alpha\cos\alpha)$$

（4）**解**　以球心为原点，z 轴通过单位质点 A 建立坐标系，由对称性知 $F_x = F_y = 0$。由于球面 Σ 的方程为 $x^2 + y^2 + z^2 = R^2$，因此其球坐标表示为

$$x = R\sin\varphi\cos\theta, \quad y = R\sin\varphi\sin\theta, \quad z = R\cos\varphi, \quad \mathrm{d}S = R^2\sin\varphi\mathrm{d}\theta\mathrm{d}\varphi$$

从而

$$\begin{aligned}
F_z &= G\iint\limits_{\Sigma} \frac{z-a}{[x^2+y^2+(z-a)^2]^{\frac{3}{2}}}\mathrm{d}S = G\int_0^{2\pi}\mathrm{d}\theta\int_0^{\pi}\frac{R\cos\varphi-a}{(R^2+a^2-2aR\cos\varphi)^{\frac{3}{2}}}R^2\sin\varphi\mathrm{d}\varphi \\
&= 2\pi GR^2\int_0^{\pi}\frac{(R\cos\varphi-a)\sin\varphi}{(R^2+a^2-2aR\cos\varphi)^{\frac{3}{2}}}\mathrm{d}\varphi
\end{aligned}$$

令 $R^2+a^2-2aR\cos\varphi = t^2$，则当 $\varphi = \pi$ 时，$t = a+R$；当 $\varphi = 0$ 时，$t = a-R$，且 $\sin\varphi\mathrm{d}\varphi = \dfrac{t}{aR}\mathrm{d}t$，$R\cos\varphi = \dfrac{R^2+a^2-t^2}{2a}$，从而

$$F_z = \frac{G\pi R}{a^2}\int_{a-R}^{a+R}\left(\frac{R^2-a^2}{t^2}-1\right)\mathrm{d}t = \frac{G\pi R}{a^2}\left[(a^2-R^2)\frac{1}{t}-t\right]_{a-R}^{a+R} = -\frac{4G\pi R^2}{a^2}$$

故所求引力为 $\boldsymbol{F} = \left\{0, 0, -\dfrac{4\pi GR^2}{a^2}\right\}$。

9.3　场论初步

一、考点内容讲解

1. 方向导数

（1）定义：$f(x, y)$ 在 $P(x, y)$ 沿 $\boldsymbol{l}$ 方向的方向导数 $\dfrac{\partial f}{\partial \boldsymbol{l}} = \lim\limits_{\rho\to 0}\dfrac{f(x+\Delta x, y+\Delta y)-f(x, y)}{\rho}$，其中 $\rho = \sqrt{(\Delta x)^2+(\Delta y)^2}$。

（2）计算：若 $f(x, y)$ 可微，则 $\dfrac{\partial f}{\partial \boldsymbol{l}} = \dfrac{\partial f}{\partial x}\cos\alpha + \dfrac{\partial f}{\partial y}\cos\beta$，其中 $\cos\alpha$、$\cos\beta$ 为 $\boldsymbol{l}$ 的方向余弦。

（3）结论：当 $f(x, y)$ 在点 $P(x, y)$ 的偏导数 f_x'、f_y' 存在时，则 $f(x, y)$ 在点 $P(x, y)$ 沿 x 轴正向、y 轴正向的方向导数分别为 f_x'、f_y'，$f(x, y)$ 在点 $P(x, y)$ 沿 x 轴负向、y 轴负向的方向导数分别为 $-f_x'$、$-f_y'$。

2. 梯度

（1）定义：$\mathbf{grad}u = \dfrac{\partial u}{\partial x}\boldsymbol{i} + \dfrac{\partial u}{\partial y}\boldsymbol{j} + \dfrac{\partial u}{\partial z}\boldsymbol{k}$。

（2）结论：函数在某点的梯度是这样一个向量，它的方向就是函数在这点的方向导数取得取大值的方向，它的模就是方向导数的最大值。

3. 散度

设向量场 $\boldsymbol{A} = P(x, y, z)\boldsymbol{i} + Q(x, y, z)\boldsymbol{j} + R(x, y, z)\boldsymbol{k}$，则

$$\mathrm{div}\boldsymbol{A} = \frac{\partial P}{\partial x} + \frac{\partial Q}{\partial y} + \frac{\partial R}{\partial z}$$

4. 旋度

设向量场 $\boldsymbol{A} = P(x, y, z)\boldsymbol{i} + Q(x, y, z)\boldsymbol{j} + R(x, y, z)\boldsymbol{k}$，则

$$\text{rot}A = \begin{vmatrix} i & j & k \\ \dfrac{\partial}{\partial x} & \dfrac{\partial}{\partial y} & \dfrac{\partial}{\partial z} \\ P & Q & R \end{vmatrix}$$

二、考点题型解析

常考题型：• 方向导数的计算；• 梯度的计算；• 散度的计算；• 旋度的计算。

1. 选择题

例 1　设 $u(x,y)$、$v(x,y)$ 在点 (x,y) 的某邻域内可微，则点 (x,y) 处 $\text{grad}(uv) = $（　　）。

(A) $\text{grad}u \cdot \text{grad}v$ 　　　　　　　　(B) $u \cdot \text{grad}v + v \cdot \text{grad}u$

(C) $u \cdot \text{grad}v$ 　　　　　　　　　　(D) $v \cdot \text{grad}u$

解　应选（B）。

由于 $\dfrac{\partial}{\partial x}(uv) = v\dfrac{\partial u}{\partial x} + u\dfrac{\partial v}{\partial x}$，$\dfrac{\partial}{\partial y}(uv) = v\dfrac{\partial u}{\partial y} + u\dfrac{\partial v}{\partial y}$，因此

$$\text{grad}(uv) = \left\{ v\dfrac{\partial u}{\partial x} + u\dfrac{\partial v}{\partial x}, \ v\dfrac{\partial u}{\partial y} + u\dfrac{\partial v}{\partial y} \right\} = u\left\{ \dfrac{\partial v}{\partial x}, \ \dfrac{\partial v}{\partial y} \right\} + v\left\{ \dfrac{\partial u}{\partial x}, \ \dfrac{\partial u}{\partial y} \right\}$$

$$= u \cdot \text{grad}v + v \cdot \text{grad}u$$

故选（B）。

例 2　设 $u = x^2 y + 2xy^2 - 3yz^2$，则 $\text{div}(\text{grad}u) = $（　　）。

(A) $4(x-y)$ 　　　　(B) $4(x+y)$ 　　　　(C) $2(x-y)$ 　　　　(D) $2(x+y)$

解　应选（A）。

由于 $\dfrac{\partial u}{\partial x} = 2xy + 2y^2$，$\dfrac{\partial u}{\partial y} = x^2 + 4xy - 3z^2$，$\dfrac{\partial u}{\partial z} = -6yz$，因此

$$\text{grad}u = \{2xy + 2y^2, \ x^2 + 4xy - 3z^2, \ -6yz\}$$

从而

$$\text{div}(\text{grad}u) = \dfrac{\partial}{\partial x}(2xy + 2y^2) + \dfrac{\partial}{\partial y}(x^2 + 4xy - 3z^2) + \dfrac{\partial}{\partial z}(-6yz)$$

$$= 2y + 4x - 6y = 4(x-y)$$

故选（A）。

2. 填空题

例 1　函数 $u = 2xy - z^2$ 在 $P(2,-1,1)$ 处的方向导数的最大值为_____。

解　$\dfrac{\partial u}{\partial x}\Big|_P = 2y\big|_{(2,-1,1)} = -2$，$\dfrac{\partial u}{\partial y}\Big|_P = 2x\big|_{(2,-1,1)} = 4$，$\dfrac{\partial u}{\partial z}\Big|_P = -2z\big|_{(2,-1,1)} = -2$，

函数 u 在点 P 处的梯度为 $\text{grad}u(2,-1,1) = \{-2,4,-2\}$，由于函数在点 $P(2,-1,1)$ 沿梯度方向的方向导数最大，且最大值为梯度的模，因此函数在 $P(2,-1,1)$ 处方向导数的最大值为

$$|\text{grad}u(2,-1,1)| = \sqrt{(-2)^2 + 4^2 + (-2)^2} = 2\sqrt{6}$$

例 2　向量场 $A = \{xy^2, \ ye^z, \ x\ln(1+z^2)\}$ 在点 $(1,1,0)$ 处的旋度 $\text{rot}A = $_____。

解 $\mathbf{rot}A\big|_{(1,1,0)} = \begin{vmatrix} \boldsymbol{i} & \boldsymbol{j} & \boldsymbol{k} \\ \dfrac{\partial}{\partial x} & \dfrac{\partial}{\partial y} & \dfrac{\partial}{\partial z} \\ xy^2 & ye^z & x\ln(1+z^2) \end{vmatrix}_{(1,1,0)}$

$$= [-ye^z\boldsymbol{i} - \ln(1+z^2)\boldsymbol{j} - 2xy\boldsymbol{k}]\big|_{(1,1,0)} = -\boldsymbol{i} - 2\boldsymbol{k}$$

3. 解答题

例 1 在椭球面 $2x^2 + 2y^2 + z^2 = 1$ 上求一点，使得函数 $u = x^2 + y^2 + z^2$ 在该点沿 $\boldsymbol{l} = \{1, -1, 0\}$ 方向的方向导数最大。

解 方法一 设 $M(x, y, z)$ 是椭球面 $2x^2 + 2y^2 + z^2 = 1$ 上任意一点，则函数 $u = x^2 + y^2 + z^2$ 在该点沿 $\boldsymbol{l}$ 方向的方向导数为

$$\frac{\partial u}{\partial \boldsymbol{l}} = 2x \times \frac{1}{\sqrt{2}} + 2y \times \left(-\frac{1}{\sqrt{2}}\right) = \sqrt{2}(x - y)$$

令 $L = x - y + \lambda(2x^2 + 2y^2 + z^2 - 1)$，由

$$L'_x = 1 + 4\lambda x = 0, \quad L'_y = -1 + 4\lambda y = 0$$
$$L'_z = 2\lambda z = 0, \quad L'_\lambda = 2x^2 + 2y^2 + z^2 - 1 = 0$$

解之，得

$$\begin{cases} x_1 = \dfrac{1}{2} \\ y_1 = -\dfrac{1}{2} \end{cases}, \quad \begin{cases} x_2 = -\dfrac{1}{2} \\ y_2 = \dfrac{1}{2} \end{cases}$$

从而 $\dfrac{\partial u}{\partial \boldsymbol{l}}\Big|_{(\frac{1}{2}, -\frac{1}{2}, 0)} = \sqrt{2}$，$\dfrac{\partial u}{\partial \boldsymbol{l}}\Big|_{(-\frac{1}{2}, \frac{1}{2}, 0)} = -\sqrt{2}$，故在点 $\left(\dfrac{1}{2}, -\dfrac{1}{2}, 0\right)$ 处函数沿 $\boldsymbol{l}$ 方向的方向导数最大。

方法二 设 $M(x, y, z)$ 是椭球面 $2x^2 + 2y^2 + z^2 = 1$ 上任意一点，则函数 $u = x^2 + y^2 + z^2$ 在该点沿梯度 $\mathbf{grad}u = 2x\boldsymbol{i} + 2y\boldsymbol{j} + 2z\boldsymbol{k}$ 方向的方向导数最大，从而 $\dfrac{2x}{1} = \dfrac{2y}{-1} = \dfrac{z}{0}$，且 $2x^2 + 2y^2 + z^2 = 1$，解之，得 $x = \dfrac{1}{2}$，$y = -\dfrac{1}{2}$，$z = 0$，故在点 $\left(\dfrac{1}{2}, -\dfrac{1}{2}, 0\right)$ 处函数沿 $\boldsymbol{l}$ 方向的方向导数最大。

例 2 设 $A = 4xz\boldsymbol{i} + yz^2\boldsymbol{j} + (x^2 + 2y^2z - 1)\boldsymbol{k}$，求 $\operatorname{div}(\mathbf{rot}A)$。

解 由于 $\mathbf{rot}A = \begin{vmatrix} \boldsymbol{i} & \boldsymbol{j} & \boldsymbol{k} \\ \dfrac{\partial}{\partial x} & \dfrac{\partial}{\partial y} & \dfrac{\partial}{\partial z} \\ 4xz & yz^2 & x^2 + 2y^2z - 1 \end{vmatrix} = 2yz\boldsymbol{i} + 2x\boldsymbol{j} + 0\boldsymbol{k}$，因此

$$P = 2yz, \quad Q = 2x, \quad R = 0$$

从而

$$\operatorname{div}(\mathbf{rot}A) = \frac{\partial P}{\partial x} + \frac{\partial Q}{\partial y} + \frac{\partial R}{\partial z} = 0$$

例 3 设 $\boldsymbol{r} = x\boldsymbol{i} + y\boldsymbol{j} + z\boldsymbol{k}$，$r = \sqrt{x^2 + y^2 + z^2}$，$f(r)$ 为可微函数，$\operatorname{div}(f(r)\boldsymbol{r}) = 0$，求 $f(r)$。

解　由于 $f(r)\boldsymbol{r} = xf(r)\boldsymbol{i} + yf(r)\boldsymbol{j} + zf(r)\boldsymbol{k}$，因此

$$\mathrm{div}(f(r)\boldsymbol{r}) = f(r) + xf'(r)\frac{x}{r} + f(r) + yf'(r)\frac{y}{r} + f(r) + zf'(r)\frac{z}{r}$$

$$= rf'(r) + 3f(r)$$

从而 $rf'(r) + 3f(r) = 0$，$r^3 f'(r) + 3r^2 f(r) = 0$，即 $\dfrac{\mathrm{d}}{\mathrm{d}r}(r^3 f(r)) = 0$，$r^3 f(r) = C$，故

$$f(r) = \frac{C}{r^3}$$

三、经典习题与解答

┌─────────────────┐
│　**经典习题**　│
└─────────────────┘

1. 选择题

(1) 函数 $u = x + y + z$ 在 $M_0(0, 0, 1)$ 处沿球面 $x^2 + y^2 + z^2 = 1$ 在该点的外法线方向的方向导数为(　　)。

(A) 3　　　　　　　(B) 2　　　　　　　(C) 1　　　　　　　(D) 0

(2) 函数 $u = x^2 + y^2 - z^2$ 在点 $M_1(1, 0, 1)$、$M_2(0, 1, 0)$ 的梯度之间的夹角 $\theta =$ (　　)。

(A) 0　　　　　　(B) $\dfrac{\pi}{2}$　　　　　　(C) $\dfrac{\pi}{3}$　　　　　　(D) $\dfrac{\pi}{4}$

2. 填空题

(1) 函数 $u = \ln(x^2 + y^2 + z^2)$ 在 $M(1, 2, -2)$ 处的梯度 $\mathbf{grad}u|_M =$ _____。

(2) 设 $u = \ln(x^2 + y^2 + z^2)$，则 $\mathrm{div}(\mathbf{grad}u) =$ _____。

3. 解答题

(1) 求函数 $u = xy^2 z^3$ 在点 $(1, 1, 1)$ 处方向导数的最大值与最小值。

(2) 求函数 $u = \mathrm{e}^{-2y}\ln(x + z)$ 在点 $(\mathrm{e}, 1, 0)$ 处沿曲面 $z = x^2 - \mathrm{e}^{3y-1}$ 法方向的方向导数。

(3) 证明 $\mathbf{grad}f(u, v) = \dfrac{\partial f}{\partial u}\mathbf{grad}u + \dfrac{\partial f}{\partial v}\mathbf{grad}v$。

(4) 证明 $\mathbf{rot}(\boldsymbol{a} + \boldsymbol{b}) = \mathbf{rot}\boldsymbol{a} + \mathbf{rot}\boldsymbol{b}$。

┌─────────────────┐
│　**经典习题解答**　│
└─────────────────┘

1. 选择题

(1) **解**　应选(C)。

由于球面 $x^2 + y^2 + z^2 = 1$ 在 $M_0(0, 0, 1)$ 处的外法线向量 $\boldsymbol{n} = \{0, 0, 2\}$，因此其方向余弦 $\cos\alpha = 0$，$\cos\beta = 0$，$\cos\gamma = 1$，又 $\dfrac{\partial u}{\partial x}\Big|_{(0, 0, 1)} = 1$，$\dfrac{\partial u}{\partial y}\Big|_{(0, 0, 1)} = 1$，$\dfrac{\partial u}{\partial z}\Big|_{(0, 0, 1)} = 1$，所以 $\dfrac{\partial u}{\partial \boldsymbol{n}} = 1$，故选(C)。

(2) **解**　应选(B)。

由于 $\dfrac{\partial u}{\partial x} = 2x$，$\dfrac{\partial u}{\partial y} = 2y$，$\dfrac{\partial u}{\partial z} = -2z$，因此

$$\mathbf{grad}u(1,\,0,\,1) = \{2,\,0,\,-2\}, \quad \mathbf{grad}u(0,\,1,\,0) = \{0,\,2,\,0\}$$

且

$$\{2,\,0,\,-2\} \cdot \{0,\,2,\,0\} = 0$$

从而两梯度正交，所以它们的夹角 $\theta = \dfrac{\pi}{2}$，故选（B）。

2. 填空题

（1）**解** 因为

$$\left.\frac{\partial u}{\partial x}\right|_M = \left.\frac{2x}{x^2 + y^2 + z^2}\right|_{(1,\,2,\,-2)} = \frac{2}{9}$$

$$\left.\frac{\partial u}{\partial y}\right|_M = \left.\frac{2y}{x^2 + y^2 + z^2}\right|_{(1,\,2,\,-2)} = \frac{4}{9}$$

$$\left.\frac{\partial u}{\partial z}\right|_M = \left.\frac{2z}{x^2 + y^2 + z^2}\right|_{(1,\,2,\,-2)} = -\frac{4}{9}$$

故

$$\mathbf{grad}u\,|_M = \left\{\frac{2}{9},\,\frac{4}{9},\,-\frac{4}{9}\right\} = \frac{2}{9}\{1,\,2,\,-2\}$$

（2）**解** 因为

$$\frac{\partial u}{\partial x} = \frac{2x}{x^2 + y^2 + z^2}, \quad \frac{\partial u}{\partial y} = \frac{2y}{x^2 + y^2 + z^2}, \quad \frac{\partial u}{\partial z} = \frac{2z}{x^2 + y^2 + z^2}$$

从而

$$\mathbf{grad}u = \left\{\frac{2x}{x^2 + y^2 + z^2},\,\frac{2y}{x^2 + y^2 + z^2},\,\frac{2z}{x^2 + y^2 + z^2}\right\}$$

故

$$\mathrm{div}(\mathbf{grad}u) = \frac{\partial}{\partial x}\left(\frac{2x}{x^2 + y^2 + z^2}\right) + \frac{\partial}{\partial y}\left(\frac{2y}{x^2 + y^2 + z^2}\right) + \frac{\partial}{\partial z}\left(\frac{2z}{x^2 + y^2 + z^2}\right) = \frac{2}{x^2 + y^2 + z^2}$$

3. 解答题

（1）**解** u 在点 $(1,\,1,\,1)$ 处沿 $\boldsymbol{l}$ 的方向导数为

$$\left.\frac{\partial u}{\partial \boldsymbol{l}}\right|_{(1,\,1,\,1)} = (y^2 z^3 \cos\alpha + 2xyz^3 \cos\beta + 3xy^2 z^2 \cos\gamma)\,|_{(1,\,1,\,1)} = \cos\alpha + 2\cos\beta + 3\cos\gamma$$

其中 $\cos\alpha$、$\cos\beta$、$\cos\gamma$ 是 $\boldsymbol{l}$ 的方向余弦。令 $\boldsymbol{l}^0 = \{\cos\alpha,\,\cos\beta,\,\cos\gamma\}$，$\boldsymbol{g} = \{1,\,2,\,3\}$，则

$$\left.\frac{\partial u}{\partial \boldsymbol{l}}\right|_{(1,\,1,\,1)} = \boldsymbol{g} \cdot \boldsymbol{l}^0 = |\boldsymbol{g}|\,|\boldsymbol{l}^0|\cos\theta = |\boldsymbol{g}|\cos\theta$$

其中 θ 为 $\boldsymbol{g}$ 与 $\boldsymbol{l}^0$ 的夹角。当 $\cos\theta = 1$，即 $\theta = 0$ 时，u 在点 $(1,\,1,\,1)$ 处方向导数取得最大值，即当 $\boldsymbol{l}^0 = \dfrac{1}{\sqrt{14}}\{1,\,2,\,3\}$ 时，u 在点 $(1,\,1,\,1)$ 处方向导数取得最大值，且最大值为 $|\boldsymbol{g}| = \sqrt{14}$。

同理，当 $\cos\theta = -1$，即 $\theta = \pi$ 时，u 在点 $(1,\,1,\,1)$ 处方向导数取得最小值，即当 $\boldsymbol{l}^0 = -\dfrac{1}{\sqrt{14}}\{1,2,3\}$ 时，u 在点 $(1,\,1,\,1)$ 处方向导数取得最小值，且最小值为 $-|\boldsymbol{g}| = -\sqrt{14}$。

（2）**解** 曲面 $z = x^2 - \mathrm{e}^{3y-1}$ 在点 $(\mathrm{e},\,1,\,0)$ 的法向量为

$$n = \pm \{2x, -3e^{3y-1}, -1\} \mid_{(e, 1, 0)} = \pm \{2e, -3e^2, -1\}$$

$$|n| = \sqrt{9e^4 + 4e^2 + 1}$$

则

$$\cos\alpha = \pm \frac{2e}{|n|}, \quad \cos\beta = \mp \frac{3e^2}{|n|}, \quad \cos\gamma = \mp \frac{1}{|n|}$$

故

$$\frac{\partial u}{\partial n} \bigg|_{(e, 1, 0)} = \pm \left(\frac{\partial u}{\partial x} \cos\alpha + \frac{\partial u}{\partial y} \cos\beta + \frac{\partial u}{\partial z} \cos\gamma \right) \bigg|_{(e, 1, 0)}$$

$$= \pm \left[e^{-3} \cdot \frac{2e}{|n|} - (-2e^{-2}) \cdot \frac{3e^2}{|n|} - e^{-3} \cdot \frac{1}{|n|} \right]$$

$$= \pm \frac{1}{|n|} (2e^{-2} + 6 - e^{-3})$$

（3）证　$\mathbf{grad} f(u, v) = \dfrac{\partial f}{\partial x} \boldsymbol{i} + \dfrac{\partial f}{\partial y} \boldsymbol{j} + \dfrac{\partial f}{\partial z} \boldsymbol{k}$

$$= \left(\frac{\partial f}{\partial u} \frac{\partial u}{\partial x} + \frac{\partial f}{\partial v} \frac{\partial v}{\partial x} \right) \boldsymbol{i} + \left(\frac{\partial f}{\partial u} \frac{\partial u}{\partial y} + \frac{\partial f}{\partial v} \frac{\partial v}{\partial y} \right) \boldsymbol{j} + \left(\frac{\partial f}{\partial u} \frac{\partial u}{\partial z} + \frac{\partial f}{\partial v} \frac{\partial v}{\partial z} \right) \boldsymbol{k}$$

$$= \frac{\partial f}{\partial u} \left(\frac{\partial u}{\partial x} \boldsymbol{i} + \frac{\partial u}{\partial y} \boldsymbol{j} + \frac{\partial u}{\partial z} \boldsymbol{k} \right) + \frac{\partial f}{\partial v} \left(\frac{\partial v}{\partial x} \boldsymbol{i} + \frac{\partial v}{\partial y} \boldsymbol{j} + \frac{\partial v}{\partial z} \boldsymbol{k} \right)$$

$$= \frac{\partial f}{\partial u} \mathbf{grad} u + \frac{\partial f}{\partial v} \mathbf{grad} v$$

（4）证　设 $\boldsymbol{a} = P_1 \boldsymbol{i} + Q_1 \boldsymbol{j} + R_1 \boldsymbol{k}, \boldsymbol{b} = P_2 \boldsymbol{i} + Q_2 \boldsymbol{j} + R_2 \boldsymbol{k}$，则

$$\mathbf{rot}(\boldsymbol{a} + \boldsymbol{b}) = \begin{vmatrix} \boldsymbol{i} & \boldsymbol{j} & \boldsymbol{k} \\ \dfrac{\partial}{\partial x} & \dfrac{\partial}{\partial y} & \dfrac{\partial}{\partial z} \\ P_1 + P_2 & Q_1 + Q_2 & R_1 + R_2 \end{vmatrix}$$

$$= \left[\frac{\partial (R_1 + R_2)}{\partial y} - \frac{\partial (Q_1 + Q_2)}{\partial z} \right] \boldsymbol{i} + \left[\frac{\partial (P_1 + P_2)}{\partial z} - \frac{\partial (R_1 + R_2)}{\partial x} \right] \boldsymbol{j}$$

$$+ \left[\frac{\partial (Q_1 + Q_2)}{\partial x} - \frac{\partial (P_1 + P_2)}{\partial y} \right] \boldsymbol{k}$$

$$= \left(\frac{\partial R_1}{\partial y} - \frac{\partial Q_1}{\partial z} \right) \boldsymbol{i} + \left(\frac{\partial P_1}{\partial z} - \frac{\partial R_1}{\partial x} \right) \boldsymbol{j} + \left(\frac{\partial Q_1}{\partial x} - \frac{\partial P_1}{\partial y} \right) \boldsymbol{k} + \left(\frac{\partial R_2}{\partial y} - \frac{\partial Q_2}{\partial z} \right) \boldsymbol{i}$$

$$+ \left(\frac{\partial P_2}{\partial z} - \frac{\partial R_2}{\partial x} \right) \boldsymbol{j} + \left(\frac{\partial Q_2}{\partial x} - \frac{\partial P_2}{\partial y} \right) \boldsymbol{k}$$

$$= \begin{vmatrix} \boldsymbol{i} & \boldsymbol{j} & \boldsymbol{k} \\ \dfrac{\partial}{\partial x} & \dfrac{\partial}{\partial y} & \dfrac{\partial}{\partial z} \\ P_1 & Q_1 & R_1 \end{vmatrix} + \begin{vmatrix} \boldsymbol{i} & \boldsymbol{j} & \boldsymbol{k} \\ \dfrac{\partial}{\partial x} & \dfrac{\partial}{\partial y} & \dfrac{\partial}{\partial z} \\ P_2 & Q_2 & R_2 \end{vmatrix} = \mathbf{rot} \boldsymbol{a} + \mathbf{rot} \boldsymbol{b}$$